高等学校公共基础课系列教材

高等数学

（下册）

主　编　杨有龙
副主编　张　丽
参　编　（排名不分先后）
陈慧婵　吴　艳　李菊娥
柴华岳　田　阒

西安电子科技大学出版社

内 容 简 介

本书是西安电子科技大学高等数学教学团队核心成员进行线上线下混合式教学改革的成果，分上、下两册出版. 下册内容包括：向量代数与空间解析几何、多元函数微分学及其应用、重积分、曲线积分与曲面积分以及无穷级数.

本书在保持高等数学内容系统性和完整性的基础上，突出问题驱动，通过一些带有实际背景的典型例子或问题引出高等数学的基本概念，并用直观的语言解释数学符号，可在提高学习兴趣的同时，培养运用高等数学知识解决实际问题的能力. 在习题的选配上，每节分为基础题、提高题两类，每章末都编排了总习题. 同时本书还配置了有效的数字化资源，包括知识图谱、教学目标、思考题、相关定理证明、习题参考答案等，读者可通过扫描二维码的方式获取相应的资源.

本书可作为高等院校理工科各专业高等数学课程的教材，也可作为相关专业学生考研的参考资料，还可供相关工程技术人员和广大教师参考.

图书在版编目(CIP)数据

高等数学. 下册 / 杨有龙主编. —西安：西安电子科技大学出版社，2023.3
(2023.6 重印)
ISBN 978-7-5606-6782-9

Ⅰ. ①高… Ⅱ. ①杨… Ⅲ. ①高等数学—高等学校—教材 Ⅳ. ①O13

中国国家版本馆 CIP 数据核字(2023)第 028633 号

策　　划　刘小莉
责任编辑　刘小莉
出版发行　西安电子科技大学出版社(西安市太白南路 2 号)
电　　话　(029)88202421　88201467　　邮　　编　710071
网　　址　www.xduph.com　　电子邮箱　xdupfxb001@163.com
经　　销　新华书店
印刷单位　陕西天意印务有限责任公司
版　　次　2023 年 3 月第 1 版　2023 年 6 月第 2 次印刷
开　　本　787 毫米×1092 毫米　1/16　印张　21
字　　数　499千字
印　　数　1001～2000 册
定　　价　54.00 元
ISBN 978-7-5606-6782-9/O
XDUP 7084001-2

前　　言

高等数学不仅是学习其他自然科学和工程技术的重要基础和工具，而且是培养和训练学生逻辑推理和理性思维的重要载体. 高等数学的教学对大学生全面素质的提高、分析能力的加强和创新意识的启迪都至关重要.

本书既可作为理工科各专业学生学习高等数学的教材，又可作为参加数学竞赛和备考研究生的复习资料. 每章均包括知识图谱、教学目标、基本内容、典型例题以及知识延展五部分内容. 本书在经典的微积分内容中加入问题驱动，力求在释疑解惑中渗透现代数学的思想与方法，全书纸质内容与数字化资源一体化设计，紧密配合，使学生能够更加深入、细致地理解高等数学的基本概念、基本理论和基本方法. 同时知识延展部分为学有余力的学生提供了深入探讨微积分进阶内容的平台. 本书旨在为线上线下混合式教学提供有效的教学资源与参考，为理工科大学生的高等数学自主学习提供同步辅导.

本书共十二章，分上、下两册出版，下册内容包括向量代数与空间解析几何、多元函数微分学及其应用、重积分、曲线积分与曲面积分以及无穷级数，共五章. 本书由杨有龙教授主持立项、整体把控，张丽副教授具体协调，参与撰写本书的核心成员均是教学一线经验丰富的高等数学教师. 第八章由李菊娥负责，第九章由陈慧婵、田阒负责，第十章由吴艳负责，第十一章由张丽负责，第十二章由柴华岳、杨有龙负责.

本书在编写过程中得到了西安电子科技大学数学与统计学院领导和广大高等数学教师的热情支持，他们对本书的编写提出了许多宝贵的建议和修改意见，长期致力于高等数学教学和研究的老教师们给予了鼓励和支持，编者在此致以深深的谢意.

本书获西安电子科技大学本科教材立项资助，并得到西安电子科技大学出版社领导及编辑的大力支持，编者在此一并表示感谢.

由于编者水平有限，书中难免存在不妥之处，恳请读者批评指正，以便再版时及时更正.

编　者

2022 年 11 月

目　　录

第八章　向量代数与空间解析几何 …… 1

第一节　空间直角坐标系与向量的线性运算 …… 1

一、空间直角坐标系 …… 1

二、利用坐标作向量的线性运算 …… 3

三、向量的模、方向角、投影 …… 4

习题 8-1 …… 7

第二节　数量积　向量积　混合积 …… 7

一、两向量的数量积 …… 7

二、两向量的向量积 …… 10

三、知识延展——向量的混合积 …… 12

习题 8-2 …… 14

第三节　平面及其方程 …… 15

一、曲面方程的概念 …… 15

二、平面的点法式方程与一般方程 …… 15

三、两平面的夹角 …… 17

四、平面外一点到平面的距离 …… 18

习题 8-3 …… 19

第四节　空间直线及其方程 …… 19

一、空间曲线方程的概念 …… 19

二、空间直线的一般方程 …… 20

三、空间直线的对称式方程与参数方程 …… 20

四、两直线的夹角 …… 22

五、直线与平面的夹角 …… 23

六、平面束 …… 23

习题 8-4 …… 26

第五节　曲面及其方程 …… 27

一、曲面研究的基本问题 …… 27

二、旋转曲面 …… 28

三、柱面 …… 31

四、二次曲面 …… 32

习题 8-5 …… 36

第六节　空间曲线及其方程 …… 37

一、空间曲线的一般方程 …… 37

二、空间曲线的参数方程 …… 37

三、知识延展——曲面的参数方程 …… 39

四、空间曲线在坐标面上的投影 …… 40

习题 8-6 …… 42

总习题八 …… 43

第九章　多元函数微分学及其应用 …… 45

第一节　多元函数的基本概念 …… 45

一、点集知识简介 …… 45

二、多元函数的概念 …… 48

三、多元函数的极限 …… 51

四、多元函数的连续性 …… 53

五、有界闭区域上多元连续函数的性质 …… 54

习题 9-1 …… 55

第二节　偏导数 …… 56

一、偏导数的定义及其计算方法 …… 56

二、高阶偏导数 …… 62

习题 9-2 …… 65

第三节　全微分及其应用 …… 66

一、全微分的定义 …… 66

二、知识延展——全微分在实际中的简单应用 …… 71

习题 9-3 …… 74

第四节　多元复合函数的求导法则 …… 75

一、多元复合函数的求导法则 …… 75

二、一阶全微分的形式不变性 …… 83

三、知识延展——高阶全微分 …… 84

习题 9-4 …… 86

第五节　隐函数的求导公式 …… 87

一、一个方程确定的隐函数 …………………… 87
二、方程组确定的隐函数 …………………… 90
习题 9-5 ………………………………………… 93
第六节　多元函数微分学的几何应用 ……… 94
一、空间曲线的切线与法平面 ……………… 94
二、曲面的切平面与法线 …………………… 96
习题 9-6 ………………………………………… 99
第七节　方向导数与梯度 ………………… 100
一、方向导数 ……………………………… 100
二、梯度 …………………………………… 103
习题 9-7 ……………………………………… 105
第八节　多元函数的极值和最值 ………… 106
一、二元函数的极值 ……………………… 106
二、函数的最大值与最小值 ……………… 109
三、条件极值　拉格朗日乘数法 ………… 110
习题 9-8 ……………………………………… 112
*第九节　最小二乘法 ……………………… 112
*习题 9-9 …………………………………… 117
总习题九 …………………………………… 117
第十章　重积分 ……………………………… 120
第一节　二重积分的概念与性质 ………… 120
一、问题的提出 …………………………… 120
二、二重积分的概念 ……………………… 122
三、二重积分的性质 ……………………… 123
四、知识延展——二重积分的
对称性公式 ……………………………… 124
习题 10-1 …………………………………… 126
第二节　利用直角坐标计算二重积分 ……… 127
一、积分区域的类型 ……………………… 127
二、利用直角坐标计算二重积分 ………… 128
三、积分限的确定 ………………………… 129
习题 10-2 …………………………………… 134
第三节　利用极坐标计算二重积分 ……… 135
一、极坐标系下二重积分的表示 ………… 136
二、利用极坐标计算二重积分 …………… 137
三、知识延展——二重积分的换元法 …… 141
习题 10-3 …………………………………… 145
第四节　三重积分(1) …………………… 146
一、三重积分的概念 ……………………… 146
二、利用直角坐标计算三重积分 ………… 148
习题 10-4 …………………………………… 153
第五节　三重积分(2) …………………… 154
一、利用柱面坐标计算三重积分 ………… 154
二、利用球面坐标计算三重积分 ………… 157
三、知识延展——三重积分的换元法 …… 162
习题 10-5 …………………………………… 164
第六节　重积分的应用 …………………… 165
一、曲面的面积 …………………………… 165
二、质心 …………………………………… 167
三、转动惯量 ……………………………… 171
四、引力 …………………………………… 172
习题 10-6 …………………………………… 173
总习题十 …………………………………… 174
第十一章　曲线积分与曲面积分 ………… 177
第一节　对弧长的曲线积分 ……………… 177
一、对弧长的曲线积分的概念与性质 …… 177
二、对弧长的曲线积分的计算方法 ……… 180
三、知识延展——对弧长的曲线积分的
相关应用 ………………………………… 184
习题 11-1 …………………………………… 189
第二节　对坐标的曲线积分 ……………… 190
一、对坐标的曲线积分的概念与性质 …… 190
二、对坐标的曲线积分的计算方法 ……… 194
三、两类曲线积分的联系 ………………… 198
四、知识延展——对坐标的曲线积分的
应用 ……………………………………… 199
习题 11-2 …………………………………… 201
第三节　格林公式及其应用 ……………… 203
一、格林公式 ……………………………… 203
二、格林公式的应用 ……………………… 206
三、知识延展——格林公式的物理应用 … 209
习题 11-3 …………………………………… 211
第四节　曲线积分与路径无关 …………… 213
一、曲线积分与路径无关的定义 ………… 214
二、四个等价条件 ………………………… 214
三、全微分方程 …………………………… 221
四、知识延展——保守场与势函数 ……… 222
习题 11-4 …………………………………… 224

第五节　对面积的曲面积分 …………………… 226
一、对面积的曲面积分的概念与性质 …… 226
二、对面积的曲面积分的计算方法 ……… 229
三、对面积的曲面积分的物理应用 ……… 231
四、知识延展——利用曲面的参数方程计算对面积的曲面积分 ………………… 232
习题 11-5 …………………………………… 234
第六节　对坐标的曲面积分 …………………… 236
一、双侧曲面 ………………………………… 236
二、对坐标的曲面积分的概念与性质 …… 238
三、对坐标的曲面积分的计算方法 ……… 240
四、知识延展——向量场的通量及利用对称性计算对坐标的曲面积分 ……… 245
习题 11-6 …………………………………… 247
第七节　高斯公式与斯托克斯公式 ………… 249
一、高斯公式 ………………………………… 249
二、斯托克斯公式 …………………………… 253
三、知识延展——散度与旋度 …………… 256
习题 11-7 …………………………………… 259
总习题十一 …………………………………… 261
第十二章　无穷级数 ………………………… 265
第一节　常数项级数的概念和性质 ………… 265
一、常数项级数的概念 …………………… 265
二、常数项级数的性质 …………………… 267
三、知识延展——柯西收敛原理 ………… 269
习题 12-1 …………………………………… 270
第二节　正项级数 …………………………… 271
一、正项级数的概念 ……………………… 271
二、正项级数收敛的充要条件 …………… 271
三、正项级数敛散性的比较判别法 ……… 272
四、正项级数的比值判别法和根值判别法 ………………………………… 275
五、知识延展——正项级数的积分判别法 ………………………………… 278
习题 12-2 …………………………………… 278
第三节　任意项级数 ………………………… 280
一、交错级数 ………………………………… 280
二、绝对收敛与条件收敛 ………………… 282
三、阿贝尔(Abel)判别法与狄利克雷(Dirichlet)判别法 ………………………………… 283
四、知识延展——绝对收敛与条件收敛级数的性质 ………………………………… 285
习题 12-3 …………………………………… 286
第四节　函数项级数 ………………………… 287
一、函数项级数的概念 …………………… 287
二、函数项级数的一致收敛性 …………… 288
三、一致收敛级数的性质 ………………… 290
四、函数项级数一致收敛的判别法 ……… 291
五、知识延展——Abel 判别法和 Dirichlet 判别法 ……………………… 293
习题 12-4 …………………………………… 294
第五节　幂级数的收敛域与幂级数的性质 … 295
一、幂级数的收敛域 ……………………… 295
二、幂级数的运算 ………………………… 299
三、幂级数的和函数的性质 ……………… 299
四、幂级数的和函数的求法 ……………… 300
习题 12-5 …………………………………… 301
第六节　函数展开为幂级数及其应用 ……… 302
一、函数展开为幂级数的必要条件 ……… 302
二、函数展开为幂级数的充要条件 ……… 303
三、函数展开为幂级数举例 ……………… 304
四、知识延展——函数的幂级数展开式在近似计算中的作用 ………………… 307
习题 12-6 …………………………………… 308
第七节　傅里叶级数 ………………………… 309
一、三角级数与三角函数系的正交性 …… 309
二、函数展开成傅里叶级数 ……………… 311
三、正弦级数和余弦级数 ………………… 314
习题 12-7 …………………………………… 316
第八节　一般周期函数的傅里叶级数 ……… 317
一、周期为 $2L$ 的函数的傅里叶级数 …… 317
二、傅里叶级数的复数形式 ……………… 320
三、知识延展——收敛定理的证明 ……… 321
习题 12-8 …………………………………… 325
总习题十二 …………………………………… 326
参考文献 …………………………………… 328

第八章　向量代数与空间解析几何

知识图谱

本章教学目标

在平面上，我们建立了平面直角坐标系，将平面上的点通过坐标与一对有序实数一一对应，进而将平面上的曲线用方程(一元、二元)来表示，于是可将几何问题转化为代数问题来研究. 反过来，我们也可以借助几何来研究代数问题，这就是平面解析几何体系，它是一元函数微积分所不可缺少的知识. 本章通过类似方法建立空间解析几何体系，从而将空间几何问题转化为代数问题来研究. 空间解析几何体系是多元函数微积分所不可缺少的知识.

第一节　空间直角坐标系与向量的线性运算

预备知识

一、空间直角坐标系

与平面解析几何类似，为实现用代数方法研究几何问题，我们首先需要建立空间点与有序数组之间的联系. 这种联系通过下面引进的空间直角坐标系来实现.

在空间取定一点 O 和三个两两垂直的单位向量 $\boldsymbol{i}$、$\boldsymbol{j}$、$\boldsymbol{k}$，就确定了三条都以 O 为原点的两两垂直的数轴，依次记为 x 轴(横轴)、y 轴(纵轴)、z 轴(竖轴)，统称为坐标轴. 它们构成一个空间直角坐标系，称为 $Oxyz$ 坐标系或$[O; \boldsymbol{i}, \boldsymbol{j}, \boldsymbol{k}]$坐标系(见图 8.1.1). 通常把 x 轴和 y 轴配置在水平面上，而 z 轴则垂直于水平面. 三条数轴的正向符合右手规则，即右手握住 z 轴，当右手四指从正向 x 轴以$\frac{\pi}{2}$角度转向正向 y 轴时，大拇指的指向就是 z 轴的正向(见图 8.1.2).

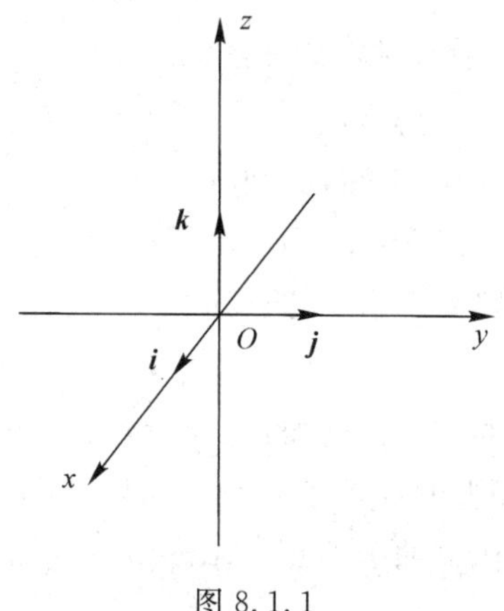

图 8.1.1

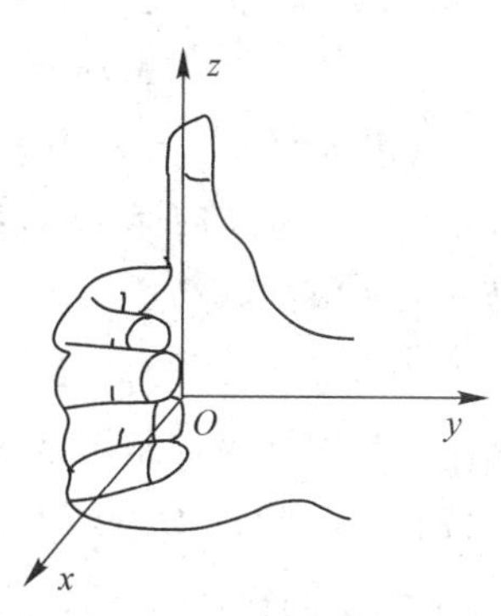

图 8.1.2

在空间直角坐标系中，任意两个坐标轴可以确定一个平面，这种平面称为坐标面. 由 x 轴及 y 轴所确定的坐标面叫作 xOy 面，由 y 轴及 z 轴和由 z 轴及 x 轴所确定的坐标面分别叫作 yOz 面和 zOx 面. 三个坐标面把空间分成八个部分，每一部分叫作一个卦限. 其中，在 xOy 面上方、yOz 面前方及 zOx 面右方的那个卦限叫作第一卦限. 在 xOy 面上方的其他三个卦限按逆时针方向排定，依次为第二、第三和第四卦限. 在 xOy 面下方，与第一卦限对应的是第五卦限，其他三个卦限按逆时针方向排定，依次为第六、第七和第八卦限. 八个卦限分别用字母Ⅰ、Ⅱ、Ⅲ、Ⅳ、Ⅴ、Ⅵ、Ⅶ、Ⅷ表示(见图 8.1.3).

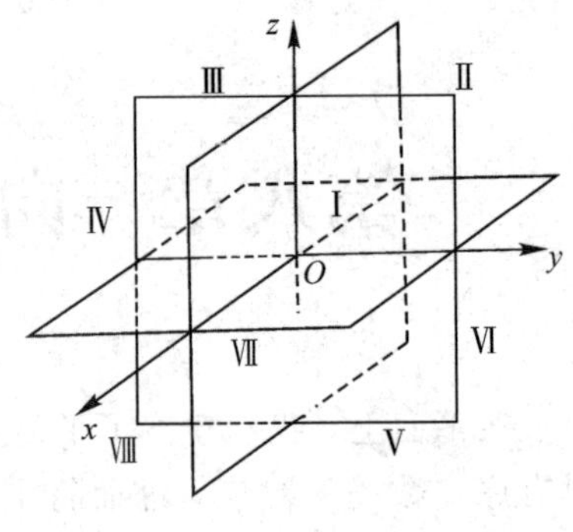

图 8.1.3

任给向量 $\boldsymbol{r}$，有对应点 M，使 $\overrightarrow{OM}=\boldsymbol{r}$. 以 OM 为对角线、三条坐标轴为棱作长方体(如图 8.1.4 所示)，依据向量的加法运算，有

$$\boldsymbol{r}=\overrightarrow{OM}=\overrightarrow{OP}+\overrightarrow{PN}+\overrightarrow{NM}=\overrightarrow{OP}+\overrightarrow{OQ}+\overrightarrow{OR}.$$

设 $\overrightarrow{OP}=x\boldsymbol{i}$，$\overrightarrow{OQ}=y\boldsymbol{j}$，$\overrightarrow{OR}=z\boldsymbol{k}$，则

$$\boldsymbol{r}=\overrightarrow{OM}=x\boldsymbol{i}+y\boldsymbol{j}+z\boldsymbol{k}.$$

上式称为向量 $\boldsymbol{r}$ 的坐标分解式，$x\boldsymbol{i}$、$y\boldsymbol{j}$、$z\boldsymbol{k}$ 称为向量 $\boldsymbol{r}$ 沿三个坐标轴方向的分向量.

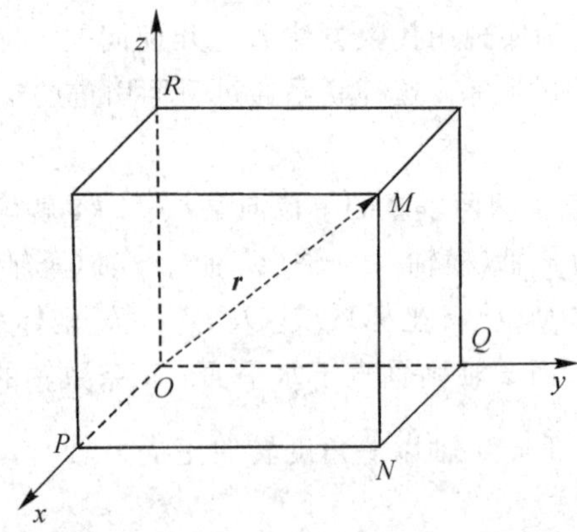

图 8.1.4

显然，点 M、向量 $\boldsymbol{r}$ 与三个有序数 x、y、z 之间有一一对应的关系：

$$M\leftrightarrow\boldsymbol{r}=\overrightarrow{OM}=x\boldsymbol{i}+y\boldsymbol{j}+z\boldsymbol{k}\leftrightarrow(x,\ y,\ z).$$

据此，定义有序数组 x、y、z 为向量 $\boldsymbol{r}$ 在坐标系 $Oxyz$ 中的坐标，记作 $\boldsymbol{r}=(x,\ y,\ z)$；也称有序数组 x、y、z 为点 M 在坐标系 $Oxyz$ 中的坐标，记作 $M(x,\ y,\ z)$.

向量 $\boldsymbol{r}=\overrightarrow{OM}$ 称为点 M 关于原点 O 的向径. 上述定义表明，记号 $(x,\ y,\ z)$ 既表示点 M 的坐标，又表示向量 $\overrightarrow{OM}$ 的坐标.

坐标面上的点和坐标轴上的点，其坐标各有一定的特征. 例如：若点 M 在 xOy 面上，则 $z=0$；同样，在 yOz 面上的点，有 $x=0$；在 zOx 面上的点，有 $y=0$. 如果点 M 在 x 轴上，则 $y=z=0$；同样，在 y 轴上的点，有 $z=x=0$；在 z 轴上的点，有 $x=y=0$. 特别地，如果点 M 为原点，则 $x=y=z=0$.

二、利用坐标作向量的线性运算

向量的加法和向量与数的乘法统称为向量的线性运算. 下面利用向量的坐标，推导向量线性运算的坐标表示形式.

设向量 $\boldsymbol{a}=(a_x, a_y, a_z)$，$\boldsymbol{b}=(b_x, b_y, b_z)$，即

$$\boldsymbol{a}=a_x\boldsymbol{i}+a_y\boldsymbol{j}+a_z\boldsymbol{k}, \quad \boldsymbol{b}=b_x\boldsymbol{i}+b_y\boldsymbol{j}+b_z\boldsymbol{k}.$$

根据向量加法的交换律和结合律以及向量与数乘法的结合律和分配律，有

$$\begin{aligned}
\boldsymbol{a}+\boldsymbol{b} &=(a_x\boldsymbol{i}+a_y\boldsymbol{j}+a_z\boldsymbol{k})+(b_x\boldsymbol{i}+b_y\boldsymbol{j}+b_z\boldsymbol{k})\\
&=(a_x+b_x)\boldsymbol{i}+(a_y+b_y)\boldsymbol{j}+(a_z+b_z)\boldsymbol{k}\\
&=(a_x+b_x, a_y+b_y, a_z+b_z),\\
\boldsymbol{a}-\boldsymbol{b} &=(a_x\boldsymbol{i}+a_y\boldsymbol{j}+a_z\boldsymbol{k})-(b_x\boldsymbol{i}+b_y\boldsymbol{j}+b_z\boldsymbol{k})\\
&=(a_x-b_x)\boldsymbol{i}+(a_y-b_y)\boldsymbol{j}+(a_z-b_z)\boldsymbol{k}\\
&=(a_x-b_x, a_y-b_y, a_z-b_z),\\
\lambda\boldsymbol{a} &=\lambda(a_x\boldsymbol{i}+a_y\boldsymbol{j}+a_z\boldsymbol{k})\\
&=(\lambda a_x)\boldsymbol{i}+(\lambda a_y)\boldsymbol{j}+(\lambda a_z)\boldsymbol{k}\\
&=(\lambda a_x, \lambda a_y, \lambda a_z).
\end{aligned}$$

由此可以看出，对向量进行线性运算，只需对向量的各个坐标(即数)分别进行相应数量的线性运算即可.

问题　我们知道，向量 $\boldsymbol{b}$ 与非零向量 $\boldsymbol{a}$ 平行的充分必要条件是：存在唯一的实数 λ，使 $\boldsymbol{b}=\lambda\boldsymbol{a}$. 那么向量 $\boldsymbol{b}$ 与非零向量 $\boldsymbol{a}$ 平行的充分必要条件是否有坐标表示形式呢?

设 $\boldsymbol{a}=(a_x, a_y, a_z)\neq\boldsymbol{0}$，$\boldsymbol{b}=(b_x, b_y, b_z)$. 向量 $\boldsymbol{b}$ 与非零向量 $\boldsymbol{a}$ 平行的充要条件是存在唯一的实数 λ，使 $\boldsymbol{b}=\lambda\boldsymbol{a}$，其坐标表示式为

$$(b_x, b_y, b_z)=\lambda(a_x, a_y, a_z),$$

即向量 $\boldsymbol{b}$ 与向量 $\boldsymbol{a}$ 的对应坐标成比例

$$\frac{b_x}{a_x}=\frac{b_y}{a_y}=\frac{b_z}{a_z}. \qquad (*)$$

两向量平行的坐标表示式的注解

例 8.1.1　已知两点 $A(x_1, y_1, z_1)$ 和 $B(x_2, y_2, z_2)$ 以及实数 $\lambda\neq-1$，在直线 AB 上求一点 M，使 $\overrightarrow{AM}=\lambda\overrightarrow{MB}$.

解　设所求点为 $M(x, y, z)$，则由 $\overrightarrow{AM}=\overrightarrow{OM}-\overrightarrow{OA}$，$\overrightarrow{MB}=\overrightarrow{OB}-\overrightarrow{OM}$，得

$$\overrightarrow{AM}=(x-x_1, y-y_1, z-z_1), \quad \overrightarrow{MB}=(x_2-x, y_2-y, z_2-z).$$

由 $\overrightarrow{AM}=\lambda\overrightarrow{MB}$，得

$$(x-x_1, y-y_1, z-z_1)=\lambda(x_2-x, y_2-y, z_2-z),$$

则

$$\begin{cases}x-x_1=\lambda(x_2-x),\\ y-y_1=\lambda(y_2-y),\\ z-z_1=\lambda(z_2-z),\end{cases}$$

解得

$$x=\frac{x_1+\lambda x_2}{1+\lambda},\quad y=\frac{y_1+\lambda y_2}{1+\lambda},\quad z=\frac{z_1+\lambda z_2}{1+\lambda}.$$

$\left(\frac{x_1+\lambda x_2}{1+\lambda},\ \frac{y_1+\lambda y_2}{1+\lambda},\ \frac{z_1+\lambda z_2}{1+\lambda}\right)$就是点 M 的坐标. 点 M 叫作有向线段 $\overrightarrow{AB}$ 的定比分点. 特别地，当 $\lambda=1$ 时，点 M 即线段 AB 的中点，其坐标为

$$\left(\frac{x_1+x_2}{2},\ \frac{y_1+y_2}{2},\ \frac{z_1+z_2}{2}\right).$$

三、向量的模、方向角、投影

1. 向量的模与两点间的距离公式

设向量 $\boldsymbol{r}=(x, y, z)$，作向量 $\overrightarrow{OM}=\boldsymbol{r}$(如图 8.1.4 所示)，则有

$$\boldsymbol{r}=\overrightarrow{OM}=\overrightarrow{OP}+\overrightarrow{OQ}+\overrightarrow{OR},$$

向量 $\boldsymbol{r}$ 的模 $|\boldsymbol{r}|$ 即长方体对角线 OM 的长度. 依据勾股定理即得

$$|\boldsymbol{r}|=|\overrightarrow{OM}|=\sqrt{x^2+y^2+z^2}.$$

设点 $A(x_1, y_1, z_1)$、$B(x_2, y_2, z_2)$，则

$$\overrightarrow{AB}=\overrightarrow{OB}-\overrightarrow{OA}=(x_2-x_1, y_2-y_1, z_2-z_1),$$

于是点 A 与点 B 间的距离为

$$|AB|=|\overrightarrow{AB}|=\sqrt{(x_2-x_1)^2+(y_2-y_1)^2+(z_2-z_1)^2}.$$

例 8.1.2 求证以 $M_1(4, 3, 1)$、$M_2(7, 1, 2)$、$M_3(5, 2, 3)$三点为顶点的三角形是一个等腰三角形.

证明 因为

$$|M_1M_2|^2=(7-4)^2+(1-3)^2+(2-1)^2=14,$$
$$|M_2M_3|^2=(5-7)^2+(2-1)^2+(3-2)^2=6,$$
$$|M_1M_3|^2=(5-4)^2+(2-3)^2+(3-1)^2=6,$$

所以 $|M_2M_3|=|M_1M_3|$，即$\triangle M_1M_2M_3$为等腰三角形.

例 8.1.3 在 z 轴上求与两点 $A(-4, 1, 7)$和 $B(3, 5, -2)$等距离的点.

解 设所求的点为 $M(0, 0, z)$，依题意有 $|MA|^2=|MB|^2$，即

$$(-4-0)^2+(1-0)^2+(7-z)^2=(3-0)^2+(5-0)^2+(-2-z)^2,$$

解得 $z=\frac{14}{9}$，故所求的点为 $M\left(0, 0, \frac{14}{9}\right)$.

2. 方向角与方向余弦

非零向量 $\boldsymbol{r}$ 与三条坐标轴的夹角(向量和三条坐标轴上单位向量的夹角)α、β、γ 称为向量 $\boldsymbol{r}$ 的方向角. 如图 8.1.5 所示，设 $\boldsymbol{r}=(x, y, z)$，则

$$x=|\boldsymbol{r}|\cos\alpha,\quad y=|\boldsymbol{r}|\cos\beta,\quad z=|\boldsymbol{r}|\cos\gamma,$$

故

$$\cos\alpha=\frac{x}{|\boldsymbol{r}|},\quad \cos\beta=\frac{y}{|\boldsymbol{r}|},\quad \cos\gamma=\frac{z}{|\boldsymbol{r}|},$$

$\cos\alpha$、$\cos\beta$、$\cos\gamma$ 称为向量 $\boldsymbol{r}$ 的方向余弦，从而

$$(\cos\alpha,\ \cos\beta,\ \cos\gamma)=\frac{1}{|\boldsymbol{r}|}\boldsymbol{r}=\boldsymbol{e}_r.$$

上式表明，以向量 $\boldsymbol{r}$ 的方向余弦为坐标的向量就是与 $\boldsymbol{r}$ 同方向的单位向量 $\boldsymbol{e}_r$. 由此可得

$$\cos^2\alpha+\cos^2\beta+\cos^2\gamma=1.$$

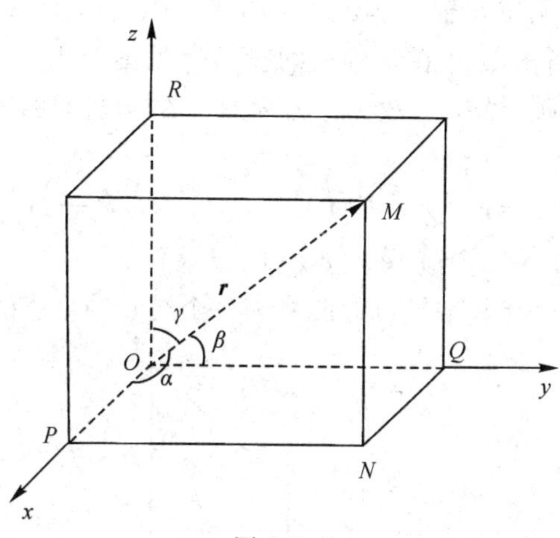

图 8.1.5

例 8.1.4　已知两点 $A(\sqrt{2},\ 2,\ 2)$ 和 $B(0,\ 3,\ 1)$，计算向量 $\overrightarrow{AB}$ 的模、方向余弦和方向角.

解　由题意知

$$\overrightarrow{AB}=(0-\sqrt{2},\ 3-2,\ 1-2)=(-\sqrt{2},\ 1,\ -1),$$

所以向量 $\overrightarrow{AB}$ 的模、方向余弦和方向角分别为

$$|\overrightarrow{AB}|=\sqrt{(-\sqrt{2})^2+1^2+(-1)^2}=2;$$

$$\cos\alpha=-\frac{\sqrt{2}}{2},\ \cos\beta=\frac{1}{2},\ \cos\gamma=-\frac{1}{2};$$

$$\alpha=\frac{3\pi}{4},\ \beta=\frac{\pi}{3},\ \gamma=\frac{2\pi}{3}.$$

例 8.1.5　已知 $\overrightarrow{MA}=(-3,\ 0,\ 4)$，$\overrightarrow{MB}=(2,\ 1,\ -2)$，$|\overrightarrow{MC}|=\sqrt{30}$，且 $\overrightarrow{MC}$ 平分 $\angle AMB$，求 $\overrightarrow{MC}$.

分析　与 $\overrightarrow{MA}$、$\overrightarrow{MB}$ 同方向的单位向量的和向量 $\overrightarrow{MD}$ 与 $\overrightarrow{MC}$ 同向(见图 8.1.6).

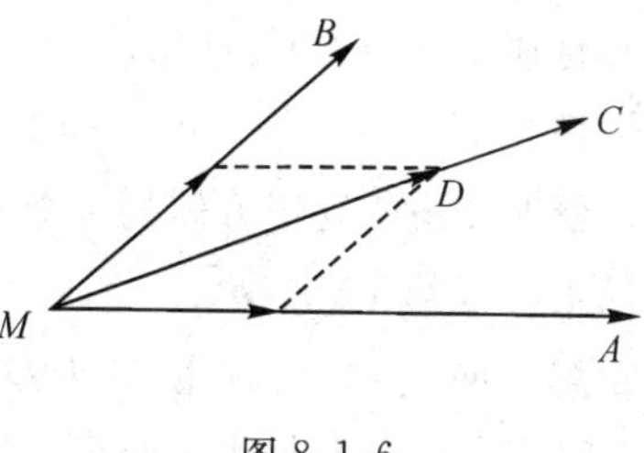

图 8.1.6

解　因为

$$\boldsymbol{e}_{\overrightarrow{MA}}=\frac{\overrightarrow{MA}}{|\overrightarrow{MA}|}=\frac{1}{5}(-3,\ 0,\ 4),$$

$$\boldsymbol{e}_{\overrightarrow{MB}}=\frac{\overrightarrow{MB}}{|\overrightarrow{MB}|}=\frac{1}{3}(2,\ 1,\ -2),$$

所以

$$\overrightarrow{MD}=\boldsymbol{e}_{\overrightarrow{MA}}+\boldsymbol{e}_{\overrightarrow{MB}}=\frac{1}{15}(1,\ 5,\ 2).$$

而

$$\boldsymbol{e}_{\overrightarrow{MC}}=\boldsymbol{e}_{\overrightarrow{MD}}=\frac{\overrightarrow{MD}}{|\overrightarrow{MD}|}=\frac{1}{\sqrt{30}}(1,\ 5,\ 2),$$

故

$$\overrightarrow{MC}=|\overrightarrow{MC}|\boldsymbol{e}_{\overrightarrow{MC}}=(1,5,2).$$

3. 向量在轴上的投影

设点 O 及单位向量 $\boldsymbol{e}$ 确定 u 轴. 任给向量 $\boldsymbol{r}$, 作 $\overrightarrow{OM}=\boldsymbol{r}$, 再过点 M 作与 u 轴垂直的平面交 u 轴于点 M'(点 M' 叫作点 M 在 u 轴上的投影)(见图 8.1.7), 则向量 $\overrightarrow{OM'}$ 称为向量 $\boldsymbol{r}$ 在 u 轴上的分向量. 设 $\overrightarrow{OM'}=\lambda\boldsymbol{e}$, 则数 λ 称为向量 $\boldsymbol{r}$ 在 u 轴上的投影, 记作 $\mathrm{Prj}_u\boldsymbol{r}$ 或 $(\boldsymbol{r})_u$, 且有

$$\begin{aligned}\overrightarrow{OM}&=\boldsymbol{r}=\overrightarrow{OM'}+\overrightarrow{M'M}=\overrightarrow{OM'}+(\overrightarrow{OM}-\overrightarrow{OM'})\\&=(\mathrm{Prj}_u\boldsymbol{r})\boldsymbol{e}+[\boldsymbol{r}-(\mathrm{Prj}_u\boldsymbol{r})\boldsymbol{e}].\end{aligned}\tag{8.1.1}$$

如此我们就将 $\boldsymbol{r}$ 表示为一个与 u 轴平行的向量和一个与 u 轴垂直的向量之和.

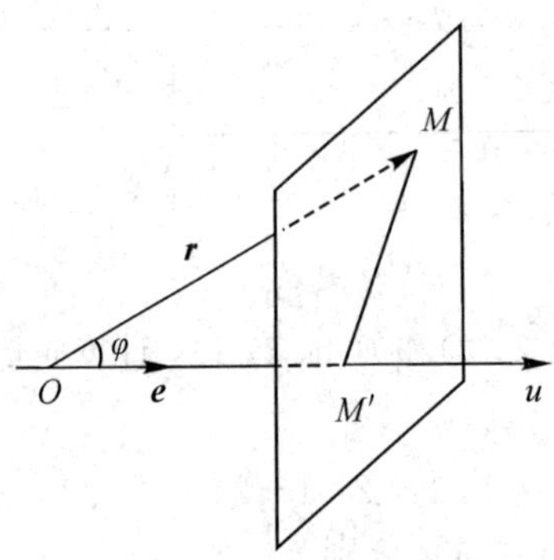

图 8.1.7

按向量在轴上投影的定义, 向量 $\boldsymbol{a}=a_x\boldsymbol{i}+a_y\boldsymbol{j}+a_z\boldsymbol{k}$ 在直角坐标系 $Oxyz$ 中的坐标 a_x, a_y, a_z 就是 $\boldsymbol{a}$ 在三条坐标轴上的投影, 即

$$a_x=\mathrm{Prj}_x\boldsymbol{a},\quad a_y=\mathrm{Prj}_y\boldsymbol{a},\quad a_z=\mathrm{Prj}_z\boldsymbol{a}.$$

$a_x\boldsymbol{i}$、$a_y\boldsymbol{j}$、$a_z\boldsymbol{k}$ 为向量 $\boldsymbol{a}$ 在三条坐标轴方向上的分向量.

依据向量在轴上的投影的定义, 易得如下性质:

性质 1 $(\boldsymbol{a})_u=|\boldsymbol{a}|\cos\varphi$(即 $\mathrm{Prj}_u\boldsymbol{a}=|\boldsymbol{a}|\cos\varphi$), 其中 φ 为向量 $\boldsymbol{a}$ 与 u 轴的夹角.

性质 2 $(\boldsymbol{a}+\boldsymbol{b})_u=(\boldsymbol{a})_u+(\boldsymbol{b})_u$(即 $\mathrm{Prj}_u(\boldsymbol{a}+\boldsymbol{b})=\mathrm{Prj}_u\boldsymbol{a}+\mathrm{Prj}_u\boldsymbol{b}$).

性质 3 $(\lambda\boldsymbol{a})_u=\lambda(\boldsymbol{a})_u$(即 $\mathrm{Prj}_u(\lambda\boldsymbol{a})=\lambda\mathrm{Prj}_u\boldsymbol{a}$).

例 8.1.6 设正方体的一条对角线为 OM, 一条棱为 OA, 且 $|OA|=a$, 求 $\overrightarrow{OA}$ 在 $\overrightarrow{OM}$ 方向上的投影 $\mathrm{Prj}_{\overrightarrow{OM}}\overrightarrow{OA}$.

解 向量 $\overrightarrow{OA}$ 在向量 $\overrightarrow{OM}$ 方向上的投影即向量 $\overrightarrow{OA}$ 在与向量 $\overrightarrow{OM}$ 同方向的某条轴上的投影. 如图 8.1.8 所示, 记 $\angle MOA=\varphi$, 则有

$$\cos\varphi=\frac{|OA|}{|OM|}=\frac{1}{\sqrt{3}},$$

所以

$$\mathrm{Prj}_{\overrightarrow{OM}}\overrightarrow{OA}=|\overrightarrow{OA}|\cos\varphi=\frac{a}{\sqrt{3}}.$$

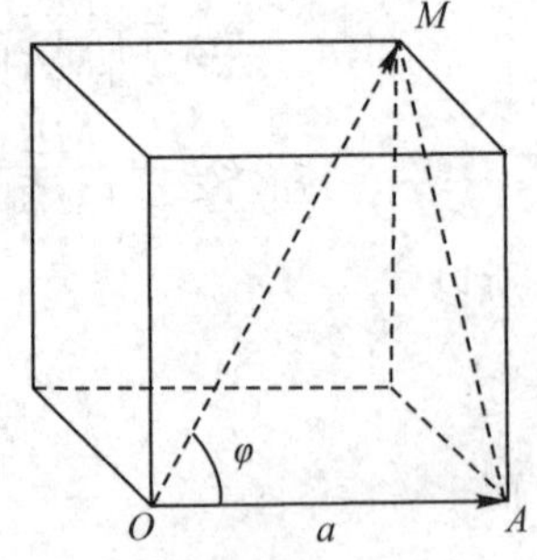

图 8.1.8

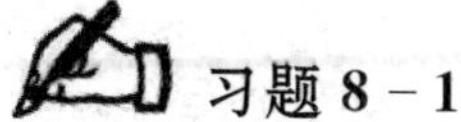

习题 8-1

基　础　题

1. 在空间直角坐标系中，指出下列各点在哪个卦限：

$A(-1, 2, 3)$，$B(1, 3, -1)$，$C(1, -2, 2)$，$D(2, -4, -3)$，$E(-1, -2, 3)$.

2. 在 yOz 面上，求与三点 $A(3, 1, 2)$、$B(4, -2, -2)$、$C(0, 5, 1)$等距离的点.

3. 依据坐标轴和坐标面上的点的坐标的特征，判断下列各点的位置：

$$A(2, 3, 0),\ B(0, -2, 3),\ C(1, 0, 0),\ D(0, -4, 0).$$

4. 已知两点 $M_1(0, 1, 3)$、$M_2(1, -1, 0)$，写出向量$\overrightarrow{M_1M_2}$、$-3\overrightarrow{M_1M_2}$的坐标表示式及坐标分解式.

5. 一向量的终点在 $B(1, -1, 7)$，它在 x 轴、y 轴、z 轴上的投影依次为 3、-3、8，求该向量的起点 A 的坐标.

6. 已知 $M_1(4, \sqrt{2}, 1)$和 $M_2(3, 0, 2)$，计算向量$\overrightarrow{M_1M_2}$的模、方向余弦和方向角.

7. 设向量 $\boldsymbol{a}$ 的模为 $4\sqrt{2}$，$\boldsymbol{a}$ 与 u 轴的夹角为$\dfrac{\pi}{4}$，求 $\boldsymbol{a}$ 在 u 轴上的投影.

8. 设点 A 位于第五卦限，且$|\overrightarrow{OA}|=12$，$\overrightarrow{OA}$ 与 x 轴、y 轴的夹角分别为$\dfrac{\pi}{3}$和$\dfrac{\pi}{4}$，求点 A 的坐标.

提　高　题

1. 一棱长为 a 的立方体放置在 xOy 面上，其底面中心在坐标原点，底面的顶点在 x 轴和 y 轴上，求该立方体各顶点的坐标.

2. 利用向量的线性运算证明：三角形的两边中点的连线平行于第三边且等于第三边的一半.

3. 设 $\boldsymbol{a}$ 与 x 轴、y 轴的夹角相等，与 z 轴的夹角是前者的 2 倍，求与 $\boldsymbol{a}$ 同方向的单位向量.

4. 已知三角形的三个顶点分别为 $A(3, 2, -1)$、$B(5, -4, 7)$、$C(-1, 1, 2)$，求顶点 C 所引中线的长度.

习题 8-1
参考答案

第二节　数量积　向量积　混合积

一、两向量的数量积

问题　设一物体在常力 $\boldsymbol{F}$ 的作用下沿直线从点 M_1 移动到点 M_2（见图 8.2.1），求力 $\boldsymbol{F}$ 所做的功 W.

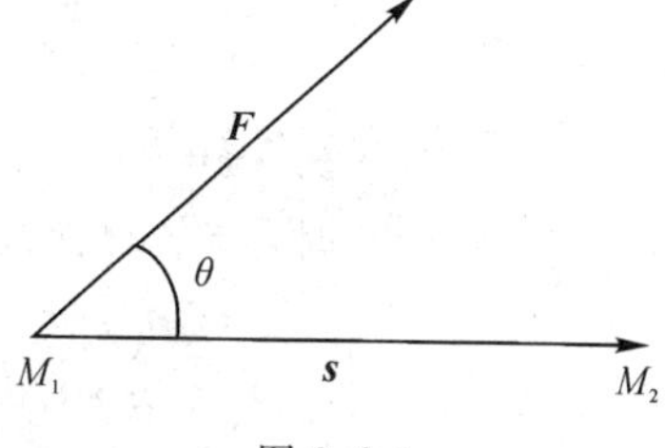

图 8.2.1

若以 $\boldsymbol{s}$ 表示位移$\overrightarrow{M_1M_2}$，θ 表示 $\boldsymbol{F}$ 与 $\boldsymbol{s}$ 的夹角，则由物理学知，力 $\boldsymbol{F}$ 所做的功为

$$W=|\boldsymbol{F}||\boldsymbol{s}|\cos\theta.$$

由此问题可以看出，力 $\boldsymbol{F}$ 所做的功可以看作对力向量 $\boldsymbol{F}$ 与位移向量 $\boldsymbol{s}$ 作一种运算，其结果为一数量. 这种由两个向量按上述规则确定一个数的情形，在物理、力学和几何中也会遇到，对其进行抽象即得如下定义.

定义 8.2.1　设两个向量 $\boldsymbol{a}$ 和 $\boldsymbol{b}$，称 $|\boldsymbol{a}|$、$|\boldsymbol{b}|$ 及 $\boldsymbol{a}$ 和 $\boldsymbol{b}$ 的夹角 θ 的余弦的乘积为向量 $\boldsymbol{a}$ 和 $\boldsymbol{b}$ 的数量积(或点积)，记作 $\boldsymbol{a}\cdot\boldsymbol{b}$(见图 8.2.2)，即

$$\boldsymbol{a}\cdot\boldsymbol{b}=|\boldsymbol{a}||\boldsymbol{b}|\cos\theta.$$

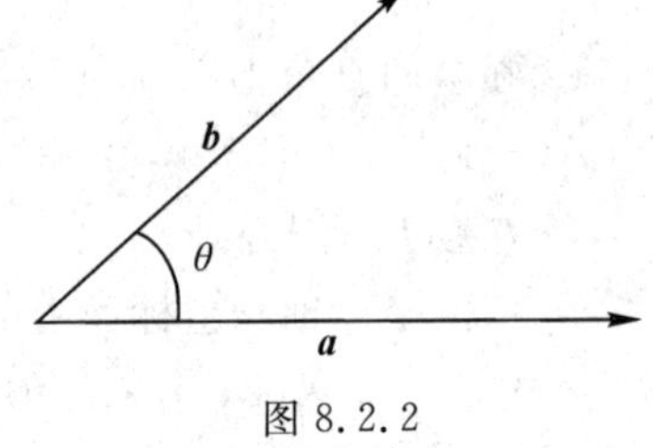

图 8.2.2

由此定义，上述问题中力 $\boldsymbol{F}$ 所做的功为

$$W=\boldsymbol{F}\cdot\boldsymbol{s}.$$

根据向量在轴上投影的定义，由于 $|\boldsymbol{b}|\cos\theta=|\boldsymbol{b}|\cos(\widehat{\boldsymbol{a},\boldsymbol{b}})$，当 $\boldsymbol{a}\neq\boldsymbol{0}$ 时，$|\boldsymbol{b}|\cos(\widehat{\boldsymbol{a},\boldsymbol{b}})$ 是向量 $\boldsymbol{b}$ 在向量 $\boldsymbol{a}$ 的方向上的投影，因此

$$\boldsymbol{a}\cdot\boldsymbol{b}=|\boldsymbol{a}|\mathrm{Prj}_{\boldsymbol{a}}\boldsymbol{b}.$$

同理，当 $\boldsymbol{b}\neq\boldsymbol{0}$ 时，有

$$\boldsymbol{a}\cdot\boldsymbol{b}=|\boldsymbol{b}|\mathrm{Prj}_{\boldsymbol{b}}\boldsymbol{a}.$$

由数量积的定义可以推得如下结论.

(1) $\boldsymbol{a}\cdot\boldsymbol{a}=|\boldsymbol{a}|^2$.

(2) 对于两个非零向量 $\boldsymbol{a}$、$\boldsymbol{b}$，$\boldsymbol{a}\perp\boldsymbol{b}\Leftrightarrow\boldsymbol{a}\cdot\boldsymbol{b}=0$.

证明　(1) 因为 $\boldsymbol{a}$ 与 $\boldsymbol{a}$ 的夹角 $\theta=0$，所以

$$\boldsymbol{a}\cdot\boldsymbol{a}=|\boldsymbol{a}|^2\cos 0=|\boldsymbol{a}|^2.$$

(2) 对于两个非零向量 $\boldsymbol{a}$、$\boldsymbol{b}$，若 $\boldsymbol{a}\cdot\boldsymbol{b}=|\boldsymbol{a}||\boldsymbol{b}|\cos\theta=0$，则由于 $|\boldsymbol{a}|\neq 0$，$|\boldsymbol{b}|\neq 0$，所以 $\cos\theta=0$，从而 $\theta=\frac{\pi}{2}$，即 $\boldsymbol{a}\perp\boldsymbol{b}$；反之，若 $\boldsymbol{a}\perp\boldsymbol{b}$，则 $\theta=\frac{\pi}{2}$，从而 $\boldsymbol{a}\cdot\boldsymbol{b}=0$.

因为可以认为零向量与任何向量都垂直，所以有

$$\boldsymbol{a}\perp\boldsymbol{b}\Leftrightarrow\boldsymbol{a}\cdot\boldsymbol{b}=0.$$

数量积的运算规律：

(1) 交换律：$\boldsymbol{a}\cdot\boldsymbol{b}=\boldsymbol{b}\cdot\boldsymbol{a}$.

(2) 分配律：$(\boldsymbol{a}+\boldsymbol{b})\cdot\boldsymbol{c}=\boldsymbol{a}\cdot\boldsymbol{c}+\boldsymbol{b}\cdot\boldsymbol{c}$.

(3) 结合律：$(\lambda\boldsymbol{a})\cdot\boldsymbol{b}=\boldsymbol{a}\cdot(\lambda\boldsymbol{b})=\lambda(\boldsymbol{a}\cdot\boldsymbol{b})$，$(\lambda\boldsymbol{a})\cdot(\mu\boldsymbol{b})=\lambda\mu(\boldsymbol{a}\cdot\boldsymbol{b})$，其中 λ、μ 为实数.

证明　(1) 由两个向量的夹角及数量积的定义易证.

(2) 当 $\boldsymbol{c}=\boldsymbol{0}$ 时，等式显然成立；当 $\boldsymbol{c}\neq\boldsymbol{0}$时，有

$$(\boldsymbol{a}+\boldsymbol{b})\cdot\boldsymbol{c}=|\boldsymbol{c}|\mathrm{Prj}_{\boldsymbol{c}}(\boldsymbol{a}+\boldsymbol{b}),$$

由向量在轴上的投影的性质 2 知

$$\mathrm{Prj}_{\boldsymbol{c}}(\boldsymbol{a}+\boldsymbol{b})=\mathrm{Prj}_{\boldsymbol{c}}\boldsymbol{a}+\mathrm{Prj}_{\boldsymbol{c}}\boldsymbol{b},$$

所以

$$(\boldsymbol{a}+\boldsymbol{b})\cdot\boldsymbol{c}=|\boldsymbol{c}|(\mathrm{Prj}_{\boldsymbol{c}}\boldsymbol{a}+\mathrm{Prj}_{\boldsymbol{c}}\boldsymbol{b})=|\boldsymbol{c}|\mathrm{Prj}_{\boldsymbol{c}}\boldsymbol{a}+|\boldsymbol{c}|\mathrm{Prj}_{\boldsymbol{c}}\boldsymbol{b}=\boldsymbol{a}\cdot\boldsymbol{c}+\boldsymbol{b}\cdot\boldsymbol{c}.$$

(3) 当 $\boldsymbol{b}=\boldsymbol{0}$ 时，等式显然成立；当 $\boldsymbol{b}\neq\boldsymbol{0}$时，有

$$(\lambda\boldsymbol{a})\cdot\boldsymbol{b}=|\boldsymbol{b}|\mathrm{Prj}_{\boldsymbol{b}}(\lambda\boldsymbol{a})=\lambda|\boldsymbol{b}|\mathrm{Prj}_{\boldsymbol{b}}\boldsymbol{a}=\lambda(\boldsymbol{a}\cdot\boldsymbol{b}),$$

$$\boldsymbol{a}\cdot(\lambda\boldsymbol{b})=(\lambda\boldsymbol{b})\cdot\boldsymbol{a}=\lambda(\boldsymbol{b}\cdot\boldsymbol{a})=\lambda(\boldsymbol{a}\cdot\boldsymbol{b}),$$

$$(\lambda\boldsymbol{a})\cdot(\mu\boldsymbol{b})=\lambda[\boldsymbol{a}\cdot(\mu\boldsymbol{b})]=\lambda[\mu(\boldsymbol{a}\cdot\boldsymbol{b})]=\lambda\mu(\boldsymbol{a}\cdot\boldsymbol{b}).$$

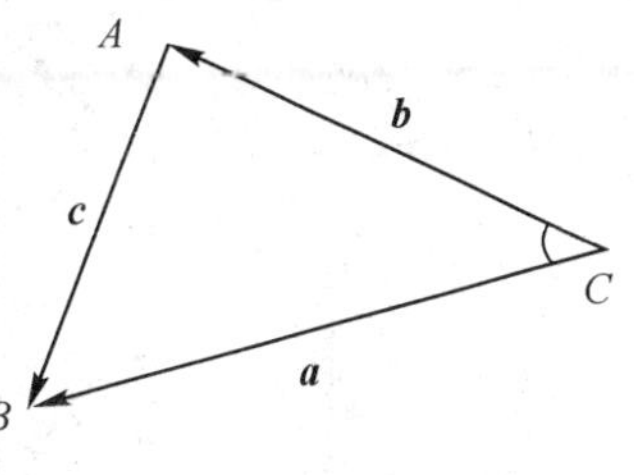

图 8.2.3

例 8.2.1　试用向量证明三角形的余弦定理.

分析　设在$\triangle ABC$中，$|CB|=a$，$|CA|=b$，$|AB|=c$（见图 8.2.3)，证明三角形的余弦定理，即证

$$c^2=a^2+b^2-2ab\cos C.$$

证明　记$\overrightarrow{CB}=\boldsymbol{a}$，$\overrightarrow{CA}=\boldsymbol{b}$，$\overrightarrow{AB}=\boldsymbol{c}$，则有$\boldsymbol{c}=\boldsymbol{a}-\boldsymbol{b}$，从而

$$\begin{aligned}|\boldsymbol{c}|^2&=\boldsymbol{c}\cdot\boldsymbol{c}=(\boldsymbol{a}-\boldsymbol{b})\cdot(\boldsymbol{a}-\boldsymbol{b})=\boldsymbol{a}\cdot\boldsymbol{a}+\boldsymbol{b}\cdot\boldsymbol{b}-2\boldsymbol{a}\cdot\boldsymbol{b}\\&=|\boldsymbol{a}|^2+|\boldsymbol{b}|^2-2|\boldsymbol{a}||\boldsymbol{b}|\cos(\widehat{\boldsymbol{a},\boldsymbol{b}}),\end{aligned}$$

所以

$$c^2=a^2+b^2-2ab\cos C.$$

下面推导数量积的坐标表示式.

设$\boldsymbol{a}=a_x\boldsymbol{i}+a_y\boldsymbol{j}+a_z\boldsymbol{k}$，$\boldsymbol{b}=b_x\boldsymbol{i}+b_y\boldsymbol{j}+b_z\boldsymbol{k}$，则由数量积的运算规律可得

$$\begin{aligned}\boldsymbol{a}\cdot\boldsymbol{b}&=(a_x\boldsymbol{i}+a_y\boldsymbol{j}+a_z\boldsymbol{k})\cdot(b_x\boldsymbol{i}+b_y\boldsymbol{j}+b_z\boldsymbol{k})\\&=a_xb_x(\boldsymbol{i}\cdot\boldsymbol{i})+a_xb_y(\boldsymbol{i}\cdot\boldsymbol{j})+a_xb_z(\boldsymbol{i}\cdot\boldsymbol{k})+\\&\quad a_yb_x(\boldsymbol{j}\cdot\boldsymbol{i})+a_yb_y(\boldsymbol{j}\cdot\boldsymbol{j})+a_yb_z(\boldsymbol{j}\cdot\boldsymbol{k})+\\&\quad a_zb_x(\boldsymbol{k}\cdot\boldsymbol{i})+a_zb_y(\boldsymbol{k}\cdot\boldsymbol{j})+a_zb_z(\boldsymbol{k}\cdot\boldsymbol{k}).\end{aligned}$$

因为$\boldsymbol{i}$、$\boldsymbol{j}$和$\boldsymbol{k}$为互相垂直的单位向量，所以$\boldsymbol{i}\cdot\boldsymbol{j}=\boldsymbol{j}\cdot\boldsymbol{i}=0$，$\boldsymbol{i}\cdot\boldsymbol{k}=\boldsymbol{k}\cdot\boldsymbol{i}=0$，$\boldsymbol{j}\cdot\boldsymbol{k}=\boldsymbol{k}\cdot\boldsymbol{j}=0$. 又$\boldsymbol{i}\cdot\boldsymbol{i}=\boldsymbol{j}\cdot\boldsymbol{j}=\boldsymbol{k}\cdot\boldsymbol{k}=1$，故

$$\boldsymbol{a}\cdot\boldsymbol{b}=(a_x,a_y,a_z)\cdot(b_x,b_y,b_z)=a_xb_x+a_yb_y+a_zb_z.$$

上式即两个向量的数量积的坐标表示式.

利用两个向量的数量积的定义，可得两个向量$\boldsymbol{a}$与$\boldsymbol{b}$夹角的余弦的坐标表示式.

当$\boldsymbol{a}\neq\boldsymbol{0}$、$\boldsymbol{b}\neq\boldsymbol{0}$时，有

$$\cos(\widehat{\boldsymbol{a},\boldsymbol{b}})=\frac{\boldsymbol{a}\cdot\boldsymbol{b}}{|\boldsymbol{a}||\boldsymbol{b}|}=\frac{a_xb_x+a_yb_y+a_zb_z}{\sqrt{a_x^2+a_y^2+a_z^2}\sqrt{b_x^2+b_y^2+b_z^2}}.$$

例 8.2.2　设$\boldsymbol{u}=8\boldsymbol{i}+4\boldsymbol{j}-12\boldsymbol{k}$，$\boldsymbol{v}=\boldsymbol{i}+2\boldsymbol{j}-\boldsymbol{k}$，把$\boldsymbol{v}$写成平行于$\boldsymbol{u}$的向量和垂直于$\boldsymbol{u}$的向量之和.

解　根据式(8.1.1)知

$$\boldsymbol{v}=(\mathrm{Prj}_{\boldsymbol{u}}\boldsymbol{v})\boldsymbol{e}_{\boldsymbol{u}}+[\boldsymbol{v}-(\mathrm{Prj}_{\boldsymbol{u}}\boldsymbol{v})\boldsymbol{e}_{\boldsymbol{u}}].$$

设向量$\boldsymbol{u}$与向量$\boldsymbol{v}$的夹角为θ，则

$$\begin{aligned}\boldsymbol{v}&=|\boldsymbol{v}|\cos\theta\cdot\frac{\boldsymbol{u}}{|\boldsymbol{u}|}+\left(\boldsymbol{v}-|\boldsymbol{v}|\cos\theta\cdot\frac{\boldsymbol{u}}{|\boldsymbol{u}|}\right)=\frac{\boldsymbol{u}\cdot\boldsymbol{v}}{\boldsymbol{u}\cdot\boldsymbol{u}}\boldsymbol{u}+\left(\boldsymbol{v}-\frac{\boldsymbol{u}\cdot\boldsymbol{v}}{\boldsymbol{u}\cdot\boldsymbol{u}}\boldsymbol{u}\right)\\&=\frac{1}{8}(8\boldsymbol{i}+4\boldsymbol{j}-12\boldsymbol{k})+\left[\boldsymbol{i}+2\boldsymbol{j}-\boldsymbol{k}-\frac{1}{8}(8\boldsymbol{i}+4\boldsymbol{j}-12\boldsymbol{k})\right]\\&=\left(\boldsymbol{i}+\frac{1}{2}\boldsymbol{j}-\frac{3}{2}\boldsymbol{k}\right)+\left(\frac{3}{2}\boldsymbol{j}+\frac{1}{2}\boldsymbol{k}\right).\end{aligned}$$

例 8.2.3　设液体流过平面S上面积为A的一个区域，液体在这区域上各点处的流速均为$\boldsymbol{v}$(常向量). 设$\boldsymbol{n}$为垂直于S的单位向量(见图 8.2.4(a))，计算单位时间内经过这区域流向$\boldsymbol{n}$所指一侧的液体的质量M(液体的密度为ρ).

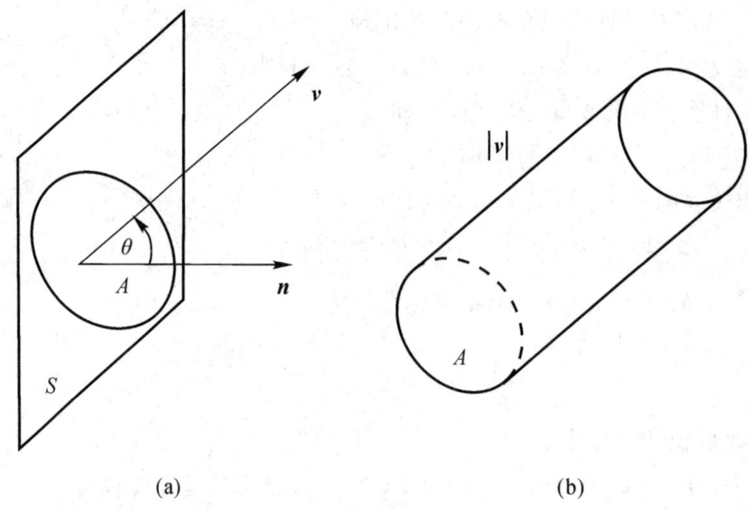

图 8.2.4

解 单位时间内流过这区域的液体组成一个底面积为 A、斜高为 $|\boldsymbol{v}|$ 的斜柱体(见图 8.2.4(b)). 柱体的高为 $|\boldsymbol{v}|\cos\theta$, 体积为

$$A|\boldsymbol{v}|\cos\theta=A\boldsymbol{v}\cdot\boldsymbol{n}.$$

于是, 单位时间内经过这区域流向 $\boldsymbol{n}$ 所指一侧的液体的质量为

$$M=\rho A\boldsymbol{v}\cdot\boldsymbol{n}.$$

二、两向量的向量积

问题 设 O 为一根杠杆 L 的支点. 有一个力 $\boldsymbol{F}$ 作用于这杠杆上 P 点处. $\boldsymbol{F}$ 与 $\overrightarrow{OP}$ 的夹角为 θ(见图 8.2.5(a)). 求力 $\boldsymbol{F}$ 对支点 O 的力矩.

由力学规定, 力 $\boldsymbol{F}$ 对支点 O 的力矩是一向量 $\boldsymbol{M}$, 它的模为

$$|\boldsymbol{M}|=|\boldsymbol{F}||\overrightarrow{OP}|\sin\theta,$$

而 $\boldsymbol{M}$ 的方向垂直于 $\overrightarrow{OP}$ 与 $\boldsymbol{F}$ 所决定的平面, 按右手规则即右手四指从 $\overrightarrow{OP}$ 以不超过 π 的角转向 $\boldsymbol{F}$ 握拳时, 大拇指的指向(见图 8.2.5(b)).

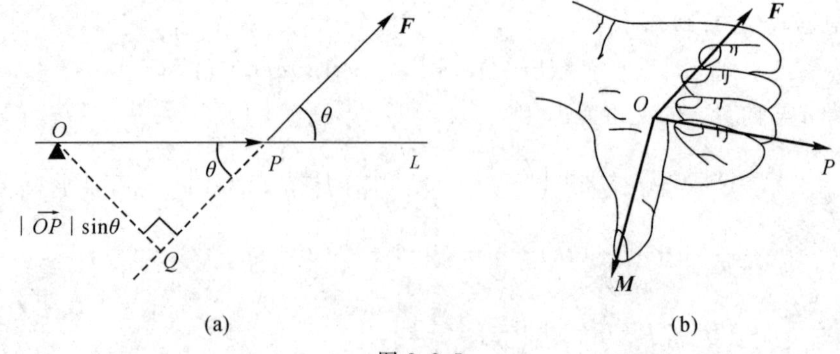

图 8.2.5

这种由两个向量按上面规则确定一个新向量的方法, 在力学和物理问题中也会遇到, 对其进行抽象即得如下定义.

定义 8.2.2 设向量 $\boldsymbol{c}$ 是由两个向量 $\boldsymbol{a}$ 与 $\boldsymbol{b}$ 按下列方式所确定的向量:

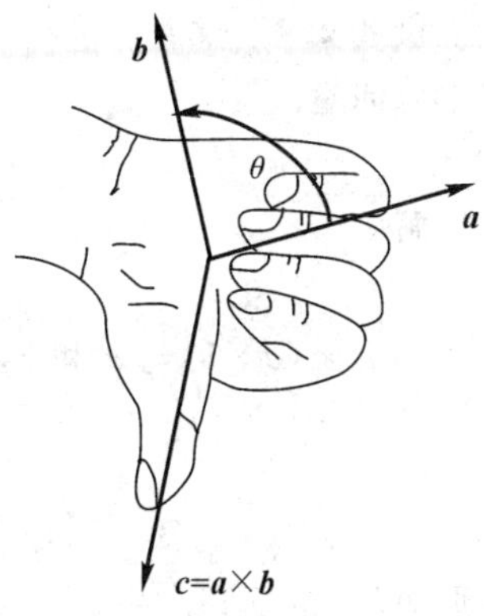

图 8.2.6

$\boldsymbol{c}$ 的模 $|\boldsymbol{c}|=|\boldsymbol{a}||\boldsymbol{b}|\sin\theta$，其中 θ 为 $\boldsymbol{a}$ 与 $\boldsymbol{b}$ 间的夹角；$\boldsymbol{c}$ 的方向垂直于 $\boldsymbol{a}$ 与 $\boldsymbol{b}$ 所决定的平面，$\boldsymbol{c}$ 的指向按右手规则从 $\boldsymbol{a}$ 转向 $\boldsymbol{b}$ 来确定(见图 8.2.6).

向量 $\boldsymbol{c}$ 叫作向量 $\boldsymbol{a}$ 与 $\boldsymbol{b}$ 的向量积，记作 $\boldsymbol{a}\times\boldsymbol{b}$，即

$$\boldsymbol{c}=\boldsymbol{a}\times\boldsymbol{b}.$$

根据向量积的定义，力矩 $\boldsymbol{M}$ 等于 $\overrightarrow{OP}$ 与 $\boldsymbol{F}$ 的向量积，即

$$\boldsymbol{M}=\overrightarrow{OP}\times\boldsymbol{F}.$$

由向量积的定义易得如下结论.

(1) $\boldsymbol{a}\times\boldsymbol{a}=\boldsymbol{0}$.

(2) 对于两个非零向量 $\boldsymbol{a}$、$\boldsymbol{b}$，如果 $\boldsymbol{a}\times\boldsymbol{b}=\boldsymbol{0}$，则 $\boldsymbol{a}/\!/\boldsymbol{b}$；反之，如果 $\boldsymbol{a}/\!/\boldsymbol{b}$，则 $\boldsymbol{a}\times\boldsymbol{b}=\boldsymbol{0}$.

如果认为零向量与任何向量都平行，则 $\boldsymbol{a}/\!/\boldsymbol{b}\Leftrightarrow\boldsymbol{a}\times\boldsymbol{b}=\boldsymbol{0}$(请读者自证).

向量积的运算规律：

(1) 反交换律：$\boldsymbol{a}\times\boldsymbol{b}=-\boldsymbol{b}\times\boldsymbol{a}$.

(2) 分配律：$(\boldsymbol{a}+\boldsymbol{b})\times\boldsymbol{c}=\boldsymbol{a}\times\boldsymbol{c}+\boldsymbol{b}\times\boldsymbol{c}$.

(3) $(\lambda\boldsymbol{a})\times\boldsymbol{b}=\boldsymbol{a}\times(\lambda\boldsymbol{b})=\lambda(\boldsymbol{a}\times\boldsymbol{b})$，其中 λ 为实数.

向量积的几何意义：

因为 $|\boldsymbol{a}\times\boldsymbol{b}|=|\boldsymbol{a}||\boldsymbol{b}|\sin\theta$，而 $|\boldsymbol{b}|\sin\theta$ 为以 $\boldsymbol{a}$、$\boldsymbol{b}$ 为邻边的平行四边形 $OACB$ 的底边 OA 上的高 h(见图 8.2.7)，即 $|\boldsymbol{b}|\sin\theta=h$，所以 $|\boldsymbol{a}\times\boldsymbol{b}|=|\boldsymbol{a}|h$，即 $|\boldsymbol{a}\times\boldsymbol{b}|$ 为以 $\boldsymbol{a}$、$\boldsymbol{b}$ 为邻边的平行四边形 $OACB$ 的面积，即

$$S_{\square OACB}=|\boldsymbol{a}\times\boldsymbol{b}|.$$

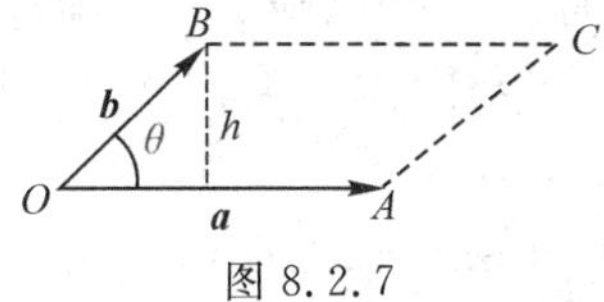

图 8.2.7

下面推导向量积的坐标表示式.

设 $\boldsymbol{a}=a_x\boldsymbol{i}+a_y\boldsymbol{j}+a_z\boldsymbol{k}$，$\boldsymbol{b}=b_x\boldsymbol{i}+b_y\boldsymbol{j}+b_z\boldsymbol{k}$，则由向量积的运算规律可得

$$\begin{aligned}\boldsymbol{a}\times\boldsymbol{b}&=(a_x\boldsymbol{i}+a_y\boldsymbol{j}+a_z\boldsymbol{k})\times(b_x\boldsymbol{i}+b_y\boldsymbol{j}+b_z\boldsymbol{k})\\&=a_xb_x(\boldsymbol{i}\times\boldsymbol{i})+a_xb_y(\boldsymbol{i}\times\boldsymbol{j})+a_xb_z(\boldsymbol{i}\times\boldsymbol{k})+\\&\quad a_yb_x(\boldsymbol{j}\times\boldsymbol{i})+a_yb_y(\boldsymbol{j}\times\boldsymbol{j})+a_yb_z(\boldsymbol{j}\times\boldsymbol{k})+\\&\quad a_zb_x(\boldsymbol{k}\times\boldsymbol{i})+a_zb_y(\boldsymbol{k}\times\boldsymbol{j})+a_zb_z(\boldsymbol{k}\times\boldsymbol{k}).\end{aligned}$$

由向量积的定义易得

$$\boldsymbol{i}\times\boldsymbol{i}=\boldsymbol{j}\times\boldsymbol{j}=\boldsymbol{k}\times\boldsymbol{k}=\boldsymbol{0},\ \boldsymbol{i}\times\boldsymbol{j}=\boldsymbol{k},\ \boldsymbol{j}\times\boldsymbol{i}=-\boldsymbol{k},\ \boldsymbol{j}\times\boldsymbol{k}=\boldsymbol{i},\ \boldsymbol{k}\times\boldsymbol{j}=-\boldsymbol{i},\ \boldsymbol{k}\times\boldsymbol{i}=\boldsymbol{j},\ \boldsymbol{i}\times\boldsymbol{k}=-\boldsymbol{j},$$

所以

$$\boldsymbol{a}\times\boldsymbol{b}=(a_yb_z-a_zb_y)\boldsymbol{i}+(a_zb_x-a_xb_z)\boldsymbol{j}+(a_xb_y-a_yb_x)\boldsymbol{k}.$$

为便于记忆，利用三阶行列式，上式可写成

$$\boldsymbol{a}\times\boldsymbol{b}=\begin{vmatrix}\boldsymbol{i}&\boldsymbol{j}&\boldsymbol{k}\\a_x&a_y&a_z\\b_x&b_y&b_z\end{vmatrix}=(a_yb_z-a_zb_y,\ a_zb_x-a_xb_z,\ a_xb_y-a_yb_x).$$

二阶、三阶行列式及其计算

例 8.2.4 设 $\boldsymbol{a}=(2,-2,-3)$，$\boldsymbol{b}=(0,-1,-1)$，计算 $\boldsymbol{a}\times\boldsymbol{b}$，并求与 $\boldsymbol{a}$ 和 $\boldsymbol{b}$ 都垂直的单位向量.

解
$$\boldsymbol{a}\times\boldsymbol{b}=\begin{vmatrix}\boldsymbol{i} & \boldsymbol{j} & \boldsymbol{k}\\ 2 & -2 & -3\\ 0 & -1 & -1\end{vmatrix}=-\boldsymbol{i}+2\boldsymbol{j}-2\boldsymbol{k}.$$

因为 $\pm(\boldsymbol{a}\times\boldsymbol{b})$ 与 $\boldsymbol{a}$ 和 $\boldsymbol{b}$ 都垂直，所以与 $\boldsymbol{a}$ 和 $\boldsymbol{b}$ 都垂直的单位向量为
$$\pm\frac{\boldsymbol{a}\times\boldsymbol{b}}{|\boldsymbol{a}\times\boldsymbol{b}|}=\pm\frac{1}{3}(-\boldsymbol{i}+2\boldsymbol{j}-2\boldsymbol{k}).$$

例 8.2.5 已知三角形 ABC 的顶点分别是 $A(1,2,3)$、$B(3,4,5)$、$C(2,4,7)$，求三角形 ABC 的面积.

解 根据向量积的几何意义可知，三角形 ABC 的面积为
$$S_{\triangle ABC}=\frac{1}{2}|\overrightarrow{AB}\times\overrightarrow{AC}|.$$
由于 $\overrightarrow{AB}=(2,2,2)$，$\overrightarrow{AC}=(1,2,4)$，因此
$$\overrightarrow{AB}\times\overrightarrow{AC}=\begin{vmatrix}\boldsymbol{i} & \boldsymbol{j} & \boldsymbol{k}\\ 2 & 2 & 2\\ 1 & 2 & 4\end{vmatrix}=4\boldsymbol{i}-6\boldsymbol{j}+2\boldsymbol{k}.$$
于是
$$S_{\triangle ABC}=\frac{1}{2}|4\boldsymbol{i}-6\boldsymbol{j}+2\boldsymbol{k}|=\frac{1}{2}\sqrt{4^2+(-6)^2+2^2}=\sqrt{14}.$$

例 8.2.6 设刚体以等角速度 $\boldsymbol{\omega}$ 绕 l 轴旋转，计算刚体上一点 M 的线速度.

解 刚体绕 l 轴旋转时，角速度 $\boldsymbol{\omega}$ 是 l 轴上的一个向量，它的模表示角速度的大小，它的方向由右手规则定出，即以右手握住 l 轴，当右手的四个手指的转向与刚体的旋转方向一致时，大拇指的指向就是 $\boldsymbol{\omega}$ 的方向(见图 8.2.8).

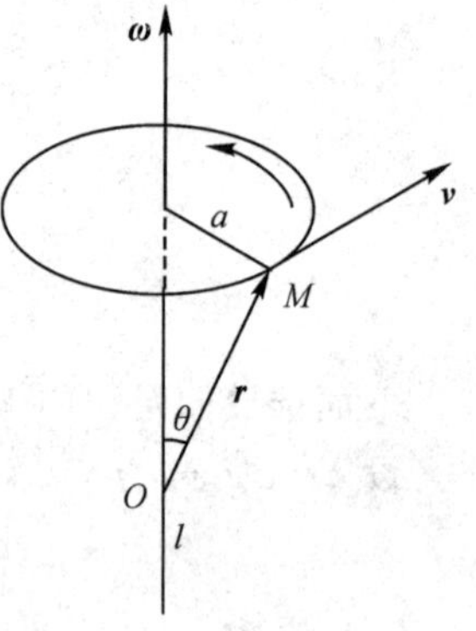

图 8.2.8

设点 M 到旋转轴 l 的距离为 a，在 l 轴上任取一点 O 作向量 $\boldsymbol{r}=\overrightarrow{OM}$，并以 θ 表示 $\boldsymbol{\omega}$ 与 $\boldsymbol{r}$ 的夹角，那么
$$a=|\boldsymbol{r}|\sin\theta.$$

设线速度为 $\boldsymbol{v}$，则由物理学中线速度与角速度间的关系可知，$\boldsymbol{v}$ 的大小为
$$|\boldsymbol{v}|=|\boldsymbol{\omega}|a=|\boldsymbol{\omega}||\boldsymbol{r}|\sin\theta;$$
$\boldsymbol{v}$ 的方向垂直于通过 M 点与 l 轴的平面，即 $\boldsymbol{v}$ 垂直于 $\boldsymbol{\omega}$ 与 $\boldsymbol{r}$，且 $\boldsymbol{v}$ 的指向使 $\boldsymbol{\omega}$、$\boldsymbol{r}$、$\boldsymbol{v}$ 符合右手规则. 因此有
$$\boldsymbol{v}=\boldsymbol{\omega}\times\boldsymbol{r}.$$

三、知识延展——向量的混合积

定义 8.2.3 设 $\boldsymbol{a}$、$\boldsymbol{b}$、$\boldsymbol{c}$ 为三个已知向量，先作向量 $\boldsymbol{a}$ 与向量 $\boldsymbol{b}$ 的向量积 $\boldsymbol{a}\times\boldsymbol{b}$，再把所得向量与第三个向量 $\boldsymbol{c}$ 作数量积 $(\boldsymbol{a}\times\boldsymbol{b})\cdot\boldsymbol{c}$，这样得到的数量称为三个向量 $\boldsymbol{a}$、$\boldsymbol{b}$、$\boldsymbol{c}$ 的混合积，记作 $[\boldsymbol{a}\ \boldsymbol{b}\ \boldsymbol{c}]$.

下面推导三个向量混合积的坐标表示式.

设 $\boldsymbol{a}=(a_x, a_y, a_z)$，$\boldsymbol{b}=(b_x, b_y, b_z)$，$\boldsymbol{c}=(c_x, c_y, c_z)$. 因为

$$\boldsymbol{a}\times\boldsymbol{b}=\begin{vmatrix}\boldsymbol{i} & \boldsymbol{j} & \boldsymbol{k}\\ a_x & a_y & a_z\\ b_x & b_y & b_z\end{vmatrix}=\begin{vmatrix}a_y & a_z\\ b_y & b_z\end{vmatrix}\boldsymbol{i}-\begin{vmatrix}a_x & a_z\\ b_x & b_z\end{vmatrix}\boldsymbol{j}+\begin{vmatrix}a_x & a_y\\ b_x & b_y\end{vmatrix}\boldsymbol{k},$$

所以

$$\begin{aligned}[\boldsymbol{a}\ \boldsymbol{b}\ \boldsymbol{c}]&=(\boldsymbol{a}\times\boldsymbol{b})\cdot\boldsymbol{c}\\ &=c_x\begin{vmatrix}a_y & a_z\\ b_y & b_z\end{vmatrix}-c_y\begin{vmatrix}a_x & a_z\\ b_x & b_z\end{vmatrix}+c_z\begin{vmatrix}a_x & a_y\\ b_x & b_y\end{vmatrix}\\ &=\begin{vmatrix}c_x & c_y & c_z\\ a_x & a_y & a_z\\ b_x & b_y & b_z\end{vmatrix}=\begin{vmatrix}a_x & a_y & a_z\\ b_x & b_y & b_z\\ c_x & c_y & c_z\end{vmatrix}.\end{aligned}$$

混合积的几何意义：

以 $\boldsymbol{a}$、$\boldsymbol{b}$、$\boldsymbol{c}$ 为相邻棱的平行六面体如图 8.2.9 所示，它的底是以 $\boldsymbol{a}$、$\boldsymbol{b}$ 为邻边的平行四边形，底面积 A 在数值上等于 $|\boldsymbol{a}\times\boldsymbol{b}|$，它的高等于 $\boldsymbol{c}$ 在 $\boldsymbol{a}\times\boldsymbol{b}$ 方向上投影的绝对值，即 $h=|\boldsymbol{c}||\cos\theta|$，因此以 $\boldsymbol{a}$、$\boldsymbol{b}$、$\boldsymbol{c}$ 为相邻棱的平行六面体的体积为

$$V=Ah=|\boldsymbol{a}\times\boldsymbol{b}||\boldsymbol{c}||\cos\theta|=|[\boldsymbol{a}\ \boldsymbol{b}\ \boldsymbol{c}]|.$$

所以，混合积的绝对值表示以 $\boldsymbol{a}$、$\boldsymbol{b}$、$\boldsymbol{c}$ 为相邻棱的平行六面体的体积. 如果 $\boldsymbol{a}\times\boldsymbol{b}$ 与 $\boldsymbol{c}$ 在向量 $\boldsymbol{a}$ 与向量 $\boldsymbol{b}$ 所在平面一侧，即 $\boldsymbol{a}$、$\boldsymbol{b}$、$\boldsymbol{c}$ 构成右手系（如图 8.2.9(a)所示），那么 $[\boldsymbol{a}\ \boldsymbol{b}\ \boldsymbol{c}]\geqslant 0$；如果 $\boldsymbol{a}\times\boldsymbol{b}$ 与 $\boldsymbol{c}$ 在向量 $\boldsymbol{a}$ 与向量 $\boldsymbol{b}$ 所在平面的两侧，即 $\boldsymbol{a}$、$\boldsymbol{b}$、$\boldsymbol{c}$ 构成左手系（如图 8.2.9(b)所示），那么 $[\boldsymbol{a}\ \boldsymbol{b}\ \boldsymbol{c}]\leqslant 0$.

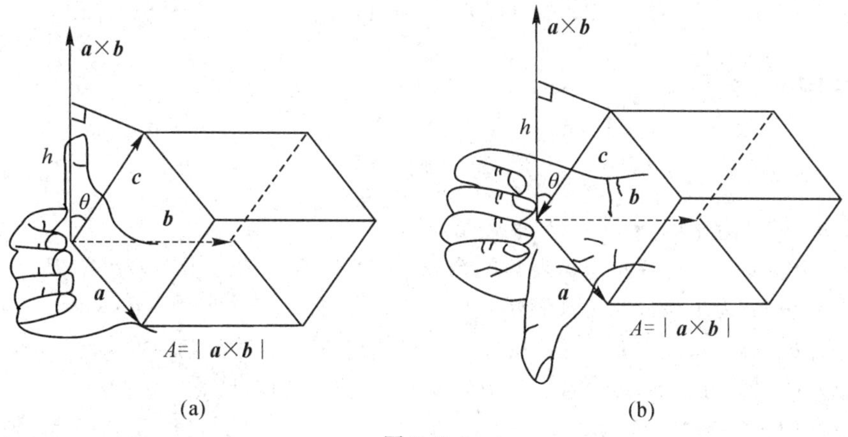

(a)　　(b)

图 8.2.9

由混合积的几何意义知，若 $[\boldsymbol{a}\ \boldsymbol{b}\ \boldsymbol{c}]\neq 0$，则能够构成以 $\boldsymbol{a}$、$\boldsymbol{b}$、$\boldsymbol{c}$ 为相邻棱的平行六面体，从而 $\boldsymbol{a}$、$\boldsymbol{b}$、$\boldsymbol{c}$ 三个向量不共面；反之，若 $\boldsymbol{a}$、$\boldsymbol{b}$、$\boldsymbol{c}$ 三个向量不共面，则一定能构成以 $\boldsymbol{a}$、$\boldsymbol{b}$、$\boldsymbol{c}$ 为相邻棱的平行六面体，从而 $[\boldsymbol{a}\ \boldsymbol{b}\ \boldsymbol{c}]\neq 0$. 于是有如下结论：

三个向量 $\boldsymbol{a}$、$\boldsymbol{b}$、$\boldsymbol{c}$ 共面的充分必要条件是其混合积 $[\boldsymbol{a}\ \boldsymbol{b}\ \boldsymbol{c}]=0$，即

$$\begin{vmatrix}a_x & a_y & a_z\\ b_x & b_y & b_z\\ c_x & c_y & c_z\end{vmatrix}=0.$$

例 8.2.7　已知 $A(1, 2, 0)$、$B(2, 3, 1)$、$C(3, 2, 2)$、$D(2, 0, 3)$，求四面体 $ABCD$ 的体积.

解　由立体几何知，四面体 $ABCD$ 的体积等于以 $\overrightarrow{AB}$、$\overrightarrow{AC}$、$\overrightarrow{AD}$ 为相邻棱的平行六面体的体积的六分之一，即

$$V=\frac{1}{6}|[\overrightarrow{AB}\ \overrightarrow{AC}\ \overrightarrow{AD}]|.$$

因为 $\overrightarrow{AB}=(1, 1, 1)$，$\overrightarrow{AC}=(2, 0, 2)$，$\overrightarrow{AD}=(1, -2, 3)$，而

$$[\overrightarrow{AB}\ \overrightarrow{AC}\ \overrightarrow{AD}]=\begin{vmatrix}1 & 1 & 1\\2 & 0 & 2\\1 & -2 & 3\end{vmatrix}=-4,$$

所以

$$V=\frac{1}{6}|[\overrightarrow{AB}\ \overrightarrow{AC}\ \overrightarrow{AD}]|=\frac{2}{3}.$$

例 8.2.8　判断四点 $A(1, 0, -1)$、$B(-2, 1, 3)$、$C(3, -1, 0)$、$D(0, 1, -7)$是否共面.

分析　判断四点 A、B、C、D 是否共面，等价于判断三个向量 $\overrightarrow{AB}$、$\overrightarrow{AC}$、$\overrightarrow{AD}$ 是否共面.

解　因为

$$\overrightarrow{AB}=(-3, 1, 4),\ \overrightarrow{AC}=(2, -1, 1),\ \overrightarrow{AD}=(-1, 1, -6),$$

$$|[\overrightarrow{AB}\ \overrightarrow{AC}\ \overrightarrow{AD}]|=\begin{vmatrix}-3 & 1 & 4\\2 & -1 & 1\\-1 & 1 & -6\end{vmatrix}=0,$$

所以四点 $A(1, 0, -1)$、$B(-2, 1, 3)$、$C(3, -1, 0)$、$D(0, 1, -7)$共面.

习题 8-2

基础题

1. 设 $\boldsymbol{a}=2\boldsymbol{i}-3\boldsymbol{j}+\boldsymbol{k}$，$\boldsymbol{b}=\boldsymbol{i}+2\boldsymbol{j}-\boldsymbol{k}$，求：

(1) $\boldsymbol{a}\cdot\boldsymbol{b}$ 及 $\boldsymbol{a}\times\boldsymbol{b}$；(2) $\boldsymbol{a}$ 与 $\boldsymbol{b}$ 夹角的余弦；(3) $(-2\boldsymbol{a})\cdot 3\boldsymbol{b}$ 及 $(-3\boldsymbol{a})\times 2\boldsymbol{b}$.

2. 设 $\boldsymbol{a}$、$\boldsymbol{b}$、$\boldsymbol{c}$ 为单位向量，且满足 $\boldsymbol{a}+\boldsymbol{b}+\boldsymbol{c}=\boldsymbol{0}$，求 $\boldsymbol{a}\cdot\boldsymbol{b}+\boldsymbol{b}\cdot\boldsymbol{c}+\boldsymbol{c}\cdot\boldsymbol{a}$.

3. 已知 $\boldsymbol{b}=(1, 1, 4)$，$\boldsymbol{a}=(2, -2, 1)$. 求向量 $\boldsymbol{b}$ 在向量 $\boldsymbol{a}$ 上的投影.

4. 求与 $\boldsymbol{a}=2\boldsymbol{i}-\boldsymbol{j}+2\boldsymbol{k}$ 共线且满足方程 $\boldsymbol{a}\cdot\boldsymbol{x}=-18$ 的向量 $\boldsymbol{x}$.

5. 已知 $M_1(1, -1, 2)$、$M_2(3, 3, 1)$和 $M_3(3, 1, 3)$，求与$\overrightarrow{M_1M_2}$和$\overrightarrow{M_2M_3}$同时垂直的单位向量.

6. 一个力沿 x 轴与 y 轴的分力各为 20 N，这个力作用于一物体，使该物体从点$(0, 1)$沿直线移到点$(2, 2)$，设距离的单位为 m，求力所做的功.

7. 已知 $\boldsymbol{a}$、$\boldsymbol{b}$、$\boldsymbol{c}$ 两两相互垂直，且$|\boldsymbol{a}|=1$，$|\boldsymbol{b}|=\sqrt{2}$，$|\boldsymbol{c}|=1$，求$|\boldsymbol{a}-\boldsymbol{b}-\boldsymbol{c}|$.

提高题

1. 已知$|\boldsymbol{a}|=3$，$|\boldsymbol{b}|=2\sqrt{3}$，$\boldsymbol{a}$ 与 $\boldsymbol{b}$ 的夹角为$\frac{\pi}{3}$，求以 $\boldsymbol{c}=5\boldsymbol{a}-2\boldsymbol{b}$、$\boldsymbol{d}=\boldsymbol{a}+3\boldsymbol{b}$ 为邻边的平

行四边形的面积.

2. 已知 $A(1, 0, 0)$、$B(0, 2, 1)$，在 z 轴上求一点 C，使$\triangle ABC$ 的面积最小.

3. 设 $\boldsymbol{a}$、$\boldsymbol{b}$ 为非零向量，$|\boldsymbol{b}|=2$，$(\widehat{\boldsymbol{a}, \boldsymbol{b}})=\dfrac{\pi}{3}$，求$\lim\limits_{x\to 0}\dfrac{|\boldsymbol{a}+x\boldsymbol{b}|-|\boldsymbol{a}|}{x}$.

4. 设 $\boldsymbol{a}=(1, -1, 1)$，$\boldsymbol{b}=(3, -4, 5)$，$\boldsymbol{x}=\boldsymbol{a}+\lambda\boldsymbol{b}$，$\lambda$ 为实数，试证：使得 $|\boldsymbol{x}|$ 最小的 $\boldsymbol{x}$ 垂直于 $\boldsymbol{b}$.

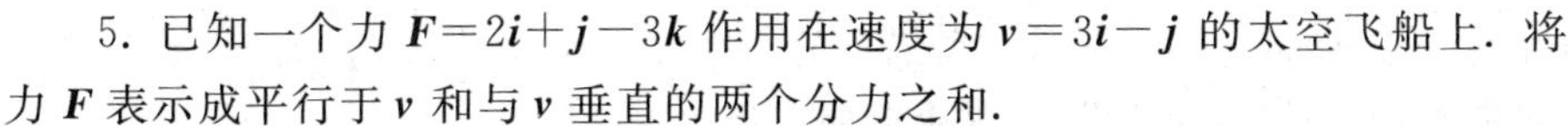

5. 已知一个力 $\boldsymbol{F}=2\boldsymbol{i}+\boldsymbol{j}-3\boldsymbol{k}$ 作用在速度为 $\boldsymbol{v}=3\boldsymbol{i}-\boldsymbol{j}$ 的太空飞船上. 将力 $\boldsymbol{F}$ 表示成平行于 $\boldsymbol{v}$ 和与 $\boldsymbol{v}$ 垂直的两个分力之和.

习题 8 - 2
参考答案

第三节　平面及其方程

因为平面是空间曲面的特例，所以讨论平面及其方程之前，先引入空间曲面方程的概念.

一、曲面方程的概念

定义 8.3.1　若曲面 Σ 与三元方程

$$F(x, y, z)=0 \tag{8.3.1}$$

有如下关系：

(1) 曲面 Σ 上任一点的坐标都满足方程(8.3.1)；

(2) 不在曲面 Σ 上的点的坐标都不满足方程(8.3.1)，

则称方程(8.3.1)为曲面 Σ 的方程，而曲面 Σ 称为方程(8.3.1)的图形(见图 8.3.1).

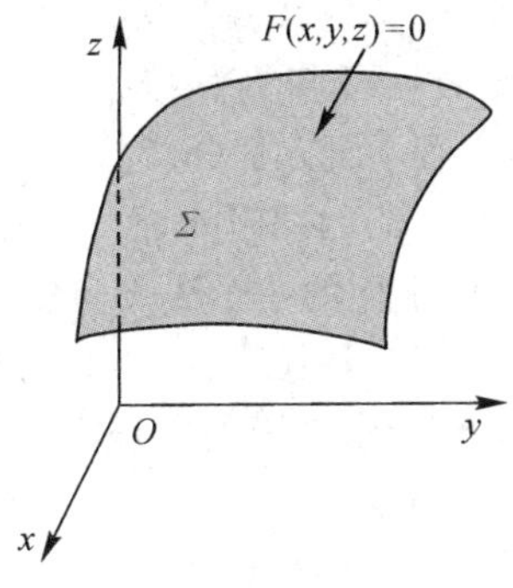

图 8.3.1

下面我们将以向量为工具，讨论空间最简单的曲面——平面及其方程.

二、平面的点法式方程与一般方程

定义 8.3.2　如果一非零向量垂直于一平面，则该非零向量就叫作该平面的法线向量. 容易知道，平面上的任一向量均与该平面的法线向量垂直.

问题　因为过空间一点可以作而且只能作一个平面垂直于一已知直线，所以当平面 Π 上一点 $M_0(x_0, y_0, z_0)$和它的一个法线向量 $\boldsymbol{n}=(A, B, C)$已知时，平面 Π 的位置就完全确定了. 那么如何建立平面 Π 的方程呢？

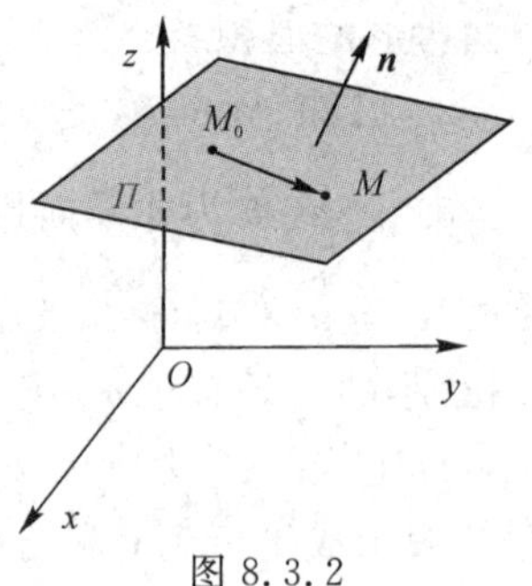

图 8.3.2

设 $M(x, y, z)$ 是平面 Π 上的任一点(见图 8.3.2). 由法线向量的定义知，向量 $\overrightarrow{M_0M}$ 必与平面 Π 的法线向量 $\boldsymbol{n}$ 垂直，则它们的数量积

$$\boldsymbol{n} \cdot \overrightarrow{M_0M}=0.$$

由于 $\boldsymbol{n}=(A, B, C)$，$\overrightarrow{M_0M}=(x-x_0, y-y_0, z-z_0)$，因此

$$A(x-x_0)+B(y-y_0)+C(z-z_0)=0. \tag{8.3.2}$$

这就是平面 Π 上任一点 M 的坐标 x，y，z 所满足的方程.

反过来，如果 $M(x, y, z)$ 不在平面 Π 上，那么向量 $\overrightarrow{M_0M}$ 与法线向量 $\boldsymbol{n}$ 不垂直，从而 $\boldsymbol{n} \cdot \overrightarrow{M_0M} \neq 0$，即不在平面 Π 上的点 M 的坐标 x，y，z 不满足方程(8.3.2).

由此可知，方程(8.3.2)就是平面 Π 的方程，而平面 Π 就是方程(8.3.2)的图形. 方程(8.3.2)称为平面的点法式方程.

将方程(8.3.2)变形为

$$Ax+By+Cz+D=0, \tag{8.3.3}$$

其中 $D=-Ax_0-By_0-Cz_0$. 因为 A、B、C 不全为零，所以平面方程(8.3.3)为 x，y，z 的一次方程，而任一平面都可以用它上面的一点及它的法线向量来确定，于是任一平面都可以用三元一次方程来表示.

反过来，对具有(8.3.3)形式的任一三元一次方程，任取满足该方程的一组数 x_0，y_0，z_0，即得

$$Ax_0+By_0+Cz_0+D=0. \tag{8.3.4}$$

将方程(8.3.3)与方程(8.3.4)相减，得

$$A(x-x_0)+B(y-y_0)+C(z-z_0)=0. \tag{8.3.5}$$

与平面的点法式方程(8.3.2)比较，可知方程(8.3.5)是通过点 $M_0(x_0, y_0, z_0)$ 且以 $\boldsymbol{n}=(A, B, C)$ 为法线向量的平面方程. 而方程(8.3.3)与方程(8.3.5)同解，由此可知，变量 x，y，z 的任一三元一次方程(8.3.3)的图形都是一个平面. 方程(8.3.3)称为平面的一般方程，其中 x，y，z 的系数就是该平面的一个法线向量 $\boldsymbol{n}$ 的坐标，即 $\boldsymbol{n}=(A, B, C)$.

例 8.3.1　求过点 $(1, -3, 2)$ 且以 $\boldsymbol{n}=(2, 1, -1)$ 为法线向量的平面的方程.

解　根据平面的点法式方程，得所求平面的方程为

$$2(x-1)+(y+3)-(z-2)=0,$$

即

$$2x+y-z+3=0.$$

下面根据平面的一般方程(8.3.3)，讨论特殊的平面方程所表示的平面图形的特点.

当 $D=0$ 时，方程(8.3.3)变为 $Ax+By+Cz=0$，易知它表示的平面过原点.

当 $A=0$ 时，方程(8.3.3)变为 $By+Cz+D=0$，此时平面的法线向量为 $\boldsymbol{n}=(0, B, C)$，法线向量垂直于 x 轴，说明方程表示的平面平行于 x 轴. 若再有 $D=0$，则方程变为 $By+Cz=0$，它表示的平面过 x 轴.

当 $A=B=0$ 时，方程(8.3.3)变为 $Cz+D=0$ 或 $z=-\dfrac{D}{C}$，此时平面的法线向量为 $\boldsymbol{n}=(0, 0, C)$，同时垂直于 x 和 y 轴，所以该方程表示平行于 xOy 面的平面. 若再有 $D=0$，则方程变为 $z=0$，表示 xOy 面.

例 8.3.2　求过 $M_1(a, 0, 0)$、$M_2(0, b, 0)$、$M_3(0, 0, c)$ 三点(见图 8.3.3)的平面的方程(其中 $a\neq 0$，$b\neq 0$，$c\neq 0$).

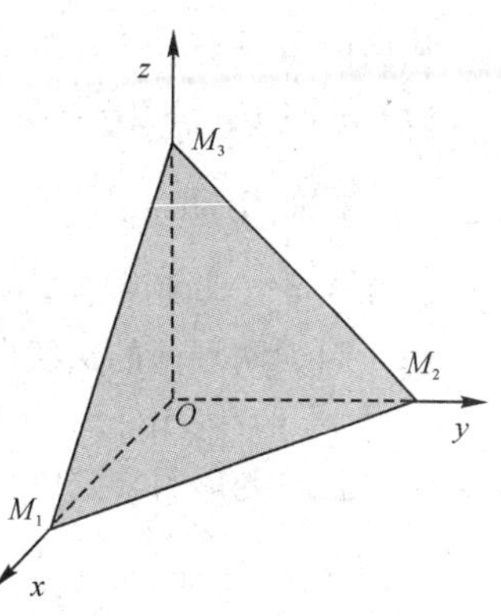

图 8.3.3

解　可以取 $\overrightarrow{M_1M_2}\times\overrightarrow{M_1M_3}$ 作为平面的法线向量 $\boldsymbol{n}$. 因为

$$\overrightarrow{M_1M_2}=(-a, b, 0),\quad \overrightarrow{M_1M_3}=(-a, 0, c),$$

所以

$$\boldsymbol{n}=\overrightarrow{M_1M_2}\times\overrightarrow{M_1M_3}=\begin{vmatrix}\boldsymbol{i} & \boldsymbol{j} & \boldsymbol{k}\\ -a & b & 0\\ -a & 0 & c\end{vmatrix}=(bc, ac, ab).$$

根据平面的点法式方程，得所求平面的方程为

$$bc(x-a)+ac(y-0)+ab(z-0)=0,$$

即

$$\frac{x}{a}+\frac{y}{b}+\frac{z}{c}=1. \tag{8.3.6}$$

方程(8.3.6)叫作平面的截距式方程，a、b、c 依次称为平面在 x 轴、y 轴、z 轴上的截距.

例 8.3.3　求通过 x 轴和点 $(4, -3, -1)$ 的平面的方程.

解　由于平面通过 x 轴，因此可设其方程为

$$By+Cz=0.$$

又平面过点 $(4, -3, -1)$，故有

$$-3B-C=0，即\ C=-3B,$$

将其代入所设方程，得 $By-3Bz=0$. 因为 $B\neq 0$，所以所求平面的方程为

$$y-3z=0.$$

三、两平面的夹角

两平面的法线向量的夹角(通常指锐角或直角)称为两平面的夹角.

设平面 Π_1 和 Π_2 的法线向量分别为 $\boldsymbol{n}_1=(A_1, B_1, C_1)$ 和 $\boldsymbol{n}_2=(A_2, B_2, C_2)$，则平面 Π_1 和 Π_2 的夹角 θ 应是 $(\widehat{\boldsymbol{n}_1, \boldsymbol{n}_2})$ 和 $(\widehat{\boldsymbol{n}_1, -\boldsymbol{n}_2})=\pi-(\widehat{\boldsymbol{n}_1, \boldsymbol{n}_2})$ 两者中的锐角(如图 8.3.4 所示). 因此，按两向量夹角余弦的坐标表示式，平面 Π_1 和 Π_2 的夹角 θ 可由

$$\cos\theta=\frac{|\boldsymbol{n}_1\cdot\boldsymbol{n}_2|}{|\boldsymbol{n}_1|\cdot|\boldsymbol{n}_2|}=\frac{|A_1A_2+B_1B_2+C_1C_2|}{\sqrt{A_1^2+B_1^2+C_1^2}\sqrt{A_2^2+B_2^2+C_2^2}} \tag{8.3.7}$$

来确定.

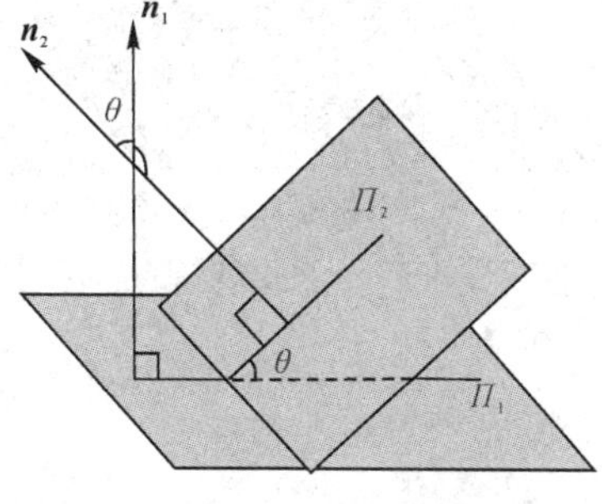

图 8.3.4

从两向量垂直、平行的充分必要条件可推得下列结论.

(1) 平面 Π_1 和 Π_2 垂直 $\Leftrightarrow \boldsymbol{n}_1 \perp \boldsymbol{n}_2 \Leftrightarrow \boldsymbol{n}_1 \cdot \boldsymbol{n}_2 = 0 \Leftrightarrow A_1A_2 + B_1B_2 + C_1C_2 = 0$.

(2) 平面 Π_1 和 Π_2 平行或重合 $\Leftrightarrow \boldsymbol{n}_1 /\!/ \boldsymbol{n}_2 \Leftrightarrow \boldsymbol{n}_1 \times \boldsymbol{n}_2 = \boldsymbol{0} \Leftrightarrow \dfrac{A_1}{A_2} = \dfrac{B_1}{B_2} = \dfrac{C_1}{C_2}$.

例 8.3.4 求两平面 $2x+y+z-6=0$ 和 $x-y+2z-5=0$ 的夹角.

解 因为两平面的法线向量分别为

$$\boldsymbol{n}_1 = (A_1, B_1, C_1) = (2, 1, 1), \quad \boldsymbol{n}_2 = (A_2, B_2, C_2) = (1, -1, 2),$$

所以两平面的夹角的余弦值为

$$\cos\theta = \frac{|\boldsymbol{n}_1 \cdot \boldsymbol{n}_2|}{|\boldsymbol{n}_1| \cdot |\boldsymbol{n}_2|} = \frac{|2\times1 + 1\times(-1) + 1\times2|}{\sqrt{2^2+1^2+1^2}\sqrt{1^2+(-1)^2+2^2}} = \frac{1}{2},$$

从而所求两平面的夹角 $\theta = \dfrac{\pi}{3}$.

四、平面外一点到平面的距离

问题 设 $M_0(x_0, y_0, z_0)$ 是平面 Π: $Ax+By+Cz+D=0$ 外一点，求点 M_0 到这平面的距离(见图 8.3.5).

平面的法线向量为 $\boldsymbol{n} = (A, B, C)$. 在平面上任取一点 $M_1(x_1, y_1, z_1)$，如图 8.3.5 所示，则点 M_0 到这平面的距离为

$$\begin{aligned} d &= |\mathrm{Prj}_{\boldsymbol{n}} \overrightarrow{M_1M_0}| = |\overrightarrow{M_1M_0}|\cos\theta = |\overrightarrow{M_1M_0}|\,|\cos(\widehat{\overrightarrow{M_1M_0}, \boldsymbol{n}})| \\ &= \frac{|A(x_0-x_1)+B(y_0-y_1)+C(z_0-z_1)|}{\sqrt{A^2+B^2+C^2}} \\ &= \frac{|Ax_0+By_0+Cz_0-(Ax_1+By_1+Cz_1)|}{\sqrt{A^2+B^2+C^2}}. \end{aligned}$$

因为 $Ax_1+By_1+Cz_1+D=0$，所以

$$d = \frac{|Ax_0+By_0+Cz_0+D|}{\sqrt{A^2+B^2+C^2}}. \tag{8.3.8}$$

公式(8.3.8)即平面 $Ax+By+Cz+D=0$ 外一点 $M_0(x_0, y_0, z_0)$ 到该平面的距离公式.

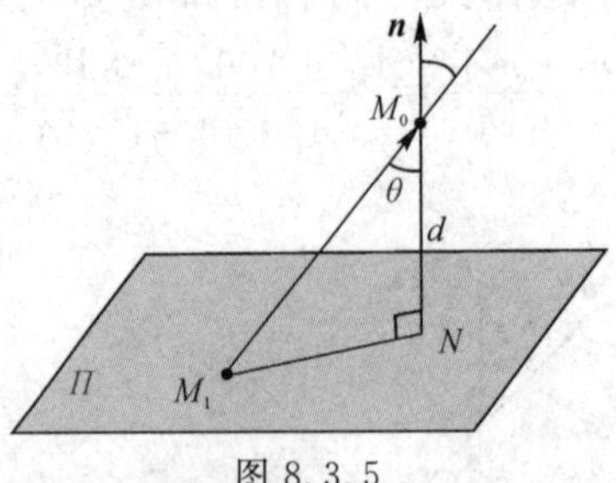

图 8.3.5

例 8.3.5 确定参数 k，使平面 $x+ky-2z=9$ 满足下列条件：

(1) 与平面 $2x+4y+3z=3$ 垂直；

(2) 与平面 $2x-3y+z=0$ 成 $45°$ 角；

(3) 与原点距离为 3.

解 (1) 若平面 $x+ky-2z=9$ 与平面 $2x+4y+3z=3$ 垂直，则两平面的法线向量垂

直，故 $1\times2+k\times4-2\times3=0$，解得 $k=1$.

(2) 若平面 $x+ky-2z=9$ 与平面 $2x-3y+z=0$ 成 45°角，则

$$\cos45^\circ=\frac{\sqrt{2}}{2}=\frac{|2-3k-2|}{\sqrt{5+k^2}\sqrt{14}},$$

解得 $k=\pm\frac{\sqrt{70}}{2}$.

(3) 若平面 $x+ky-2z=9$ 与原点距离为 3，则 $\frac{|-9|}{\sqrt{5+k^2}}=3$，解得 $k=\pm2$.

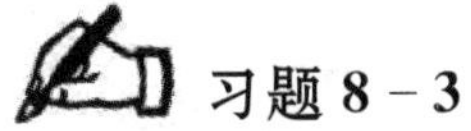

习题 8-3

基 础 题

1. 求过点(0, 1, −2)且与平面 $3x+2y-z+7=0$ 平行的平面方程.
2. 求过三点 $M_1(1, 1, -1)$、$M_2(-2, -2, 2)$和 $M_3(1, -1, 2)$的平面方程.
3. 求平面 $2x-2y+z-5=0$ 与各坐标面的夹角.
4. 求三平面 $x+3y+z-1=0$，$2x-y-z=0$，$-x+2y+2z-3=0$ 的交点.
5. 求点(1, 2, 3)到平面 $-x+2y+2z-3=0$ 的距离.
6. 求平行于 x 轴且过点(4, 0, −2)和(5, 1, 7)的平面方程.

提 高 题

1. 求通过点 $A(3, 0, 0)$和 $B(0, 0, 1)$且与 xOy 面成$\frac{\pi}{3}$角的平面方程.
2. 求过 z 轴和点(−3, 1, −2)的平面方程.
3. 已知三点 $A(-5, -11, 3)$、$B(7, 10, -6)$和 $C(1, -3, -2)$，求平行于$\triangle ABC$ 所在面，且和它的距离为 2 的平面方程.
4. 求与已知平面 $2x+y+2z+5=0$ 平行，且与三坐标面构成的四面体的体积为$\frac{1}{3}$的平面方程.

习题 8-3
参考答案

第四节 空间直线及其方程

因为空间曲线可以看作过此曲线的任意两个曲面的交线，且空间直线是空间曲线的特例，所以讨论空间直线及其方程之前，先引入空间曲线及其方程的概念.

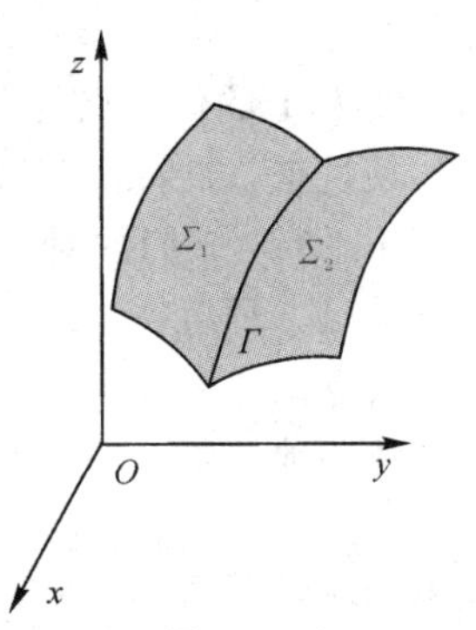

图 8.4.1

一、空间曲线方程的概念

空间曲线可以看作两个曲面 Σ_1、Σ_2 的交线. 设

$$F(x, y, z)=0 \quad 和 \quad G(x, y, z)=0$$

分别为两个曲面 Σ_1、Σ_2 的方程，它们的交线为 Γ(见图 8.4.1).

定义 8.4.1 若空间曲线 Γ 与方程组

$$\begin{cases} F(x, y, z)=0, \\ G(x, y, z)=0 \end{cases} \tag{8.4.1}$$

有如下关系：

(1) 在曲线 Γ 上的点的坐标都满足方程组(8.4.1)；

(2) 不在曲线 Γ 上的点的坐标都不满足方程组(8.4.1)，

则称方程组(8.4.1)为空间曲线 Γ 的方程，而空间曲线 Γ 称为方程组(8.4.1)的图形.

下面我们将以向量为工具，讨论空间最简单的曲线——空间直线及其方程.

二、空间直线的一般方程

因为空间直线是空间曲线的特殊情形，所以根据空间曲线及其方程的概念，空间直线 L 可以看作两个平面的交线. 如果两个相交平面 Π_1 和 Π_2 的方程分别为 $A_1x+B_1y+C_1z+D_1=0$ 和 $A_2x+B_2y+C_2z+D_2=0$，那么两个平面方程联立所得的方程组就是直线 L 的方程，即

$$\begin{cases} A_1x+B_1y+C_1z+D_1=0, \\ A_2x+B_2y+C_2z+D_2=0. \end{cases} \tag{8.4.2}$$

方程组(8.4.2)称为空间直线的一般方程.

由于通过空间一直线 L 的平面有无限多个，因此只要在这无限多个平面中任意选取两个，把它们的方程联立起来，所得的方程组就是空间直线 L 的方程.

三、空间直线的对称式方程与参数方程

定义 8.4.2 如果一个非零向量平行于一条已知直线，则该非零向量就叫作这条直线的方向向量.

容易知道，直线上任一向量都平行于该直线的方向向量.

问题 若直线 L 过定点 $M_0(x_0, y_0, z_0)$，以 $\boldsymbol{s}=(m, n, p)$ 为方向向量，则直线 L 的位置就完全确定了. 那么如何建立直线 L 的方程呢？

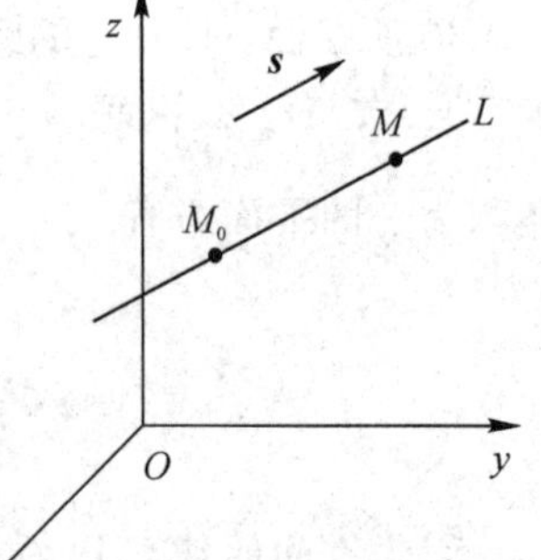

图 8.4.2

设 $M(x, y, z)$ 是直线 L 上的任一点，如图 8.4.2 所示，则 $\overrightarrow{M_0M}$ 与方向向量 $\boldsymbol{s}$ 平行. 由于

$$\overrightarrow{M_0M}=(x-x_0, y-y_0, z-z_0), \quad \boldsymbol{s}=(m, n, p),$$

因此

$$\frac{x-x_0}{m}=\frac{y-y_0}{n}=\frac{z-z_0}{p}, \tag{8.4.3}$$

即直线 L 上的任一点的坐标满足方程组(8.4.3).

反过来，如果点 M 不在直线 L 上，则 $\overrightarrow{M_0M}$ 与方向向量 $\boldsymbol{s}$ 一定不平行，它们的对应坐标一定不成比例，所以点 M 的坐标不满足方程组(8.4.3). 因此方程组(8.4.3)就是直线 L 的方程，叫作空间直线的对称式方程或点向式方程.

特别地，当 m、n、p 中有一个为零，例如 $m=0$，而 $n, p\neq 0$ 时(如图 8.4.3 所示)，直线方程应理解为 $\begin{cases} x=x_0, \\ \dfrac{y-y_0}{n}=\dfrac{z-z_0}{p}. \end{cases}$

当 m、n、p 中有两个为零，例如 $m=n=0$，而 $p\neq0$ 时（如图 8.4.4 所示），直线方程应理解为

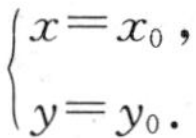

$$\begin{cases}x=x_0,\\ y=y_0.\end{cases}$$

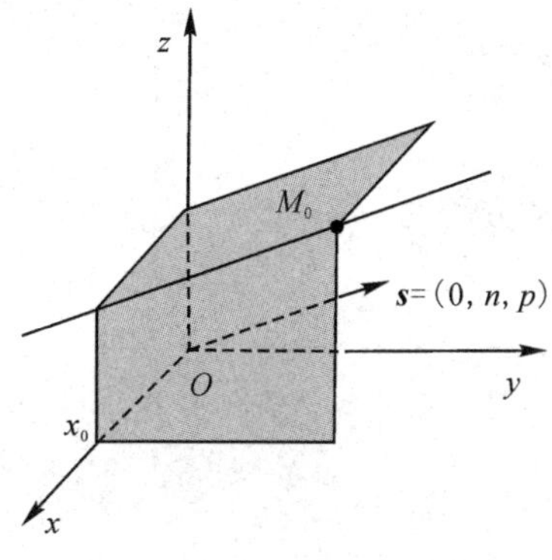

图 8.4.3

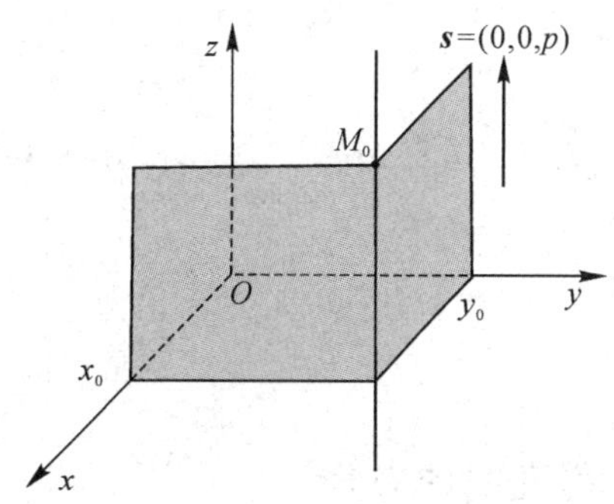

图 8.4.4

直线的任一方向向量 $\boldsymbol{s}$ 的坐标 m、n、p 叫作这直线的一组方向数，而向量 $\boldsymbol{s}$ 的方向余弦叫作该直线的方向余弦.

若在直线的对称式方程(8.4.3)中，令

$$\frac{x-x_0}{m}=\frac{y-y_0}{n}=\frac{z-z_0}{p}=t\quad(t\text{ 为参数}),$$

则有

$$\begin{cases}x=x_0+mt,\\ y=y_0+nt,\\ z=z_0+pt.\end{cases}\tag{8.4.4}$$

方程组(8.4.4)就是直线 L 的参数方程.

例 8.4.1　求过两点 $M_1(-3, 2, -1)$ 与 $M_2(1, 0, 2)$ 的直线方程.

解　显然 $\overrightarrow{M_1M_2}=(4, -2, 3)$ 即直线的方向向量，所以所求直线方程为

$$\frac{x+3}{4}=\frac{y-2}{-2}=\frac{z+1}{3}.$$

由此可见，过两点 $M_1(x_1, y_1, z_1)$、$M_2(x_2, y_2, z_2)$ 的直线方程为

$$\frac{x-x_1}{x_2-x_1}=\frac{y-y_1}{y_2-y_1}=\frac{z-z_1}{z_2-z_1},$$

此方程也称为直线的两点式方程.

例 8.4.2　化直线的一般方程 $\begin{cases}2x-y+3z=1,\\ 5x+4y-z=7\end{cases}$ 为对称式方程和参数方程.

解　先找出所给直线的方向向量 $\boldsymbol{s}$. 因为所给直线为两平面的交线，所以所给直线的方向向量 $\boldsymbol{s}$ 与两平面的法线向量 $\boldsymbol{n}_1=(2, -1, 3)$、$\boldsymbol{n}_2=(5, 4, -1)$ 均垂直，从而可取

$$\boldsymbol{s}=\boldsymbol{n}_1\times\boldsymbol{n}_2=\begin{vmatrix}\boldsymbol{i}&\boldsymbol{j}&\boldsymbol{k}\\2&-1&3\\5&4&-1\end{vmatrix}=(-11, 17, 13).$$

再在直线上找一个确定的点．在方程组$\begin{cases}2x-y+3z=1,\\5x+4y-z=7\end{cases}$中令 $x=0$，则有

$$\begin{cases}-y+3z=1,\\4y-z=7.\end{cases}$$

解上述方程组得 $y=2$，$z=1$，即$(0,2,1)$为直线上的一点，所以所求直线的对称式方程为

$$\frac{x}{-11}=\frac{y-2}{17}=\frac{z-1}{13}.$$

令$\frac{x}{-11}=\frac{y-2}{17}=\frac{z-1}{13}=t$($t$ 为参数)，得直线的参数方程为

$$\begin{cases}x=-11t,\\y=2+17t,\\z=1+13t.\end{cases}$$

四、两直线的夹角

两条直线的方向向量的夹角(通常指锐角或直角)叫作两直线的夹角．

设直线 L_1 和 L_2 的方向向量分别为 $\boldsymbol{s}_1=(m_1,n_1,p_1)$和 $\boldsymbol{s}_2=(m_2,n_2,p_2)$，那么 L_1 和 L_2 的夹角 φ 就是$(\widehat{\boldsymbol{s}_1,\boldsymbol{s}_2})$和 $\pi-(\widehat{\boldsymbol{s}_1,\boldsymbol{s}_2})$两者中的锐角或直角．因此，根据两向量的夹角的余弦公式，直线 L_1 和 L_2 的夹角 φ 可由

$$\cos\varphi=\frac{|m_1m_2+n_1n_2+p_1p_2|}{\sqrt{m_1^2+n_1^2+p_1^2}\sqrt{m_2^2+n_2^2+p_2^2}} \tag{8.4.5}$$

来确定．

从两向量垂直、平行的充分必要条件可推得下列结论：

(1) $L_1\perp L_2\Leftrightarrow\boldsymbol{s}_1\perp\boldsymbol{s}_2\Leftrightarrow\boldsymbol{s}_1\cdot\boldsymbol{s}_2=0\Leftrightarrow m_1m_2+n_1n_2+p_1p_2=0$.

(2) $L_1/\!/L_2\Leftrightarrow\boldsymbol{s}_1/\!/\boldsymbol{s}_2\Leftrightarrow\boldsymbol{s}_1\times\boldsymbol{s}_2=\boldsymbol{0}\Leftrightarrow\frac{m_1}{m_2}=\frac{n_1}{n_2}=\frac{p_1}{p_2}$.

注 两直线 L_1 和 L_2 重合是两直线 L_1 和 L_2 平行的特殊情形．

例 8.4.3 求直线 L_1：$\begin{cases}x+y+z=9,\\x-3y-z=3\end{cases}$和 L_2：$\frac{x-1}{1}=\frac{y-5}{-2}=\frac{z+8}{1}$的夹角 φ.

解 取直线 L_1 的方向向量 $\boldsymbol{s}_1=\begin{vmatrix}\boldsymbol{i}&\boldsymbol{j}&\boldsymbol{k}\\1&1&1\\1&-3&-1\end{vmatrix}=(2,2,-4)$，取直线 L_2 的方向向量 $\boldsymbol{s}_2=(1,-2,1)$．设两直线的夹角为 φ，则

$$\cos\varphi=\frac{|2\times1+2\times(-2)+(-4)\times1|}{\sqrt{2^2+2^2+(-4)^2}\sqrt{1^2+(-2)^2+1^2}}=\frac{1}{2},$$

所以两直线的夹角 $\varphi=\frac{\pi}{3}$.

例 8.4.4 求过点$(4,-1,3)$且平行于直线 L：$\frac{x-3}{2}=\frac{y}{1}=\frac{z-1}{5}$的直线方程．

解 因为所求直线与已知直线 L：$\frac{x-3}{2}=\frac{y}{1}=\frac{z-1}{5}$平行，所以直线 L 的方向向量与所

求直线平行，从而直线 L 的方向向量(2，1，5)即可作为所求直线的方向向量. 于是所求直线方程为

$$\frac{x-4}{2}=\frac{y+1}{1}=\frac{z-3}{5}.$$

五、直线与平面的夹角

当直线与平面不垂直时，直线和它在平面上的投影直线的夹角 $\varphi\left(0\leqslant\varphi<\frac{\pi}{2}\right)$为直线与平面的夹角(见图 8.4.5). 当直线与平面垂直时，规定直线与平面的夹角为$\frac{\pi}{2}$.

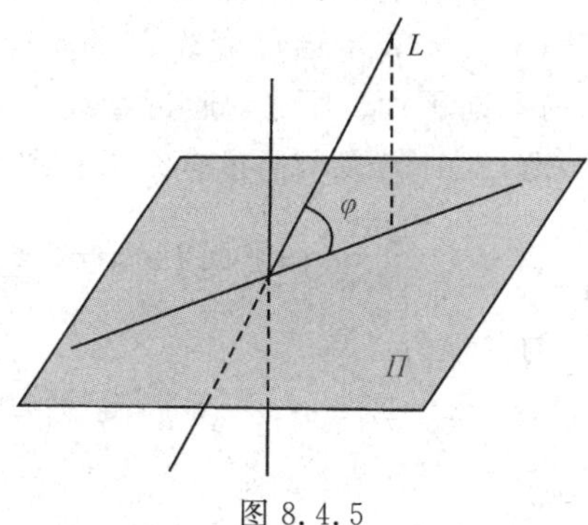

图 8.4.5

设直线 L 的方向向量为 $\boldsymbol{s}=(m, n, p)$，平面 Π 的法线向量为 $\boldsymbol{n}=(A, B, C)$，则直线 L 与平面 Π 的夹角为 $\varphi=\left|\frac{\pi}{2}\pm(\widehat{\boldsymbol{s}, \boldsymbol{n}})\right|$. 因为 $\sin\varphi=|\cos(\widehat{\boldsymbol{s}, \boldsymbol{n}})|$，所以直线 L 与平面 Π 的夹角 φ 的正弦为

$$\sin\varphi=\frac{|Am+Bn+Cp|}{\sqrt{A^2+B^2+C^2}\sqrt{m^2+n^2+p^2}}. \tag{8.4.6}$$

从两向量垂直、平行的充分必要条件可得如下结论：

(1) $L\perp\Pi\Leftrightarrow\boldsymbol{s}/\!/\boldsymbol{n}\Leftrightarrow\boldsymbol{s}\times\boldsymbol{n}=\boldsymbol{0}\Leftrightarrow\frac{A}{m}=\frac{B}{n}=\frac{C}{p}$.

(2) $L/\!/\Pi\Leftrightarrow\boldsymbol{s}\perp\boldsymbol{n}\Leftrightarrow\boldsymbol{s}\cdot\boldsymbol{n}=0\Leftrightarrow Am+Bn+Cp=0$.

注　直线 L 在平面 Π 上是直线 L 和平面 Π 平行的特殊情形.

例 8.4.5　求过点(0，2，4)且与平面 $2x-3y+z-4=0$ 垂直的直线的方程.

解　因为所求直线与已知平面垂直，所以已知平面的法线向量(2，−3，1)与所求直线平行，因此可取已知平面的法线向量(2，−3，1)作为所求直线的方向向量. 由此可得所求直线的方程为

$$\frac{x}{2}=\frac{y-2}{-3}=\frac{z-4}{1}.$$

六、平面束

通过一条直线可以作无数多张平面，通过该直线的所有平面的全体称为通过该直线的平面束.

设直线 L 的方程为

$$\begin{cases}A_1x+B_1y+C_1z+D_1=0, & (8.4.7)\\ A_2x+B_2y+C_2z+D_2=0, & (8.4.8)\end{cases}$$

其中系数 A_1、B_1、C_1 与 A_2、B_2、C_2 不成比例. 考虑三元一次方程:

$$\lambda(A_1x+B_1y+C_1z+D_1)+\mu(A_2x+B_2y+C_2z+D_2)=0, \tag{8.4.9}$$

即

$$(\lambda A_1+\mu A_2)x+(\lambda B_1+\mu B_2)y+(\lambda C_1+\mu C_2)z+\lambda D_1+\mu D_2=0,$$

其中 λ、μ 为不同时为零的任意常数. 因为系数 A_1、B_1、C_1 与 A_2、B_2、C_2 不成比例, 所以对于任何一组 λ、μ 的值, $\lambda A_1+\mu A_2$、$\lambda B_1+\mu B_2$、$\lambda C_1+\mu C_2$ 不全为零, 从而方程(8.4.9)表示一个平面. 显然, 若点在直线 L 上, 则点的坐标必同时满足方程(8.4.7)和(8.4.8), 因而一定满足方程(8.4.9), 故方程(8.4.9)表示通过直线 L 的平面, 且对于不同的 λ、μ 的值, 方程(8.4.9)表示通过直线 L 的不同平面. 反之, 通过直线 L 的任何平面, 都包含在方程(8.4.9)表示的一族平面内. 方程(8.4.9)表示通过直线 L 的平面束方程.

例 8.4.6 求直线 L: $\begin{cases}x+y-z-1=0,\\ x-y+z+1=0\end{cases}$ 在平面 Π: $x+y+z=0$ 上的投影直线的方程.

解 设过直线 L 的平面束的方程为

$$\lambda(x+y-z-1)+\mu(x-y+z+1)=0,$$

即

$$(\lambda+\mu)x+(\lambda-\mu)y+(-\lambda+\mu)z+(-\lambda+\mu)=0,$$

其中 λ、μ 为待定的常数. 若这平面与平面 Π: $x+y+z=0$ 垂直, 则

$$(\lambda+\mu)\cdot 1+(\lambda-\mu)\cdot 1+(-\lambda+\mu)\cdot 1=0,$$

即 $\lambda=-\mu$. 将 $\lambda=-\mu(\mu\neq 0)$ 代入平面束方程得投影平面的方程为

$$-2\mu(y-z-1)=0,$$

即

$$y-z-1=0.$$

故投影直线的方程为 $\begin{cases}y-z-1=0,\\ x+y+z=0.\end{cases}$

下面我们举几个直线、平面综合应用的例子.

例 8.4.7 求与两平面 $x-4z=3$ 和 $2x-y-5z=1$ 的交线平行且过点 $(-3, 2, 5)$ 的直线的方程.

解 平面 $x-4z=3$ 和 $2x-y-5z=1$ 的交线的方向向量就是所求直线的方向向量 $\boldsymbol{s}$, 可取

$$\boldsymbol{s}=\boldsymbol{n}_1\times\boldsymbol{n}_2=\begin{vmatrix}\boldsymbol{i} & \boldsymbol{j} & \boldsymbol{k}\\ 1 & 0 & -4\\ 2 & -1 & -5\end{vmatrix}=(-4, -3, -1)=-(4, 3, 1).$$

因为直线过点 $(-3, 2, 5)$, 所以所求直线的方程为

$$\frac{x+3}{4}=\frac{y-2}{3}=\frac{z-5}{1}.$$

例 8.4.8 求点 $M(4, 1, -6)$ 关于直线 L: $\dfrac{x-1}{2}=\dfrac{y}{3}=\dfrac{z+1}{-1}$ 的对称点.

解　过点 M 且与直线 L 垂直的平面方程为

$$2(x-4)+3(y-1)-(z+6)=0.$$

直线 L 与该平面的交点 M_0 即过点 M 所作直线 L 的垂线的垂足. 令

$$\frac{x-1}{2}=\frac{y}{3}=\frac{z+1}{-1}=t,$$

得 $x=2t+1$，$y=3t$，$z=-t-1$，将其代入平面方程，得

$$2(2t+1-4)+3(3t-1)-(-t-1+6)=0,$$

解得 $t=1$，即垂足为 $M_0(3, 3, -2)$.

设 M 关于直线 L 的对称点为 (x, y, z)，则

$$\begin{cases}\dfrac{x+4}{2}=3,\\ \dfrac{y+1}{2}=3,\\ \dfrac{z-6}{2}=-2,\end{cases}$$

解得 $\begin{cases}x=2,\\ y=5,\\ z=2,\end{cases}$ 即点 $M(4, 1, -6)$ 关于直线 L：$\dfrac{x-1}{2}=\dfrac{y}{3}=\dfrac{z+1}{-1}$ 的对称点为 $(2, 5, 2)$.

例 8.4.9　求过点 $M_0(2, 0, -1)$ 及直线 L：$\begin{cases}2x-5y+z-4=0,\\ x-6y+2z-3=0\end{cases}$ 的平面方程.

解　方法 1：在直线 L 的方程中，令 $y=1$，得 $\begin{cases}2x+z=9,\\ x+2z=9,\end{cases}$ 解得 $\begin{cases}x=3,\\ z=3,\end{cases}$ 即 $M_1(3, 1, 3)$ 为直线 L 上一点. 直线 L 的方向向量为

$$\boldsymbol{s}=\boldsymbol{n}_1\times\boldsymbol{n}_2=\begin{vmatrix}\boldsymbol{i} & \boldsymbol{j} & \boldsymbol{k}\\ 2 & -5 & 1\\ 1 & -6 & 2\end{vmatrix}=(-4, -3, -7)=-(4, 3, 7).$$

设所求平面的法线向量为 $\boldsymbol{n}$，则 $\boldsymbol{n}\perp\overrightarrow{M_0M_1}$，$\boldsymbol{n}\perp\boldsymbol{s}$，所以可取

$$\boldsymbol{n}=-\boldsymbol{s}\times\overrightarrow{M_0M_1}=\begin{vmatrix}\boldsymbol{i} & \boldsymbol{j} & \boldsymbol{k}\\ 4 & 3 & 7\\ 1 & 1 & 4\end{vmatrix}=(5, -9, 1),$$

故所求平面方程为 $5(x-2)-9(y-0)+(z+1)=0$，即 $5x-9y+z-9=0$.

方法 2：过直线 L 的平面束中过点 $M_0(2, 0, -1)$ 的平面即所求平面.

设过直线 L 的平面束方程为

$$\lambda(2x-5y+z-4)+\mu(x-6y+2z-3)=0.$$

因为所求平面过点 $M_0(2, 0, -1)$，所以 $\lambda=-3\mu(\mu\neq 0)$. 故所求平面方程为 $5x-9y+z-9=0$.

例 8.4.10　求过直线 L：$\begin{cases}x+5y+z=0,\\ x-z+4=0\end{cases}$ 且与平面 $x-4y-8z+12=0$ 的夹角为 $45°$ 的平面方程.

解　设过直线 L 的平面束方程为

$$\lambda(x+5y+z)+\mu(x-z+4)=0,$$

即

$$(\lambda+\mu)x+5\lambda y+(\lambda-\mu)z+4\mu=0.$$

因为所求平面与平面 $x-4y-8z+12=0$ 的夹角为 $45°$，所以

$$\cos45°=\frac{|(\lambda+\mu)-20\lambda-8(\lambda-\mu)|}{\sqrt{(\lambda+\mu)^2+(5\lambda)^2+(\lambda-\mu)^2}\cdot\sqrt{1^2+(-4)^2+(-8)^2}},$$

即 $\dfrac{1}{\sqrt{2}}=\dfrac{|-3\lambda+\mu|}{\sqrt{27\lambda^2+2\mu^2}}$，解得 $\lambda=0$ 或 $\lambda=-\dfrac{4}{3}\mu(\mu\neq0)$. 故所求平面方程为 $x-z+4=0$ 或 $x+20y+7z-12=0$.

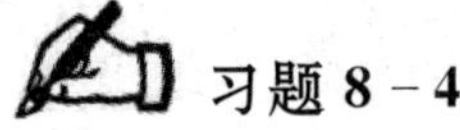

习题 8-4

基 础 题

1. 用对称式方程和参数方程表示直线 $\begin{cases}x-y+z-1=0,\\2x+y+z-4=0.\end{cases}$

2. 求过点$(5,-1,3)$且与平面 $x-2y+5z+3=0$ 垂直的直线方程.

3. 求过点$(4,-1,0)$且平行于直线$\dfrac{x-5}{3}=\dfrac{y+1}{1}=\dfrac{z-1}{5}$的直线方程.

4. 求过点$(2,0,-3)$且与直线$\begin{cases}x+y+z+1=0,\\2x-y+3z+4=0\end{cases}$垂直的平面方程.

5. 求直线$\dfrac{x+2}{1}=\dfrac{2-y}{1}=\dfrac{z+1}{2}$与平面 $2x+y+z-3=0$ 的夹角及交点.

6. 确定下列各组中的直线与平面的位置关系：

(1) $\dfrac{x}{-3}=\dfrac{y}{1}=\dfrac{z}{-2}$和 $3x-y+2z-7=0$；

(2) $\dfrac{x+3}{2}=\dfrac{y+4}{7}=\dfrac{z}{-3}$和 $4x-2y-2z-3=0$；

(3) $\dfrac{x-2}{2}=\dfrac{y+4}{1}=\dfrac{z-1}{-4}$和 $x+2y+z+5=0$.

7. 求过点$(1,2,1)$且与两直线$\begin{cases}x+2y-z+1=0,\\x-y+z-1=0\end{cases}$和$\begin{cases}2x-y+z=0,\\x-y+z=0\end{cases}$平行的平面方程.

8. 证明两直线 L_1：$\dfrac{x-1}{-1}=\dfrac{y}{2}=\dfrac{z+1}{1}$和 L_2：$\dfrac{x+2}{0}=\dfrac{y-1}{1}=\dfrac{z-2}{-2}$为异面直线.

提 高 题

1. 求点 $M(4,1,-6)$关于平面 $x-2y-4z-5=0$ 的对称点.

2. 求直线$\begin{cases}2x-4y+z=0,\\3x-y-2z-9=0\end{cases}$在平面 $4x-y+z-1=0$ 上的投影直线的方程.

3. 求点 $M(5,0,-3)$在平面 Π：$x+y-2z+1=0$ 上的投影.

4. 求过 $M_0(1,1,1)$且与两直线 L_1：$\begin{cases}y=2x,\\z=x-1\end{cases}$和 L_2：$\begin{cases}y=3x-4,\\z=2x-1\end{cases}$都相交的直线的方程.

5. 设 M_0 是直线 L 外一点，M 是直线 L 上任意一点，且直线的方向向量为 $\boldsymbol{s}$，试证：点 M_0 到直线 L 的距离 $d=\dfrac{|\overrightarrow{M_0M}\times \boldsymbol{s}|}{|\boldsymbol{s}|}$.

6. 画出下列各平面所围成的立体：

(1) $x=0$，$y=0$，$z=0$，$3x-4y+2z-12=0$.

(2) $x=0$，$z=0$，$x=1$，$y=2$，$z=\dfrac{y}{4}$.

习题 8-4
参考答案

第五节　曲面及其方程

一、曲面研究的基本问题

在本章第三节中，我们给出了曲面及其方程的定义，并且讨论了空间最简单的曲面——平面及其方程. 下面我们进一步讨论空间曲面及其方程. 在空间解析几何中，关于曲面的研究即要解决以下两个基本问题：

(1) 已知一曲面作为点的几何轨迹时，建立曲面的方程.

(2) 已知变量 x、y、z 之间的一个方程，研究它所表示的曲面的形状.

下面我们讨论几个关于空间曲面的简单例子.

例 8.5.1　建立球心在点 $M_0(x_0, y_0, z_0)$、半径为 R 的球面的方程.

解　设 $M(x, y, z)$是球面上的任一点，则

$$|M_0M|=R,$$

即

$$\sqrt{(x-x_0)^2+(y-y_0)^2+(z-z_0)^2}=R$$

或

$$(x-x_0)^2+(y-y_0)^2+(z-z_0)^2=R^2. \tag{8.5.1}$$

显然，在球面上的点的坐标一定满足方程(8.5.1)，而不在球面上的点的坐标都不满足方程(8.5.1)，所以方程(8.5.1)就是球心在点 $M_0(x_0, y_0, z_0)$、半径为 R 的球面的方程.

特殊地，球心在原点 $O(0, 0, 0)$、半径为 R 的球面的方程为

$$x^2+y^2+z^2=R^2.$$

例 8.5.2　已知点 $A(1, 2, 3)$和 $B(2, -1, 4)$，求线段 AB 的垂直平分面的方程.

解　由题意知，所求的平面就是与 A 和 B 等距离的点的几何轨迹. 设 $M(x, y, z)$为所求平面上的任一点，则有

$$|AM|=|BM|,$$

即

$$\sqrt{(x-1)^2+(y-2)^2+(z-3)^2}=\sqrt{(x-2)^2+(y+1)^2+(z-4)^2}.$$

等式两边平方，然后化简得

$$2x-6y+2z-7=0.$$

这就是所求平面上的点的坐标所满足的方程，而不在此平面上的点的坐标都不满足这个方程，所以这个方程就是所求平面的方程.

例 8.5.1、例 8.5.2 属于基本问题(1)，即已知曲面的形状，建立曲面的方程.

下面举一个属于基本问题(2)的例子，即已知变量 x、y、z 之间的一个方程，研究它所表示的曲面的形状.

例 8.5.3 方程 $x^2+y^2+z^2-2x+4y=0$ 表示怎样的曲面?

解 通过配方，原方程可以改写成

$$(x-1)^2+(y+2)^2+z^2=5.$$

由例 8.5.1 知，这是一个球面方程，即此方程表示球心在点 $M_0(1,-2,0)$、半径为 $\sqrt{5}$ 的球面.

一般地，设有三元二次方程

$$Ax^2+Ay^2+Az^2+Dx+Ey+Fz+G=0,$$

其中 A、D、E、F、G 为实常数，且 $A\neq 0$. 这个方程的特点是缺 xy、yz、zx 各项，而且平方项系数相同，将此方程经过配方化成方程

$$(x-x_0)^2+(y-y_0)^2+(z-z_0)^2=M$$

的形式. 若 $M>0$，记 $M=R^2$，则此方程化为方程(8.5.1)的形式，它的图形就是一个球面；若 $M=0$，则它的图形就是点 (x_0, y_0, z_0)；若 $M<0$，则它没有图形.

下面作为基本问题(1)的例子，我们讨论如何建立空间一类曲面——旋转曲面的方程.

二、旋转曲面

定义 8.5.1 以一条平面曲线 C 绕它所在平面上的一条固定直线 L 旋转一周所成的曲面叫作旋转曲面(见图 8.5.1)，平面曲线 C 叫作旋转曲面的母线，固定直线 L 叫作旋转曲面的轴.

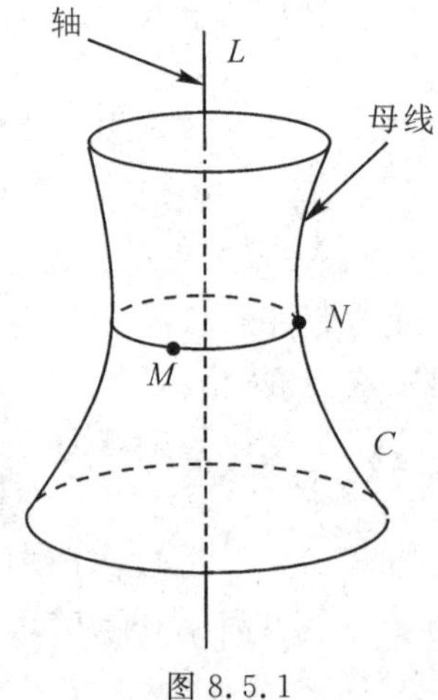

图 8.5.1

旋转曲面的动画演示

依据旋转曲面的几何定义可得旋转曲面有如下特点：

(1) 母线上的任一点绕轴旋转一周的轨迹是圆周；

(2) 曲面上任一点 M 一定是由母线上的某一点绕轴旋转而来的.

下面我们根据旋转轴的不同情况，讨论如何建立旋转曲面的方程.

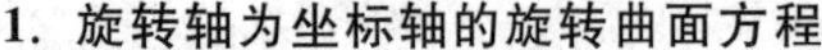

1. 旋转轴为坐标轴的旋转曲面方程

 **问题** 设在 yOz 面上有一已知曲线 C，它的方程为

$$f(y, z)=0,$$

将此曲线绕 z 轴旋转一周，就得到一个以 z 轴为轴的旋转曲面(见图 8.5.2)．试建立此旋转曲面的方程.

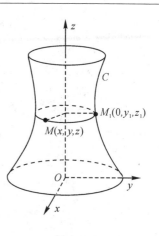

设 $M(x, y, z)$为曲面上任一点，根据旋转曲面的特点，它一定是曲线 C 上一点 $M_1(0, y_1, z_1)$绕 z 轴旋转而得到的. 因此

$$f(y_1, z_1)=0. \tag{8.5.2}$$

当曲线 C 绕 z 轴旋转时，点 M_1 绕 z 轴转到点 M，从而竖坐标保持不变，即 $z=z_1$，且点 M_1 与点 M 到 z 轴距离相等，即

$$|y_1|=\sqrt{x^2+y^2}.$$

将 $z=z_1$，$y_1=\pm\sqrt{x^2+y^2}$ 代入方程(8.5.2)即得

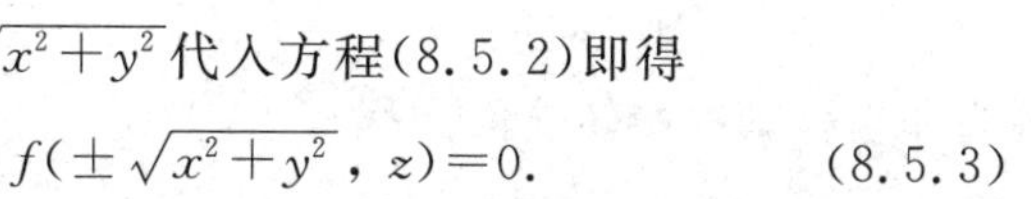

$$f(\pm\sqrt{x^2+y^2}, z)=0. \tag{8.5.3}$$

图 8.5.2

根据曲面方程的定义，方程(8.5.3)就是所求旋转曲面的方程.

由此可知，要想得到 yOz 面上曲线 C 绕 z 轴旋转一周所得旋转曲面的方程，只要把曲线 C 的方程 $f(y, z)=0$ 中的 y 改成 $\pm\sqrt{x^2+y^2}$ 即可.

同理，yOz 面上曲线 C 绕 y 轴旋转所成的旋转曲面的方程为

$$f(y, \pm\sqrt{x^2+z^2})=0.$$

例 8.5.4　直线 L 绕另一条与 L 相交的直线旋转一周，所得旋转曲面叫作圆锥面. 两直线的交点叫作圆锥面的顶点，两直线的夹角 α 叫作圆锥面的半顶角. 试建立顶点在坐标原点 O，旋转轴为 z 轴，半顶角为 α 的圆锥面的方程.

解　在 yOz 面内，直线 L 的方程为

$$z=y\cot\alpha.$$

将方程 $z=y\cot\alpha$ 中的 y 改成 $\pm\sqrt{x^2+y^2}$，就得到所要求的圆锥面的方程：

$$z=\pm\sqrt{x^2+y^2}\cot\alpha$$

或

$$z^2=a^2(x^2+y^2), \tag{8.5.4}$$

其中 $a=\cot\alpha$.

例 8.5.5　将 zOx 面上的双曲线

$$\frac{x^2}{a^2}-\frac{z^2}{c^2}=1$$

分别绕 x 轴和 z 轴旋转一周，求所生成的旋转曲面的方程.

解　绕 x 轴旋转所成的旋转曲面叫旋转双叶双曲面(见图 8.5.3(a))，其方程为

$$\frac{x^2}{a^2}-\frac{y^2+z^2}{c^2}=1.$$

绕 z 轴旋转所成的旋转曲面叫旋转单叶双曲面(见图 8.5.3(b))，其方程为

$$\frac{x^2+y^2}{a^2}-\frac{z^2}{c^2}=1.$$

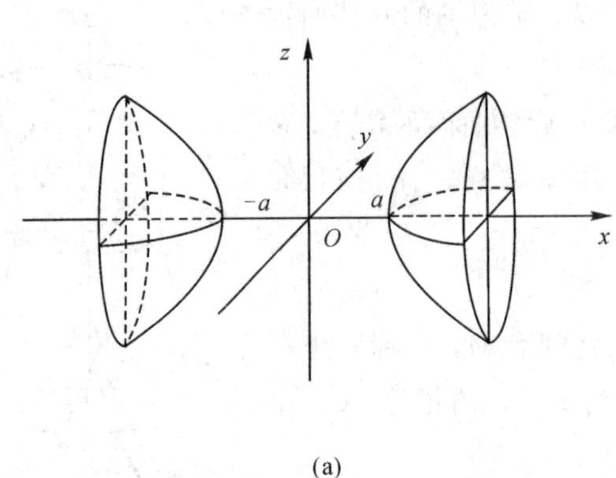

(a)

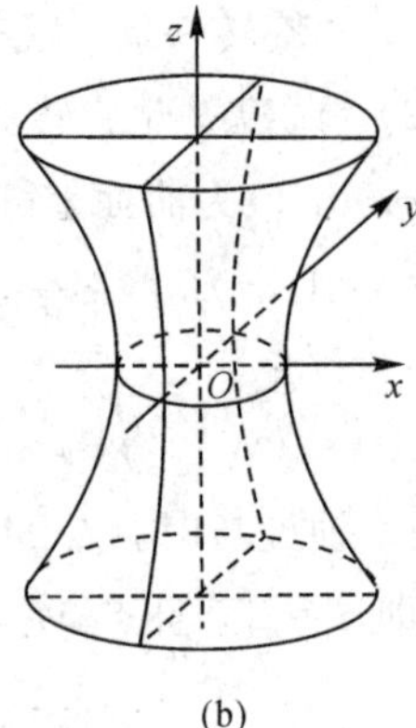

(b)

图 8.5.3

2. 知识延展——旋转轴为非坐标轴的旋转曲面方程

问题 已知空间曲线 Γ：$\begin{cases}F(x, y, z)=0,\\G(x, y, z)=0\end{cases}$ 和直线 L：$\dfrac{x-x_0}{m}=\dfrac{y-y_0}{n}=\dfrac{z-z_0}{p}$，建立曲线 Γ 绕直线 L 旋转一周所成的旋转曲面的方程.

设 $M(x, y, z)$ 为旋转曲面上任一点，根据旋转曲面的特点，它一定是曲线 Γ 上一点 $M_1(x_1, y_1, z_1)$ 绕直线 L 旋转而得到的. 因此

$$\begin{cases}F(x_1, y_1, z_1)=0,\\G(x_1, y_1, z_1)=0.\end{cases}$$

设直线 L 的方向向量为 $\boldsymbol{s}$，则 $\overrightarrow{M_1M}\perp\boldsymbol{s}$，故

$$m(x-x_1)+n(y-y_1)+p(z-z_1)=0.$$

由点 M_1 与点 M 到旋转轴(即直线 L)的距离相等可以推得：点 M_1 与点 M 到旋转轴(即直线 L)上的点 $M_0(x_0, y_0, z_0)$ 的距离相等，从而有

$$(x-x_0)^2+(y-y_0)^2+(z-z_0)^2=(x_1-x_0)^2+(y_1-y_0)^2+(z_1-z_0)^2.$$

从方程组

$$\begin{cases}F(x_1, y_1, z_1)=0,\\G(x_1, y_1, z_1)=0,\\m(x-x_1)+n(y-y_1)+p(z-z_1)=0,\\(x-x_0)^2+(y-y_0)^2+(z-z_0)^2=(x_1-x_0)^2+(y_1-y_0)^2+(z_1-z_0)^2\end{cases}$$

中消去 x_1、y_1、z_1 即得所求旋转曲面的方程.

例 8.5.6 求直线 L_1：$\dfrac{x-3}{2}=\dfrac{y-1}{3}=\dfrac{z+1}{1}$ 绕直线 L_2：$\dfrac{x-2}{0}=\dfrac{y-3}{0}=\dfrac{z-0}{1}$ 旋转一周所成旋转曲面的方程.

解 设 $M(x, y, z)$ 为旋转曲面上任意一点，则 $M(x, y, z)$ 是由曲线 L_1 上一点 $M_1(x_1, y_1, z_1)$ 绕 L_2 旋转而得到的. 因此

$$\begin{cases}\dfrac{x_1-3}{2}=\dfrac{y_1-1}{3}=\dfrac{z_1+1}{1},\\z-z_1=0,\\(x-2)^2+(y-3)^2+(z-0)^2=(x_1-2)^2+(y_1-3)^2+(z_1-0)^2,\end{cases}$$

消去 x_1、y_1、z_1 得所求旋转曲面的方程为

$$(x-2)^2+(y-3)^2-13\left(z+\frac{9}{13}\right)^2=\frac{49}{13}.$$

下面作为基本问题(2)的例子，我们讨论空间另一类曲面——柱面.

三、柱面

 **问题**　在空间直角坐标系中，方程 $x^2+y^2=R^2$ 表示什么曲面?

我们知道，方程 $x^2+y^2=R^2$ 在 xOy 面上表示圆心在原点 O、半径为 R 的圆. 在空间直角坐标系中，这方程不含竖坐标 z，即不论空间点的竖坐标 z 怎样，只要它的横坐标 x 和纵坐标 y 能满足这方程，那么这些点就在这曲面上. 在圆上任取一点 $M_1(x, y, 0)$，过此点作平行于 z 轴的直线 L，对任意的 z，点 $M(x, y, z)$ 的坐标也满足方程 $x^2+y^2=R^2$，即 L 上的所有点都在此方程表示的曲面上. 因此，这曲面可以看作是由平行于 z 轴的直线 L 沿 xOy 面上的圆曲线 $x^2+y^2=R^2$ 移动所形成的曲面. 此曲面称为圆柱面(见图 8.5.4).

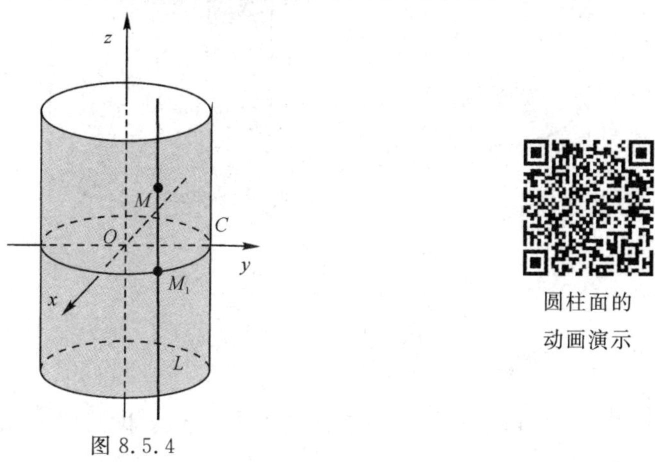

图 8.5.4

定义 8.5.2　平行于定直线并沿定曲线 C 移动的直线 L 形成的轨迹叫作柱面，定曲线 C 叫作柱面的准线，动直线 L 叫作柱面的母线.

上面我们看到，不含 z 的方程 $x^2+y^2=R^2$ 在空间直角坐标系中表示圆柱面，它的母线平行于 z 轴，准线是 xOy 面上的圆 $x^2+y^2=R^2$.

一般地，只含 x、y 而缺 z 的方程 $F(x, y)=0$，在空间直角坐标系中表示母线平行于 z 轴的柱面(见图 8.5.5)，其准线是 xOy 面上的曲线 C：$F(x, y)=0$.

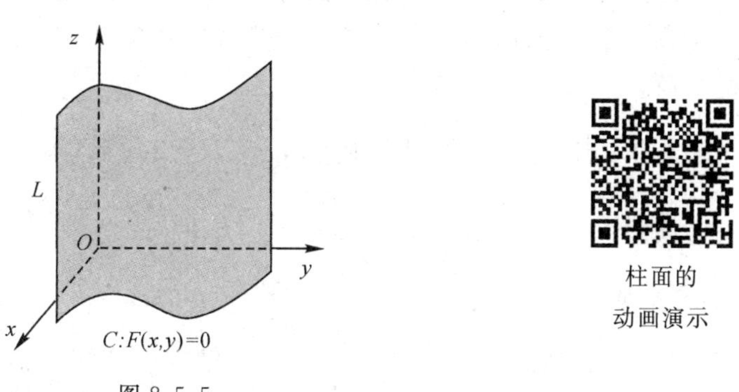

图 8.5.5

类似地，只含 x、z 而缺 y 的方程 $G(x, z)=0$ 和只含 y、z 而缺 x 的方程 $H(y, z)=0$ 分别表示母线平行于 y 轴和 x 轴的柱面.

例如，方程 $y^2=2x$ 表示母线平行于 z 轴的柱面(见图 8.5.6)，它的准线是 xOy 面上的抛物线，该柱面叫作抛物柱面.

方程 $\frac{x^2}{a^2}+\frac{z^2}{c^2}=1$ 表示母线平行于 y 轴的柱面(见图 8.5.7)，它的准线是 zOx 面上的椭圆，该柱面叫作椭圆柱面. 当 $a=c$ 时，该柱面就是圆柱面.

方程 $y-z=0$ 表示母线平行于 x 轴的柱面(见图 8.5.8)，它的准线是 yOz 面上的直线 $y-z=0$，所以它是过 x 轴的平面.

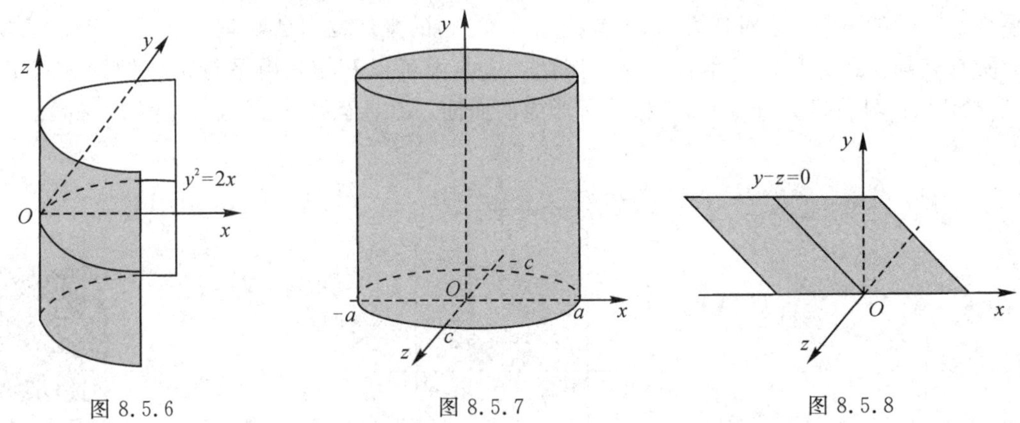

图 8.5.6　　图 8.5.7　　图 8.5.8

四、二次曲面

与平面解析几何中的二次曲线相类似，我们把三元二次方程所表示的曲面叫作二次曲面.

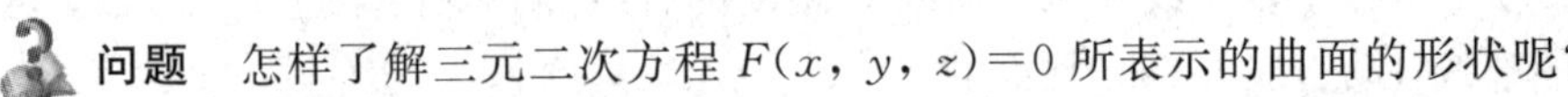

问题　怎样了解三元二次方程 $F(x, y, z)=0$ 所表示的曲面的形状呢?

方法之一是用坐标面和平行于坐标面的平面与曲面相截，考察其交线的形状，然后加以综合，从而了解曲面的立体形状. 这种方法叫作截痕法.

研究二次曲面形状的另一种方法是伸缩变形法，通过对已知曲面进行伸缩变形来得到二次曲面的形状. 下面我们先来说明一下这种方法.

设 Σ 是一个曲面，其方程为 $F(x, y, z)=0$，Σ_1 是将曲面 Σ 沿 x 轴方向伸缩 λ 倍所得的曲面.

显然，若 $(x, y, z)\in\Sigma$，则 $(\lambda x, y, z)\in\Sigma_1$；若 $(x, y, z)\in\Sigma_1$，则 $\left(\frac{1}{\lambda}x, y, z\right)\in\Sigma$.

因此，对于任意的 $(x, y, z)\in\Sigma_1$，有 $F\left(\frac{1}{\lambda}x, y, z\right)=0$，即 $F\left(\frac{1}{\lambda}x, y, z\right)=0$ 是曲面 Σ_1 的方程.

例如，把球面 $x^2+y^2+z^2=a^2$ 沿 y 轴方向伸缩 $\frac{b}{a}$ 倍，所得曲面为旋转椭球面，其方程为

$$x^2+\left(\frac{a}{b}y\right)^2+z^2=a^2,$$

二次曲面的分类

即

$$\frac{x^2}{a^2}+\frac{y^2}{b^2}+\frac{z^2}{a^2}=1.$$

二次曲面是应用广泛的一类曲面，如椭球面、圆锥面、圆柱面等都是二次曲面. 这里我们介绍几种常用的二次曲面，选择适当的坐标系，得到它们的标准方程，并就这几种二次曲面的标准方程，利用截痕法和伸缩变形法来研究它们的形状.

1. 椭圆锥面

设 a、b 为实常数，且 $a>0$，$b>0$. 方程

$$\frac{x^2}{a^2}+\frac{y^2}{b^2}=z^2 \tag{8.5.5}$$

所表示的曲面称为椭圆锥面.

椭圆锥面可以看作圆锥面沿垂直于旋转轴方向伸缩而得的曲面. 把圆锥面 $\frac{x^2+y^2}{a^2}=z^2$ 沿 y 轴方向伸缩 $\frac{b}{a}$ 倍，所得曲面即椭圆锥面(见图 8.5.9)，其方程为 $\frac{x^2}{a^2}+\frac{y^2}{b^2}=z^2$.

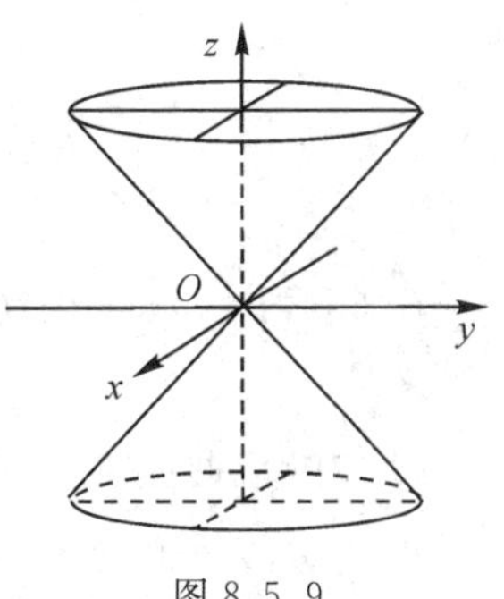

图 8.5.9

我们还可以用截痕法得到椭圆锥面的形状. 以垂直于 z 轴的平面 $z=t$ 截此曲面，当 $t=0$ 时，得一点(0，0，0)；当 $t\neq 0$ 时，得平面 $z=t$ 上的椭圆

$$\frac{x^2}{(at)^2}+\frac{y^2}{(bt)^2}=1.$$

当 t 变化时，上式表示一族长短轴比例不变的椭圆，当 $|t|$ 从大到小变化并变为 0 时，这族椭圆从大到小变化并缩为一点. 综合上述讨论，可得椭圆锥面的形状如图 8.5.9 所示.

2. 椭球面

设 a、b、c 为实常数，且 $a>0$，$b>0$，$c>0$. 方程

$$\frac{x^2}{a^2}+\frac{y^2}{b^2}+\frac{z^2}{c^2}=1 \tag{8.5.6}$$

所表示的曲面称为椭球面.

我们用截痕法来研究椭球面.

由方程(8.5.6)知：$|x|\leqslant a$，$|y|\leqslant b$，$|z|\leqslant c$，即椭球面完全包含在 $x=\pm a$，$y=\pm b$，$z=\pm c$ 六个面所围长方体内. a、b、c 叫作椭球面的半轴.

用 $z=z_1$($|z_1|<c$)去截椭球面，得截痕曲线为

$$\begin{cases}\dfrac{x^2}{\frac{a^2}{c^2}(c^2-z_1^2)}+\dfrac{y^2}{\frac{b^2}{c^2}(c^2-z_1^2)}=1,\\ z=z_1.\end{cases}$$

可见，截痕为 $z=z_1$ 平面上两半轴分别为 $\frac{a}{c}\sqrt{c^2-z_1^2}$、$\frac{b}{c}\sqrt{c^2-z_1^2}$ 的椭圆. 当 $|z_1|$ 由 0 逐渐

增大到 c 时，椭圆截面由大到小变化，最后缩成一点．当 z_1 为 0 时，得椭球面与 xOy 面的交线为

$$\begin{cases}\dfrac{x^2}{a^2}+\dfrac{y^2}{b^2}=1,\\ z=0,\end{cases}$$

即 xOy 面上两半轴为 a、b 的椭圆．

若分别用 $y=y_1(|y_1|<b)$、$x=x_1(|x_1|<a)$ 去截椭球面，则分别可得类似的结果．

综合上面的讨论，可得椭球面 $\dfrac{x^2}{a^2}+\dfrac{y^2}{b^2}+\dfrac{z^2}{c^2}=1$ 的形状如图 8.5.10 所示．

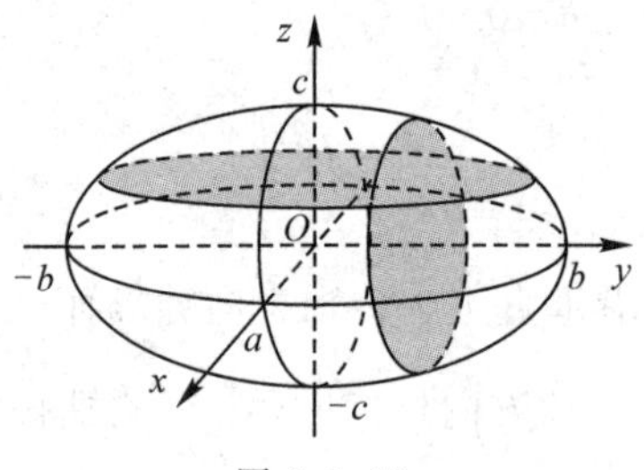

图 8.5.10

用伸缩变形法研究椭球面

显然，当 a、b、c 中任意两个相等时，所得曲面为旋转椭球面；当 $a=b=c$ 时，所得曲面为球面．

3. 单叶双曲面

设 a、b、c 为实常数，且 $a>0$，$b>0$，$c>0$．方程

$$\frac{x^2}{a^2}+\frac{y^2}{b^2}-\frac{z^2}{c^2}=1 \tag{8.5.7}$$

所表示的曲面称为单叶双曲面．

把 zOx 面上的双曲线 $\dfrac{x^2}{a^2}-\dfrac{z^2}{c^2}=1$ 绕 z 轴旋转，得旋转单叶双曲面 $\dfrac{x^2}{a^2}+\dfrac{y^2}{a^2}-\dfrac{z^2}{c^2}=1$；再把此旋转单叶双曲面沿 y 轴方向伸缩 $\dfrac{b}{a}$ 倍，即得单叶双曲面 $\dfrac{x^2}{a^2}+\dfrac{y^2}{b^2}-\dfrac{z^2}{c^2}=1$，其形状如图 8.5.11 所示．

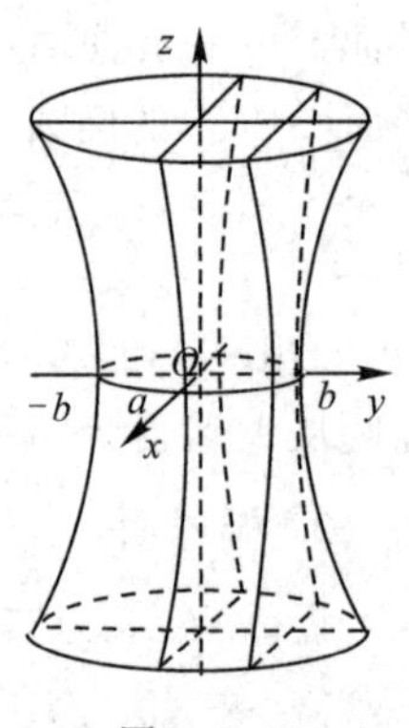

图 8.5.11

4. 双叶双曲面

设 a、b、c 为实常数，且 $a>0$，$b>0$，$c>0$．方程

$$\frac{x^2}{a^2}-\frac{y^2}{b^2}-\frac{z^2}{c^2}=1 \tag{8.5.8}$$

所表示的曲面称为双叶双曲面．

把 zOx 面上的双曲线 $\dfrac{x^2}{a^2}-\dfrac{z^2}{c^2}=1$ 绕 x 轴旋转，得旋转双叶双曲面 $\dfrac{x^2}{a^2}-\dfrac{y^2+z^2}{c^2}=1$；再把此旋转双叶双曲面沿 y 轴方向伸缩 $\dfrac{b}{c}$ 倍，即得双叶双曲面 $\dfrac{x^2}{a^2}-\dfrac{y^2}{b^2}-\dfrac{z^2}{c^2}=1$，其形状如图 8.5.12 所示．

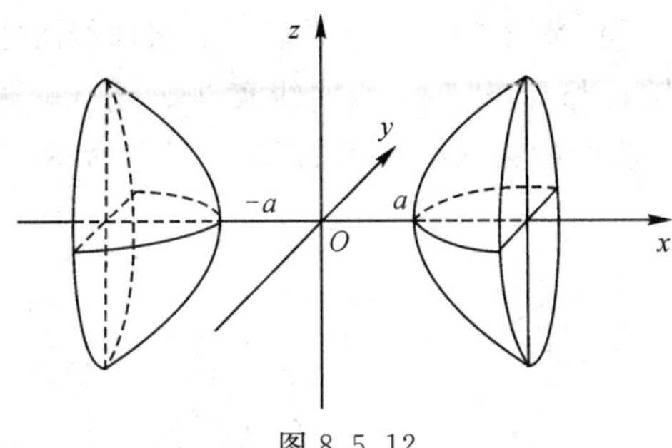

图 8.5.12

5. 椭圆抛物面

设 a、b 为实常数，且 $a>0$，$b>0$. 方程

$$\frac{x^2}{a^2}+\frac{y^2}{b^2}=z \tag{8.5.9}$$

所表示的曲面称为椭圆抛物面.

把 zOx 面上的抛物线 $x^2=a^2z$ 绕 z 轴旋转，得旋转抛物面 $\frac{x^2}{a^2}+\frac{y^2}{a^2}=z$；再把此旋转抛物面沿 y 轴方向伸缩 $\frac{b}{a}$ 倍，即得椭圆抛物面 $\frac{x^2}{a^2}+\frac{y^2}{b^2}=z$，其形状如图 8.5.13 所示.

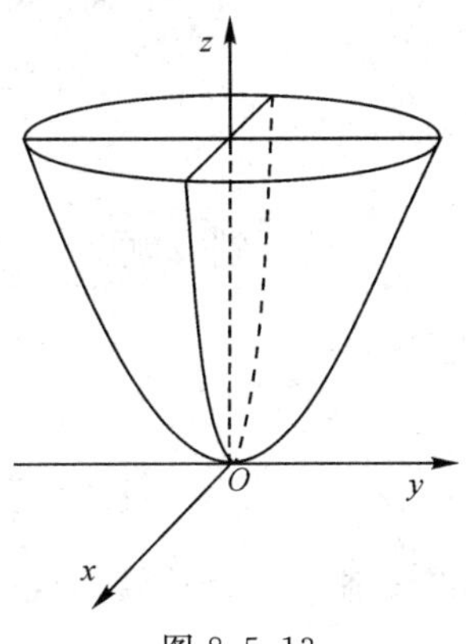

图 8.5.13

6. 双曲抛物面

设 a、b 为实常数，且 $a>0$，$b>0$. 方程

$$\frac{x^2}{a^2}-\frac{y^2}{b^2}=z \tag{8.5.10}$$

所表示的曲面称为双曲抛物面.

用 $y=y_1$ 去截曲面，截痕为 $y=y_1$ 平面上的抛物线

$$\begin{cases}\frac{x^2}{a^2}=z+\frac{{y_1}^2}{b^2},\\ y=y_1.\end{cases}$$

$y_1=0$ 时为 zOx 面上顶点在原点、开口向上的抛物线.

用 $x=x_1$ 去截曲面，截痕为 $x=x_1$ 平面上的抛物线. $x_1=0$ 时为 yOz 面上顶点在原点、开口向下的抛物线.

用 $z=z_1(z_1\neq 0)$ 去截曲面，截痕为 $z=z_1$ 平面上的双曲线. 当 $z_1<0$ 时，双曲线实轴平行于 y 轴，虚轴平行于 x 轴；当 $z_1>0$ 时，双曲线实轴平行于 x 轴，虚轴平行于 y 轴.

综合上面的讨论，可得双曲抛物面的形状如图 8.5.14 所示. 因为曲面形似马鞍，所以双曲抛物面也称马鞍面.

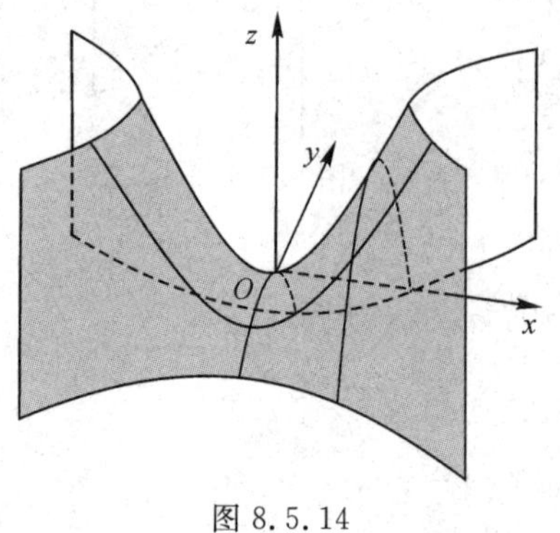

二次曲面小结

图 8.5.14

另外，柱面

$$\frac{x^2}{a^2}+\frac{y^2}{b^2}=1、\frac{x^2}{a^2}-\frac{y^2}{b^2}=1、y^2=ax$$

也是二次曲面，依次称为椭圆柱面、双曲柱面、抛物柱面，我们前面已经讨论过，这里不再赘述.

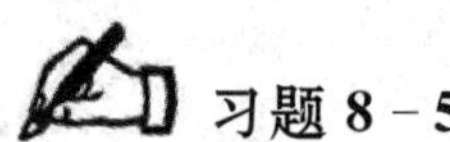

习题 8 - 5

基 础 题

1. 一球面的球心与已知球面 $x^2+y^2+z^2-6x+4z-36=0$ 的球心相同，且点(2，5，−7)在该球面上，求该球面的方程.

2. 方程 $x^2+y^2+z^2-4x+2y-6z=0$ 表示什么曲面？

3. 求抛物线 $\begin{cases}y^2=-2z,\\x=0\end{cases}$ 分别绕 z 轴及 y 轴旋转而成的旋转曲面的方程.

4. 求双曲线 $\begin{cases}4x^2-3y^2=12,\\z=0\end{cases}$ 分别绕 x 轴及 y 轴旋转而成的旋转曲面的方程.

5. 画出下列方程所表示的曲面：

(1) $(x-1)^2+y^2=1$；　(2) $\frac{x^2}{4}-\frac{y^2}{9}=1$；　(3) $z^2=4x$；　(4) $x^2+\frac{y^2}{4}=1$.

提 高 题

1. 画出下列各曲面所围立体的图形：

(1) $z=x^2+y^2$，$x+y=1$，$x=0$，$y=0$，$z=0$；

(2) $z=4-x^2$，$3x+2y=6$，$y=0$，$z=0$.

2. 画出下列方程所表示的曲面：

(1) $z=\frac{x^2}{4}+\frac{y^2}{9}$；　(2) $16x^2+4y^2-z^2=16$.

习题 8 - 5
参考答案

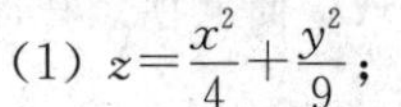

第六节　空间曲线及其方程

一、空间曲线的一般方程

在本章第四节，我们给出了空间曲线及其方程的定义，空间曲线可以看作两个曲面的交线. 设

$$F(x, y, z)=0 \quad 和 \quad G(x, y, z)=0$$

是两个曲面的方程，则方程组

$$\begin{cases} F(x, y, z)=0, \\ G(x, y, z)=0 \end{cases} \tag{8.6.1}$$

叫作空间曲线 Γ 的一般方程.

显然空间曲线 Γ 的方程可用通过空间曲线 Γ 的任意两个曲面方程联立来表示，因此空间曲线的方程不唯一.

例 8.6.1　方程组 $\begin{cases} x^2+y^2=1, \\ 2x+3z=6 \end{cases}$ 表示怎样的曲线?

解　方程组中的第一个方程表示母线平行于 z 轴的圆柱面，其准线是 xOy 面上的圆，圆心在原点 O、半径为 1. 方程组中的第二个方程表示一个母线平行于 y 轴的柱面，由于它的准线是 zOx 面上的直线，因此它是一个平面. 方程组就表示上述圆柱面与平面的交线(如图 8.6.1 所示).

例 8.6.2　方程组 $\begin{cases} z=\sqrt{4-x^2-y^2}, \\ z=\sqrt{x^2+y^2} \end{cases}$ 表示怎样的曲线?

解　方程组中的第一个方程表示球心在坐标原点 O、半径为 2 的上半球面. 方程组中的第二个方程表示顶点在坐标原点、半顶角为 $\frac{\pi}{4}$ 的上半圆锥面. 方程组就表示上述半球面与半圆锥面的交线(如图 8.6.2 所示).

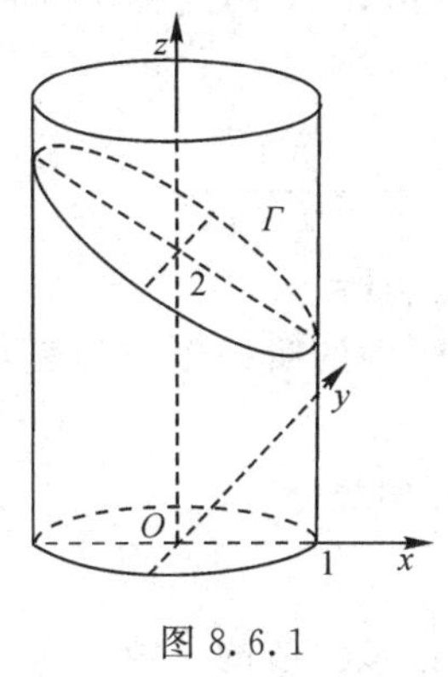

图 8.6.1

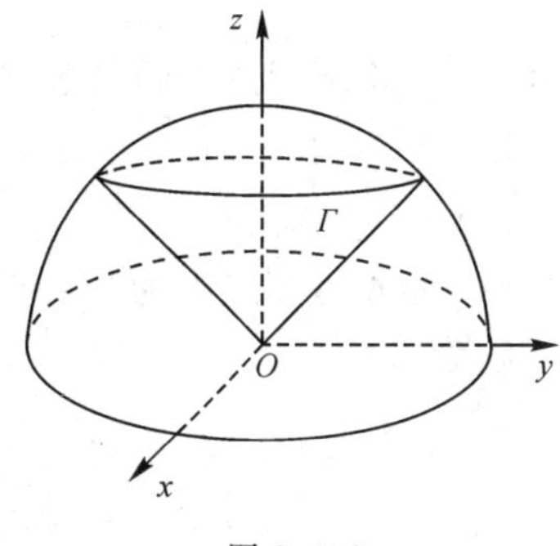

图 8.6.2

二、空间曲线的参数方程

空间曲线 Γ 的方程也可以用参数形式表示，只要将 Γ 上动点的坐标 x、y、z 表示为参数 t 的函数:

$$\begin{cases} x=\varphi(t), \\ y=\psi(t), \\ z=\omega(t). \end{cases} \tag{8.6.2}$$

当给定 $t=t_1$ 时，就得到 Γ 上的一个点(x_1, y_1, z_1)；随着 t 的变动便得到曲线 Γ 上的全部点. 方程组(8.6.2)叫作空间曲线的参数方程.

例 8.6.3 如果空间一点 M 在圆柱面 $x^2+y^2=a^2$ 上以角速度 ω 绕 z 轴旋转，同时又以线速度 v 沿平行于 z 轴的正方向上升(其中 ω、v 都是常数)，那么点 M 的轨迹称为螺旋线. 试建立其参数方程.

解 建立坐标系如图 8.6.3 所示，取时间 t 为参数，并设 $t=0$ 时，动点 M 位于 x 轴上的点 $A(a, 0, 0)$处. 经过时间 t，动点由点 A 运动到点 $M(x, y, z)$. 记 M 在 xOy 面上的投影为 M_1，则 M_1 的坐标为$(x, y, 0)$. 由于动点在圆柱面上以角速度 ω 绕 z 轴旋转，因此经过时间 t，$\angle AOM_1=\omega t$，从而

$$x=|OM_1|\cos\angle AOM_1=a\cos\omega t,$$
$$y=|OM_1|\sin\angle AOM_1=a\sin\omega t.$$

由于动点同时以线速度 v 沿平行于 z 轴的正方向上升，所以

$$z=|MM_1|=vt.$$

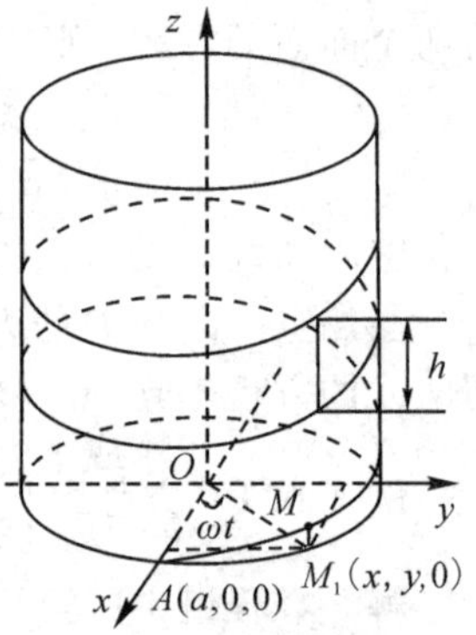

图 8.6.3

因此螺旋线的参数方程为

$$\begin{cases} x=a\cos\omega t, \\ y=a\sin\omega t, \\ z=vt. \end{cases}$$

也可以用其他变量作参数. 例如令 $\theta=\omega t$，记 $b=\frac{v}{\omega}$，则螺旋线的参数方程可写为

$$\begin{cases} x=a\cos\theta, \\ y=a\sin\theta, \\ z=b\theta. \end{cases}$$

当参数 θ 从 θ_0 变到 $\theta_0+2\pi$ 时，动点上升的固定高度 $h=2\pi b$，这个高度在工程技术中称为螺距.

例 8.6.4 将下列曲线的一般方程化为参数方程：

(1) $\begin{cases} x^2+y^2=1, \\ 2x+3z=6; \end{cases}$ (2) $\begin{cases} z=\sqrt{a^2-x^2-y^2}, \\ x^2+y^2-ax=0. \end{cases}$

解 (1) 根据方程组中的第一个方程引入参数. 方程组中的第一个方程表示圆，该圆的参数方程为

$$\begin{cases} x=\cos t, \\ y=\sin t \end{cases} \quad (0\leqslant t\leqslant 2\pi),$$

将其代入方程组中的第二个方程，得 $z=\frac{1}{3}(6-2\cos t)$，所以该曲线的参数方程为

$$\begin{cases} x=\cos t, \\ y=\sin t, \\ z=\frac{1}{3}(6-2\cos t) \end{cases} \quad (0\leqslant t\leqslant 2\pi).$$

(2) 根据方程组中的第二个方程引入参数. 方程组中的第二个方程表示如图 8.6.4 所示的圆，取 x 轴正向到 OM_1 的转角 θ 为参数，则圆的参数方程为

$$\begin{cases} x=a\cos^2\theta, \\ y=a\cos\theta\sin\theta \end{cases} \quad \left(-\frac{\pi}{2}\leqslant\theta\leqslant\frac{\pi}{2}\right),$$

将其代入方程组中的第一个方程，得 $z=a|\sin\theta|$，所以该曲线的参数方程为

$$\begin{cases} x=a\cos^2\theta, \\ y=a\cos\theta\sin\theta, \\ z=a|\sin\theta| \end{cases} \quad \left(-\frac{\pi}{2}\leqslant\theta\leqslant\frac{\pi}{2}\right).$$

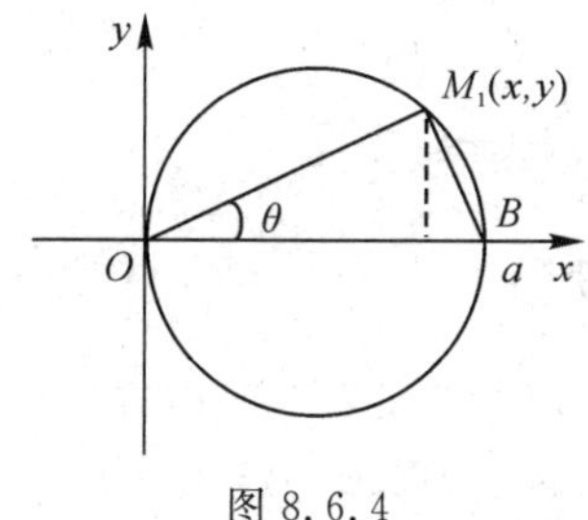

图 8.6.4

例 8.6.4 的几何解释

三、知识延展——曲面的参数方程

曲面的参数方程通常是含两个参数的方程，即形如

$$\begin{cases} x=x(s, t), \\ y=y(s, t), \\ z=z(s, t) \end{cases} \tag{8.6.3}$$

的方程.

例 8.6.5　设空间曲线 Γ：

$$\begin{cases} x=\varphi(t), \\ y=\psi(t), \\ z=\omega(t) \end{cases} \quad (\alpha\leqslant t\leqslant\beta)$$

绕 z 轴旋转，求旋转曲面的方程.

解　设 $M(x, y, z)$ 为曲面上的任一点. 根据旋转曲面的定义，点 M 是由 Γ 上一点 $M_1(\varphi(t), \psi(t), \omega(t))$ 绕 z 轴旋转得到的，所以点 M_1、M 的竖坐标保持不变，即 $z=\omega(t)$，且点 M_1 到 z 轴的距离与点 M 到 z 轴的距离相等，即

$$x^2+y^2=[\varphi(t)]^2+[\psi(t)]^2,$$

点 M_1、M 在半径为 $\sqrt{[\varphi(t)]^2+[\psi(t)]^2}$ 的圆上. 令

$$x=\sqrt{[\varphi(t)]^2+[\psi(t)]^2}\cos\theta, \quad y=\sqrt{[\varphi(t)]^2+[\psi(t)]^2}\sin\theta,$$

可得旋转曲面的参数方程为

$$\begin{cases} x=\sqrt{[\varphi(t)]^2+[\psi(t)]^2}\cos\theta, \\ y=\sqrt{[\varphi(t)]^2+[\psi(t)]^2}\sin\theta, \\ z=\omega(t) \end{cases} \quad (\alpha\leqslant t\leqslant\beta, 0\leqslant\theta\leqslant 2\pi). \tag{8.6.4}$$

例 8.6.6 求直线$\begin{cases}x=1,\\ y=t,\\ z=2t\end{cases}$绕 z 轴旋转一周所成旋转曲面的方程.

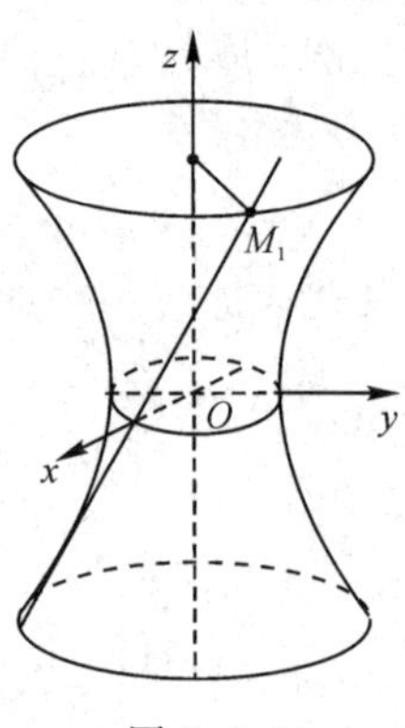

图 8.6.5

解 根据例 8.6.5 的结论得旋转曲面的参数方程为

$$\begin{cases}x=\sqrt{1+t^2}\cos\theta,\\ y=\sqrt{1+t^2}\sin\theta,\\ z=2t.\end{cases}$$

消去参数 t、θ，得旋转曲面的直角坐标方程为

$$x^2+y^2-\frac{z^2}{4}=1,$$

它表示旋转单叶双曲面，如图 8.6.5 所示.

四、空间曲线在坐标面上的投影

设空间曲线 Γ 的一般方程为方程组(8.6.1). 由方程组(8.6.1)消去变量 z 得方程

$$H(x, y)=0. \tag{8.6.5}$$

由于方程(8.6.5)是由方程组(8.6.1)消去 z 得到的，因此当 x、y、z 满足方程组(8.6.1)时，x、y 一定满足方程(8.6.5)，即曲线 Γ 上所有的点都在方程(8.6.5)所表示的柱面上.

定义 8.6.1 以曲线 Γ 为准线、母线平行于 z 轴的柱面叫作曲线 Γ 关于 xOy 面的投影柱面，投影柱面与 xOy 面的交线叫作空间曲线 Γ 在 xOy 面上的投影曲线，或简称投影.

类似地，可以定义曲线 Γ 在其他坐标面上的投影.

方程(8.6.5)所表示的柱面必定包含曲线 Γ 关于 xOy 面的投影柱面，而方程组

$$\begin{cases}H(x, y)=0,\\ z=0\end{cases}$$

所表示的曲线必定包含曲线 Γ 在 xOy 面上的投影.

同理，从方程组(8.6.1)中消去变量 x，可得包含曲线 Γ 关于 yOz 面的投影柱面的方程 $R(y, z)=0$，包含曲线 Γ 在 yOz 面上的投影的曲线方程

$$\begin{cases}R(y, z)=0,\\ x=0.\end{cases}$$

从方程组(8.6.1)中消去变量 y，可得包含曲线 Γ 关于 zOx 面的投影柱面的方程 $T(x, z)=0$，包含曲线 Γ 在 zOx 面上的投影的曲线方程$\begin{cases}T(x, z)=0,\\ y=0.\end{cases}$

例 8.6.7 求空间曲线 Γ：$\begin{cases}x^2+y^2+z^2=9,\\ x+z=1\end{cases}$ 在 xOy 面上的投影曲线方程.

解 从方程组中消去变量 z 得包含曲线 Γ 关于 xOy 面的投影柱面的方程

$$2x^2+y^2-2x-8=0.$$

此方程就是以空间曲线 Γ 为准线、母线平行于 z 轴的柱面，所以此方程就是曲线 Γ 关于 xOy 面的投影柱面的方程，从而空间曲线 Γ 在 xOy 面上的投影曲线方程为

$$\begin{cases}2x^2+y^2-2x-8=0,\\ z=0.\end{cases}$$

例 8.6.8　求空间曲线 Γ: $\begin{cases} z=\sqrt{x^2+y^2}, \\ z^2=2x \end{cases}$ 在三个坐标面上的投影曲线方程.

解　从方程组中消去 z 得方程 $x^2+y^2-2x=0$. 此方程就是以空间曲线 Γ 为准线、母线平行于 z 轴的柱面，所以此方程就是曲线 Γ 关于 xOy 面的投影柱面的方程，从而空间曲线 Γ 在 xOy 面上的投影曲线方程为

$$\begin{cases} x^2+y^2-2x=0, \\ z=0. \end{cases}$$

从方程组中消去 x 得方程 $z^4-4z^2+4y^2=0$. 此方程就是以空间曲线 Γ 为准线、母线平行于 x 轴的柱面，所以此方程就是曲线 Γ 关于 yOz 面的投影柱面的方程，从而空间曲线 Γ 在 yOz 面上的投影曲线方程为

$$\begin{cases} z^4-4z^2+4y^2=0, \\ x=0. \end{cases}$$

方程组的第二个方程 $z^2=2x$ 中不含 y，所以此方程表示一个柱面，此柱面就包含曲线 Γ 关于 zOx 面的投影柱面. 而曲线 Γ 关于 zOx 面的投影柱面方程为 $z^2=2x(0\leqslant x\leqslant 2)$，所以曲线 Γ 在 zOx 面上的投影曲线方程为

$$\begin{cases} z^2=2x, \\ y=0 \end{cases} \quad (0\leqslant x\leqslant 2).$$

例 8.6.9　求由上半球面 $z=\sqrt{a^2-x^2-y^2}$、柱面 $x^2+y^2-ax=0$ 及平面 $z=0$ 所围含在柱面内部的部分立体在 xOy 面上的投影.

解　球面与柱面的交线为

$$\begin{cases} z=\sqrt{a^2-x^2-y^2}, \\ x^2+y^2-ax=0. \end{cases}$$

方程组中的第二个方程就是以交线为准线、母线平行于 z 轴的柱面的方程，因此该方程就是交线关于 xOy 面的投影柱面的方程. 又立体完全含在柱面内部，所以交线在 xOy 面上的投影曲线方程为

$$\begin{cases} x^2+y^2-ax=0, \\ z=0. \end{cases}$$

投影曲线所围区域就是该立体在 xOy 面上的投影(如图 8.6.6 所示)，即

$$\begin{cases} x^2+y^2-ax\leqslant 0, \\ z=0. \end{cases}$$

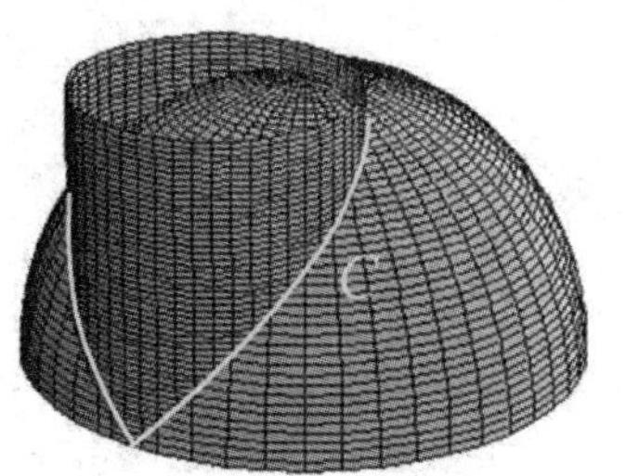

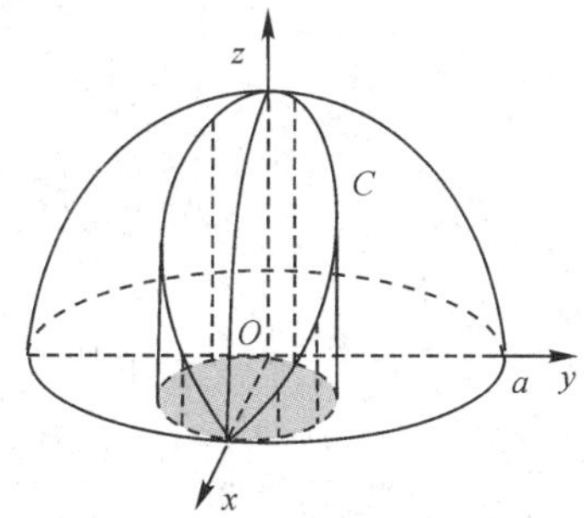

图 8.6.6

例 8.6.10 求锥面 $z=\sqrt{x^2+y^2}$ 被柱面 $z^2=2x$ 所割下部分在 xOy 面上的投影.

解 锥面和柱面的交线(见图 8.6.7)为 $\begin{cases} z=\sqrt{x^2+y^2}, \\ z^2=2x. \end{cases}$ 由例 8.6.8 知：交线在 xOy 面上的投影为 $\begin{cases} x^2+y^2-2x=0, \\ z=0, \end{cases}$ 此即锥面 $z=\sqrt{x^2+y^2}$ 被柱面 $z^2=2x$ 所割下部分的边界在 xOy 面上的投影，所以所求曲面在 xOy 面上的投影域即该投影所围区域，即 $\begin{cases} x^2+y^2-2x\leqslant 0, \\ z=0. \end{cases}$

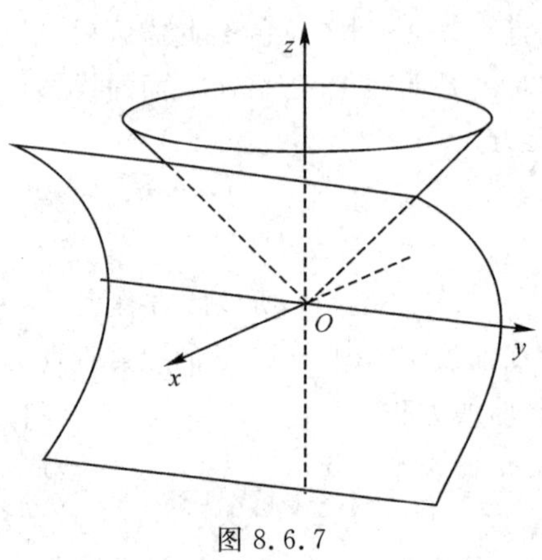

图 8.6.7

习题 8－6

基 础 题

1. 曲面 $x^2+y^2+z^2=a^2$ 与 $x^2+y^2=2az(a>0)$ 的交线是什么曲线？

2. 指出下列方程组在平面解析几何与空间解析几何中分别表示什么图形：

(1) $\begin{cases} x=2y+1, \\ x=3y-2; \end{cases}$　　(2) $\begin{cases} \dfrac{x^2}{4}+\dfrac{y^2}{9}=1, \\ y=3. \end{cases}$

3. 求曲线 $\begin{cases} 2x^2+y^2+z^2=16, \\ x^2-y^2+z^2=0 \end{cases}$ 在 xOy 面、yOz 面、zOx 面上的投影.

4. 画出下列曲线在第一卦限内的图形：

(1) $\begin{cases} x=2, \\ y=3; \end{cases}$　　(2) $\begin{cases} z=\sqrt{1-x^2-y^2}, \\ x=y; \end{cases}$　　(3) $\begin{cases} x^2+y^2=1, \\ x^2+z^2=1. \end{cases}$

提 高 题

1. 方程组 $\begin{cases} x^2+\dfrac{y^2}{4}-\dfrac{z^2}{4}=1, \\ y=1 \end{cases}$ 表示什么曲线？

2. 求曲线 $\begin{cases} x^2+y^2+z^2=1, \\ x-2y=0 \end{cases}$ 分别在三个坐标面上的投影.

3. 求旋转抛物面 $z=x^2+y^2(0\leqslant z\leqslant 4)$ 在三个坐标面上的投影.

4. 求曲线 $\begin{cases} z=\sqrt{x^2+y^2}, \\ z^2=2x \end{cases}$ 在 xOy 面与 yOz 面上的投影.

5. 求螺旋线 $\begin{cases} x=a\cos\theta, \\ y=a\sin\theta, \\ z=b\theta \end{cases}$ 在三个坐标面上的投影曲线的直角坐标方程.

习题 8－6
参考答案

6. 求上半球体 $0\leqslant z\leqslant\sqrt{4-x^2-y^2}$ 含在圆柱面 $x^2+y^2=2x$ 内部的部分在 xOy 面和 zOx 面上的投影.

总习题八

基 础 题

1. 设 $\boldsymbol{a}=(2,1,2)$，$\boldsymbol{b}=(4,-1,10)$，$\boldsymbol{c}=\boldsymbol{b}-\lambda\boldsymbol{a}$，试确定 λ，使 $\boldsymbol{a}\perp\boldsymbol{c}$.

2. 设 $|\boldsymbol{a}|=\sqrt{3}$，$|\boldsymbol{b}|=1$，$(\widehat{\boldsymbol{a},\boldsymbol{b}})=\dfrac{\pi}{6}$，求 $\boldsymbol{a}+\boldsymbol{b}$ 与 $\boldsymbol{a}-\boldsymbol{b}$ 的夹角.

3. 在 y 轴上求与点 $A(1,-3,7)$ 和点 $B(5,7,-5)$ 等距离的点.

4. 已知动点 $M(x,y,z)$ 到 xOy 面的距离与到点 $(1,-1,2)$ 的距离相等，求点 M 的轨迹方程.

5. 指出下列旋转曲面的一条母线和旋转轴：

(1) $z=2(x^2+y^2)$；　(2) $z^2=3(x^2+y^2)$；

(3) $\dfrac{x^2}{9}+\dfrac{y^2}{4}+\dfrac{z^2}{9}=1$；　(4) $x^2-\dfrac{y^2}{4}-\dfrac{z^2}{4}=1$.

6. 求过直线 $\begin{cases} 2x-5y+z-4=0, \\ x-6y+2z-3=0 \end{cases}$ 及点 $(2,0,-1)$ 的平面方程.

7. 求过点 $(-1,0,4)$ 且平行于平面 $3x-4y+z-10=0$ 又与直线 $\dfrac{x+1}{1}=\dfrac{y-3}{1}=\dfrac{z}{2}$ 相交的直线方程.

8. 画出下列立体的图形：

(1) $z=\sqrt{a^2-x^2-y^2}$，$x^2+y^2=2x$，$z=0$ 所围含在柱面 $x^2+y^2=2x$ 内部的立体.

(2) $z=x^2+y^2$，$y=x^2$，$y=1$，$z=0$ 所围立体.

(3) $z=\sqrt{x^2+y^2}$，$z=2-x^2-y^2$ 所围立体.

(4) $2y^2=x$，$z=0$，$\dfrac{x}{4}+\dfrac{y}{2}+\dfrac{z}{2}=1$ 所围立体.

提 高 题

1. 设 $|\boldsymbol{a}|=3$，$|\boldsymbol{b}|=4$，$|\boldsymbol{c}|=5$，且满足 $\boldsymbol{a}+\boldsymbol{b}+\boldsymbol{c}=\boldsymbol{0}$，求 $|\boldsymbol{a}\times\boldsymbol{b}+\boldsymbol{b}\times\boldsymbol{c}+\boldsymbol{c}\times\boldsymbol{a}|$.

2. 设 $\boldsymbol{a}=(2,-1,-2)$，$\boldsymbol{b}=(1,1,z)$，问 z 为何值时 $(\widehat{\boldsymbol{a},\boldsymbol{b}})$ 最小？并求出此最小值.

3. 设 $\boldsymbol{a}=(-1, 3, 2)$，$\boldsymbol{b}=(2, -3, -4)$，$\boldsymbol{c}=(-3, 12, 6)$，证明 $\boldsymbol{a}$、$\boldsymbol{b}$、$\boldsymbol{c}$ 共面，并用 $\boldsymbol{a}$ 和 $\boldsymbol{b}$ 表示 $\boldsymbol{c}$.

4. 求曲线 $\begin{cases} z=2-x^2-y^2, \\ z=(x-1)^2+(y-1)^2 \end{cases}$ 在三个坐标面上的投影.

5. 设一平面垂直于平面 $z=0$，并通过从点 $(1, -1, 1)$ 到直线 $\begin{cases} y-z+1=0, \\ x=0 \end{cases}$ 的垂线，求此平面方程.

6. 已知一直线在平面 Π: $x+2y=0$ 上，并和两条直线

$$L_1: \frac{x}{1}=\frac{y}{4}=\frac{z-1}{-1}, \quad L_2: \frac{x-4}{2}=\frac{y-1}{0}=\frac{z-2}{-1}$$

都相交，求该直线的方程.

7. 已知直线 L_1: $\dfrac{x-9}{4}=\dfrac{y+2}{-3}=\dfrac{z}{1}$，$L_2$: $\dfrac{x}{-2}=\dfrac{y+7}{9}=\dfrac{z-2}{2}$. 试求 L_1 与 L_2 之间的距离 d 及其公垂线 L 的方程.

8. 求圆 $\begin{cases} (x-3)^2+(y+2)^2+(z-1)^2=100, \\ 2x-2y-z+9=0 \end{cases}$ 的圆心和半径.

总习题八
参考答案

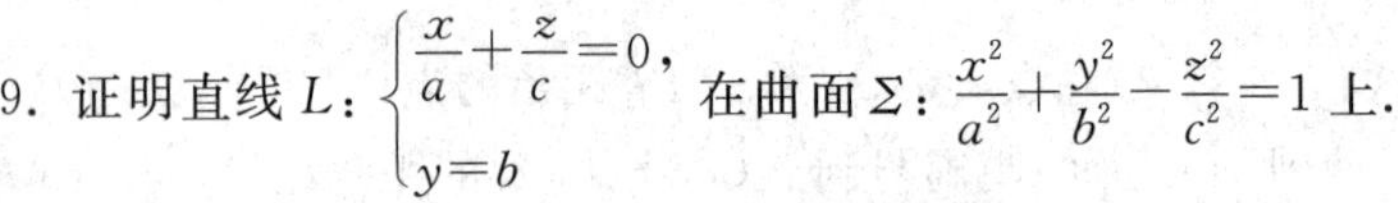
9. 证明直线 L: $\begin{cases} \dfrac{x}{a}+\dfrac{z}{c}=0, \\ y=b \end{cases}$ 在曲面 Σ: $\dfrac{x^2}{a^2}+\dfrac{y^2}{b^2}-\dfrac{z^2}{c^2}=1$ 上.

10. 求 $z=x^2+y^2$，$y=x^2$，$y=1$，$z=0$ 所围立体在 xOy 面上的投影.

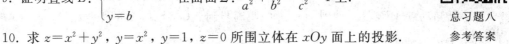

第九章　多元函数微分学及其应用

知识图谱

本章教学目标

在上册中，我们学习了一元函数的微分学. 但在实际问题中，往往需要考虑多个变量之间的依赖关系，反映到数学上，便是一个变量依赖于多个变量的问题，这就产生了多元函数的概念. 本章讨论多元函数的微分学及其应用. 多元函数微分学是一元函数微分学的推广和深化，在讨论中以二元函数为主，这是因为从一元函数到二元函数会产生新的问题，会有本质上的飞跃，而从二元函数到二元以上的函数则只是技巧性的差别，无实质上的不同. 在学习中应重点掌握一元函数与二元函数在许多知识上的相同点和不同点.

第一节　多元函数的基本概念

一、点集知识简介

一元函数的定义域是数轴上的点集. 数轴上点的邻域、区间的概念在讨论一元函数时都是至关重要的. 为了讨论多元函数，我们需要把邻域和区间等概念加以推广. 首先将有关概念从数轴 $\mathbf{R}^1$ 中的情形推广到二维平面 $\mathbf{R}^2$ 中，然后推广到一般的 n 维空间 $\mathbf{R}^n$ 中.

1. 平面点集、邻域

由平面解析几何知道，平面上的点 P 与二元有序实数组 (x, y) 之间是一一对应的，通常我们称二元有序实数组 (x, y) 的全体，即

$$\mathbf{R}^2=\mathbf{R}\times\mathbf{R}=\{(x, y)\,|\,x, y\in\mathbf{R}\}$$

为二维平面(或坐标平面).

二维平面 $\mathbf{R}^2$ 上具有某种性质 K 的点的集合，称为**平面点集**，记作

$$E=\{(x, y)\,|\,(x, y)\text{具有性质 }K\}.$$

例如，二维平面 $\mathbf{R}^2$ 上以坐标原点 $O(0, 0)$ 为中心、r 为半径的圆内所有点 $P(x, y)$ 构成的集合是

$$C=\{(x, y)\,|\,x^2+y^2<r^2\}\quad\text{或}\quad C=\{P\,|\,|OP|<r\}.$$

现在我们来引入 $\mathbf{R}^2$ 中邻域的概念.

设 $P_0(x_0, y_0)$ 是 xOy 面上的一个点，δ 是某一正数. 与点 $P_0(x_0, y_0)$ 距离小于 δ 的点 $P(x, y)$ 的全体，称为**点 P_0 的 δ 邻域**，记作 $U(P_0, \delta)$，即

$$U(P_0, \delta)=\{P\,|\,|PP_0|<\delta\},$$

也就是

$$U(P_0, \delta)=\left\{(x, y)\,\middle|\,\sqrt{(x-x_0)^2+(y-y_0)^2}<\delta\right\}.$$

在几何上，$U(P_0, \delta)$就是 xOy 面上以点 $P_0(x_0, y_0)$为中心、$\delta>0$ 为半径的圆内部的点 $P(x, y)$的全体.

点 P_0 的去心 δ 邻域记作 $\mathring{U}(P_0, \delta)$，即

$$\begin{aligned}\mathring{U}(P_0, \delta) &= \{P \mid 0<|PP_0|<\delta\} \\ &= \left\{(x, y) \,\middle|\, 0<\sqrt{(x-x_0)^2+(y-y_0)^2}<\delta\right\}.\end{aligned}$$

当不需要强调邻域半径 δ 时，点 P_0 的邻域和去心邻域可分别记为 $U(P_0)$和 $\mathring{U}(P_0)$.

2. 内点、外点、边界点、聚点

利用邻域可以描述点和点集之间的关系.

设 E 是二维平面 $\mathbf{R}^2$ 上的一个点集，P 是 $\mathbf{R}^2$ 中的一点.

(1) **内点**：若存在 $\delta>0$，使得 $U(P, \delta)\subset E$，则称点 P 为点集 E 的**内点**(图 9.1.1 中，P_1 为 E 的内点). 点集 E 的内点必属于 E.

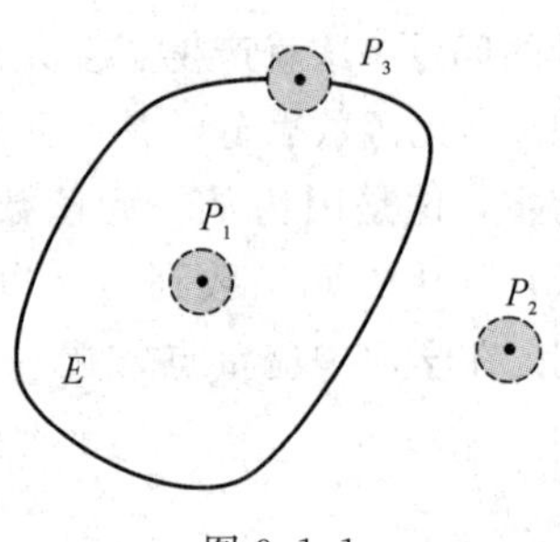

图 9.1.1

(2) **外点**：若存在 $\eta>0$，使得 $U(P, \eta)\cap E=\varnothing$，则称点 P 为 E 的**外点**(图 9.1.1 中，P_2 为 E 的外点). E 的外点一定不属于 E.

(3) **边界点**：若对于任意 $\varepsilon>0$，在 $U(P, \varepsilon)$内既含有属于 E 的点，又含有不属于 E 的点，则称点 P 为 E 的**边界点**(图 9.1.1 中，P_3 为 E 的边界点).

E 的边界点可能属于 E，也可能不属于 E. E 的边界点的全体称为 E 的**边界**，记作∂E.

(4) **聚点**：若对于任意给定的 $\delta>0$，总有 $\mathring{U}(P_0, \delta)\cap E\neq\varnothing$，则称点 P 为 E 的**聚点**(图 9.1.1 中，P_1、P_3 为 E 的聚点).

显然，点集 E 的内点一定是 E 的聚点，外点一定不是 E 的聚点，边界点可能是 E 的聚点，也可能不是 E 的聚点.

例如，设平面点集

$$W=\{(x, y) \mid x^2+y^2=0 \text{ 或 } 1<x^2+y^2\leqslant 4\}.$$

满足 $1<x^2+y^2<4$ 的一切点(x, y)都是 W 的内点；满足 $x^2+y^2=1$ 的一切点(x, y)都是 W 的边界点，它们都不属于 W；满足 $x^2+y^2=0$、$x^2+y^2=4$ 的一切点(x, y)都是 W 的边界点，它们都属于 W；满足 $1\leqslant x^2+y^2\leqslant 4$ 的一切点都是 W 的聚点，点 $O(0, 0)$不是 W 的聚点.

思考　请指出平面点集 $W=\{(x, y) \mid x^2+y^2=0 \text{ 或 } 1<x^2+y^2\leqslant 4\}$的边界$\partial W$ 及其外点所组成的点集 Q.

3. 开集与区域

根据点集所属点的特征，我们再来定义一些重要的平面点集.

设 E 是二维平面 $\mathbf{R}^2$ 上的一个点集.

(1) **开集**：如果点集 E 的每一点都是 E 的内点，则称 E 为**开集**.

(2) **闭集**：如果点集 E 的边界$\partial E\subset E$，则称 E 为**闭集**.

例如，集合$\{(x, y) \mid 1<x^2+y^2<4\}$是开集；集合$\{(x, y) \mid 1\leqslant x^2+y^2\leqslant 4\}$是闭集；而集合$\{(x, y) \mid 1<x^2+y^2\leqslant 4\}$既非开集也非闭集.

(3) **连通集**：如果点集 E 内的任意两点都可用若干条含于 E 内的直线段组成的折线相

连接，则称 E 为**连通集**.

(4) **区域**：如果 xOy 面上的点集 E 是连通的开集，则称 E 为**开区域**，简称**区域**. 开区域连同它的边界一起所构成的点集称为**闭区域**.

例如：

$$E_1=\{(x, y)\mid 1<x^2+y^2<4\} \quad \text{和} \quad E_2=\{(x, y)\mid x+y-1>0\}$$

是区域；

$$E_3=\{(x, y)\mid x^2+y^2<1 \text{ 或 } x^2+y^2>4\} \quad \text{和} \quad E_4=\{(x, y)\mid xy>0\}$$

是开集但不是区域；

$$E_5=\{(x, y)\mid 1\leqslant x^2+y^2\leqslant 4\} \quad \text{和} \quad E_6=\{(x, y)\mid x+y-1\geqslant 0\}$$

是闭区域.

特别地，二维平面 $\mathbf{R}^2$ 是开区域也是闭区域.

(5) **有界集与无界集**：设点集 $E\subset\mathbf{R}^2$，若存在某一正数 r，使得 $E\subseteq U(O, r)$，其中 O 为坐标原点，则称 E 为**有界集**；否则，称 E 为**无界集**.

上面列出的集合 W、E_1、E_5 是有界集，E_2、E_3、E_4、E_6、$\mathbf{R}^2$ 是无界集.

4. n 维空间

我们知道，全体实数表示数轴上一切点的集合，即直线，记作 $\mathbf{R}^1$ 或 $\mathbf{R}$. 全体二元有序实数组 (x, y) 表示平面上一切点的集合，即平面，记作 $\mathbf{R}^2$. 全体三元有序实数组 (x, y, z) 表示空间一切点的集合，即空间，记作 $\mathbf{R}^3$. 一般对确定的非零自然数 n，我们将 n 元有序实数组 $(x_1, x_2, \cdots, x_n)$ 的全体构成的集合记为 $\mathbf{R}^n$，即

$$\mathbf{R}^n=\mathbf{R}\times\mathbf{R}\times\cdots\times\mathbf{R}=\{(x_1, x_2, \cdots, x_n)\mid x_i\in\mathbf{R}, i=1, 2, \cdots, n\}.$$

$\mathbf{R}^n$ 中的元素 $(x_1, x_2, \cdots, x_n)$ 有时也可用单个字母 $\boldsymbol{x}$ 来表示，即 $\boldsymbol{x}=(x_1, x_2, \cdots, x_n)$. $\mathbf{R}^n$ 中的元素 $\boldsymbol{x}=(x_1, x_2, \cdots, x_n)$ 称为 $\mathbf{R}^n$ 中的一个点或一个 n 维向量，数 x_i 称为点 $\boldsymbol{x}$ 的第 i 个坐标或 n 维向量 $\boldsymbol{x}$ 的第 i 个分量. 特别地，$\mathbf{R}^n$ 中的零元 $\mathbf{0}(x_i=0, i=1, 2, \cdots, n)$ 称为 $\mathbf{R}^n$ 中的坐标原点或 n 维零向量.

在集合 $\mathbf{R}^n$ 中，为了建立其元素之间的联系，我们定义线性运算如下：

设 $\boldsymbol{x}=(x_1, x_2, \cdots, x_n)$，$\boldsymbol{y}=(y_1, y_2, \cdots, y_n)$ 为 $\mathbf{R}^n$ 中任意两个元素，$\lambda\in\mathbf{R}$，规定

$$\boldsymbol{x}+\boldsymbol{y}=(x_1+y_1, x_2+y_2, \cdots, x_n+y_n),$$

$$\lambda\boldsymbol{x}=(\lambda x_1, \lambda x_2, \cdots, \lambda x_n).$$

这样定义了线性运算的集合 $\mathbf{R}^n$ 称为 n **维空间**.

$\mathbf{R}^n$ 中两点 $\boldsymbol{x}=(x_1, x_2, \cdots, x_n)$ 与 $\boldsymbol{y}=(y_1, y_2, \cdots, y_n)$ 之间的距离，记为 $\rho(\boldsymbol{x}, \boldsymbol{y})$ 或 $\|\boldsymbol{x}-\boldsymbol{y}\|$，规定

$$\rho(\boldsymbol{x}, \boldsymbol{y})=\sqrt{(x_1-y_1)^2+(x_2-y_2)^2+\cdots+(x_n-y_n)^2}.$$

当 $n=1, 2, 3$ 时，上式就是数轴上、直角坐标系下平面及空间中两点间的距离公式.

在 n 维空间 $\mathbf{R}^n$ 中定义了距离以后，就可以定义 $\mathbf{R}^n$ 中变元的极限.

设 $\boldsymbol{x}=(x_1, x_2, \cdots, x_n)$，$\boldsymbol{a}=(a_1, a_2, \cdots, a_n)\in\mathbf{R}^n$. 如果 $\rho(\boldsymbol{x}, \boldsymbol{a})\to 0$，那么称变元 $\boldsymbol{x}$ 在 $\mathbf{R}^n$ 中趋于固定元 $\boldsymbol{a}$，记作 $\boldsymbol{x}\to\boldsymbol{a}$. 显然，

$$\boldsymbol{x}\to\boldsymbol{a}\Leftrightarrow x_1\to a_1, x_2\to a_2, \cdots, x_n\to a_n.$$

在 $\mathbf{R}^n$ 中线性运算和距离的引入，使得前面针对二维平面 $\mathbf{R}^2$ 陈述的一系列概念，可以

方便地推广到 $n(n\geqslant 3)$维空间 $\mathbf{R}^n$ 中来. 例如，设 $P_0\in\mathbf{R}^n$，δ 是某一正数，则 n 维空间内的点集

$$U(P_0,\delta)=\{P\,|\,|PP_0|<\delta,\ P\in\mathbf{R}^n\}$$

就定义为 $\mathbf{R}^n$ 中点 P_0 的 δ 邻域. 以邻域为基础，可以定义点集的内点、外点、边界点和聚点，并进一步建立开集、闭集、区域等一系列概念，这里不再赘述.

二、多元函数的概念

在很多自然现象以及实际问题中，经常会遇到多个变量之间的依赖关系，举例如下.

例 9.1.1 正圆锥体的侧面积 A 和它的底半径 r、高 h 之间具有关系

$$A=\pi r\sqrt{r^2+h^2}.$$

这里，当 r、h 在集合$\{(r,h)\,|\,r>0,\ h>0\}$内取定一组值(r,h)时，A 的相应值就随之确定，即 A 依赖于两个彼此独立的变量 r 和 h 变化.

例 9.1.2 一定量的理想气体的压强 p、体积 V 和绝对温度 T 之间具有关系

$$p=\frac{RT}{V},$$

其中 R 为常数. 这里，当 V、T 在集合$\{(V,T)\,|\,V>0,\ T>T_0\}$内取定一组值$(V,T)$时，$p$ 的相应值就随之确定.

例 9.1.3 考虑大气的温度分布，在每一点处有温度 T 的值. 在空间直角坐标系中点可用(x,y,z)表示，当(x,y,z)每取定一组值时，就有一个确定的温度值 T. 这里有四个变量，比前面两个例子的变量更多. 进一步可以考虑依赖于时间 t 的温度分布，这时又多了一个变量 t，当(x,y,z,t)每取定一组值时，就有一个确定的温度值 T.

以上几例的具体意义各不相同，但从数学上考虑它们却具有共性，抽出这些共性就可得出多元函数的概念.

1. 二元函数的定义

定义 9.1.1 设 D 是 $\mathbf{R}^2$ 上的一个非空点集，x、y 和 z 是三个变量，其中 x、y 在点集 D 中取值. 如果对于 D 内的任一点 $P(x,y)$，按照某个确定的对应法则 f，变量 z 总有唯一确定的实数值与之对应，则称对应法则 f 是定义在点集 D 上的二元函数，记作

$$z=f(x,y),\quad (x,y)\in D$$

或

$$z=f(P),\quad P(x,y)\in D,$$

其中 x 和 y 称为函数 f 的自变量，z 称为函数 f 的因变量，D 称为函数 f 的定义域. 与点$(x_0,y_0)\in D$ 对应的值 $z_0=f(x_0,y_0)$称为函数 f 在点(x_0,y_0)的函数值. 函数值的全体

$$f(D)=\{z\,|\,z=f(x,y),\ (x,y)\in D\}$$

称为函数 f 的值域.

学习和理解二元函数的概念，应当注意以下几点：

(1) 与一元函数一样，要求对定义域中的每一个有序数对(x,y)，只有唯一确定的实数值 z 与之对应，这样定义的函数称为**单值函数**；如果不止一个 z 值与之对应，则为**多值函数**. 本书不作特殊说明时，讨论的函数均为单值函数.

(2) 与一元函数一样，二元函数的两个基本要素也是定义域和对应法则，也就是说，二

元函数也只与定义域和对应法则有关，而与用什么字母表示因变量与自变量无关．例如，二元函数的记号 f 也可以记为 $z=\varphi(x, y)$，$z=u(x, y)$，$z=z(x, y)$等．

（3）按照二元函数的定义，例 9.1.1 中的关系式 $A=\pi r\sqrt{r^2+h^2}$ 表示正圆锥体的侧面积 A 是它的底半径 r 和高 h 的二元函数，集合$\{(r, h)\mid r>0, h>0\}$就是该函数的定义域；例 9.1.2 中的关系式 $p=\dfrac{RT}{V}$表示一定量的理想气体的压强 p 是它的体积 V 和绝对温度 T 的二元函数，其定义域为$\{(V, T)\mid V>0, T>T_0\}$．

类似地，我们可以定义多元函数的概念．

定义 9.1.2　设 u，x_1，x_2，…，x_n 是 $n+1$ 个变量，D 是 n 维空间 $\mathbf{R}^n$ 上的一个非空点集，如果对于 D 内的任一点 $P(x_1, x_2, \cdots, x_n)$，按照某个确定的对应法则 f，变量 u 总有唯一确定的实数值与之对应，则称对应法则 f 是定义在 n 维空间点集 D 上的 n 元函数，记作

$$u=f(x_1, x_2, \cdots, x_n), \quad (x_1, x_2, \cdots, x_n)\in D,$$

或简记为

$$u=f(\boldsymbol{x}), \quad \boldsymbol{x}=(x_1, x_2, \cdots, x_n)\in D,$$

也可记为

$$u=f(P), \quad P(x_1, x_2, \cdots, x_n)\in D.$$

当 $n=2$ 或 3 时，习惯上将点(x_1, x_2)与点(x_1, x_2, x_3)分别写成(x, y)与(x, y, z)．这时相应的二元函数及三元函数也常简记为

$$z=f(x, y) \quad 及 \quad u=f(x, y, z).$$

按照多元函数的定义，例 9.1.3 中的温度 T 就是变量 x、y、z、t 的四元函数．

多元函数定义域的求法

多元函数的定义域（这里指自然定义域）与一元函数相类似．我们约定：由一个解析式表达的多元函数 $u=f(P)$的定义域是使得这个算式有意义的全体自变量的变化范围；而由实际问题所确定的多元函数，还需要考虑实际问题有意义，如例 9.1.1 中正圆锥体的底半径 r 和高 h 只能取正数．

例 9.1.4　求二元函数 $z=\ln(x+y)$的定义域．

解　由对数函数的定义域可知，要使所给函数有意义，需满足

$$x+y>0,$$

故所求函数的定义域为

$$D=\{(x, y)\mid x+y>0\},$$

这是一个无界开区域（见图 9.1.2）．

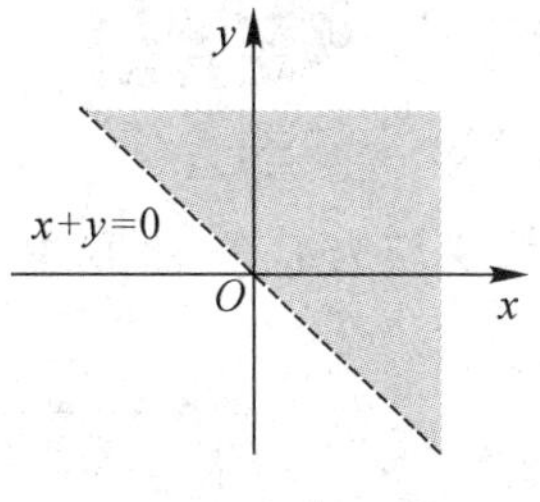

图 9.1.2

例 9.1.5 求函数 $z=\arcsin(2x)+\dfrac{\sqrt{4x-y^2}}{\ln(1-x^2-y^2)}$的定义域.

解 要使所给函数有意义，需满足

$$\begin{cases}|2x|\leqslant 1,\\ 4x-y^2\geqslant 0,\\ 1-x^2-y^2>0 \text{ 且 } 1-x^2-y^2\neq 1.\end{cases}$$

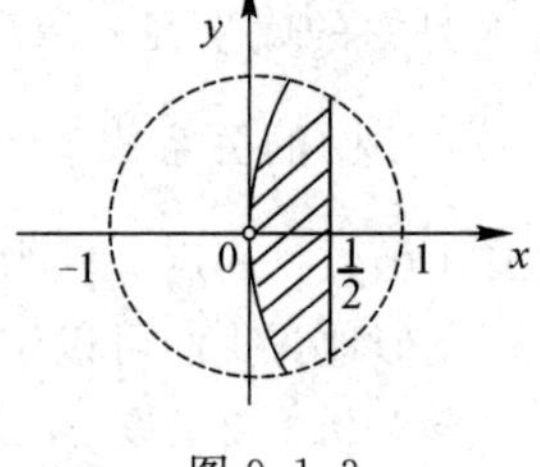

图 9.1.3

解这个不等式组，可得所求函数的定义域为

$$D=\left\{(x,\ y)\,\middle|\,-\frac{1}{2}\leqslant x\leqslant\frac{1}{2},\ y^2\leqslant 4x,\ 0<x^2+y^2<1\right\},$$

这是一个有界集(见图 9.1.3).

例 9.1.6 求 $u=\arccos\dfrac{z}{\sqrt{x^2+y^2}}$的定义域.

解 解不等式组$\begin{cases}\left|\dfrac{z}{\sqrt{x^2+y^2}}\right|\leqslant 1,\\ x^2+y^2\neq 0,\end{cases}$ 得

$$\begin{cases}|z|\leqslant\sqrt{x^2+y^2},\\ x^2+y^2\neq 0,\end{cases}$$

故所求函数的定义域为

$$D=\left\{(x,\ y,\ z)\,\middle|\,|z|\leqslant\sqrt{x^2+y^2} \text{ 且 } x^2+y^2\neq 0\right\}.$$

2. 二元函数的图形

设二元函数 $z=f(x,\ y)$的定义域为 D，对于任意取定的点 $P(x,\ y)\in D$，对应的函数值为 $z=f(x,\ y)$. 这样，以 x 为横坐标、y 为纵坐标、$z=f(x,\ y)$为竖坐标在空间就确定唯一的点 $M(x,\ y,\ z)$. 当点$(x,\ y)$取遍 D 上的一切点时，得到一个空间点集

$$G=\{(x,\ y,\ z)\,|\,z=f(x,\ y),\ (x,\ y)\in D\},$$

这个点集形成的图形称为二元函数 $z=f(x,\ y)$的图形(见图 9.1.4).

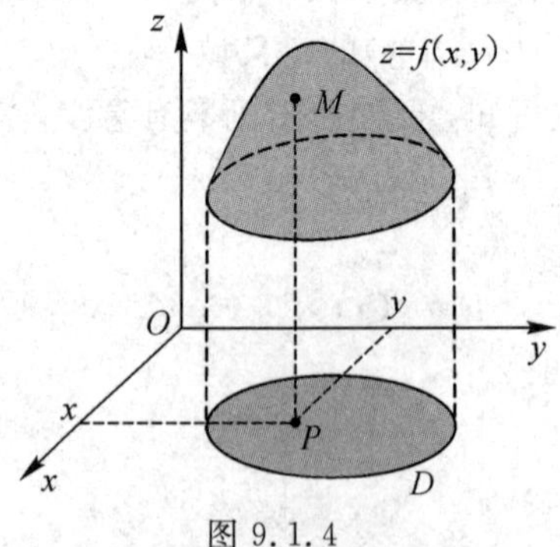

图 9.1.4

通常，二元函数 $z=f(x,\ y)$(定义域为 D)的图形是一张曲面，这个曲面在 xOy 面上的投影就是该函数的定义域 D.

例如，由空间解析几何知道，函数 $z=\sqrt{a^2-x^2-y^2}$ 的图形是上半球面，线性函数 $z=ax+by+c$ 的图形是一张平面，函数 $z=\sqrt{x^2+y^2}$ 的图形是以坐标原点为顶点、开口向

上、半顶角为$\frac{\pi}{4}$的圆锥面，函数 $z=3x^2+4y^2$ 的图形是椭圆抛物面.

三、多元函数的极限

1. 二元函数的极限

研究多元函数的极限即是研究多元函数的变化趋势. 我们先讨论二元函数 $z=f(x, y)$当$(x, y)\to(x_0, y_0)$，即 $P(x, y)\to P(x_0, y_0)$或 $P\to P_0$ 时的极限.

这里 $P\to P_0$ 表示点 P 以任何方式趋于点 P_0，也就是点 P 与点 P_0 的距离

$$|PP_0|=\sqrt{(x-x_0)^2+(y-y_0)^2}\to 0.$$

与一元函数的极限概念类似，如果当 $P(x, y)\to P(x_0, y_0)$时，对应的函数值 $f(x, y)$无限接近于一个确定的常数 A，我们就说常数 A 是二元函数 $f(x, y)$当$(x, y)\to(x_0, y_0)$时的极限.

为了确切地描述二元函数的极限，下面用"ε-δ"语言描述这个极限概念.

定义 9.1.3　设二元函数 $f(P)=f(x, y)$的定义域为 D，$P_0(x_0, y_0)$是 D 的聚点. 如果存在常数 A，对于任意给定的正数 ε，总存在正数 δ，使得当

$$0<|PP_0|=\sqrt{(x-x_0)^2+(y-y_0)^2}<\delta \text{ 且 } P(x, y)\in D$$

时，都有

$$|f(P)-A|=|f(x, y)-A|<\varepsilon$$

成立，则称常数 A 为函数 $f(x, y)$当$(x, y)\to(x_0, y_0)$时的极限，记作

$$\lim_{(x, y)\to(x_0, y_0)} f(x, y)=A \quad 或 \quad f(x, y)\to A \quad ((x, y)\to(x_0, y_0)),$$

也记作

$$\lim_{P\to P_0} f(P)=A \quad 或 \quad f(P)\to A \quad (P\to P_0).$$

为了区别于一元函数的极限，我们称二元函数的极限为**二重极限**.

例 9.1.7　设 $f(x, y)=xy\dfrac{x^2-y^2}{x^2+y^2}$，求证：$\lim\limits_{(x, y)\to(0, 0)} f(x, y)=0$.

证明　这里函数 $f(x, y)$的定义域为 $D=\mathbf{R}^2\setminus\{(0, 0)\}$，点 $O(0, 0)$为 D 的聚点. 因为

$$|f(x, y)-0|=\left|xy\frac{x^2-y^2}{x^2+y^2}-0\right|=|xy|\cdot\left|\frac{x^2-y^2}{x^2+y^2}\right|\leqslant|xy|\leqslant x^2+y^2,$$

所以 $\forall\varepsilon>0$，要使$|f(x, y)-0|<\varepsilon$，只要 $x^2+y^2<\varepsilon$. 取 $\delta=\sqrt{\varepsilon}$，则当

$$0<\sqrt{(x-0)^2+(y-0)^2}<\delta,$$

即 $P(x, y)\in D\cap\mathring{U}(O, \delta)$时，总有

$$|f(x, y)-0|<\varepsilon$$

成立，故

$$\lim_{(x, y)\to(0, 0)} f(x, y)=0.$$

这里需要特别强调指出：$\lim\limits_{(x, y)\to(x_0, y_0)} f(x, y)=A$ 是指动点 $P(x, y)$以任意方式、任何方向、任意路径趋于定点 $P_0(x_0, y_0)$时，对应函数值 $f(x, y)$都无限接近于固定常数 A，或者说二重极限存在与自变量趋近于定点的路径无关. 反之，若动点 $P(x, y)$以两种特殊方

式或多种方式趋于定点 $P_0(x_0, y_0)$时，函数值 $f(x, y)$趋于不同的常数，则可以断定二重极限 $\lim\limits_{(x, y)\to(x_0, y_0)} f(x, y)$不存在.

例 9.1.8 证明：二重极限 $\lim\limits_{(x, y)\to(0, 0)}\dfrac{xy}{x^2+y^2}$不存在.

证明 取 $y=kx$(k 为常数)，则

$$\lim_{\substack{(x, y)\to(0, 0)\\ y=kx}}\frac{xy}{x^2+y^2}=\lim_{x\to 0}\frac{x\cdot kx}{x^2+(kx)^2}=\frac{k}{1+k^2}.$$

易见函数的极限随着 k 值的变化而变化. 当 $k=0$ 时，极限值为 0；当 $k=1$ 时，极限值为$\dfrac{1}{2}$.

故二重极限 $\lim\limits_{(x, y)\to(0, 0)}\dfrac{xy}{x^2+y^2}$不存在.

例 9.1.9 证明：二重极限 $\lim\limits_{(x, y)\to(\infty, \infty)}\dfrac{\sqrt{|x|}}{3x+2y}$不存在.

证明 因为当(x, y)沿直线 $y=x$ 趋于无穷大时，

$$\left|\frac{\sqrt{|x|}}{3x+2y}\right|=\left|\frac{\sqrt{|x|}}{5x}\right|=\frac{1}{5\sqrt{|x|}},$$

而$\lim\limits_{x\to\infty}\dfrac{1}{5\sqrt{|x|}}=0$，所以

$$\lim_{\substack{(x, y)\to(\infty, \infty)\\ y=x}}\frac{\sqrt{|x|}}{3x+2y}=0.$$

又当(x, y)沿曲线 $y=-\dfrac{3}{2}x+\dfrac{\sqrt{|x|}}{2}$趋于无穷大时，

$$\lim_{\substack{(x, y)\to(\infty, \infty)\\ y=-\frac{3}{2}x+\frac{\sqrt{|x|}}{2}}}\frac{\sqrt{|x|}}{3x+2y}=\lim_{x\to\infty}\frac{\sqrt{|x|}}{\sqrt{|x|}}=1,$$

故二重极限 $\lim\limits_{(x, y)\to(\infty, \infty)}\dfrac{\sqrt{|x|}}{3x+2y}$不存在.

以上关于二元函数极限的概念可相应地推广到 n 元函数 $u=f(x_1, x_2, \cdots, x_n)$的情形.

多元函数极限的定义与一元函数极限的定义有着完全相同的形式，因此一元函数极限的性质，如极限的唯一性、局部有界性、局部保号性及夹逼准则等都可以推广到多元函数的情形.

关于多元函数的极限运算，有与一元函数类似的极限运算法则.

例 9.1.10 计算下列各极限：

(1) $\lim\limits_{(x, y)\to(0, 0)}(x^2+y^2)\sin\dfrac{1}{(x^2+y^2)}$； (2) $\lim\limits_{(x, y)\to(0, 0)}\dfrac{1-\cos(x^2+y^2)}{(x^2+y^2)^2}$；

(3) $\lim\limits_{(x, y)\to(3, 0)}\dfrac{\sin(xy)}{y}$； (4) $\lim\limits_{(x, y)\to(0, 0)}\dfrac{x^2+y^2}{|x|+|y|}$.

解 (1) 令 $u=x^2+y^2$，当$(x, y)\to(0, 0)$时，$u\to 0$，则二元函数的极限问题转化为一元函数的极限问题.

$$\lim_{(x, y)\to(0, 0)}(x^2+y^2)\sin\frac{1}{(x^2+y^2)}=\lim_{u\to 0}u\sin\frac{1}{u}=0.$$

这里利用了一元函数极限中无穷小和有界量的乘积是无穷小的性质.

(2) 因为$(x, y)\to(0, 0)$时,

$$1-\cos(x^2+y^2)\sim\frac{1}{2}(x^2+y^2)^2,$$

所以

$$\lim_{(x, y)\to(0, 0)}\frac{1-\cos(x^2+y^2)}{(x^2+y^2)^2}=\lim_{(x, y)\to(0, 0)}\frac{\frac{1}{2}(x^2+y^2)^2}{(x^2+y^2)^2}=\frac{1}{2}.$$

这里利用了一元函数极限中等价无穷小替换的性质.

(3) 函数的定义域为$D=\{(x, y)|y\neq0, x\in\mathbf{R}\}$, 点$P(3, 0)$为$D$的聚点. 因为

$$\lim_{(x, y)\to(3, 0)}xy=3\times0=0,\qquad\lim_{(x, y)\to(3, 0)}\frac{\sin(xy)}{xy}=1,$$

所以

$$\lim_{(x, y)\to(3, 0)}\frac{\sin(xy)}{y}=\lim_{(x, y)\to(3, 0)}\left[\frac{\sin(xy)}{xy}\cdot x\right]$$
$$=\lim_{(x, y)\to(3, 0)}\frac{\sin(xy)}{xy}\cdot\lim_{x\to3}x=1\cdot3=3.$$

这里利用了一元函数极限的四则运算法则和重要极限公式.

(4) 由于

$$0<\frac{x^2+y^2}{|x|+|y|}\leqslant\frac{x^2+2|x||y|+y^2}{|x|+|y|}=|x|+|y|,$$

而$\lim\limits_{(x, y)\to(0, 0)}(|x|+|y|)=0$, 因此利用极限的夹逼准则, 可得

$$\lim_{(x, y)\to(0, 0)}\frac{x^2+y^2}{|x|+|y|}=0.$$

二重极限与累次极限的区别和联系

四、多元函数的连续性

理解了多元函数极限的概念, 就不难说明多元函数的连续性.

1. 二元函数的连续性

定义 9.1.4　设二元函数$z=f(P)=f(x, y)$的定义域为D, $P_0(x_0, y_0)$是D的聚点, 且$P_0\in D$. 如果

$$\lim_{(x, y)\to(x_0, y_0)}f(x, y)=f(x_0, y_0),$$

则称函数$z=f(x, y)$在点$P_0(x_0, y_0)$连续. 否则, 就称函数$z=f(x, y)$在点$P_0(x_0, y_0)$不连续, 此时点$P_0(x_0, y_0)$称为函数$z=f(x, y)$的间断点.

设函数$f(x, y)$在D上有定义, D内的每一点都是函数定义域的聚点. 如果函数$f(x, y)$在D内的每一点都连续, 那么称函数$f(x, y)$在D上连续, 或者称$f(x, y)$是D上的**连续函数**.

例如, 函数$z=\ln(x+y)$在定义域$D=\{(x, y)|x+y>0\}$内连续; 函数

$$f(x, y)=\begin{cases}\dfrac{xy}{x^2+y^2}, & x^2+y^2\neq0,\\ 0, & x^2+y^2=0\end{cases}$$

在定义域 $D=\mathbf{R}^2$ 内除点 $O(0, 0)$ 外均连续，点 $O(0, 0)$ 是该函数的间断点；函数 $f(x, y)=\sin\dfrac{1}{x^2+y^2-1}$ 在圆周曲线 $C=\{(x, y)\mid x^2+y^2=1\}$ 上没有定义，所以圆周曲线 C 上各点都是该函数的间断点，圆周曲线 C 也叫该函数的**间断线**.

以上关于二元函数的连续性的概念可以推广到 n 元函数 $u=f(x_1, x_2, \cdots, x_n)$ 的情形.

2. 多元连续函数的性质

一元函数关于极限的运算法则，对于多元函数仍然适用. 根据一元函数的极限运算法则，不难证明以下结论：

(1) 多元连续函数的和、差、积仍为连续函数.

(2) 多元连续函数的商在分母不为零时仍为连续函数.

(3) 多元连续函数的复合函数也是连续函数.

多元初等函数是指由常数及具有不同自变量的一元基本初等函数经过有限次的四则运算和复合运算而得到的，并且能用一个解析式表达的函数. 例如，函数 $z=\sin(x+y)$，$z=\dfrac{x+x^2-y^2}{1+x^2}$，$z=\mathrm{e}^{x^2y}$，$u=\arcsin(x^2+y^2+z^2)$ 等都是多元初等函数.

根据上面的论述，进一步可得：**一切多元初等函数在其定义区域内是连续的**. 所谓定义区域，是指包含在定义域内的区域或闭区域.

一般地，计算 $\lim\limits_{P\to P_0}f(P)$ 时，如果 $f(P)$ 为多元初等函数，且 P_0 是函数 $f(P)$ 定义区域内的点，则 $f(P)$ 在点 P_0 连续，于是

$$\lim_{P\to P_0}f(P)=f(P_0).$$

例 9.1.11 求极限 $\lim\limits_{(x, y)\to(1, 2)}\dfrac{x+y}{xy}$.

解 函数 $f(x, y)=\dfrac{x+y}{xy}$ 是初等函数，它的定义域为

$$D=\{(x, y)\mid x\neq 0, y\neq 0\}.$$

又 $D_1=\{(x, y)\mid x>0, y>0\}$ 是区域，且 $D_1\subset D$，所以 D_1 是函数 $f(x, y)$ 的一个定义区域. 而点 $P_0(1, 2)\in D_1$，故 $f(x, y)$ 在点 P_0 连续，因而

$$\lim_{(x, y)\to(1, 2)}\frac{x+y}{xy}=f(1, 2)=\frac{3}{2}.$$

计算二重极限的常用方法

五、有界闭区域上多元连续函数的性质

与闭区间上一元连续函数的性质相类似，在有界闭区域上连续的多元函数也有一些很好的性质.

性质 1(最大值最小值定理) 若函数 $f(P)$ 在有界闭区域 D 上连续，则 $f(P)$ 在 D 上必能取得最大值和最小值.

性质 1 表明，若多元函数 $f(P)$ 在有界闭区域 D 上连续，则必定存在两点 P_1、$P_2\in D$，使得对于任意 $P\in D$，都有

$$f(P_1)\leqslant f(P)\leqslant f(P_2),$$

其中 $f(P_1)=\min\{f(P)\mid P\in D\}$，$f(P_2)=\max\{f(P)\mid P\in D\}$.

性质 2(有界性定理) 若函数 $f(P)$ 在有界闭区域 D 上连续，则 $f(P)$ 在 D 上必有界.

性质 2 就是说，若多元函数 $f(P)$在有界闭区域 D 上连续，则必定存在常数 $M>0$，使得对于任意 $P\in D$，都有$|f(P)|\leqslant M$.

性质 3(介值定理)　若函数 $f(P)$在有界闭区域 D 上连续，并且 $f(P)$在 D 上取得两个不同的函数值 $f(P_1)$和 $f(P_2)$(不妨设 $f(P_1)<f(P_2)$)，则对任何满足 $f(P_1)<\mu<f(P_2)$的值 μ，都至少存在一点 $P_0\in D$，使得 $f(P_0)=\mu$.

推论　在有界闭区域 D 上的多元连续函数必取得介于最大值和最小值之间的任何值.

思考　在有界闭区域 D 上连续的多元函数，零点定理是否成立？

* **性质 4(一致连续性定理)**　若函数 $f(P)$在有界闭区域 D 上连续，则它在 D 上必定一致连续.

性质 4 就是说，若多元函数 $f(P)$在有界闭区域 D 上连续，则对于任意给定的正数 ε，总存在正数 δ，使得对于 D 上的任意两点 P_1、P_2，只要当$|P_1P_2|<\delta$时，都有

$$|f(P_1)-f(P_2)|<\varepsilon$$

成立.

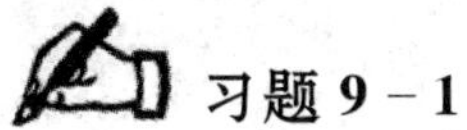

习题 9 - 1

基 础 题

1. 判定下列平面点集中哪些是开集、闭集、区域、有界集、无界集. 并分别指出它们的聚点所成的点集(称为导集)和边界.

(1) $\{(x, y)\,|\,x\neq0, y\neq0\}$；

(2) $\{(x, y)\,|\,2<x^2+y^2\leqslant9\}$；

(3) $\{(x, y)\,|\,y>x^2\}$；

(4) $\{(x, y)\,|\,x^2+(y-1)^2\geqslant1\}\cap\{(x, y)\,|\,x^2+(y-2)^2\leqslant4\}$.

2. 已知函数 $f(x, y)=x^2+y^2-xy\tan\dfrac{x}{y}$，试求 $f(tx, ty)$.

3. 已知 $f(x+y, x-y)=\dfrac{x^2-y^2}{x^2+y^2}$，求 $f(x, y)$的表达式，并求 $f(2, 1)$的值.

4. 试证函数 $F(x, y)=\ln x\cdot\ln y$ 满足关系式

$$F(xy, uv)=F(x, u)+F(x, v)+F(y, u)+F(y, v).$$

5. 已知函数 $f(u, v, w)=u^w+w^{u+v}$，试求 $f(x+y, x-y, xy)$.

6. 指出并图示下列各函数的定义域：

(1) $z=\ln(xy)$；

(2) $z=\dfrac{\arcsin(3-x^2-y^2)}{\sqrt{x-y^2}}$；

(3) $z=\ln(y-x)+\dfrac{\sqrt{x}}{\sqrt{1-x^2-y^2}}$；

(4) $z=\sqrt{1-\dfrac{x^2}{a^2}-\dfrac{y^2}{b^2}}$；

(5) $u=\sqrt{R^2-x^2-y^2-z^2}+\dfrac{1}{\sqrt{x^2+y^2+z^2-r^2}}(R>r>0)$.

7. 求下列各极限：

(1) $\lim\limits_{(x,y)\to(0,1)}\dfrac{\ln(e^x+y)}{\sqrt{x^2+y^2}}$；　　(2) $\lim\limits_{(x,y)\to(5,0)}\dfrac{\tan(xy)}{y}$；

(3) $\lim\limits_{(x,y)\to(0,0)}\dfrac{xy}{\sqrt{2-e^{xy}}-1}$；　　(4) $\lim\limits_{(x,y)\to(0,0)}\dfrac{xy}{\sqrt{x^2+y^2}}$；

(5) $\lim\limits_{(x,y)\to(0,0)}\dfrac{3-\sqrt{x^2+y^2+9}}{x^2+y^2}$；　　(6) $\lim\limits_{(x,y)\to(0,0)}\dfrac{1-\cos(x^2+y^2)}{(x^2+y^2)^2e^{x^2y^2}}$；

(7) $\lim\limits_{(x,y)\to(0,0)}\dfrac{x^2|y|^{\frac{3}{2}}}{x^4+y^2}$；　　(8) $\lim\limits_{(x,y)\to(\infty,2)}\left(1+\dfrac{1}{xy}\right)^{\frac{x^2}{x+y}}$.

8. 函数 $z=\dfrac{y^2+2x}{y^2-2x}$在何处是间断的？

提 高 题

1. 证明下列极限不存在：

(1) $\lim\limits_{(x,y)\to(0,0)}\dfrac{x+y}{x-y}$；　　(2) $\lim\limits_{(x,y)\to(0,0)}\dfrac{x^2y^2}{x^2y^2+(x-y)^2}$.

2. 讨论下列函数在点(0，0)的连续性：

(1) $f(x,y)=\begin{cases}(x^2+y^2)\ln(x^2+y^2), & x^2+y^2\neq0,\\ 0, & x^2+y^2=0;\end{cases}$

(2) $f(x,y)=\begin{cases}(x+y)\cos\dfrac{1}{x}, & x\neq0,\\ 0, & x=0;\end{cases}$

(3) $f(x,y)=\begin{cases}\dfrac{3xy}{x^2+y^2}, & x^2+y^2\neq0,\\ 0, & x^2+y^2=0.\end{cases}$

3. 设常数 $a>0$，讨论函数

$$f(x,y)=\begin{cases}\dfrac{\sqrt{a+x^2y^2}-1}{x^2+y^2}, & (x,y)\neq(0,0),\\ 0, & (x,y)=(0,0)\end{cases}$$

在点(0，0)的连续性.

4. 设 $F(x,y)=f(x)$，且 $f(x)$在点 x_0 连续，证明：对任意的 $y_0\in\mathbf{R}$，函数 $F(x,y)$在点(x_0,y_0)连续.

5. 举例证明：一元基本初等函数看成二元函数或二元以上的多元函数时，它们在各自的定义域内都是连续的.

习题 9－1
参考答案

第二节　偏　导　数

一、偏导数的定义及其计算方法

学习一元函数微分学时，为了研究函数在一点的变化情况，我们从变化率的研究引入了导数的概念：

$$f'(x_0)=\left.\frac{\mathrm{d}y}{\mathrm{d}x}\right|_{x=x_0}=\lim_{\Delta x\to 0}\frac{\Delta y}{\Delta x}=\lim_{\Delta x\to 0}\frac{f(x_0+\Delta x)-f(x_0)}{\Delta x}.$$

它的几何意义是曲线 $y=f(x)$ 在点 $(x_0, f(x_0))$ 处切线的斜率 $k=\tan\alpha=f'(x_0)$.

对于多元函数，同样需要研究它的“变化率”. 由于多元函数的自变量不止一个，因变量与自变量的关系要比一元函数复杂得多，因此我们首先考虑多元函数关于其中一个自变量的变化率. 以二元函数 $z=f(x, y)$ 为例，若只有自变量 x 变化，而自变量 y 不变（暂作常数），则二元函数实际上就是 x 的一元函数了. 比如，理想气体的状态方程 $p=\frac{RT}{V}$，其中 V、T 是两个变量，R 是常数(比例系数). 有时需考虑在等温条件下(T 不变)压缩气体压强 p 关于体积 V 的变化率，或在等容条件下(V 不变)压缩气体压强 p 关于温度 T 的变化率，这些都是偏导数问题. 下面以二元函数为例给出偏导数的定义.

1. 偏导数的定义

定义 9.2.1　设函数 $z=f(x, y)$ 在点 (x_0, y_0) 的某一邻域内有定义，在此邻域内，当 y 固定在 y_0，而 x 在 x_0 处获得增量 Δx 时，相应的函数有增量

$$f(x_0+\Delta x, y_0)-f(x_0, y_0).$$

如果极限

$$\lim_{\Delta x\to 0}\frac{f(x_0+\Delta x, y_0)-f(x_0, y_0)}{\Delta x}$$

存在，则称此极限为函数 $z=f(x, y)$ 在点 (x_0, y_0) 处对 x 的偏导数，记作 $f_x(x_0, y_0)$，即

$$f_x(x_0, y_0)=\lim_{\Delta x\to 0}\frac{f(x_0+\Delta x, y_0)-f(x_0, y_0)}{\Delta x}, \tag{9.2.1}$$

也可记作 $\left.\frac{\partial z}{\partial x}\right|_{\substack{x=x_0\\ y=y_0}}$，$\left.\frac{\partial f}{\partial x}\right|_{\substack{x=x_0\\ y=y_0}}$ 或 $\left.z_x\right|_{\substack{x=x_0\\ y=y_0}}$.

这里我们用记号 ∂ 代替 d，以区别于一元函数的导数.

由式(9.2.1)容易看出，$z=f(x, y)$ 在点 (x_0, y_0) 处对 x 的偏导数，实际上就是把 y 固定在 y_0，即把 y 看成常数后，一元函数 $z=f(x, y_0)$ 在点 x_0 处的导数.

同样地，当 x 固定在 x_0，而 y 在 y_0 处获得增量 Δy 时，如果极限

$$\lim_{\Delta y\to 0}\frac{f(x_0, y_0+\Delta y)-f(x_0, y_0)}{\Delta y}$$

存在，则称此极限为函数 $z=f(x, y)$ 在点 (x_0, y_0) 处对 y 的偏导数，记作

$$f_y(x_0, y_0), \left.\frac{\partial z}{\partial y}\right|_{\substack{x=x_0\\ y=y_0}}, \left.\frac{\partial f}{\partial y}\right|_{\substack{x=x_0\\ y=y_0}} \text{或} \left.z_y\right|_{\substack{x=x_0\\ y=y_0}}.$$

例如，

$$f_y(x_0, y_0)=\lim_{\Delta y\to 0}\frac{f(x_0, y_0+\Delta y)-f(x_0, y_0)}{\Delta y}. \tag{9.2.2}$$

如果记 $x=x_0+\Delta x$，$y=y_0+\Delta y$，则式(9.2.1)、式(9.2.2)分别等价于

$$f_x(x_0, y_0)=\lim_{x\to x_0}\frac{f(x, y_0)-f(x_0, y_0)}{x-x_0},$$

$$f_y(x_0, y_0)=\lim_{y\to y_0}\frac{f(x_0, y)-f(x_0, y_0)}{y-y_0}.$$

例 9.2.1 计算函数 $f(x, y)=\begin{cases} y\sin\dfrac{1}{x^2+y^2}, & x^2+y^2\neq 0, \\ 0, & x^2+y^2=0 \end{cases}$ 在点(0, 0)处的偏导数.

解 由偏导数定义得

$$f_x(0, 0)=\lim_{\Delta x\to 0}\frac{f(0+\Delta x, 0)-f(0, 0)}{\Delta x}=\lim_{\Delta x\to 0}\frac{0-0}{\Delta x}=0.$$

因极限

$$\lim_{\Delta y\to 0}\frac{f(0, 0+\Delta y)-f(0, 0)}{\Delta y}=\lim_{\Delta y\to 0}\frac{\Delta y\sin\dfrac{1}{(\Delta y)^2}}{\Delta y}=\lim_{\Delta y\to 0}\sin\frac{1}{(\Delta y)^2}$$

不存在，故 $f_y(0, 0)$不存在，即函数 $f(x, y)$在点(0, 0)处对 y 的偏导数不存在.

定义 9.2.2 如果函数 $z=f(x, y)$在区域 D 内每一点(x, y)处对 x(对 y)的偏导数都存在，那么这个偏导数就是 x、y 的函数，称为函数 $z=f(x, y)$对自变量 x(对自变量 y)的偏导函数，记作

$$f_x(x, y), \frac{\partial z}{\partial x}, \frac{\partial f}{\partial x}\text{或 } z_x$$

$$\left(f_y(x, y), \frac{\partial z}{\partial y}, \frac{\partial f}{\partial y}\text{或 } z_y\right).$$

在式(9.2.1)、式(9.2.2)中把 x_0, y_0 的下标 0 去掉，即得偏导函数的表达式为

$$f_x(x, y)=\lim_{\Delta x\to 0}\frac{f(x+\Delta x, y)-f(x, y)}{\Delta x},$$

$$f_y(x, y)=\lim_{\Delta y\to 0}\frac{f(x, y+\Delta y)-f(x, y)}{\Delta y}.$$

由偏导数的概念可知，函数 $f(x, y)$在点(x_0, y_0)处对 x 的偏导数 $f_x(x_0, y_0)$就是偏导函数 $f_x(x, y)$在点(x_0, y_0)处的函数值；$f_y(x_0, y_0)$就是偏导函数 $f_y(x, y)$在点(x_0, y_0)处的函数值. 就像一元函数的导函数一样，以后在不至于混淆的地方也把偏导函数简称为**偏导数**.

2. 偏导数的几何意义

从偏导数的定义可知，二元函数 $z=f(x, y)$在点 $P(x_0, y_0)$处对 x 的偏导数 $f_x(x_0, y_0)$，就是一元函数 $z=f(x, y_0)$在点 x_0 处的导数.

设 $M_0(x_0, y_0, f(x_0, y_0))$为曲面 $z=f(x, y)$上的一点，过 M_0 作平面 $y=y_0$ 与曲面 $z=f(x, y)$相交得一曲线 C_1(见图 9.2.1)，此曲线在平面 $y=y_0$ 上的方程为 $z=f(x, y_0)$. 偏导数 $f_x(x_0, y_0)$就是曲线 C_1 在点 M_0 处的切线 M_0T_x 对 x 轴的斜率，即

$$f_x(x_0, y_0)=\tan\alpha.$$

同理可知，偏导数 $f_y(x_0, y_0)$就是曲面 $z=f(x, y)$与平面 $x=x_0$ 的交线 C_2(见图 9.2.1)在点 M_0 处的切线 M_0T_y 对 y 轴的斜率，即

$$f_y(x_0, y_0)=\tan\beta.$$

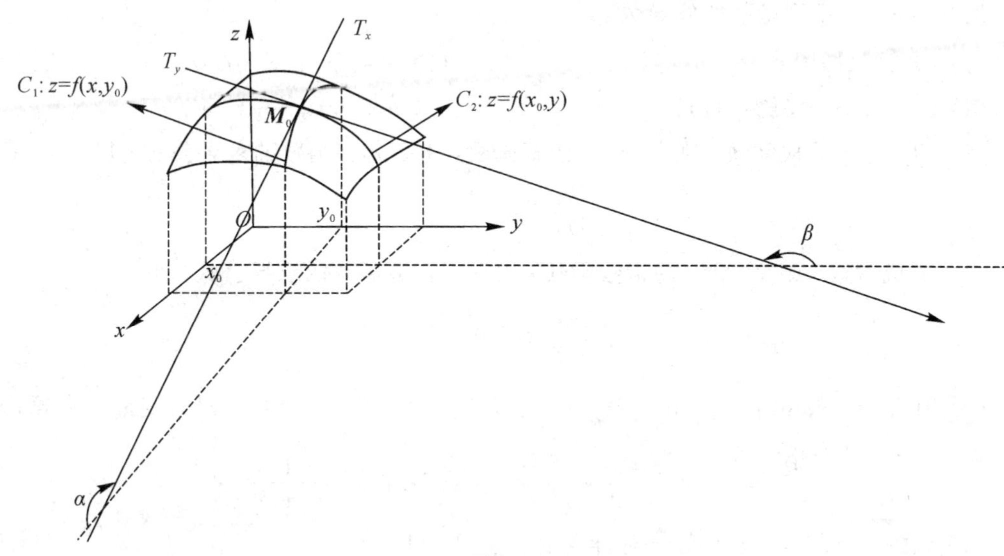

图 9.2.1

3. 偏导数的计算方法

偏导数的概念还可推广到二元以上的函数. 例如，三元函数 $u=f(x, y, z)$ 在点 (x, y, z) 处对 x 的偏导数定义为

$$f_x(x, y, z)=\lim_{\Delta x\to 0}\frac{f(x+\Delta x, y, z)-f(x, y, z)}{\Delta x},$$

其中 (x, y, z) 是函数 $u=f(x, y, z)$ 的定义域的内点.

从定义可以看出，多元函数的偏导数实质上只有一个自变量变化，而其余的自变量均暂时视为常数，所以计算多元函数的偏导数相当于求一元函数的导数. 例如计算 $z=f(x, y)$ 的偏导数 $f_x(x, y)$，只要把 y 暂时看作常数而对 x 求导；类似地，计算 $f_y(x, y)$ 时，只要把 x 暂时看作常数而对 y 求导.

总之，具体计算多元函数对某一自变量的偏导数时，只需把其余的自变量暂时看作常数，然后引用一元函数的微分法就可以了.

例 9.2.2　求函数 $f(x, y)=x^3-2x^2y-y^4$ 在点 $(2, 1)$ 处的偏导数.

解　方法 1：先求后代.

将 y 看成常数，函数 $f(x, y)$ 对自变量 x 求导得到

$$f_x(x, y)=3x^2-4xy,$$

将 x 看成常数，函数 $f(x, y)$ 对自变量 y 求导得到

$$f_y(x, y)=-2x^2-4y^3.$$

把 $x=2$，$y=1$ 代入上述所求偏导数，则得函数 $f(x, y)$ 在点 $(2, 1)$ 处的偏导数为

$$f_x(2, 1)=3\times 2^2-4\times 2\times 1=4,$$

$$f_y(2, 1)=-2\times 2^2-4\times 1^3=-12.$$

方法 2：先代后求.

因为 $f(x, 1)=x^3-2x^2-1$，$f(2, y)=8-8y-y^4$，所以

$$f_x(x, 1)=3x^2-4x,\quad f_x(2, 1)=3\times 2^2-4\times 2=4,$$

$$f_y(2, y)=-8-4y^3,\quad f_y(2, 1)=-8-4\times 1^3=-12.$$

例 9.2.3 求下列函数的偏导数：

(1) $z=x^y(x>0)$；　　(2) $z=x^2\sin2y-\ln\sqrt{x^2+y^2}$；

(3) $z=(1+x)^{xy}(x>-1)$；　　(4) $u=\sin(x+y^2-e^z)$.

解 (1) 把 y 看成常数，则 x^y 是 x 的幂函数，由一元幂函数的求导公式，得

$$\frac{\partial z}{\partial x}=yx^{y-1}.$$

把 x 看成常数，则 x^y 是 y 的指数函数，由一元指数函数的求导公式，得

$$\frac{\partial z}{\partial y}=x^y\ln x.$$

(2) 因为 $z=x^2\sin2y-\frac{1}{2}\ln(x^2+y^2)$，所以把 y 看成常数，函数 z 对自变量 x 求导，得

$$\frac{\partial z}{\partial x}=2x\sin2y-\frac{1}{2}\cdot\frac{2x}{x^2+y^2}=x\left(2\sin2y-\frac{1}{x^2+y^2}\right).$$

同理，把 x 看成常数，函数 z 对自变量 y 求导，得

$$\frac{\partial z}{\partial y}=2x^2\cos2y-\frac{y}{x^2+y^2}.$$

(3) 函数 $z=(1+x)^{xy}$ 是多元幂指函数. 由于 $z=(1+x)^{xy}=e^{xy\ln(1+x)}$，所以

$$\frac{\partial z}{\partial x}=e^{xy\ln(1+x)}\left[y\ln(1+x)+\frac{xy}{1+x}\right]=y(1+x)^{xy}\left[\ln(1+x)+\frac{x}{1+x}\right],$$

$$\frac{\partial z}{\partial y}=e^{xy\ln(1+x)}\cdot x\ln(1+x)=x\,(1+x)^{xy}\ln(1+x).$$

(4) 把 y 和 z 看成常数，函数 u 对自变量 x 求导得

$$\frac{\partial u}{\partial x}=\cos(x+y^2-e^z).$$

把 x 和 z 看成常数，函数 u 对自变量 y 求导得

$$\frac{\partial u}{\partial y}=2y\cos(x+y^2-e^z).$$

把 x 和 y 看成常数，函数 u 对自变量 z 求导得

$$\frac{\partial u}{\partial z}=-e^z\cos(x+y^2-e^z).$$

例 9.2.4 已知 $r=\sqrt{x^2+y^2+z^2}$，证明：$\left(\frac{\partial r}{\partial x}\right)^2+\left(\frac{\partial r}{\partial y}\right)^2+\left(\frac{\partial r}{\partial z}\right)^2=1$.

证明 把 y 和 z 看作常数，函数 r 对自变量 x 求导，得

$$\frac{\partial r}{\partial x}=\frac{2x}{2\sqrt{x^2+y^2+z^2}}=\frac{x}{r}.$$

利用函数关于自变量的对称性，可得

$$\frac{\partial r}{\partial y}=\frac{y}{r},\quad \frac{\partial r}{\partial z}=\frac{z}{r}.$$

于是

$$\left(\frac{\partial r}{\partial x}\right)^2+\left(\frac{\partial r}{\partial y}\right)^2+\left(\frac{\partial r}{\partial z}\right)^2=\frac{x^2+y^2+z^2}{r^2}=1.$$

例 9.2.5　已知理想气体的状态方程为 $pV=RT$(R 为常数)，求证：

$$\frac{\partial p}{\partial V}\cdot\frac{\partial V}{\partial T}\cdot\frac{\partial T}{\partial p}=-1.$$

证明　因为 $p=\frac{RT}{V}$，把 T 看成常数，函数 p 对自变量 V 求导，得

$$\frac{\partial p}{\partial V}=-\frac{RT}{V^2}.$$

同理，$V=\frac{RT}{p}$，把 p 看成常数，函数 V 对自变量 T 求导，得

$$\frac{\partial V}{\partial T}=\frac{R}{p}.$$

又 $T=\frac{pV}{R}$，把 V 看成常数，函数 T 对自变量 p 求导，得

$$\frac{\partial T}{\partial p}=\frac{V}{R}.$$

于是

$$\frac{\partial p}{\partial V}\cdot\frac{\partial V}{\partial T}\cdot\frac{\partial T}{\partial p}=-\frac{RT}{V^2}\cdot\frac{R}{p}\cdot\frac{V}{R}=-\frac{RT}{pV}=-1.$$

我们知道，对一元函数来说，$\frac{\mathrm{d}y}{\mathrm{d}x}$可以看作函数的微分 $\mathrm{d}y$ 与自变量的微分 $\mathrm{d}x$ 的商. 但上式表明，偏导数的记号是一个整体记号，不能看作分子与分母之商.

4. 多元函数的连续性与偏导数存在的关系

我们知道，一元函数若在某一点可导，则它在该点一定连续. 对于二元函数 $z=f(x, y)$ 来说，即使它在点 (x_0, y_0) 的两个偏导数都存在，也不能保证该二元函数在点 (x_0, y_0) 连续. 由偏导数的定义知道，$f_x(x_0, y_0)$ 存在只能保证 $f(x, y_0)$ 在点 x_0 连续，即 (x, y) 沿直线 $y=y_0$ 趋于 (x_0, y_0) 时，函数值 $f(x, y)$ 趋于 $f(x_0, y_0)$. 同样，$f_y(x_0, y_0)$ 存在只能保证 (x, y) 沿直线 $x=x_0$ 趋于 (x_0, y_0) 时，$f(x, y)$ 的极限为 $f(x_0, y_0)$.

例如函数

$$f(x, y)=\begin{cases}\frac{xy}{x^2+y^2}, & x^2+y^2\neq 0,\\ 0, & x^2+y^2=0\end{cases}$$

在点 $(0, 0)$ 处对 x 和 y 的偏导数分别为

$$f_x(0, 0)=\lim_{\Delta x\to 0}\frac{f(0+\Delta x, 0)-f(0, 0)}{\Delta x}=\lim_{\Delta x\to 0}\frac{0-0}{\Delta x}=0,$$

$$f_y(0, 0)=\lim_{\Delta y\to 0}\frac{f(0, 0+\Delta y)-f(0, 0)}{\Delta y}=\lim_{\Delta y\to 0}\frac{0-0}{\Delta y}=0.$$

由计算结果知，该函数在点 $(0, 0)$ 处的两个偏导数不仅存在而且相等，但在本章第一节中我们已经知道，该函数在点 $(0, 0)$ 并不连续. 此例说明，二元函数在某一点各偏导数都存在也不能保证函数在该点连续，这说明偏导数与导数有着本质的区别. 同样，多元函数在某一点连续也不能保证它在该点的偏导数存在. 例如，函数 $f(x, y)=\sqrt{x^2+y^2}$ 是多元初等函数，在定义区域内是连续的，所以函数在点 $(0, 0)$ 连续. 但偏导数

$$f_x(0,0)=\lim_{\Delta x\to 0}\frac{f(0+\Delta x,0)-f(0,0)}{\Delta x}=\lim_{\Delta x\to 0}\frac{\sqrt{(\Delta x)^2}}{\Delta x}=\lim_{\Delta x\to 0}\frac{|\Delta x|}{\Delta x}$$

不存在，同理另一个偏导数 $f_y(0,0)$也不存在.

关于多元函数的偏导数的几点说明

二、高阶偏导数

设函数 $z=f(x,y)$在区域 D 内具有偏导数

$$\frac{\partial z}{\partial x}=f_x(x,y),\ \frac{\partial z}{\partial y}=f_y(x,y),$$

那么在 D 内 $f_x(x,y)$、$f_y(x,y)$都是 x、y 的函数. 如果这两个函数的偏导数也存在，则称它们是函数 $z=f(x,y)$的**二阶偏导数**. 按照对变量求导次序的不同，共有下列四个二阶偏导数：

$$\frac{\partial}{\partial x}\left(\frac{\partial z}{\partial x}\right)=\frac{\partial^2 z}{\partial x^2}=\frac{\partial^2 f}{\partial x^2}=z_{xx}=f_{xx}=f_{xx}(x,y),$$

$$\frac{\partial}{\partial y}\left(\frac{\partial z}{\partial x}\right)=\frac{\partial^2 z}{\partial x\partial y}=\frac{\partial^2 f}{\partial x\partial y}=z_{xy}=f_{xy}=f_{xy}(x,y),$$

$$\frac{\partial}{\partial x}\left(\frac{\partial z}{\partial y}\right)=\frac{\partial^2 z}{\partial y\partial x}=\frac{\partial^2 f}{\partial y\partial x}=z_{yx}=f_{yx}=f_{yx}(x,y),$$

$$\frac{\partial}{\partial y}\left(\frac{\partial z}{\partial y}\right)=\frac{\partial^2 z}{\partial y^2}=\frac{\partial^2 f}{\partial y^2}=z_{yy}=f_{yy}=f_{yy}(x,y).$$

其中$\frac{\partial^2 z}{\partial x^2}$称为 z 对 x 的二阶偏导数，$\frac{\partial^2 z}{\partial y^2}$称为 z 对 y 的二阶偏导数，$\frac{\partial^2 z}{\partial x\partial y}$称为 z 先对 x 后对 y 的二阶混合偏导数(请注意记号的先后次序)，$\frac{\partial^2 z}{\partial y\partial x}$称为 z 先对 y 后对 x 的二阶混合偏导数.

类似地，可定义多元函数的三阶、四阶以及 n 阶偏导数. 二阶及二阶以上的偏导数统称为**高阶偏导数**.

例 9.2.6　设 $z=2x^3y^2-3xy^3+xe^2+4$，求$\frac{\partial^2 z}{\partial x^2}$、$\frac{\partial^2 z}{\partial y\partial x}$、$\frac{\partial^2 z}{\partial x\partial y}$、$\frac{\partial^2 z}{\partial y^2}$及$\frac{\partial^3 z}{\partial x^3}$.

解

$$\frac{\partial z}{\partial x}=6x^2y^2-3y^3+e^2,\quad \frac{\partial z}{\partial y}=4x^3y-9xy^2;$$

$$\frac{\partial^2 z}{\partial x^2}=12xy^2,\quad \frac{\partial^2 z}{\partial x\partial y}=12x^2y-9y^2;$$

$$\frac{\partial^2 z}{\partial y^2}=4x^3-18xy,\quad \frac{\partial^2 z}{\partial y\partial x}=12x^2y-9y^2;$$

$$\frac{\partial^3 z}{\partial x^3}=12y^2.$$

例 9.2.7　设函数

$$f(x,y)=\begin{cases}\dfrac{x^3y-xy^3}{x^2+y^2}, & x^2+y^2\neq 0,\\ 0, & x^2+y^2=0.\end{cases}$$

求函数 $f(x,y)$在点$(0,0)$处的二阶混合偏导数.

解　当$(x,y)\neq(0,0)$时，

$$f_x(x, y)=\frac{(3x^2y-y^3)(x^2+y^2)-(x^3y-xy^3)\cdot 2x}{(x^2+y^2)^2}=\frac{x^4y+4x^2y^3-y^5}{(x^2+y^2)^2},$$

$$f_y(x, y)=\frac{(x^3-3xy^2)(x^2+y^2)-(x^3y-xy^3)\cdot 2y}{(x^2+y^2)^2}=\frac{x^5-4x^3y^2-xy^4}{(x^2+y^2)^2};$$

当$(x, y)=(0, 0)$时，

$$f_x(0, 0)=\lim_{\Delta x\to 0}\frac{f(0+\Delta x, 0)-f(0, 0)}{\Delta x}=\lim_{\Delta x\to 0}\frac{0-0}{\Delta x}=0,$$

$$f_y(0, 0)=\lim_{\Delta y\to 0}\frac{f(0, 0+\Delta y)-f(0, 0)}{\Delta y}=\lim_{\Delta y\to 0}\frac{0-0}{\Delta y}=0.$$

根据二阶偏导数的定义，有

$$f_{xy}(0, 0)=\lim_{\Delta y\to 0}\frac{f_x(0, 0+\Delta y)-f_x(0, 0)}{\Delta y}=\lim_{\Delta y\to 0}\frac{\frac{-(\Delta y)^5}{(\Delta y)^4}-0}{\Delta y}=-1,$$

$$f_{yx}(0, 0)=\lim_{\Delta x\to 0}\frac{f_y(0+\Delta x, 0)-f_y(0, 0)}{\Delta x}=\lim_{\Delta x\to 0}\frac{\frac{(\Delta x)^5}{(\Delta x)^4}-0}{\Delta x}=1.$$

在例 9.2.6 中，混合偏导数$\frac{\partial^2 z}{\partial x\partial y}=\frac{\partial^2 z}{\partial y\partial x}$；在例 9.2.7 中，$f_{xy}(0, 0)\neq f_{yx}(0, 0)$. 这其中的规律是什么？下面的定理给出了二阶混合偏导数相等的一个充分条件.

定理 9.2.1　如果函数 $z=f(x, y)$的两个二阶混合偏导数$\frac{\partial^2 z}{\partial y\partial x}$及$\frac{\partial^2 z}{\partial x\partial y}$在区域 D 内连续，那么在该区域内这两个二阶混合偏导数必定相等，即

$$\frac{\partial^2 z}{\partial x\partial y}=\frac{\partial^2 z}{\partial y\partial x},\quad \forall (x, y)\in D.$$

证明　任取一点$(x_0, y_0)\in D$，只要证明

$$f_{xy}(x_0, y_0)=f_{yx}(x_0, y_0),$$

由于(x_0, y_0)的任意性，也就证明了定理 9.2.1 的结论.

考虑式子

$$I=[f(x_0+\Delta x, y_0+\Delta y)-f(x_0+\Delta x, y_0)]-[f(x_0, y_0+\Delta y)-f(x_0, y_0)],$$

对这个式子用两次拉格朗日中值定理可得二阶混合偏导数.

为了更清楚一点，设 $\varphi(x)=f(x, y_0+\Delta y)-f(x, y_0)$，那么

$$\varphi(x_0)=f(x_0, y_0+\Delta y)-f(x_0, y_0),$$

$$\varphi(x_0+\Delta x)=f(x_0+\Delta x, y_0+\Delta y)-f(x_0+\Delta x, y_0),$$

$$I=\varphi(x_0+\Delta x)-\varphi(x_0)=\varphi'(x_0+\theta_1\Delta x)\Delta x\quad (0<\theta_1<1).$$

而

$$\varphi'(x)=f_x(x, y_0+\Delta y)-f_x(x, y_0),$$

故

$$I=[f_x(x_0+\theta_1\Delta x, y_0+\Delta y)-f_x(x_0+\theta_1\Delta x, y_0)]\Delta x.$$

对变量 y 再用一次拉格朗日中值定理，即得

$$I=f_{xy}(x_0+\theta_1\Delta x, y_0+\theta_2\Delta y)\Delta x\Delta y\quad (0<\theta_1<1, 0<\theta_2<1).$$

另外，在最初的 I 的式子中，将第二、三项交换，即有

$$I=[f(x_0+\Delta x, y_0+\Delta y)-f(x_0, y_0+\Delta y)]-[f(x_0+\Delta x, y_0)-f(x_0, y_0)],$$

然后进行与上面类似的推导，可得

$$I=f_{yx}(x_0+\theta_3\Delta x, y_0+\theta_4\Delta y)\Delta x\Delta y \quad (0<\theta_3<1, 0<\theta_4<1).$$

这样就得到

$$f_{xy}(x_0+\theta_1\Delta x, y_0+\theta_2\Delta y)\Delta x\Delta y=f_{yx}(x_0+\theta_3\Delta x, y_0+\theta_4\Delta y)\Delta x\Delta y,$$

即

$$f_{xy}(x_0+\theta_1\Delta x, y_0+\theta_2\Delta y)=f_{yx}(x_0+\theta_3\Delta x, y_0+\theta_4\Delta y).$$

令$(\Delta x, \Delta y)\to(0, 0)$，利用 $f_{xy}(x, y)$及 $f_{yx}(x, y)$的连续性，即得

$$f_{xy}(x_0, y_0)=f_{yx}(x_0, y_0).$$

定理 9.2.1 表明，二阶混合偏导数在连续的条件下与求导的次序无关. 多元函数的高阶混合偏导数也有类似定理，即**在连续的条件下，混合偏导数与求导次序无关**.

例 9.2.8 验证函数 $u(x, t)=e^{-ab^2t}\sin bx$ 满足热传导方程

$$\frac{\partial u}{\partial t}=a\frac{\partial^2 u}{\partial x^2}.$$

其中 a 为正常数，b 为任意常数.

证明 因为

$$\frac{\partial u}{\partial t}=-ab^2e^{-ab^2t}\sin bx, \quad \frac{\partial u}{\partial x}=be^{-ab^2t}\cos bx, \quad \frac{\partial^2 u}{\partial x^2}=-b^2e^{-ab^2t}\sin bx,$$

所以

$$\frac{\partial u}{\partial t}=a\cdot(-b^2e^{-ab^2t}\sin bx)=a\frac{\partial^2 u}{\partial x^2}.$$

例 9.2.9 验证函数 $u=\dfrac{1}{\sqrt{x^2+y^2+z^2}}$满足方程

$$\frac{\partial^2 u}{\partial x^2}+\frac{\partial^2 u}{\partial y^2}+\frac{\partial^2 u}{\partial z^2}=0.$$

证明 $$\frac{\partial u}{\partial x}=-\frac{1}{x^2+y^2+z^2}\cdot\frac{2x}{2\sqrt{x^2+y^2+z^2}}=-\frac{x}{(x^2+y^2+z^2)^{3/2}},$$

$$\frac{\partial^2 u}{\partial x^2}=-\frac{(x^2+y^2+z^2)^{3/2}-x\cdot\frac{3}{2}(x^2+y^2+z^2)^{1/2}\cdot 2x}{(x^2+y^2+z^2)^3}$$

$$=-\frac{1}{(x^2+y^2+z^2)^{3/2}}+\frac{3x^2}{(x^2+y^2+z^2)^{5/2}}.$$

由函数关于自变量的对称性，可得

$$\frac{\partial^2 u}{\partial y^2}=-\frac{1}{(x^2+y^2+z^2)^{3/2}}+\frac{3y^2}{(x^2+y^2+z^2)^{5/2}},$$

$$\frac{\partial^2 u}{\partial z^2}=-\frac{1}{(x^2+y^2+z^2)^{3/2}}+\frac{3z^2}{(x^2+y^2+z^2)^{5/2}}.$$

因此

$$\frac{\partial^2 u}{\partial x^2}+\frac{\partial^2 u}{\partial y^2}+\frac{\partial^2 u}{\partial z^2}=-\frac{3}{(x^2+y^2+z^2)^{3/2}}+\frac{3(x^2+y^2+z^2)}{(x^2+y^2+z^2)^{5/2}}=0.$$

注　方程$\frac{\partial^2 u}{\partial x^2}+\frac{\partial^2 u}{\partial y^2}+\frac{\partial^2 u}{\partial z^2}=0$称为**拉普拉斯(Laplace)方程**，它是数学物理方程中的一类很重要的方程. 若引入记号(算子)$\Delta=\frac{\partial^2}{\partial x^2}+\frac{\partial^2}{\partial y^2}+\frac{\partial^2}{\partial z^2}$，则拉普拉斯方程可写成$\Delta u=0$. 上述算子也称为**拉普拉斯算子**.

习题 9－2

基 础 题

1. 求下列函数的偏导数：

(1) $z=\arcsin\frac{x}{\sqrt{x^2+y^2}}$；　(2) $z=(x^2+y^2)e^{-\arctan\frac{y}{x}}$；

(3) $z=\sin(xy)+\cos^2(xy)$；　(4) $f(x,y)=\int_{\sin x}^{\sec y}e^{-t^2}dt$；

(5) $s=\frac{u^2+v^2}{uv}$；　(6) $f(u,v)=\ln(u+\ln v)$；

(7) $u=x^{y^z}$；　(8) $u=\sin(x_1+2x_2+\cdots+nx_n)$.

2. 求下列函数在指定点处的偏导数：

(1) 设$f(x,y)=x+y-\sqrt{x^2+y^2}$，求$f_x(3,4)$及$f_y(3,4)$；

(2) 设$f(x,y)=x+(y-1)\arcsin\sqrt{\frac{x}{y}}$，求$f_x(x,1)$及$f_x(0,1)$.

3. 求曲线$\begin{cases}z=\frac{x^2+y^2}{4},\\ y=4\end{cases}$在点(2，4，5)处的切线对于$x$轴的倾角.

4. 设$z=\ln(\sqrt{x}+\sqrt{y})$，证明：

$$x\frac{\partial z}{\partial x}+y\frac{\partial z}{\partial y}=\frac{1}{2}.$$

5. 求下列函数所有的二阶偏导数：

(1) $f(x,y)=y^x$；　(2) $z=\sin^2(ax+by)$；　(3) $z=\arctan\frac{x}{y}$.

6. 设$f(x,y,z)=xy^2+yz^2+zx^2$，求$f_{xx}(0,0,1)$、$f_{xz}(1,0,2)$、$f_{yz}(0,-1,0)$及$f_{zzx}(2,0,1)$.

提 高 题

1. 设$f(x,y)=\begin{cases}\frac{y\sin x}{x^2+y^2}, & x^2+y^2\neq 0,\\ 0, & x^2+y^2=0,\end{cases}$求$f_x(x,y)$及$f_y(x,y)$.

2. 设$z=e^{xy}+x\ln(xy)$，求$\frac{\partial^3 z}{\partial x^2\partial y}$及$\frac{\partial^3 z}{\partial y^3}$.

3. 证明函数 $r=\sqrt{x^2+y^2+z^2}$ 满足方程 $\frac{\partial^2 r}{\partial x^2}+\frac{\partial^2 r}{\partial y^2}+\frac{\partial^2 r}{\partial z^2}=\frac{2}{r}$.

4. 设函数 $f(x, y)=\begin{cases}\frac{x^3 y}{x^2+y^2}, & (x, y)\neq(0, 0),\\ 0, & (x, y)=(0, 0),\end{cases}$ 求 $f(x, y)$ 在点 $(0, 0)$ 处的二阶混合偏导数.

习题 9-2
参考答案

第三节 全微分及其应用

一、全微分的定义

在实际问题中，经常遇到需考虑用 Δx、Δy 的线性函数来代替全增量的问题，即多元函数的线性逼近.

对于二元函数 $z=f(x, y)$，它对某个自变量的偏导数表示当其中一个自变量固定时，因变量对另一个自变量的变化率. 相应地，我们可以定义二元函数的偏增量和偏微分.

$$\Delta_x z=f(x+\Delta x, y)-f(x, y) \quad 和 \quad \Delta_y z=f(x, y+\Delta y)-f(x, y)$$

分别称为二元函数 $z=f(x, y)$ 对自变量 x、y 的**偏增量**.

若二元函数的偏导数存在，根据一元函数微分的定义，可得

$$f(x+\Delta x, y)-f(x, y)=f_x(x, y)\Delta x+o(\Delta x),$$
$$f(x, y+\Delta y)-f(x, y)=f_y(x, y)\Delta y+o(\Delta y).$$

上面两式中的 $f_x(x, y)\Delta x$ 和 $f_y(x, y)\Delta y$ 分别称为二元函数 $z=f(x, y)$ 对自变量 x、y 的**偏微分**.

当 $|\Delta x|$、$|\Delta y|$ 足够小时，偏增量有下面的近似公式：

$$\Delta_x z=f(x+\Delta x, y)-f(x, y)\approx f_x(x, y)\Delta x,$$
$$\Delta_y z=f(x, y+\Delta y)-f(x, y)\approx f_y(x, y)\Delta y.$$

在实际问题中，有时需要研究多元函数中各个自变量都取得增量时因变量所获得的增量，即所谓的全增量问题. 下面我们来看一个具体的问题.

设矩形的长和宽分别为 x 和 y，则此矩形的面积 $S=xy$. 若边长 x 有增量 Δx，边长 y 有增量 Δy(见图 9.3.1)，则矩形的面积 S 相应的增量为

$$\Delta S=(x+\Delta x)(y+\Delta y)-xy=y\Delta x+x\Delta y+\Delta x\cdot\Delta y.$$

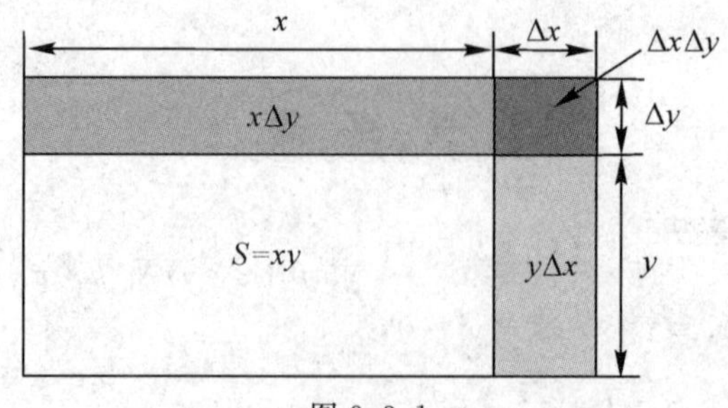

图 9.3.1

可见，ΔS 包含两部分：第一部分为 $y\Delta x+x\Delta y$，它是关于 Δx 和 Δy 的一次式；第二部分为 $\Delta x\cdot\Delta y$，它是当 $\rho=\sqrt{(\Delta x)^2+(\Delta y)^2}$ 趋近于 0 时，关于 ρ 的高阶无穷小，即

$$0\leqslant\left|\frac{\Delta x\cdot\Delta y}{\rho}\right|=\frac{|\Delta x\cdot\Delta y|}{\sqrt{(\Delta x)^2+(\Delta y)^2}}\leqslant\frac{1}{2}\sqrt{(\Delta x)^2+(\Delta y)^2}\to 0\quad(\rho\to 0).$$

于是 $\Delta S=y\Delta x+x\Delta y+o(\rho)$.

一般地，如果函数 $z=f(x,y)$ 在点 $P(x,y)$ 的某邻域内有定义，$P'(x+\Delta x,y+\Delta y)$ 为这邻域内的任意一点，则称

$$f(x+\Delta x,y+\Delta y)-f(x,y)$$

为函数在点 P 对应于自变量 Δx、Δy 的**全增量**，记作 Δz，即

$$\Delta z=f(x+\Delta x,y+\Delta y)-f(x,y).$$

一般来说，计算全增量 Δz 比较复杂．与一元函数的情形类似，我们也希望利用关于自变量增量 Δx、Δy 的线性函数来近似地代替函数全增量 Δz，由此引入多元函数全微分的定义．

1. 全微分的定义

定义 9.3.1　设函数 $z=f(x,y)$ 在点 $P(x,y)$ 的某邻域内有定义，如果 $z=f(x,y)$ 在点 (x,y) 处的全增量

$$\Delta z=f(x+\Delta x,y+\Delta y)-f(x,y)$$

可以表示为

$$\Delta z=A\Delta x+B\Delta y+o(\rho),$$

其中 A、B 不依赖于 Δx、Δy 而仅与 x、y 有关，$\rho=\sqrt{(\Delta x)^2+(\Delta y)^2}$，则称函数 $z=f(x,y)$ 在点 (x,y) 处可微分，而 $A\Delta x+B\Delta y$ 称为函数 $z=f(x,y)$ 在点 (x,y) 处的全微分，记作 $\mathrm{d}z$，即

$$\mathrm{d}z=A\Delta x+B\Delta y.$$

若函数在区域 D 内各点处都可微分，则称这函数在 D 内可微分.

由全微分的定义可知，矩形面积函数 $S=xy$ 在点 (x,y) 处的全微分为

$$\mathrm{d}S=y\Delta x+x\Delta y.$$

2. 函数可微的条件

在学习一元函数的微分时，我们得到这样的结论：如果函数在一点可微，则函数在该点必连续，且在该点处可导．对于二元函数也有类似的结论，即有

定理 9.3.1(必要条件)　如果函数 $z=f(x,y)$ 在点 (x,y) 处可微分，则

(1) 函数 $z=f(x,y)$ 在点 (x,y) 连续；

(2) 函数 $z=f(x,y)$ 在点 (x,y) 处的偏导数 $\dfrac{\partial z}{\partial x}$ 与 $\dfrac{\partial z}{\partial y}$ 必定存在，且函数 $z=f(x,y)$ 在点 (x,y) 处的全微分为

$$\mathrm{d}z=\frac{\partial z}{\partial x}\Delta x+\frac{\partial z}{\partial y}\Delta y.$$

证明　(1) 已知函数 $z=f(x,y)$ 在点 (x,y) 处可微分，则对点 (x,y) 的某个邻域内的任一点 $(x+\Delta x,y+\Delta y)$，都有

$$\Delta z=f(x+\Delta x, y+\Delta y)-f(x, y)=A\Delta x+B\Delta y+o(\rho),$$

从而

$$\lim_{(\Delta x, \Delta y)\to(0, 0)}\Delta z=\lim_{(\Delta x, \Delta y)\to(0, 0)}[A\Delta x+B\Delta y+o(\rho)]=0,$$

即

$$\lim_{(\Delta x, \Delta y)\to(0, 0)}f(x+\Delta x, y+\Delta y)=f(x, y).$$

根据函数连续的定义可知，函数 $z=f(x, y)$ 在点 (x, y) 连续.

(2) 因为函数 $z=f(x, y)$ 在点 (x, y) 处可微分，所以

$$f(x+\Delta x, y+\Delta y)-f(x, y)=A\Delta x+B\Delta y+o(\rho).$$

上式对点 (x, y) 的某个邻域内的任一点 $(x+\Delta x, y+\Delta y)$ 都成立.

特别地，当 $\Delta y=0$ 时，$\rho=|\Delta x|$，即有

$$f(x+\Delta x, y)-f(x, y)=A\cdot\Delta x+o(|\Delta x|).$$

上式两边同除以 Δx，再令 $\Delta x\to 0$，就有

$$\lim_{\Delta x\to 0}\frac{f(x+\Delta x, y)-f(x, y)}{\Delta x}=A+\lim_{\Delta x\to 0}\frac{o(|\Delta x|)}{\Delta x}=A,$$

所以偏导数 $\frac{\partial z}{\partial x}$ 存在，且 $\frac{\partial z}{\partial x}=A$.

同理可证偏导数 $\frac{\partial z}{\partial y}$ 存在，且 $\frac{\partial z}{\partial y}=B$.

因此 $\mathrm{d}z=\frac{\partial z}{\partial x}\Delta x+\frac{\partial z}{\partial y}\Delta y$.

与一元函数一样，二元函数在一点连续是函数在该点可微的必要条件，而不是充分条件. 值得注意的是，一元函数在某点可导是函数在该点可微的充要条件，但对于二元函数则不然. 二元函数 $z=f(x, y)$ 在某点处的两个偏导数 $\frac{\partial z}{\partial x}$ 与 $\frac{\partial z}{\partial y}$ 都存在，并不能保证函数 $z=f(x, y)$ 在该点可微分.

例如，函数

$$f(x, y)=\begin{cases}\dfrac{xy}{x^2+y^2}, & x^2+y^2\neq 0,\\ 0, & x^2+y^2=0\end{cases}$$

在点 $(0, 0)$ 处的两个偏导数存在，且 $f_x(0, 0)=f_y(0, 0)=0$，但它在点 $(0, 0)$ 不连续，所以它在点 $(0, 0)$ 处不可微. 本例表明，二元函数的各偏导数存在只是全微分存在的必要条件而不是充分条件.

由此可见，对于二元函数而言，函数可微分时，偏导数一定存在；反之，函数的各偏导数都存在时，函数并一定可微分. 因为函数的偏导数仅描述了函数在某点沿平行于坐标轴方向的变化率，而全微分描述了函数在某点沿各个方向的变化情况. 但如果再假定二元函数的各个偏导数连续，就可以证明函数是可微分的，即有下面的定理.

定理 9.3.2(充分条件) 如果函数 $z=f(x, y)$ 的偏导数 $\frac{\partial z}{\partial x}$、$\frac{\partial z}{\partial y}$ 在点 (x, y) 连续，则函数在该点处可微分.

分析 要证明函数 $z=f(x, y)$ 在点 (x, y) 处可微，只要证明全增量

$$\Delta z=f_x(x,y)\Delta x+f_y(x,y)\Delta y+o(\rho).$$

证明　由假定，函数的偏导数$\frac{\partial z}{\partial x}$、$\frac{\partial z}{\partial y}$在点$(x,y)$的某邻域存在. 设点$(x+\Delta x,y+\Delta y)$为这邻域内的任意一点，考察函数的全增量

$$\begin{aligned}\Delta z&=f(x+\Delta x,y+\Delta y)-f(x,y)\\&=[f(x+\Delta x,y+\Delta y)-f(x,y+\Delta y)]+[f(x,y+\Delta y)-f(x,y)]\end{aligned}$$

在第一个方括号内的表达式，由于$y+\Delta y$不变，因而可以看作是x的一元函数$f(x,y+\Delta y)$的增量. 于是，应用拉格朗日中值定理，可以得到

$$f(x+\Delta x,y+\Delta y)-f(x,y+\Delta y)=f_x(x+\theta_1\Delta x,y+\Delta y)\Delta x\quad(0<\theta_1<1).$$

又依假设，$f_x(x,y)$在点(x,y)连续，所以上式可写为

$$f(x+\Delta x,y+\Delta y)-f(x,y+\Delta y)=f_x(x,y)\Delta x+\varepsilon_1\Delta x,$$

其中ε_1为Δx与Δy的函数，且$\lim\limits_{(\Delta x,\Delta y)\to(0,0)}\varepsilon_1=0$.

同理可证第二个方括号内的表达式可写为

$$f(x,y+\Delta y)-f(x,y)=f_y(x,y)\Delta y+\varepsilon_2\Delta y,$$

其中ε_2为Δy的函数，且$\lim\limits_{\Delta y\to 0}\varepsilon_2=0$.

根据以上分析，在偏导数连续的假定下，全增量可以表示为

$$\Delta z=f_x(x,y)\Delta x+f_y(x,y)\Delta y+\varepsilon_1\Delta x+\varepsilon_2\Delta y.$$

容易看出

$$\left|\frac{\varepsilon_1\Delta x+\varepsilon_2\Delta y}{\rho}\right|\leqslant|\varepsilon_1|\left|\frac{\Delta x}{\rho}\right|+|\varepsilon_2|\left|\frac{\Delta y}{\rho}\right|\leqslant|\varepsilon_1|+|\varepsilon_2|,$$

它是随着$(\Delta x,\Delta y)\to 0$即$\rho\to 0$而趋于零的. 因此

$$\varepsilon_1\Delta x+\varepsilon_2\Delta y=o(\rho),$$

即

$$\Delta z=f_x(x,y)\Delta x+f_y(x,y)\Delta y+o(\rho).$$

故$z=f(x,y)$在点(x,y)处可微分.

二元函数连续、偏导数存在、可微分之间的关系

偏导数连续是可微的充分条件，但不是必要条件，习题 9－3 提高题第1题表明了这一点.

3. 全微分的计算

考虑函数$z=x$，有$\mathrm{d}z=\mathrm{d}x=\Delta x$，即自变量的微分等于自变量的增量. 同理可得，$\mathrm{d}y=\Delta y$. 习惯上常将自变量的增量$\Delta x$、$\Delta y$分别记为$\mathrm{d}x$、$\mathrm{d}y$，并分别称为自变量$x$、$y$的微分. 这样，可微函数$z=f(x,y)$在点$(x,y)$处的全微分就表示为

$$\mathrm{d}z=\frac{\partial z}{\partial x}\mathrm{d}x+\frac{\partial z}{\partial y}\mathrm{d}y,$$

或写成

$$\mathrm{d}f(x,y)=f_x(x,y)\mathrm{d}x+f_y(x,y)\mathrm{d}y.$$

与一元函数类似，二元函数的全微分也有相应的运算法则.

设$u=u(x,y)$，$v=v(x,y)$在点(x,y)处可微，则函数$u\pm v$、$u\cdot v$、$\frac{u}{v}(v\neq 0)$在点(x,y)处均可微，且

$$d(u \pm v) = du \pm dv,$$

$$d(u \cdot v) = vdu + udv,$$

$$d\left(\frac{u}{v}\right) = \frac{vdu - udv}{v^2} \quad (v \neq 0).$$

以上关于二元函数全微分的定义、可微的必要条件及可微的充分条件，可以推广到三元和三元以上的函数. 例如，如果三元函数 $u=f(x, y, z)$ 在点 (x, y, z) 处可微分，则它的全微分

$$du = \frac{\partial u}{\partial x}dx + \frac{\partial u}{\partial y}dy + \frac{\partial u}{\partial z}dz.$$

例 9.3.1 计算函数 $f(x, y) = x^y + x^2y^3$ 在点 $(2, 1)$ 处的全微分.

解 因为

$$f_x(x, y) = yx^{y-1} + 2xy^3, \quad f_y(x, y) = x^y \ln x + 3x^2y^2,$$

所以

$$f_x(2, 1) = 5, \quad f_y(2, 1) = 2\ln 2 + 12,$$

从而所求全微分为

$$df(2, 1) = 5dx + 2(\ln 2 + 6)dy.$$

例 9.3.2 计算函数 $f(x, y) = \arctan \dfrac{x+y}{x-y}$ 的全微分.

解 因为

$$f_x(x, y) = \frac{1}{1+\left(\dfrac{x+y}{x-y}\right)^2} \cdot \frac{1 \cdot (x-y) - (x+y) \cdot 1}{(x-y)^2} = \frac{-y}{x^2+y^2},$$

$$f_y(x, y) = \frac{1}{1+\left(\dfrac{x+y}{x-y}\right)^2} \cdot \frac{1 \cdot (x-y) - (x+y) \cdot (-1)}{(x-y)^2} = \frac{x}{x^2+y^2},$$

且两个偏导数均连续，所以

$$dz = f_x(x, y)dx + f_y(x, y)dy = \frac{-ydx + xdy}{x^2+y^2}.$$

例 9.3.3 求函数 $u = e^{x+z}\sin(x+y)$ 的全微分.

解 方法 1：由于

$$\frac{\partial u}{\partial x} = e^{x+z}\sin(x+y) + e^{x+z}\cos(x+y),$$

$$\frac{\partial u}{\partial y} = e^{x+z}\cos(x+y),$$

$$\frac{\partial u}{\partial z} = e^{x+z}\sin(x+y),$$

且这三个偏导数均连续，因此所求全微分为

$$\begin{aligned} du &= \frac{\partial u}{\partial x}dx + \frac{\partial u}{\partial y}dy + \frac{\partial u}{\partial z}dz \\ &= e^{x+z}[\sin(x+y) + \cos(x+y)]dx + e^{x+z}\cos(x+y)dy + e^{x+z}\sin(x+y)dz \\ &= e^{x+z}\{[\sin(x+y) + \cos(x+y)]dx + \cos(x+y)dy + \sin(x+y)dz\}. \end{aligned}$$

方法 2：利用多元函数的微分运算法则，可得

$$\begin{aligned}
du &= d[e^{x+z}\sin(x+y)] \\
&= \sin(x+y)d(e^{x+z}) + e^{x+z}d[\sin(x+y)] \\
&= \sin(x+y)\cdot e^{x+z}d(x+z) + e^{x+z}\cdot\cos(x+y)d(x+y) \\
&= \sin(x+y)\cdot e^{x+z}\cdot(dx+dz) + e^{x+z}\cdot\cos(x+y)(dx+dy) \\
&= e^{x+z}\{[\sin(x+y)+\cos(x+y)]dx+\cos(x+y)dy+\sin(x+y)dz\}.
\end{aligned}$$

4. 二元函数为常数的条件

定理 9.3.3　二元函数 $f(x, y)$在区域 D 上为常数的充分必要条件为

$$df(x, y)=0 \quad \text{或} \quad \frac{\partial f}{\partial x}=\frac{\partial f}{\partial y}=0 \quad (\forall (x, y)\in D).$$

证明　必要性. 如果函数 $f(x, y)$在区域 D 上为常数，不妨假设 $f(x, y)=C(\forall (x, y)\in D)$. 显然$\frac{\partial f}{\partial x}=\frac{\partial f}{\partial y}=0$，即 $df(x, y)=0$ 成立.

充分性. 如果$\forall (x, y)\in D$，有 $df(x, y)=0$，即$\frac{\partial f}{\partial x}=\frac{\partial f}{\partial y}=0$，则对$\frac{\partial f}{\partial x}=0$ 两边关于 x 积分，得

$$\int\frac{\partial f}{\partial x}dx=\int 0dx,$$

即

$$f(x, y)=\varphi(y).$$

对函数 $f(x, y)=\varphi(y)$的两边关于 y 求导，得

$$\frac{\partial f}{\partial y}=\varphi'(y).$$

对比已知条件$\frac{\partial f}{\partial y}=0$，可知

$$\varphi'(y)=0.$$

积分得

$$\varphi(y)=C,$$

即

$$f(x, y)=C.$$

根据上面的讨论，进一步还有下面的定理.

定理 9.3.4　设二元函数 $z=f(x, y)$定义在区域 D 上.

(1) 若$\frac{\partial f}{\partial x}=0$，则 $f(x, y)=\varphi(y)$；

(2) 若$\frac{\partial f}{\partial y}=0$，则 $f(x, y)=\psi(x)$.

二元函数在某点是否可微的判定方法

二、知识延展——全微分在实际中的简单应用

1. 近似计算

设函数 $z=f(x, y)$在点 $P(x, y)$处可微，则函数在该点的全增量为

$$\begin{aligned}
\Delta z &= f(x+\Delta x, y+\Delta y)-f(x, y) \\
&= f_x(x, y)\Delta x+f_y(x, y)\Delta y+o(\rho)=dz+o(\rho).
\end{aligned}$$

当$|\Delta x|$、$|\Delta y|$都较小时，则有

$$\Delta z \approx \mathrm{d}z = f_x(x, y)\Delta x + f_y(x, y)\Delta y.$$

上式也可以写成

$$f(x+\Delta x, y+\Delta y) \approx f(x, y) + f_x(x, y)\Delta x + f_y(x, y)\Delta y.$$

特别地，若$(x, y)=(0, 0)$，令$\Delta x=x$，$\Delta y=y$，当$|x|$、$|y|$都较小时，则有

$$f(x, y) \approx f(0, 0) + f_x(0, 0)x + f_y(0, 0)y.$$

与一元函数情形类似，可以用上述三个式子作近似计算和误差估计. 在使用上述近似公式的过程中，应当注意：

(1) $|\Delta x|$、$|\Delta y|$越小，近似计算的误差越小；

(2) 选择点$P(x, y)$时，应使得$f(x, y)$及$f_x(x, y)$、$f_y(x, y)$的计算比较简单，且$|\Delta x|$、$|\Delta y|$都较小.

例 9.3.4 一圆柱形的封闭铁桶，内半径为 5 cm，内高为 12 cm，壁厚均为 0.2 cm，则制作这个铁桶所需材料的体积大约是多少？

解 设圆柱体的半径为r，高为h，体积为V，则

$$V=\pi r^2 h.$$

记r、h和V的增量依次为Δr、Δh和ΔV. 当$|\Delta r|$、$|\Delta h|$都很小时，根据近似计算的公式，制作这个铁桶所需材料的体积为

$$\Delta V \approx \mathrm{d}V = \frac{\partial V}{\partial r}\Delta r + \frac{\partial V}{\partial h}\Delta h = 2\pi rh\Delta r + \pi r^2 \Delta h.$$

把$r=5$，$h=12$，$\Delta r=0.2$，$\Delta h=0.4$代入上式，得

$$\Delta V \approx \pi(2\times 5\times 12\times 0.2 + 5^2\times 0.4) = 34\pi \approx 106.8(\mathrm{cm}^3).$$

于是制作这个铁桶所需材料的体积大约为 106.8 cm^3.

例 9.3.5 计算$\ln(\sqrt[3]{1.03}+\sqrt[4]{0.98}-1)$的近似值.

解 设函数$f(x, y)=\ln(\sqrt[3]{x}+\sqrt[4]{y}-1)$，则

$$f_x(x, y)=\frac{1}{3\sqrt[3]{x^2}(\sqrt[3]{x}+\sqrt[4]{y}-1)}, \quad f_y(x, y)=\frac{1}{4\sqrt[4]{y^3}(\sqrt[3]{x}+\sqrt[4]{y}-1)}.$$

现在要计算$f(1.03, 0.98)$，取$x=1$，$\Delta x=0.03$，$y=1$，$\Delta y=-0.02$，则

$$f(1, 1)=\ln 1=0, \quad f_x(1, 1)=\frac{1}{3}, \quad f_y(1, 1)=\frac{1}{4}.$$

于是，根据近似计算公式

$$f(x+\Delta x, y+\Delta y) \approx f(x, y) + f_x(x, y)\Delta x + f_y(x, y)\Delta y$$

可得

$$\begin{aligned} f(1.03, 0.98) &\approx f(1, 1) + f_x(1, 1)\times 0.03 + f_y(1, 1)\times(-0.02) \\ &= 0 + \frac{1}{3}\times 0.03 + \frac{1}{4}\times(-0.02) = 0.005. \end{aligned}$$

例 9.3.6 当x、y的绝对值都很小时，请推导函数$(1+x)^m(1+y)^n$的近似公式(m、n为常数).

解 设函数$f(x, y)=(1+x)^m(1+y)^n$，则

$$f_x(x, y)=m(1+x)^{m-1}(1+y)^n, \quad f_y(x, y)=n(1+x)^m(1+y)^{n-1},$$

$$f(0, 0)=1, \quad f_x(0, 0)=m, \quad f_y(0, 0)=n.$$

当 x、y 的绝对值都很小时，根据近似计算公式

$$f(x, y)\approx f(0, 0)+f_x(0, 0)x+f_y(0, 0)y$$

可得

$$\begin{aligned}(1+x)^m(1+y)^n &= f(x, y)\approx f(0, 0)+f_x(0, 0)x+f_y(0, 0)y\\ &=1+m\cdot x+n\cdot y.\end{aligned}$$

因此，当 x、y 的绝对值都很小时，有

$$(1+x)^m(1+y)^n\approx 1+mx+ny.$$

2. 误差估计

对于二元函数 $z=f(x, y)$，假设 x 和 y 的近似值 x_0 和 y_0 分别有绝对误差 δ_x 和 δ_y，即 $|\Delta x|<\delta_x$，$|\Delta y|<\delta_y$（其中 $\Delta x=x-x_0$，$\Delta y=y-y_0$）. 由于

$$\begin{aligned}|\Delta z|\approx|\mathrm{d}z|&=|f_x(x_0, y_0)\Delta x+f_y(x_0, y_0)\Delta y|\\ &\leqslant|f_x(x_0, y_0)||\Delta x|+|f_y(x_0, y_0)||\Delta y|\\ &<|f_x(x_0, y_0)|\delta_x+|f_y(x_0, y_0)|\delta_y,\end{aligned}$$

因此可得 z 的**绝对误差** δ_z 为

$$\delta_z=|f_x(x_0, y_0)|\delta_x+|f_y(x_0, y_0)|\delta_y;$$

z 的**相对误差**为

$$\frac{\delta_z}{|z_0|}=\frac{|f_x(x_0, y_0)|\delta_x+|f_y(x_0, y_0)|\delta_y}{|f(x_0, y_0)|}.$$

例 9.3.7　测得一正圆锥的底半径与高分别为 10 cm 和 25 cm，测量误差为 0.1 cm. 试计算由底半径和高的测量误差而引起的体积的绝对误差和相对误差.

解　设正圆锥的底半径为 r，高为 h，则其体积 $V=\frac{1}{3}\pi r^2 h$，故

$$\frac{\partial V}{\partial r}=\frac{2}{3}\pi rh, \quad \frac{\partial V}{\partial h}=\frac{1}{3}\pi r^2.$$

又 $r_0=10$，$h_0=25$，$\delta_r=0.1$，$\delta_h=0.1$，所以圆锥体积 V 的绝对误差为

$$\begin{aligned}\delta_V &= \left|\frac{2}{3}\pi r_0 h_0\right|\delta_r+\left|\frac{1}{3}\pi r_0^2\right|\delta_h\\ &=\frac{2}{3}\pi\times 10\times 25\times 0.1+\frac{1}{3}\pi\times 10^2\times 0.1=20\pi\approx 62.8\ (\mathrm{cm}^3);\end{aligned}$$

相对误差为

$$\frac{\delta_V}{V}=\frac{20\pi}{\frac{1}{3}\pi\times 10^2\times 25}=\frac{3}{125}=2.4\%.$$

例 9.3.8　证明：(1) 乘积的相对误差等于各个因子的相对误差之和；

(2) 商的相对误差等于分子与分母的相对误差之和.

证明　(1) 设 $z=f(x, y)=xy$，则 $f_x(x, y)=y$，$f_y(x, y)=x$，故 z 的绝对误差 δ_z 为

$$\delta_z=|f_x(x_0, y_0)|\delta_x+|f_y(x_0, y_0)|\delta_y=|y_0|\delta_x+|x_0|\delta_y;$$

z 的相对误差为

$$\frac{\delta_z}{|z_0|}=\frac{|y_0|\delta_x+|x_0|\delta_y}{|x_0 y_0|}=\frac{\delta_x}{|x_0|}+\frac{\delta_y}{|y_0|}.$$

由此可见，乘积的相对误差等于各个因子的相对误差之和.

(2) 设 $z=f(x, y)=\dfrac{x}{y}$，则 $f_x(x, y)=\dfrac{1}{y}$，$f_y(x, y)=-\dfrac{x}{y^2}$，故 z 的绝对误差 δ_z 为

$$\delta_z=|f_x(x_0, y_0)|\delta_x+|f_y(x_0, y_0)|\delta_y=\left|\frac{1}{y_0}\right|\delta_x+\left|\frac{x_0}{y_0^2}\right|\delta_y;$$

z 的相对误差为

$$\frac{\delta_z}{|z_0|}=\frac{\left|\dfrac{1}{y_0}\right|\delta_x+\left|\dfrac{x_0}{y_0^2}\right|\delta_y}{\left|\dfrac{x_0}{y_0}\right|}=\frac{\delta_x}{|x_0|}+\frac{\delta_y}{|y_0|}.$$

由此可见，商的相对误差等于分子与分母的相对误差之和.

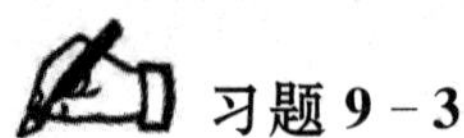

习题 9－3

基 础 题

1. 求下列函数在指定点的全微分：

(1) $z=\ln(1+x^2+y^2)$，指定点为 $P(1, 2)$；

(2) $u=\left(\dfrac{x}{y}\right)^z$，指定点为 $P(1, 1, 1)$.

2. 求下列函数的全微分：

(1) $z=f^2(xy)$，其中 f 可微；

(2) $z=x\cos(x+y)+e^{xy}$；

(3) $z=\dfrac{y}{\sqrt{x^2+y^2}}$；

(4) $u=\ln\sqrt{x^2+y^2+z^2}$；

(5) $u=(xy)^z$.

3. 考虑二元函数 $f(x, y)$ 的下列四条性质：

(1) $f(x, y)$ 在点 (x_0, y_0) 连续；

(2) $f_x(x, y)$、$f_y(x, y)$ 在点 (x_0, y_0) 连续；

(3) $f(x, y)$ 在点 (x_0, y_0) 可微分；

(4) $f_x(x_0, y_0)$、$f_y(x_0, y_0)$ 存在.

若用“$P\Rightarrow Q$”表示由性质 P 推出性质 Q，则下列四个选项中正确的是(　　).

A. (2)⇒(3)⇒(1)　　B. (3)⇒(2)⇒(1)

C. (3)⇒(4)⇒(1)　　D. (3)⇒(1)⇒(4)

*4. 利用全微分计算下列函数的近似值：

(1) $\sqrt{(1.02)^3+(1.97)^3}$；

(2) $\sin 29°\cdot\tan 46°$.

*5. 当 x、y 的绝对值很小时，推导函数 $\arctan\dfrac{x+y}{1+xy}$ 的近似公式.

*6. 有一圆柱体受压后发生变形，它的半径由 20 cm 增大到 20.05 cm，高由 100 cm 减少到 99 cm. 求此圆柱体体积变化的近似值.

*7. 已知一直角三角形的斜边长为 2.1 cm，一个锐角为 31°，求这个锐角所对的直角边长的近似值.

提　高　题

1. 证明：函数

$$f(x,\ y)=\begin{cases}(x^2+y^2)\sin\dfrac{1}{x^2+y^2}, & x^2+y^2\neq 0,\\ 0, & x^2+y^2=0\end{cases}$$

在点(0，0)处可微，但其偏导数在点(0，0)不连续.

*2. 测得矩形盒子的边长为 75 cm、60 cm 及 40 cm，且可能的最大测量误差为 0.2 cm. 试用全微分估计利用这些测量值计算盒子体积时可能带来的最大误差.

习题 9－3
参考答案

*3. 利用全微分证明：两数之和的绝对误差等于它们各自的绝对误差之和.

第四节　多元复合函数的求导法则

一、多元复合函数的求导法则

设函数 $u=\varphi(x)$在点 x 可导，而 $y=f(u)$在对应点 u 可导，则复合函数 $y=f[\varphi(x)]$在点 x 可导，且有

$$\frac{\mathrm{d}y}{\mathrm{d}x}=\frac{\mathrm{d}y}{\mathrm{d}u}\cdot\frac{\mathrm{d}u}{\mathrm{d}x}\quad 或\quad \frac{\mathrm{d}f[\varphi(x)]}{\mathrm{d}x}=f'[\varphi(x)]\cdot\varphi'(x).$$

这就是一元复合函数求导的“链式法则”，函数之间的关系可以用结构图(即图 9.4.1)来表示.

$$y\longrightarrow u\longrightarrow x$$

图 9.4.1

现在将一元复合函数的求导法则推广到多元复合函数的情形.

由于多元函数的构造比较复杂，因此一元函数的“链式图”自然就演变为多元函数的“树图”.

例如，函数 $u=f(x,\ y,\ z)$用结构图来表示就是图 9.4.2. 而 $z=f(x,\ y)$与 $y=\varphi(x)$复合而成的函数 $z=f[x,\ \varphi(x)]$的结构图为图 9.4.3.

图 9.4.2　　　　图 9.4.3

从此例可以看出，与一元函数的结构图相比，多元函数的结构图因构造不同而发生变化. 下面我们就以几种多元复合函数为例，来探讨多元复合函数的求导法则.

1. 多元函数与一元函数复合的情形

定理 9.4.1　设函数 $u=\varphi(t)$及 $v=\psi(t)$均在点 t 可导，函数 $z=f(u,\ v)$在对应点$(u,\ v)$具有连续偏导数，则复合函数 $z=f[\varphi(t),\ \psi(t)]$在点 t 可导，并有求导公式

$$\frac{\mathrm{d}z}{\mathrm{d}t}=\frac{\partial f}{\partial u}\frac{\mathrm{d}u}{\mathrm{d}t}+\frac{\partial f}{\partial v}\frac{\mathrm{d}v}{\mathrm{d}t}. \tag{9.4.1}$$

证明　设 t 获得增量 Δt，相应地函数 $u=\varphi(t)$，$v=\psi(t)$ 的增量为

$$\Delta u=\varphi(t+\Delta t)-\varphi(t),\ \Delta v=\psi(t+\Delta t)-\psi(t),$$

进而函数 $z=f(u, v)$ 在点 (u, v) 的全增量为

$$\Delta z=f(u+\Delta u, v+\Delta v)-f(u, v).$$

由于函数 $z=f(u, v)$ 在点 (u, v) 处有连续偏导数，因此其在点 (u, v) 处一定可微，且有

$$\Delta z=\frac{\partial f}{\partial u}\Delta u+\frac{\partial f}{\partial v}\Delta v+o(\rho),$$

其中 $\rho=\sqrt{(\Delta u)^2+(\Delta v)^2}$. 将上式两边同除以 Δt，得到

$$\frac{\Delta z}{\Delta t}=\frac{\partial f}{\partial u}\frac{\Delta u}{\Delta t}+\frac{\partial f}{\partial v}\frac{\Delta v}{\Delta t}+\frac{o(\rho)}{\Delta t}.$$

由于 $u=\varphi(t)$ 及 $v=\psi(t)$ 在点 t 处可导，因此当 $\Delta t\to 0$ 时，有 $\Delta u\to 0$，$\Delta v\to 0$，$\frac{\Delta u}{\Delta t}\to\frac{\mathrm{d}u}{\mathrm{d}t}$，$\frac{\Delta v}{\Delta t}\to\frac{\mathrm{d}v}{\mathrm{d}t}$. 此时，若 $\rho=0$，则 $\frac{o(\rho)}{\Delta t}=0$；若 $\rho\neq 0$，则

$$\frac{o(\rho)}{\Delta t}=\frac{o(\rho)}{\rho}\cdot\sqrt{\left(\frac{\Delta u}{\Delta t}\right)^2+\left(\frac{\Delta v}{\Delta t}\right)^2}\cdot\frac{|\Delta t|}{\Delta t}.$$

当 $\Delta t\to 0$ 时，$\rho\to 0$，从而 $\frac{o(\rho)}{\rho}\to 0$，而 $\sqrt{\left(\frac{\Delta u}{\Delta t}\right)^2+\left(\frac{\Delta v}{\Delta t}\right)^2}\cdot\frac{|\Delta t|}{\Delta t}$ 是有界量，所以 $\lim\limits_{\Delta t\to 0}\frac{o(\rho)}{\Delta t}=0$. 于是得到

$$\frac{\mathrm{d}z}{\mathrm{d}t}=\lim_{\Delta t\to 0}\frac{\Delta z}{\Delta t}=\lim_{\Delta t\to 0}\left(\frac{\partial f}{\partial u}\frac{\Delta u}{\Delta t}+\frac{\partial f}{\partial v}\frac{\Delta v}{\Delta t}+\frac{o(\rho)}{\Delta t}\right)=\frac{\partial f}{\partial u}\frac{\mathrm{d}u}{\mathrm{d}t}+\frac{\partial f}{\partial v}\frac{\mathrm{d}v}{\mathrm{d}t}.$$

理解和掌握定理 9.4.1 中的求导公式时，应当注意以下几点：

(1) 定理 9.4.1 中的 $z=f[\varphi(t), \psi(t)]$ 是 t 的一元函数，为了和偏导数加以区别，公式(9.4.1)中的导数 $\frac{\mathrm{d}z}{\mathrm{d}t}$ 称为**全导数**.

(2) 若用 $\frac{\partial z}{\partial u}$、$\frac{\partial z}{\partial v}$ 分别代替 $\frac{\partial f}{\partial u}$、$\frac{\partial f}{\partial v}$，则全导数公式(9.4.1)也可以写成

$$\frac{\mathrm{d}z}{\mathrm{d}t}=\frac{\partial z}{\partial u}\frac{\mathrm{d}u}{\mathrm{d}t}+\frac{\partial z}{\partial v}\frac{\mathrm{d}v}{\mathrm{d}t}.$$

(3) 公式(9.4.1)的右边是偏导数与导数乘积的和式，它与函数自身的结构有密切的关系. z 是 u、v 的二元函数，而 u 和 v 都是 t 的一元函数，复合而成的函数 $z=f[\varphi(t), \psi(t)]$ 的结构图如图 9.4.4 所示. 从中可以看出，z 通过中间变量 u 和 v 到达 t 有两条“路径”，而公式(9.4.1)的右边恰好有两式相加；每条“路径”上都是两项乘积，是对应的函数的偏导数和导数的乘积. 也就是说，定理 9.4.1 中 z 对自变量 t 的求导公式符合“**分线相加，连线相乘，多元偏导，一元全导**”的原则.

用同样的方法，可以把定理 9.4.1 推广到中间变量多于两个的情形. 例如，设 $u=\varphi(t)$，$v=\psi(t)$，$w=\omega(t)$ 均在点 t 处可导，$z=f(u, v, w)$ 在对应点 (u, v, w) 处具有连续的偏导数，求复合函数 $z=f[\varphi(t), \psi(t), \omega(t)]$ 的全导数.

函数 $z=f[\varphi(t),\ \psi(t),\ \omega(t)]$ 的结构图如图 9.4.5 所示. 从中可以看出，由 z 经中间变量 u、v、w 到达 t 有三条“路径”，所以求导公式中应该有三式之和，因此它的全导数为

$$\frac{\mathrm{d}z}{\mathrm{d}t}=\frac{\partial z}{\partial u}\frac{\mathrm{d}u}{\mathrm{d}t}+\frac{\partial z}{\partial v}\frac{\mathrm{d}v}{\mathrm{d}t}+\frac{\partial z}{\partial w}\frac{\mathrm{d}w}{\mathrm{d}t}.$$

图 9.4.4　　　　图 9.4.5

例 9.4.1　设 $z=\arcsin(u-v)$，而 $u=3t$，$v=4t^3$，求 $\dfrac{\mathrm{d}z}{\mathrm{d}t}$.

解　方法 1：利用多元复合函数的求导法则. 由题设知

$$\frac{\partial z}{\partial u}=\frac{1}{\sqrt{1-(u-v)^2}},\quad \frac{\partial z}{\partial v}=\frac{-1}{\sqrt{1-(u-v)^2}},\quad \frac{\mathrm{d}u}{\mathrm{d}t}=3,\quad \frac{\mathrm{d}v}{\mathrm{d}t}=12t^2,$$

故由式(9.4.1)可得

$$\begin{aligned}\frac{\mathrm{d}z}{\mathrm{d}t}&=\frac{\partial z}{\partial u}\cdot\frac{\mathrm{d}u}{\mathrm{d}t}+\frac{\partial z}{\partial v}\cdot\frac{\mathrm{d}v}{\mathrm{d}t}\\&=\frac{1}{\sqrt{1-(u-v)^2}}\cdot 3+\frac{-1}{\sqrt{1-(u-v)^2}}\cdot 12t^2=\frac{3(1-4t^2)}{\sqrt{1-(3t-4t^3)^2}}.\end{aligned}$$

本例中，由于 $z=f(u,\ v)$，$u=\varphi(t)$，$v=\psi(t)$ 均已给出了确定的解析式，因此也可以先求出复合函数的解析式，然后直接求导，此即方法 2.

方法 2：消去中间变量，利用一元复合函数的求导法则. 因为 $z=\arcsin(3t-4t^3)$，所以

$$\frac{\mathrm{d}z}{\mathrm{d}t}=\frac{1}{\sqrt{1-(3t-4t^3)^2}}\cdot(3-4\cdot 3t^2)=\frac{3(1-4t^2)}{\sqrt{1-(3t-4t^3)^2}}.$$

2. 多元函数与多元函数复合的情形

定理 9.4.2(链式法则)　设 $u=u(x,\ y)$，$v=v(x,\ y)$ 在点 $(x,\ y)$ 处的偏导数 $\dfrac{\partial u}{\partial x}$、$\dfrac{\partial u}{\partial y}$、$\dfrac{\partial v}{\partial x}$、$\dfrac{\partial v}{\partial y}$ 都存在，函数 $z=f(u,\ v)$ 在对应点 $(u,\ v)$ 处有连续偏导数，则复合函数 $z=f[u(x,\ y),\ v(x,\ y)]$ 在点 $(x,\ y)$ 处的两个偏导数存在，且有

$$\frac{\partial z}{\partial x}=\frac{\partial z}{\partial u}\frac{\partial u}{\partial x}+\frac{\partial z}{\partial v}\frac{\partial v}{\partial x},\tag{9.4.2}$$

$$\frac{\partial z}{\partial y}=\frac{\partial z}{\partial u}\frac{\partial u}{\partial y}+\frac{\partial z}{\partial v}\frac{\partial v}{\partial y}.\tag{9.4.3}$$

定理 9.4.2 的证明从略.

定理 9.4.2 中的复合函数的结构图如图 9.4.6 所示，我们可以借助函数结构图，利用前面分析的方法和结论，直接写出式(9.4.2)和式(9.4.3)的求导公式.

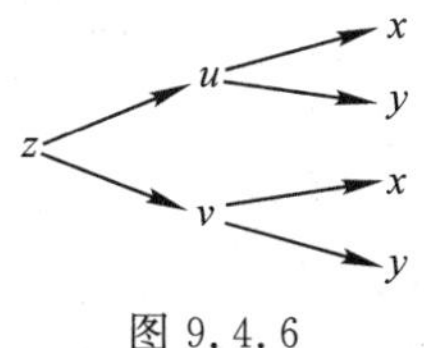

图 9.4.6

事实上，这里求$\frac{\partial z}{\partial x}$时，将 y 暂时看作常数，因此 $u=u(x, y)$ 及 $v=v(x, y)$ 仍可看作变量 x 的一元函数而应用定理 9.4.1，并且它们对 x 的导数就是$\frac{\partial u}{\partial x}$、$\frac{\partial v}{\partial x}$. 但由于复合函数 $z=f[u(x, y), v(x, y)]$ 以及函数 $u=u(x, y)$ 和 $v=v(x, y)$ 都是变量 x、y 的二元函数，因此应把式(9.4.1)中的 d 换成∂，再把 t 换成 x，这样便由式(9.4.1)得到式(9.4.2). 同理由式(9.4.1)得到式(9.4.3).

将定理 9.4.2 中复合函数求导的链式法则推广到一般的多元复合函数中去，就有下面的定理.

定理 9.4.3 设 u 是 $x_1, x_2, \cdots, x_n$ 的 n 元可微函数，每个 x_j 都是 $t_1, t_2, \cdots, t_m$ 的 m 元函数且各个偏导数$\frac{\partial x_j}{\partial t_i}$都存在($1\leqslant j\leqslant n$, $1\leqslant i\leqslant m$)，则 u 作为 $t_1, t_2, \cdots, t_m$ 的复合函数有

$$\frac{\partial u}{\partial t_i}=\frac{\partial u}{\partial x_1}\frac{\partial x_1}{\partial t_i}+\frac{\partial u}{\partial x_2}\frac{\partial x_2}{\partial t_i}+\cdots+\frac{\partial u}{\partial x_n}\frac{\partial x_n}{\partial t_i}\quad (i=1, 2, \cdots, m).$$

当 $m=1$ 时，u 作为 t_1 的一元函数，应将$\frac{\partial u}{\partial t_1}$改成$\frac{\mathrm{d}u}{\mathrm{d}t_1}$，将公式中所有的$\frac{\partial x_j}{\partial t_1}$改成$\frac{\mathrm{d}x_j}{\mathrm{d}t_1}$. 定理 9.4.1 和定理 9.4.2 分别是定理 9.4.3 中 $n=2$, $m=1$ 和 $n=2$, $m=2$ 时的特殊情形.

例 9.4.2 设 $z=\mathrm{e}^u\sin v$，而 $u=xy$, $v=x+y$，求$\frac{\partial z}{\partial x}$和$\frac{\partial z}{\partial y}$.

解 由式(9.4.2)和式(9.4.3)可得

$$\begin{aligned}\frac{\partial z}{\partial x}&=\frac{\partial z}{\partial u}\cdot\frac{\partial u}{\partial x}+\frac{\partial z}{\partial v}\cdot\frac{\partial v}{\partial x}=\mathrm{e}^u\sin v\cdot y+\mathrm{e}^u\cos v\cdot 1\\&=\mathrm{e}^u(y\sin v+\cos v)=\mathrm{e}^{xy}[y\sin(x+y)+\cos(x+y)];\\\frac{\partial z}{\partial y}&=\frac{\partial z}{\partial u}\cdot\frac{\partial u}{\partial y}+\frac{\partial z}{\partial v}\cdot\frac{\partial v}{\partial y}=\mathrm{e}^u\sin v\cdot x+\mathrm{e}^u\cos v\cdot 1\\&=\mathrm{e}^u(x\sin v+\cos v)=\mathrm{e}^{xy}[x\sin(x+y)+\cos(x+y)].\end{aligned}$$

注 本例也可以先消去中间变量，将函数直接化为二元显函数 $z=\mathrm{e}^{xy}\sin(x+y)$，然后计算$\frac{\partial z}{\partial x}$与$\frac{\partial z}{\partial y}$，请读者自己尝试.

例 9.4.3 求 $z=(3x^2+y^2)^{xy}$ 的两个偏导数$\frac{\partial z}{\partial x}$和$\frac{\partial z}{\partial y}$.

分析 所给函数为多元幂指函数，可以将此函数改写为显函数 $z=\mathrm{e}^{xy\ln(3x^2+y^2)}$ 直接计算其偏导数(感兴趣的读者不妨一试). 这里我们采用多元复合函数的求导法则求解.

解 这是一个多元幂指函数，可以将函数 $z=(3x^2+y^2)^{xy}$ 看成由 $z=u^v$, $u=3x^2+y^2$, $v=xy$ 复合而成，于是

$$\frac{\partial z}{\partial u}=v\cdot u^{v-1},\quad \frac{\partial z}{\partial v}=u^v\cdot\ln u,$$

$$\frac{\partial u}{\partial x}=6x,\quad \frac{\partial u}{\partial y}=2y,\quad \frac{\partial v}{\partial x}=y,\quad \frac{\partial v}{\partial y}=x.$$

使用多元复合函数的求导法则，得

$$\frac{\partial z}{\partial x}=\frac{\partial z}{\partial u}\cdot\frac{\partial u}{\partial x}+\frac{\partial z}{\partial v}\cdot\frac{\partial v}{\partial x}=v\cdot u^{v-1}\cdot 6x+u^v\cdot\ln u\cdot y$$

$$=6x^2y\cdot(3x^2+y^2)^{xy-1}+y(3x^2+y^2)^{xy}\ln(3x^2+y^2)$$

$$=(3x^2+y^2)^{xy}\left[\frac{6x^2y}{3x^2+y^2}+y\ln(3x^2+y^2)\right];$$

$$\frac{\partial z}{\partial y}=\frac{\partial z}{\partial u}\cdot\frac{\partial u}{\partial y}+\frac{\partial z}{\partial v}\cdot\frac{\partial v}{\partial y}=v\cdot u^{v-1}\cdot 2y+u^v\cdot\ln u\ \cdot x$$

$$=2xy^2\cdot(3x^2+y^2)^{xy-1}+x(3x^2+y^2)^{xy}\ln(3x^2+y^2)$$

$$=(3x^2+y^2)^{xy}\left[\frac{2xy^2}{3x^2+y^2}+x\ln(3x^2+y^2)\right].$$

例 9.4.4　设 $u=u(x,y)$，$v=v(x,y)$ 及 $w=w(x,y)$ 都在点 (x,y) 处具有对 x 及对 y 的偏导数，函数 $z=f(u,v,w)$ 在对应点 (u,v,w) 处有连续偏导数，求复合函数 $z=f[u(x,y),v(x,y),w(x,y)]$ 的偏导数.

解　此题是定理 9.4.3 中 $n=3$，$m=2$ 时的特殊情形. 因函数的结构图为图 9.4.7，故函数 $z=f[u(x,y),v(x,y),w(x,y)]$ 的偏导数为

$$\frac{\partial z}{\partial x}=\frac{\partial z}{\partial u}\frac{\partial u}{\partial x}+\frac{\partial z}{\partial v}\frac{\partial v}{\partial x}+\frac{\partial z}{\partial w}\frac{\partial w}{\partial x},$$

$$\frac{\partial z}{\partial y}=\frac{\partial z}{\partial u}\frac{\partial u}{\partial y}+\frac{\partial z}{\partial v}\frac{\partial v}{\partial y}+\frac{\partial z}{\partial w}\frac{\partial w}{\partial y}.$$

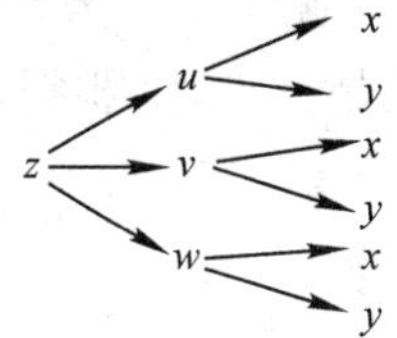

图 9.4.7

3. 其他情形

这种情形可以视为定理 9.4.3 的特例，我们仅以一种情况为例，其他的情况类似可得.

定理 9.4.4　设函数 $u=u(x,y)$ 在点 (x,y) 处的偏导数存在，函数 $v=v(y)$ 在点 y 处可导，函数 $z=f(u,v)$ 在对应点 (u,v) 处具有连续偏导数，则复合函数 $z=f[u(x,y),v(y)]$ 在点 (x,y) 处的两个偏导数存在，且有

$$\frac{\partial z}{\partial x}=\frac{\partial z}{\partial u}\frac{\partial u}{\partial x},\tag{9.4.4}$$

$$\frac{\partial z}{\partial y}=\frac{\partial z}{\partial u}\frac{\partial u}{\partial y}+\frac{\partial z}{\partial v}\frac{\mathrm{d}v}{\mathrm{d}y}.\tag{9.4.5}$$

定理 9.4.4 的证明从略.

定理 9.4.4 中的复合函数的结构图是图 9.4.8.

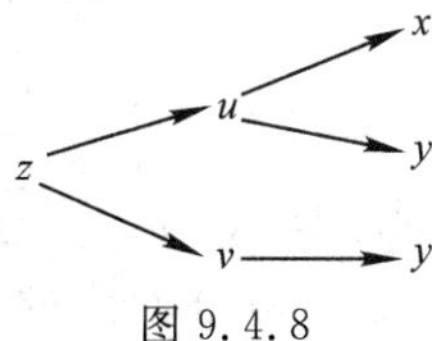

图 9.4.8

定理 9.4.4 的情形实际上是定理 9.4.2 的特例. 这里，由于变量 v 与 x 无关，从而 $\frac{\partial v}{\partial x}=0$；在 v 对 y 求导时，因 $v=v(y)$ 是一元函数，故 $\frac{\partial v}{\partial y}$ 换成了 $\frac{\mathrm{d}v}{\mathrm{d}y}$. 应用定理 9.4.2，便由式(9.4.2)得到式(9.4.4)，由式(9.4.3)得到式(9.4.5).

例 9.4.5　设 $z=\mathrm{e}^{u^2+v^2}$，而 $u=x^2\sin y$，$v=\cos y$，求 $\frac{\partial z}{\partial x}$、$\frac{\partial z}{\partial y}$.

解　由式(9.4.4)和式(9.4.5)可得

$$\frac{\partial z}{\partial x}=\frac{\partial z}{\partial u}\cdot\frac{\partial u}{\partial x}=2ue^{u^2+v^2}\cdot 2x\sin y=4x^3\sin^2 ye^{x^4\sin^2 y+\cos^2 y},$$

$$\frac{\partial z}{\partial y}=\frac{\partial z}{\partial u}\cdot\frac{\partial u}{\partial y}+\frac{\partial z}{\partial v}\cdot\frac{\mathrm{d}v}{\mathrm{d}y}=2ue^{u^2+v^2}\cdot x^2\cos y+2ve^{u^2+v^2}\cdot(-\sin y)$$

$$=e^{x^4\sin^2 y+\cos^2 y}(x^4-1)\sin 2y.$$

在应用多元复合函数的链式法则时，有时会出现多元复合函数的某些中间变量本身又是多元复合函数自变量的情况，这时要注意防止记号的混淆.

例 9.4.6 设函数 $u=\varphi(x,y)$ 在点 (x,y) 处的偏导数存在，函数 $v=\psi(y)$ 可导，函数 $z=f(u,v,x)$ 在对应点 (u,v,x) 处可微，求复合函数 $z=f[\varphi(x,y),\psi(y),x]$ 的偏导数.

解 复合函数的结构图如图 9.4.9 所示. 其中 x 既是中间变量，又是自变量. 根据多元复合函数的求导法则可得

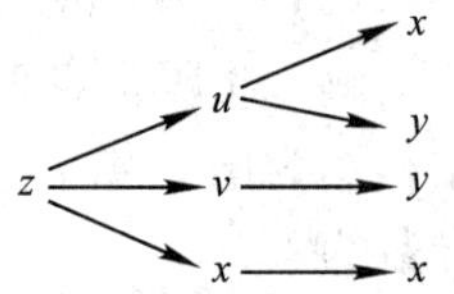

$$\frac{\partial z}{\partial x}=\frac{\partial f}{\partial u}\cdot\frac{\partial \varphi}{\partial x}+\frac{\partial f}{\partial x},$$

$$\frac{\partial z}{\partial y}=\frac{\partial f}{\partial u}\cdot\frac{\partial \varphi}{\partial y}+\frac{\partial f}{\partial v}\cdot\frac{\mathrm{d}\psi}{\mathrm{d}y}.$$

图 9.4.9

注 这里符号 $\frac{\partial z}{\partial x}$ 与 $\frac{\partial f}{\partial x}$ 的意义是不同的. $\frac{\partial z}{\partial x}$ 表示把复合函数 $z=f[\varphi(x,y),\psi(y),x]$ 中的 y 看作不变而对 x 的偏导数，$\frac{\partial f}{\partial x}$ 表示把三元函数 $z=f(u,v,x)$ 中的 u 及 v 看作不变而对 x 的偏导数. 以后遇到这种情况时，一定要注意区分，以免造成混淆.

设 $z=f(u,v,w)$，为了表达简便，我们常用 f'_1 表示函数 $f(u,v,w)$ 对第一个变量 u 的偏导数，即 $f'_1=\frac{\partial f}{\partial u}$，类似有 $f'_2=\frac{\partial f}{\partial v}$，$f'_3=\frac{\partial f}{\partial w}$，$f''_{11}=\frac{\partial^2 f}{\partial u^2}$，$f''_{12}=\frac{\partial^2 f}{\partial u\partial v}$，$f''_{23}=\frac{\partial^2 f}{\partial v\partial w}$，等等.

利用上述记号，例 9.4.6 中的结果可表示为

$$\frac{\partial z}{\partial x}=f'_1\cdot\varphi'_1+f'_3,\ \frac{\partial z}{\partial y}=f'_1\cdot\varphi'_2+f'_2\cdot\psi'.$$

例 9.4.7 设 $w=f(x^3+y^2+z,xyz)$，f 具有二阶连续的偏导数，求 $\frac{\partial w}{\partial x}$、$\frac{\partial w}{\partial y}$、$\frac{\partial w}{\partial z}$ 及 $\frac{\partial^2 w}{\partial x\partial z}$.

解 设 $u=x^3+y^2+z$，$v=xyz$，则函数 $w=f(x^3+y^2+z,xyz)$ 是由 $w=f(u,v)$ 及 $u=x^3+y^2+z$，$v=xyz$ 复合而成的. 复合函数的结构图如图 9.4.10 所示.

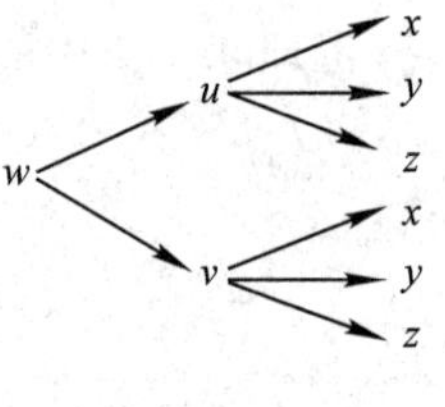

图 9.4.10

应用多元复合函数的求导法则，得

$$\frac{\partial w}{\partial x}=\frac{\partial f}{\partial u}\cdot\frac{\partial u}{\partial x}+\frac{\partial f}{\partial v}\cdot\frac{\partial v}{\partial x}=f_u\cdot 3x^2+f_v\cdot yz=3x^2f'_1+yzf'_2,$$

$$\frac{\partial w}{\partial y}=\frac{\partial f}{\partial u}\cdot\frac{\partial u}{\partial y}+\frac{\partial f}{\partial v}\cdot\frac{\partial v}{\partial y}=f_u\cdot 2y+f_v\cdot xz=2yf'_1+xzf'_2,$$

$$\frac{\partial w}{\partial z}=\frac{\partial f}{\partial u}\cdot\frac{\partial u}{\partial z}+\frac{\partial f}{\partial v}\cdot\frac{\partial v}{\partial z}=f_u\cdot 1+f_v\cdot xy=f'_1+xyf'_2.$$

这里$\frac{\partial f}{\partial u}=f_u=f'_1$，$\frac{\partial f}{\partial v}=f_v=f'_2$.

进一步，计算混合偏导数：

$$\frac{\partial^2 w}{\partial x\partial z}=\frac{\partial}{\partial z}(3x^2f'_1)+\frac{\partial}{\partial z}(yzf'_2)=3x^2\frac{\partial f'_1}{\partial z}+yf'_2+yz\frac{\partial f'_2}{\partial z}.$$

计算$\frac{\partial f'_1}{\partial z}$及$\frac{\partial f'_2}{\partial z}$时，应注意$f'_1(u, v)$及$f'_2(u, v)$中的$u$、$v$是中间变量，换言之，即$f'_1$及$f'_2$仍是与$f$有类似结构的复合函数，故有

$$\frac{\partial f'_1}{\partial z}=\frac{\partial f'_1}{\partial u}\cdot\frac{\partial u}{\partial z}+\frac{\partial f'_1}{\partial v}\cdot\frac{\partial v}{\partial z}=f''_{11}+xyf''_{12},$$

$$\frac{\partial f'_2}{\partial z}=\frac{\partial f'_2}{\partial u}\cdot\frac{\partial u}{\partial z}+\frac{\partial f'_2}{\partial v}\cdot\frac{\partial v}{\partial z}=f''_{21}+xyf''_{22}.$$

因为f具有二阶连续的偏导数，所以$f''_{12}=f''_{21}$，于是

$$\begin{aligned}\frac{\partial^2 w}{\partial x\partial z}&=3x^2(f''_{11}+xyf''_{12})+yf'_2+yz(f''_{21}+xyf''_{22})\\&=3x^2f''_{11}+y(3x^3+z)f''_{12}+xy^2zf''_{22}+yf'_2.\end{aligned}$$

这里$\frac{\partial^2 f}{\partial u^2}=f''_{11}$，$\frac{\partial^2 f}{\partial u\partial v}=f''_{12}$，$\frac{\partial^2 f}{\partial v^2}=f''_{22}$.

例 9.4.8　设$u=f(x, y)$具有二阶连续的偏导数，证明：在极坐标变换$x=\rho\cos\theta$，$y=\rho\sin\theta$下，恒有

$$\frac{\partial^2 u}{\partial x^2}+\frac{\partial^2 u}{\partial y^2}=\frac{\partial^2 u}{\partial \rho^2}+\frac{1}{\rho}\frac{\partial u}{\partial \rho}+\frac{1}{\rho^2}\frac{\partial^2 u}{\partial \theta^2}.$$

证明　方法1：利用直角坐标与极坐标间的换算关系式$x=\rho\cos\theta$，$y=\rho\sin\theta$可将函数$u=f(x, y)$换成极坐标ρ、θ的函数：

$$u=f(x, y)=f(\rho\cos\theta, \rho\sin\theta)=F(\rho, \theta).$$

上式表明函数$u=f(x, y)$可看作由$u=F(\rho, \theta)$及$\rho=\sqrt{x^2+y^2}$，$\theta=\arctan\frac{y}{x}$复合而成，则

$$\frac{\partial \rho}{\partial x}=\frac{x}{\sqrt{x^2+y^2}}=\frac{x}{\rho}=\cos\theta,\quad \frac{\partial \theta}{\partial x}=\frac{1}{1+\left(\frac{y}{x}\right)^2}\cdot\left(-\frac{y}{x^2}\right)=-\frac{y}{x^2+y^2}=-\frac{y}{\rho^2}=-\frac{\sin\theta}{\rho},$$

$$\frac{\partial \rho}{\partial y}=\frac{y}{\sqrt{x^2+y^2}}=\frac{y}{\rho}=\sin\theta,\quad \frac{\partial \theta}{\partial y}=\frac{1}{1+\left(\frac{y}{x}\right)^2}\cdot\frac{1}{x}=\frac{x}{x^2+y^2}=\frac{x}{\rho^2}=\frac{\cos\theta}{\rho}.$$

应用复合函数的求导法则，得

$$\frac{\partial u}{\partial x}=\frac{\partial u}{\partial \rho}\cdot\frac{\partial \rho}{\partial x}+\frac{\partial u}{\partial \theta}\cdot\frac{\partial \theta}{\partial x}=\frac{\partial u}{\partial \rho}\cos\theta-\frac{\partial u}{\partial \theta}\frac{\sin\theta}{\rho},$$

$$\frac{\partial u}{\partial y}=\frac{\partial u}{\partial \rho}\cdot\frac{\partial \rho}{\partial y}+\frac{\partial u}{\partial \theta}\cdot\frac{\partial \theta}{\partial y}=\frac{\partial u}{\partial \rho}\sin\theta+\frac{\partial u}{\partial \theta}\frac{\cos\theta}{\rho},$$

$$\begin{aligned}\frac{\partial^2 u}{\partial x^2}&=\frac{\partial}{\partial \rho}\left(\frac{\partial u}{\partial x}\right)\cdot\frac{\partial \rho}{\partial x}+\frac{\partial}{\partial \theta}\left(\frac{\partial u}{\partial x}\right)\cdot\frac{\partial \theta}{\partial x}\\&=\left[\frac{\partial}{\partial \rho}\left(\frac{\partial u}{\partial \rho}\cos\theta-\frac{\partial u}{\partial \theta}\frac{\sin\theta}{\rho}\right)\right]\cdot\cos\theta-\left[\frac{\partial}{\partial \theta}\left(\frac{\partial u}{\partial \rho}\cos\theta-\frac{\partial u}{\partial \theta}\frac{\sin\theta}{\rho}\right)\right]\cdot\frac{\sin\theta}{\rho}\\&=\left(\frac{\partial^2 u}{\partial \rho^2}\cos\theta-\frac{\partial^2 u}{\partial \theta\partial \rho}\frac{\sin\theta}{\rho}+\frac{\partial u}{\partial \theta}\frac{\sin\theta}{\rho^2}\right)\cos\theta-\end{aligned}$$

$$\left(\frac{\partial^2 u}{\partial\rho\partial\theta}\cos\theta-\frac{\partial u}{\partial\rho}\sin\theta-\frac{\partial^2 u}{\partial\theta^2}\frac{\sin\theta}{\rho}-\frac{\partial u}{\partial\theta}\frac{\cos\theta}{\rho}\right)\frac{\sin\theta}{\rho}$$

$$=\frac{\partial^2 u}{\partial\rho^2}\cos^2\theta-\frac{\partial^2 u}{\partial\rho\partial\theta}\frac{\sin 2\theta}{\rho}+\frac{\partial^2 u}{\partial\theta^2}\frac{\sin^2\theta}{\rho^2}+\frac{\partial u}{\partial\theta}\frac{\sin 2\theta}{\rho^2}+\frac{\partial u}{\partial\rho}\frac{\sin^2\theta}{\rho},$$

同理可得

$$\frac{\partial^2 u}{\partial y^2}=\frac{\partial^2 u}{\partial\rho^2}\sin^2\theta+\frac{\partial^2 u}{\partial\rho\partial\theta}\frac{\sin 2\theta}{\rho}+\frac{\partial^2 u}{\partial\theta^2}\frac{\cos^2\theta}{\rho^2}-\frac{\partial u}{\partial\theta}\frac{\sin 2\theta}{\rho^2}+\frac{\partial u}{\partial\rho}\frac{\cos^2\theta}{\rho}.$$

两式相加，得

$$\frac{\partial^2 u}{\partial x^2}+\frac{\partial^2 u}{\partial y^2}=\frac{\partial^2 u}{\partial\rho^2}+\frac{1}{\rho}\frac{\partial u}{\partial\rho}+\frac{1}{\rho^2}\frac{\partial^2 u}{\partial\theta^2}.$$

方法 2：根据复合函数的求导法则，得

$$\frac{\partial u}{\partial\rho}=\frac{\partial u}{\partial x}\cdot\frac{\partial x}{\partial\rho}+\frac{\partial u}{\partial y}\cdot\frac{\partial y}{\partial\rho}=\frac{\partial u}{\partial x}\cdot\cos\theta+\frac{\partial u}{\partial y}\cdot\sin\theta,$$

$$\frac{\partial u}{\partial\theta}=\frac{\partial u}{\partial x}\cdot\frac{\partial x}{\partial\theta}+\frac{\partial u}{\partial y}\cdot\frac{\partial y}{\partial\theta}=\frac{\partial u}{\partial x}\cdot(-\rho\sin\theta)+\frac{\partial u}{\partial y}\cdot\rho\cos\theta,$$

$$\begin{aligned}\frac{\partial^2 u}{\partial\rho^2}&=\frac{\partial}{\partial\rho}\left(\frac{\partial u}{\partial x}\right)\cdot\cos\theta+\frac{\partial}{\partial\rho}\left(\frac{\partial u}{\partial y}\right)\cdot\sin\theta\\&=\left(\frac{\partial^2 u}{\partial x^2}\cdot\frac{\partial x}{\partial\rho}+\frac{\partial^2 u}{\partial x\partial y}\cdot\frac{\partial y}{\partial\rho}\right)\cdot\cos\theta+\left(\frac{\partial^2 u}{\partial y\partial x}\cdot\frac{\partial x}{\partial\rho}+\frac{\partial^2 u}{\partial y^2}\cdot\frac{\partial y}{\partial\rho}\right)\cdot\sin\theta\\&=\left(\frac{\partial^2 u}{\partial x^2}\cdot\cos\theta+\frac{\partial^2 u}{\partial x\partial y}\cdot\sin\theta\right)\cdot\cos\theta+\left(\frac{\partial^2 u}{\partial y\partial x}\cdot\cos\theta+\frac{\partial^2 u}{\partial y^2}\cdot\sin\theta\right)\cdot\sin\theta\\&=\frac{\partial^2 u}{\partial x^2}\cdot\cos^2\theta+\frac{\partial^2 u}{\partial x\partial y}\cdot\sin 2\theta+\frac{\partial^2 u}{\partial y^2}\cdot\sin^2\theta,\end{aligned}$$

$$\begin{aligned}\frac{\partial^2 u}{\partial\theta^2}&=\frac{\partial}{\partial\theta}\left[\frac{\partial u}{\partial x}\cdot(-\rho\sin\theta)+\frac{\partial u}{\partial y}\cdot\rho\cos\theta\right]\\&=-\rho\cos\theta\cdot\frac{\partial u}{\partial x}-\rho\sin\theta\cdot\frac{\partial}{\partial\theta}\left(\frac{\partial u}{\partial x}\right)-\rho\sin\theta\cdot\frac{\partial u}{\partial y}+\rho\cos\theta\cdot\frac{\partial}{\partial\theta}\left(\frac{\partial u}{\partial y}\right)\\&=-\rho\cos\theta\cdot\frac{\partial u}{\partial x}-\rho\sin\theta\cdot\left(\frac{\partial^2 u}{\partial x^2}\cdot\frac{\partial x}{\partial\theta}+\frac{\partial^2 u}{\partial x\partial y}\cdot\frac{\partial y}{\partial\theta}\right)-\\&\quad\rho\sin\theta\cdot\frac{\partial u}{\partial y}+\rho\cos\theta\cdot\left(\frac{\partial^2 u}{\partial y\partial x}\cdot\frac{\partial x}{\partial\theta}+\frac{\partial^2 u}{\partial y^2}\cdot\frac{\partial y}{\partial\theta}\right)\\&=-\rho\cos\theta\cdot\frac{\partial u}{\partial x}-\rho\sin\theta\cdot\left[\frac{\partial^2 u}{\partial x^2}\cdot(-\rho\sin\theta)+\frac{\partial^2 u}{\partial x\partial y}\cdot\rho\cos\theta\right]-\\&\quad\rho\sin\theta\cdot\frac{\partial u}{\partial y}+\rho\cos\theta\cdot\left[\frac{\partial^2 u}{\partial y\partial x}\cdot(-\rho\sin\theta)+\frac{\partial^2 u}{\partial y^2}\cdot\rho\cos\theta\right],\end{aligned}$$

利用$\frac{\partial u}{\partial x}\cdot\cos\theta+\frac{\partial u}{\partial y}\cdot\sin\theta=\frac{\partial u}{\partial\rho}$，并整理得

$$\frac{\partial^2 u}{\partial\theta^2}=\rho^2\left(\frac{\partial^2 u}{\partial x^2}\cdot\sin^2\theta-\frac{\partial^2 u}{\partial x\partial y}\cdot\sin 2\theta+\frac{\partial^2 u}{\partial y^2}\cdot\cos^2\theta\right)-\rho\frac{\partial u}{\partial\rho}.$$

于是

$$\frac{\partial^2 u}{\partial\rho^2}+\frac{1}{\rho^2}\frac{\partial^2 u}{\partial\theta^2}=\frac{\partial^2 u}{\partial x^2}+\frac{\partial^2 u}{\partial y^2}-\frac{1}{\rho}\frac{\partial u}{\partial\rho},$$

移项即得

$$\frac{\partial^2 u}{\partial x^2}+\frac{\partial^2 u}{\partial y^2}=\frac{\partial^2 u}{\partial \rho^2}+\frac{1}{\rho}\frac{\partial u}{\partial \rho}+\frac{1}{\rho^2}\frac{\partial^2 u}{\partial \theta^2}.$$

使用多元复合函数的求导法则时的注意事项

注　在极坐标变换 $x=\rho\cos\theta$，$y=\rho\sin\theta$ 下，拉普拉斯方程 $\frac{\partial^2 u}{\partial x^2}+\frac{\partial^2 u}{\partial y^2}=0$

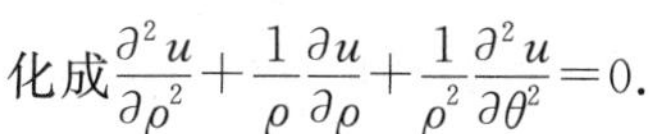
化成 $\frac{\partial^2 u}{\partial \rho^2}+\frac{1}{\rho}\frac{\partial u}{\partial \rho}+\frac{1}{\rho^2}\frac{\partial^2 u}{\partial \theta^2}=0$.

二、一阶全微分的形式不变性

与一元函数的情形一样，多元函数的全微分也具有微分形式的不变性.

设函数 $z=f(u,v)$ 具有连续偏导数，则有全微分

$$\mathrm{d}z=\frac{\partial z}{\partial u}\mathrm{d}u+\frac{\partial z}{\partial v}\mathrm{d}v.$$

如果 u 和 v 是中间变量，即 $u=\varphi(x,y)$、$v=\psi(x,y)$，且这两个函数也具有连续偏导数，那么复合函数

$$z=f[\varphi(x,y),\psi(x,y)]$$

的全微分为

$$\mathrm{d}z=\frac{\partial z}{\partial x}\mathrm{d}x+\frac{\partial z}{\partial y}\mathrm{d}y,$$

其中 $\frac{\partial z}{\partial x}$ 及 $\frac{\partial z}{\partial y}$ 分别由公式(9.4.2)及公式(9.4.3)给出. 把公式(9.4.2)及公式(9.4.3)中的 $\frac{\partial z}{\partial x}$ 及 $\frac{\partial z}{\partial y}$ 代入上式，得

$$\begin{aligned}\mathrm{d}z&=\left(\frac{\partial z}{\partial u}\frac{\partial u}{\partial x}+\frac{\partial z}{\partial v}\frac{\partial v}{\partial x}\right)\mathrm{d}x+\left(\frac{\partial z}{\partial u}\frac{\partial u}{\partial y}+\frac{\partial z}{\partial v}\frac{\partial v}{\partial y}\right)\mathrm{d}y\\&=\frac{\partial z}{\partial u}\left(\frac{\partial u}{\partial x}\mathrm{d}x+\frac{\partial u}{\partial y}\mathrm{d}y\right)+\frac{\partial z}{\partial v}\left(\frac{\partial v}{\partial x}\mathrm{d}x+\frac{\partial v}{\partial y}\mathrm{d}y\right)\\&=\frac{\partial z}{\partial u}\mathrm{d}u+\frac{\partial z}{\partial v}\mathrm{d}v.\end{aligned}$$

由此可见，无论 u 和 v 是自变量还是中间变量，函数 $z=f(u,v)$ 的全微分形式都是一样的，即都是 $\mathrm{d}z=\frac{\partial z}{\partial u}\mathrm{d}u+\frac{\partial z}{\partial v}\mathrm{d}v$，这个性质叫作**一阶全微分的形式不变性**，也叫**全微分形式的不变性**.

利用全微分形式的不变性，容易证明，无论 u、v 是自变量还是中间变量，都有如下的全微分运算法则：

(1) $\mathrm{d}(u\pm v)=\mathrm{d}u\pm\mathrm{d}v$；

(2) $\mathrm{d}(u\cdot v)=v\mathrm{d}u+u\mathrm{d}v$；

(3) $\mathrm{d}\left(\frac{u}{v}\right)=\frac{v\mathrm{d}u-u\mathrm{d}v}{v^2}\quad(v\neq 0)$.

全微分形式的不变性以及这几个全微分运算公式在曲线积分、场论、常微分方程中都是有用的. 另外，用链式法则求多元复合函数的偏导数时，首先要分清自变量和中间变量. 有了全微分形式的不变性和全微分的运算法则，不管变量之间的关系如何复杂，都可不必对各变量进行辨别和区分，而将其统一作为自变量来处理，这样可使微分计算变得比较灵活.

例 9.4.9　利用全微分形式的不变性求解例 9.4.3.

解　设 $u=3x^2+y^2$，$v=xy$，则 $z=u^v$，

$$dz=\frac{\partial z}{\partial u}du+\frac{\partial z}{\partial v}dv=vu^{v-1}du+u^v\ln u dv,$$

$$du=d(3x^2+y^2)=6xdx+2ydy,$$

$$dv=d(xy)=ydx+xdy,$$

将 du、dv 代入 dz，归并含 dx 及 dy 的项，得

$$\begin{aligned}dz&=xy(3x^2+y^2)^{xy-1}(6xdx+2ydy)+(3x^2+y^2)^{xy}\ln(3x^2+y^2)(ydx+xdy)\\&=(3x^2+y^2)^{xy}\left[\frac{6x^2y}{3x^2+y^2}+y\ln(3x^2+y^2)\right]dx+\\&\quad(3x^2+y^2)^{xy}\left[\frac{2xy^2}{3x^2+y^2}+x\ln(3x^2+y^2)\right]dy.\end{aligned}$$

于是

$$\begin{aligned}\frac{\partial z}{\partial x}dx+\frac{\partial z}{\partial y}dy=&(3x^2+y^2)^{xy}\left[\frac{6x^2y}{3x^2+y^2}+y\ln(3x^2+y^2)\right]dx+\\&(3x^2+y^2)^{xy}\left[\frac{2xy^2}{3x^2+y^2}+x\ln(3x^2+y^2)\right]dy.\end{aligned}$$

比较上式两边 dx 和 dy 的系数，就可以同时得到两个偏导数$\frac{\partial z}{\partial x}$和$\frac{\partial z}{\partial y}$，它们与例 9.4.3 所得结果完全一致.

例 9.4.10　设函数 $u=f(x, y, z)$，$y=\varphi(x, t)$，$t=\psi(x, z)$都具有一阶连续的偏导数，求全微分 du.

解　因为

$$du=d[f(x, y, z)]=\frac{\partial f}{\partial x}dx+\frac{\partial f}{\partial y}dy+\frac{\partial f}{\partial z}dz=f'_1dx+f'_2dy+f'_3dz,$$

$$dy=d[\varphi(x, t)]=\frac{\partial \varphi}{\partial x}dx+\frac{\partial \varphi}{\partial t}dt=\varphi'_1dx+\varphi'_2dt,$$

$$dt=d[\psi(x, z)]=\frac{\partial \psi}{\partial x}dx+\frac{\partial \psi}{\partial z}dz=\psi'_1dx+\psi'_2dz,$$

所以

$$\begin{aligned}du&=f'_1dx+f'_2(\varphi'_1dx+\varphi'_2dt)+f'_3dz\\&=f'_1dx+f'_2\varphi'_1dx+f'_2\varphi'_2dt+f'_3dz\\&=f'_1dx+f'_2\varphi'_1dx+f'_2\varphi'_2(\psi'_1dx+\psi'_2dz)+f'_3dz\\&=(f'_1+f'_2\varphi'_1+f'_2\varphi'_2\psi'_1)dx+(f'_3+f'_2\varphi'_2\psi'_2)dz\\&=\left(\frac{\partial f}{\partial x}+\frac{\partial f}{\partial y}\frac{\partial \varphi}{\partial x}+\frac{\partial f}{\partial y}\frac{\partial \varphi}{\partial t}\frac{\partial \psi}{\partial x}\right)dx+\left(\frac{\partial f}{\partial z}+\frac{\partial f}{\partial y}\frac{\partial \varphi}{\partial t}\frac{\partial \psi}{\partial z}\right)dz.\end{aligned}$$

三、知识延展——高阶全微分

若函数 $z=f(x, y)$可微，则它的一阶全微分是

$$dz=f_x(x, y)dx+f_y(x, y)dy.$$

当固定 dx、dy 时，它仍是 x、y 的二元函数. 于是，若 $z=f(x, y)$的二阶偏导数连续，则其对 dz 的全微分 $d(dz)$存在，称为 z 的**二阶全微分**，记作 d^2z，即

$$\begin{aligned}d^2z&=d(dz)=d[f_x(x,y)dx+f_y(x,y)dy]\\&=d[f_x(x,y)]dx+d[f_y(x,y)]dy\\&=[f_{xx}(x,y)dx+f_{xy}(x,y)dy]dx+[f_{yx}(x,y)dx+f_{yy}(x,y)dy]dy,\end{aligned}$$

所以

$$d^2z=f_{xx}(x,y)dx^2+2f_{xy}(x,y)dxdy+f_{yy}(x,y)dy^2.$$

仿此，可以定义函数 z 的三阶全微分为

$$d^3z=d(d^2z).$$

一般地，如果函数 $z=f(x,y)$有直到 n 阶的连续偏导数，则它的 n 阶全微分存在，且

$$d^nz=d(d^{n-1}z).$$

但它们的展开式越来越复杂. 为了使表达形式简化，我们引用记号

$$dz=\left(\frac{\partial}{\partial x}dx+\frac{\partial}{\partial y}dy\right)z,$$

其中$\frac{\partial}{\partial x}dx+\frac{\partial}{\partial y}dy$ 表示一种运算符号，它作用于函数 z 时可以理解为形式上的代数运算. 这里$\frac{\partial}{\partial x}$、$\frac{\partial}{\partial y}$“乘”$z$ 即表示$\frac{\partial z}{\partial x}$、$\frac{\partial z}{\partial y}$. 于是

$$\left(\frac{\partial}{\partial x}dx+\frac{\partial}{\partial y}dy\right)z=\frac{\partial z}{\partial x}dx+\frac{\partial z}{\partial y}dy.$$

类似地，二阶全微分可表示为

$$d^2z=\left(\frac{\partial}{\partial x}dx+\frac{\partial}{\partial y}dy\right)^2z.$$

而 n 阶全微分也可以用符号表示为

$$d^nz=\left(\frac{\partial}{\partial x}dx+\frac{\partial}{\partial y}dy\right)^nz.$$

对于符号$\left(\frac{\partial}{\partial x}dx+\frac{\partial}{\partial y}dy\right)^n$，可先按二项式一样展开，得

$$\left(\frac{\partial}{\partial x}dx+\frac{\partial}{\partial y}dy\right)^n=\sum_{k=0}^{n}C_n^k\left(\frac{\partial}{\partial x}\right)^k\left(\frac{\partial}{\partial y}\right)^{n-k}dx^kdy^{n-k}.$$

以$\left(\frac{\partial}{\partial x}\right)^k\left(\frac{\partial}{\partial y}\right)^{n-k}z$ 表示$\frac{\partial^nz}{\partial x^k\partial y^{n-k}}$，可得 n 阶全微分公式为

$$d^nz=\sum_{k=0}^{n}C_n^k\frac{\partial^nz}{\partial x^k\partial y^{n-k}}dx^kdy^{n-k}.$$

这里的 n 阶全微分公式可用数学归纳法证明.

若可微函数 $z=f(x,y)$中的变量 x、y 还是另外两个变量 s、t 的可微函数，即 $x=\varphi(s,t)$，$y=\psi(s,t)$可微，则复合函数 $z=f[x(s,t),y(s,t)]$的一阶全微分具有形式的不变性，即无论 x、y 是中间变量还是自变量，均有

$$dz=\frac{\partial z}{\partial x}dx+\frac{\partial z}{\partial y}dy.$$

但对于二阶全微分，如果 x、y 为中间变量，那么它就是自变量 s、t 的函数. 这时应有

$$\begin{aligned}d^2z&=d(dz)=d\left(\frac{\partial z}{\partial x}dx+\frac{\partial z}{\partial y}dy\right)\\&=d\left(\frac{\partial z}{\partial x}\right)dx+\frac{\partial z}{\partial x}d(dx)+d\left(\frac{\partial z}{\partial y}\right)dy+\frac{\partial z}{\partial y}d(dy).\end{aligned}$$

由于

$$\mathrm{d}\left(\frac{\partial z}{\partial x}\right)\mathrm{d}x=\frac{\partial^2 z}{\partial x^2}\mathrm{d}x^2+\frac{\partial^2 z}{\partial x\partial y}\mathrm{d}x\mathrm{d}y,$$

$$\mathrm{d}\left(\frac{\partial z}{\partial y}\right)\mathrm{d}y=\frac{\partial^2 z}{\partial y\partial x}\mathrm{d}x\mathrm{d}y+\frac{\partial^2 z}{\partial y^2}\mathrm{d}y^2,$$

所以

$$\mathrm{d}^2 z=\frac{\partial^2 z}{\partial x^2}\mathrm{d}x^2+2\frac{\partial^2 z}{\partial x\partial y}\mathrm{d}x\mathrm{d}y+\frac{\partial^2 z}{\partial y^2}\mathrm{d}y^2+\frac{\partial z}{\partial x}\mathrm{d}^2 x+\frac{\partial z}{\partial y}\mathrm{d}^2 y.$$

上式比前面的式子 $\mathrm{d}^2 z=f_{xx}(x,y)\mathrm{d}x^2+2f_{xy}(x,y)\mathrm{d}x\mathrm{d}y+f_{yy}(x,y)\mathrm{d}y^2$ 多了两项，这表明高阶全微分已不再具有形式的不变性了.

习题 9-4

基　础　题

1. 求下列函数的导数或偏导数：

(1) 设 $z=\ln(x+y^2)$，而 $x=\sqrt{1+t}$，$y=1+\sqrt{t}$，求 $\frac{\mathrm{d}z}{\mathrm{d}t}$；

(2) 设 $z=\ln(u+v)+\mathrm{e}^{-x}$，而 $u=x^2+2$，$v=2x$，求 $\frac{\mathrm{d}z}{\mathrm{d}x}$；

(3) 设 $z=u^2\ln v$，而 $u=\frac{x}{y}$，$v=3x-2y$，求 $\frac{\partial z}{\partial x}$、$\frac{\partial z}{\partial y}$；

(4) 设 $z=x^2y-xy^2$，而 $x=\rho\cos\theta$，$y=\rho\sin\theta$，求 $\frac{\partial z}{\partial \rho}$、$\frac{\partial z}{\partial \theta}$；

(5) 设 $t=z\sec(xy)$，而 $x=uv$，$y=vw$，$z=wu$，求 $\frac{\partial t}{\partial u}$、$\frac{\partial t}{\partial v}$、$\frac{\partial t}{\partial w}$.

2. 求下列函数的一阶偏导数(其中 f 为可微函数)：

(1) $z=f\left(xy,\frac{x}{y}\right)$；　　(2) $z=f(x^2-y^2,\mathrm{e}^{xy})$；

(3) $u=f(x^2+y^2-z^2)$；　　(4) $u=f(x,xy,xyz)$.

3. 设 $z=\int_{2u}^{u+v^2}\mathrm{e}^{-t^2}\mathrm{d}t$，而 $u=\sin x$，$v=\mathrm{e}^x$，求 $\frac{\mathrm{d}z}{\mathrm{d}x}$.

4. 设 $z=xy+xF(u)$，而 $u=\frac{y}{x}$，$F(u)$为可导函数，证明：

$$x\frac{\partial z}{\partial x}+y\frac{\partial z}{\partial y}=z+xy.$$

5. 设 $z=\arctan\frac{x}{y}$，而 $x=u+v$，$y=u-v$，验证：

$$\frac{\partial z}{\partial u}+\frac{\partial z}{\partial v}=\frac{u-v}{u^2+v^2}.$$

6. 求下列函数的高阶全微分：

(1) 设 $z=\frac{1}{2}\ln(x^2+y^2)$，求 $\mathrm{d}^2 z$；

(2) 设 $z=x^3+y^3-3xy(x-y)$，求 d^3z；

(3) 设 $u=\sin(x+y+z)$，求 d^2u.

提　高　题

1. 设 $u=f(x, y)$具有二阶连续的偏导数，证明：在极坐标变换 $x=\rho\cos\theta$，$y=\rho\sin\theta$ 下，恒有

$$\left(\frac{\partial u}{\partial x}\right)^2+\left(\frac{\partial u}{\partial y}\right)^2=\left(\frac{\partial u}{\partial \rho}\right)^2+\frac{1}{\rho^2}\left(\frac{\partial u}{\partial \theta}\right)^2.$$

2. 设 $z=x^2f\left(xy, \dfrac{y}{x}\right)$，其中 f 具有二阶连续的偏导数，求$\dfrac{\partial^2 z}{\partial y\partial x}$.

3. 设 $z=\dfrac{1}{x}f(xy)+y\varphi(x+y)$，其中 f、φ 二阶可导，求$\dfrac{\partial^2 z}{\partial x\partial y}$.

4. 设 f 具有二阶连续的偏导数，求下列函数的所有二阶偏导数.

(1) $z=f(xy, y)$；

(2) $z=f(x^2-y^2, \mathrm{e}^{xy})$；

(3) $z=f(\sin x, \cos y, \mathrm{e}^{x+y})$.

5. 设 $u=f(x, y)$的所有二阶偏导数连续，而 $x=\dfrac{s-\sqrt{3}t}{2}$，$y=\dfrac{\sqrt{3}s+t}{2}$，证明：

$$\left(\frac{\partial u}{\partial x}\right)^2+\left(\frac{\partial u}{\partial y}\right)^2=\left(\frac{\partial u}{\partial s}\right)^2+\left(\frac{\partial u}{\partial t}\right)^2 \quad 及 \quad \frac{\partial^2 u}{\partial x^2}+\frac{\partial^2 u}{\partial y^2}=\frac{\partial^2 u}{\partial s^2}+\frac{\partial^2 u}{\partial t^2}.$$

习题 9－4
参考答案

第五节　隐函数的求导公式

在一元函数微分学中，我们引入了隐函数的概念，并介绍了不经显化而直接由方程 $F(x, y)=0$ 求出一元隐函数导数的方法. 类似地，有些多元函数也不能直接表示为显函数 $z=f(x, y)$或 $u=g(x, y, z)$，而由一个方程式 $F(x, y, z)=0$、$G(x, y, z, u)=0$ 等，或方程组$\begin{cases}F(x, y, z)=0,\\G(x, y, z)=0,\end{cases}$$\begin{cases}F(x, y, z, u)=0,\\G(x, y, z, u)=0\end{cases}$等确定. 这一节我们应用多元复合函数的求导法则，得到以上这些隐函数的导数公式.

一般来说，并不是任何方程 $F(x, y, z)=0$ 都能确定出隐函数，如 $x^2+y^2+z^2+1=0$ 在实数范围内不定义任何隐函数，因为三个非负数加 1 不可能等于零. 以下在推导隐函数求导公式的同时，我们不加证明地介绍隐函数存在定理，说明在什么条件下有唯一的隐函数存在.

一、一个方程确定的隐函数

定理 9.5.1　设函数 $F(x, y)$满足条件：

(1) 在点 $P_0(x_0, y_0)$的某一邻域内具有连续的偏导数；

(2) $F(x_0, y_0)=0$，$F_y(x_0, y_0)\neq 0$，

则方程 $F(x, y)=0$ 在点 $P_0(x_0, y_0)$的某一邻域内恒能唯一确定一个连续且具有连续导数的函数 $y=f(x)$，它满足条件 $y_0=f(x_0)$，并有

$$\frac{\mathrm{d}y}{\mathrm{d}x}=-\frac{F_x}{F_y}.$$

这里略去定理 9.5.1 中关于隐函数存在性的证明，只推导隐函数求导公式.

将 $y=f(x)$代入方程 $F(x, y)=0$，得恒等式

$$F[x, f(x)]\equiv 0,$$

等式两端对 x 求导，得

$$F_x+F_y\cdot\frac{\mathrm{d}y}{\mathrm{d}x}=0.$$

由于 F_y 连续，且 $F_y(x_0, y_0)\neq 0$，所以存在点 $P_0(x_0, y_0)$的一个邻域，在这个邻域内 $F_y\neq 0$，于是得

$$\frac{\mathrm{d}y}{\mathrm{d}x}=-\frac{F_x}{F_y}.$$

注 (1) 求偏导数 F_x 时，将函数 $F(x, y)$中的 y 视为常数，对 x 求偏导数；求偏导数 F_y 时，将函数 $F(x, y)$中的 x 视为常数，对 y 求偏导数.

(2) 如果函数 $F(x, y)$的二阶偏导数连续，则$\frac{\mathrm{d}^2 y}{\mathrm{d}x^2}$存在，且

$$\begin{aligned}\frac{\mathrm{d}^2 y}{\mathrm{d}x^2}&=\frac{\partial}{\partial x}\left(-\frac{F_x}{F_y}\right)+\frac{\partial}{\partial y}\left(-\frac{F_x}{F_y}\right)\frac{\mathrm{d}y}{\mathrm{d}x}\\&=-\frac{F_{xx}F_y-F_{yx}F_x}{F_y^2}-\frac{F_{xy}F_y-F_{yy}F_x}{F_y^2}\left(-\frac{F_x}{F_y}\right)\\&=-\frac{F_{xx}F_y^2-2F_{xy}F_xF_y+F_{yy}F_x^2}{F_y^3}.\end{aligned}$$

例 9.5.1 验证方程 $y=x\mathrm{e}^y+1$ 在点(0, 1)的某一邻域内能唯一确定一个连续且具有连续导数的函数 $y=f(x)$，当 $x=0$ 时 $y=1$，并求这函数的一阶与二阶导数在 $x=0$ 处的值.

解 设函数 $F(x, y)=x\mathrm{e}^y-y+1$，则

$$F_x=\mathrm{e}^y,\quad F_y=x\mathrm{e}^y-1,$$

显然偏导数连续，且 $F(0, 1)=0$. 又 $F_y(0, 1)=-1\neq 0$，故由定理 9.5.1 可知，方程 $y=x\mathrm{e}^y+1$ 在点(0, 1)的某一邻域内能唯一确定一个连续且具有连续导数的函数 $y=f(x)$，它满足当 $x=0$ 时，$y=1$.

由隐函数求导公式得

$$\frac{\mathrm{d}y}{\mathrm{d}x}=-\frac{F_x}{F_y}=\frac{\mathrm{e}^y}{1-x\mathrm{e}^y}=\frac{\mathrm{e}^y}{2-y},$$

进而二阶导数为

$$\frac{\mathrm{d}^2 y}{\mathrm{d}x^2}=\frac{\mathrm{e}^y y'(2-y)+\mathrm{e}^y y'}{(2-y)^2}=\frac{\mathrm{e}^y(3-y)}{(2-y)^2}y'=\frac{\mathrm{e}^{2y}(3-y)}{(2-y)^3},$$

于是函数 $y=f(x)$的一阶与二阶导数在 $x=0$ 处的值分别为

$$\left.\frac{\mathrm{d}y}{\mathrm{d}x}\right|_{\substack{x=0\\y=1}}=\mathrm{e},\quad \left.\frac{\mathrm{d}^2 y}{\mathrm{d}x^2}\right|_{\substack{x=0\\y=1}}=2\mathrm{e}^2.$$

隐函数存在定理也可以推广到多元函数. 既然二元方程 $F(x, y)=0$ 可以确定一个一

元隐函数，那么三元方程 $F(x, y, z)=0$ 就有可能确定一个二元隐函数.

定理 9.5.2　设函数 $F(x, y, z)$ 满足条件：

(1) 在点 $P_0(x_0, y_0, z_0)$ 的某一邻域内具有连续的偏导数；

(2) $F(x_0, y_0, z_0)=0$，$F_z(x_0, y_0, z_0)\neq 0$，

则方程 $F(x, y, z)=0$ 在点 $P_0(x_0, y_0, z_0)$ 的某一邻域内恒能唯一确定一个连续且具有连续偏导数的函数 $z=f(x, y)$，它满足条件 $z_0=f(x_0, y_0)$，并有

$$\frac{\partial z}{\partial x}=-\frac{F_x}{F_z},\quad \frac{\partial z}{\partial y}=-\frac{F_y}{F_z}.$$

这里同样只给出公式的推导. 由方程 $F(x, y, z)=0$ 可确定二元函数 $z=f(x, y)$，将其代入 $F(x, y, z)=0$ 中，得

$$F[x, y, f(x, y)]=0,$$

将上式两端分别对 x 和 y 求偏导数，得

$$F_x+F_z\frac{\partial z}{\partial x}=0,\quad F_y+F_z\frac{\partial z}{\partial y}=0.$$

因为 F_z 连续，且 $F_z(x_0, y_0, z_0)\neq 0$，所以存在点 $P_0(x_0, y_0, z_0)$ 的某个邻域，在这个邻域内 $F_z\neq 0$. 于是得

$$\frac{\partial z}{\partial x}=-\frac{F_x}{F_z},\quad \frac{\partial z}{\partial y}=-\frac{F_y}{F_z}.$$

例 9.5.2　设 $x^2+y^2+z^2-4z=0$，求$\frac{\partial z}{\partial x}$、$\frac{\partial z}{\partial y}$、$\frac{\partial^2 z}{\partial x\partial y}$.

解　设函数 $F(x, y, z)=x^2+y^2+z^2-4z$，则 $F_x=2x$，$F_y=2y$，$F_z=2z-4$，故

$$\frac{\partial z}{\partial x}=-\frac{2x}{2z-4}=\frac{x}{2-z},\quad \frac{\partial z}{\partial y}=-\frac{2y}{2z-4}=\frac{y}{2-z}.$$

$\frac{\partial z}{\partial x}=\frac{x}{2-z}$再对 y 求偏导数，得

$$\frac{\partial^2 z}{\partial x\partial y}=\frac{x\frac{\partial z}{\partial y}}{(2-z)^2}=\frac{x\cdot\frac{y}{2-z}}{(2-z)^2}=\frac{xy}{(2-z)^3}.$$

注　本例也可以不应用求导公式，而用隐函数求导法直接求出偏导数. 但要注意弄清楚方程中的因变量和自变量.

例如，方程 $x^2+y^2+z^2-4z=0$ 两边对 x 求偏导，得

$$2x+2z\frac{\partial z}{\partial x}-4\frac{\partial z}{\partial x}=0,$$

解得

$$\frac{\partial z}{\partial x}=-\frac{2x}{2z-4}=\frac{x}{2-z}.$$

方程 $x^2+y^2+z^2-4z=0$ 两边对 y 求偏导，得

$$2y+2z\frac{\partial z}{\partial y}-4\frac{\partial z}{\partial y}=0,$$

解得

$$\frac{\partial z}{\partial y}=-\frac{2y}{2z-4}=\frac{y}{2-z}.$$

例 9.5.3　设方程 $G\left(\frac{x}{z}, \frac{y}{z}\right)=0$ 确定函数 $z=z(x, y)$，且 $G(u, v)$具有连续的偏导数，求$\frac{\partial z}{\partial x}$、$\frac{\partial z}{\partial y}$.

解　令 $F(x, y, z)=G\left(\frac{x}{z}, \frac{y}{z}\right)=G(u, v)$，其中 $u=\frac{x}{z}$，$v=\frac{y}{z}$，则

$$F_x=G_1'\cdot\frac{1}{z},\quad F_y=G_2'\cdot\frac{1}{z},\quad F_z=G_1'\left(-\frac{x}{z^2}\right)+G_2'\left(-\frac{y}{z^2}\right)=-\frac{1}{z^2}(xG_1'+yG_2'),$$

故

$$\frac{\partial z}{\partial x}=-\frac{F_x}{F_z}=\frac{\frac{1}{z}G_1'}{\frac{1}{z^2}(xG_1'+yG_2')}=\frac{zG_1'}{xG_1'+yG_2'},$$

$$\frac{\partial z}{\partial y}=-\frac{F_y}{F_z}=\frac{\frac{1}{z}G_2'}{\frac{1}{z^2}(xG_1'+yG_2')}=\frac{zG_2'}{xG_1'+yG_2'}.$$

二、方程组确定的隐函数

隐函数还可以由方程组确定. 例如，考虑方程组$\begin{cases}x+y+z=0,\\x+2y+3z=0,\end{cases}$将其视为 y、z 的方程组，可以解得 $y=-2x$，$z=x$，可见由上面这个方程组可以确定两个一元函数. 在一般情况下，由方程组确定的隐函数很难显化，所以我们要研究直接由方程组$\begin{cases}F(x, y, z)=0,\\G(x, y, z)=0\end{cases}$唯一确定一组可导隐函数$\begin{cases}y=y(x),\\z=z(x)\end{cases}$的条件，以及导数的计算公式.

定理 9.5.3　设函数 $F(x, y, z)$、$G(x, y, z)$满足条件：

(1) 在点 $P_0(x_0, y_0, z_0)$的某一邻域内具有对各个变量的连续偏导数；

(2) $F(x_0, y_0, z_0)=0$, $G(x_0, y_0, z_0)=0$；

(3) 偏导数所组成的函数行列式

$$J=\frac{\partial(F, G)}{\partial(y, z)}=\begin{vmatrix}F_y & F_z\\G_y & G_z\end{vmatrix}$$

函数行列式

在点 $P_0(x_0, y_0, z_0)$不等于零，

则方程组$\begin{cases}F(x, y, z)=0,\\G(x, y, z)=0\end{cases}$在点 $P_0(x_0, y_0, z_0)$的某一邻域内恒能唯一确定一组连续且具有连续导数的函数$\begin{cases}y=y(x),\\z=z(x),\end{cases}$它们满足条件$\begin{cases}y_0=y(x_0),\\z_0=z(x_0),\end{cases}$并有

$$\frac{\mathrm{d}y}{\mathrm{d}x}=-\frac{\frac{\partial(F, G)}{\partial(x, z)}}{\frac{\partial(F, G)}{\partial(y, z)}}=-\frac{\begin{vmatrix}F_x & F_z\\G_x & G_z\end{vmatrix}}{\begin{vmatrix}F_y & F_z\\G_y & G_z\end{vmatrix}},\quad \frac{\mathrm{d}z}{\mathrm{d}x}=-\frac{\frac{\partial(F, G)}{\partial(y, x)}}{\frac{\partial(F, G)}{\partial(y, z)}}=-\frac{\begin{vmatrix}F_y & F_x\\G_y & G_x\end{vmatrix}}{\begin{vmatrix}F_y & F_z\\G_y & G_z\end{vmatrix}}.$$

这里同样只给出最后公式的推导. 由方程组确定了一对可导函数$\begin{cases} y=y(x), \\ z=z(x), \end{cases}$即有如下恒等式:

$$\begin{cases} F[x, y(x), z(x)]=0, \\ G[x, y(x), z(x)]=0. \end{cases}$$

上面两个等式分别对 x 求导，得

$$\begin{cases} F_x+F_y\dfrac{\mathrm{d}y}{\mathrm{d}x}+F_z\dfrac{\mathrm{d}z}{\mathrm{d}x}=0, \\ G_x+G_y\dfrac{\mathrm{d}y}{\mathrm{d}x}+G_z\dfrac{\mathrm{d}z}{\mathrm{d}x}=0. \end{cases}$$

这是一个关于$\dfrac{\mathrm{d}y}{\mathrm{d}x}$和$\dfrac{\mathrm{d}z}{\mathrm{d}x}$的线性方程组. 由已知条件得到，在点 $P_0(x_0, y_0, z_0)$的某一邻域内，系数行列式 $J=\begin{vmatrix} F_y & F_z \\ G_y & G_z \end{vmatrix}$不等于零，所以由克拉默(Gramer)法则可知，方程组有唯一解:

$$\frac{\mathrm{d}y}{\mathrm{d}x}=-\frac{\begin{vmatrix} F_x & F_z \\ G_x & G_z \end{vmatrix}}{\begin{vmatrix} F_y & F_z \\ G_y & G_z \end{vmatrix}}, \quad \frac{\mathrm{d}z}{\mathrm{d}x}=-\frac{\begin{vmatrix} F_y & F_x \\ G_y & G_x \end{vmatrix}}{\begin{vmatrix} F_y & F_z \\ G_y & G_z \end{vmatrix}}.$$

函数行列式的性质

例 9.5.4　设 $x+y+z=0$, $x^2+y^2+z^2=1$, 求$\dfrac{\mathrm{d}y}{\mathrm{d}x}$、$\dfrac{\mathrm{d}z}{\mathrm{d}x}$.

分析　此例可直接利用隐函数求导公式计算，也可依照推导公式的方法来求解，这里采用后一种方法.

解　将方程 $x+y+z=0$, $x^2+y^2+z^2=1$ 的两边分别对 x 求导，并移项整理，得

$$\begin{cases} \dfrac{\mathrm{d}y}{\mathrm{d}x}+\dfrac{\mathrm{d}z}{\mathrm{d}x}=-1, \\ y\dfrac{\mathrm{d}y}{\mathrm{d}x}+z\dfrac{\mathrm{d}z}{\mathrm{d}x}=-x. \end{cases}$$

在 $J=\begin{vmatrix} 1 & 1 \\ y & z \end{vmatrix}=z-y\neq 0$ 的条件下，有

$$\frac{\mathrm{d}y}{\mathrm{d}x}=\frac{\begin{vmatrix} -1 & 1 \\ -x & z \end{vmatrix}}{z-y}=\frac{z-x}{y-z}, \quad \frac{\mathrm{d}z}{\mathrm{d}x}=\frac{\begin{vmatrix} 1 & -1 \\ y & -x \end{vmatrix}}{z-y}=\frac{x-y}{y-z}.$$

例 9.5.4 其他求解方法

与定理 9.5.3 最后公式的推导过程类似，可以得出如下结论.

定理 9.5.4　设函数 $F(x, y, u, v)$、$G(x, y, u, v)$满足条件:

(1) 在点 $P_0(x_0, y_0, u_0, v_0)$的某一邻域内具有对各个变量的连续偏导数;

(2) $F(x_0, y_0, u_0, v_0)=0$, $G(x_0, y_0, u_0, v_0)=0$;

(3) 偏导数所组成的函数行列式 $J=\dfrac{\partial(F, G)}{\partial(u, v)}=\begin{vmatrix} F_u & F_v \\ G_u & G_v \end{vmatrix}$在点 $P_0(x_0, y_0, u_0, v_0)$不等于零,

则方程组$\begin{cases}F(x, y, u, v)=0,\\ G(x, y, u, v)=0\end{cases}$在点 $P_0(x_0, y_0, u_0, v_0)$的某一邻域内恒能唯一确定一组连续且具有连续偏导数的函数$\begin{cases}u=u(x, y),\\ v=v(x, y),\end{cases}$它们满足条件$\begin{cases}u_0=u(x_0, y_0),\\ v_0=v(x_0, y_0),\end{cases}$并有

$$\frac{\partial u}{\partial x}=-\frac{1}{J}\frac{\partial(F, G)}{\partial(x, v)},\quad \frac{\partial v}{\partial x}=-\frac{1}{J}\frac{\partial(F, G)}{\partial(u, x)},$$

$$\frac{\partial u}{\partial y}=-\frac{1}{J}\frac{\partial(F, G)}{\partial(y, v)},\quad \frac{\partial v}{\partial y}=-\frac{1}{J}\frac{\partial(F, G)}{\partial(u, y)}.$$

例 9.5.5 设 $xu-yv=0$，$yu+xv=1$，求偏导数$\frac{\partial u}{\partial x}$、$\frac{\partial u}{\partial y}$、$\frac{\partial v}{\partial x}$、$\frac{\partial v}{\partial y}$.

解 将所给方程的两边对 x 求偏导数并移项，得

$$\begin{cases}x\dfrac{\partial u}{\partial x}-y\dfrac{\partial v}{\partial x}=-u,\\ y\dfrac{\partial u}{\partial x}+x\dfrac{\partial v}{\partial x}=-v.\end{cases}$$

在 $J=\begin{vmatrix}x & -y\\ y & x\end{vmatrix}=x^2+y^2\neq 0$ 的条件下，有

$$\frac{\partial u}{\partial x}=\frac{\begin{vmatrix}-u & -y\\ -v & x\end{vmatrix}}{x^2+y^2}=-\frac{xu+yv}{x^2+y^2},\quad \frac{\partial v}{\partial x}=\frac{\begin{vmatrix}x & -u\\ y & -v\end{vmatrix}}{x^2+y^2}=\frac{yu-xv}{x^2+y^2}.$$

将所给方程的两边对 y 求偏导数，在 $J=x^2+y^2\neq 0$ 的条件下，用同样方法得

$$\frac{\partial u}{\partial y}=\frac{xv-yu}{x^2+y^2},\quad \frac{\partial v}{\partial y}=-\frac{xu+yv}{x^2+y^2}.$$

这里例 9.5.5 依照推导隐函数求导公式的方法来求解，当然也可以直接利用公式计算. 一般地，不管方程组是不是定理给出的形式，要求出其所确定函数的偏导数(或导数)，都可以利用复合函数求导的链式法则.

例 9.5.6 设 $y=f(x, t)$，而 t 是由方程 $F(x, y, t)=0$ 所确定的 x、y 的函数，其中函数 f、F 都具有一阶连续偏导数，试证明：

$$\frac{\mathrm{d}y}{\mathrm{d}x}=\frac{\dfrac{\partial f}{\partial x}\dfrac{\partial F}{\partial t}-\dfrac{\partial f}{\partial t}\dfrac{\partial F}{\partial x}}{\dfrac{\partial F}{\partial t}+\dfrac{\partial f}{\partial t}\dfrac{\partial F}{\partial y}}.$$

证明 因为$\frac{\mathrm{d}y}{\mathrm{d}x}=\frac{\partial f}{\partial x}+\frac{\partial f}{\partial t}\left[\frac{\partial t}{\partial x}+\frac{\partial t}{\partial y}\left(\frac{\mathrm{d}y}{\mathrm{d}x}\right)\right]$，所以

$$\frac{\mathrm{d}y}{\mathrm{d}x}=\frac{\dfrac{\partial f}{\partial x}+\dfrac{\partial f}{\partial t}\dfrac{\partial t}{\partial x}}{1-\dfrac{\partial f}{\partial t}\dfrac{\partial t}{\partial y}}.$$

因为 $t=t(x, y)$由方程 $F(x, y, t)=0$ 确定，所以

$$\frac{\partial t}{\partial x}=-\frac{\dfrac{\partial F}{\partial x}}{\dfrac{\partial F}{\partial t}},\quad \frac{\partial t}{\partial y}=-\frac{\dfrac{\partial F}{\partial y}}{\dfrac{\partial F}{\partial t}}.$$

于是得到

$$\frac{\mathrm{d}y}{\mathrm{d}x}=\frac{\dfrac{\partial f}{\partial x}+\dfrac{\partial f}{\partial t}\left(-\dfrac{\dfrac{\partial F}{\partial x}}{\dfrac{\partial F}{\partial t}}\right)}{1+\dfrac{\partial f}{\partial t}\left(\dfrac{\dfrac{\partial F}{\partial y}}{\dfrac{\partial F}{\partial t}}\right)}=\frac{\dfrac{\partial f}{\partial x}\dfrac{\partial F}{\partial t}-\dfrac{\partial f}{\partial t}\dfrac{\partial F}{\partial x}}{\dfrac{\partial F}{\partial t}+\dfrac{\partial f}{\partial t}\dfrac{\partial F}{\partial y}}.$$

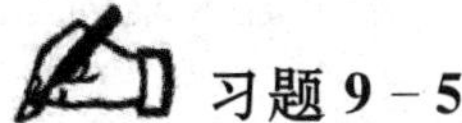

习题 9－5

基础题

1. 已知 $e^z=xyz$，求$\dfrac{\partial z}{\partial x}$、$\dfrac{\partial z}{\partial y}$.

2. 已知 $\cos^2 x+\cos^2 y+\cos^2 z=1$，其中 $z=f(x, y)$，求 $\mathrm{d}z$.

3. 设 $x=x(y, z)$，$y=y(x, z)$，$z=z(x, y)$为由方程 $F(x, y, z)=0$ 所确定的函数，证明：$\dfrac{\partial x}{\partial y}\cdot\dfrac{\partial y}{\partial z}\cdot\dfrac{\partial z}{\partial x}=-1$.

4. 已知 $z^3-3xyz=a^2$，求$\dfrac{\partial^2 z}{\partial x^2}$、$\dfrac{\partial^2 z}{\partial y^2}$、$\dfrac{\partial^2 z}{\partial x\partial y}$.

5. 设 $z=z(x, y)$为由方程 $f\left(\dfrac{y}{z}, \dfrac{z}{x}\right)=0$ 确定的函数，证明：$x\dfrac{\partial z}{\partial x}+y\dfrac{\partial z}{\partial y}=z$.

6. 设 $u=u(x, y)$，$v=v(x, y)$为由方程组$\begin{cases}x^2+y^2-uv=0,\\ xy-u^2+v^2=0\end{cases}$所确定的函数，求$\dfrac{\partial u}{\partial x}$、$\dfrac{\partial v}{\partial x}$.

7. 已知$\begin{cases}x=r\cos\theta,\\ y=r\sin\theta,\end{cases}$求$\dfrac{\partial r}{\partial x}$、$\dfrac{\partial \theta}{\partial x}$、$\dfrac{\partial r}{\partial y}$、$\dfrac{\partial \theta}{\partial y}$.

8. 设函数 $x=x(u, v)$，$y=y(u, v)$在点(u, v)的某一邻域内连续且有连续偏导数，又$\dfrac{\partial(x, y)}{\partial(u, v)}\neq 0$.

(1) 证明方程组$\begin{cases}x=x(u, v),\\ y=y(u, v)\end{cases}$在点$(x, y, u, v)$的某一邻域内唯一确定一组连续且有连续偏导数的反函数 $u=u(x, y)$，$v=v(x, y)$.

(2) 求反函数 $u=u(x, y)$，$v=v(x, y)$对 x、y 的偏导数.

提高题

1. 若函数 $z=F(u)$可微，$2u=\sin u+\int_1^{x+y}\varphi(t)\,\mathrm{d}t$，$\varphi$ 为连续函数，求$\dfrac{\partial z}{\partial x}$.

2. 设 $u=\ln(x+\sqrt{1+x^2})$，$v=\ln(y+\sqrt{1+y^2})$，取 u、v 作为新的自变量，变换方程

$$(1+x^2)\frac{\partial^2 z}{\partial x^2}+(1+y^2)\frac{\partial^2 z}{\partial y^2}+x\frac{\partial z}{\partial x}+y\frac{\partial z}{\partial y}=0.$$

3. 设$\begin{cases}u=f(x, y, z, t),\\ g(y, z, t)=0,\\ h(z, t)=0,\end{cases}$问在什么条件下 u 是 x、y 的函数，并求$\dfrac{\partial u}{\partial x}$、$\dfrac{\partial u}{\partial y}$.

习题 9－5
参考答案

第六节　多元函数微分学的几何应用

一、空间曲线的切线与法平面

大家都熟悉平面曲线的切线和法线. 类似地，可以建立起空间曲线 Γ 上一点处的切线和法平面的概念. 下面我们分别来讨论由参数方程表示的空间曲线和由一般方程表示的空间曲线的切线和法平面的计算问题.

设空间曲线 Γ 的参数方程为

$$\begin{cases} x=\varphi(t), \\ y=\psi(t), \quad (\alpha\leqslant t\leqslant\beta), \\ z=\omega(t) \end{cases}$$

其中 t 为参数. 又设 $\varphi(t)$、$\psi(t)$、$\omega(t)$都在$[\alpha, \beta]$上可导，且三个导数不同时为零. 现在要求曲线 Γ 在其上一点处的切线及法平面(与切线垂直且过切点的平面称为法平面)方程.

在曲线 Γ 上取对应于 $t=t_0$ 的一点 $M(x_0, y_0, z_0)$及对应于 $t=t_0+\Delta t$ 的邻近一点 $M'(x_0+\Delta x, y_0+\Delta y, z_0+\Delta z)$，作曲线的割线 MM'，其方程为

$$\frac{x-x_0}{\Delta x}=\frac{y-y_0}{\Delta y}=\frac{z-z_0}{\Delta z}.$$

由切线的几何意义知，当点 M'沿着 Γ 趋于点 M 时，割线 MM'的极限位置就是曲线 Γ 在点 M 处的切线 MT，如图 9.6.1 所示. 因此，当 $\Delta t\neq 0$ 时，用 Δt 除上式的各分母，得

$$\frac{x-x_0}{\frac{\Delta x}{\Delta t}}=\frac{y-y_0}{\frac{\Delta y}{\Delta t}}=\frac{z-z_0}{\frac{\Delta z}{\Delta t}}.$$

假设函数 $\varphi(t)$, $\psi(t)$, $\omega(t)$在 t_0 处导数存在，当点 M'沿着 Γ 趋于点 M 时(此时 $\Delta t\to 0$)，对上式取极限，即得曲线 Γ 在点 M 处的**切线**方程为

$$\frac{x-x_0}{\varphi'(t_0)}=\frac{y-y_0}{\psi'(t_0)}=\frac{z-z_0}{\omega'(t_0)}.$$

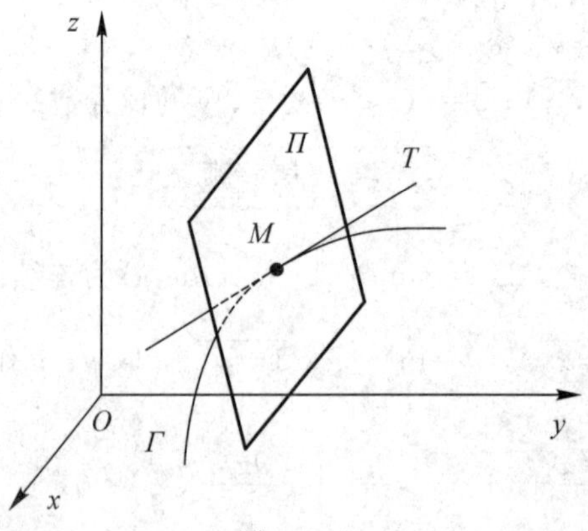

曲线的向量方程

图 9.6.1

注　切线的方向向量称为曲线的**切向量**，向量 $\boldsymbol{T}=(\varphi'(t_0), \psi'(t_0), \omega'(t_0))$就是曲线 Γ 在点 M 处的一个切向量.

通过点 M 且与切线垂直的平面称为曲线 Γ 在点 M 处的**法平面**，其方程为

$$\varphi'(t_0)(x-x_0)+\psi'(t_0)(y-y_0)+\omega'(t_0)(z-z_0)=0.$$

例 9.6.1　求曲线 $x=t$，$y=t^2$，$z=t^3$ 在点(1，1，1)处的切线及法平面方程.

解　因为 $\frac{dx}{dt}=1$，$\frac{dy}{dt}=2t$，$\frac{dz}{dt}=3t^2$，而点(1，1，1)所对应的参数为 $t=1$，所以切向量 $\boldsymbol{T}=(1,2,3)$. 于是，所求切线方程为

$$\frac{x-1}{1}=\frac{y-1}{2}=\frac{z-1}{3},$$

法平面方程为

$$(x-1)+2(y-1)+3(z-1)=0,$$

即

$$x+2y+3z=6.$$

问题　若空间曲线 Γ 的方程为 $\begin{cases}y=\varphi(x),\\ z=\psi(x)\end{cases}(\alpha\leqslant x\leqslant\beta)$，则其上某点处的切线和法平面方程会是什么形式呢？

取 x 为参数，曲线就可以表示为参数方程的形式：

$$\begin{cases}x=x,\\ y=\varphi(x),\quad(\alpha\leqslant x\leqslant\beta).\\ z=\psi(x)\end{cases}$$

若 $\varphi(x)$、$\psi(x)$都在 $x=x_0$ 处可导，则曲线 Γ 在点 $M(x_0,\varphi(x_0),\psi(x_0))$处的切向量为 $\boldsymbol{T}=(1,\varphi'(x_0),\psi'(x_0))$，因此曲线 Γ 在点 M 处的切线方程为

$$\frac{x-x_0}{1}=\frac{y-y_0}{\varphi'(x_0)}=\frac{z-z_0}{\psi'(x_0)},$$

法平面方程为

$$(x-x_0)+\varphi'(x_0)(y-y_0)+\psi'(x_0)(z-z_0)=0.$$

一般地，设空间曲线 Γ 是由两个曲面的交线表示的，其方程为

$$\begin{cases}F(x,y,z)=0,\\ G(x,y,z)=0.\end{cases}$$

若 F、G 关于 x、y、z 有连续的偏导数，点 $M(x_0,y_0,z_0)$满足方程组：$\begin{cases}F(x_0,y_0,z_0)=0,\\ G(x_0,y_0,z_0)=0,\end{cases}$ 且 $\frac{\partial(F,G)}{\partial(y,z)}=\begin{vmatrix}F_y & F_z\\ G_y & G_z\end{vmatrix}$ 在点 $M(x_0,y_0,z_0)$不等于零，则方程组 $\begin{cases}F(x,y,z)=0,\\ G(x,y,z)=0\end{cases}$ 在点 $M(x_0,y_0,z_0)$的某一邻域内恒能唯一确定一组连续且具有连续导数的函数 $\begin{cases}y=\varphi(x),\\ z=\psi(x).\end{cases}$ 在上一节中已经给出公式

$$\frac{dy}{dx}=-\frac{\frac{\partial(F,G)}{\partial(x,z)}}{\frac{\partial(F,G)}{\partial(y,z)}}=-\frac{\begin{vmatrix}F_x & F_z\\ G_x & G_z\end{vmatrix}}{\begin{vmatrix}F_y & F_z\\ G_y & G_z\end{vmatrix}},\quad \frac{dz}{dx}=-\frac{\frac{\partial(F,G)}{\partial(y,x)}}{\frac{\partial(F,G)}{\partial(y,z)}}=-\frac{\begin{vmatrix}F_y & F_x\\ G_y & G_x\end{vmatrix}}{\begin{vmatrix}F_y & F_z\\ G_y & G_z\end{vmatrix}}.$$

于是，曲线 Γ 在点 $M(x_0,y_0,z_0)$处的切向量为

$$\boldsymbol{T}=(1,\ \varphi'(x_0),\ \psi'(x_0))=\left(1,\ \frac{\begin{vmatrix}F_z & F_x\\ G_z & G_x\end{vmatrix}_M}{\begin{vmatrix}F_y & F_z\\ G_y & G_z\end{vmatrix}_M},\ \frac{\begin{vmatrix}F_x & F_y\\ G_x & G_y\end{vmatrix}_M}{\begin{vmatrix}F_y & F_z\\ G_y & G_z\end{vmatrix}_M}\right),$$

分子分母中带下标 M 的行列式表示行列式在点 $M(x_0,\ y_0,\ z_0)$的值.

把上面的切向量 $\boldsymbol{T}$ 乘 $\begin{vmatrix}F_y & F_z\\ G_y & G_z\end{vmatrix}_M$，得 $\boldsymbol{T}'=\left(\begin{vmatrix}F_y & F_z\\ G_y & G_z\end{vmatrix}_M,\ \begin{vmatrix}F_z & F_x\\ G_z & G_x\end{vmatrix}_M,\ \begin{vmatrix}F_x & F_y\\ G_x & G_y\end{vmatrix}_M\right)$，这也是曲线 Γ 在点 $M(x_0,\ y_0,\ z_0)$处的一个切向量. 由此可写出曲线 Γ 在点 M 处的切线方程为

$$\frac{x-x_0}{\begin{vmatrix}F_y & F_z\\ G_y & G_z\end{vmatrix}_M}=\frac{y-y_0}{\begin{vmatrix}F_z & F_x\\ G_z & G_x\end{vmatrix}_M}=\frac{z-z_0}{\begin{vmatrix}F_x & F_y\\ G_x & G_y\end{vmatrix}_M},$$

法平面方程为

$$\begin{vmatrix}F_y & F_z\\ G_y & G_z\end{vmatrix}_M(x-x_0)+\begin{vmatrix}F_z & F_x\\ G_z & G_x\end{vmatrix}_M(y-y_0)+\begin{vmatrix}F_x & F_y\\ G_x & G_y\end{vmatrix}_M(z-z_0)=0.$$

注 如果$\left.\dfrac{\partial(F,\ G)}{\partial(y,\ z)}\right|_M=\begin{vmatrix}F_y & F_z\\ G_y & G_z\end{vmatrix}_M=0$，而$\begin{vmatrix}F_z & F_x\\ G_z & G_x\end{vmatrix}_M$和$\begin{vmatrix}F_x & F_y\\ G_x & G_y\end{vmatrix}_M$中至少有一个不等于零，也可以通过讨论得到同样的结果.

例 9.6.2 求曲线$\begin{cases}x^2+y^2+z^2=3x,\\ 2x-3y+5z=4\end{cases}$在点 $M(1,\ 1,\ 1)$处的切线及法平面方程.

解 记 $F(x,\ y,\ z)=x^2+y^2+z^2-3x$，$G(x,\ y,\ z)=2x-3y+5z-4$，则

$$F_x=2x-3,\quad F_y=2y,\quad F_z=2z,\quad G_x=2,\quad G_y=-3,\quad G_z=5,$$

故

$$\begin{vmatrix}F_y & F_z\\ G_y & G_z\end{vmatrix}_M=\begin{vmatrix}2 & 2\\ -3 & 5\end{vmatrix}=16,\ \begin{vmatrix}F_z & F_x\\ G_z & G_x\end{vmatrix}_M=\begin{vmatrix}2 & -1\\ 5 & 2\end{vmatrix}=9,\ \begin{vmatrix}F_x & F_y\\ G_x & G_y\end{vmatrix}_M=\begin{vmatrix}-1 & 2\\ 2 & -3\end{vmatrix}=-1,$$

从而曲线 Γ 在点 $M(1,\ 1,\ 1)$处的切向量 $\boldsymbol{T}=(16,\ 9,\ -1)$. 于是，所求切线方程为

$$\frac{x-1}{16}=\frac{y-1}{9}=\frac{z-1}{-1},$$

例 9.6.2 的直接求解方法

法平面方程为

$$16(x-1)+9(y-1)-(z-1)=0,$$

即

$$16x+9y-z-24=0.$$

二、曲面的切平面与法线

设曲面 Σ 的方程为

$$F(x,\ y,\ z)=0,$$

$M(x_0,\ y_0,\ z_0)$是曲面 Σ 上的一点，并且函数 $F(x,\ y,\ z)$的偏导数在该点连续且不同时为零.

如图 9.6.2 所示，在曲面 Σ 上通过点 M 任意引一条曲线 Γ，假定曲线 Γ 的参数方程为

$$x=\varphi(t),\ y=\psi(t),\ z=\omega(t),$$

$t=t_0$ 对应于点 $M(x_0, y_0, z_0)$，且 $\varphi'(t_0)$、$\psi'(t_0)$、$\omega'(t_0)$不全为零.

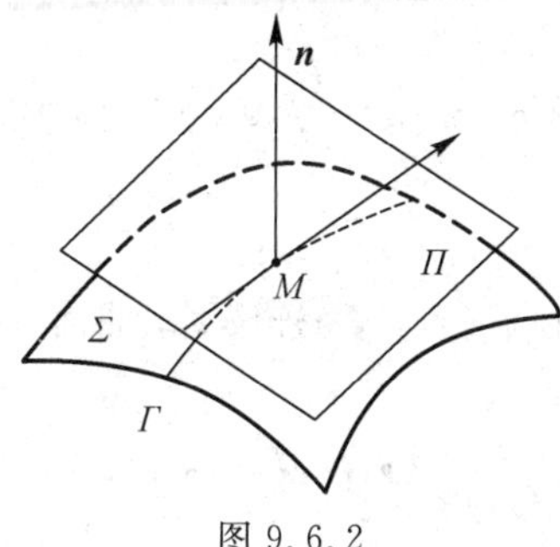

图 9.6.2

曲线 Γ 在点 M 处的切向量为

$$\boldsymbol{T}=(\varphi'(t_0), \psi'(t_0), \omega'(t_0)).$$

因为曲线 Γ 完全在曲面 Σ 上，所以有恒等式

$$F[\varphi(t), \psi(t), \omega(t)]\equiv 0.$$

此式对 t 求导数，在 $t=t_0$ 处，得

$$F_x(x_0, y_0, z_0)\varphi'(t_0)+F_y(x_0, y_0, z_0)\psi'(t_0)+F_z(x_0, y_0, z_0)\omega'(t_0)=0.$$

引入向量

$$\boldsymbol{n}=(F_x(x_0, y_0, z_0), F_y(x_0, y_0, z_0), F_z(x_0, y_0, z_0)),$$

易见 $\boldsymbol{T}$ 与 $\boldsymbol{n}$ 是垂直的. 因为曲线 Γ 是曲面 Σ 上通过点 M 的任意一条曲线，它们在点 M 处的切线都与同一向量 $\boldsymbol{n}$ 垂直，所以曲面上通过点 M 的一切曲线在点 M 处的切线都在同一个平面上，这个平面称为曲面 Σ 在点 M 的**切平面**. 切平面的方程是

$$F_x(x_0, y_0, z_0)(x-x_0)+F_y(x_0, y_0, z_0)(y-y_0)+F_z(x_0, y_0, z_0)(z-z_0)=0.$$

通过点 M 且与切平面垂直的直线称为曲面在点 M 的**法线**，法线方程是

$$\frac{x-x_0}{F_x(x_0, y_0, z_0)}=\frac{y-y_0}{F_y(x_0, y_0, z_0)}=\frac{z-z_0}{F_z(x_0, y_0, z_0)}.$$

垂直于曲面上切平面的向量称为曲面的**法向量**. 向量

$$\boldsymbol{n}=(F_x(x_0, y_0, z_0), F_y(x_0, y_0, z_0), F_z(x_0, y_0, z_0))$$

就是曲面 Σ 在点 M 处的一个法向量，它也是曲面 Σ 在点 M 处法线的方向向量.

例 9.6.3　求球面 $x^2+y^2+z^2=14$ 在点(1, 2, 3)处的切平面及法线方程.

解　记 $F(x, y, z)=x^2+y^2+z^2-14$，则 $F_x=2x$，$F_y=2y$，$F_z=2z$，故

$$F_x(1, 2, 3)=2, \quad F_y(1, 2, 3)=4, \quad F_z(1, 2, 3)=6,$$

从而法向量为 $\boldsymbol{n}=(2, 4, 6)$或 $\boldsymbol{n}=(1, 2, 3)$.

于是，球面在点(1, 2, 3)处的切平面方程为

$$(x-1)+2(y-2)+3(z-3)=0，即\ x+2y+3z-14=0,$$

法线方程为

$$\frac{x-1}{1}=\frac{y-2}{2}=\frac{z-3}{3}.$$

我们指出，当曲面 Σ 由方程 $F(x, y, z)=0$ 给出时，如果偏导数 F_x、F_y、F_z 连续且不同时为零，那么从几何上看，曲面 Σ 上每点 M 处都存在切平面和法线，并且法线随着切点的移动而连续转动，这样的曲面称为**光滑曲面**.

 **问题** 若曲面方程为 $z=f(x, y)$，则曲面的切平面及法线方程是什么形式?

曲面方程可表示为

$$F(x, y, z)=f(x, y)-z=0,$$

则

$$F_x(x, y, z)=f_x(x, y), \quad F_y(x, y, z)=f_y(x, y), \quad F_z(x, y, z)=-1,$$

故当偏导数 $f_x(x, y)$、$f_y(x, y)$在点(x_0, y_0)连续时，曲面 $z=f(x, y)$在点 $M(x_0, y_0, z_0)$处的法向量可取为

$$\boldsymbol{n}=(f_x(x_0, y_0), f_y(x_0, y_0), -1),$$

从而切平面方程为

$$z-z_0=f_x(x_0, y_0)(x-x_0)+f_y(x_0, y_0)(y-y_0),$$

法线方程为

$$\frac{x-x_0}{f_x(x_0, y_0)}=\frac{y-y_0}{f_y(x_0, y_0)}=\frac{z-z_0}{-1}.$$

例 9.6.4 求旋转抛物面 $z=x^2+y^2-1$ 在点$(2, 1, 4)$处的切平面及法线方程.

解 记 $f(x, y)=x^2+y^2-1$，则法向量为

$$\boldsymbol{n}=(f_x, f_y, -1)=(2x, 2y, -1),$$

故在点$(2, 1, 4)$处的法向量为 $\boldsymbol{n}|_{(2,1,4)}=(4, 2, -1)$. 于是，切平面方程为

$$4(x-2)+2(y-1)-(z-4)=0,$$

即

$$4x+2y-z-6=0,$$

法线方程为

$$\frac{x-2}{4}=\frac{y-1}{2}=\frac{z-4}{-1}.$$

注 二元函数全微分的几何意义：设函数 $z=f(x, y)$在一点(x_0, y_0)处可微，则它所表示的曲面 Σ 在点 $M(x_0, y_0, z_0)$处的切平面存在，其方程为

$$z-z_0=f_x(x_0, y_0)(x-x_0)+f_y(x_0, y_0)(y-y_0).$$

方程的右端恰好是函数 $z=f(x, y)$在点(x_0, y_0)的全微分，而左端是切平面上点的竖坐标的增量. 因此，函数 $z=f(x, y)$在点(x_0, y_0)的全微分在几何上表示曲面 $z=f(x, y)$在点 $M(x_0, y_0, z_0)$处的切平面上点的竖坐标的增量.

 **问题** 若曲面 Σ 的方程为

$$\begin{cases} x=\varphi(u, v), \\ y=\psi(u, v), \\ z=\omega(u, v), \end{cases}$$

其中 $\varphi(u, v)$、$\psi(u, v)$和 $\omega(u, v)$具有连续的偏导数，则曲面的切平面方程具有什么形式?

设曲面 Σ 上的点 $M(x_0, y_0, z_0)$对应于参数(u_0, v_0)，即 $x_0=\varphi(u_0, v_0)$，$y_0=\psi(u_0, v_0)$，$z_0=\omega(u_0, v_0)$. 在曲面 Σ 上过点 M 作两条曲线 L_1 及 L_2：

$$L_1: \begin{cases} x=\varphi(u, v_0), \\ y=\psi(u, v_0), \\ z=\omega(u, v_0), \end{cases} \quad L_2: \begin{cases} x=\varphi(u_0, v), \\ y=\psi(u_0, v), \\ z=\omega(u_0, v), \end{cases}$$

这两条曲线在点 M 处的切向量分别是 $\boldsymbol{T}_1=(\varphi_u(u_0,v_0),\psi_u(u_0,v_0),\omega_u(u_0,v_0))$ 及 $\boldsymbol{T}_2=(\varphi_v(u_0,v_0),\psi_v(u_0,v_0),\omega_v(u_0,v_0))$.

如图 9.6.3 所示，曲面 Σ 上的点 M 处切平面的法向量 $\boldsymbol{n}$ 同时垂直于 $\boldsymbol{T}_1$ 与 $\boldsymbol{T}_2$，因此可取作

$$\boldsymbol{n}=\boldsymbol{T}_1\times\boldsymbol{T}_2=\left|\begin{matrix}\boldsymbol{i} & \boldsymbol{j} & \boldsymbol{k}\\ \varphi_u & \psi_u & \omega_u\\ \varphi_v & \psi_v & \omega_v\end{matrix}\right|_{(u_0,v_0)}$$

于是曲面 Σ 在点 M 处的切平面方程为

$$\left|\begin{matrix}x-x_0 & y-y_0 & z-z_0\\ \varphi_u(u_0,v_0) & \psi_u(u_0,v_0) & \omega_u(u_0,v_0)\\ \varphi_v(u_0,v_0) & \psi_v(u_0,v_0) & \omega_v(u_0,v_0)\end{matrix}\right|=0.$$

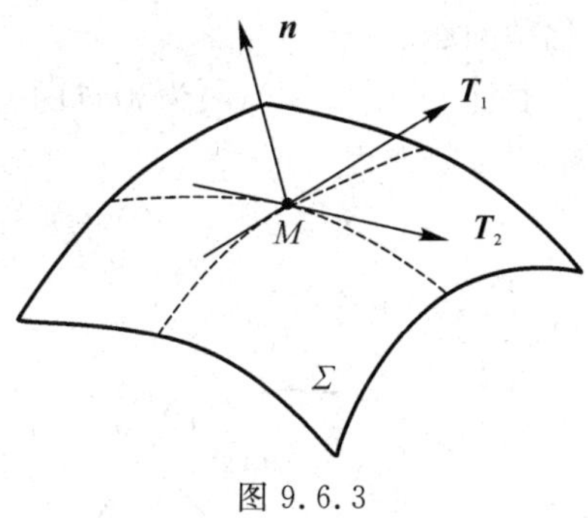

图 9.6.3

习题 9－6

基础题

1. 求曲线 $x=t^2$，$y=1-t$，$z=t^3$ 在点(1，0，1)处的切线与法平面方程.

2. 求曲线 $x=\frac{1}{2}\sin^2 t$，$y=\frac{1}{2}(t+\sin t\cdot\cos t)$，$z=\sin t$ 在点 $t=\frac{\pi}{4}$处的切线与法平面方程.

3. 求曲线$\begin{cases}x^2+y^2+z^2=6,\\ x+y+z=0\end{cases}$在点(1，－2，1)处的切线与法平面方程.

4. 求曲线$\begin{cases}x^2+y^2+z^2=4,\\ x^2+y^2=2x\end{cases}$在点 $M_0(1,1,\sqrt{2})$处的切线与法平面方程.

5. 在曲线 $x=t$，$y=t^2$，$z=t^3$ 上求一点，使在此点的切线平行于平面 $x+2y+z=4$.

6. 求曲面 $z=2x^2+4y^2$ 在点(2，1，12)处的切平面及法线方程.

7. 求曲面 $x^2+4y^2+z^2=36$ 的切平面，使它平行于平面 $x+y-z=0$.

提高题

1. 在椭球面$\frac{x^2}{a^2}+\frac{y^2}{b^2}+\frac{z^2}{c^2}=1$上什么样的点处，椭球面的法线与坐标轴成等角？

2. 证明曲面 $xyz=a^3(a>0)$的切平面与坐标轴围成的四面体的体积是一个常数.

3. 设球面的双参数方程为

$$x=r\cos\theta\sin\varphi,\ y=r\sin\theta\sin\varphi,\ z=r\cos\varphi\quad (0\leqslant\varphi\leqslant\pi,\ 0\leqslant\theta\leqslant 2\pi),$$

求过点 $P_0(r\cos\theta_0\sin\varphi_0,\ r\sin\theta_0\sin\varphi_0,\ r\cos\varphi_0)$的切平面方程.

习题 9-6
参考答案

第七节 方向导数与梯度

一、方向导数

如果一座山的表面形状可以由函数 $z=f(x,y)$的图形来表示，那么偏导数$\dfrac{\partial f}{\partial x}$和$\dfrac{\partial f}{\partial y}$分别表示函数沿平行于 x 轴和平行于 y 轴方向上的变化率，即反映山沿两个方向的坡度变化. 但要想得到其他某个方向上山的坡度变化情况，就需要研究二元函数 $z=f(x,y)$在一点 P_0 处沿某一指定方向的变化率问题.

如图 9.7.1 所示，l 是 xOy 面上以 $P_0(x_0,y_0)$为始点的一条射线，$\boldsymbol{e}_l=(\cos\alpha,\cos\beta)$是与 l 同方向的单位向量，射线 l 的参数方程为

$$\begin{cases}x=x_0+t\cos\alpha,\\ y=y_0+t\cos\beta\end{cases}\quad (t\geqslant 0).$$

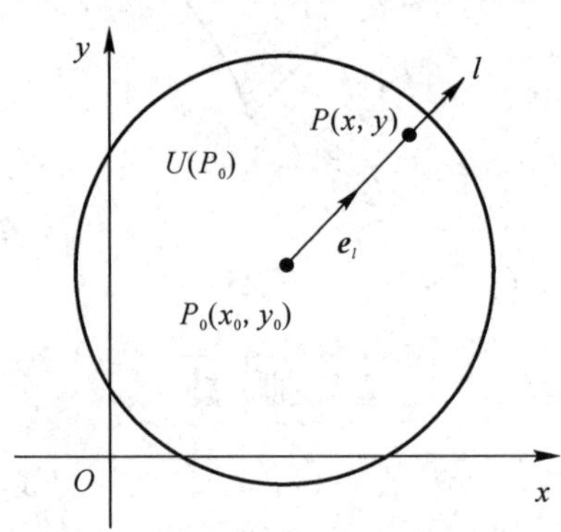

图 9.7.1

设函数 $z=f(x,y)$在点 $P_0(x_0,y_0)$的某一邻域$U(P_0)$内有定义，$P(x_0+t\cos\alpha,\ y_0+t\cos\beta)$为 l 上另一点，且 $P\in U(P_0)$. 如果函数增量 $f(x_0+t\cos\alpha,\ y_0+t\cos\beta)-f(x_0,y_0)$与 P 到 P_0 的距离$|PP_0|=t$ 的比值

$$\frac{f(x_0+t\cos\alpha,\ y_0+t\cos\beta)-f(x_0,y_0)}{t}$$

当 P 沿着 l 趋于 P_0(即 $t\to 0^+$)时的极限存在，则称此极限为函数 $f(x,y)$在点 P_0 沿方向 l 的方向导数，记作$\left.\dfrac{\partial f}{\partial l}\right|_{(x_0,y_0)}$，即

$$\left.\frac{\partial f}{\partial l}\right|_{(x_0,y_0)}=\lim_{t\to 0^+}\frac{f(x_0+t\cos\alpha,\ y_0+t\cos\beta)-f(x_0,y_0)}{t}.$$

从方向导数的定义可知，方向导数$\left.\dfrac{\partial f}{\partial l}\right|_{(x_0,y_0)}$给出了函数 $f(x,y)$在点 $P_0(x_0,y_0)$处沿方向 l 的变化率. 如果用函数 $z=f(x,y)$的图形表示一座山的表面形状，方向导数

$\left.\frac{\partial f}{\partial l}\right|_{(x_0, y_0)}$ 就刻画了在平面点 $P_0(x_0, y_0)$对应的山上某点处，沿 l 方向山高函数的变化率，也就是山的坡度. 方向导数的概念容易推广到一般的多元函数.

定义 9.7.1　设三元函数 $f(x, y, z)$在点 $P_0(x_0, y_0, z_0)$的某邻域$U(P_0)\subset\mathbf{R}^3$ 有定义，l 为从点 P_0 出发的射线，$P(x, y, z)$为 l 上且含于 $U(P_0)$内的任一点，以 t 表示 P 与 P_0 两点间的距离. 若极限

$$\lim_{t\to 0^+}\frac{f(x_0+t\cos\alpha, y_0+t\cos\beta, z_0+t\cos\gamma)-f(x_0, y_0, z_0)}{t}=\lim_{t\to 0^+}\frac{\Delta_l z}{t}$$

存在，则称此极限为函数 $f(x, y, z)$在点 P_0 沿方向 l 的方向导数，记作$\left.\frac{\partial f}{\partial l}\right|_{P_0}$.

例 9.7.1　设 $f(x, y, z)=ax+by+cz$，l 方向上的方向余弦为 $\cos\alpha$，$\cos\beta$，$\cos\gamma$，求$\left.\frac{\partial z}{\partial l}\right|_{(x, y, z)}$.

解　因为函数 f 沿 l 方向的平均变化率为

$$\begin{aligned}\frac{\Delta f}{t}&=\frac{a(x+t\cos\alpha)+b(y+t\cos\beta)+c(z+t\cos\gamma)-(ax+by+cz)}{t}\\&=a\cos\alpha+b\cos\beta+c\cos\gamma,\end{aligned}$$

所以

$$\left.\frac{\partial z}{\partial l}\right|_{(x, y, z)}=a\cos\alpha+b\cos\beta+c\cos\gamma.$$

由此可见，线性函数沿某一方向的方向导数不因点的位置而变化，而函数沿不同方向的方向导数一般是不同的. 关于方向导数的计算，我们有以下定理.

定理 9.7.1　如果函数 $z=f(x, y)$在点 $P_0(x_0, y_0)$可微分，那么函数在该点沿任一方向 l 的方向导数都存在，且有

$$\left.\frac{\partial f}{\partial l}\right|_{(x_0, y_0)}=f_x(x_0, y_0)\cos\alpha+f_y(x_0, y_0)\cos\beta,$$

其中 $\cos\alpha$ 和 $\cos\beta$ 是方向 l 的方向余弦.

证明　由函数 $z=f(x, y)$在点 $P_0(x_0, y_0)$可微分，有

$$f(x_0+\Delta x, y_0+\Delta y)-f(x_0, y_0)=f_x(x_0, y_0)\Delta x+f_y(x_0, y_0)\Delta y+o(\sqrt{(\Delta x)^2+(\Delta y)^2}).$$

因$(x_0+\Delta x, y_0+\Delta y)$在以$(x_0, y_0)$为始点的射线 l 上，记$\sqrt{(\Delta x)^2+(\Delta y)^2}=t$，则有

$$\Delta x=t\cos\alpha,\quad \Delta y=t\cos\beta,$$

$$f(x_0+\Delta x, y_0+\Delta y)-f(x_0, y_0)=f_x(x_0, y_0)t\cos\alpha+f_y(x_0, y_0)t\cos\beta+o(t).$$

于是

$$\lim_{t\to 0^+}\frac{f(x_0+t\cos\alpha, y_0+t\cos\beta)-f(x_0, y_0)}{t}=f_x(x_0, y_0)\cos\alpha+f_y(x_0, y_0)\cos\beta,$$

这就证明了方向导数存在，且其值为

$$\left.\frac{\partial f}{\partial l}\right|_{(x_0, y_0)}=f_x(x_0, y_0)\cos\alpha+f_y(x_0, y_0)\cos\beta.$$

注　如果三元函数 $f(x, y, z)$在点 $P_0(x_0, y_0, z_0)$可微分，则函数在该点沿方向 $\boldsymbol{e}_l=(\cos\alpha, \cos\beta, \cos\gamma)$的方向导数为

$$\left.\frac{\partial f}{\partial l}\right|_{(x_0, y_0, z_0)}=f_x(x_0, y_0, z_0)\cos\alpha+f_y(x_0, y_0, z_0)\cos\beta+f_z(x_0, y_0, z_0)\cos\gamma.$$

例 9.7.2 求 $f(x, y, z)=xy+yz+zx$ 在点(1, 1, 2)沿方向 l 的方向导数，其中 l 的方向角分别为 60°、45°、60°.

解 与 l 同向的单位向量为 $\boldsymbol{e}_l=(\cos60°, \cos45°, \cos60°)=\left(\frac{1}{2}, \frac{\sqrt{2}}{2}, \frac{1}{2}\right)$. 因为函数可微分，且

$$f_x(1, 1, 2)=(y+z)|_{(1, 1, 2)}=3, \quad f_y(1, 1, 2)=(x+z)|_{(1, 1, 2)}=3,$$
$$f_z(1, 1, 2)=(y+x)|_{(1, 1, 2)}=2,$$

所以

$$\left.\frac{\partial f}{\partial l}\right|_{(1, 1, 2)}=3\cdot\frac{1}{2}+3\cdot\frac{\sqrt{2}}{2}+2\cdot\frac{1}{2}=\frac{1}{2}(5+3\sqrt{2}).$$

例 9.7.3 求函数 $z=xe^{2y}$ 在点 $P(1, 0)$ 沿从点 $P(1, 0)$ 到点 $Q(2, -1)$ 方向的方向导数.

解 这里方向 l 即向量 $\overrightarrow{PQ}=(1, -1)$ 的方向，与 l 同向的单位向量为 $\boldsymbol{e}_l=\left(\frac{1}{\sqrt{2}}, -\frac{1}{\sqrt{2}}\right)$. 因为函数可微分，且

$$\left.\frac{\partial z}{\partial x}\right|_{(1, 0)}=\left.e^{2y}\right|_{(1, 0)}=1, \quad \left.\frac{\partial z}{\partial y}\right|_{(1, 0)}=\left.2xe^{2y}\right|_{(1, 0)}=2,$$

所以所求方向导数为

$$\left.\frac{\partial z}{\partial l}\right|_{(1, 0)}=1\cdot\frac{1}{\sqrt{2}}+2\cdot\left(-\frac{1}{\sqrt{2}}\right)=-\frac{\sqrt{2}}{2}.$$

例 9.7.4 求函数 $f(x, y)=\sqrt{x^2+y^2}$ 在点(0, 0)处沿方向 $\boldsymbol{e}_l=(\cos\alpha, \cos\beta)$ 的方向导数.

解 函数 $f(x, y)$ 在点(0, 0)处的偏导数不存在，从而不可微，但

$$\begin{aligned}\left.\frac{\partial f}{\partial l}\right|_{(0, 0)}&=\lim_{t\to0^+}\frac{f(t\cos\alpha, t\cos\beta)-f(0, 0)}{t}\\&=\lim_{t\to0^+}\frac{\sqrt{t^2\cos^2\alpha+t^2\cos^2\beta}}{t}\\&=\lim_{t\to0^+}\frac{t}{t}=1.\end{aligned}$$

例 9.7.4 告诉我们，函数在一点处可微是方向导数存在的充分条件，但不是必要条件；即使函数在一点处偏导数不存在，方向导数也可能存在. 从方向导数的定义可知，方向导数 $\left.\frac{\partial f}{\partial l}\right|_{(x_0, y_0)}$ 就是函数 $f(x, y)$ 在点 $P_0(x_0, y_0)$ 处沿方向 l 的变化率. 若函数 $f(x, y)$ 在点 $P_0(x_0, y_0)$ 处的偏导数存在，取 $\boldsymbol{e}_l=\boldsymbol{i}=(1, 0)$，则

$$\left.\frac{\partial f}{\partial l}\right|_{(x_0, y_0)}=\lim_{t\to0^+}\frac{f(x_0+t, y_0)-f(x_0, y_0)}{t}=f_x(x_0, y_0);$$

取 $\boldsymbol{e}_l=-\boldsymbol{i}=(-1, 0)$，则

$$\left.\frac{\partial f}{\partial l}\right|_{(x_0, y_0)}=\lim_{t\to 0^+}\frac{f(x_0-t, y_0)-f(x_0, y_0)}{t}=-f_x(x_0, y_0).$$

这说明沿 x 轴正、负向的方向导数都存在，同理沿 y 轴正、负向的方向导数也都存在.

方向导数、偏导数和全微分等概念的内在联系

二、梯度

问题　将一块金属板放置在 xOy 面上，在坐标原点处有一个火焰，它使金属板受热. 假定板上任意一点处的温度与该点到原点的距离成反比. 若在点 P 处有一只蚂蚁，则蚂蚁应沿什么方向爬行才能最快到达较凉快的地点？

在金属板上一点处沿不同方向温度的变化率，即温度函数的方向导数是不一样的. 蚂蚁沿着$\overrightarrow{OP}$方向爬行，即沿方向导数最小的方向，就能最快到达凉快的地点. 一般地，函数沿哪个方向其方向导数最小？沿哪个方向其方向导数最大？值又分别等于多少？为解决这些问题，需引进一个很重要的概念——梯度.

定义 9.7.2　设函数 $z=f(x, y)$在平面区域 D 内具有一阶连续偏导数，则对于每一点 $P_0(x_0, y_0)\in D$，都可确定一个向量

$$f_x(x_0, y_0)\boldsymbol{i}+f_y(x_0, y_0)\boldsymbol{j},$$

这向量称为函数 $f(x, y)$在点 $P_0(x_0, y_0)$的梯度，记作 $\mathbf{grad}f(x_0, y_0)$，即

$$\mathbf{grad}f(x_0, y_0)=f_x(x_0, y_0)\boldsymbol{i}+f_y(x_0, y_0)\boldsymbol{j}.$$

如果函数 $f(x, y)$在点 $P_0(x_0, y_0)$可微分，$\boldsymbol{e}_l=(\cos\alpha, \cos\beta)$是与方向 l 同方向的单位向量，则

$$\begin{aligned}\left.\frac{\partial f}{\partial l}\right|_{(x_0, y_0)}&=f_x(x_0, y_0)\cos\alpha+f_y(x_0, y_0)\cos\beta\\&=\mathbf{grad}f(x_0, y_0)\cdot\boldsymbol{e}_l\\&=|\mathbf{grad}f(x_0, y_0)|\cos(\widehat{\mathbf{grad}f(x_0, y_0), \boldsymbol{e}_l}).\end{aligned}$$

这一关系式表明了函数在一点的梯度与函数在这点的方向导数之间的关系. 特别地，当向量 $\boldsymbol{e}_l$ 与 $\mathbf{grad}f(x_0, y_0)$的夹角 $\theta=0$，即向量 $\boldsymbol{e}_l$ 沿梯度方向时，方向导数$\left.\frac{\partial f}{\partial l}\right|_{(x_0, y_0)}$取得最大值，这个最大值就是梯度的模$|\mathbf{grad}f(x_0, y_0)|$. 这就是说：函数在一点的梯度是个向量，它的方向是函数在这点的方向导数取得最大值的方向，它的模就等于方向导数的最大值.

注　(1) 当 $(\widehat{\mathbf{grad}f, \boldsymbol{e}_l})=0$，即方向 $\boldsymbol{e}_l$ 与梯度 $\mathbf{grad}f(x_0, y_0)$同向时，函数值增加最快，函数在这个方向的方向导数取得最大值，这个最大值就是梯度的模，即

$$\left.\frac{\partial f}{\partial l}\right|_{(x_0, y_0)}=|\mathbf{grad}f(x_0, y_0)|.$$

(2) 当 $(\widehat{\mathbf{grad}f, \boldsymbol{e}_l})=\pi$，即方向 $\boldsymbol{e}_l$ 与梯度 $\mathbf{grad}f(x_0, y_0)$反向时，函数值减少最快，函数在这个方向的方向导数取得最小值，这个最小值就是梯度模的负值，即

$$\left.\frac{\partial f}{\partial l}\right|_{(x_0, y_0)}=-|\mathbf{grad}f(x_0, y_0)|.$$

(3) 当 $(\widehat{\mathbf{grad}f, \boldsymbol{e}_l})=\frac{\pi}{2}$，即方向 $\boldsymbol{e}_l$ 与梯度 $\mathbf{grad}f(x_0, y_0)$垂直时，函数在这个方向的

方向导数为零，函数沿这个方向不变化.

例 9.7.5　设函数 $f(x, y)=\frac{1}{2}(x^2+y^2)$，求 $f(x, y)$在点(1, 1)处增加(减少)最快的方向及沿这个方向的方向导数.

解　由题设知 $\mathbf{grad} f(1, 1)=(x, y)|_{(1,1)}=(1, 1)$，$\boldsymbol{e}_l=\left(\frac{1}{\sqrt{2}}, \frac{1}{\sqrt{2}}\right)$，则 $f(x, y)$在点(1, 1)处沿方向 $\boldsymbol{e}_l$ 增加最快，沿这个方向的方向导数为

$$\left.\frac{\partial f}{\partial l}\right|_{(1,1)}=|(1, 1)|=\sqrt{2};$$

沿方向$\left(-\frac{1}{\sqrt{2}}, -\frac{1}{\sqrt{2}}\right)$减少最快，沿这个方向的方向导数为$-\sqrt{2}$.

一般来说，二元函数 $z=f(x, y)$在几何上表示一张曲面，这曲面被平面 $z=c$(c 是常数)所截得的曲线 L 的方程为

$$\begin{cases} z=f(x, y), \\ z=c. \end{cases}$$

曲线 L 在 xOy 面上的投影是一条平面曲线 L^*，它在 xOy 面上的方程为

$$f(x, y)=c.$$

对于曲线 L^* 上的一切点，所给函数的函数值都是 c，所以我们称平面曲线 L^* 为函数 $z=f(x, y)$的**等值线**.

例如，函数 $f(x, y)=\sin xy$ 和它的等值线如图 9.7.2 所示. 容易看出，若 f_x、f_y 不同时为零，则等值线 $f(x, y)=c$ 上任一点 $P_0(x_0, y_0)$处的一个单位法向量为

$$\boldsymbol{n}=\frac{1}{\sqrt{f_x^2(x_0, y_0)+f_y^2(x_0, y_0)}}(f_x(x_0, y_0), f_y(x_0, y_0)).$$

这表明梯度 $\mathbf{grad} f(x_0, y_0)$的方向与等值线上这点的一个法线方向相同，而沿这个方向的方向导数$\frac{\partial f}{\partial n}$就等于$|\mathbf{grad} f(x_0, y_0)|$，于是

$$\mathbf{grad} f(x_0, y_0)=\frac{\partial f}{\partial n}\boldsymbol{n}.$$

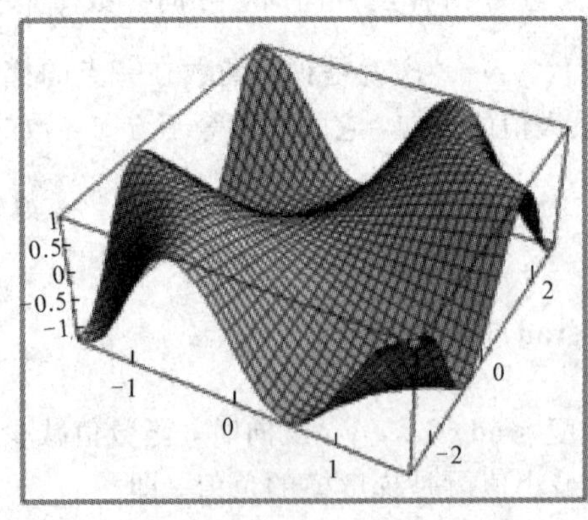

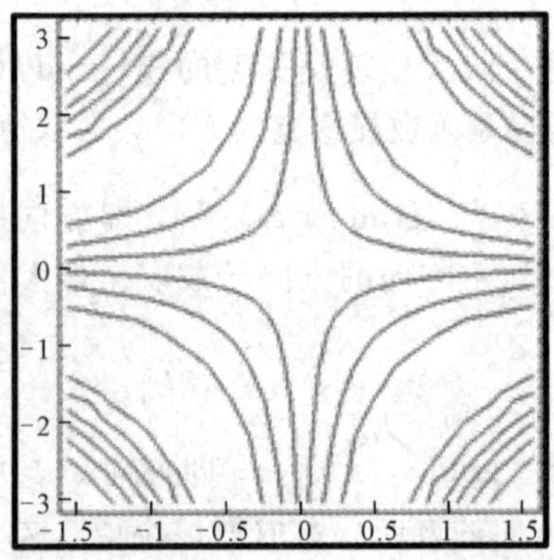

图 9.7.2

这一关系式表明了函数在一点的梯度与过这点的等值线、方向导数间的关系：函数在一点的梯度方向与等值线在这点的一个法线方向相同，它的指向为从数值较低的等值线指

向数值较高的等值线，梯度的模就等于函数在这个法线方向的方向导数.

梯度概念可以推广到三元函数的情形. 设函数 $f(x, y, z)$ 在空间区域 G 内具有一阶连续偏导数，则对于每一点 $P_0(x_0, y_0, z_0)\in G$，都可定出一个向量

$$f_x(x_0, y_0, z_0)\boldsymbol{i}+f_y(x_0, y_0, z_0)\boldsymbol{j}+f_z(x_0, y_0, z_0)\boldsymbol{k},$$

这向量称为函数 $f(x, y, z)$ 在点 $P_0(x_0, y_0, z_0)$ 的梯度，记为 $\mathbf{grad}f(x_0, y_0, z_0)$，即

$$\mathbf{grad}f(x_0, y_0, z_0)=f_x(x_0, y_0, z_0)\boldsymbol{i}+f_y(x_0, y_0, z_0)\boldsymbol{j}+f_z(x_0, y_0, z_0)\boldsymbol{k}.$$

三元函数的梯度也是这样一个向量，它的方向与取得最大方向导数的方向一致，而它的模为方向导数的最大值. 如果引进函数的等值面 $f(x, y, z)=c$ 的概念，则可得函数 $f(x, y, z)$ 在点 $P_0(x_0, y_0, z_0)$ 的梯度的方向与过点 P_0 的等值面 $f(x, y, z)=c$ 在这点的一个法线方向相同，且从数值较低的等值面指向数值较高的等值面，而梯度的模等于函数在这个法线方向的方向导数.

例 9.7.6　求函数 $u=x^2+2y^2+3z^2+3x-2y$ 在点(1, 1, 2)处的梯度，并求出函数在哪点处梯度为零.

解　由梯度计算公式得

$$\mathbf{grad}u(x, y, z)=\frac{\partial u}{\partial x}\boldsymbol{i}+\frac{\partial u}{\partial y}\boldsymbol{j}+\frac{\partial u}{\partial z}\boldsymbol{k}=(2x+3)\boldsymbol{i}+(4y-2)\boldsymbol{j}+6z\boldsymbol{k},$$

故 $\mathbf{grad}u(1, 1, 2)=5\boldsymbol{i}+2\boldsymbol{j}+12\boldsymbol{k}$.

函数 u 在点 $\left(-\frac{3}{2}, \frac{1}{2}, 0\right)$ 处梯度为零.

例 9.7.7　设在空间原点处有一个点电荷 q，在真空中产生一个静电场，在空间任一点 (x, y, z) 处的电位是 $V=\frac{q}{r}$，其中 $r=\sqrt{x^2+y^2+z^2}$，求 $\mathbf{grad}V$.

解　$\mathbf{grad}V=-\frac{q}{r^2}\mathbf{grad}r=-\frac{q}{r^2}\cdot\frac{x\boldsymbol{i}+y\boldsymbol{j}+z\boldsymbol{k}}{r}=-\frac{q}{r^3}(x\boldsymbol{i}+y\boldsymbol{j}+z\boldsymbol{k})$.

注　电位 V 构成 $\mathbf{R}^3\setminus\{0\}$ 内的一个数量场，其梯度场是由数量场 V 产生的向量场.

梯度场的运算性质

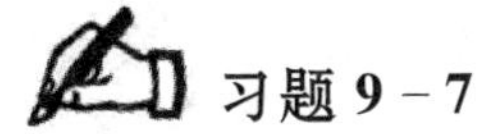

习题 9－7

基　础　题

1. 求函数 $z=1-\sqrt{x^2+y^2}$ 在点(0, 0)处沿 $\boldsymbol{e}_l=(\cos\alpha, \cos\beta)$ 方向的方向导数.

2. 求函数 $u=\frac{x^2}{a^2}+\frac{y^2}{b^2}+\frac{z^2}{c^2}$ 沿点 $M(x, y, z)$ 矢径方向的方向导数.

3. 求函数 $u=xy^2z^3$ 在点(1, 1, －1)处沿曲线 $x=t$, $y=t^2$, $z=t^3$ 在点(1, 1, 1)处切线正方向(对应于 t 增大的方向)的方向导数.

4. 求函数 $u=\ln(y^2+z^2+x^2)$ 在点(1, 1, －1)处的梯度.

5. 设函数 $f(x, y)=x^2-xy+y^2$，求该函数在点(1, 3)处的梯度，并求在点(1, 3)处沿着方向 l 的方向导数及方向导数达到最大值和最小值的方向.

6. 求函数 $u=xy^2+yz^2+zx^2$ 在点(1, 2, －1)处沿方向角 $\alpha=60°$, $\beta=90°$, $\gamma=150°$ 的方向导数，并求在该点处方向导数达到最大值的方向及最大方向导数的值.

习题 9-7
参考答案

提 高 题

1. 求函数 $u=u(x, y, z)$ 在 $v=v(x, y, z)$ 的梯度方向的方向导数.

2. 在空间中哪些点，场 $u=x^3+y^3+z^3-3xyz$ 的梯度：

(1) 垂直于 z 轴？ (2) 平行于 z 轴？

第八节 多元函数的极值和最值

在实际问题中，往往会遇到多元函数的最大值与最小值问题. 与一元函数相类似，多元函数的最大值、最小值与极大值、极小值有密切的关系，因此以二元函数为例，先讨论多元函数的极值问题.

一、二元函数的极值

定义 9.8.1 设 $P_0(x_0, y_0)$ 是函数 $z=f(x, y)$ 的定义域 D 内一点，若存在 P_0 的一个包含在 D 内的邻域，对于该邻域内所有异于点 P_0 的点 $P(x, y)$，都有

$$f(x, y)<f(x_0, y_0) \quad (\text{或 } f(x, y)>f(x_0, y_0)),$$

则称 $f(x_0, y_0)$ 是函数 $z=f(x, y)$ 的极大值(或极小值)，称 P_0 为 $z=f(x, y)$ 的极大值点(或极小值点). 极大值和极小值统称为极值，极大值点和极小值点统称为极值点.

例如，$f(x, y)=x^2+y^2+4$ 在点(0, 0)处取得极小值 4. 如图 9.8.1 所示，函数 $z=xy$ 在点(0, 0)的任意邻域内既能取正值，也能取负值，所以点(0, 0)不是 $z=xy$ 的极值点.

图 9.8.1

如果函数 $z=f(x, y)$ 在 $P_0(x_0, y_0)$ 处取得极值，从极值的定义可以得到一元函数 $z_1=f(x, y_0)$ 在 $x=x_0$ 处取得极值. 根据函数极值存在的必要条件，如果函数的导数存在，则导数在 $x=x_0$ 处的值一定等于零，即 $\left.\dfrac{\mathrm{d}z_1}{\mathrm{d}x}\right|_{x=x_0}=0$.

同理，如果函数 $z=f(x, y)$ 在 $P_0(x_0, y_0)$ 处取得极值，从极值的定义可以得到一元函数 $z_2=f(x_0, y)$ 在 $y=y_0$ 处取得极值. 根据函数极值存在的必要条件，如果函数的导数存在，则导数在 $y=y_0$ 处的值一定等于零，即 $\left.\dfrac{\mathrm{d}z_2}{\mathrm{d}y}\right|_{y=y_0}=0$.

因为 $\left.\dfrac{\mathrm{d}z_1}{\mathrm{d}x}\right|_{x=x_0}=\left.\dfrac{\partial z}{\partial x}\right|_{\substack{x=x_0\\y=y_0}}$，$\left.\dfrac{\mathrm{d}z_2}{\mathrm{d}y}\right|_{y=y_0}=\left.\dfrac{\partial z}{\partial y}\right|_{\substack{x=x_0\\y=y_0}}$，所以以下定理给出多元函数极值存在的必要条件.

定理 9.8.1(必要条件) 如果函数 $z=f(x, y)$ 在点 $P_0(x_0, y_0)$ 处的两个偏导数都存在，且函数在 P_0 处取得极值，则必有

$$f_x(x_0, y_0)=0, \quad f_y(x_0, y_0)=0.$$

注(几何解释)　设函数 $z=f(x, y)$ 在一点 (x_0, y_0) 处可微，那么该函数所表示的曲面在点 (x_0, y_0, z_0) 处的切平面方程为

$$z-z_0=f_x(x_0, y_0)(x-x_0)+f_y(x_0, y_0)(y-y_0).$$

若函数 $z=f(x, y)$ 在点 (x_0, y_0) 取得极值 z_0，则必有 $f_x(x_0, y_0)=f_y(x_0, y_0)=0$. 这时，切平面就成为平行于 xOy 面的平面 $z-z_0=0$.

类似地有三元及三元以上函数的极值概念. 对于三元函数 $u=f(x, y, z)$，如果它在点 (x_0, y_0, z_0) 具有偏导数，则它在点 (x_0, y_0, z_0) 具有极值的必要条件为

$$f_x(x_0, y_0, z_0)=0, \quad f_y(x_0, y_0, z_0)=0, \quad f_z(x_0, y_0, z_0)=0.$$

定理 9.8.1 虽然没有完全解决求极值的问题，但它明确指出找极值点的途径，即只要解方程组 $\begin{cases} f_x(x, y)=0, \\ f_y(x, y)=0, \end{cases}$ 求得解 (x_1, y_1)，(x_2, y_2)，…，(x_n, y_n)，那么可偏导的极值点必包含在其中，这些点称为函数 $z=f(x, y)$ 的**驻点**.

问题　对偏导数存在的二元函数，在极值点处函数的两个偏导数必定等于零，也就是说，极值点一定是驻点；反过来，函数是否一定在驻点处取得极值呢？另外，在偏导数不存在的点处，函数有没有可能取得极值呢？

对于函数 $z=-\sqrt{x^2+y^2}$，因为 $\dfrac{\partial z}{\partial x}=\dfrac{-x}{\sqrt{x^2+y^2}}$，$\dfrac{\partial z}{\partial y}=\dfrac{-y}{\sqrt{x^2+y^2}}$，在点 $(0, 0)$ 处两个偏导数不存在，但是对所有的 $(x, y)\neq(0, 0)$，均有 $z(x, y)<z(0, 0)=0$，所以函数在点 $(0, 0)$ 处取得极大值.

偏导数不存在的点也可能是极值点，而函数的驻点不一定是极值点. 例如，函数 $z=xy$ 在点 $(0, 0)$ 处的两个偏导数都是零，但函数在点 $(0, 0)$ 处既不取得极大值也不取得极小值. 所以，函数在某点处的两个偏导数为零，只是极值存在的必要条件.

怎样判别驻点是不是极值点呢？下面的定理回答了这个问题.

定理 9.8.2(充分条件)　设 $P_0(x_0, y_0)$ 为函数 $z=f(x, y)$ 的驻点，且函数在点 P_0 的某邻域内有二阶连续偏导数. 记

$$A=f_{xx}(x_0, y_0), \quad B=f_{xy}(x_0, y_0), \quad C=f_{yy}(x_0, y_0), \quad \Delta=B^2-AC,$$

则

(1) 当 $\Delta<0$ 时，P_0 是函数 $f(x, y)$ 的极值点，且若 $A>0$，P_0 为极小值点，若 $A<0$，P_0 为极大值点；

(2) 当 $\Delta>0$ 时，P_0 不是函数 $f(x, y)$ 的极值点；

(3) 当 $\Delta=0$ 时，不能判定 P_0 是否为函数 $f(x, y)$ 的极值点，需另作讨论.

二元函数的泰勒公式

证明　定理的证明需要用到二元函数的泰勒公式.

按二元函数的泰勒公式，若 (x_0+h, y_0+k) 为上述邻域中的任意一点，则

$$\begin{aligned} & f(x_0+h, y_0+k)-f(x_0, y_0) \\ = & f_x(x_0, y_0)h+f_y(x_0, y_0)k+ \\ & \frac{1}{2}[f_{xx}(x_0+\theta h, y_0+\theta k)h^2+2f_{xy}(x_0+\theta h, y_0+\theta k)hk+f_{yy}(x_0+\theta h, y_0+\theta k)k^2], \quad 0<\theta<1. \end{aligned}$$

已知 $P_0(x_0, y_0)$为函数 $z=f(x, y)$的驻点，则有

$$f_x(x_0, y_0)=0, \quad f_y(x_0, y_0)=0.$$

又二阶偏导数在点 $P_0(x_0, y_0)$连续，故

$$f_{xx}(x_0+\theta h, y_0+\theta k)=f_{xx}(x_0, y_0)+\alpha_1,$$
$$f_{xy}(x_0+\theta h, y_0+\theta k)=f_{xy}(x_0, y_0)+\alpha_2,$$
$$f_{yy}(x_0+\theta h, y_0+\theta k)=f_{yy}(x_0, y_0)+\alpha_3.$$

当 $h\to 0$ 与 $k\to 0$ 时，α_1，α_2，α_3 都趋于零，所以

$$\begin{aligned}&f(x_0+h, y_0+k)-f(x_0, y_0)\\&=\frac{1}{2}[f_{xx}(x_0, y_0)h^2+2f_{xy}(x_0, y_0)hk+f_{yy}(x_0, y_0)k^2]+\frac{1}{2}(\alpha_1 h^2+2\alpha_2 hk+\alpha_3 k^2)\\&=\frac{1}{2}(Ah^2+2Bhk+Ck^2)+\frac{1}{2}(\alpha_1 h^2+2\alpha_2 hk+\alpha_3 k^2),\end{aligned}$$

其中 $\alpha_1 h^2+2\alpha_2 hk+\alpha_3 k^2$ 是比 ρ^2 高阶的无穷小($\rho=\sqrt{h^2+k^2}$)．因此，当$|h|$与$|k|$充分小时，$f(x_0+h, y_0+k)-f(x_0, y_0)$的符号只取决于右端第一个括号内的和式

$$P=Ah^2+2Bhk+Ck^2.$$

因为 h 与 k 不能同时为零，不妨设 $k\neq 0$(当 $k=0$ 时，$h\neq 0$，结论相同)．令

$$P=Ah^2+2Bhk+Ck^2=k^2\left[A\left(\frac{h}{k}\right)^2+2B\left(\frac{h}{k}\right)+C\right],$$

则 $f(x_0+h, y_0+k)-f(x_0, y_0)$的符号由一元二次多项式

$$D\left(\frac{h}{k}\right)=A\left(\frac{h}{k}\right)^2+2B\left(\frac{h}{k}\right)+C$$

的符号决定．由一元二次方程根的情况与根的判别式的关系，有

(1) 若判别式 $\Delta=B^2-AC<0$，无论 h 与 k 取什么值(但不同时为零)，D 与 A(或 C)有相同的符号．

当 $A=f_{xx}(x_0, y_0)>0$ 时，$f(x_0+h, y_0+k)>f(x_0, y_0)$，$P_0$ 为极小值点；

当 $A=f_{xx}(x_0, y_0)<0$ 时，$f(x_0+h, y_0+k)<f(x_0, y_0)$，$P_0$ 为极大值点．

(2) 若判别式 $\Delta=B^2-AC>0$，方程 $D(x)=Ax^2+2Bx+C=0$ 有两个不同的实根 x_1 与 x_2，设 $x_1<x_2$，则 $D(x)$在区间(x_1, x_2)内与区间$[x_1, x_2]$外有相反的符号，即 $P_0(x_0, y_0)$不是函数 $f(x, y)$的极值点．

(3) 若判别式 $\Delta=B^2-AC=0$，还需进一步讨论，这时 $f(x, y)$在点 $P_0(x_0, y_0)$处可能取极值也可能不取极值．因讨论较繁，故从略．

通过以上讨论，可把求具有二阶连续偏导数的函数 $z=f(x, y)$极值的步骤归纳如下：

第一步：解方程组

$$f_x(x, y)=0, \quad f_y(x, y)=0,$$

求得一切实数解，即可得一切驻点．

第二步：对于每一个驻点(x_0, y_0)，求出二阶偏导数的值

$$A=f_{xx}(x_0, y_0), \quad B=f_{xy}(x_0, y_0), \quad C=f_{yy}(x_0, y_0).$$

第三步：定出 $\Delta=B^2-AC$ 的符号，按定理 9.8.2 的结论判定 $f(x_0, y_0)$是不是极值，是极大值还是极小值．

例 9.8.1　求函数 $z=f(x, y)=x^2-xy+y^2-2x+y$ 的极值.

解　解方程组 $\begin{cases}\dfrac{\partial z}{\partial x}=2x-y-2=0,\\ \dfrac{\partial z}{\partial y}=-x+2y+1=0,\end{cases}$ 得驻点(1，0). 因为

$$f_{xx}(x, y)=2,\quad f_{xy}(x, y)=-1,\quad f_{yy}(x, y)=2,$$

所以在驻点(1，0)处，有 $A=2$，$B=-1$，$C=2$，从而 $\Delta=B^2-AC=-3<0$. 又 $A>0$，故由取得极值的充分条件，可知点(1，0)为极小值点，极小值为 $f(1, 0)=-1$.

例 9.8.2　求函数 $z=f(x, y)=x^3+y^3-3xy$ 的极值.

解　解方程组 $\begin{cases}\dfrac{\partial z}{\partial x}=3x^2-3y=0,\\ \dfrac{\partial z}{z y}=3y^2-3x=0,\end{cases}$ 得驻点(0，0)，(1，1). 由函数的表达式可得

$$f_{xx}(x, y)=6x,\quad f_{xy}(x, y)=-3,\quad f_{yy}(x, y)=6y.$$

对于驻点(0，0)，有 $A=0$，$B=-3$，$C=0$，则 $\Delta=B^2-AC=9>0$，故驻点(0，0)不是极值点.

对于驻点(1，1)，有 $A=6$，$B=-3$，$C=6$，则 $\Delta=B^2-AC=-27<0$，且 $A=6>0$，故由取得极值的充分条件，可知点(1，1)为极小值点，极小值为 $f(1, 1)=-1$.

二、函数的最大值与最小值

对于一元函数而言，在闭区间上连续的函数必有最值. 对于二元函数也有类似的结论：**在有界闭区域上连续的函数必定存在最大值和最小值**. 对于二元可微函数，如果该函数的最值在区域内部取得，则这个最值点必在函数的驻点之中；如果函数最值在区域的边界上取得，则它一定也是函数在边界上的最值. 因此，求函数的最值的方法是：求出函数在所讨论的区域内的所有驻点，比较函数在驻点处的函数值与函数在边界上的最大值和最小值，其中最大者就是函数在闭区域上的最大值，其中最小者就是函数在闭区域上的最小值.

例 9.8.3　求函数 $z=f(x, y)=x^2-y^2$ 在闭区域 D：$x^2+y^2\leqslant 4$ 上的最大值和最小值.

解　因函数在闭区域 D 上是连续的，故最大值和最小值一定存在. 又

$$\frac{\partial z}{\partial x}=2x,\quad \frac{\partial z}{\partial y}=-2y,$$

令 $\dfrac{\partial z}{\partial x}=0$，$\dfrac{\partial z}{\partial y}=0$，得驻点(0，0)，易知 $f(0, 0)=0$.

考虑函数在区域 D 边界上的情况. 区域 D 的边界 $x^2+y^2=4$ 是一个圆，在边界上，函数 $z=f(x, y)=x^2-y^2$ 成为 x 的一元函数 $\varphi(x)=2x^2-4$，$-2\leqslant x\leqslant 2$. 对此函数求导，有 $\varphi'(x)=4x$，令 $\varphi'(x)=0$，得到函数 $\varphi(x)=2x^2-4$ 在$[-2, 2]$上的驻点为 $x=0$，此时相应的函数值为 $\varphi(0)=-4$. 又 $\varphi(-2)=4$，$\varphi(2)=4$，所以函数 z 在闭区域 D 上的最大值为 $z=4$，在点(−2，0)和(2，0)处取得；最小值为 $z=-4$，在点(0，2)和(0，−2)处取得.

在实际问题中，常常从问题的本身就能断定函数的最值一定存在且在问题考虑范围的内部达到. 如果函数在定义区域内只有一个驻点，那么可以肯定该驻点处的函数值就是函数在该区域上的最大值或最小值.

例 9.8.4 试把一个正数 a 分成三个正数之和，并使它们的乘积最大.

解 设 x, y 分别为前两个正数，则第三个正数为 $a-x-y$，问题为求函数 $u=xy(a-x-y)$ 在区域 D：$x>0$，$y>0$，$x+y<a$ 内的最大值.

因为

$$\frac{\partial u}{\partial x}=y(a-x-y)-xy=y(a-2x-y),\quad \frac{\partial u}{\partial y}=x(a-2y-x),$$

所以解方程组 $\begin{cases}a-2x-y=0,\\a-2y-x=0,\end{cases}$ 得 $x=\frac{a}{3}$，$y=\frac{a}{3}$.

由实际问题可知，函数必在 D 内取得最大值，而函数在区域 D 内部有唯一的驻点，则函数必在该点处取得最大值，即把 a 分成三等份，乘积 $\left(\frac{a}{3}\right)^3$ 最大.

另外，若令 $z=a-x-y$，则 $u=xyz\leqslant\left(\frac{a}{3}\right)^3=\left(\frac{x+y+z}{3}\right)^3$，即

$$\sqrt[3]{xyz}\leqslant\frac{x+y+z}{3},$$

三个数的几何平均值不大于算术平均值.

三、条件极值　拉格朗日乘数法

以上讨论的极值问题，自变量在定义域内可以任意取值，没有受到任何限制，通常称这样的极值问题为**无条件极值**问题. 但是，在实际问题中，求极值或最值时，对自变量的取值往往要附加一定的约束条件，这类附有约束条件的极值问题，称为**条件极值**问题.

例如，求函数 $z=x^2+y^2$ 在条件 $x+y=1$ 下的极值，这时自变量受到约束，不能在整个函数定义域上求极值，而只能在定义域的一部分，即 $x+y=1$ 的直线上求极值.

如何求条件极值呢？有时可把条件极值化为无条件极值，如从条件中解出 $y=1-x$，代入 $z=x^2+y^2$ 中，得 $z=x^2+(1-x)^2=2x^2-2x+1$，就将条件极值化为一元函数极值问题. 令 $z'=4x-2=0$，得 $x=\frac{1}{2}$，求出极小值为 $z\left(\frac{1}{2},\frac{1}{2}\right)=\frac{1}{2}$.

但是在很多情形下，将条件极值化为无条件极值并不这样简单，我们另有一种直接寻求条件极值的方法，可不必先把问题化为无条件极值问题，这就是下面要介绍的拉格朗日乘数法.

利用一元函数取得极值的必要条件，求函数 $z=f(x, y)$ 在条件 $\varphi(x, y)=0$ 下取得极值的必要条件.

如果函数 $z=f(x, y)$ 在 (x_0, y_0) 取得所求的极值，那么首先有

$$\varphi(x_0, y_0)=0.$$

假定在 (x_0, y_0) 的某一邻域内函数 $z=f(x, y)$ 与 $\varphi(x, y)$ 均有连续的一阶偏导数，且 $\varphi_y(x_0, y_0)\neq 0$. 由隐函数存在定理可知，方程 $\varphi(x, y)=0$ 确定一个单值可导且具有连续导数的函数 $y=\psi(x)$，将其代入函数 $z=f(x, y)$ 中，得到一元函数

$$z=f[x, \psi(x)].$$

于是函数 $z=f(x, y)$ 在 (x_0, y_0) 取得所求的极值，也就相当于一元函数 $z=f[x, \psi(x)]$ 在 $x=x_0$ 取得极值. 由一元函数取得极值的必要条件知

$$\left.\frac{dz}{dx}\right|_{x=x_0}=f_x(x_0, y_0)+f_y(x_0, y_0)\left.\frac{dy}{dx}\right|_{x=x_0}=0,$$

而方程 $\varphi(x, y)=0$ 所确定的隐函数的导数为

$$\left.\frac{dy}{dx}\right|_{x=x_0}=-\frac{\varphi_x(x_0, y_0)}{\varphi_y(x_0, y_0)}.$$

将上式代入 $f_x(x_0, y_0)+f_y(x_0, y_0)\left.\frac{dy}{dx}\right|_{x=x_0}=0$ 中，得

$$f_x(x_0, y_0)-f_y(x_0, y_0)\frac{\varphi_x(x_0, y_0)}{\varphi_y(x_0, y_0)}=0,$$

因此函数 $z=f(x, y)$ 在条件 $\varphi(x, y)=0$ 下取得极值的必要条件为

$$f_x(x_0, y_0)-f_y(x_0, y_0)\frac{\varphi_x(x_0, y_0)}{\varphi_y(x_0, y_0)}=0$$

与 $\varphi(x_0, y_0)=0$ 同时成立.

为了计算方便，我们令

$$\frac{f_y(x_0, y_0)}{\varphi_y(x_0, y_0)}=-\lambda,$$

则上述必要条件变为

$$\begin{cases}f_x(x_0, y_0)+\lambda\varphi_x(x_0, y_0)=0,\\ f_y(x_0, y_0)+\lambda\varphi_y(x_0, y_0)=0,\\ \varphi(x_0, y_0)=0.\end{cases}$$

若引进辅助函数 $L(x, y, \lambda)=f(x, y)+\lambda\varphi(x, y)$，则以上三个式子的左端正是函数 $L(x, y, \lambda)$ 的三个一阶偏导数在 (x_0, y_0) 的值. 根据以上的讨论，可以给出求解条件极值的**拉格朗日乘数法**.

利用拉格朗日乘数法寻找函数 $z=f(x, y)$ 在附加条件 $\varphi(x, y)=0$ 下的可能极值点的具体步骤如下：

(1) 构造辅助函数 $L(x, y, \lambda)=f(x, y)+\lambda\varphi(x, y)$；

(2) 求函数 $L(x, y, \lambda)$ 的驻点，即解方程组

$$\begin{cases}L_x=f_x(x, y)+\lambda\varphi_x(x, y)=0,\\ L_y=f_y(x, y)+\lambda\varphi_y(x, y)=0,\\ L_\lambda=\varphi(x, y)=0\end{cases}$$

得到驻点 (x, y, λ)；

(3) 求出的 (x, y) 就是函数 $z=f(x, y)$ 在条件 $\varphi(x, y)=0$ 下的可能极值点的坐标.

拉格朗日乘数法推广

这种方法可以推广到自变量多于两个而条件多于一个的情形，至于所求的点是否为极值点，在实际问题中往往可根据问题本身的性质来判定.

例 9.8.5　欲做一个容量一定的长方体容器，问应选择怎样的尺寸，才能使此容器的材料最省？

解　设箱子的长、宽、高分别为 x、y、z，要求容量为 V，表面积为 S. 问题归结为在约束条件 $xyz=V$ 下，求 $S=2(xy+yz+xz)$ 的极小值.

令 $F(x, y, z, \lambda)=2(xy+yz+xz)+\lambda(xyz-V)$，解方程组

$$\begin{cases}F_x=2(y+z)+\lambda yz=0, \\ F_y=2(x+z)+\lambda xz=0, \\ F_z=2(x+y)+\lambda xy=0, \\ xyz-V=0,\end{cases}$$

得 $x=y=z=\sqrt[3]{V}$，$\lambda=\dfrac{4}{\sqrt[3]{V}}$.

因为实际问题有极小值，而可能达到极值的点又唯一，所以极小值必定在此点达到，即当 $x=y=z=\sqrt[3]{V}$ 时表面积 S 最小，最小值为 $S_{\min}=6\sqrt[3]{V^2}$.

注 一般解方程组时，可通过前几个偏导数的方程找出 x、y、z 之间的关系，然后将其代入条件中，即可求出可能的极值点.

习题 9-8

基 础 题

1. 求函数 $z=x^2-xy+y^2+9x-6y+20$ 的极值.

2. 求函数 $z=4(x-y)-x^2-y^2$ 的极值.

3. 求函数 $z=\sin x+\sin y+\sin(x+y)\left(0\leqslant x\leqslant\dfrac{\pi}{2}, 0\leqslant y\leqslant\dfrac{\pi}{2}\right)$的极值.

4. 求函数 $u=x^2+xy+y^2+x-y+1$ 在由 $y=x+2$、$x=0$、$y=0$ 所围成的闭区域上的最大值和最小值.

5. 已知矩形的周长为 $2p$，将它绕其一边旋转而成一立体，求所得立体体积为最大的那个矩形.

6. 在椭圆 $x^2+4y^2=4$ 上求一点，使其到直线 $2x+3y-6=0$ 的距离最近.

7. 建造容积一定的长方体无盖水池，问怎样设计才能使建筑材料最省？

提 高 题

习题 9-8
参考答案

1. 分解已知正数 a 为 n 个数，使得它们的平方和最小.

2. 求椭圆 $x^2+3y^2=12$ 的内接等腰三角形，使其底边平行于椭圆的长轴而面积最大.

3. 试在球面 $x^2+y^2+z^2=4$ 上求出与点$(3, 1, -1)$距离最近和最远的点.

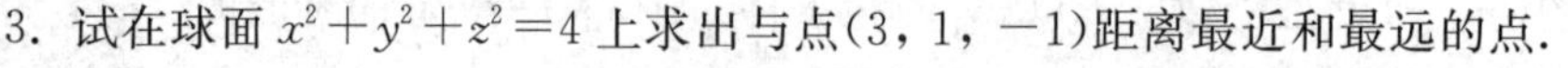

*第九节 最小二乘法

许多工程问题，常常需要根据两个变量的几组实验数值——实验数据，来找出这两个变量间的函数关系的近似表达式. 通常把这样得到的函数的近似表达式叫作**经验公式**. 经验公式建立以后，就可以把生产或实验中所积累的某些经验，提高到理论上加以分析. 下面通过举例介绍常用的一种建立经验公式的方法.

例 9.9.1　为了测定刀具的磨损速度，我们做这样的实验：经过一定时间(如每隔一小时)，测量一次刀具的厚度，得到一组实验数据，如表 9.9.1 所示.

表 9.9.1

顺序编码 i	0	1	2	3	4	5	6	7
时间 t_i/h	0	1	2	3	4	5	6	7
刀具厚度 y_i/mm	27.0	26.8	26.5	26.3	26.1	25.7	25.3	24.8

试根据上面的实验数据建立 y 和 t 之间的经验公式 $y=f(t)$. 也就是说，要找出一个能使上述数据大体适合的函数关系 $y=f(t)$.

解　首先，要确定函数 $f(t)$ 的类型. 为此，我们可以按照下列方法处理. 在直角坐标纸上取 t 为横坐标，y 为纵坐标，描出上述各对数据的对应点，如图 9.9.1 所示. 从图上可以看出，这些点的连线大致接近于一条直线. 于是，我们就可以认为 $y=f(t)$ 是线性函数，并设

$$f(t)=at+b,$$

其中 a 和 b 是待定常数.

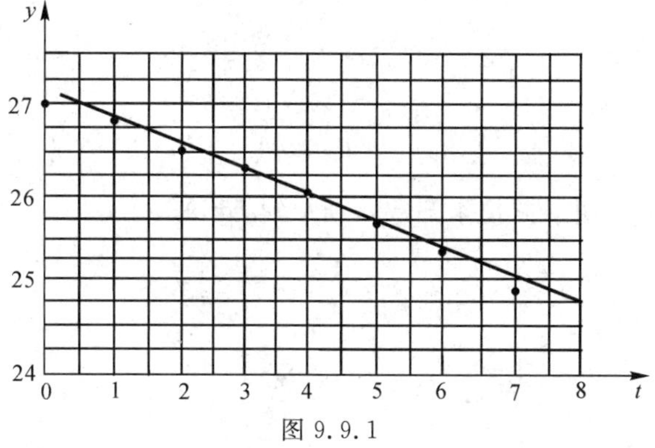

图 9.9.1

常数 a 和 b 如何确定呢？最理想的情形是选取这样的 a 和 b，能使直线 $y=at+b$ 经过图 9.9.1 中所标出的各点. 但在实际中这是不可能的，因为这些点本来就不在同一条直线上. 因此，只能要求选取这样的 a、b，使得 $f(t)=at+b$ 在 t_0，t_1，t_2，…，t_7 处的函数值与实验数据 y_0，y_1，y_2，…，y_7 相差都很小，就是要使偏差

$$y_i-f(t_i)\quad (i=0,1,2,\cdots,7)$$

都很小. 那么如何达到这一要求呢？能否设法使偏差的和

$$\sum_{i=0}^{7}[y_i-f(t_i)]$$

很小来保证每一个偏差都很小呢？答案是不能，因为偏差有正有负，在求和时，可能互相抵消. 为了避免这种情形，可对偏差取绝对值再求和，只要

$$\sum_{i=0}^{7}|y_i-f(t_i)|=\sum_{i=0}^{7}|y_i-(at_i+b)|$$

很小，就可以保证每个偏差的绝对值都很小. 但是这个式子中有绝对值符号，不便于进一步分析讨论. 由于任何实数的平方都是正数或零，因此可以考虑选取常数 a 与 b，使

$$u=\sum_{i=0}^{7}[y_i-(at_i+b)]^2$$

最小来保证每个偏差的绝对值都很小. 这种根据偏差的平方和为最小的条件来选择 a 与 b 的方法叫作**最小二乘法**. 这种确定常数 a 与 b 的方法是通常所采用的.

现在我们来研究，经验公式 $y=at+b$ 中，a 和 b 符合什么条件时，可以使上述的 u 为最小. 如果把 u 看成与自变量 a 和 b 相对应的因变量，那么问题就可以归结为求函数 $u=u(a, b)$ 在哪些点处取得最小值. 由本章第八节中的讨论可知，上述问题可以通过求方程组

$$\begin{cases} u_a(a, b)=0, \\ u_b(a, b)=0 \end{cases}$$

的解来解决，即令

$$\begin{cases} \dfrac{\partial u}{\partial a}=-2\sum_{i=0}^{7}[y_i-(at_i+b)]\,t_i=0, \\ \dfrac{\partial u}{\partial b}=-2\sum_{i=0}^{7}[y_i-(at_i+b)]=0, \end{cases}$$

亦即

$$\begin{cases} \sum_{i=0}^{7}t_i[y_i-(at_i+b)]=0, \\ \sum_{i=0}^{7}[y_i-(at_i+b)]=0. \end{cases}$$

将括号内各项进行整理合并，并把未知数 a 和 b 分离出来，便得

$$\begin{cases} a\sum_{i=0}^{7}t_i^2+b\sum_{i=0}^{7}t_i=\sum_{i=0}^{7}y_it_i, \\ a\sum_{i=0}^{7}t_i+8b=\sum_{i=0}^{7}y_i. \end{cases} \tag{9.9.1}$$

下面通过列表来计算 $\sum_{i=0}^{7}t_i$、$\sum_{i=0}^{7}t_i^2$、$\sum_{i=0}^{7}y_i$ 及 $\sum_{i=0}^{7}y_it_i$ (见表 9.9.2).

表 9.9.2

	t_i	t_i^2	y_i	y_it_i
	0	0	27.0	0
	1	1	26.8	26.8
	2	4	26.5	53.0
	3	9	26.3	78.9
	4	16	26.1	104.4
	5	25	25.7	128.5
	6	36	25.3	151.8
	7	49	24.8	173.6
$\sum$	28	140	208.5	717.0

将表 9.9.2 中的相关数据代入方程组(9.9.1)，得到

$$\begin{cases}140a+28b-717,\\28a+8b=208.5.\end{cases}$$

解此方程组，得到 $a=-0.3036$，$b=27.125$. 这样便得到所求经验公式为

$$y=f(t)=-0.3036t+27.125. \tag{9.9.2}$$

由式(9.9.2)算出的函数值 $f(t_i)$ 与实测的 y_i 有一定的偏差，见表 9.9.3.

表 9.9.3

t_i	0	1	2	3	4	5	6	7
实测的 y_i/mm	27.0	26.8	26.5	26.3	26.1	25.7	25.3	24.8
算得的 $f(t_i)$/mm	27.125	26.821	26.518	26.214	25.911	25.607	25.303	25.000
偏差	−0.125	−0.021	−0.018	0.086	0.189	0.093	−0.003	−0.200

偏差的平方和 $u=0.108\,165$，它的算数平方根 $\sqrt{u}=0.329$. 我们把 $\sqrt{u}$ 称为**均方误差**，它的大小在一定程度上反映了用经验公式来近似表达原来函数关系的近似程度的好坏.

在例 9.9.1 中，按实验数据描出的图形接近于一条直线. 在这种情形下，就可以认为函数关系是线性函数类型的，从而问题可化为解一个二元一次方程组，计算比较方便. 但还有一些实际问题，经验公式的类型不是线性函数，但可以设法把它化成线性函数的类型来讨论. 举例说明如下.

例 9.9.2　在研究某单分子化学反应速度时，得到如表 9.9.4 所示的数据.

表 9.9.4

i	1	2	3	4	5	6	7	8
τ_i	3	6	9	12	15	18	21	24
y_i	57.6	41.9	31.0	22.7	16.6	12.2	8.9	6.5

其中 τ 表示从实验开始算起的时间，y 表示时刻 τ 反应物的量. 试根据上述数据定出经验公式 $y=f(\tau)$.

解　由化学反应速度的理论知道，$y=f(\tau)$ 应是指数函数：$y=ke^{m\tau}$，其中 k 和 m 是待定常数. 对这批数据，先来验证这个结论. 为此，在 $y=ke^{m\tau}$ 的两端取常用对数，得

$$\lg y=(m\cdot\lg e)\tau+\lg k.$$

记 $m\cdot\lg e=a$，$\lg k=b$，则上式可写为

$$\lg y=a\tau+b,$$

于是 $\lg y$ 就是 τ 的线性函数. 所以，把表中各对数据 $(\tau_i, y_i)(i=1, 2, \cdots, 8)$ 所对应的点描在半对数坐标纸上(半对数坐标纸的横轴上各点处所标明的数字与普通的直角坐标纸相同，而纵轴上各点处所标明的数字是这样的，它的常用对数就是该点到原点的距离)，如图 9.9.2 所示. 从图上可以看出，这些点的连线非常接近于一条直线，这说明 $y=f(\tau)$ 确实可以认为是指数函数.

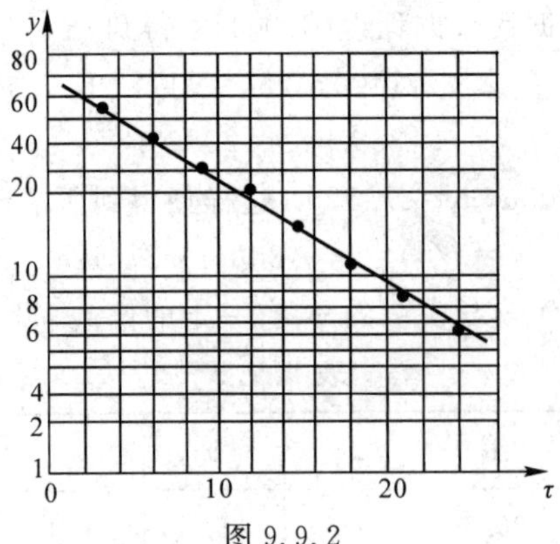

图 9.9.2

下面来具体定出 k 和 m 的值. 由于

$$\lg y = a\tau + b,$$

所以可仿照例 9.9.1 中的讨论，通过求方程组

$$\begin{cases} a\sum_{i=1}^{8}\tau_i^2 + b\sum_{i=1}^{8}\tau_i = \sum_{i=1}^{8}\tau_i \lg y_i, \\ a\sum_{i=1}^{8}\tau_i + 8b = \sum_{i=1}^{8}\lg y_i \end{cases} \tag{9.9.3}$$

的解，把 a 与 b 确定出来.

下面通过列表来计算 $\sum_{i=1}^{8}\tau_i$、$\sum_{i=1}^{8}\tau_i^2$、$\sum_{i=1}^{8}\lg y_i$ 及 $\sum_{i=1}^{8}\tau_i \lg y_i$ (见表 9.9.5).

表 9.9.5

	τ_i	τ_i^2	y_i	$\lg y_i$	$\tau_i \lg y_i$
	3	9	57.6	1.7604	5.2812
	6	36	41.9	1.6222	9.7332
	9	81	31.0	1.4914	13.4226
	12	144	22.7	1.3560	16.2720
	15	225	16.6	1.2201	18.3015
	18	324	12.2	1.0864	19.5552
	21	441	8.9	0.9494	19.9374
	24	576	6.5	0.8129	19.5096
$\sum$	108	1836		10.2988	122.0127

将表 9.9.5 中的相关数据代入方程组(9.9.3) (其中 $\sum_{i=1}^{8}\lg y_i = 10.3$，$\sum_{i=1}^{8}\tau_i \lg y_i = 122$)，得

$$\begin{cases} 1836a + 108b = 122, \\ 108a + 8b = 10.3. \end{cases}$$

解这方程组，得

$$\begin{cases} a = m \cdot \lg e = -0.045, \\ b = \lg k = 1.8964, \end{cases}$$

所以

$$m=-0.1036,\quad k=78.78.$$

因此所求的经验公式为

$$y=78.78\mathrm{e}^{-0.1036\tau}.$$

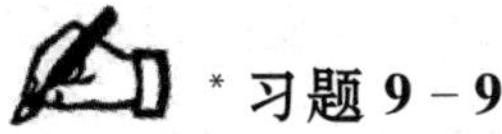

*习题 9－9

基　础　题

某种合金的含铅量的百分比（%）为 p，其熔解温度（℃）为 θ，由实验测得 p 与 θ 的数据如表 9.9.6 所示.

表 9.9.6

p/%	36.9	46.7	63.7	77.8	84.0	87.5
θ/℃	181	197	235	270	283	292

试用最小二乘法建立 θ 与 p 之间的经验公式 $\theta=ap+b$.

*习题 9－9
参考答案

提　高　题

已知一组实验数据为 (x_1, y_1)，(x_2, y_2)，…，(x_n, y_n). 现假定经验公式是

$$y=ax^2+bx+c,$$

试按最小二乘法建立 a、b、c 应满足的三元一次方程组.

总习题九

基　础　题

1. 选择题：

(1) 设 $z=f(x, y)=\sqrt{|xy|}$，则 $f(x, y)$ 在点 $(0, 0)$ 处（　　）.

A. 可微　　B. 偏导数存在，但不可微

C. 连续，但偏导数不存在　　D. 偏导数存在，但不连续

(2) 在下列函数中，$f_{xy}(0, 0)\neq f_{yx}(0, 0)$ 的二元函数是（　　）.

A. $f(x, y)=x^4+2x^2y^2+y^{10}$

B. $f(x, y)=\ln(1+x^2+y^2)+\cos xy$

C. $f(x, y)=\begin{cases} xy\dfrac{x^2-y^2}{x^2+y^2}, & (x, y)\neq(0, 0), \\ 0, & (x, y)=(0, 0) \end{cases}$

D. $f(x, y)=\begin{cases} xy^2\dfrac{x^2-y^2}{x^2+y^2}, & (x, y)\neq(0, 0), \\ 0, & (x, y)=(0, 0) \end{cases}$

(3) 设 $f(x, y)$ 在点 (x_0, y_0) 的邻域内存在偏导数且偏导数在点 (x_0, y_0) 不连续，则下列结论中正确的是(　　).

A. $f(x, y)$ 在点 (x_0, y_0) 处可微且 $\mathrm{d}f|_{(x_0, y_0)}=f_x(x_0, y_0)\mathrm{d}x+f_y(x_0, y_0)\mathrm{d}y$

B. $f(x, y)$ 在点 (x_0, y_0) 处不可微

C. $f(x, y)$ 在点 (x_0, y_0) 处沿任意方向存在方向导数

D. 曲线 $\begin{cases} z=f(x, y), \\ x=x_0 \end{cases}$ 在点 $(x_0, y_0, f(x_0, y_0))$ 处的切线的方向向量为 $(0, 1, f_y(x_0, y_0))$

(4) 设 $u(x, y)$ 在点 M_0 取得极大值，且 $\left.\dfrac{\partial^2 u}{\partial x^2}\right|_{M_0}$、$\left.\dfrac{\partial^2 u}{\partial y^2}\right|_{M_0}$ 存在，则(　　).

A. $\left.\dfrac{\partial^2 u}{\partial x^2}\right|_{M_0}\geqslant 0$，$\left.\dfrac{\partial^2 u}{\partial y^2}\right|_{M_0}\geqslant 0$　　B. $\left.\dfrac{\partial^2 u}{\partial x^2}\right|_{M_0}<0$，$\left.\dfrac{\partial^2 u}{\partial y^2}\right|_{M_0}<0$

C. $\left.\dfrac{\partial^2 u}{\partial x^2}\right|_{M_0}\leqslant 0$，$\left.\dfrac{\partial^2 u}{\partial y^2}\right|_{M_0}\leqslant 0$　　D. $\left.\dfrac{\partial^2 u}{\partial x^2}\right|_{M_0}\leqslant 0$，$\left.\dfrac{\partial^2 u}{\partial y^2}\right|_{M_0}\geqslant 0$

2. 选择“充分”“必要”或“充分必要”完成下列各题：

(1) $f(x, y)$ 在点 (x, y) 可微分是 $f(x, y)$ 在该点连续的________条件，$f(x, y)$ 在点 (x, y) 连续是 $f(x, y)$ 在该点可微分的________条件.

(2) $z=f(x, y)$ 的偏导数 $\dfrac{\partial z}{\partial x}$ 及 $\dfrac{\partial z}{\partial y}$ 在点 (x, y) 存在且连续是 $f(x, y)$ 在该点可微分的________条件.

(3) 函数 $z=f(x, y)$ 的两个二阶混合偏导数 $\dfrac{\partial^2 z}{\partial x\partial y}$ 及 $\dfrac{\partial^2 z}{\partial y\partial x}$ 在区域 D 内连续是这两个二阶混合偏导数在 D 内相等的________条件.

3. 填空题：

(1) 设 $f(x+y, x-y)=\dfrac{xy}{x^2+y^2}$，则 $f(x, y)=$________.

(2) 设 $z=\displaystyle\int_0^{x^2 y} f(t, t^2)\mathrm{d}t$，其中 f 为二元连续函数，则 $\mathrm{d}z=$________.

(3) 设 $z=z(x, y)$ 满足方程 $2z-\mathrm{e}^z+2xy=3$ 且 $z(1, 2)=0$，则 $\mathrm{d}z|_{(1, 2)}=$________.

(4) 设 $z=yf(x^2-y^2)$，其中 $f(u)$ 可微，则 $\dfrac{1}{x}\dfrac{\partial z}{\partial x}+\dfrac{1}{y}\dfrac{\partial z}{\partial y}=$________.

(5) 设 $f(x, y)$ 有连续的偏导数，且满足 $f(1, 2)=1$，$f_x(1, 2)=2$，$f_y(1, 2)=3$，$F(x)=f(x, 2f(x, 2f(x, 2x)))$，则 $F'(1)=$________.

(6) 函数 $z=1-(x^2+2y^2)$ 在点 $M_0\left(\dfrac{1}{\sqrt{2}}, \dfrac{1}{2}\right)$ 处沿曲线 C：$x^2+2y^2=1$ 在该点的内法线方向 $\boldsymbol{n}$ 的方向导数为________.

(7) 过曲面 $z=4-x^2-y^2$ 上点 P 处的切平面平行于 $2x+2y+z-1=0$，则点 P 的坐标为________.

(8) 曲线 $\begin{cases} z=x^2+y^2, \\ 2x^2+2y^2-z^2=0 \end{cases}$ 在点 $M_0(1, 1, 2)$ 处的切线方程为________，法平面方程为________.

4. 证明：极限 $\displaystyle\lim_{(x, y)\to(0, 0)}\frac{xy^2}{x^2+y^4}$ 不存在.

5. 设 $f(x,y)=\begin{cases}\dfrac{x^2y}{x^2+y^2}, & x^2+y^2\neq 0,\\ 0, & x^2+y^2=0,\end{cases}$ 求偏导数 $f_x(x,y)$ 及 $f_y(x,y)$.

6. 设 $f(x,y)=\begin{cases}\dfrac{x^2y}{x^4+y^2}, & x^2+y^2\neq 0,\\ 0, & x^2+y^2=0.\end{cases}$ 证明：$f(x,y)$ 在点 $(0,0)$ 处

(1) 不连续；　(2) 偏导数存在；　(3) 不可微分.

7. 设 $u=f\left(\dfrac{x}{y},\dfrac{y}{z}\right)$，求 $\mathrm{d}u$ 及 $\dfrac{\partial^2 u}{\partial y\partial z}$.

8. 设函数 $u=f(x,y,z)$ 有连续偏导数，且 $z=z(x,y)$ 由方程 $xe^x-ye^y=ze^z$ 所确定，求 $\mathrm{d}u$.

9. 在曲面 $z=xy$ 上求一点，使这点处的法线垂直于平面 $x+3y+z+9=0$，并写出这法线的方程.

10. 求函数 $u=\ln(x+\sqrt{y^2+z^2})$ 在点 $A(1,0,1)$ 处的梯度以及沿点 $A(1,0,1)$ 指向 $B(3,-2,2)$ 方向的方向导数.

11. 求平面 $\dfrac{x}{3}+\dfrac{y}{4}+\dfrac{z}{5}=1$ 和柱面 $x^2+y^2=1$ 的交线上与 xOy 面距离最短的点.

提　高　题

1. 设 $x=e^u\cos v$，$y=e^u\sin v$，$z=uv$，求 $\dfrac{\partial z}{\partial x}$ 和 $\dfrac{\partial z}{\partial y}$.

2. 设函数 $f(u)$ 在 $(0,+\infty)$ 内具有二阶导数，且 $z=f(\sqrt{x^2+y^2})$ 满足等式 $\dfrac{\partial^2 z}{\partial x^2}+\dfrac{\partial^2 z}{\partial y^2}=0$，验证：$f''(u)+\dfrac{f'(u)}{u}=0$.

3. 设 $z=f(x,y)$ 满足 $\dfrac{\partial^2 f}{\partial y^2}=2x$，$f(x,1)=0$，$f_y(x,0)=\sin x$，求 $f(x,y)$.

4. 设 a，b，c 均大于零，在椭球面 $\dfrac{x^2}{a^2}+\dfrac{y^2}{b^2}+\dfrac{z^2}{c^2}=1$ 的第一卦限部分求一点，使得该点处的切平面与三个坐标面所围成的四面体的体积最小.

5. 在空间坐标系的原点处，有一个单位正电荷，设另一单位负电荷在椭圆 $z=x^2+y^2$，$x+y+z=1$ 上移动，问两电荷间的引力何时最大？何时最小？

6. 已知函数 $z=f(x,y)$ 的全微分 $\mathrm{d}z=2x\mathrm{d}x-2y\mathrm{d}y$，并且 $f(1,1)=2$，求 $f(x,y)$ 在椭圆域 $D=\left\{(x,y)\,\middle|\,x^2+\dfrac{y^2}{4}\leqslant 1\right\}$ 上的最大值和最小值.

7. 设函数 $z=(1+e^y)\cos x-ye^y$，证明：函数 z 有无穷多个极大值点，而无极小值.

8. 若函数 $f(x,y)$ 对任意正实数 t 满足

$$f(tx,ty)=t^n f(x,y),$$

则称 $f(x,y)$ 为 n **次齐次函数**. 设 $f(x,y)$ 是可微函数，证明：

$$f(x,y)\text{为 } n \text{ 次齐次函数}\Leftrightarrow x\frac{\partial f}{\partial x}+y\frac{\partial f}{\partial y}=nf(x,y).$$

总习题九
参考答案

第十章　重　积　分

知识图谱

本章教学目标

在一元函数积分学中，定积分是某种确定形式的和的极限. 这种和的极限的概念推广到定义在区域、曲线及曲面上的多元函数的情形，便得到重积分、曲线积分及曲面积分的概念. 本章将介绍重积分(包括二重积分和三重积分)的概念、计算方法以及它们的一些应用.

第一节　二重积分的概念与性质

一、问题的提出

1. 曲顶柱体的体积

设有一立体，它的底是 xOy 面上的有界闭区域 D，它的侧面是以 D 的边界曲线为准线而母线平行于 z 轴的柱面，它的顶是曲面 $z=f(x, y)$，这里 $f(x, y)\geqslant 0$ 且在 D 上连续(见图 10.1.1). 这种立体叫作曲顶柱体. 现在我们来讨论如何定义并计算曲顶柱体的体积 V.

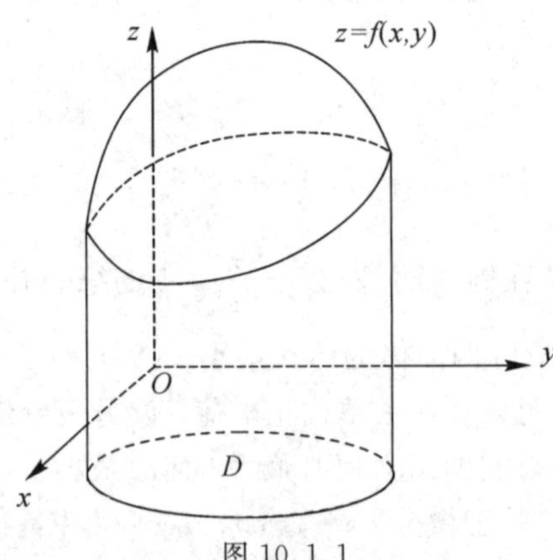

图 10.1.1

我们知道，平顶柱体的高是不变的，它的体积可以用公式

$$体积=底面积\times高$$

来定义和计算. 关于曲顶柱体，当点 (x, y) 在区域 D 上变动时，高度 $f(x, y)$ 是个变量，因此它的体积不能直接用上式来定义和计算. 下面我们用求曲边梯形面积的方法，即**分割、近似、求和、取极限**的方法来求曲顶柱体的体积.

(1) **分割**. 用一组曲线网把 D 分成 n 个小闭区域：

$$\Delta\sigma_1,\ \Delta\sigma_2,\ \cdots,\ \Delta\sigma_n.$$

分别以这些小闭区域的边界曲线为准线，作母线平行于 z 轴的柱面，这些柱面把原来的曲顶柱体分为 n 个细曲顶柱体.

(2) **近似**. 当这些小闭区域的直径(一个闭区域的直径是指区域上任意两点间距离的最大值)很小时，由于 $f(x, y)$ 连续，对同一个小闭区域来说，$f(x, y)$ 变化很小，这时细曲顶柱体可近似看作平顶柱体. 在每个 $\Delta\sigma_i$(这个小闭区域的面积也记作 $\Delta\sigma_i$)中任取一点 (ξ_i, η_i)，以 $f(\xi_i, \eta_i)$ 为高而底为 $\Delta\sigma_i$ 的平顶柱体(见图 10.1.2)的体积为

$$f(\xi_i, \eta_i)\Delta\sigma_i \quad (i=1, 2, \cdots, n).$$

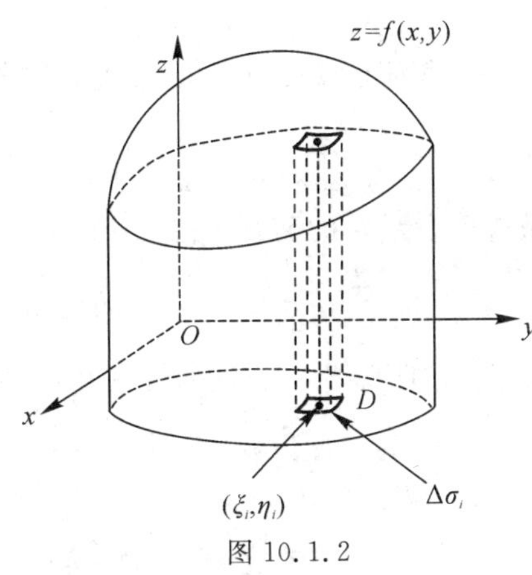

图 10.1.2

(3) **求和**. 这 n 个平顶柱体体积之和 $\sum\limits_{i=1}^{n} f(\xi_i, \eta_i)\Delta\sigma_i$ 可以认为是整个曲顶柱体体积的近似值.

(4) **取极限**. 令 n 个小闭区域的直径中的最大值(记作 λ)趋于零，取上述和的极限，所得的极限便自然地定义为曲顶柱体的体积 V，即

$$V = \lim_{\lambda \to 0} \sum_{i=1}^{n} f(\xi_i, \eta_i)\Delta\sigma_i.$$

2. 平面薄片的质量

设有一平面薄片占有 xOy 面上的有界闭区域 D，它在点 (x, y) 处的面密度为 $\mu(x, y)$，这里 $\mu(x, y)>0$ 且在 D 上连续. 现在要计算该薄片的质量 M.

我们知道，如果薄片是均匀的，即面密度是常数，那么薄片的质量可以用公式

$$质量=面密度\times 面积$$

来计算. 现在面密度 $\mu(x, y)$ 是变量，薄片的质量就不能直接用上式来计算. 下面我们用计算曲顶柱体体积的方法来计算平面薄片的质量.

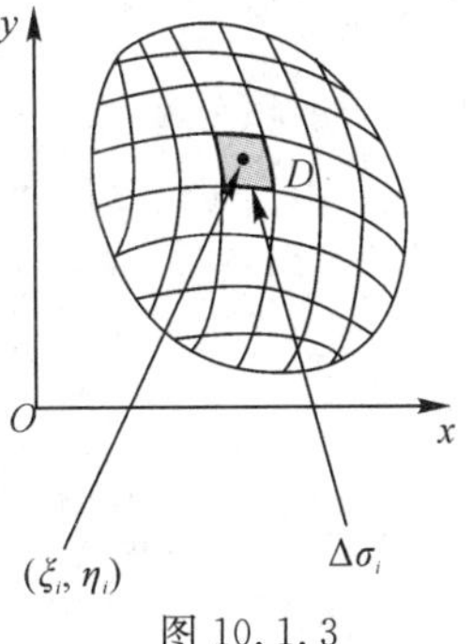

图 10.1.3

由于 $\mu(x, y)$ 连续，把薄片分成许多小块后，只要小块所占的小闭区域 $\Delta\sigma_i$ 的直径很小，这些小块就可以近似地看作均匀薄片. 在 $\Delta\sigma_i$ 中任取一点 (ξ_i, η_i)(见图 10.1.3)，则各小块的质量近似值为

$$\mu(\xi_i, \eta_i)\Delta\sigma_i \quad (i=1, 2, \cdots, n).$$

通过求和，取极限，便得到

$$M=\lim_{\lambda\to 0}\sum_{i=1}^{n}\mu(\xi_i, \eta_i)\Delta\sigma_i.$$

上面两个问题的实际意义虽然不同，但所求量都归结为同一形式的和的极限. 在物理、力学、几何和工程技术中，有许多物理量或几何量都归结为这一形式的和的极限. 因此我们要一般地研究这种和的极限，并抽象出二重积分的定义.

二、二重积分的概念

1. 二重积分的定义

定义 10.1.1　设 $f(x, y)$是有界闭区域 D 上的有界函数. 将闭区域 D 任意分成 n 个小闭区域：

$$\Delta\sigma_1, \Delta\sigma_2, \cdots, \Delta\sigma_n,$$

其中 $\Delta\sigma_i$表示第 i 个小闭区域，也表示它的面积. 在每个 $\Delta\sigma_i$上任取一点(ξ_i, η_i)，作乘积 $f(\xi_i, \eta_i)\Delta\sigma_i(i=1, 2, \cdots, n)$，并作和 $\sum\limits_{i=1}^{n}f(\xi_i, \eta_i)\Delta\sigma_i$. 如果当各小闭区域的直径中的最大值 λ 趋于零时，这和的极限总存在，且与闭区域 D 的分法及点(ξ_i, η_i)的取法无关，那么称此极限为函数 $f(x, y)$在闭区域 D 上的二重积分，记作 $\iint\limits_D f(x, y)\mathrm{d}\sigma$，即

$$\iint\limits_D f(x, y)\mathrm{d}\sigma=\lim_{\lambda\to 0}\sum_{i=1}^{n}f(\xi_i, \eta_i)\Delta\sigma_i,$$

其中 $f(x, y)$叫作被积函数，$f(x, y)\mathrm{d}\sigma$ 叫作被积表达式，$\mathrm{d}\sigma$ 叫作面积元素，x、y 叫作积分变量，D 叫作积分区域，$\sum\limits_{i=1}^{n}f(\xi_i, \eta_i)\Delta\sigma_i$ 叫作积分和.

注　(1) 在二重积分的定义中，对闭区域 D 的划分是任意的，二重积分存在，积分值与闭区域的分法和点的取法无关，因此如果在直角坐标系中用平行于坐标轴的直线网来划分 D，那么除了包含边界点的一些小闭区域，其余的小闭区域都是矩形闭区域. 设矩形闭区域 $\Delta\sigma_i$的边长为 Δx_j和 Δy_k，则 $\Delta\sigma_i=\Delta x_j\Delta y_k$，因此在直角坐标系中，有时也把面积元素 $\mathrm{d}\sigma$ 记作 $\mathrm{d}x\mathrm{d}y$，而把二重积分记作

$$\iint\limits_D f(x, y)\mathrm{d}x\mathrm{d}y,$$

其中 $\mathrm{d}x\mathrm{d}y$ 叫作**直角坐标系中的面积元素**.

(2) 当 $f(x, y)$在闭区域 D 上连续时，积分和的极限是存在的，也就是说，函数 $f(x, y)$在 D 上的二重积分必定存在. 我们总假定函数 $f(x, y)$在闭区域 D 上连续，所以 $f(x, y)$在 D 上的二重积分都是存在的.

(3) 由二重积分的定义知，本节“问题的提出”中曲顶柱体的体积和平面薄片的质量分别为

$$V=\iint\limits_D f(x, y)\mathrm{d}x\mathrm{d}y,\quad M=\iint\limits_D \mu(x, y)\mathrm{d}x\mathrm{d}y.$$

2. 二重积分的几何意义

(1) 如果 $f(x, y)\geqslant 0$，则 $\iint\limits_D f(x, y)\mathrm{d}\sigma$ 表示以曲面 $z=f(x, y)$为顶、D 为底的曲顶柱

体的体积.

(2) 如果 $f(x, y)\leqslant 0$，则 $\iint\limits_D f(x, y)\mathrm{d}\sigma$ 表示以曲面 $z=f(x, y)$ 为顶、D 为底的曲顶柱体的体积的相反数.

(3) 一般地，$\iint\limits_D f(x, y)\mathrm{d}\sigma$ 表示 xOy 面上方的柱体体积减去 xOy 面下方的柱体体积所得之差.

例 10.1.1 利用二重积分的几何意义计算二重积分 $\iint\limits_D \sqrt{a^2-x^2-y^2}\,\mathrm{d}\sigma$，其中积分区域 D：$x^2+y^2\leqslant a^2$.

解 由二重积分的几何意义可知，二重积分 $\iint\limits_D \sqrt{a^2-x^2-y^2}\,\mathrm{d}\sigma$ 表示以上半球面 $z=\sqrt{a^2-x^2-y^2}$ 为顶、$x^2+y^2\leqslant a^2$ 为底的曲顶柱体的体积，即半径为 a 的半球体的体积，故

$$\iint\limits_D \sqrt{a^2-x^2-y^2}\,\mathrm{d}\sigma=\frac{1}{2}\cdot\frac{4}{3}\pi a^3=\frac{2}{3}\pi a^3.$$

三、二重积分的性质

二重积分的性质与定积分的性质类似，其证法与定积分相应性质的证法相同. 假设 $f(x, y)$ 和 $g(x, y)$ 在有界闭区域 D 上都可积，则二重积分有如下性质.

性质 1(线性性质) 设 α、β 为常数，则

$$\iint\limits_D [\alpha f(x, y)+\beta g(x, y)]\mathrm{d}\sigma=\alpha\iint\limits_D f(x, y)\mathrm{d}\sigma+\beta\iint\limits_D g(x, y)\mathrm{d}\sigma.$$

性质 2(对积分区域的可加性) 如果有界闭区域 D 被有限条曲线分为有限个部分闭区域，则在 D 上的二重积分等于在各部分闭区域上的二重积分的和. 例如 D 分为两个闭区域 D_1 与 D_2，则

$$\iint\limits_D f(x, y)\mathrm{d}\sigma=\iint\limits_{D_1} f(x, y)\mathrm{d}\sigma+\iint\limits_{D_2} f(x, y)\mathrm{d}\sigma.$$

注 该性质可推广到有限个闭区域的情形.

性质 3 $\iint\limits_D 1\cdot\mathrm{d}\sigma=\iint\limits_D \mathrm{d}\sigma=\sigma$($\sigma$ 为 D 的面积).

注 此性质的几何意义：高为 1 的平顶柱体的体积在数值上等于柱体的底面积.

性质 4(不等式性质) 如果在 D 上，$f(x, y)\leqslant g(x, y)$，则有

$$\iint\limits_D f(x, y)\mathrm{d}\sigma\leqslant\iint\limits_D g(x, y)\mathrm{d}\sigma.$$

特殊地，有

$$\left|\iint\limits_D f(x, y)\mathrm{d}\sigma\right|\leqslant\iint\limits_D |f(x, y)|\,\mathrm{d}\sigma.$$

例 10.1.2 根据二重积分的性质，比较积分 $\iint\limits_D \ln(x+y)\mathrm{d}\sigma$ 与 $\iint\limits_D [\ln(x+y)]^2\mathrm{d}\sigma$ 的大小，其中 $D=\{(x, y)\mid 3\leqslant x\leqslant 5, 0\leqslant y\leqslant 1\}$.

解 由于积分区域 D 位于半平面 $\{(x, y)\mid x+y\geqslant \mathrm{e}\}$ 内，因此在 D 上有 $\ln(x+y)\geqslant 1$，从而 $[\ln(x+y)]^2\geqslant \ln(x+y)$. 于是

$$\iint\limits_D [\ln(x+y)]^2 \mathrm{d}\sigma \geqslant \iint\limits_D \ln(x+y)\mathrm{d}\sigma.$$

性质 5(估值不等式) 设 M、m 分别是 $f(x, y)$ 在闭区域 D 上的最大值和最小值，σ 为 D 的面积，则有

$$m\sigma \leqslant \iint\limits_D f(x, y)\mathrm{d}\sigma \leqslant M\sigma.$$

例 10.1.3 估计积分 $I=\iint\limits_D \sin^2 x\sin^2 y\mathrm{d}\sigma$ 的值，其中 $D=\{(x, y)\mid 0\leqslant x\leqslant \pi, 0\leqslant y\leqslant \pi\}$.

解 在积分区域 D 上，$0\leqslant \sin x\leqslant 1$，$0\leqslant \sin y\leqslant 1$，所以有 $0\leqslant \sin^2 x\sin^2 y\leqslant 1$. 又 D 的面积等于 π^2，故

$$0\leqslant \iint\limits_D \sin^2 x\sin^2 y\mathrm{d}\sigma \leqslant \pi^2.$$

性质 6(二重积分的中值定理) 设函数 $f(x, y)$ 在闭区域 D 上连续，σ 为 D 的面积，则在 D 上至少存在一点 (ξ, η)，使得

$$\iint\limits_D f(x, y)\mathrm{d}\sigma = f(\xi, \eta)\sigma.$$

证明 由性质 5 可知

$$m\leqslant \frac{1}{\sigma}\iint\limits_D f(x, y)\mathrm{d}\sigma \leqslant M.$$

根据闭区域上连续函数的介值定理，在 D 上至少存在一点 (ξ, η)，使得

$$\frac{1}{\sigma}\iint\limits_D f(x, y)\mathrm{d}\sigma = f(\xi, \eta),$$

即

$$\iint\limits_D f(x, y)\mathrm{d}\sigma = f(\xi, \eta)\sigma.$$

例 10.1.4 设 $f(x, y)$ 为连续函数，求 $\lim\limits_{R\to 0^+}\frac{1}{\pi R^2}\iint\limits_D f(x, y)\mathrm{d}\sigma$，其中 D：$x^2+y^2\leqslant R^2$.

解 由二重积分的中值定理可知，在 D 上至少存在一点 (ξ, η)，使得

$$\iint\limits_D f(x, y)\mathrm{d}\sigma = f(\xi, \eta)\cdot \pi R^2,$$

故

$$\lim_{R\to 0^+}\frac{1}{\pi R^2}\iint\limits_D f(x, y)\mathrm{d}\sigma = \lim_{R\to 0^+}\frac{1}{\pi R^2}f(\xi, \eta)\cdot \pi R^2 = \lim_{R\to 0^+}f(\xi, \eta) = f(0, 0).$$

四、知识延展——二重积分的对称性公式

设函数 $f(x, y)$ 在平面闭区域 D 上连续，则 $I=\iint\limits_D f(x, y)\mathrm{d}\sigma$ 存在.

(1) 如果积分区域 D 关于 y 轴对称，则

当函数 $f(x, y)$关于 x 是奇函数，即 $f(-x, y)=-f(x, y)$时，$I=0$；

当函数 $f(x, y)$关于 x 是偶函数，即 $f(-x, y)=f(x, y)$时，$I=2\iint\limits_{D_1}f(x, y)\mathrm{d}\sigma$，其中 D_1 为 D 在 y 轴右侧部分区域.

(2) 如果积分区域 D 关于 x 轴对称，则

当函数 $f(x, y)$关于 y 是奇函数，即 $f(x, -y)=-f(x, y)$时，$I=0$；

当函数 $f(x, y)$关于 y 是偶函数，即 $f(x, -y)=f(x, y)$时，$I=2\iint\limits_{D_2}f(x, y)\mathrm{d}\sigma$，其中 D_2 为 D 在 x 轴上方部分区域.

(3) 如果积分区域 D 关于原点对称，则

当函数 $f(x, y)$关于 x、y 是奇函数，即 $f(-x, -y)=-f(x, y)$时，$I=0$；

当函数 $f(x, y)$关于 x、y 是偶函数，即 $f(-x, -y)=f(x, y)$时，$I=2\iint\limits_{D_1}f(x, y)\mathrm{d}\sigma$ 或 $I=2\iint\limits_{D_2}f(x, y)\mathrm{d}\sigma$，其中 D_1 为 D 在 y 轴右侧部分区域，D_2 为 D 在 x 轴上方部分区域.

(4) 如果积分区域 D 关于直线 $y=x$ 对称，则

$$I=\iint\limits_{D}f(x, y)\mathrm{d}\sigma=\iint\limits_{D}f(y, x)\mathrm{d}\sigma=\frac{1}{2}\iint\limits_{D}[f(x, y)+f(y, x)]\mathrm{d}\sigma.$$

例 10.1.5 设积分区域 D 是圆环 $1\leqslant x^2+y^2\leqslant 4$，求 $\iint\limits_{D}(2x^3+3\sin xy+7)\mathrm{d}\sigma$.

解 由于积分区域 D 关于 y 轴对称，函数 $2x^3+3\sin xy$ 关于 x 是奇函数，因此

$$\iint\limits_{D}(2x^3+3\sin xy)\mathrm{d}\sigma=0.$$

又由二重积分的几何意义知 $\iint\limits_{D}7\mathrm{d}\sigma=21\pi$，故

$$\iint\limits_{D}(2x^3+3\sin xy+7)\mathrm{d}\sigma=21\pi.$$

例 10.1.6 计算 $I=\iint\limits_{D}(x+y)\mathrm{sgn}(x-y)\mathrm{d}\sigma$，其中 $D=\{(x, y)\mid 0\leqslant x\leqslant 1, 0\leqslant y\leqslant 1\}$.

解 由于积分区域 D 关于直线 $y=x$ 对称，因此

$$\begin{aligned}I&=\iint\limits_{D}(x+y)\mathrm{sgn}(x-y)\mathrm{d}\sigma\\&=\iint\limits_{D}(x+y)\mathrm{sgn}(y-x)\mathrm{d}\sigma\\&=-\iint\limits_{D}(x+y)\mathrm{sgn}(x-y)\mathrm{d}\sigma\quad(\text{因 }\mathrm{sgn}x\text{ 是奇函数})\\&=-I,\end{aligned}$$

所以 $I=0$.

习题 10－1

基础题

1. 利用二重积分的定义证明：

(1) $\iint\limits_D kf(x, y)\mathrm{d}\sigma = k\iint\limits_D f(x, y)\mathrm{d}\sigma$（其中 k 为常数）；

(2) $\iint\limits_D f(x, y)\mathrm{d}\sigma = \iint\limits_{D_1} f(x, y)\mathrm{d}\sigma + \iint\limits_{D_2} f(x, y)\mathrm{d}\sigma$，其中 $D=D_1\cup D_2$，D_1 和 D_2 为两个无公共点的闭区域.

2. 根据二重积分的性质，比较下列积分的大小：

(1) $\iint\limits_D (x+y)^2\mathrm{d}\sigma$ 与 $\iint\limits_D (x+y)^3\mathrm{d}\sigma$，其中积分区域 D 由 x 轴、y 轴与直线 $x+y=1$ 所围成；

(2) $\iint\limits_D (x+y)^2\mathrm{d}\sigma$ 与 $\iint\limits_D (x+y)^3\mathrm{d}\sigma$，其中积分区域 D 由圆周 $(x-2)^2+(y-1)^2=2$ 所围成；

(3) $\iint\limits_D \ln(x+y)\mathrm{d}\sigma$ 与 $\iint\limits_D [\ln(x+y)]^2\mathrm{d}\sigma$，其中积分区域 D 是三角形闭区域，三个顶点分别为 $(1, 0)$、$(1, 1)$、$(2, 0)$.

3. 利用二重积分的性质估计下列积分的值：

(1) $I = \iint\limits_D xy(x+y)\mathrm{d}\sigma$，其中 $D=\{(x, y)\mid 0\leqslant x\leqslant 1, 0\leqslant y\leqslant 1\}$；

(2) $I = \iint\limits_D (x+y+1)\mathrm{d}\sigma$，其中 $D=\{(x, y)\mid 0\leqslant x\leqslant 1, 0\leqslant y\leqslant 2\}$；

(3) $I = \iint\limits_D (x^2+4y^2+9)\mathrm{d}\sigma$，其中 $D=\{(x, y)\mid x^2+y^2\leqslant 4\}$.

提高题

1. 选择题：

(1) 设 D 为 xOy 面上以点 $(1, 1)$、$(-1, 1)$ 和 $(-1, -1)$ 为顶点的三角形区域，D_1 是 D 在第一象限的部分，则 $\iint\limits_D (xy+\cos x\sin y)\mathrm{d}x\mathrm{d}y = ($　　$)$.

A. $2\iint\limits_{D_1}\cos x\sin y\mathrm{d}x\mathrm{d}y$　　B. $2\iint\limits_{D_1} xy\mathrm{d}x\mathrm{d}y$　　C. $4\iint\limits_{D_1}(xy+\cos x\sin y)\mathrm{d}x\mathrm{d}y$　　D. 0

(2) 设平面区域 D 为 $x^2+y^2\leqslant a^2$，则 $\iint\limits_D (x^3y-3x^2\sin y+2)\mathrm{d}x\mathrm{d}y = ($　　$)$.

A. $2\pi a^2$　　B. 0

C. $4a^2$　　D. $4\pi a^2$

2. 设 $f(x, y)$ 为连续函数，且 $f(x, y) = \sqrt{1-x^2-y^2} + \iint\limits_D f(x, y)\mathrm{d}x\mathrm{d}y$，其中 D 是圆形区域 $x^2+y^2\leqslant 1$，求 $\iint\limits_D f(x, y)\mathrm{d}x\mathrm{d}y$ 的值.

习题 10－1
参考答案

第二节　利用直角坐标计算二重积分

问题　按照二重积分的定义来计算二重积分，对少数特别简单的被积函数和积分区域来说是可行的，但对一般的函数和区域来说，这不是一种切实可行的方法．那么能否有简单且切实可行的计算二重积分的方法呢？

由二重积分的几何意义知，在一定条件下二重积分可表示曲顶柱体的体积，那么我们不妨从计算曲顶柱体的体积入手，寻求计算二重积分的有效方法．

一、积分区域的类型

(1) X 型区域：设积分区域 D 可以用不等式

$$\varphi_1(x)\leqslant y\leqslant\varphi_2(x),\quad a\leqslant x\leqslant b$$

来表示(见图 10.2.1)，其中函数 $\varphi_1(x)$ 和 $\varphi_2(x)$ 在区间$[a, b]$上连续．

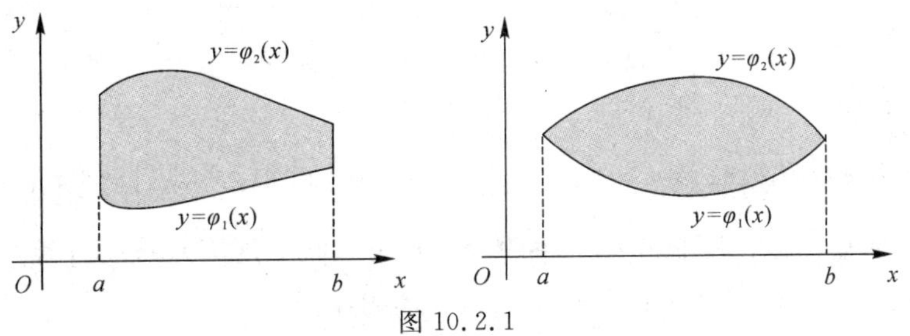

图 10.2.1

X 型区域 D 的特点是：穿过 D 内部且平行于 y 轴的直线与 D 的边界相交不多于两点．

(2) Y 型区域：设积分区域 D 可以用不等式

$$\psi_1(y)\leqslant x\leqslant\psi_2(y),\quad c\leqslant y\leqslant d$$

来表示(见图 10.2.2)，其中函数 $\psi_1(y)$ 和 $\psi_2(y)$ 在区间$[c, d]$上连续．

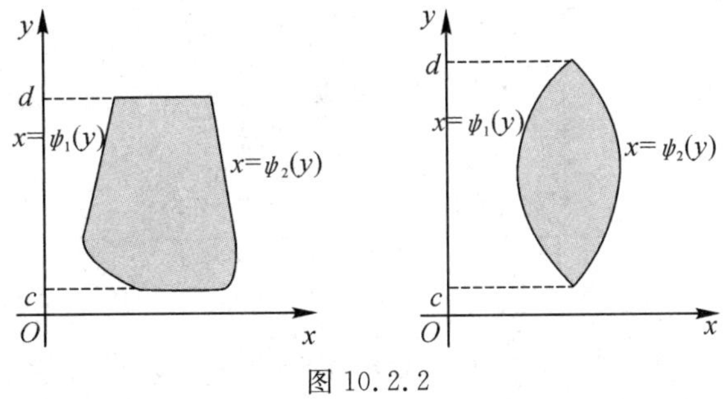

图 10.2.2

Y 型区域 D 的特点是：穿过 D 内部且平行于 x 轴的直线与 D 的边界相交不多于两点．

(3) 混合型区域：如果积分区域如图 10.2.3 所示，既有一部分使穿过 D 内部且平行于 y 轴的直线与 D 的边界相交多于两点，又有一部分使穿过 D 内部且平行于 x 轴的直线与 D 的边界相交多于两点，那么 D 既不是 X 型区域，又不是 Y 型区域．对于这种情形，可以把 D 分成几部分，使每个部分是 X 型区域或 Y 型区域．例如，在图 10.2.3 中，把 D 分成三部分，它们都是 X 型区域．

如果积分区域如图 10.2.4 所示，则积分区域既是 X 型区域又是 Y 型区域.

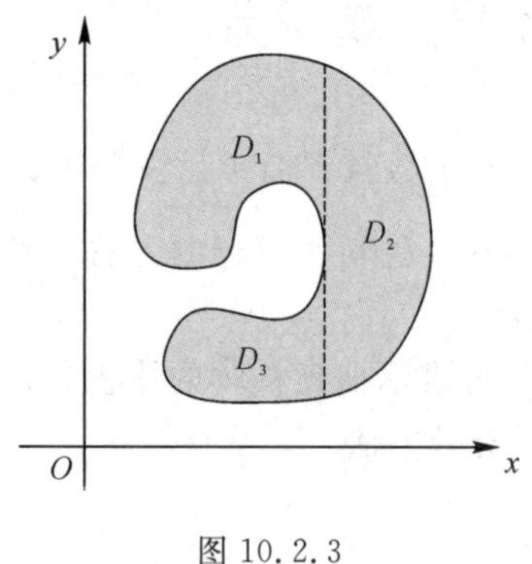

图 10.2.3

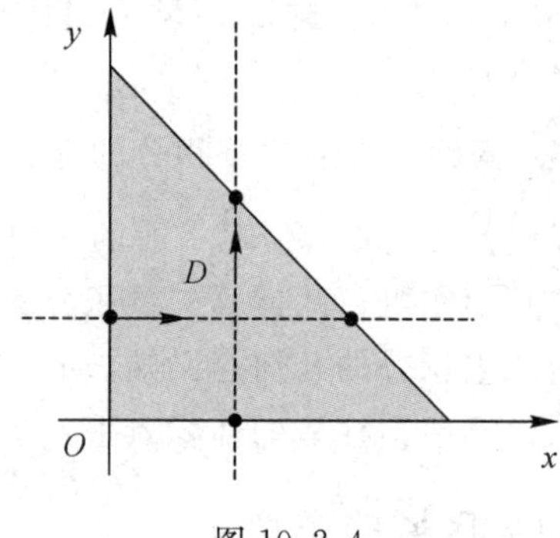

图 10.2.4

二、利用直角坐标计算二重积分

设函数 $f(x, y)$在闭区域 D 上连续，$f(x, y)\geqslant 0$，其中积分区域 D 为 X 型区域，可以用不等式

$$\varphi_1(x)\leqslant y\leqslant\varphi_2(x),\quad a\leqslant x\leqslant b$$

来表示，函数 $\varphi_1(x)$和 $\varphi_2(x)$在区间$[a, b]$上连续.

按照二重积分的几何意义，二重积分 $\iint\limits_D f(x, y)\mathrm{d}\sigma$ 的值等于以曲面 $z=f(x, y)$为顶、区域 D 为底的曲顶柱体(见图 10.2.5)的体积. 下面我们应用第六章中计算“平行截面面积为已知的立体的体积”的方法来计算这个曲顶柱体的体积.

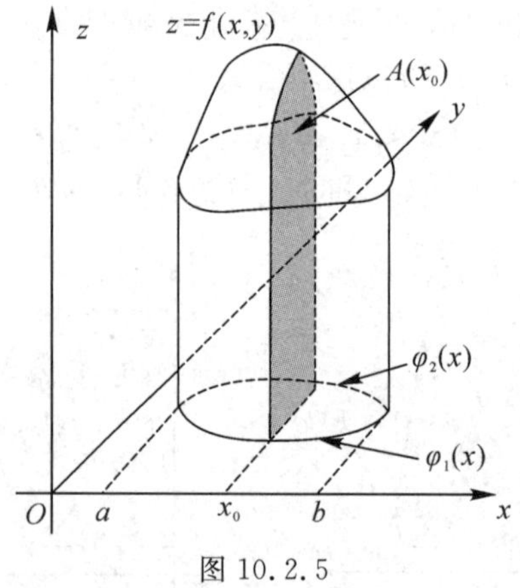

图 10.2.5

先计算截面面积. 在区间$[a, b]$上任意取定一点 x_0，作平行于 yOz 面的平面 $x=x_0$，这平面截曲顶柱体所得的截面是一个以区间$[\varphi_1(x_0), \varphi_2(x_0)]$为底、曲线 $z=f(x_0, y)$为曲边的曲边梯形，所以这截面的面积为

$$A(x_0)=\int_{\varphi_1(x_0)}^{\varphi_2(x_0)}f(x_0, y)\mathrm{d}y.$$

一般地，过区间$[a, b]$上任意一点 x 且平行于 yOz 面的平面截曲顶柱体所得截面的面积为

$$A(x)=\int_{\varphi_1(x)}^{\varphi_2(x)}f(x, y)\mathrm{d}y.$$

于是，应用计算平行截面面积为已知的立体体积的方法，得曲顶柱体的体积为

$$V=\int_a^b A(x)\mathrm{d}x=\int_a^b\left[\int_{\varphi_1(x)}^{\varphi_2(x)}f(x,y)\mathrm{d}y\right]\mathrm{d}x,$$

即

$$\iint\limits_D f(x,y)\mathrm{d}\sigma=\int_a^b\left[\int_{\varphi_1(x)}^{\varphi_2(x)}f(x,y)\mathrm{d}y\right]\mathrm{d}x.$$

上式右端的积分叫作先对 y、后对 x 的二次积分. 就是说，先把 x 看作常数，把 $f(x, y)$只看作 y 的函数，并对 y 计算从 $\varphi_1(x)$到 $\varphi_2(x)$的定积分；然后对 x 计算算得的结果(是 x 的函数)在区间$[a, b]$上的定积分. 这个先对 y、后对 x 的二次积分也常记作

$$\iint\limits_D f(x,y)\mathrm{d}\sigma=\int_a^b\mathrm{d}x\int_{\varphi_1(x)}^{\varphi_2(x)}f(x,y)\mathrm{d}y. \tag{10.2.1}$$

这就是把二重积分化为先对 y、后对 x 的二次积分的公式.

在上述讨论中，我们假定 $f(x, y)\geqslant 0$，但实际上公式(10.2.1)的成立并不受此条件限制.

类似地，如果区域 D 为 Y 型区域：

$$\psi_1(y)\leqslant x\leqslant\psi_2(y),\quad c\leqslant y\leqslant d,$$

其中函数 $\psi_1(y)$和 $\psi_2(y)$在区间$[c, d]$上连续，则有

$$\iint\limits_D f(x,y)\mathrm{d}\sigma=\int_c^d\left[\int_{\psi_1(y)}^{\psi_2(y)}f(x,y)\mathrm{d}x\right]\mathrm{d}y.$$

上式右端的积分叫作先对 x、后对 y 的二次积分，这个积分也常记作

$$\iint\limits_D f(x,y)\mathrm{d}\sigma=\int_c^d\mathrm{d}y\int_{\psi_1(y)}^{\psi_2(y)}f(x,y)\mathrm{d}x. \tag{10.2.2}$$

这就是把二重积分化为先对 x、后对 y 的二次积分的公式.

利用直角坐标计算二重积分的步骤如下：

(1) 画出积分区域 D 的图形，并判断其类型.

(2) 根据积分区域 D 的形状和被积函数 $f(x, y)$的特性，选择合适的积分次序.

(3) 确定两次定积分的上限和下限，将二重积分转化为二次积分.

(4) 先计算内层积分，再计算外层积分.

三、积分限的确定

将二重积分化为二次积分时，确定积分限是关键. 因为定义中 $\Delta\sigma_i$ 为面积，$\Delta\sigma_i>0$，所以确定积分限时**积分上限必须大于积分下限**.

假如积分区域 D 是 X 型区域，如图 10.2.6 所示，选“***y*—*x***”的积分次序.

(1) 将积分区域 D 投影到 x 轴，得投影区间$[a, b]$，b 和 a 即对 x 的积分的上限和下限.

(2) 在闭区间$[a, b]$上任意取一点 x，作平行于 y 轴的射线穿过积分区域 D 的内部，穿入点的纵坐标 $y=\varphi_1(x)$即对 y 的积分的下限，穿出点的纵坐标 $y=\varphi_2(x)$即对 y 的积分的上限，从而

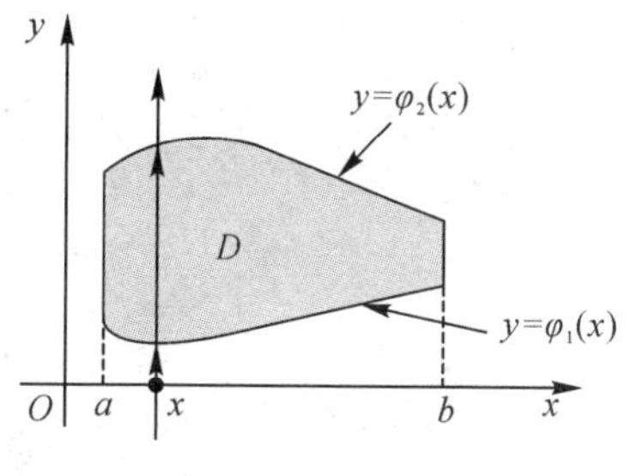

图 10.2.6

$$\iint_D f(x, y)\mathrm{d}\sigma = \int_a^b \mathrm{d}x \int_{\varphi_1(x)}^{\varphi_2(x)} f(x, y)\mathrm{d}y.$$

同样地，假如积分区域 D 是 Y 型区域，如图 10.2.7 所示，选“**x—y**”的积分次序.

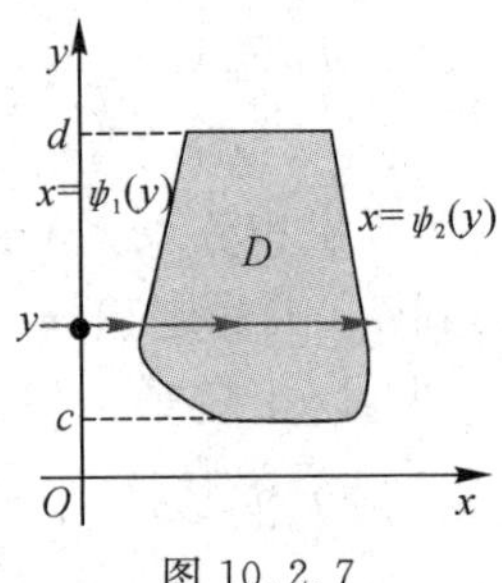

图 10.2.7

(1) 将积分区域 D 投影到 y 轴，得投影区间$[c, d]$，d 和 c 即对 y 的积分的上限和下限.

(2) 在闭区间$[c, d]$上任意取一点 y，作平行于 x 轴的射线穿过积分区域 D 的内部，穿入点的横坐标 $x=\psi_1(y)$即对 x 的积分的下限，穿出点的横坐标 $x=\psi_2(y)$即对 x 的积分的上限，从而

$$\iint_D f(x, y)\mathrm{d}\sigma = \int_c^d \mathrm{d}y \int_{\psi_1(y)}^{\psi_2(y)} f(x, y)\mathrm{d}x.$$

因此得到**定限法则：后积先定限，域内穿射线，先交为下限，后交为上限.**

特例 (1) 如果积分区域 D 是一个矩形，即 D 为 $a\leqslant x\leqslant b$，$c\leqslant y\leqslant d$，则

$$\iint_D f(x, y)\mathrm{d}\sigma = \int_a^b \mathrm{d}x \int_c^d f(x, y)\mathrm{d}y = \int_c^d \mathrm{d}y \int_a^b f(x, y)\mathrm{d}x.$$

思考题

(2) 如果被积函数 $f(x, y)=f_1(x)f_2(y)$，且 D 为 $a\leqslant x\leqslant b$，$c\leqslant y\leqslant d$，则

$$\iint_D f(x, y)\mathrm{d}\sigma = \int_a^b f_1(x)\mathrm{d}x \int_c^d f_2(y)\mathrm{d}y.$$

例 10.2.1 计算 $\iint\limits_D xy\mathrm{d}\sigma$，其中 D 是由直线 $y=1$、$x=2$ 及 $y=x$ 所围成的闭区域.

解 首先画出区域 D.

方法 1：如图 10.2.8 所示，可把 D 看成是 X 型区域 $1\leqslant x\leqslant 2$，$1\leqslant y\leqslant x$. 于是

$$\iint_D xy\mathrm{d}\sigma = \int_1^2 \mathrm{d}x \int_1^x xy\mathrm{d}y = \int_1^2 \left[x\cdot\frac{y^2}{2}\right]_1^x \mathrm{d}x = \frac{1}{2}\int_1^2 (x^3 - x)\mathrm{d}x = \frac{1}{2}\left[\frac{x^4}{4} - \frac{x^2}{2}\right]_1^2 = \frac{9}{8}.$$

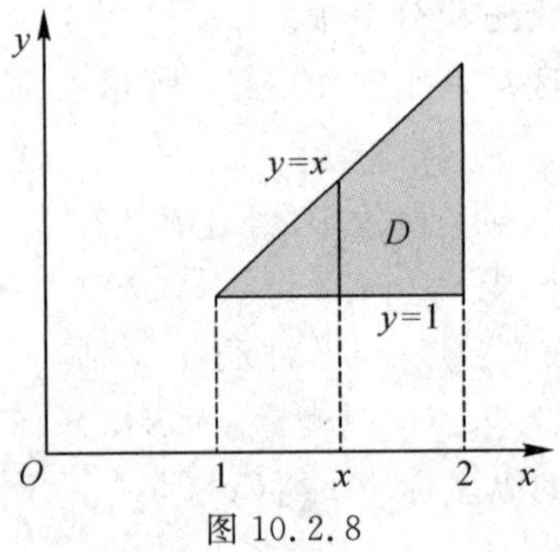

图 10.2.8

方法 2：如图 10.2.9 所示，也可把 D 看成是 Y 型区域 $1\leqslant y\leqslant 2$，$y\leqslant x\leqslant 2$．于是

$$\iint_D xy\,\mathrm{d}\sigma=\int_1^2\mathrm{d}y\int_y^2 xy\,\mathrm{d}x=\int_1^2\left[y\cdot\frac{x^2}{2}\right]_y^2\mathrm{d}y=\int_1^2\left(2y-\frac{y^3}{2}\right)\mathrm{d}y=\left[y^2-\frac{y^4}{8}\right]_1^2=\frac{9}{8}.$$

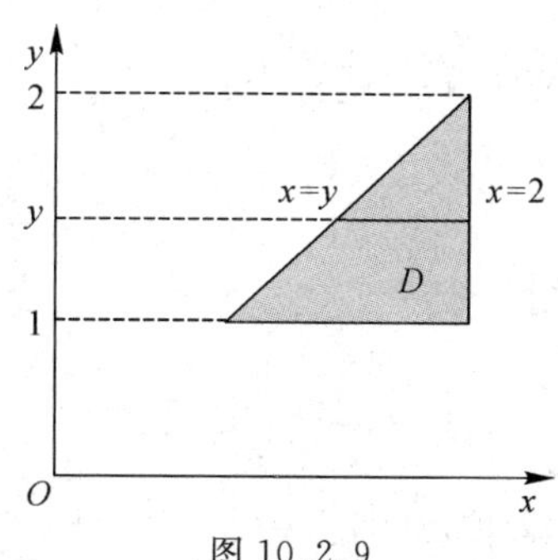

图 10.2.9

例 10.2.2　计算 $\iint_D xy\,\mathrm{d}\sigma$，其中 D 是由直线 $y=x-2$ 及抛物线 $y^2=x$ 所围成的闭区域.

解　画出区域 D(如图 10.2.10 所示)．积分区域 D 既是 X 型区域又是 Y 型区域.

若选"**x—y**"的积分次序，则积分区域 D 可以表示为 $-1\leqslant y\leqslant 2$，$y^2\leqslant x\leqslant y+2$．于是

$$\iint_D xy\,\mathrm{d}\sigma=\int_{-1}^2\mathrm{d}y\int_{y^2}^{y+2}xy\,\mathrm{d}x=\int_{-1}^2\left[\frac{x^2}{2}y\right]_{y^2}^{y+2}\mathrm{d}y$$

$$=\frac{1}{2}\int_{-1}^2[y(y+2)^2-y^5]\mathrm{d}y=\frac{45}{8}.$$

若选"**y—x**"的积分次序，则积分区域 D 可以表示为 $D=D_1+D_2$，其中 D_1：$0\leqslant x\leqslant 1$，$-\sqrt{x}\leqslant y\leqslant\sqrt{x}$；$D_2$：$1\leqslant x\leqslant 4$，$x-2\leqslant y\leqslant\sqrt{x}$．于是

$$\iint_D xy\,\mathrm{d}\sigma=\int_0^1\mathrm{d}x\int_{-\sqrt{x}}^{\sqrt{x}}xy\,\mathrm{d}y+\int_1^4\mathrm{d}x\int_{x-2}^{\sqrt{x}}xy\,\mathrm{d}y=0+\frac{1}{2}\int_1^4[x^2-x(x-2)^2]\mathrm{d}x=\frac{45}{8}.$$

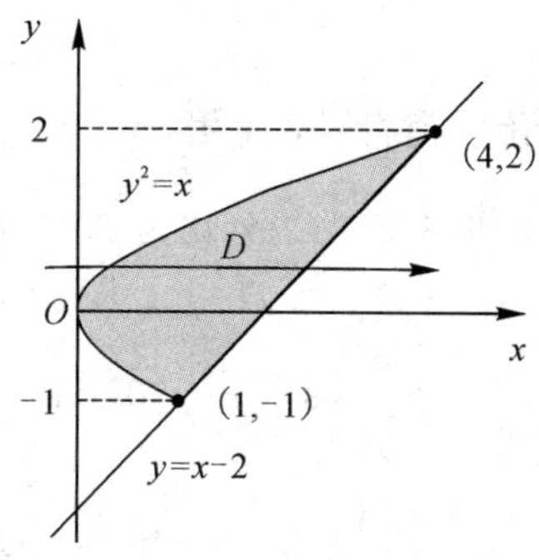

图 10.2.10

例 10.2.3　计算下列二次积分：

(1) $\int_0^2\mathrm{d}x\int_x^2 \mathrm{e}^{-y^2}\mathrm{d}y$；　　(2) $\int_0^{\frac{\pi}{6}}\mathrm{d}y\int_y^{\frac{\pi}{6}}\frac{\cos x}{x}\mathrm{d}x$.

解　方法 1：交换积分次序.

因为积分 $\int \mathrm{e}^{-y^2}\mathrm{d}y$ 和 $\int\frac{\cos x}{x}\mathrm{d}x$ 不能用初等函数表示，所以交换积分次序，选择先对另一个变量积分.

(1) $\int_0^2 dx\int_x^2 e^{-y^2}dy = \iint\limits_D e^{-y^2}dxdy = \int_0^2 dy\int_0^y e^{-y^2}dx$

$$= \int_0^2 ye^{-y^2}dy = \left[-\frac{1}{2}e^{-y^2}\right]_0^2 = \frac{1}{2}(1-e^{-4}).$$

(2) $\int_0^{\frac{\pi}{6}} dy\int_y^{\frac{\pi}{6}} \frac{\cos x}{x}dx = \iint\limits_D \frac{\cos x}{x}dxdy = \int_0^{\frac{\pi}{6}} dx\int_0^x \frac{\cos x}{x}dy = \int_0^{\frac{\pi}{6}} \cos x dx = \frac{1}{2}.$

方法 2：分部积分法.

(1) 记 $A(x) = \int_x^2 e^{-y^2}dy$，则

$$\int_0^2 dx\int_x^2 e^{-y^2}dy = \int_0^2 A(x)dx = [xA(x)]_0^2 - \int_0^2 xd[A(x)]$$

$$= \int_0^2 xe^{-x^2}dx = \left[-\frac{1}{2}e^{-x^2}\right]_0^2 = \frac{1}{2}(1-e^{-4}).$$

(2) 记 $A(y) = \int_y^{\frac{\pi}{6}} \frac{\cos x}{x}dx$，则

$$\int_0^{\frac{\pi}{6}} dy\int_y^{\frac{\pi}{6}} \frac{\cos x}{x}dx = \int_0^{\frac{\pi}{6}} A(y)dy = [yA(y)]_0^{\frac{\pi}{6}} - \int_0^{\frac{\pi}{6}} yd[A(y)] = \int_0^{\frac{\pi}{6}} \cos y dy = \frac{1}{2}.$$

注　因为积分 $\int e^{-x^2}dx$、$\int \frac{\sin x}{x}dx$、$\int \frac{1}{\ln x}dx$、$\int \sin x^2 dx$、$\int \cos x^2 dx$、$\int e^{x^2}dx$、$\int e^{\frac{x}{y}}dx$、$\int \frac{1}{\sin x}dx$ 和 $\int \frac{1}{\cos x}dx$ 等不能用初等函数表示，所以遇到这类积分可以交换积分次序，即选择先对另一个变量积分，或者应用分部积分法.

思考题

例 10.2.4　计算下列二重积分：

(1) $\iint\limits_D |\cos(x+y)|dxdy$，其中 D 是由直线 $y=0$、$y=x$、$x=\frac{\pi}{2}$ 所围成的区域.

(2) $\iint\limits_D e^{\max\{x^2, y^2\}}dxdy$，其中 $D=\{(x, y)|0\leqslant x\leqslant 1, 0\leqslant y\leqslant 1\}$.

解　(1) 为去掉被积函数的绝对值符号，需用 $\cos(x+y)=0$ 的曲线，即直线 $x+y=\frac{\pi}{2}$ 将区域 D 划分为 D_1、D_2 两部分，再将二重积分化为二次积分.

在 D_1 上，$|\cos(x+y)|=\cos(x+y)$；在 D_2 上，$|\cos(x+y)|=-\cos(x+y)$. 于是

$$\iint\limits_D |\cos(x+y)|dxdy = \iint\limits_{D_1}\cos(x+y)dxdy - \iint\limits_{D_2}\cos(x+y)dxdy$$

$$= \int_0^{\frac{\pi}{4}} dy\int_y^{\frac{\pi}{2}-y} \cos(x+y)dx - \int_{\frac{\pi}{4}}^{\frac{\pi}{2}} dx\int_{\frac{\pi}{2}-x}^{x} \cos(x+y)dy$$

$$= \int_0^{\frac{\pi}{4}} (1-\sin 2y)dy - \int_{\frac{\pi}{4}}^{\frac{\pi}{2}} (\sin 2x - 1)dx = \frac{\pi}{2} - 1.$$

(2) 积分区域 D 是正方形区域，在 D 上被积函数的指数分段表示为

$$\max\{x^2, y^2\} = \begin{cases} x^2, & x\geqslant y, \\ y^2, & x\leqslant y \end{cases} \quad (x, y)\in D.$$

用直线 $y=x$ 将 D 分成两部分，即

$$D=D_1\cup D_2, \quad D_1=D\cap\{y\leqslant x\}, \quad D_2=D\cap\{y\geqslant x\},$$

则

$$\iint\limits_{D} e^{\max\{x^2, y^2\}} dxdy = \iint\limits_{D_1} e^{\max\{x^2, y^2\}} dxdy + \iint\limits_{D_2} e^{\max\{x^2, y^2\}} dxdy = \iint\limits_{D_1} e^{x^2} dxdy + \iint\limits_{D_2} e^{y^2} dxdy$$

$$= 2\iint\limits_{D_1} e^{x^2} dxdy = 2\int_0^1 dx \int_0^x e^{x^2} dy = 2\int_0^1 x e^{x^2} dx = [e^{x^2}]_0^1 = e - 1.$$

注 (1) 当被积函数带有绝对值符号时，应先去掉绝对值符号，为此需将积分区域划分为若干个子区域，使得在每个子区域上，被积函数的取值保持同号.

(2) 当被积函数含有最大值、最小值符号，取整符号等时，也需将积分区域划分为若干个子区域，以去掉最大值、最小值符号，取整符号等.

例 10.2.5 求两个底圆半径都等于 R 的直交圆柱面所围成的立体的体积.

解 设这两个圆柱面的方程分别为

$$x^2 + y^2 = R^2 \quad 及 \quad x^2 + z^2 = R^2.$$

根据立体关于坐标平面的对称性，要想得到所求立体的体积，只要算出它在第一卦限部分(见图 10.2.11)的体积，然后乘 8 即可.

第一卦限部分是以 $D=\{(x, y)\,|\,0\leqslant y\leqslant \sqrt{R^2-x^2},\ 0\leqslant x\leqslant R\}$ 为底、$z=\sqrt{R^2-x^2}$ 为顶的曲顶柱体. 于是

$$V = 8\iint\limits_{D} \sqrt{R^2 - x^2}\, d\sigma = 8\int_0^R dx \int_0^{\sqrt{R^2-x^2}} \sqrt{R^2 - x^2}\, dy$$

$$= 8\int_0^R \left[\sqrt{R^2 - x^2}\, y\right]_0^{\sqrt{R^2-x^2}} dx = 8\int_0^R (R^2 - x^2) dx = \frac{16}{3}R^3.$$

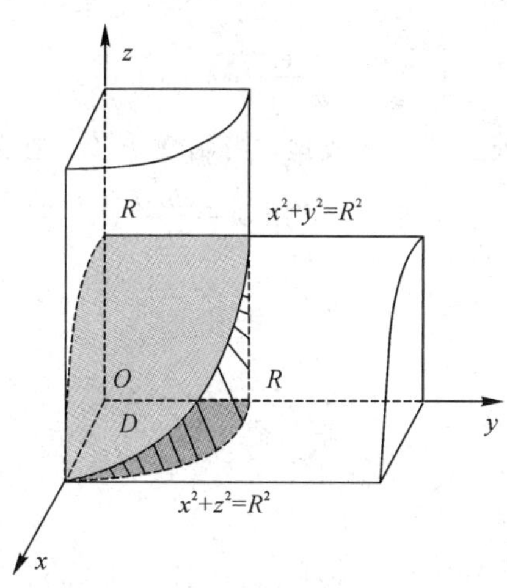

图 10.2.11

例 10.2.6 设函数 $f(x)$ 在闭区间 $[a, b]$ 上连续，且恒大于零，试利用二重积分证明：

$$\int_a^b f(x)dx \cdot \int_a^b \frac{1}{f(x)}dx \geqslant (b-a)^2.$$

证明 因为 $\int_a^b f(x)dx \cdot \int_a^b \frac{1}{f(x)}dx = \int_a^b f(x)dx \cdot \int_a^b \frac{1}{f(y)}dy = \iint\limits_{D} \frac{f(x)}{f(y)}dxdy$，且

$$\int_a^b f(x)dx \cdot \int_a^b \frac{1}{f(x)}dx = \int_a^b f(y)dy \cdot \int_a^b \frac{1}{f(x)}dx = \iint\limits_{D} \frac{f(y)}{f(x)}dxdy,$$

其中 D：$a\leqslant x\leqslant b$，$a\leqslant y\leqslant b$，所以

$$2\int_a^b f(x)\mathrm{d}x\cdot\int_a^b\frac{1}{f(x)}\mathrm{d}x=\iint\limits_D\frac{f(x)}{f(y)}\mathrm{d}x\mathrm{d}y+\iint\limits_D\frac{f(y)}{f(x)}\mathrm{d}x\mathrm{d}y$$

$$=\iint\limits_D\left[\frac{f(x)}{f(y)}+\frac{f(y)}{f(x)}\right]\mathrm{d}x\mathrm{d}y$$

$$\geqslant\iint\limits_D 2\mathrm{d}x\mathrm{d}y=2(b-a)^2,$$

即

$$\int_a^b f(x)\mathrm{d}x\cdot\int_a^b\frac{1}{f(x)}\mathrm{d}x\geqslant(b-a)^2.$$

例 10.2.7 证明：若 $a>0$，$b>0$，则有 $\displaystyle\int_0^{+\infty}\frac{\mathrm{e}^{-ax}-\mathrm{e}^{-bx}}{x}\mathrm{d}x=\ln\frac{b}{a}$.

证明 由 $\dfrac{\mathrm{e}^{-ax}-\mathrm{e}^{-bx}}{x}=\displaystyle\int_a^b\mathrm{e}^{-xy}\mathrm{d}y$（不妨假设 $b>a$），得

$$\int_0^t\frac{\mathrm{e}^{-ax}-\mathrm{e}^{-bx}}{x}\mathrm{d}x=\int_0^t\mathrm{d}x\int_a^b\mathrm{e}^{-xy}\mathrm{d}y=\int_a^b\mathrm{d}y\int_0^t\mathrm{e}^{-xy}\mathrm{d}x$$

$$=\int_a^b\frac{1-\mathrm{e}^{-ty}}{y}\mathrm{d}y=\ln\frac{b}{a}-\int_a^b\frac{\mathrm{e}^{-ty}}{y}\mathrm{d}y.$$

又 $0\leqslant\displaystyle\int_a^b\frac{\mathrm{e}^{-ty}}{y}\mathrm{d}y\leqslant\frac{\mathrm{e}^{-ta}}{a}(b-a)$，故由夹逼定理知

$$\lim_{t\to+\infty}\int_a^b\frac{\mathrm{e}^{-ty}}{y}\mathrm{d}y=0,$$

所以

$$\int_0^{+\infty}\frac{\mathrm{e}^{-ax}-\mathrm{e}^{-bx}}{x}\mathrm{d}x=\ln\frac{b}{a}.$$

注 根据牛顿-莱布尼茨公式，一般地，当函数 $F'(x)$ 在闭区间 $[a,b]$ 上连续时，有 $F(b)-F(a)=\displaystyle\int_a^b F'(x)\mathrm{d}x$，这一结论常被用到 $\dfrac{f(bx)-f(ax)}{x}=\displaystyle\int_a^b f'(xy)\mathrm{d}y$ 上.

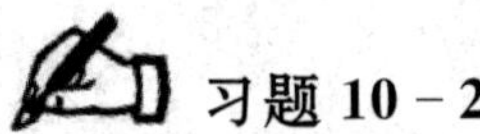

习题 10-2

基 础 题

1. 计算下列二重积分：

(1) $\displaystyle\iint\limits_D(x^2+y^2)\mathrm{d}\sigma$，其中 $D=\{(x,y)\mid |x|\leqslant1,|y|\leqslant1\}$；

(2) $\displaystyle\iint\limits_D(3x+2y)\mathrm{d}\sigma$，其中 D 是由两坐标轴及直线 $x+y=2$ 所围成的闭区域；

(3) $\displaystyle\iint\limits_D(x^3+3x^2y+y^3)\mathrm{d}\sigma$，其中 $D=\{(x,y)\mid 0\leqslant x\leqslant1,0\leqslant y\leqslant1\}$.

2. 画出积分区域，并计算下列二重积分：

(1) $\displaystyle\iint\limits_D(x^2+y^2-x)\mathrm{d}\sigma$，其中 D 是由直线 $y=2$、$y=x$ 及 $y=2x$ 所围成的区域；

(2) $\iint\limits_D (|x| + y e^{x^2}) \mathrm{d}x\mathrm{d}y$，其中 D 是由曲线 $|x|+|y|=1$ 所围成的区域；

(3) $\iint\limits_D |\cos(x+y)| \mathrm{d}x\mathrm{d}y$，其中 D：$0 \leqslant x \leqslant \frac{\pi}{2}$，$0 \leqslant y \leqslant \frac{\pi}{2}$.

3. 将累次积分 $\int_0^1 \mathrm{d}y \int_0^{2y} f(x, y) \mathrm{d}x + \int_1^3 \mathrm{d}y \int_0^{3-y} f(x, y) \mathrm{d}x$ 转换为先 y 后 x 的积分次序.

4. 计算由四个平面 $x=0$、$x=1$、$y=0$、$y=1$ 所围成的柱面被平面 $z=0$ 及 $2x+3y+z=6$ 所截得的立体的体积.

提　高　题

1. 已知二重积分 $\iint\limits_D f(x, y) \mathrm{d}x\mathrm{d}y$ 的被积函数 $f(x, y)$ 是两个函数 $f_1(x)$ 及 $f_2(y)$ 的乘积，即 $f(x, y) = f_1(x) \cdot f_2(y)$，积分区域 $D=\{(x, y) | a \leqslant x \leqslant b, c \leqslant y \leqslant d\}$，证明这个二重积分等于两个单积分的乘积，即

$$\iint\limits_D f_1(x) \cdot f_2(y) \mathrm{d}x\mathrm{d}y = \left[\int_a^b f_1(x) \mathrm{d}x\right] \cdot \left[\int_c^d f_2(y) \mathrm{d}y\right].$$

2. 化二重积分 $I = \iint\limits_D f(x, y) \mathrm{d}\sigma$ 为二次积分(分别列出对两个变量先后次序不同的两个二次积分)，其中积分区域 D 是：

(1) 由直线 $y=x$ 及抛物线 $y^2=4x$ 所围成的闭区域；

(2) 由 x 轴及半圆周 $x^2+y^2=r^2 (y \geqslant 0)$ 所围成的闭区域；

(3) 由直线 $y=x$、$x=2$ 及双曲线 $y=\frac{1}{x} (x>0)$ 所围成的闭区域.

3. 计算下列二重积分：

(1) $\iint\limits_D \frac{x^2}{y^2} \mathrm{d}x\mathrm{d}y$，其中 D 是由直线 $x=2$、$y=x$ 及曲线 $xy=1$ 所围成的闭区域；

(2) $\iint\limits_D (x^2+y^2) \mathrm{d}\sigma$，其中 D 是由直线 $y=x$、$y=x+a$、$y=a$、$y=3a (a>0)$ 所围成的闭区域.

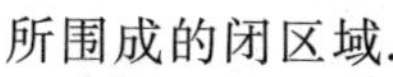

习题 10－2
参考答案

4. 设函数 $f(x)$ 在闭区间 $[0, 1]$ 上连续，证明：

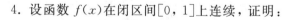

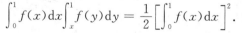

$$\int_0^1 f(x) \mathrm{d}x \int_x^1 f(y) \mathrm{d}y = \frac{1}{2}\left[\int_0^1 f(x) \mathrm{d}x\right]^2.$$

第三节　利用极坐标计算二重积分

当二重积分的积分区域出现圆弧等曲线时，用直角坐标计算二重积分，积分限的表达式较为复杂．若积分区域 D 的边界曲线用极坐标方程来表示比较方便，且被积函数用极坐标变量 ρ、θ 表达比较简单，则可以考虑利用极坐标来计算二重积分 $\iint\limits_D f(x, y) \mathrm{d}\sigma$.

一、极坐标系下二重积分的表示

按二重积分的定义有 $\iint\limits_D f(x,y)\mathrm{d}\sigma=\lim\limits_{\lambda\to 0}\sum\limits_{i=1}^{n}f(\xi_i,\eta_i)\Delta\sigma_i$，下面我们来研究这个和的极限在极坐标系中的形式.

取直角坐标系中的坐标原点为极点、x 轴正半轴为极轴，建立极坐标系. 极坐标系下的积分域仍然是 D. 假定从极点 O 出发且穿过闭区域 D 内部的射线与 D 的边界曲线相交不多于两点，我们用以极点为中心的一族同心圆($\rho=$常数)以及从极点 O 出发的一族射线($\theta=$常数)，把区域 D 分为 n 个小闭区域(见图 10.3.1)，除了包含边界点的一些小闭区域，小闭区域的面积 $\Delta\sigma_i$(见图 10.3.2)为

$$\begin{aligned}\Delta\sigma_i&=\frac{1}{2}(\rho_i+\Delta\rho_i)^2\cdot\Delta\theta_i-\frac{1}{2}\cdot\rho_i^2\cdot\Delta\theta_i=\frac{1}{2}(2\rho_i+\Delta\rho_i)\Delta\rho_i\cdot\Delta\theta_i\\&=\frac{\rho_i+(\rho_i+\Delta\rho_i)}{2}\cdot\Delta\rho_i\cdot\Delta\theta_i=\bar{\rho}_i\Delta\rho_i\Delta\theta_i,\end{aligned}$$

其中 $\bar{\rho}_i$ 表示相邻两圆弧的半径的平均值. 在这小闭区域内取圆周 $\rho=\bar{\rho}_i$ 上的一点 $(\bar{\rho}_i,\bar{\theta}_i)$，将该点的直角坐标设为 (ξ_i,η_i)，则由直角坐标与极坐标之间的关系有 $\xi_i=\bar{\rho}_i\cos\bar{\theta}_i$，$\eta_i=\bar{\rho}_i\sin\bar{\theta}_i$. 于是

$$\lim_{\lambda\to 0}\sum_{i=1}^{n}f(\xi_i,\eta_i)\Delta\sigma_i=\lim_{\lambda\to 0}\sum_{i=1}^{n}f(\bar{\rho}_i\cos\bar{\theta}_i,\bar{\rho}_i\sin\bar{\theta}_i)\bar{\rho}_i\cdot\Delta\rho_i\cdot\Delta\theta_i,$$

即

$$\iint\limits_D f(x,y)\mathrm{d}\sigma=\iint\limits_D f(\rho\cos\theta,\rho\sin\theta)\rho\mathrm{d}\rho\mathrm{d}\theta.$$

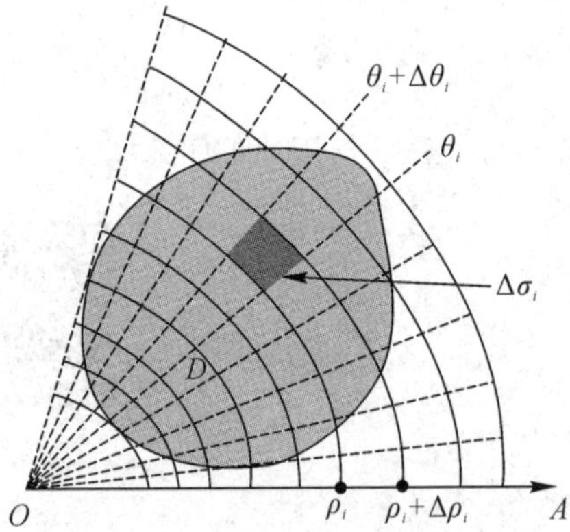

图 10.3.1

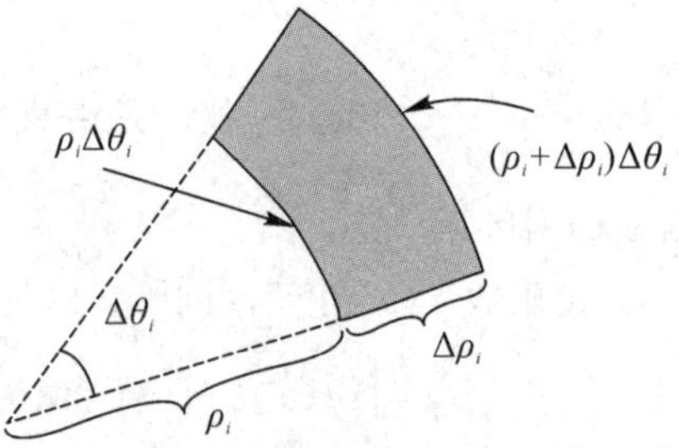

图 10.3.2

这里我们把点(ρ,θ)看作是在同一平面上的点(x,y)的极坐标表示，所以上式右端的积分区域仍然记作 D. 因为在直角坐标系中 $\iint\limits_D f(x,y)\mathrm{d}\sigma$ 也常记作 $\iint\limits_D f(x,y)\mathrm{d}x\mathrm{d}y$，所以上式又可写成

$$\iint\limits_D f(x,y)\mathrm{d}x\mathrm{d}y=\iint\limits_D f(\rho\cos\theta,\rho\sin\theta)\rho\mathrm{d}\rho\mathrm{d}\theta\qquad(10.3.1)$$

这就是二重积分的变量从直角坐标变换为极坐标的变换公式，其中 $\rho d\rho d\theta$ 就是**极坐标系中的面积元素**.

公式(10.3.1)表明，要把二重积分中的变量从直角坐标变换为极坐标，只要把被积函数中的 x 与 y 分别换成 $\rho\cos\theta$ 与 $\rho\sin\theta$，并把直角坐标系中的面积元素 $dxdy$ 换成极坐标系中的面积元素 $\rho d\rho d\theta$.

二、利用极坐标计算二重积分

极坐标系中的二重积分同样可以化为二次积分来计算.

(1) 极点在积分区域 D 外(见图 10.3.3)时，积分区域 D 可以用不等式 $\varphi_1(\theta)\leqslant\rho\leqslant\varphi_2(\theta)$，$\alpha\leqslant\theta\leqslant\beta$ 来表示，则

$$\iint_D f(\rho\cos\theta,\rho\sin\theta)\rho d\rho d\theta=\int_\alpha^\beta d\theta\int_{\varphi_1(\theta)}^{\varphi_2(\theta)} f(\rho\cos\theta,\rho\sin\theta)\rho d\rho.$$

(2) 极点在积分区域 D 的边界上(见图 10.3.4)时，积分区域 D 可以用不等式 $0\leqslant\rho\leqslant\varphi(\theta)$，$\alpha\leqslant\theta\leqslant\beta$ 来表示，则

$$\iint_D f(\rho\cos\theta,\rho\sin\theta)\rho d\rho d\theta=\int_\alpha^\beta d\theta\int_0^{\varphi(\theta)} f(\rho\cos\theta,\rho\sin\theta)\rho d\rho.$$

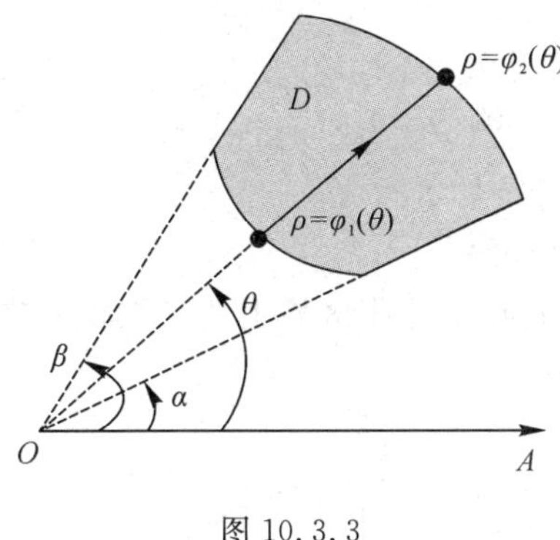

图 10.3.3

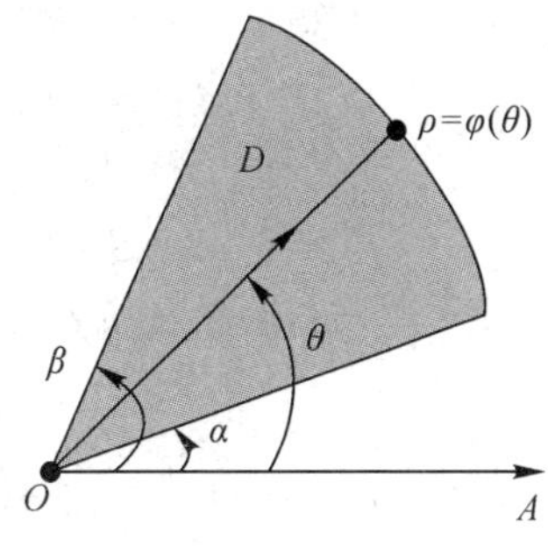

图 10.3.4

(3) 极点在积分区域 D 的内部(见图 10.3.5)时，积分区域 D 可以用不等式 $0\leqslant\rho\leqslant\varphi(\theta)$，$0\leqslant\theta\leqslant 2\pi$ 来表示，则

$$\iint_D f(\rho\cos\theta,\rho\sin\theta)\rho d\rho d\theta=\int_0^{2\pi} d\theta\int_0^{\varphi(\theta)} f(\rho\cos\theta,\rho\sin\theta)\rho d\rho.$$

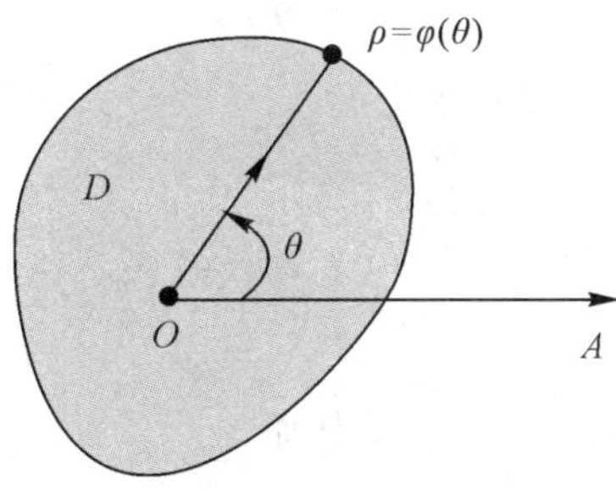

图 10.3.5

注　当被积函数含有 x^2+y^2 或 $\dfrac{y}{x}$，或者积分区域为圆域、圆环或由圆周的一部分围成的区域时，常利用极坐标计算二重积分. 注意极坐标系中的面积元素为 $d\sigma=\rho d\rho d\theta$.

例 10.3.1　计算 $\iint\limits_D e^{-x^2-y^2}dxdy$，其中 D 是由圆心在原点、半径为 a 的圆周所围成的闭区域.

解　在极坐标系中，闭区域 D 可表示为 $0\leqslant\rho\leqslant a$，$0\leqslant\theta\leqslant 2\pi$. 于是

$$\begin{aligned}\iint\limits_D e^{-x^2-y^2}dxdy &= \iint\limits_D e^{-\rho^2}\rho d\rho d\theta \\ &= \int_0^{2\pi}\left[\int_0^a e^{-\rho^2}\rho d\rho\right]d\theta = \int_0^{2\pi}\left[-\frac{1}{2}e^{-\rho^2}\right]_0^a d\theta \\ &= \frac{1}{2}(1-e^{-a^2})\int_0^{2\pi}d\theta = \pi(1-e^{-a^2}).\end{aligned}$$

注　本例如果用直角坐标计算，因为积分 $\int e^{-x^2}dx$ 不能用初等函数表示，所以算不出来.

利用 $\iint\limits_{x^2+y^2\leqslant a^2} e^{-x^2-y^2}dxdy=\pi(1-e^{-a^2})$ 可得到一个在概率论与数理统计以及工程上非常有用的反常积分 $\int_0^{+\infty}e^{-x^2}dx$.

设

$$\begin{gathered}D_1=\{(x,y)\mid x^2+y^2\leqslant R^2,\ x\geqslant 0,\ y\geqslant 0\},\\ D_2=\{(x,y)\mid x^2+y^2\leqslant 2R^2,\ x\geqslant 0,\ y\geqslant 0\},\\ S=\{(x,y)\mid 0\leqslant x\leqslant R,\ 0\leqslant y\leqslant R\}.\end{gathered}$$

显然 $D_1\subset S\subset D_2$(见图 10.3.6). 由于 $e^{-x^2-y^2}>0$，因此在这些闭区域上的二重积分之间满足不等式

$$\iint\limits_{D_1}e^{-x^2-y^2}dxdy<\iint\limits_{S}e^{-x^2-y^2}dxdy<\iint\limits_{D_2}e^{-x^2-y^2}dxdy.$$

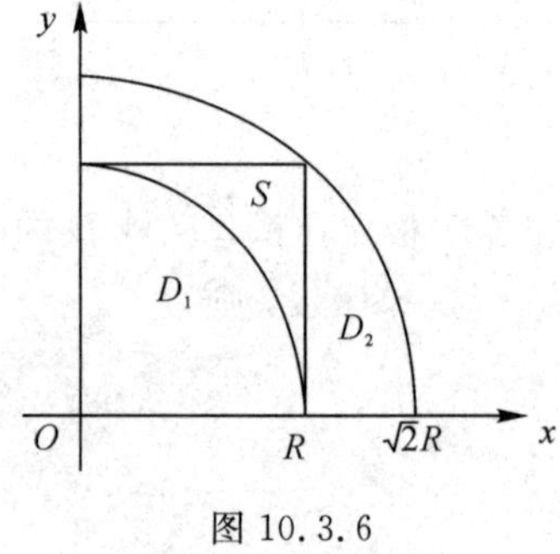

图 10.3.6

因为

$$\iint\limits_{S}e^{-x^2-y^2}dxdy=\int_0^R e^{-x^2}dx\cdot\int_0^R e^{-y^2}dy=\left(\int_0^R e^{-x^2}dx\right)^2,$$

而应用上面已得的结果，有

$$\iint\limits_{D_1}e^{-x^2-y^2}dxdy=\frac{\pi}{4}(1-e^{-R^2}),$$

$$\iint\limits_{D_2}e^{-x^2-y^2}dxdy=\frac{\pi}{4}(1-e^{-2R^2}),$$

所以上面的不等式可写成

$$\frac{\pi}{4}(1-e^{-R^2})<\left(\int_0^R e^{-x^2}dx\right)^2<\frac{\pi}{4}(1-e^{-2R^2}).$$

令 $R\to+\infty$，则上式两端趋于同一极限 $\dfrac{\pi}{4}$，从而

$$\int_0^{+\infty}e^{-x^2}dx=\frac{\sqrt{\pi}}{2}.$$

例 10.3.2　计算下列二次积分：

(1) $\int_0^{2a}\mathrm{d}x\int_0^{\sqrt{2ax-x^2}}(x^2+y^2)\mathrm{d}y$；　　(2) $\int_0^{a}\mathrm{d}y\int_0^{\sqrt{a^2-y^2}}(x^2+y^2)\mathrm{d}x$.

解　(1) 积分区域 D 如图 10.3.7 所示. 在极坐标系中

$$D=\left\{(\rho,\ \theta)\mid 0\leqslant\theta\leqslant\frac{\pi}{2},\ 0\leqslant\rho\leqslant 2a\cos\theta\right\},$$

所以

$$\int_0^{2a}\mathrm{d}x\int_0^{\sqrt{2ax-x^2}}(x^2+y^2)\mathrm{d}y=\int_0^{\frac{\pi}{2}}\mathrm{d}\theta\int_0^{2a\cos\theta}\rho^2\cdot\rho\mathrm{d}\rho=4a^4\int_0^{\frac{\pi}{2}}\cos^4\theta\mathrm{d}\theta$$
$$=4a^4\cdot\frac{3}{4}\cdot\frac{1}{2}\cdot\frac{\pi}{2}=\frac{3}{4}\pi a^4.$$

(2) 积分区域 $D=\left\{(\rho,\ \theta)\mid 0\leqslant\theta\leqslant\frac{\pi}{2},\ 0\leqslant\rho\leqslant a\right\}$(见图 10.3.8)，所以

$$\int_0^{a}\mathrm{d}y\int_0^{\sqrt{a^2-y^2}}(x^2+y^2)\mathrm{d}x=\int_0^{\frac{\pi}{2}}\mathrm{d}\theta\int_0^{a}\rho^2\cdot\rho\mathrm{d}\rho=\frac{\pi}{2}\cdot\frac{a^4}{4}=\frac{\pi}{8}a^4.$$

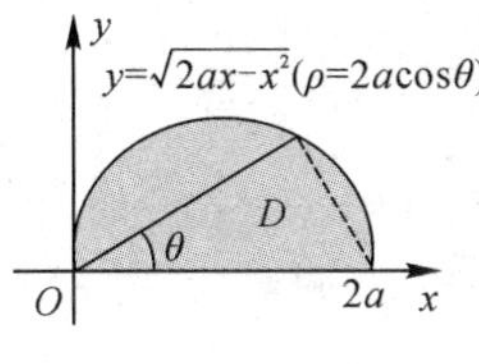

图 10.3.7

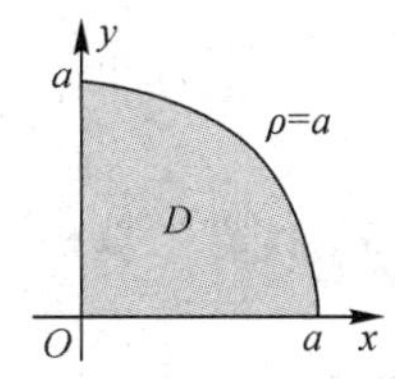

图 10.3.8

注　在多元函数积分学的计算题中，常会遇到定积分 $\int_0^{\frac{\pi}{2}}\sin^n\theta\mathrm{d}\theta$ 和 $\int_0^{\frac{\pi}{2}}\cos^n\theta\mathrm{d}\theta$. 因此记住如下的结果是有益的：

$$\int_0^{\frac{\pi}{2}}\sin^n\theta\mathrm{d}\theta=\int_0^{\frac{\pi}{2}}\cos^n\theta\mathrm{d}\theta=\begin{cases}\dfrac{n-1}{n}\cdot\dfrac{n-3}{n-2}\cdot\cdots\cdot\dfrac{3}{4}\cdot\dfrac{1}{2}\cdot\dfrac{\pi}{2}, & n\text{ 为正偶数},\\ \dfrac{n-1}{n}\cdot\dfrac{n-3}{n-2}\cdot\cdots\cdot\dfrac{4}{5}\cdot\dfrac{2}{3}, & n\text{ 为大于 1 的正奇数}.\end{cases}$$

例 10.3.3　计算二重积分 $\iint\limits_D\arctan\frac{y}{x}\mathrm{d}\sigma$，其中 D 是由圆周 $x^2+y^2=4$、$x^2+y^2=1$ 及直线 $y=0$、$y=x$ 所围成的第一象限内的闭区域.

解　在极坐标系中，积分区域 $D=\left\{(\rho,\ \theta)\,\middle|\,0\leqslant\theta\leqslant\frac{\pi}{4},\ 1\leqslant\rho\leqslant 2\right\}$(见图 10.3.9)，所以

$$\iint\limits_D\arctan\frac{y}{x}\mathrm{d}\sigma=\iint\limits_D\theta\cdot\rho\mathrm{d}\rho\mathrm{d}\theta=\int_0^{\frac{\pi}{4}}\mathrm{d}\theta\int_1^2\theta\cdot\rho\mathrm{d}\rho=\int_0^{\frac{\pi}{4}}\theta\mathrm{d}\theta\int_1^2\rho\mathrm{d}\rho=\frac{3\pi^2}{64}.$$

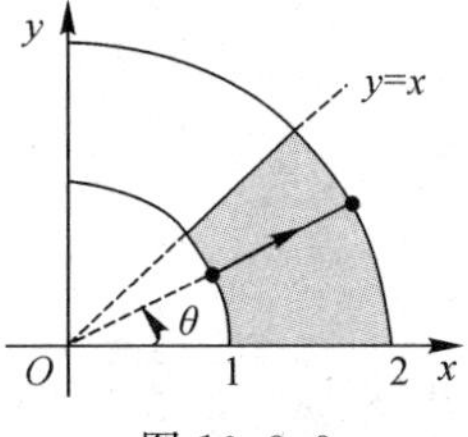

图 10.3.9

例 10.3.4　求球体 $x^2+y^2+z^2\leqslant 4a^2$ 被圆柱面 $x^2+y^2=2ax$ 所截得的(含在圆柱面内的部分)立体的体积(见图 10.3.10).

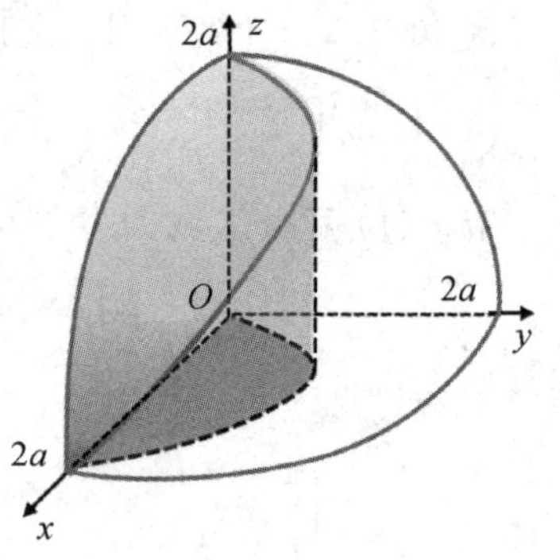

图 10.3.10

解　由对称性知，所求体积为第一卦限部分体积的四倍，即所求体积

$$V=4\iint\limits_D \sqrt{4a^2-x^2-y^2}\,\mathrm{d}x\mathrm{d}y,$$

其中 D 是由半圆周 $y=\sqrt{2ax-x^2}$ 及 x 轴所围成的闭区域. 在极坐标系中，D 可表示为

$$0\leqslant\rho\leqslant 2a\cos\theta,\quad 0\leqslant\theta\leqslant\frac{\pi}{2},$$

于是

$$\begin{aligned}V&=4\iint\limits_D \sqrt{4a^2-\rho^2}\,\rho\mathrm{d}\rho\mathrm{d}\theta=4\int_0^{\frac{\pi}{2}}\mathrm{d}\theta\int_0^{2a\cos\theta}\sqrt{4a^2-\rho^2}\,\rho\mathrm{d}\rho\\&=\frac{32}{3}a^3\int_0^{\frac{\pi}{2}}(1-\sin^3\theta)\mathrm{d}\theta=\frac{32}{3}a^3\left(\frac{\pi}{2}-\frac{2}{3}\right).\end{aligned}$$

例 10.3.5　计算二重积分 $\iint\limits_D(y^2+3x-6y+9)\mathrm{d}\sigma$，其中 $D=\{(x,y)\,|\,x^2+y^2\leqslant R^2\}$.

解　利用对称性可知 $\iint\limits_D 3x\mathrm{d}\sigma=\iint\limits_D 6y\mathrm{d}\sigma=0$. 又

$$\iint\limits_D 9\mathrm{d}\sigma=9\iint\limits_D\mathrm{d}\sigma=9\pi R^2,$$

$$\iint\limits_D y^2\mathrm{d}\sigma=\iint\limits_D x^2\mathrm{d}\sigma=\frac{1}{2}\iint\limits_D(x^2+y^2)\mathrm{d}\sigma,$$

所以

$$\begin{aligned}\iint\limits_D(y^2+3x-6y+9)\mathrm{d}\sigma&=9\pi R^2+\frac{1}{2}\iint\limits_D(x^2+y^2)\mathrm{d}\sigma\\&=9\pi R^2+\frac{1}{2}\int_0^{2\pi}\mathrm{d}\theta\int_0^R\rho^2\cdot\rho\mathrm{d}\rho=9\pi R^2+\frac{\pi}{4}R^4.\end{aligned}$$

例 10.3.6　设函数 $f(x,y)$在闭区域 $D=\{(x,y)\,|\,x^2+y^2\leqslant y,\ x\geqslant 0\}$上连续，且

$$f(x,y)=\sqrt{1-x^2-y^2}-\frac{8}{\pi}\iint\limits_D f(x,y)\mathrm{d}x\mathrm{d}y,$$

求 $f(x,y)$.

解　设 $\iint\limits_D f(x,y)\mathrm{d}x\mathrm{d}y=A$，则

$$f(x,y)=\sqrt{1-x^2-y^2}-\frac{8}{\pi}A,$$

从而

$$\iint\limits_D f(x,y)\mathrm{d}x\mathrm{d}y=\iint\limits_D\sqrt{1-x^2-y^2}\,\mathrm{d}x\mathrm{d}y-\frac{8}{\pi}A\iint\limits_D\mathrm{d}x\mathrm{d}y.$$

又$\iint\limits_D \mathrm{d}x\mathrm{d}y = D$ 的面积$=\frac{\pi}{8}$，故 $A = \iint\limits_D \sqrt{1-x^2-y^2}\,\mathrm{d}x\mathrm{d}y - A$，因此

$$A = \frac{1}{2}\iint\limits_D \sqrt{1-x^2-y^2}\,\mathrm{d}x\mathrm{d}y.$$

在极坐标系中，

$$D=\left\{(\rho,\ \theta)\ \middle|\ 0\leqslant\theta\leqslant\frac{\pi}{2},\ 0\leqslant\rho\leqslant\sin\theta\right\},$$

则

$$A = \frac{1}{2}\iint\limits_D \sqrt{1-x^2-y^2}\,\mathrm{d}x\mathrm{d}y = \frac{1}{2}\int_0^{\frac{\pi}{2}}\mathrm{d}\theta\int_0^{\sin\theta}\sqrt{1-\rho^2}\,\rho\mathrm{d}\rho = \frac{\pi}{12}-\frac{1}{9}.$$

于是

$$f(x,\ y)=\sqrt{1-x^2-y^2}+\frac{8}{9\pi}-\frac{2}{3}.$$

三、知识延展——二重积分的换元法

二重积分的变量从直角坐标变换为极坐标的变换公式，即公式(10.3.1)，是二重积分换元法的一种特殊情形. 推导此公式时，我们把平面上同一个点 M，既用直角坐标$(x,\ y)$表示，又用极坐标$(\rho,\ \theta)$表示，它们之间的关系为

$$\begin{cases} x=\rho\cos\theta, \\ y=\rho\sin\theta. \end{cases} \tag{10.3.2}$$

也就是说，由式(10.3.2)联系的点$(x,\ y)$和点$(\rho,\ \theta)$可看成是同一个平面上的同一个点，只是采用不同的坐标. 现在，我们采用另一种观点来加以解释，把式(10.3.2)看成是从直角坐标平面 $\rho O\theta$ 到直角坐标平面 xOy 的一种变换，即对于 $\rho O\theta$ 面上的一点 $M'(\rho,\ \theta)$，通过变换(10.3.2)，将其变成 xOy 面上的一点 $M(x,\ y)$. 在两个平面各自限定的某个范围内，这种变换还是一对一的(即是一一映射). 下面就采用这种观点来讨论二重积分换元法的一般情形.

定理 10.3.1 设 $f(x,\ y)$在 xOy 面上的闭区域 D 上连续，若变换

$$T:\ x=x(u,\ v),\ y=y(u,\ v) \tag{10.3.3}$$

将 uOv 面上的闭区域 D'变为 xOy 面上的 D，且满足：

(1) $x(u,\ v)$和 $y(u,\ v)$在 D'上具有一阶连续偏导数；

(2) 在 D'上雅可比式

$$J(u,\ v)=\frac{\partial(x,\ y)}{\partial(u,\ v)}\neq 0;$$

(3) 变换 T：$D'\to D$ 是一对一的，

则有

$$\iint\limits_D f(x,\ y)\mathrm{d}x\mathrm{d}y = \iint\limits_{D'} f[x(u,\ v),\ y(u,\ v)]\ |J(u,\ v)|\ \mathrm{d}u\mathrm{d}v. \tag{10.3.4}$$

公式(10.3.4)称为二重积分的换元公式.

证明 显然，在定理的假设下，公式(10.3.4)两端的二重积分都存在. 由于二重积分与积分区域的分法无关，因此我们用平行于坐标轴的直线网来分割 D'，使得除去包含边界

点的小闭区域，其余的小闭区域都为边长是 h 的正方形闭区域. 任取一个这样得到的正方形闭区域，设其顶点为 $M_1'(u, v)$、$M_2'(u+h, v)$、$M_3'(u+h, v+h)$ 和 $M_4'(u, v+h)$，其面积为 $\Delta\sigma'=h^2$(如图 10.3.11(a)所示). 正方形闭区域 $M_1'M_2'M_3'M_4'$ 经变换(10.3.3)变成 xOy 面上的一个曲边四边形 $M_1M_2M_3M_4$，它的四个顶点的坐标如下：

M_1：$x_1=x(u, v)$，$y_1=y(u, v)$；

M_2：$x_2=x(u+h, v)=x(u, v)+x_u(u, v)h+o(h)$，

$y_2=y(u+h, v)=y(u, v)+y_u(u, v)h+o(h)$；

M_3：$x_3=x(u+h, v+h)=x(u, v)+x_u(u, v)h+x_v(u, v)h+o(h)$，

$y_3=y(u+h, v+h)=y(u, v)+y_u(u, v)h+y_v(u, v)h+o(h)$；

M_4：$x_4=x(u, v+h)=x(u, v)+x_v(u, v)h+o(h)$，

$y_4=y(u, v+h)=y(u, v)+y_v(u, v)h+o(h)$，

其面积为 $\Delta\sigma$(如图 10.3.11(b)所示). 可以证明，曲边四边形 $M_1M_2M_3M_4$ 的面积与直边四边形 $M_1M_2M_3M_4$(四个顶点用直线相连)的面积当 $h\to0$ 时只相差高阶无穷小. 又由上面这些坐标表示式可知，若不计高阶无穷小，则有

$$x_2-x_1=x_3-x_4,\quad y_2-y_1=y_3-y_4,$$
$$x_4-x_1=x_3-x_2,\quad y_4-y_1=y_3-y_2,$$

这表示，直边四边形 $M_1M_2M_3M_4$ 的对边的长度可看作两两相等. 因此，若不计高阶无穷小，曲边四边形 $M_1M_2M_3M_4$ 可看作平行四边形，于是它的面积 $\Delta\sigma$ 近似等于$\triangle M_1M_2M_3$ 的面积的两倍. 根据解析几何，$\triangle M_1M_2M_3$ 的面积的两倍等于行列式

$$\begin{vmatrix} x_2-x_1 & x_3-x_2 \\ y_2-y_1 & y_3-y_2 \end{vmatrix}$$

的绝对值. 由于

$$x_2-x_1=x_u(u, v)h+o(h),\quad x_3-x_2=x_v(u, v)h+o(h),$$
$$y_2-y_1=y_u(u, v)h+o(h),\quad y_3-y_2=y_v(u, v)h+o(h),$$

因此上面的行列式与行列式

$$\begin{vmatrix} x_u(u, v)h & x_v(u, v)h \\ y_u(u, v)h & y_v(u, v)h \end{vmatrix}=\begin{vmatrix} x_u(u, v) & x_v(u, v) \\ y_u(u, v) & y_v(u, v) \end{vmatrix}h^2$$

只相差一个比 h^2 高阶的无穷小. 于是

$$\Delta\sigma=\left|\frac{\partial(x, y)}{\partial(u, v)}\right|\Delta\sigma'+o(\Delta\sigma'),\quad h\to0.$$

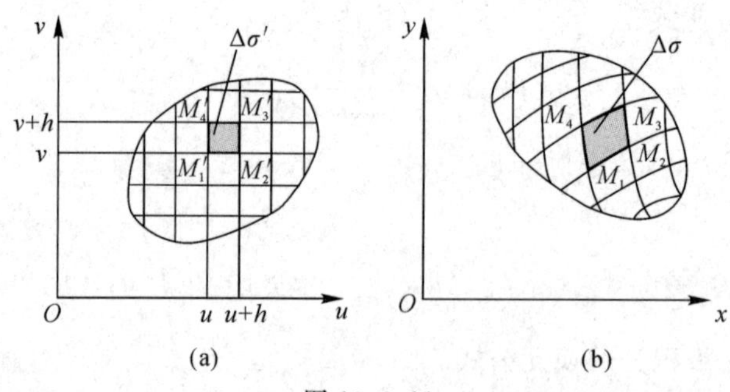

图 10.3.11

把 $f(x, y)=f[x(u, v), y(u, v)]$的两端分别与上式两端相乘，得

$$f(x,\ y)\Delta\sigma=f[x(u,\ v),\ y(u,\ v)]\left|\frac{\partial(x,\ y)}{\partial(u,\ v)}\right|\Delta\sigma'+f[x(u,\ v),\ y(u,\ v)]\cdot o(\Delta\sigma').$$

上式对一切小正方形闭区域取和并令 $h\to0$ 求极限，由于上式右端第二项的和的极限为零，于是得公式(10.3.4).

这里我们指出，如果雅可比式 $J(u,\ v)$ 只在 D' 内个别点上或一条曲线上为零，而在其他点上不为零，那么换元公式(10.3.4)仍成立.

在变换为极坐标 $x=\rho\cos\theta$，$y=\rho\sin\theta$ 的特殊情形下，雅可比式

$$J=\begin{vmatrix}\dfrac{\partial x}{\partial\rho} & \dfrac{\partial x}{\partial\theta}\\ \dfrac{\partial y}{\partial\rho} & \dfrac{\partial y}{\partial\theta}\end{vmatrix}=\begin{vmatrix}\cos\theta & -\rho\sin\theta\\ \sin\theta & \rho\cos\theta\end{vmatrix}=\rho,$$

它仅在 $\rho=0$ 处为零，故不论闭区域 D' 是否含有极点，换元公式仍成立，即有

$$\iint\limits_D f(x,\ y)\mathrm{d}x\mathrm{d}y=\iint\limits_{D'} f(\rho\cos\theta,\ \rho\sin\theta)\rho\mathrm{d}\rho\mathrm{d}\theta,$$

这里 D' 是 D 在直角坐标平面 $\rho O\theta$ 上的对应区域. 在公式(10.3.1)中用的是 D 而不是 D'，当积分区域 D 用极坐标表示时，其形式就与上式右端的形式完全等同了.

例 10.3.7　计算 $\iint\limits_D \mathrm{e}^{\frac{y-x}{y+x}}\mathrm{d}x\mathrm{d}y$，其中 D 是由 x 轴、y 轴和直线 $x+y=2$ 所围成的闭区域.

解　令 $u=y-x$，$v=y+x$，则 $x=\dfrac{v-u}{2}$，$y=\dfrac{v+u}{2}$.

作变换 $x=\dfrac{v-u}{2}$，$y=\dfrac{v+u}{2}$，则 xOy 面上的闭区域 D 和它在 uOv 面上的对应区域 D' 如图 10.3.12 所示.

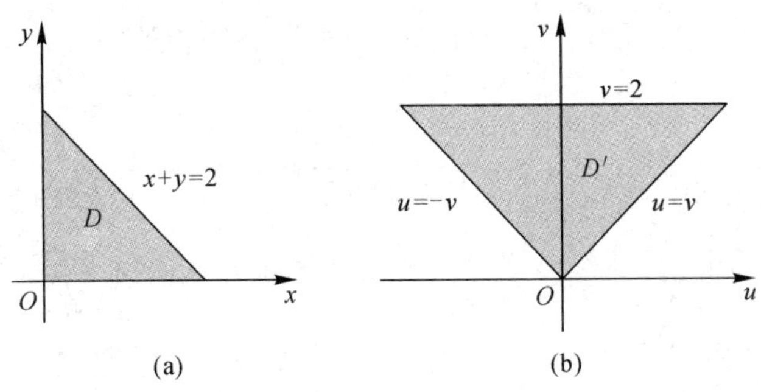

图 10.3.12

雅可比式为

$$J=\frac{\partial(x,\ y)}{\partial(u,\ v)}=\begin{vmatrix}-\dfrac{1}{2} & \dfrac{1}{2}\\ \dfrac{1}{2} & \dfrac{1}{2}\end{vmatrix}=-\frac{1}{2}.$$

利用公式(10.3.4)，得

$$\begin{aligned}\iint\limits_D \mathrm{e}^{\frac{y-x}{y+x}}\mathrm{d}x\mathrm{d}y&=\iint\limits_{D'}\mathrm{e}^{\frac{u}{v}}\left|-\frac{1}{2}\right|\mathrm{d}u\mathrm{d}v=\frac{1}{2}\int_0^2\mathrm{d}v\int_{-v}^{v}\mathrm{e}^{\frac{u}{v}}\mathrm{d}u\\&=\frac{1}{2}\int_0^2(\mathrm{e}-\mathrm{e}^{-1})v\mathrm{d}v=\mathrm{e}-\mathrm{e}^{-1}.\end{aligned}$$

例 10.3.8 求由直线 $x+y=c$、$x+y=d$、$y=ax$、$y=bx(0<c<d,\ 0<a<b)$所围成的闭区域 D(见图 10.3.13(a))的面积.

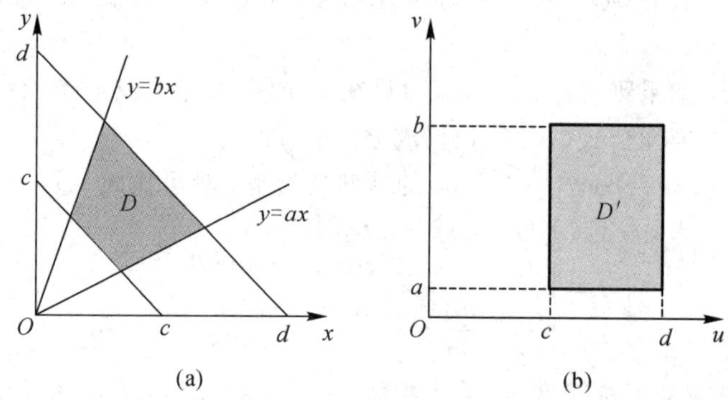

图 10.3.13

解 所求面积为

$$\iint_D \mathrm{d}x\mathrm{d}y.$$

上述二重积分直接化为二次积分计算比较麻烦. 现采用换元法，令 $u=x+y$，$v=\dfrac{y}{x}$，则 $x=\dfrac{u}{1+v}$，$y=\dfrac{uv}{1+v}$. 在这变换下，D 的边界 $x+y=c$、$x+y=d$、$y=ax$、$y=bx$ 依次与 $u=c$、$u=d$、$v=a$、$v=b$ 对应，后者构成与 D 对应的闭区域 D'的边界. 于是

$$D'=\{(u,\ v)\,|\,c\leqslant u\leqslant d,\ a\leqslant v\leqslant b\},$$

如图 10.3.13(b)所示. 又雅可比式

$$J=\frac{\partial(x,\ y)}{\partial(u,\ v)}=\frac{u}{(1+v)^2}\neq 0,\quad (u,\ v)\in D',$$

从而所求面积为

$$\iint_D \mathrm{d}x\mathrm{d}y=\iint_{D'}\frac{u}{(1+v)^2}\mathrm{d}u\mathrm{d}v=\int_a^b\frac{1}{(1+v)^2}\mathrm{d}v\int_c^d u\,\mathrm{d}u=\frac{(b-a)(d^2-c^2)}{2(1+a)(1+b)}.$$

例 10.3.9 计算 $\iint_D\sqrt{1-\dfrac{x^2}{a^2}-\dfrac{y^2}{b^2}}\,\mathrm{d}x\mathrm{d}y$，其中 D 是由椭圆$\dfrac{x^2}{a^2}+\dfrac{y^2}{b^2}=1$ 所围成的闭区域.

解 作广义极坐标变换：

$$\begin{cases}x=a\rho\cos\theta,\\ y=b\rho\sin\theta,\end{cases}$$

其中 $a>0$，$b>0$，$\rho\geqslant 0$，$0\leqslant\theta\leqslant 2\pi$. 在这变换下，与 D 对应的闭区域为

$$D'=\{(\rho,\ \theta)\,|\,0\leqslant\rho\leqslant 1,\ 0\leqslant\theta\leqslant 2\pi\},$$

雅可比式

$$J=\frac{\partial(x,\ y)}{\partial(\rho,\ \theta)}=ab\rho.$$

J 在 D'内仅当 $\rho=0$ 处为零，故换元公式仍成立，从而有

$$\iint_D\sqrt{1-\frac{x^2}{a^2}-\frac{y^2}{b^2}}\,\mathrm{d}x\mathrm{d}y=\iint_{D'}\sqrt{1-\rho^2}\,ab\rho\,\mathrm{d}\rho\mathrm{d}\theta=\frac{2}{3}\pi ab.$$

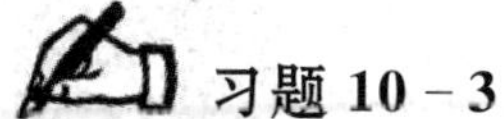

习题 10－3

基　础　题

1. 利用极坐标计算下列各题：

(1) $\iint\limits_{D}\frac{1+xy}{1+x^2+y^2}\mathrm{d}x\mathrm{d}y$，其中 $D=\{(x,y)\mid x^2+y^2\leqslant 1,x\geqslant 0\}$；

(2) $\iint\limits_{D}(x^2+y^2)\mathrm{d}\sigma$，其中 D：$x^2+y^2\geqslant 2x$，$x^2+y^2\leqslant 4x$；

(3) $\iint\limits_{D}\sqrt{R^2-x^2-y^2}\,\mathrm{d}\sigma$，其中 D 是由圆周 $x^2+y^2=Rx$ 所围成的闭区域；

(4) $\int_0^{2a}\mathrm{d}x\int_0^{\sqrt{2ax-x^2}}(x^2+y^2)\mathrm{d}y$；

(5) $\int_0^1\mathrm{d}x\int_{x^2}^{x}(x^2+y^2)^{-\frac{1}{2}}\mathrm{d}y$；

(6) $\iint\limits_{D}\mathrm{e}^{x^2+y^2}\mathrm{d}\sigma$，其中 D 是由圆周 $x^2+y^2=4$ 所围成的闭区域.

2. 计算积分 $I=\iint\limits_{D}(1-\sqrt{x^2+y^2})\mathrm{d}x\mathrm{d}y$，其中 D 是由 $x^2+y^2=1$、$x^2+y^2-x=0$ 及 $x=0$ 所围成的在第一象限内的区域.

3. 求由曲面 $z=x^2+2y^2$ 及 $z=6-2x^2-y^2$ 所围成的立体的体积.

提　高　题

1. 化下列二次积分为极坐标形式的二次积分：

(1) $\int_0^1\mathrm{d}x\int_{1-x}^{\sqrt{1-x^2}}f(x,y)\mathrm{d}y=$ ________________；

(2) $\int_0^{2a}\mathrm{d}x\int_0^{\sqrt{2ax-x^2}}f(x^2+y^2)\mathrm{d}y=$ ________________.

2. 化下列二次积分为极坐标形式的二次积分：

(1) $\int_0^1\mathrm{d}x\int_0^1 f(x,y)\mathrm{d}y$；　　(2) $\int_0^1\mathrm{d}x\int_0^{x^2}f(x,y)\mathrm{d}y$.

3. 计算下列二重积分：

(1) $\iint\limits_{D}\sqrt{\frac{1-x^2-y^2}{1+x^2+y^2}}\mathrm{d}\sigma$，其中 D 是由圆周 $x^2+y^2=1$ 及坐标轴所围成的在第一象限内的闭区域；

(2) $\iint\limits_{D}\sqrt{x^2+y^2}\,\mathrm{d}\sigma$，其中 D 是圆环形闭区域 $\{(x,y)\mid a^2\leqslant x^2+y^2\leqslant b^2\}$.

4. 设平面薄片所占的闭区域 D 由螺线 $\rho=2\theta$ 上一段弧 $\left(0\leqslant\theta\leqslant\frac{\pi}{2}\right)$ 与直线 $\theta=\frac{\pi}{2}$ 所围成，它的面密度为 $\mu(x,y)=x^2+y^2$. 求这薄片的质量.

5. 计算以 xOy 面上圆域 $x^2+y^2=ax$ 围成的闭区域为底、曲面 $z=x^2+y^2$ 为顶的曲顶柱体的体积.

习题 10-3
参考答案

第四节 三重积分(1)

一、三重积分的概念

定积分及二重积分作为和的极限的概念，可以很自然地推广到三重积分.

引例 假设 $\mu(x, y, z)$表示某物体在点(x, y, z)处的密度函数(密度函数是指单位体积的物体所含的质量)，且 $\mu(x, y, z)\geqslant 0$，Ω 是该物体所占有的空间有界闭区域(见图 10.4.1)，$\mu(x, y, z)$在 Ω 上连续，求该物体的质量.

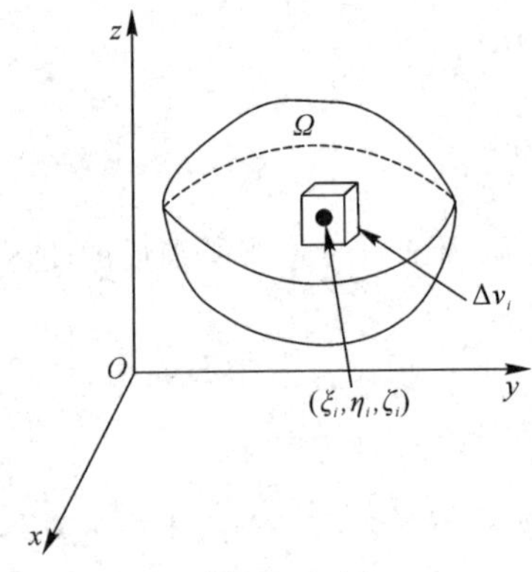

图 10.4.1

与前面讨论平面薄片的质量一样，同样可以采取分割、近似、求和、取极限的方法来计算这个空间物体的质量.

(1) 分割. 把空间区域 Ω 分成 n 个小区域，相应地空间物体被分成 n 小块 Δv_1，Δv_2，…，Δv_n，其中 Δv_i 表示物体的第 i 小块，也表示这一小块的体积.

(2) 近似. 在 Δv_i 中任取一点(ξ_i, η_i, ζ_i)，把 $\mu(x, y, z)$在这一点的值作为 Δv_i 的密度，从而得到 Δv_i 这一小块的质量的近似值，即 $\mu(\xi_i, \eta_i, \zeta_i)\Delta v_i$.

(3) 求和. 把每一小块对应的质量的近似值相加得到整个物体质量的近似值.

(4) 取极限. 当各小闭区域直径中的最大值 $\lambda\to 0$ 时，所对应的和式的极限就是所求物体的质量，即物体的质量为

$$M=\lim_{\lambda\to 0}\sum_{i=1}^{n}\mu(\xi_i, \eta_i, \zeta_i)\Delta v_i.$$

这个问题与三元函数 $\mu(x, y, z)$和空间区域 Ω 有关，所求量是一个和式的极限. 在物理、几何和工程技术中，有许多物理量或几何量都可以归结为这一形式的和的极限. 因此我们要一般地研究这种和的极限，并抽象出三重积分的定义.

定义 10.4.1 设 $f(x, y, z)$是空间有界闭区域 Ω 上的有界函数，将 Ω 任意分成 n 个小闭区域 Δv_1，Δv_2，…，Δv_n，其中 Δv_i 表示第 i 个小闭区域，也表示它的体积. 在每个 Δv_i 上任取一点(ξ_i, η_i, ζ_i)，作乘积 $f(\xi_i, \eta_i, \zeta_i)\Delta v_i$，并作和 $\sum\limits_{i=1}^{n}f(\xi_i, \eta_i, \zeta_i)\Delta v_i$. 如果当各小闭

区域直径中的最大值 $\lambda \to 0$ 时，这和的极限总存在，且与闭区域 Ω 的分法及点 (ξ_i, η_i, ζ_i) 的取法无关，那么称此极限为函数 $f(x, y, z)$ 在闭区域 Ω 上的三重积分，记作 $\iiint\limits_{\Omega} f(x, y, z)\mathrm{d}v$，即

$$\iiint\limits_{\Omega} f(x, y, z)\mathrm{d}v = \lim_{\lambda \to 0}\sum_{i=1}^{n} f(\xi_i, \eta_i, \zeta_i)\Delta v_i,$$

其中 Ω 叫作积分区域，$f(x, y, z)$ 叫作被积函数，$f(x, y, z)\mathrm{d}v$ 叫作被积表达式，$\mathrm{d}v$ 是体积元素，和式 $\sum\limits_{i=1}^{n} f(\xi_i, \eta_i, \zeta_i)\Delta v_i$ 称为积分和，x、y、z 是积分变量.

注 (1) 定义中要求和式的极限总存在，且与闭区域 Ω 的分法及点 (ξ_i, η_i, ζ_i) 的取法无关，即对于任意的分法以及任意点的取法，所对应的和式的极限都要趋于同一个值，这时我们称函数 $f(x, y, z)$ 在闭区域 Ω 上是可积的，相应的极限值称为函数 $f(x, y, z)$ 在闭区域 Ω 上的三重积分.

(2) 当 $f(x, y, z) \equiv 1$ 时，$V = \iiint\limits_{\Omega}\mathrm{d}v$，其中 V 为区域 Ω 的体积.

(3) 既然三重积分是通过求空间物体的质量抽象出来的，自然可以把空间物体的质量表示成三重积分的形式，即 $M = \iiint\limits_{\Omega}\mu(x, y, z)\mathrm{d}v$.

(4) 三重积分的存在性：

① 若 $f(x, y, z)$ 在空间有界闭区域 Ω 上连续，则 $f(x, y, z)$ 在闭区域 Ω 上是可积的；

② 若 $f(x, y, z)$ 在空间有界闭区域 Ω 上除去有限个点或有限条光滑曲线或有限个曲面都连续，则 $f(x, y, z)$ 在闭区域 Ω 上是可积的.

三重积分的性质与二重积分的性质类似，这里不再重复.

与二重积分类似，正确利用对称性可以简化三重积分的计算. 利用对称性计算三重积分时，既要考虑积分区域的对称性，还要考虑被积函数的奇偶性.

设函数 $f(x, y, z)$ 在空间有界区域 Ω 上连续，则 $I = \iiint\limits_{\Omega} f(x, y, z)\mathrm{d}v$ 存在.

(1) 如果积分区域 Ω 关于坐标面对称，例如关于 xOy 面对称，则

当函数 $f(x, y, z)$ 关于 z 是奇函数，即 $f(x, y, -z) = -f(x, y, z)$ 时，有 $I=0$；

当函数 $f(x, y, z)$ 关于 z 是偶函数，即 $f(x, y, -z) = f(x, y, z)$ 时，有

$$I = 2\iiint\limits_{\Omega_1} f(x, y, z)\mathrm{d}v,$$

其中 Ω_1 为 Ω 位于 xOy 面上方的部分.

当积分区域 Ω 关于 yOz 面或 zOx 面对称时，若被积函数关于 x 或 y 有奇偶性，则有类似结论.

(2) 如果积分区域 Ω 关于坐标轴对称，例如关于 z 轴对称，则

当函数 $f(x, y, z)$ 关于 x、y 是奇函数，即 $f(-x, -y, z) = -f(x, y, z)$ 时，有 $I=0$；

当函数 $f(x, y, z)$ 关于 x、y 是偶函数，即 $f(-x, -y, z) = f(x, y, z)$ 时，有

$$I = 2\iiint\limits_{\Omega_2} f(x, y, z)\mathrm{d}v,$$

其中 Ω_2 为 Ω 关于 z 轴对称的一半.

当积分区域 Ω 关于 x 轴或 y 轴对称时，有类似结论.

(3) 如果积分区域 Ω 关于坐标原点对称，则

当函数 $f(x, y, z)$ 关于 x、y、z 是奇函数，即 $f(-x, -y, -z)=-f(x, y, z)$ 时，有 $I=0$；

当函数 $f(x, y, z)$ 关于 x、y、z 是偶函数，即 $f(-x, -y, -z)=f(x, y, z)$ 时，有

$$I = 2\iiint_{\Omega_3} f(x, y, z)\mathrm{d}v,$$

其中 Ω_3 为 Ω 关于原点对称的一半.

(4) 如果积分区域 Ω 的表达式具有轮换对称性，即将其表达式中的变量 x、y、z 依次轮换为 y、z、x 和 z、x、y，表达式形式不变，则

$$\begin{aligned}\iiint_{\Omega} f(x, y, z)\mathrm{d}v &= \iiint_{\Omega} f(y, z, x)\mathrm{d}v = \iiint_{\Omega} f(z, x, y)\mathrm{d}v \\ &= \frac{1}{3}\iiint_{\Omega}[f(x, y, z) + f(y, z, x) + f(z, x, y)]\mathrm{d}v.\end{aligned}$$

例 10.4.1 计算三重积分 $\iiint\limits_{\Omega}\frac{z\ln(x^2+y^2+z^2+1)}{x^2+y^2+z^2+1}\mathrm{d}v$，其中 Ω 是由球面 $x^2+y^2+z^2=1$ 所围成的闭区域.

解 被积函数是关于 z 的奇函数，积分区域 Ω 关于 xOy 面对称，则由对称性得

$$\iiint_{\Omega}\frac{z\ln(x^2+y^2+z^2+1)}{x^2+y^2+z^2+1}\mathrm{d}v = 0.$$

这里应用对称性计算三重积分，那么一般情况的三重积分如何计算呢？下面讨论三重积分的计算.

二、利用直角坐标计算三重积分

计算三重积分的基本方法是将三重积分化为三次积分来计算. 下面利用直角坐标讨论将三重积分化为三次积分的方法.

在定义三重积分的时候，我们首先考虑到对空间区域 Ω 进行分割，也就是把 Ω 分成若干小闭区域. 现在我们考虑对 Ω 的一种特殊形式的分割，用平行于坐标面的平面来分割 Ω，除了包含 Ω 的边界点的一些不规则小闭区域，得到的小闭区域 Δv_i 为长方体. 设长方体小闭区域 Δv_i 的边长为 Δx_j、Δy_k、Δz_l，则 $\Delta v_i=\Delta x_j\Delta y_k\Delta z_l$，因此在直角坐标系中，有时也把体积元素 $\mathrm{d}v$ 记作 $\mathrm{d}x\mathrm{d}y\mathrm{d}z$，而把三重积分记作

$$\iiint_{\Omega} f(x, y, z)\mathrm{d}x\mathrm{d}y\mathrm{d}z,$$

其中 $\mathrm{d}x\mathrm{d}y\mathrm{d}z$ 叫作**直角坐标系中的体积元素**.

1. 投影法(先一后二法)

假设平行于 z 轴且穿过闭区域 Ω 内部的直线与闭区域 Ω 的边界曲面 S 相交不多于两点，把闭区域 Ω 投影到 xOy 面上，得一平面闭区域 D_{xy} (见图 10.4.2). 以 D_{xy} 的边界为准线作母线平行于 z 轴的柱面，这柱面与曲面 S 的交线将 S 分为下、上两部分，它们的方程分别为 S_1：$z=z_1(x, y)$，S_2：$z=z_2(x, y)$，其中 $z=z_1(x, y)$ 与 $z=z_2(x, y)$)都是 D_{xy} 上的连续函数，且 $z_1(x, y)\leqslant z_2(x, y)$. 过 D_{xy} 内任一点 (x, y) 作平行于 z 轴的直线，这直

线通过曲面 S_1 穿入 Ω 内，然后通过曲面 S_2 穿出 Ω 外，穿入点与穿出点的竖坐标分别为 $z_1(x, y)$ 与 $z_2(x, y)$.

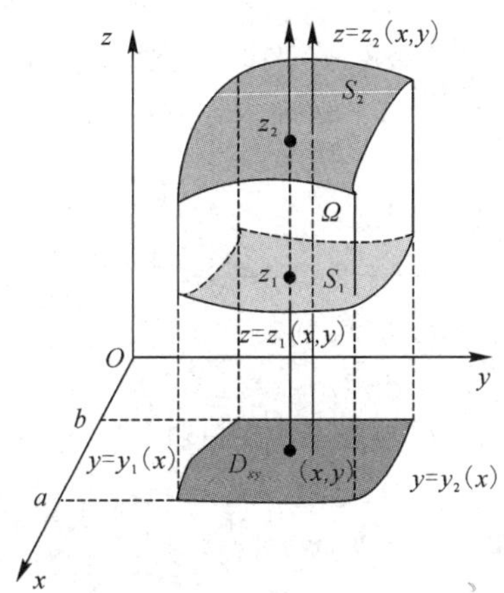

图 10.4.2

在这种情况下，积分区域 Ω 可以表示为

$$\Omega=\{(x, y, z) \mid z_1(x, y) \leqslant z \leqslant z_2(x, y), (x, y) \in D_{xy}\}.$$

先将 x、y 看作定值，将 $f(x, y, z)$ 只看作 z 的函数，在区间 $[z_1(x, y), z_2(x, y)]$ 上对 z 积分，积分的结果是 x、y 的函数，记为 $F(x, y)$，即 $F(x, y)=\int_{z_1(x, y)}^{z_2(x, y)} f(x, y, z) \mathrm{d} z$，然后计算 $F(x, y)$ 在闭区域 D_{xy} 上的二重积分

$$\iint_{D_{xy}} F(x, y) \mathrm{d} \sigma=\iint_{D_{xy}}\left[\int_{z_1(x, y)}^{z_2(x, y)} f(x, y, z) \mathrm{d} z\right] \mathrm{d} \sigma.$$

因为是先计算一个定积分，然后计算二重积分，所以这种计算三重积分的方法称为**先一后二法**. 又这种方法需要将空间区域 Ω 投影到 xOy 面上，得到投影区域 D_{xy}，故我们又把它称为**投影法**.

假如闭区域 D_{xy} 是 X 型区域，$D_{xy}=\{(x, y) \mid y_1(x) \leqslant y \leqslant y_2(x), a \leqslant x \leqslant b\}$，则三重积分的计算公式为

$$\iiint_{\Omega} f(x, y, z) \mathrm{d} v=\int_a^b \mathrm{d} x \int_{y_1(x)}^{y_2(x)} \mathrm{d} y \int_{z_1(x, y)}^{z_2(x, y)} f(x, y, z) \mathrm{d} z.$$

这个公式把三重积分化为先对 z、再对 y、最后对 x 的**三次积分**.

如果平行于 x 轴或 y 轴且穿过闭区域 Ω 内部的直线与闭区域 Ω 的边界曲面 S 相交不多于两点，也可把闭区域 Ω 投影到 yOz 面上或 zOx 面上，这样便可把三重积分化为按其他次序的三次积分. 如果平行于坐标轴且穿过闭区域 Ω 内部的直线与闭区域 Ω 的边界曲面 S 的交点多于两个，也可像处理二重积分那样，把闭区域 Ω 分成若干个部分，使 Ω 上的三重积分化为各部分闭区域上的三重积分的和.

投影法的基本步骤如下：

(1) 作图，将 Ω 投影到 xOy 面上，确定投影区域 D_{xy}.

(2) 在投影区域 D_{xy} 内任取 (x, y)，过这点作平行于 z 轴的直线，确定穿入点和穿出点所在曲面函数，得 z 的积分限.

(3) 写出三次积分，逐次计算积分得到结果.

同样，也可以把积分区域 Ω 向 yOz 面、zOx 面投影. 所以，三重积分可以化为六种不

同次序的三次积分. 解题时，要依据具体的被积函数和积分区域 Ω 选取适当的积分次序进行计算.

例 10.4.2 计算三重积分 $\iiint\limits_{\Omega} x\,\mathrm{d}x\mathrm{d}y\mathrm{d}z$，其中 Ω 是由三个坐标面及平面 $x+2y+z=1$ 所围成的闭区域 .

例 10.4.2 的分析

解 空间闭区域(见图 10.4.3)为

$$\Omega=\left\{(x,\ y,\ z)\ \middle|\ 0\leqslant z\leqslant 1-x-2y,\ 0\leqslant y\leqslant \frac{1-x}{2},\ 0\leqslant x\leqslant 1\right\}.$$

于是由投影法得

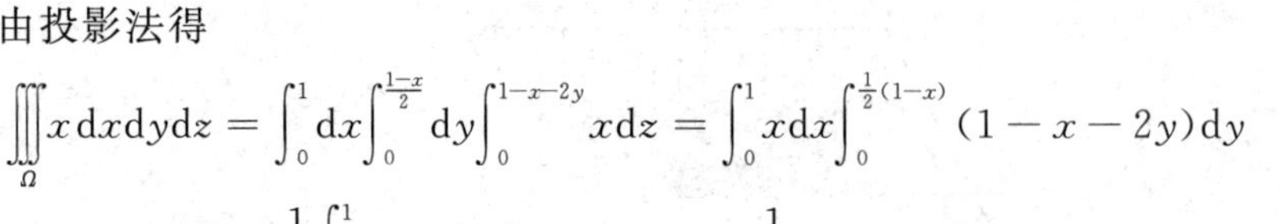

$$\iiint\limits_{\Omega} x\,\mathrm{d}x\mathrm{d}y\mathrm{d}z=\int_0^1\mathrm{d}x\int_0^{\frac{1-x}{2}}\mathrm{d}y\int_0^{1-x-2y}x\,\mathrm{d}z=\int_0^1 x\,\mathrm{d}x\int_0^{\frac{1}{2}(1-x)}(1-x-2y)\,\mathrm{d}y$$

$$=\frac{1}{4}\int_0^1(x-2x^2+x^3)\,\mathrm{d}x=\frac{1}{48}.$$

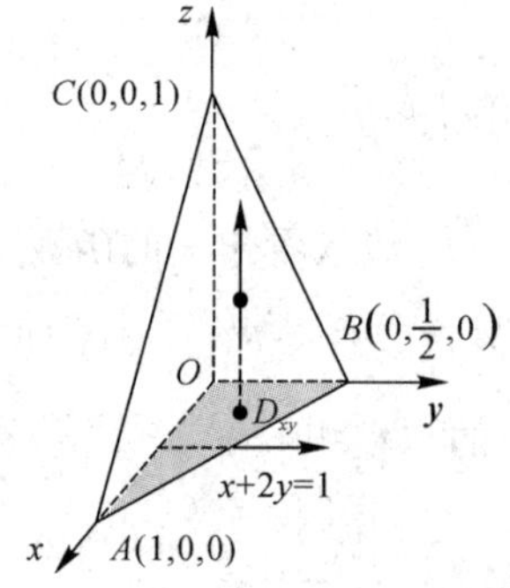

图 10.4.3

例 10.4.3 计算三重积分 $I=\iiint\limits_{\Omega} xyz^2\,\mathrm{d}v$，其中

$$\Omega=\{(x,\ y,\ z)\,|\,0\leqslant x\leqslant 1,\ -1\leqslant y\leqslant 2,\ 0\leqslant z\leqslant 3\}\text{(见图 10.4.4)}.$$

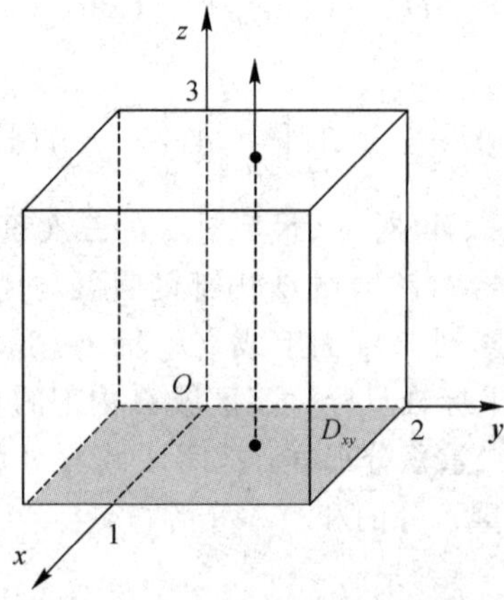

图 10.4.4

解 $I=\int_0^1\mathrm{d}x\int_{-1}^2\mathrm{d}y\int_0^3 xyz^2\,\mathrm{d}z=\frac{1}{2}\cdot\left[\frac{y^2}{2}\right]_{-1}^2\cdot\left[\frac{z^3}{3}\right]_0^3=\frac{27}{4}.$

注 这个例子非常简单，但是告诉我们这样一个事实：对于三重积分，如果相对应的积分区域是一个长方体(这里的长方体，它的每一个面都平行于坐标面)，那么三重积分可

以转化为在三个常值区间上的三次积分. 另外，如果被积函数中的变量 x、y、z 是相互分离的，那么可以把三重积分转化为三个定积分相乘的形式.

反过来，如果是三个定积分相乘，那么可以将其写成一个三重积分的形式. 对于二重积分也一样，如果是两个定积分相乘，那么可以将其写成一个二重积分的形式. 这个技巧对于我们考虑一些问题是方便的：一方面，我们可以把二重积分、三重积分转化为二次定积分、三次定积分；另一方面，我们可以把两个或三个定积分相乘写成二重积分或三重积分的形式. 这体现了两种积分之间的转化.

例 10.4.4 计算三重积分 $\iiint\limits_{\Omega}(1-y)\mathrm{e}^{-(1-y-z)^2}\,\mathrm{d}x\mathrm{d}y\mathrm{d}z$，其中 Ω 由平面 $x+y+z=1$ 与三个坐标面所围成.

解 根据被积函数的特点，将积分区域 Ω 投影到 yOz 面，得

$$\Omega=\{(x,\ y,\ z)\mid 0\leqslant x\leqslant 1-y-z,\ 0\leqslant z\leqslant 1-y,\ 0\leqslant y\leqslant 1\}.$$

于是

$$\begin{aligned}\iiint\limits_{\Omega}(1-y)\mathrm{e}^{-(1-y-z)^2}\,\mathrm{d}x\mathrm{d}y\mathrm{d}z &= \int_0^1\mathrm{d}y\int_0^{1-y}\mathrm{d}z\int_0^{1-y-z}(1-y)\mathrm{e}^{-(1-y-z)^2}\,\mathrm{d}x\\ &= \int_0^1\mathrm{d}y\int_0^{1-y}(1-y)\mathrm{e}^{-(1-y-z)^2}(1-y-z)\mathrm{d}z\\ &= \frac{1}{2}\int_0^1(1-y)\left[1-\mathrm{e}^{-(1-y)^2}\right]\mathrm{d}y=\frac{1}{4\mathrm{e}}.\end{aligned}$$

2. 截面法(先二后一法)

计算三重积分还可以采用先计算一个二重积分，再计算一个定积分的方法，即截面法. 首先把区域 Ω 投影到 z 轴上得到投影区间 $[c_1,\ c_2]$(见图 10.4.5)，然后在区间 $[c_1,\ c_2]$ 上任取一点 z，过点 z 作与 z 轴垂直的平面，这时平面与空间区域 Ω 相交的截面为 D_z. 空间闭区域 Ω 可表示为

$$\Omega=\{(x,\ y,\ z)\mid (x,\ y)\in D_z,\ c_1\leqslant z\leqslant c_2\},$$

所以

$$\iiint\limits_{\Omega}f(x,\ y,\ z)\mathrm{d}v=\int_{c_1}^{c_2}\mathrm{d}z\iint\limits_{D_z}f(x,\ y,\ z)\mathrm{d}x\mathrm{d}y.$$

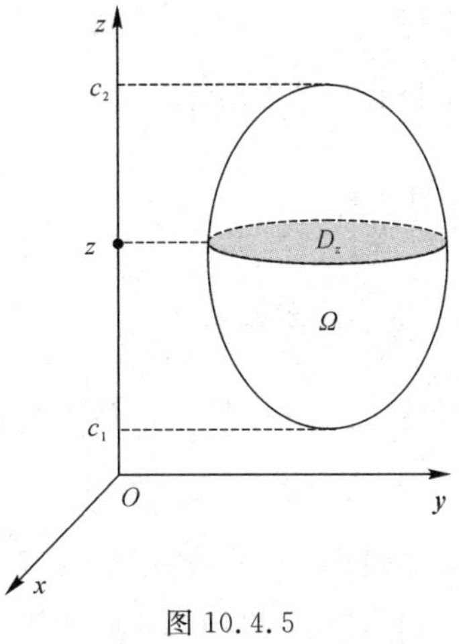

图 10.4.5

由于这种方法是先计算二重积分，然后计算定积分，所以称为计算三重积分的**先二后一法**．又这种方法需要用平面去截积分区域 Ω，故我们又把它称为**截面法**．如果截面 D_z 是 X 型区域，$D_z=\{(x,\ y)\mid y_1(x,\ z)\leqslant y\leqslant y_2(x,\ z),\ x_1(z)\leqslant x\leqslant x_2(z)\}$，则有

$$\iiint_{\Omega}f(x,\ y,\ z)\mathrm{d}v=\int_{c_1}^{c_2}\mathrm{d}z\int_{x_1(z)}^{x_2(z)}\mathrm{d}x\int_{y_1(x,\ z)}^{y_2(x,\ z)}f(x,\ y,\ z)\mathrm{d}y.$$

这个公式把三重积分化为先对 y、再对 x、最后对 z 的**三次积分**.

截面法的一般步骤如下：

(1) 把积分区域 Ω 向某轴(如 z 轴)投影，得到投影区间$[c_1,\ c_2]$；

(2) 在投影区间$[c_1,\ c_2]$上任取一点 z，用过 z 轴且平行于 xOy 面的平面去截 Ω 得截面 D_z；

(3) 计算二重积分 $\iint\limits_{D_z}f(x,\ y,\ z)\mathrm{d}x\mathrm{d}y$，其结果为 z 的函数 $F(z)$；

(4) 计算定积分 $\int_{c_1}^{c_2}F(z)\mathrm{d}z$.

截面法的一般适用范围如下：

(1) 被积函数为单变量函数，且用垂直于该变量对应的坐标轴穿面而得截面的面积易求；

(2) 被积函数含 $f(x^2+y^2)$，用平行于 xOy 面的平面穿面而得截面为圆域.

例 10.4.2 计算三重积分 $\iiint\limits_{\Omega}x\,\mathrm{d}x\mathrm{d}y\mathrm{d}z$，其中 Ω 是由三个坐标面及平面 $x+2y+z=1$ 所围成的闭区域.

分析 这是前面讲过的例题．前面用先一后二法，即投影法得到这个三重积分等于 1/48．这里用先二后一法，即截面法计算这个三重积分．被积函数是单变量函数 x，用垂直于 x 轴(见图 10.4.6)的平面去截 Ω 所得截面面积容易求出．把积分区域 Ω 向 x 轴投影，得到投影区间$[0,\ 1]$，在投影区间$[0,\ 1]$上任取一点 x，用过 x 且平行于 yOz 面的平面去截 Ω 得截面 D_x：

$$D_x=\{(y,\ z)\mid 2y+z\leqslant 1-x,\ y\geqslant 0,\ z\geqslant 0\}.$$

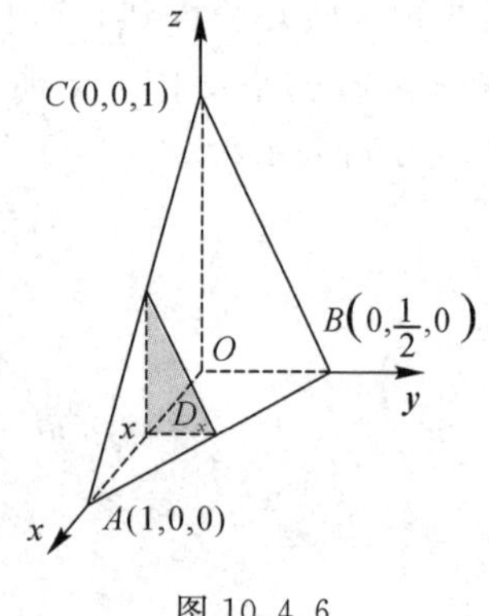

图 10.4.6

解
$$\iiint\limits_{\Omega}x\,\mathrm{d}x\mathrm{d}y\mathrm{d}z=\int_0^1\mathrm{d}x\iint\limits_{D_x}x\,\mathrm{d}y\mathrm{d}z=\int_0^1 x\mathrm{d}x\iint\limits_{D_x}\mathrm{d}y\mathrm{d}z$$
$$=\int_0^1 x\cdot\frac{1}{2}\,\frac{1-x}{2}(1-x)\mathrm{d}x$$
$$=\frac{1}{4}\int_0^1(x-2x^2+x^3)\mathrm{d}x=\frac{1}{48}.$$

例 10.4.5 计算三重积分 $\iiint\limits_{\Omega}z^2\mathrm{d}x\mathrm{d}y\mathrm{d}z$，其中 Ω 是由椭球面$\frac{x^2}{a^2}+\frac{y^2}{b^2}+\frac{z^2}{c^2}=1$ 所围成的空间闭区域.

分析 被积函数为 z^2，是单变量函数，积分区域为椭球面(见图 10.4.7)，且用垂直于 z 轴的平面去截 Ω 所得截面 D_z 为椭圆，所以用先二后一法计算比较简单.

解　空间闭区域 Ω 可表示为

$$\left\{(x,\ y,\ z)\mid\frac{x^2}{a^2}+\frac{y^2}{b^2}\leqslant1-\frac{z^2}{c^2},\ -c\leqslant z\leqslant c\right\}.$$

于是

$$\iiint_{\Omega}z^2\mathrm{d}x\mathrm{d}y\mathrm{d}z=\int_{-c}^{c}\mathrm{d}z\iint_{D_z}z^2\mathrm{d}x\mathrm{d}y=\int_{-c}^{c}z^2\mathrm{d}z\iint_{D_z}\mathrm{d}x\mathrm{d}y$$

$$=\int_{-c}^{c}z^2\pi ab\left(1-\frac{z^2}{c^2}\right)\mathrm{d}z=\frac{4}{15}\pi abc^3.$$

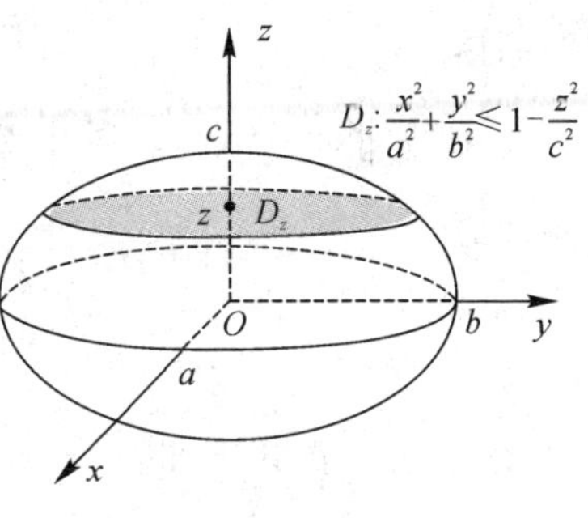

图 10.4.7

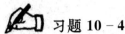

习题 10 - 4

基　础　题

1. 化下列三重积分 $\iiint_{\Omega}f(x,\ y,\ z)\mathrm{d}x\mathrm{d}y\mathrm{d}z$ 为直角坐标系下的三次积分：

(1) 设 Ω 是由曲面 $z=x^2+y^2$ 及平面 $z=1$ 所围成的区域，则积分

$\iiint_{\Omega}f(x,\ y,\ z)\mathrm{d}x\mathrm{d}y\mathrm{d}z=$ ________________________________；

(2) 设 Ω 是由曲面 $z=x^2+y^2$、$y=x^2$ 及平面 $y=1$、$z=0$ 所围成的区域，则积分

$\iiint_{\Omega}f(x,\ y,\ z)\mathrm{d}x\mathrm{d}y\mathrm{d}z=$ ________________________________.

2. 计算下列各三重积分：

(1) $\iiint_{\Omega}(3z-1)\mathrm{d}x\mathrm{d}y\mathrm{d}z$，其中 Ω：$0\leqslant x\leqslant1$，$0\leqslant y\leqslant2$，$0\leqslant z\leqslant3-x$.

(2) $\iiint_{\Omega}xyz\mathrm{d}x\mathrm{d}y\mathrm{d}z$，其中 Ω 是由球面 $x^2+y^2+z^2=1$ 及三个坐标面所围成的第一卦限内的体域.

(3) 计算 $\iiint_{\Omega}z\mathrm{d}x\mathrm{d}y\mathrm{d}z$，其中 Ω 是由锥面 $z=\frac{h}{R}\sqrt{x^2+y^2}$ 与平面 $z=h(R>0,\ h>0)$ 所围成的闭区域.

3. 如果三重积分 $\iiint_{\Omega}f(x,\ y,\ z)\mathrm{d}x\mathrm{d}y\mathrm{d}z$ 的被积函数 $f(x,\ y,\ z)$ 是三个函数 $f_1(x)$、$f_2(y)$、$f_3(z)$ 的乘积，即 $f(x,\ y,\ z)=f_1(x)\cdot f_2(y)\cdot f_3(z)$，积分区域

$$\Omega=\{(x,\ y,\ z)\mid a\leqslant x\leqslant b,\ c\leqslant y\leqslant d,\ l\leqslant z\leqslant m\},$$

证明这个三重积分等于三个单积分的乘积，即

$$\iiint_{\Omega}f_1(x)f_2(y)f_3(z)\mathrm{d}x\mathrm{d}y\mathrm{d}z=\int_a^b f_1(x)\mathrm{d}x\int_c^d f_2(y)\mathrm{d}y\int_l^m f_3(z)\mathrm{d}z.$$

4. 计算 $\iiint_{\Omega}xy^2z^3\mathrm{d}x\mathrm{d}y\mathrm{d}z$，其中 Ω 是由曲面 $z=xy$ 与平面 $y=x$、$x=1$ 和 $z=0$ 所围成的闭区域.

5. 计算 $\iiint_{\Omega}\frac{\mathrm{d}x\mathrm{d}y\mathrm{d}z}{(1+x+y+z)^3}$，其中 Ω 是由平面 $x=0$、$y=0$、$z=0$、$x+y+z=1$ 所围成

的四面体.

6. 计算 $\iiint\limits_{\Omega} xz\mathrm{d}x\mathrm{d}y\mathrm{d}z$，其中 Ω 是由平面 $z=0$、$z=y$、$y=1$ 以及抛物柱面 $y=x^2$ 所围成的闭区域.

提 高 题

1. 计算三重积分 $\iiint\limits_{\Omega} y\cos(x+z)\mathrm{d}x\mathrm{d}y\mathrm{d}z$，其中 Ω 由平面 $y=0$、$z=0$、$x+z=\frac{\pi}{2}$ 及柱面 $y=\sqrt{x}$ 所围成.

习题 10-4
参考答案

2. 计算三重积分 $\iiint\limits_{\Omega}(x+y+z)^2\mathrm{d}x\mathrm{d}y\mathrm{d}z$，其中 Ω：$\frac{x^2}{a^2}+\frac{y^2}{b^2}+\frac{z^2}{c^2}\leqslant 1$ $(a>0, b>0, c>0)$.

第五节 三重积分(2)

前面我们学习了利用直角坐标计算三重积分的两种方法，即投影法和截面法. 但是对有些几何体，比如由旋转抛物面和球面所围成的空间闭区域，用直角坐标来描述可能会导致积分限的复杂. 下面我们学习利用柱面坐标、球面坐标计算三重积分.

一、利用柱面坐标计算三重积分

1. 空间内点的柱面坐标表示

设 $M(x, y, z)$为空间内一点，点 M 在 xOy 面上的投影 P 的极坐标为(ρ, θ)，则这样的三个数 ρ、θ、z 称为点 M 的柱面坐标(见图 10.5.1). 这里规定 ρ、θ、z 的变化范围为

$$\begin{cases}0\leqslant\rho<+\infty,\\ 0\leqslant\theta\leqslant 2\pi,\\ -\infty<z<+\infty.\end{cases}$$

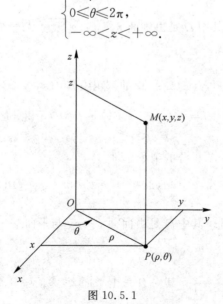

图 10.5.1

三组坐标面(见图 10.5.2)分别为

ρ=常数，表示以 z 轴为中心轴的圆柱面；

θ=常数，表示过 z 轴的半平面；

z=常数，表示与 xOy 面平行的平面.

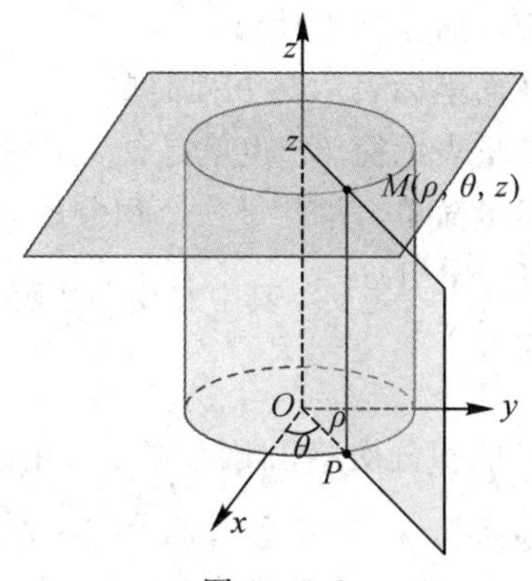

图 10.5.2

2. 直角坐标与柱面坐标之间的关系

根据直角坐标与极坐标的关系容易得到直角坐标与柱面坐标之间的关系为

$$\begin{cases} x=\rho\cos\theta, \\ y=\rho\sin\theta, \\ z=z. \end{cases}$$

3. 利用柱面坐标计算三重积分

假设三重积分 $\iiint\limits_{\Omega} f(x, y, z)\mathrm{d}v$ 存在，则积分值与区域的分法和点的取法无关. 我们用三组坐标面 ρ=常数、θ=常数、z=常数把 Ω 分成很多小闭区域，除了含 Ω 的边界点的一些不规则小闭区域，这种小闭区域都是柱体. 现在考虑由 ρ、θ、z 各取得微小增量 $\mathrm{d}\rho$、$\mathrm{d}\theta$、$\mathrm{d}z$ 所成的柱体的体积(见图 10.5.3). 这个柱体的体积等于底面积乘高. 现在高为 $\mathrm{d}z$，底面积在不计高阶无穷小时为 $\rho\mathrm{d}\rho\mathrm{d}\theta$，即极坐标系中的面积元素，于是得

$$\mathrm{d}v=\rho\mathrm{d}\rho\mathrm{d}\theta\mathrm{d}z,$$

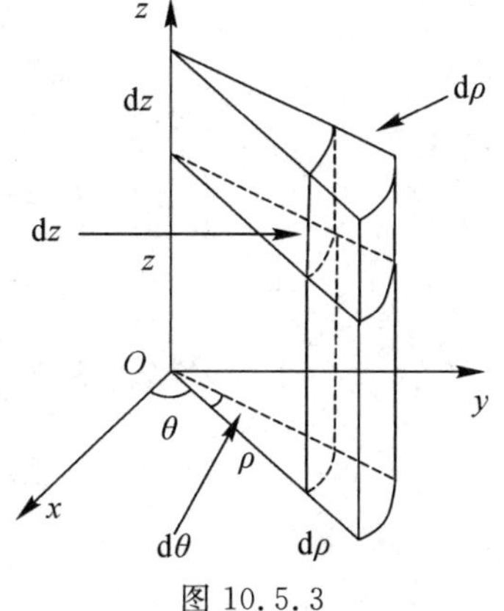

图 10.5.3

这就是**柱面坐标系中的体积元素**. 再由直角坐标与柱面坐标的关系得

$$\iiint_{\Omega} f(x, y, z)\mathrm{d}v = \iiint_{\Omega} f(\rho\cos\theta, \rho\sin\theta, z)\rho\mathrm{d}\rho\mathrm{d}\theta\mathrm{d}z.$$

这样我们就将直角坐标系下的三重积分转化为柱面坐标系下的三重积分.

一般来说，下列情形适合用柱面坐标来计算：

(1) 积分域的边界曲面用柱面坐标表示时方程简单.

(2) 被积函数用柱面坐标变量表示简单. 也就是说，用柱面坐标表示三重积分，将它转化为三次积分时，被积函数要尽量简单，并且每一个积分的上、下限要尽量简单.

例 10.5.1 计算三重积分 $\iiint_{\Omega} \frac{\mathrm{d}x\mathrm{d}y\mathrm{d}z}{1+x^2+y^2}$，其中 Ω 由抛物面 $x^2+y^2=4z$ 与平面 $z=h(h>0)$ 所围成.

解 方法 1：选择"$\rho-\theta-z$"的积分次序，闭区域 Ω 可用不等式

$$0\leqslant\rho\leqslant 2\sqrt{z}, \quad 0\leqslant\theta\leqslant 2\pi, \quad 0\leqslant z\leqslant h$$

来表示(见图 10.5.4). 于是

$$\begin{aligned}\iiint_{\Omega} \frac{\mathrm{d}x\mathrm{d}y\mathrm{d}z}{1+x^2+y^2} &= \iiint_{\Omega} \frac{\rho}{1+\rho^2}\mathrm{d}\rho\mathrm{d}\theta\mathrm{d}z = \int_0^h \mathrm{d}z\int_0^{2\pi}\mathrm{d}\theta\int_0^{2\sqrt{z}} \frac{\rho}{1+\rho^2}\mathrm{d}\rho \\ &= \pi\int_0^h \ln(1+4z)\mathrm{d}z = \frac{\pi}{4}[(1+4h)\ln(1+4h)-4h].\end{aligned}$$

方法 2：选择"$z-\rho-\theta$"的积分次序，闭区域 Ω 可用不等式

$$\frac{\rho^2}{4}\leqslant z\leqslant h, \quad 0\leqslant\rho\leqslant 2\sqrt{h}, \quad 0\leqslant\theta\leqslant 2\pi$$

来表示(见图 10.5.5). 于是

$$\begin{aligned}\iiint_{\Omega} \frac{\mathrm{d}x\mathrm{d}y\mathrm{d}z}{1+x^2+y^2} &= \iiint_{\Omega} \frac{\rho}{1+\rho^2}\mathrm{d}\rho\mathrm{d}\theta\mathrm{d}z \\ &= \int_0^{2\pi}\mathrm{d}\theta\int_0^{2\sqrt{h}} \frac{\rho}{1+\rho^2}\mathrm{d}\rho\int_{\frac{1}{4}\rho^2}^{h}\mathrm{d}z \\ &= \frac{\pi}{4}[(1+4h)\ln(1+4h)-4h].\end{aligned}$$

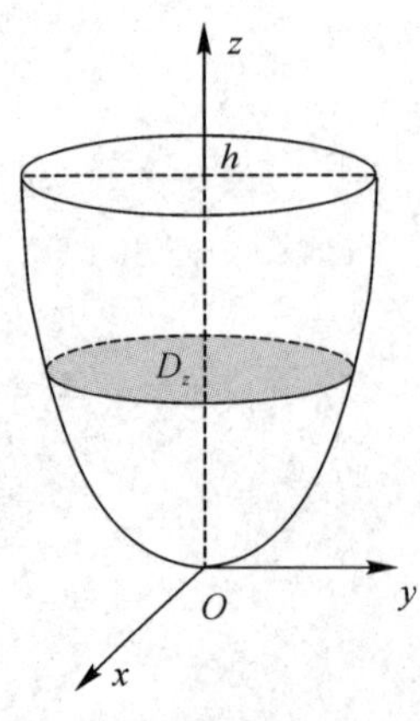

图 10.5.4

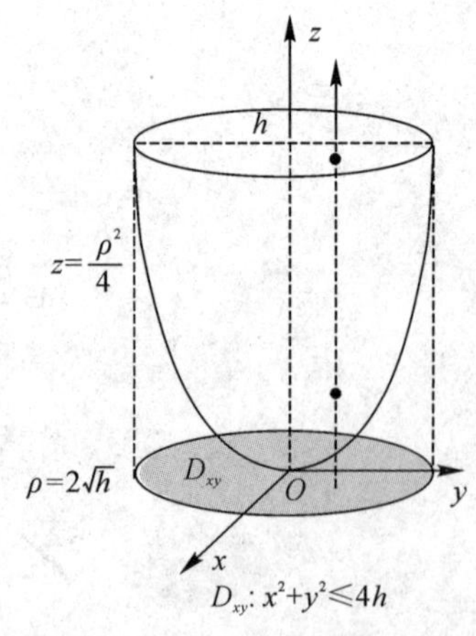

图 10.5.5

例 10.5.2 计算三重积分 $\iiint\limits_{\Omega} z\sqrt{x^2+y^2}\,\mathrm{d}v$，其中 Ω 是由柱面 $x^2+y^2=2x$ 及平面 $z=0$、$z=a(a>0)$、$y=0$ 所围成的在第一卦限的立体.

解 方法 1：闭区域 Ω 可用不等式 $0\leqslant z\leqslant a$，$0\leqslant\rho\leqslant 2\cos\theta$，$0\leqslant\theta\leqslant\frac{\pi}{2}$ 来表示(见图 10.5.6). 于是

$$\iiint\limits_{\Omega} z\sqrt{x^2+y^2}\,\mathrm{d}v=\iiint\limits_{\Omega} z\rho^2\,\mathrm{d}\rho\mathrm{d}\theta\mathrm{d}z=\int_0^{\frac{\pi}{2}}\mathrm{d}\theta\int_0^{2\cos\theta}\rho^2\,\mathrm{d}\rho\int_0^a z\mathrm{d}z$$

$$=\int_0^{\frac{\pi}{2}}\frac{8\cos^3\theta}{3}\cdot\frac{a^2}{2}\mathrm{d}\theta=\frac{4a^2}{3}\int_0^{\frac{\pi}{2}}\cos^3\theta\mathrm{d}\theta=\frac{8}{9}a^2.$$

方法 2：闭区域 Ω 可用不等式 $0\leqslant\rho\leqslant 2\cos\theta$，$0\leqslant\theta\leqslant\frac{\pi}{2}$，$0\leqslant z\leqslant a$ 来表示(见图 10.5.7). 于是

$$\iiint\limits_{\Omega} z\sqrt{x^2+y^2}\,\mathrm{d}v=\iiint\limits_{\Omega} z\rho^2\,\mathrm{d}\rho\mathrm{d}\theta\mathrm{d}z=\int_0^a z\mathrm{d}z\int_0^{\frac{\pi}{2}}\mathrm{d}\theta\int_0^{2\cos\theta}\rho^2\,\mathrm{d}\rho$$

$$=\frac{4a^2}{3}\int_0^{\frac{\pi}{2}}\cos^3\theta\mathrm{d}\theta=\frac{8}{9}a^2.$$

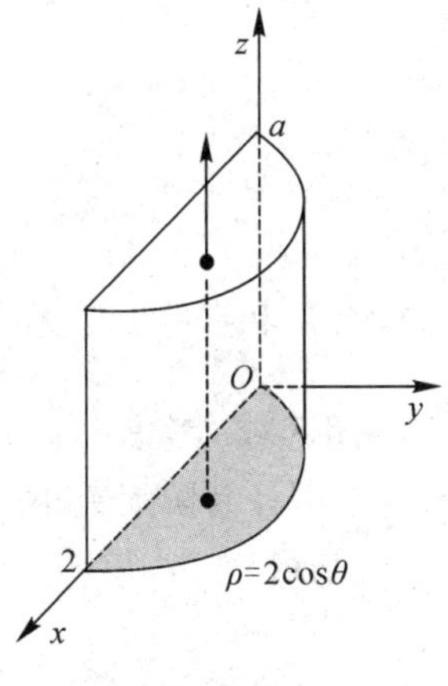

图 10.5.6

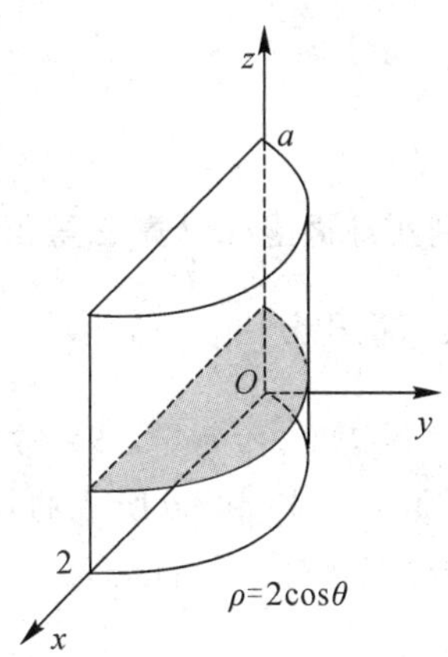

图 10.5.7

二、利用球面坐标计算三重积分

1. 空间内点的球面坐标表示

设 $M(x, y, z)$ 为空间内一点，则点 M 也可用三个有次序的数 r、φ 和 θ 表示. 其中 r 为原点 O 与点 M 间的距离，φ 为有向线段 $\overrightarrow{OM}$ 与 z 轴正向所夹的角，θ 为从正 z 轴来看，自 x 轴按逆时针方向转到有向线段 $\overrightarrow{OP}$ 的角，这里 P 为点 M 在 xOy 面上的投影(见图 10.5.8). 这样的三个数 r、φ 和 θ 叫作点 M 的**球面坐标**，这里 r、φ 和 θ 的变化范围为

$$0\leqslant r<+\infty,\ 0\leqslant\varphi\leqslant\pi,\ 0\leqslant\theta\leqslant 2\pi.$$

三组坐标面分别为

$r=$ 常数，表示以原点为球心、r 为半径的球面；

$\varphi=$ 常数，表示以原点为顶点、z 轴为轴的圆锥面；

$\theta=$ 常数，表示过 z 轴的半平面.

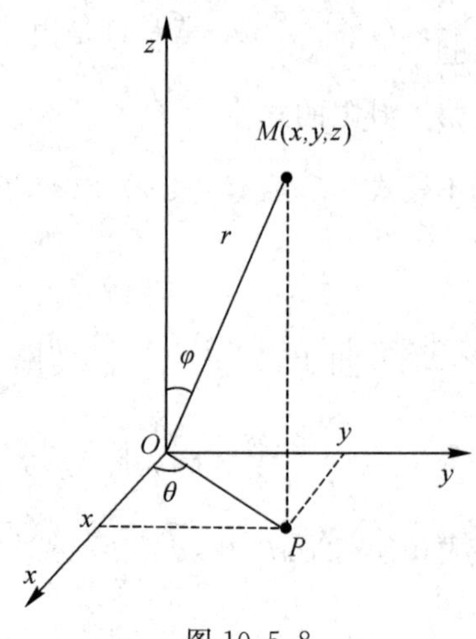

图 10.5.8

2. 直角坐标与球面坐标之间的关系

易得直角坐标与球面坐标之间的关系为

$$\begin{cases} x=OP\cos\theta=r\sin\varphi\cos\theta, \\ y=OP\sin\theta=r\sin\varphi\sin\theta, \\ z=r\cos\varphi. \end{cases}$$

3. 利用球面坐标计算三重积分

假设三重积分 $\iiint\limits_{\Omega} f(x, y, z)\mathrm{d}v$ 存在，则积分值与区域的分法和点的取法无关. 用三组坐标面 $r=$常数、$\varphi=$常数、$\theta=$常数把积分区域 Ω 分成很多小闭区域. 考虑由 r、φ 和 θ 各取得微小增量 $\mathrm{d}r$、$\mathrm{d}\varphi$ 和 $\mathrm{d}\theta$ 所成的六面体的体积(见图 10.5.9). 不计高阶无穷小，可把这个六面体看作长方体，它的长为 $r\mathrm{d}\varphi$、宽为 $r\sin\varphi\mathrm{d}\theta$、高为 $\mathrm{d}r$，于是得

$$\mathrm{d}v=r^2\sin\varphi\mathrm{d}r\mathrm{d}\varphi\mathrm{d}\theta,$$

这就是**球面坐标系中的体积元素**.

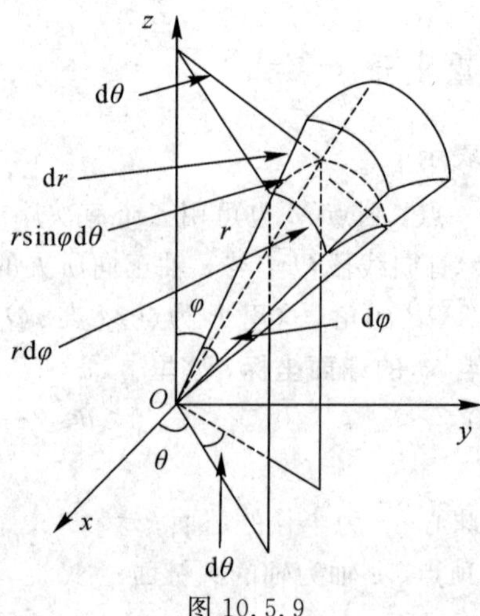

图 10.5.9

由直角坐标与球面坐标的关系

$$x=r\sin\varphi\cos\theta,\ y=r\sin\varphi\sin\theta,\ z=r\cos\varphi$$

得到

$$\iiint_{\Omega} f(x,\ y,\ z)\mathrm{d}v = \iiint_{\Omega} f(r\sin\varphi\cos\theta,\ r\sin\varphi\sin\theta,\ r\cos\varphi)r^2\sin\varphi\mathrm{d}r\mathrm{d}\varphi\mathrm{d}\theta.$$

这样就把直角坐标系下的三重积分转化为球面坐标系下的三重积分.

球面坐标系下的三重积分一般可化为先对 r、再对 φ、最后对 θ 的三次定积分. 关于积分限，要根据积分区域的特点来确定.

若积分区域 Ω 的边界曲面是一个包含原点在内的闭曲面，其球面坐标方程为 $r=r(\varphi,\ \theta)$，记 $f(r\sin\varphi\cos\theta,\ r\sin\varphi\sin\theta,\ r\cos\varphi)=F(r,\ \varphi,\ \theta)$，则

$$\iiint_{\Omega} F(r,\ \varphi,\ \theta)r^2\sin\varphi\mathrm{d}r\mathrm{d}\varphi\mathrm{d}\theta = \int_0^{2\pi}\mathrm{d}\theta\int_0^{\pi}\mathrm{d}\varphi\int_0^{r(\varphi,\ \theta)} F(r,\ \varphi,\ \theta)r^2\sin\varphi\mathrm{d}r.$$

当积分区域 Ω 为球面 $r=a$ 所围成时，则

$$I = \int_0^{2\pi}\mathrm{d}\theta\int_0^{\pi}\mathrm{d}\varphi\int_0^{a} F(r,\ \varphi,\ \theta)r^2\sin\varphi\mathrm{d}r.$$

特别地，当 $F(r,\ \varphi,\ \theta)=1$ 时，由上式即得球的体积

$$V = \int_0^{2\pi}\mathrm{d}\theta\int_0^{\pi}\mathrm{d}\varphi\int_0^{a} r^2\sin\varphi\mathrm{d}r = 2\pi\cdot 2\cdot\frac{a^3}{3} = \frac{4}{3}\pi a^3.$$

这是我们所熟知的结果.

一般来说，利用球面坐标计算三重积分的使用范围如下：

(1) 积分域的表面用球面坐标表示时方程简单，此类积分域常见的有球体、部分球体或由球面与顶点在坐标原点的圆锥面围成的区域.

(2) 被积函数用球面坐标表示时变量互相分离或含 $x^2+y^2+z^2$，也就是被积函数能够写成关于 r 的函数、关于 φ 的函数和关于 θ 的函数的乘积的形式，或者平方和的形式.

例 10.5.3　计算三重积分 $\iiint_{\Omega}(x^2+y^2+z^2)\mathrm{d}v$，其中 Ω 是由锥面 $z=\sqrt{x^2+y^2}$ 与上半球面 $z=\sqrt{R^2-x^2-y^2}$ 所围成的立体.

分析　首先画出积分区域(见图 10.5.10)，易知积分区域是由球面和锥面所围成的一个立体. 因被积函数是 $x^2+y^2+z^2$，故可用球面坐标计算这个三重积分，将积分区域用球面坐标表示. 由直角坐标与球面坐标之间的关系得到锥面方程为 $\tan\varphi=1$，这里 φ 在球面坐标系中的取值范围是$[0,\ \pi]$，从而锥面在球面坐标系中的方程为 $\varphi=\pi/4$. 此外，$x^2+y^2+z^2=R^2$ 在球面坐标系中的方程为 $r=R$，积分区域 Ω 的球面坐标表示为 $0\leqslant r\leqslant R$，$0\leqslant\varphi\leqslant\frac{\pi}{4}$，$0\leqslant\theta\leqslant 2\pi$. 根据上述条件可用球面坐标计算三重积分.

解　$$\iiint_{\Omega}(x^2+y^2+z^2)\mathrm{d}v = \iiint_{\Omega} r^2\cdot r^2\sin\varphi\mathrm{d}r\mathrm{d}\varphi\mathrm{d}\theta$$

$$= \int_0^{2\pi}\mathrm{d}\theta\int_0^{\frac{\pi}{4}}\sin\varphi\mathrm{d}\varphi\int_0^{R} r^4\mathrm{d}r = \frac{1}{5}\pi R^5(2-\sqrt{2}).$$

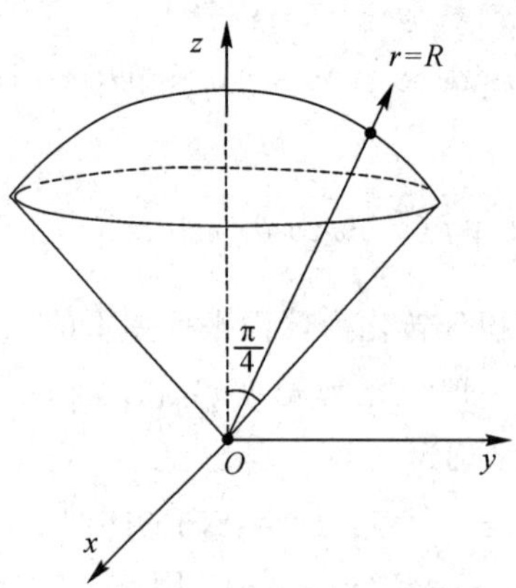

图 10.5.10

例 10.5.4 计算三重积分 $I=\iiint_{\Omega} z\,\mathrm{d}v$，其中 Ω：$x^2+y^2+(z-a)^2\leqslant a^2$，$z\geqslant\sqrt{x^2+y^2}$.

解 方法 1：$I=\iiint_{\Omega} z\,\mathrm{d}v=\int_0^a z\mathrm{d}z\iint_{D_z}\mathrm{d}x\mathrm{d}y+\int_a^{2a} z\,\mathrm{d}z\iint_{D_z}\mathrm{d}x\mathrm{d}y$

$$=\int_0^a z\cdot\pi z^2\mathrm{d}z+\int_a^{2a} z\cdot\pi[a^2-(z-a)^2]\mathrm{d}z=\frac{7}{6}\pi a^4.$$

方法 2：$I=\iiint_{\Omega} z\,\mathrm{d}v=\iiint_{\Omega} z\rho\mathrm{d}\rho\mathrm{d}\theta\mathrm{d}z=\int_0^{2\pi}\mathrm{d}\theta\int_0^a\rho\mathrm{d}\rho\int_{\rho}^{a+\sqrt{a^2-\rho^2}} z\,\mathrm{d}z=\frac{7}{6}\pi a^4.$

方法 3：$I=\iiint_{\Omega} z\,\mathrm{d}v=\int_0^{2\pi}\mathrm{d}\theta\int_0^{\frac{\pi}{4}}\cos\varphi\sin\varphi\mathrm{d}\varphi\int_0^{2a\cos\varphi} r^3\,\mathrm{d}r=\frac{7}{6}\pi a^4.$

例 10.5.5 计算三重积分 $\iiint_{\Omega} x[(x-a)^2+y^2+z^2]\mathrm{d}v$，其中 Ω 是由球面 $x^2+y^2+z^2=a^2$ 所围成的闭区域.

解 $\iiint_{\Omega} x[(x-a)^2+y^2+z^2]\mathrm{d}v=\iiint_{\Omega} x(x^2+y^2+z^2)\mathrm{d}v-2a\iiint_{\Omega} x^2\mathrm{d}v+a^2\iiint_{\Omega} x\,\mathrm{d}v.$

由于积分区域 Ω 关于 yOz 面对称，函数 $x(x^2+y^2+z^2)$ 与 x 关于 x 是奇函数，因此

$$\iiint_{\Omega} x(x^2+y^2+z^2)\mathrm{d}v=0,\quad \iiint_{\Omega} x\,\mathrm{d}v=0.$$

又积分区域 Ω 的表达式具有轮换对称性，故

$$\iiint_{\Omega} x^2\mathrm{d}v=\frac{1}{3}\iiint_{\Omega}(x^2+y^2+z^2)\mathrm{d}v=\frac{1}{3}\int_0^{2\pi}\mathrm{d}\varphi\int_0^{\pi}\sin\theta\mathrm{d}\theta\int_0^a r^4\,\mathrm{d}r=\frac{4}{15}\pi a^5,$$

所以

$$\iiint_{\Omega} x[(x-a)^2+y^2+z^2]\mathrm{d}v=-\frac{8}{15}\pi a^6.$$

例 10.5.6 设函数 $f(t)$ 具有连续导数，试求 $\lim\limits_{t\to0^+}\frac{1}{t^4}\iiint_{\Omega} f(\sqrt{x^2+y^2+z^2})\mathrm{d}x\mathrm{d}y\mathrm{d}z$，其中 Ω：$x^2+y^2+z^2\leqslant t^2\ (t>0)$.

解 利用球面坐标计算三重积分，可得

$$
\begin{aligned}
&\lim_{t\to0^+}\frac{1}{t^4}\iiint_{\Omega}f(\sqrt{x^2+y^2+z^2})\,\mathrm{d}x\mathrm{d}y\mathrm{d}z\\
=&\lim_{t\to0^+}\frac{1}{t^4}\int_0^{2\pi}\mathrm{d}\theta\int_0^{\pi}\sin\varphi\mathrm{d}\varphi\int_0^t f(r)r^2\mathrm{d}r\\
=&\lim_{t\to0^+}\frac{4\pi\int_0^t f(r)r^2\mathrm{d}r}{t^4}=\lim_{t\to0^+}\frac{4\pi f(t)t^2}{4t^3}\\
=&\lim_{t\to0^+}\frac{\pi f(t)}{t}=\begin{cases}\pi f'(0), & f(0)=0,\\ \infty, & f(0)\neq 0.\end{cases}
\end{aligned}
$$

注　一般地，当积分区域是由球面 $x^2+y^2+z^2=R^2$ 或 $x^2+y^2+z^2=az$，锥面 $\varphi=\varphi_0$，半平面 $\theta=\theta_0$ 所围成的区域，且被积函数含 $x^2+y^2+z^2$ 时，用球面坐标计算三重积分比较简便.

例 10.5.7　设函数 $f(x)$在闭区间$[0,1]$上连续，证明：

$$\int_0^1\mathrm{d}x\int_x^1\mathrm{d}y\int_x^y f(x)f(y)f(z)\mathrm{d}z=\frac{1}{6}\left[\int_0^1 f(x)\mathrm{d}x\right]^3.$$

证明　设 $F(x)=\int_0^x f(t)\mathrm{d}t$，则 $F(x)$是 $f(x)$的一个原函数，且

$$F'(x)=f(x),\qquad F(1)=\int_0^1 f(x)\mathrm{d}x,\qquad F(0)=0.$$

于是

$$
\begin{aligned}
\int_0^1\mathrm{d}x\int_x^1\mathrm{d}y\int_x^y f(x)f(y)f(z)\mathrm{d}z&=\int_0^1 f(x)\mathrm{d}x\int_x^1 f(y)\mathrm{d}y\int_x^y f(z)\mathrm{d}z\\
&=\int_0^1 f(x)\mathrm{d}x\int_x^1 f(y)[F(y)-F(x)]\mathrm{d}y\\
&=\int_0^1 f(x)\mathrm{d}x\int_x^1[F(y)-F(x)]\mathrm{d}[F(y)]\\
&=\int_0^1 f(x)\left[\frac{1}{2}F^2(y)-F(x)F(y)\right]_x^1\mathrm{d}x\\
&=\int_0^1\left[\frac{1}{2}F^2(1)-F(x)F(1)+\frac{1}{2}F^2(x)\right]\mathrm{d}[F(x)]\\
&=\left[\frac{1}{2}F^2(1)F(x)-\frac{1}{2}F^2(x)F(1)+\frac{1}{6}F^3(x)\right]_0^1\\
&=\frac{1}{6}F^3(1)=\frac{1}{6}\left[\int_0^1 f(x)\mathrm{d}x\right]^3.
\end{aligned}
$$

例 10.5.8　设函数 $f(x)$连续且恒大于零，

$$F(t)=\frac{\iiint\limits_{\Omega(t)}f(x^2+y^2+z^2)\mathrm{d}v}{\iint\limits_{D(t)}f(x^2+y^2)\mathrm{d}\sigma},\qquad G(t)=\frac{\iint\limits_{D(t)}f(x^2+y^2)\mathrm{d}\sigma}{\int_{-t}^t f(x^2)\mathrm{d}x},$$

其中 $\Omega(t)=\{(x,y,z)\mid x^2+y^2+z^2\leqslant t^2\}$，$D(t)=\{(x,y)\mid x^2+y^2\leqslant t^2\}$.

(1) 讨论 $F(t)$在区间$(0,+\infty)$内的单调性；

(2) 证明当 $t>0$ 时，$F(t)>\frac{2}{\pi}G(t)$.

(1) **解** 利用球面坐标可得

$$\iiint\limits_{\Omega(t)} f(x^2+y^2+z^2)\mathrm{d}v=\int_0^{2\pi}\mathrm{d}\theta\int_0^{\pi}\sin\varphi\mathrm{d}\varphi\int_0^t f(r^2)r^2\mathrm{d}r=4\pi\int_0^t f(r^2)r^2\mathrm{d}r,$$

利用极坐标可得

$$\iint\limits_{D(t)} f(x^2+y^2)\mathrm{d}\sigma=\int_0^{2\pi}\mathrm{d}\theta\int_0^t f(\rho^2)\rho\mathrm{d}\rho=2\pi\int_0^t f(\rho^2)\rho\mathrm{d}\rho=2\pi\int_0^t f(r^2)r\mathrm{d}r.$$

于是

$$F(t)=\frac{2\int_0^t f(r^2)r^2\mathrm{d}r}{\int_0^t f(r^2)r\mathrm{d}r}.$$

对上式求导得

$$F'(t)=\frac{2tf(t^2)\int_0^t f(r^2)r(t-r)\mathrm{d}r}{\left[\int_0^t f(r^2)r\mathrm{d}r\right]^2},$$

所以在区间$(0,+\infty)$内，$F'(t)>0$，从而$F(t)$在区间$(0,+\infty)$内单调增加.

(2) **证明** 因为$f(x^2)$为偶函数，所以

$$\int_{-t}^t f(x^2)\mathrm{d}x=2\int_0^t f(x^2)\mathrm{d}x=2\int_0^t f(r^2)\mathrm{d}r,$$

从而

$$G(t)=\frac{\int_0^{2\pi}\mathrm{d}\theta\int_0^t f(r^2)r\mathrm{d}r}{2\int_0^t f(r^2)\mathrm{d}r}=\frac{\pi\int_0^t f(r^2)r\mathrm{d}r}{\int_0^t f(r^2)\mathrm{d}r}.$$

要证明当$t>0$时，$F(t)>\frac{2}{\pi}G(t)$，即证

$$\frac{2\int_0^t f(r^2)r^2\mathrm{d}r}{\int_0^t f(r^2)r\mathrm{d}r}>\frac{2\int_0^t f(r^2)r\mathrm{d}r}{\int_0^t f(r^2)\mathrm{d}r},$$

只需证当$t>0$时，$H(t)=\int_0^t f(r^2)r^2\mathrm{d}r\cdot\int_0^t f(r^2)\mathrm{d}r-\left[\int_0^t f(r^2)r\mathrm{d}r\right]^2>0$. 由于$H(0)=0$，且

$$H'(t)=f(t^2)\int_0^t f(r^2)(t-r)^2\mathrm{d}r>0,$$

所以$H(t)$在区间$(0,+\infty)$内单调增加. 又$H(t)$在区间$[0,+\infty)$上连续，故当$t>0$时，

$$H(t)>H(0)=0.$$

因此当$t>0$时，

$$F(t)>\frac{2}{\pi}G(t).$$

三、知识延展——三重积分的换元法

对于三重积分的计算，除了可利用前面介绍的方法，有时还需作其他的变量变换使计算简便.

定理 10.5.1　设函数 $f(x, y, z)$ 在有界闭区域 Ω 上连续，变换

$$T:\begin{cases}x=x(u, v, w),\\ y=y(u, v, w), \quad (u, v, w)\in\Omega'\\ z=z(u, v, w)\end{cases}$$

将 uvw 空间上的闭区域 Ω' 变为 xyz 空间上的 Ω，且满足

(1) $x(u, v, w)$、$y(u, v, w)$、$z(u, v, w)$ 在 Ω' 上具有一阶连续偏导数；

(2) 在 Ω' 上雅可比式

$$J(u, v, w)=\frac{\partial(x, y, z)}{\partial(u, v, w)}\neq 0;$$

(3) 变换 $T: \Omega'\to\Omega$ 是一对一的，

则有三重积分的换元公式

$$\begin{aligned}&\iiint_{\Omega} f(x, y, z)\mathrm{d}x\mathrm{d}y\mathrm{d}z\\ =&\iiint_{\Omega'} f[x(u, v, w), y(u, v, w), z(u, v, w)]\,|J(u, v, w)|\,\mathrm{d}u\mathrm{d}v\mathrm{d}w.\end{aligned} \tag{10.5.1}$$

很容易计算球面坐标变换

$$\begin{cases}x=r\sin\varphi\cos\theta,\\ y=r\sin\varphi\sin\theta,\\ z=r\cos\varphi\end{cases}$$

的雅可比式

$$\begin{aligned}J(u, v, w)=\frac{\partial(x, y, z)}{\partial(r, \varphi, \theta)}&=\begin{vmatrix}\sin\varphi\cos\theta & r\cos\varphi\cos\theta & -r\sin\varphi\sin\theta\\ \sin\varphi\sin\theta & r\cos\varphi\sin\theta & r\sin\varphi\cos\theta\\ \cos\varphi & -r\sin\varphi & 0\end{vmatrix}\\ &=r^2\sin^3\varphi\cos^2\theta+r^2\sin\varphi\cos^2\varphi\cos^2\theta+r^2\sin\varphi\sin^2\theta\\ &=r^2\sin\varphi.\end{aligned}$$

由此可见，前面讲过的利用球面坐标计算三重积分的公式实质上是公式(10.5.1)的一种特殊情况.

此外，还不难计算柱面坐标变换

$$\begin{cases}x=\rho\cos\theta,\\ y=\rho\sin\theta,\\ z=z\end{cases}$$

的雅可比式

$$J(u, v, w)=\frac{\partial(x, y, z)}{\partial(\rho, \theta, z)}=\begin{vmatrix}\cos\theta & -\rho\sin\theta & 0\\ \sin\theta & \rho\cos\theta & 0\\ 0 & 0 & 1\end{vmatrix}=\rho.$$

因此，前面讲过的利用柱面坐标计算三重积分的公式也是公式(10.5.1)的特例.

例 10.5.9　计算三重积分

$$I=\iiint_{\Omega}\left(\sqrt{1-\frac{x^2}{a^2}-\frac{y^2}{b^2}-\frac{z^2}{c^2}}\right)^3\mathrm{d}v,$$

其中 Ω: $\frac{x^2}{a^2}+\frac{y^2}{b^2}+\frac{z^2}{c^2}\leqslant 1(a>0, b>0, c>0)$.

解 作变换

$$\begin{cases}x=ar\sin\varphi\cos\theta,\\ y=br\sin\varphi\sin\theta,\\ z=cr\cos\varphi,\end{cases}$$

其中 $0\leqslant r\leqslant 1$, $0\leqslant\varphi\leqslant\pi$, $0\leqslant\theta\leqslant 2\pi$, $J(u, v, w)=\frac{\partial(x, y, z)}{\partial(r, \varphi, \theta)}=abcr^2\sin\varphi$. 于是由公式(10.5.1)得

$$\begin{aligned}I&=\int_0^{2\pi}\mathrm{d}\theta\int_0^{\pi}\mathrm{d}\varphi\int_0^1(\sqrt{1-r^2})^3abcr^2\sin\varphi\mathrm{d}r\\&=2\pi abc\int_0^{\pi}\sin\varphi\mathrm{d}\varphi\int_0^1(\sqrt{1-r^2})^3r^2\mathrm{d}r=\frac{\pi^2}{8}abc.\end{aligned}$$

习题 10-5

基 础 题

1. 利用柱面坐标计算下列三重积分:

(1) $\iiint\limits_{\Omega}z\,\mathrm{d}x\mathrm{d}y\mathrm{d}z$, 其中 Ω 是由曲面 $z=x^2+y^2$ 与平面 $z=4$ 所围成的闭区域;

(2) $\iiint\limits_{\Omega}(x^2+y^2)\mathrm{d}v$, 其中 Ω 是由曲面 $x^2+y^2=2z$ 及平面 $z=2$ 所围成的闭区域.

2. 利用球面坐标计算下列三重积分:

(1) $\iiint\limits_{\Omega}(x^2+y^2+z^2)\mathrm{d}v$, 其中 Ω 是由球面 $x^2+y^2+z^2=1$ 所围成的闭区域;

(2) $\iiint\limits_{\Omega}z\mathrm{d}v$, 其中闭区域 Ω 由不等式 $x^2+y^2+(z-a)^2\leqslant a^2$, $x^2+y^2\leqslant z^2$ 所确定.

3. 球心在原点、半径为 R 的球体, 在其上任意一点的密度的大小与这点到球心的距离成正比, 求这球体的质量.

提 高 题

1. 选用适当的坐标计算下列三重积分:

(1) $\iiint\limits_{\Omega}xy\mathrm{d}v$, 其中 Ω 是由柱面 $x^2+y^2=1$ 及平面 $z=1$、$z=0$、$x=0$、$y=0$ 所围成的在第一卦限内的闭区域;

(2) $\iiint\limits_{\Omega}\sqrt{x^2+y^2+z^2}\mathrm{d}v$, 其中 Ω 是由球面 $x^2+y^2+z^2=z$ 所围成的闭区域;

(3) $\iiint\limits_{\Omega}(x^2+y^2)\mathrm{d}v$, 其中 Ω 是由曲面 $4z^2=25(x^2+y^2)$ 及平面 $z=5$ 所围成的闭区域;

(4) $\iiint\limits_{\Omega}z\sqrt{x^2+y^2}\mathrm{d}v$, 其中 Ω 是由锥面 $z=\sqrt{x^2+y^2}$ 及平面 $z=1$ 所围成的体域;

(5) $\iiint\limits_{\Omega}(2x-3y^3+z)\mathrm{d}v$，其中$\Omega$是由曲面$z=\sqrt{2-x^2-y^2}$与$z=x^2+y^2$所围成的体域；

(6) $\iiint\limits_{\Omega}x\mathrm{e}^{\frac{x^2+y^2+z^2}{a^2}}\mathrm{d}v$，其中$\Omega$为$x^2+y^2+z^2\leqslant a^2$在第一卦限部分；

(7) $\iiint\limits_{\Omega}(x^2+y^2)\mathrm{d}v$，其中$\Omega$是由两个半球面$z=\sqrt{A^2-x^2-y^2}$、$z=\sqrt{a^2-x^2-y^2}$ $(0<a<A)$及平面$z=0$所围成的区域.

2. 已知一物体占有的闭区域Ω由$x^2+y^2+z^2\leqslant 2Rz(R>0)$和$x^2+y^2\leqslant z^2$所确定，它的任意一点处的密度的大小等于该点到坐标原点距离的平方，求该物体的质量.

3. 求由半径为a的球面与半顶角为α的内接锥面所围成的立体的体积.

习题 10-5
参考答案

第六节 重积分的应用

有许多求总量的问题可以用定积分的元素法来处理.元素法也可推广到重积分的应用中. 如果所要计算的某个量U对于闭区域D具有可加性(就是说，当闭区域D分成许多小闭区域时，所求量U相应地分成许多部分量，且U等于各部分量之和)，并且在闭区域D内任取一个直径很小的闭区域$\mathrm{d}\sigma$时，相应的部分量可近似地表示为$f(x, y)\mathrm{d}\sigma$的形式，其中(x, y)在$\mathrm{d}\sigma$内，则称$f(x, y)\mathrm{d}\sigma$为所求量U的元素，记为$\mathrm{d}U$，以它为被积表达式，在闭区域D上积分，有

$$U=\iint\limits_{D}f(x, y)\mathrm{d}\sigma,$$

这就是所求量的积分表达式.本节利用重积分的元素法讨论重积分在几何、物理上的一些应用.

一、曲面的面积

设曲面S由方程$z=f(x, y)$给出，D为曲面S在xOy面上的投影区域，函数$f(x, y)$在D上具有连续偏导数$f_x(x, y)$和$f_y(x, y)$，计算曲面S的面积A.

在闭区域D内任取一直径很小的闭区域$\mathrm{d}\sigma$，其面积也记为$\mathrm{d}\sigma$. 在$\mathrm{d}\sigma$上任取一点$P(x, y)$，曲面S上对应的点为$M(x, y, f(x, y))$，点M在xOy面上的投影即点P. 设点M处曲面S的切平面为T(见图 10.6.1). 以小闭区域$\mathrm{d}\sigma$的边界曲线为准线、母线平行于z轴的柱面在曲面和切平面T上各截下一小块，用这一小块切平面的面积作为截得的小块曲面面积的近似值，记为$\mathrm{d}A$. 又设切平面T的法向量(指向朝上)与z轴所成的角为γ，则

$$\mathrm{d}A=\frac{\mathrm{d}\sigma}{\cos\gamma}.$$

因为$\cos\gamma=\dfrac{1}{\sqrt{1+f_x^2(x, y)+f_y^2(x, y)}}$，所以

$$\mathrm{d}A=\sqrt{1+f_x^2(x, y)+f_y^2(x, y)}\,\mathrm{d}\sigma,$$

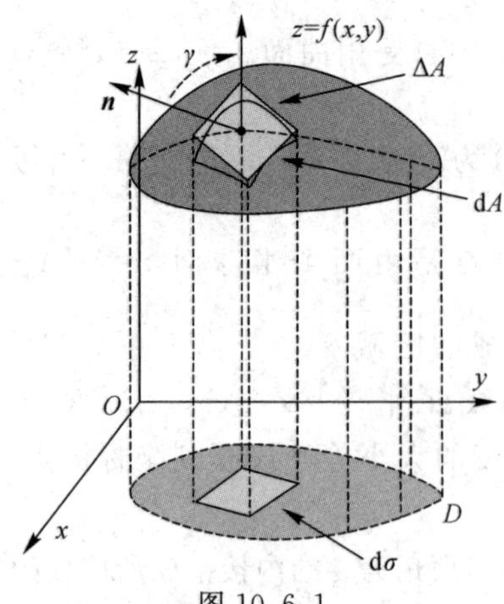

图 10.6.1

这就是曲面 S 的面积元素. 于是曲面 S 的面积为

$$A=\iint_{D}\sqrt{1+f_x^2(x,\ y)+f_y^2(x,\ y)}\,\mathrm{d}\sigma$$

或

$$A=\iint_{D}\sqrt{1+\left(\frac{\partial z}{\partial x}\right)^2+\left(\frac{\partial z}{\partial y}\right)^2}\,\mathrm{d}x\mathrm{d}y,$$

这就是计算曲面 S 面积的公式.

若曲面方程为 $x=g(y,\ z)$ 或 $y=h(z,\ x)$，则曲面的面积分别为

$$A=\iint_{D_{yz}}\sqrt{1+\left(\frac{\partial x}{\partial y}\right)^2+\left(\frac{\partial x}{\partial z}\right)^2}\,\mathrm{d}y\mathrm{d}z,$$

$$A=\iint_{D_{zx}}\sqrt{1+\left(\frac{\partial y}{\partial z}\right)^2+\left(\frac{\partial y}{\partial x}\right)^2}\,\mathrm{d}z\mathrm{d}x,$$

其中 D_{yz} 是曲面在 yOz 面上的投影区域，D_{zx} 是曲面在 zOx 面上的投影区域.

例 10.6.1 求半径为 R 的球的表面积.

解 球的表面积 A 为上半球表面积的两倍. 取上半球面的方程为 $z=\sqrt{R^2-x^2-y^2}$，则它在 xOy 面上的投影区域为 $D=\{(x,\ y)\mid x^2+y^2\leqslant R^2\}$. 由 $\frac{\partial z}{\partial x}=\frac{-x}{\sqrt{R^2-x^2-y^2}}$，$\frac{\partial z}{\partial y}=\frac{-y}{\sqrt{R^2-x^2-y^2}}$ 得

$$\sqrt{1+\left(\frac{\partial z}{\partial x}\right)^2+\left(\frac{\partial z}{\partial y}\right)^2}=\frac{R}{\sqrt{R^2-x^2-y^2}},$$

因为这函数在闭区域 D 上无界，所以不能直接应用曲面公式. 因此先求在区域

$$D_1=\{(x,\ y)\mid x^2+y^2\leqslant a^2\}\quad(0<a<R)$$

上的部分球面面积，然后取极限(这极限就是 $\frac{R}{\sqrt{R^2-x^2-y^2}}$ 在闭区域 D 上的反常二重积分)，可得

$$\begin{aligned}A_1&=\iint_{x^2+y^2\leqslant a^2}\frac{R}{\sqrt{R^2-x^2-y^2}}\mathrm{d}x\mathrm{d}y=R\int_0^{2\pi}\mathrm{d}\theta\int_0^a\frac{\rho\mathrm{d}\rho}{\sqrt{R^2-\rho^2}}\\&=2\pi R(R-\sqrt{R^2-a^2}).\end{aligned}$$

于是上半球面面积为

$$\lim_{a\to R}2\pi R(R-\sqrt{R^2-a^2})=2\pi R^2,$$

整个球面面积为

$$A=2A_1=4\pi R^2.$$

例 10.6.2 设有球面 $x^2+y^2+z^2=R^2$ 与圆柱面 $x^2+y^2=Rx$.

(1) 求圆柱体 $x^2+y^2\leqslant Rx$ 被球面所截的那一部分的体积.

(2) 求球面被圆柱面所截得的那一部分(指含在圆柱面内部)的面积.

解 (1) 由对称性得所求体积为

$$V=2\iint\limits_{x^2+y^2\leqslant Rx}\sqrt{R^2-x^2-y^2}\,\mathrm{d}x\mathrm{d}y=2\int_{-\frac{\pi}{2}}^{\frac{\pi}{2}}\mathrm{d}\theta\int_0^{R\cos\theta}\sqrt{R^2-\rho^2}\cdot\rho\mathrm{d}\rho$$

$$=\frac{2R^3}{3}\int_{-\frac{\pi}{2}}^{\frac{\pi}{2}}(1-R\mid\sin^3\theta\mid)\mathrm{d}\theta=\frac{2}{3}R^3\left(\pi-\frac{4}{3}\right).$$

(2) 由对称性得所求面积为

$$A=2\iint\limits_{x^2+y^2\leqslant Rx}\sqrt{1+\left(\frac{\partial z}{\partial x}\right)^2+\left(\frac{\partial z}{\partial y}\right)^2}\,\mathrm{d}x\mathrm{d}y=2\iint\limits_{x^2+y^2\leqslant Rx}\frac{R}{\sqrt{R^2-x^2-y^2}}\mathrm{d}x\mathrm{d}y$$

$$=4R\int_0^{\frac{\pi}{2}}\mathrm{d}\theta\int_0^{R\cos\theta}\frac{1}{\sqrt{R^2-\rho^2}}\rho\mathrm{d}\rho=4R\int_0^{\frac{\pi}{2}}(R-R\sin\theta)\mathrm{d}\theta=2R^2(\pi-2).$$

二、质心

先讨论平面薄片的质心.

设有一平面薄片，占有 xOy 面上的闭区域 D，在点 (x,y) 处的面密度为 $\mu(x,y)$. 假定 $\mu(x,y)$ 在 D 上连续，现在要求该薄片的质心坐标.

在闭区域 D 内任取一直径很小的闭区域 $\mathrm{d}\sigma$，其面积也记为 $\mathrm{d}\sigma$. (x,y) 是这小闭区域上的一点. 因为 $\mathrm{d}\sigma$ 的直径很小，且 $\mu(x,y)$ 在 D 上连续，所以薄片中相应于 $\mathrm{d}\sigma$ 的部分的质量近似等于 $\mu(x,y)\mathrm{d}\sigma$，这部分质量可近似看作集中在点 (x,y) 上，从而可写出静距元素 $\mathrm{d}M_x$ 及 $\mathrm{d}M_y$：

$$\mathrm{d}M_x=y\mu(x,y)\mathrm{d}\sigma,\quad \mathrm{d}M_y=x\mu(x,y)\mathrm{d}\sigma.$$

于是平面薄片对 x 轴和对 y 轴的力矩分别为

$$M_x=\iint\limits_D y\mu(x,y)\mathrm{d}\sigma,\quad M_y=\iint\limits_D x\mu(x,y)\mathrm{d}\sigma.$$

设平面薄片的质心坐标为 $(\bar{x},\bar{y})$，平面薄片的质量为 $M=\iint\limits_D\mu(x,y)\mathrm{d}\sigma$，则有

$$\bar{x}\cdot M=M_y,\quad \bar{y}\cdot M=M_x.$$

于是

$$\bar{x}=\frac{M_y}{M}=\frac{\iint\limits_D x\mu(x,y)\mathrm{d}\sigma}{\iint\limits_D\mu(x,y)\mathrm{d}\sigma},\quad \bar{y}=\frac{M_x}{M}=\frac{\iint\limits_D y\mu(x,y)\mathrm{d}\sigma}{\iint\limits_D\mu(x,y)\mathrm{d}\sigma}.$$

如果平面薄片是均匀的，即其面密度是常量，则平面薄片的质心坐标为

$$\bar{x}=\frac{\iint\limits_D x\,\mathrm{d}\sigma}{\iint\limits_D \mathrm{d}\sigma},\quad \bar{y}=\frac{\iint\limits_D y\,\mathrm{d}\sigma}{\iint\limits_D \mathrm{d}\sigma}.$$

这时薄片的质心完全由闭区域 D 的形状所决定. 我们把均匀平面薄片的质心叫作这平面薄片所占的平面图形的形心.

例 10.6.3 求位于两圆 $\rho=2\sin\theta$ 和 $\rho=4\sin\theta$ 之间的均匀薄片的质心(见图 10.6.2).

解 因为闭区域 D 关于 y 轴对称，所以质心 $C(\bar{x},\bar{y})$ 必位于 y 轴上，从而 $\bar{x}=0$. 又

$$\iint\limits_D y\,\mathrm{d}\sigma=\iint\limits_D \rho^2\sin\theta\mathrm{d}\rho\mathrm{d}\theta=\int_0^{\pi}\sin\theta\mathrm{d}\theta\int_{2\sin\theta}^{4\sin\theta}\rho^2\mathrm{d}\rho=7\pi,$$

$$\iint\limits_D \mathrm{d}\sigma=\pi\cdot 2^2-\pi\cdot 1^2=3\pi,$$

故 $\bar{y}=\frac{\iint\limits_D y\,\mathrm{d}\sigma}{\iint\limits_D \mathrm{d}\sigma}=\frac{7\pi}{3\pi}=\frac{7}{3}$. 于是所求质心是 $C\left(0,\frac{7}{3}\right)$.

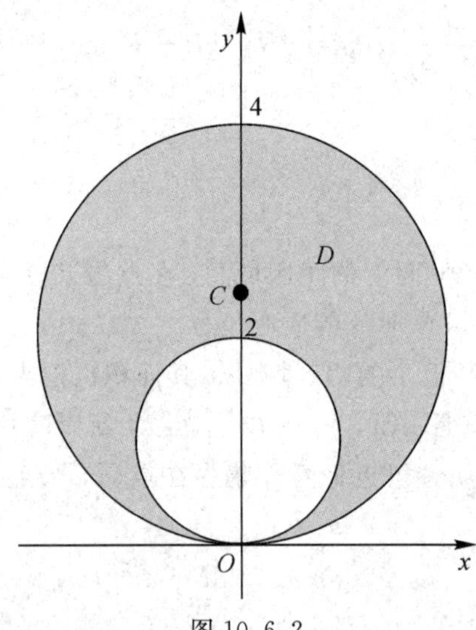

图 10.6.2

类似地，占有空间有界闭区域 Ω、在点 (x,y,z) 处的密度为 $\mu(x,y,z)$(假定 $\mu(x,y,z)$ 在 Ω 上连续)的物体的质心坐标是

$$\bar{x}=\frac{1}{M}\iiint\limits_{\Omega}x\mu(x,y,z)\mathrm{d}v,\quad \bar{y}=\frac{1}{M}\iiint\limits_{\Omega}y\mu(x,y,z)\mathrm{d}v,\quad \bar{z}=\frac{1}{M}\iiint\limits_{\Omega}z\mu(x,y,z)\mathrm{d}v,$$

其中 $M=\iiint\limits_{\Omega}\mu(x,y,z)\mathrm{d}v$.

例 10.6.4 求均匀半球体的质心.

解 取半球体的对称轴为 z 轴，取球心为原点，并设球半径为 a，则半球体所占空间闭区域可表示为

$$\Omega=\{(x,y,z)\mid x^2+y^2+z^2\leqslant a^2,\ z\geqslant 0\}.$$

显然，质心在 z 轴上，故 $\bar{x}=\bar{y}=0$，

$$\bar{z}=\frac{\iiint\limits_{\Omega} z\mu \mathrm{d}v}{\iiint\limits_{\Omega}\mu \mathrm{d}v}=\frac{\iiint\limits_{\Omega} z \mathrm{d}v}{\iiint\limits_{\Omega}\mathrm{d}v}=\frac{1}{V}\iiint\limits_{\Omega} z\mathrm{d}v,$$

其中 $V=\dfrac{2}{3}\pi a^3$ 为半球体的体积. 由于

$$\iiint\limits_{\Omega} z\mathrm{d}v=\int_0^{2\pi}\mathrm{d}\theta\int_0^{\frac{\pi}{2}}\mathrm{d}\varphi\int_0^a r\cos\varphi\cdot r^2\sin\varphi \mathrm{d}r$$

$$=\frac{1}{2}\int_0^{2\pi}\mathrm{d}\theta\int_0^{\frac{\pi}{2}}\sin 2\varphi \mathrm{d}\varphi\int_0^a r^3\mathrm{d}r=\frac{\pi a^4}{4},$$

因此 $\bar{z}=\dfrac{3a}{8}$，质心为 $\left(0,0,\dfrac{3a}{8}\right)$.

对于 $\iint\limits_{D}(ax+by)\mathrm{d}x\mathrm{d}y$，$\iiint\limits_{\Omega}(ax+by+cz)\mathrm{d}x\mathrm{d}y\mathrm{d}z$ 这类积分，反过来利用质心坐标计算可以简化运算. 由均匀平面薄片的质心坐标 $\bar{x}=\dfrac{\iint\limits_{D}x\mathrm{d}\sigma}{\iint\limits_{D}\mathrm{d}\sigma}$，$\bar{y}=\dfrac{\iint\limits_{D}y\mathrm{d}\sigma}{\iint\limits_{D}\mathrm{d}\sigma}$，得

$$\iint\limits_{D}x\mathrm{d}\sigma=\bar{x}\cdot\iint\limits_{D}\mathrm{d}\sigma=\bar{x}\cdot A,\quad \iint\limits_{D}y\mathrm{d}\sigma=\bar{y}\cdot\iint\limits_{D}\mathrm{d}\sigma=\bar{y}\cdot A,$$

其中 $A=\iint\limits_{D}\mathrm{d}\sigma$ 为闭区域 D 的面积.

同理由均匀物体的质心坐标 $\bar{x}=\dfrac{\iiint\limits_{\Omega}x\mathrm{d}v}{\iiint\limits_{\Omega}\mathrm{d}v}$，$\bar{y}=\dfrac{\iiint\limits_{\Omega}y\mathrm{d}v}{\iiint\limits_{\Omega}\mathrm{d}v}$，$\bar{z}=\dfrac{\iiint\limits_{\Omega}z\mathrm{d}v}{\iiint\limits_{\Omega}\mathrm{d}v}$，得

$$\iiint\limits_{\Omega}x\mathrm{d}v=\bar{x}\cdot\iiint\limits_{\Omega}\mathrm{d}v=\bar{x}\cdot V,\quad \iiint\limits_{\Omega}y\mathrm{d}v=\bar{y}\cdot\iiint\limits_{\Omega}\mathrm{d}v=\bar{y}\cdot V,\quad \iiint\limits_{\Omega}z\mathrm{d}v=\bar{z}\cdot\iiint\limits_{\Omega}\mathrm{d}v=\bar{z}\cdot V,$$

其中 $V=\iiint\limits_{\Omega}\mathrm{d}v$ 为闭区域 Ω 的体积.

例 10.6.5　计算下列二重积分：

(1) $\iint\limits_{x^2+y^2\leqslant x+y}(x+y)\mathrm{d}x\mathrm{d}y$；

(2) $\iint\limits_{D}y\mathrm{d}x\mathrm{d}y$，其中 D 由直线 $x=-2$、$y=0$、$y=2$ 及 $x=-\sqrt{2y-y^2}$ 所围成.

解　(1) 方法 1：利用极坐标计算.

$$\iint\limits_{x^2+y^2\leqslant x+y}(x+y)\mathrm{d}x\mathrm{d}y=\int_{-\frac{\pi}{4}}^{\frac{3\pi}{4}}\mathrm{d}\theta\int_0^{\sin\theta+\cos\theta}\rho^2(\sin\theta+\cos\theta)\mathrm{d}\rho$$

$$=\frac{1}{3}\int_{-\frac{\pi}{4}}^{\frac{3\pi}{4}}(\sin\theta+\cos\theta)^4\mathrm{d}\theta$$

$$= \frac{1}{3}\int_{-\frac{\pi}{4}}^{\frac{3\pi}{4}} \left[\sqrt{2}\sin\left(\theta+\frac{\pi}{4}\right)\right]^4 d\theta$$

$$\xlongequal{令 t=\theta+\frac{\pi}{4}} \frac{4}{3}\int_0^{\pi}\sin^4 t dt$$

$$= \frac{4}{3}\cdot 2\cdot\frac{3}{4}\cdot\frac{1}{2}\cdot\frac{\pi}{2} = \frac{\pi}{2}.$$

方法 2：利用质心坐标计算. 由 x、y 的对称性知

$$\iint\limits_{x^2+y^2\leqslant x+y}(x+y)dxdy = 2\iint\limits_{x^2+y^2\leqslant x+y} x dxdy.$$

而均匀圆板 $x^2+y^2\leqslant x+y$ 的质心坐标为 $\bar{x}=\frac{1}{2}$，$\bar{y}=\frac{1}{2}$，且 $\bar{x}=\frac{1}{2}=\dfrac{\iint\limits_{x^2+y^2\leqslant x+y} x dxdy}{\frac{1}{2}\pi}$，所以 $\iint\limits_{x^2+y^2\leqslant x+y} x dxdy = \frac{\pi}{4}$，于是

$$\iint\limits_{x^2+y^2\leqslant x+y}(x+y)dxdy = \frac{\pi}{2}.$$

(2) 方法 1：利用直角坐标计算.

$$\iint\limits_D y dxdy = \int_0^2 dy\int_{-2}^{-\sqrt{2y-y^2}} y dx = \int_0^2 y(2-\sqrt{2y-y^2})dy$$

$$= 4-\int_0^2 y\sqrt{2y-y^2}dy$$

$$\xlongequal{令 y=1+\sin\theta} 4-\int_{-\frac{\pi}{2}}^{\frac{\pi}{2}}(1+\sin\theta)\cos^2\theta d\theta = 4-\frac{\pi}{2}.$$

方法 2：利用二重积分的区域可加性计算.

$$\iint\limits_D y dxdy = \int_{-2}^{0} dx\int_0^2 y dy - \int_{\frac{\pi}{2}}^{\pi} d\theta\int_0^{2\sin\theta}\rho^2\sin\theta d\rho$$

$$= 4-\int_{\frac{\pi}{2}}^{\pi}\frac{8}{3}\sin^4\theta d\theta = 4-\frac{\pi}{2}.$$

方法 3：利用质心坐标计算. 易知积分区域 D 的面积为 $A=4-\frac{\pi}{2}$，且积分区域 D 关于直线 $y=1$ 对称，故 D 的形心的纵坐标为 $\bar{y}=1$，且 $\bar{y}=1=\dfrac{\iint\limits_D y dxdy}{A}$，于是

$$\iint\limits_D y dxdy = \bar{y}\cdot A = 4-\frac{\pi}{2}.$$

例 10.6.6 计算积分 $I=\iiint\limits_{x^2+y^2+z^2\leqslant 2z}(ax+by+cz)dxdydz$.

解 由对称性知

$$\iiint\limits_{x^2+y^2+z^2\leqslant 2z} x dxdydz = \iiint\limits_{x^2+y^2+z^2\leqslant 2z} y dxdydz = 0.$$

方法 1：利用球面坐标计算．因为

$$\iiint\limits_{x^2+y^2+z^2\leqslant 2z} z\,\mathrm{d}x\mathrm{d}y\mathrm{d}z = \int_0^{2\pi}\mathrm{d}\theta\int_0^{\frac{\pi}{2}}\mathrm{d}\varphi\int_0^1 r^3\sin\varphi\cos\varphi\mathrm{d}r = \frac{4}{3}\pi,$$

所以 $I=\frac{4c}{3}\pi$.

方法 2：利用“先二后一法”计算．因为

$$\iiint\limits_{x^2+y^2+z^2\leqslant 2z} z\,\mathrm{d}x\mathrm{d}y\mathrm{d}z = \int_0^2\mathrm{d}z\iint\limits_{x^2+y^2\leqslant 2z-z^2} z\,\mathrm{d}x\mathrm{d}y = \pi\int_0^2(2z^2-z^3)\,\mathrm{d}z = \frac{4}{3}\pi,$$

所以 $I=\frac{4c}{3}\pi$.

方法 3：利用质心坐标计算．易知积分区域 $x^2+y^2+z^2\leqslant 2z$ 的形心为(0，0，1)，所以

$$\iiint\limits_{x^2+y^2+z^2\leqslant 2z} z\,\mathrm{d}x\mathrm{d}y\mathrm{d}z = V = \frac{4}{3}\pi,$$

其中 V 是单位球体的体积，从而 $I=\frac{4c}{3}\pi$.

三、转动惯量

设有一平面薄片，占有 xOy 面上的闭区域 D，在点 (x, y) 处的面密度为 $\mu(x, y)$．假定 $\mu(x, y)$ 在 D 上连续，现在要求该薄片对于 x 轴的转动惯量 I_x 和对于 y 轴的转动惯量 I_y.

在闭区域 D 上任取一直径很小的闭区域 $\mathrm{d}\sigma$(其面积也记为 $\mathrm{d}\sigma$)，(x, y) 是这小闭区域上的一个点．因为 $\mathrm{d}\sigma$ 的直径很小，且 $\mu(x, y)$ 在 D 上连续，所以薄片中相应于 $\mathrm{d}\sigma$ 部分的质量近似等于 $\mu(x, y)\mathrm{d}\sigma$，这部分质量可近似看作集中在点 (x, y) 上，从而薄片对于 x 轴和 y 轴的转动惯量元素分别为

$$\mathrm{d}I_x=y^2\mu(x, y)\mathrm{d}\sigma, \quad \mathrm{d}I_y=x^2\mu(x, y)\mathrm{d}\sigma.$$

于是整片平面薄片对于 x 轴的转动惯量和对于 y 轴的转动惯量分别为

$$I_x=\iint\limits_D y^2\mu(x, y)\mathrm{d}\sigma, \quad I_y=\iint\limits_D x^2\mu(x, y)\mathrm{d}\sigma.$$

例 10.6.7 求半径为 a 的均匀半圆薄片(面密度为常量 μ)对于其直径边的转动惯量.

解 取如图 10.6.3 所示的坐标系，则薄片所占闭区域 D 可表示为

$$D=\{(x, y)\,|\,x^2+y^2\leqslant a^2, y\geqslant 0\}.$$

而所求转动惯量即半圆薄片对于 x 轴的转动惯量 I_x，即

$$\begin{aligned} I_x &= \iint\limits_D \mu y^2\mathrm{d}\sigma = \mu\iint\limits_D \rho^2\sin^2\theta\cdot\rho\mathrm{d}\rho\mathrm{d}\theta \\ &= \mu\int_0^{\pi}\sin^2\theta\,\mathrm{d}\theta\int_0^a\rho^3\mathrm{d}\rho = \mu\cdot\frac{a^4}{4}\int_0^{\pi}\sin^2\theta\,\mathrm{d}\theta \\ &= \frac{1}{4}\mu a^4\cdot\frac{\pi}{2} = \frac{1}{4}Ma^2, \end{aligned}$$

其中 $M=\frac{1}{2}\pi a^2\mu$ 为半圆薄片的质量.

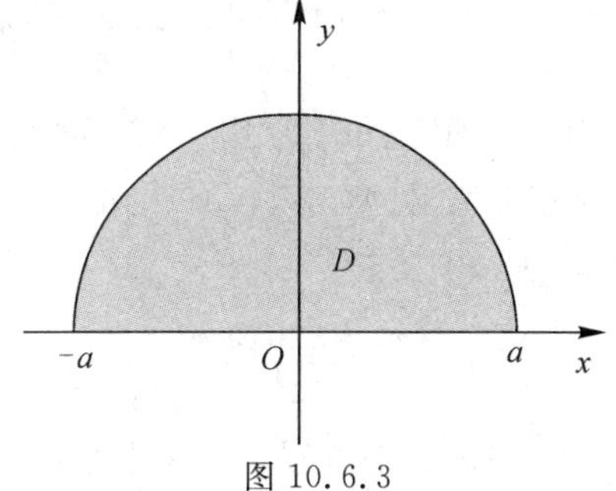

图 10.6.3

类似地，占有空间有界闭区域 Ω、在点 (x, y, z) 处的密度为 $\mu(x, y, z)$(假定 $\mu(x, y, z)$ 在 Ω 上连续)的物体对于 x 轴、y 轴、z 轴的转动惯量分别为

$$I_x = \iiint_{\Omega} (y^2 + z^2)\mu(x, y, z)\mathrm{d}v,$$

$$I_y = \iiint_{\Omega} (z^2 + x^2)\mu(x, y, z)\mathrm{d}v,$$

$$I_z = \iiint_{\Omega} (x^2 + y^2)\mu(x, y, z)\mathrm{d}v.$$

例 10.6.8　求密度为 μ 的均匀球体对于过球心的一条轴 l 的转动惯量.

解　取球心为坐标原点，令 z 轴与 l 轴重合(见图 10.6.4)，并设球的半径为 a，则球体所占空间闭区域可表示为

$$\Omega=\{(x, y, z) \mid x^2+y^2+z^2 \leqslant a^2\}.$$

显然，所求转动惯量即球体对于 z 轴的转动惯量 I_z，即

$$\begin{aligned} I_z &= \iiint_{\Omega} (x^2 + y^2)\mu \mathrm{d}v \\ &= \mu \iiint_{\Omega} (r^2 \sin^2\varphi \cos^2\theta + r^2 \sin^2\varphi \sin^2\theta) r^2 \sin\varphi \mathrm{d}r \mathrm{d}\varphi \mathrm{d}\theta \\ &= \mu \iiint_{\Omega} r^4 \sin^3\varphi \mathrm{d}r \mathrm{d}\varphi \mathrm{d}\theta = \mu \int_0^{2\pi} \mathrm{d}\theta \int_0^{\pi} \sin^3\varphi \mathrm{d}\varphi \int_0^a r^4 \mathrm{d}r \\ &= \frac{8}{15}\pi a^5 \mu = \frac{2}{5} a^2 M, \end{aligned}$$

其中 $M=\dfrac{4}{3}\pi a^3 \mu$ 为球体的质量.

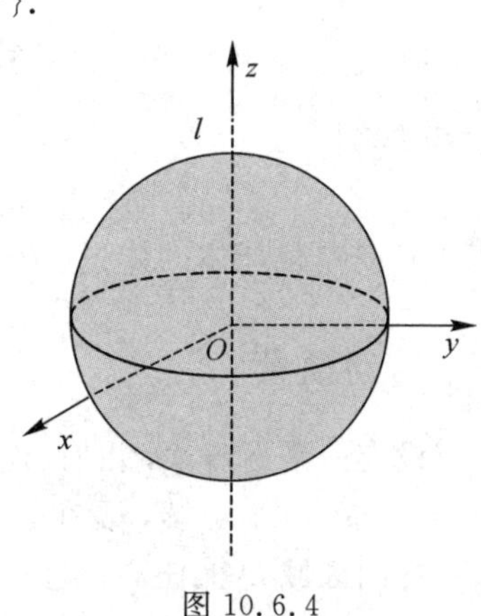

图 10.6.4

四、引力

我们讨论空间一物体对物体外一点 $P_0(x_0, y_0, z_0)$处单位质量的质点的引力问题.

设物体占有空间有界闭区域 Ω，它在点(x, y, z)处的密度为 $\mu(x, y, z)$，并假定 $\mu(x, y, z)$在 Ω 上连续. 在物体内任取一直径很小的闭区域 $\mathrm{d}v$(其体积也记为 $\mathrm{d}v$)，(x, y, z)为这一小块中的一点. 把这一小块物体的质量 $\mu\mathrm{d}v$ 近似地看作集中在点(x, y, z)处. 于是由两质点间的引力公式，可得这一小块物体对在 $P_0(x_0, y_0, z_0)$处的单位质量的质点的引力近似地为

$$\begin{aligned} \mathrm{d}\boldsymbol{F} &= (\mathrm{d}F_x, \mathrm{d}F_y, \mathrm{d}F_z) \\ &= \left(G\frac{\mu(x, y, z)(x-x_0)}{r^3}\mathrm{d}v, G\frac{\mu(x, y, z)(y-y_0)}{r^3}\mathrm{d}v, G\frac{\mu(x, y, z)(z-z_0)}{r^3}\mathrm{d}v\right), \end{aligned}$$

其中 $\mathrm{d}F_x$、$\mathrm{d}F_y$、$\mathrm{d}F_z$ 为引力元素 $\mathrm{d}\boldsymbol{F}$ 在三个坐标轴上的分量，$r=\sqrt{(x-x_0)^2+(y-y_0)^2+(z-z_0)^2}$，$G$ 为引力常数. 将 $\mathrm{d}F_x$、$\mathrm{d}F_y$、$\mathrm{d}F_z$ 在 Ω 上分别积分，即得

$$\begin{aligned} F &= (F_x, F_y, F_z) \\ &= \left(\iiint_{\Omega} G\frac{\mu(x, y, z)(x-x_0)}{r^3}\mathrm{d}v, \iiint_{\Omega} G\frac{\mu(x, y, z)(y-y_0)}{r^3}\mathrm{d}v, \iiint_{\Omega} G\frac{\mu(x, y, z)(z-z_0)}{r^3}\mathrm{d}v\right). \end{aligned}$$

如果考虑平面薄片对薄片外一点 $P_0(x_0, y_0, z_0)$处单位质量的质点的引力，设平面薄片占有 xOy 面上的有界闭区域 D，其面密度为 $\mu(x, y)$，那么只要将上式中的密度 $\mu(x, y, z)$换成面密度 $\mu(x, y)$，将 Ω 上的三重积分换成 D 上的二重积分，就可得到相应的计算公式.

例 10.6.9　设半径为 R 的质量均匀的球占有空间闭区域

$$\Omega=\{(x,y,z)\mid x^2+y^2+z^2\leqslant R^2\}.$$

求它对位于点 $M_0(0,0,a)(a>R)$ 处的单位质量的质点的引力.

解　设球的密度为 μ_0，由球的对称性及质量分布的均匀性知 $F_x=F_y=0$，所求引力沿 z 轴的分量为

$$\begin{aligned}F_z&=\iiint_\Omega G\mu_0\frac{z-a}{[x^2+y^2+(z-a)^2]^{3/2}}\mathrm{d}v\\&=G\mu_0\int_{-R}^{R}(z-a)\mathrm{d}z\iint_{x^2+y^2\leqslant R^2-z^2}\frac{\mathrm{d}x\mathrm{d}y}{[x^2+y^2+(z-a)^2]^{3/2}}\\&=G\mu_0\int_{-R}^{R}(z-a)\mathrm{d}z\int_0^{2\pi}\mathrm{d}\theta\int_0^{\sqrt{R^2-z^2}}\frac{\rho\mathrm{d}\rho}{[\rho^2+(z-a)^2]^{3/2}}\\&=2\pi G\mu_0\int_{-R}^{R}(z-a)\left(\frac{1}{a-z}-\frac{1}{\sqrt{R^2-2az+a^2}}\right)\mathrm{d}z\\&=2\pi G\mu_0\left[-2R+\frac{1}{a}\int_{-R}^{R}(z-a)\mathrm{d}\sqrt{R^2-2az+a^2}\right]\\&=2G\pi\mu_0\left(-2R+2R-\frac{2R^3}{3a^2}\right)\\&=-G\cdot\frac{4\pi R^3}{3}\mu_0\cdot\frac{1}{a^2}=-G\frac{M}{a^2},\end{aligned}$$

其中 $M=\dfrac{4\pi R^3}{3}\mu_0$ 为球的质量. 于是所求引力为 $\boldsymbol{F}=\left(0,0,-G\dfrac{M}{a^2}\right)$.

上述结果表明：质量均匀的球对球外一质点的引力如同球的质量集中于球心时两质点间的引力.

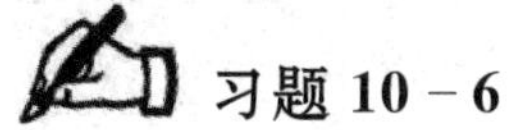

习题 10－6

基　础　题

1. 求锥面 $z=\sqrt{x^2+y^2}$ 被柱面 $z^2=2x$ 所割下的部分的曲面的面积.

2. 设薄片所占的闭区域 D 如下，求均匀薄片的质心：

(1) D 由 $y=\sqrt{2px}$、$x=x_0$、$y=0$ 所围成；

(2) D 是半椭圆形闭区域 $\left\{(x,y)\,\middle|\,\dfrac{x^2}{a^2}+\dfrac{y^2}{b^2}\leqslant 1,\ y\geqslant 0\right\}$；

(3) D 是介于两个圆 $r=a\cos\theta$、$r=b\cos\theta(0<a<b)$ 之间的闭区域.

3. 利用三重积分计算下列由曲面所围成立体的质心(设密度 $\mu=1$)：

(1) $z^2=x^2+y^2$，$z=1$；

(2) $z=\sqrt{A^2-x^2-y^2}$，$z=\sqrt{a^2-x^2-y^2}\,(A>a>0)$，$z=0$；

(3) $z=x^2+y^2$，$x+y=a$，$x=0$，$y=0$，$z=0$.

4. 设均匀薄片(面密度为常数 1)所占闭区域 D 如下，求指定的转动惯量：

(1) $D=\left\{(x,y)\,\middle|\,\dfrac{x^2}{a^2}+\dfrac{y^2}{b^2}\leqslant 1\right\}$，求 I_y；

(2) D 由抛物线 $y^2=\frac{9}{2}x$ 与直线 $x=2$ 所围成，求 I_x 和 I_y；

(3) D 为矩形闭区域$\{(x, y)|0\leqslant x\leqslant a, 0\leqslant y\leqslant b\}$，求 I_x 和 I_y.

提 高 题

1. 求底面半径相同的两个直交柱面 $x^2+y^2=R^2$ 及 $x^2+z^2=R^2$ 所围立体的表面积.

2. 一均匀物体(密度 μ 为常量)占有的闭区域 Ω 由曲面 $z=x^2+y^2$ 和平面 $z=0$、$|x|=a$、$|y|=a$ 所围成.

(1) 求物体的体积；

(2) 求物体的质心；

(3) 求物体关于 z 轴的转动惯量.

3. 设平面薄片所占的闭区域 D 由抛物线 $y=x^2$ 及直线 $y=x$ 所围成，它在点(x, y)处的面密度 $\mu(x, y)=x^2y$，求该薄片的质心.

4. 设有一等腰直角三角形薄片，腰长为 a，各点处的面密度等于该点到直角顶点的距离的平方，求这薄片的质心.

5. 设球体占有闭区域 $\Omega=\{(x, y, z)|x^2+y^2+z^2\leqslant 2Rz\}$，它在内部各点的密度的大小等于该点到坐标原点的距离的平方，试求这球体的质心.

6. 求半径为 a、高为 h 的均匀圆柱体对于过中心而平行于母线的轴的转动惯量(设密度 $\mu=1$).

7. 设面密度为常量 μ 的匀质半圆环形薄片占有闭区域

$$D=\{(x, y, 0)|R_1\leqslant\sqrt{x^2+y^2}\leqslant R_2, x>0\},$$

求它对位于 z 轴上的点 $M_0(0, 0, a)(a>0)$处单位质量的质点的引力 $\boldsymbol{F}$.

8. 设均匀柱体密度为 μ，占有闭区域 $\Omega=\{(x, y, z)|x^2+y^2\leqslant R^2, 0\leqslant z\leqslant h\}$，求它对于位于点 $M_0(0, 0, a)(a>h)$处单位质量的质点的引力.

习题 10-6
参考答案

总习题十

基 础 题

1. 从以下各题给出的四个结论中选择一个正确的结论：

(1) 设有空间闭区域

$$\Omega_1=\{(x, y, z)|x^2+y^2+z^2\leqslant R^2, z\geqslant 0\},$$

$$\Omega_2=\{(x, y, z)|x^2+y^2+z^2\leqslant R^2, x\geqslant 0, y\geqslant 0, z\geqslant 0\},$$

则有(　　).

A. $\iiint\limits_{\Omega_1}x\mathrm{d}v=4\iiint\limits_{\Omega_2}x\mathrm{d}v$　　B. $\iiint\limits_{\Omega_1}y\mathrm{d}v=4\iiint\limits_{\Omega_2}y\mathrm{d}v$

C. $\iiint\limits_{\Omega_1}z\mathrm{d}v=4\iiint\limits_{\Omega_2}z\mathrm{d}v$　　D. $\iiint\limits_{\Omega_1}xyz\mathrm{d}v=4\iiint\limits_{\Omega_2}xyz\mathrm{d}v$

(2) 设有平面闭区域

$$D=\{(x,y)\mid -a\leqslant x\leqslant a,\ x\leqslant y\leqslant a\},$$
$$D_1=\{(x,y)\mid 0\leqslant x\leqslant a,\ x\leqslant y\leqslant a\},$$

则 $\iint\limits_D (xy+\cos x\sin y)\,\mathrm{d}x\mathrm{d}y=($ $)$.

A. $2\iint\limits_{D_1}\cos x\sin y\,\mathrm{d}x\mathrm{d}y$ B. $2\iint\limits_{D_1}xy\,\mathrm{d}x\mathrm{d}y$

C. $4\iint\limits_{D_1}\cos x\sin y\,\mathrm{d}x\mathrm{d}y$ D. 0

2. 计算下列二重积分：

(1) $\iint\limits_D (1+x)\sin y\,\mathrm{d}\sigma$，其中 D 是顶点分别为(0，0)、(1，0)、(1，2)和(0，1)的梯形闭区域；

(2) $\iint\limits_D (x^2-y^2)\,\mathrm{d}\sigma$，其中 $D=\{(x,y)\mid 0\leqslant y\leqslant \sin x,\ 0\leqslant x\leqslant \pi\}$.

3. 交换下列二次积分的次序：

(1) $\int_0^4 \mathrm{d}y\int_{-\sqrt{4-y}}^{\frac{1}{2}(y-4)} f(x,y)\,\mathrm{d}x$；

(2) $\int_0^1 \mathrm{d}y\int_0^{2y} f(x,y)\,\mathrm{d}x+\int_1^3 \mathrm{d}y\int_0^{3-y} f(x,y)\,\mathrm{d}x$；

(3) $\int_0^1 \mathrm{d}x\int_{\sqrt{x}}^{1+\sqrt{1-x^2}} f(x,y)\,\mathrm{d}y$.

4. 证明：

$$\int_0^a \mathrm{d}y\int_0^y \mathrm{e}^{m(a-x)} f(x)\,\mathrm{d}x=\int_0^a (a-x)\mathrm{e}^{m(a-x)} f(x)\,\mathrm{d}x.$$

5. 计算下列三重积分：

(1) $\iiint\limits_\Omega z^2\,\mathrm{d}x\mathrm{d}y\mathrm{d}z$，其中 Ω 是两个球 $x^2+y^2+z^2\leqslant R^2$ 和 $x^2+y^2+z^2\leqslant 2Rz\,(R>0)$ 的公共部分；

(2) $\iiint\limits_\Omega (y^2+z^2)\,\mathrm{d}v$，其中 Ω 是由 xOy 面上曲线 $y^2=2x$ 绕 x 轴旋转而成的曲面与平面 $x=5$ 所围成的闭区域.

提 高 题

1. 把积分 $\iint\limits_D f(x,y)\,\mathrm{d}x\mathrm{d}y$ 表示为极坐标形式的二次积分，其中积分区域

$$D=\{(x,y)\mid x^2\leqslant y\leqslant 1,\ -1\leqslant x\leqslant 1\}.$$

2. 设区域 $D=\{(x,y)\mid |x|+|y|\leqslant 2\}$，则 $\iint\limits_D \dfrac{3\mathrm{e}^x-2\mathrm{e}^y}{\mathrm{e}^x+\mathrm{e}^y}\,\mathrm{d}\sigma=($ $)$.

A. 1 B. 8 C. 4 D. $\dfrac{1}{2}$

3. (2015 竞赛)设 Ω 是由曲面 $z=x^2+y^2-2$ 和 $z=\sqrt{x^2+y^2}$ 所围的有限区域，则积分 $\iiint\limits_{\Omega} \mathrm{d}v=$ ________.

4. 把积分 $\iiint\limits_{\Omega} f(x,y,z)\mathrm{d}x\mathrm{d}y\mathrm{d}z$ 化为三次积分，其中积分区域 Ω 是由曲面 $z=x^2+y^2$、$y=x^2$ 及平面 $y=1$、$z=0$ 所围成的闭区域.

5. 计算 $\iiint\limits_{\Omega}\left(\dfrac{x^2}{a^2}+\dfrac{y^2}{b^2}+\dfrac{z^2}{c^2}\right)\mathrm{d}x\mathrm{d}y\mathrm{d}z$，其中 Ω 是由椭球面 $\dfrac{x^2}{a^2}+\dfrac{y^2}{b^2}+\dfrac{z^2}{c^2}=1$ 所围成的闭区域.

6. 计算三重积分 $I=\iiint\limits_{\Omega}(x+y+z)^2\mathrm{d}v$，其中 Ω 是由抛物面 $z=x^2+y^2$ 和球面 $z=\sqrt{2-x^2-y^2}$ 所围成的空间闭区域.

7. 曲面 $x^2+y^2+z=4$ 将球体 $x^2+y^2+z^2\leqslant 4z$ 分成两部分，求这两部分的体积之比.

8. 求平面 $\dfrac{x}{a}+\dfrac{y}{b}+\dfrac{z}{c}=1$ 被三坐标面所割出的有限部分的面积.

9. 求由抛物线 $y=x^2$ 及直线 $y=1$ 所围成的均匀薄片(面密度为常数 μ)对于直线 $y=-1$ 的转动惯量.

总习题十
参考答案

10. 设在 xOy 面上有一质量为 M 的匀质半圆形薄片，占有平面闭域

$$D=\{(x,\ y)\mid x^2+y^2\leqslant R^2,\ y\geqslant 0\},$$

过圆心 O 垂直于薄片的直线上有一质量为 m 的质点 P，$OP=a$. 求半圆形薄片对质点 P 的引力.

第十一章　曲线积分与曲面积分

知识图谱

本章教学目标

上一章我们学习的二重积分与三重积分是定积分的推广，它们的积分区域分别是平面闭区域及空间闭区域. 本章要学习的曲线积分与曲面积分，也是定积分的推广，它们分别以一段有限曲线(包括平面曲线和空间曲线)或一张曲面为积分区域. 这两类积分有丰富的应用背景，如设计水下传输电缆，解释星球内部热的流动，以及计算把卫星送入轨道所需要做的功等. 曲线积分与曲面积分都分为两种类型，其中对弧长的曲线积分及对面积的曲面积分与曲线弧及曲面块的方向无关，而对坐标的曲线积分及对坐标的曲面积分与曲线弧及曲面块的方向有关.

第一节　对弧长的曲线积分

一、对弧长的曲线积分的概念与性质

引例　海底电缆(submarine cable)是用绝缘材料包裹的电缆，铺设在海底，用于电信传输. 由于电缆上各部分受力及电流电容变化，电缆上每点处的线密度(单位长度的质量)是变量.

设有一条以 A、B 为端点的海底电缆(见图 11.1.1)，所占位置为空间坐标系 $Oxyz$ 内的一段曲线弧 Γ，Γ 上任一点 $M(x, y, z)$ 处的线密度为连续函数 $\mu(x, y, z)$，求电缆的质量 m.

分析　对于上述问题，由于线密度是变量，我们考虑用“分割、近似、求和、取极限”的方法求得 m 的值.

将曲线 Γ 任意分割成 n 段，设第 i 段的弧长为 Δs_i，在第 i 段上任取一点 (ξ_i, η_i, ζ_i) $(i=1, 2, \cdots, n)$(见图 11.1.2). 当分割很细时，第 i 段上每点处的密度都与 $\mu(\xi_i, \eta_i, \zeta_i)$ 相差很小，因而第 i 段的质量 Δm_i 的近似值为

$$\Delta m_i \approx \mu(\xi_i, \eta_i, \zeta_i)\Delta s_i,$$

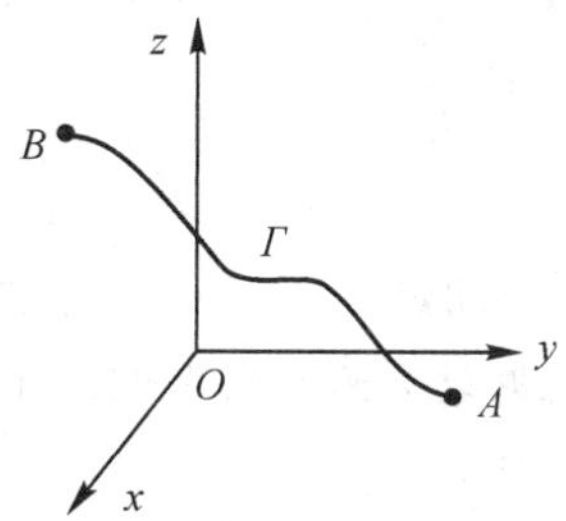

图 11.1.1

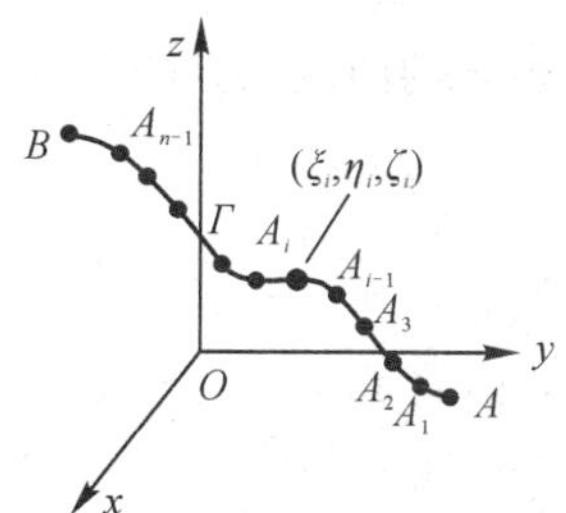

图 11.1.2

求和可得到电缆的质量 m 的近似值为

$$m=\sum_{i=1}^{n}\Delta m_i\approx\sum_{i=1}^{n}\mu(\xi_i,\ \eta_i,\ \zeta_i)\Delta s_i.$$

令 $\lambda=\max\limits_{1\leqslant i\leqslant n}\{\Delta s_i\}$，若极限

$$\lim_{\lambda\to 0}\sum_{i=1}^{n}\mu(\xi_i,\ \eta_i,\ \zeta_i)\Delta s_i$$

存在，则此极限值就是电缆的质量 m，即有

$$m=\lim_{\lambda\to 0}\sum_{i=1}^{n}\mu(\xi_i,\ \eta_i,\ \zeta_i)\Delta s_i.$$

实际中研究其他问题，如计算电缆线的电容、质心、转动惯量等时，也需要求上面这种形式的极限. 我们对这类问题进行抽象概括，引入对弧长的曲线积分的概念.

1. 对弧长的曲线积分的概念

定义 11.1.1 设函数 $f(x,\ y,\ z)$在光滑曲线弧 Γ 上有定义且有界，将 Γ 任意分成 n 段，第 i 段的弧长记作 $\Delta s_i(i=1,\ 2,\ \cdots,\ n)$，并在第 i 段上任取一点$(\xi_i,\ \eta_i,\ \zeta_i)(i=1,\ 2,\ \cdots,\ n)$. 令 $\lambda=\max\limits_{1\leqslant i\leqslant n}\{\Delta s_i\}$，若极限

$$\lim_{\lambda\to 0}\sum_{i=1}^{n}f(\xi_i,\ \eta_i,\ \zeta_i)\Delta s_i$$

对于曲线 Γ 的任意分割法及小弧段上点$(\xi_i,\ \eta_i,\ \zeta_i)$的任意取法都存在且相等，则称此极限为函数 $f(x,\ y,\ z)$在曲线 Γ 上的第一类曲线积分，也叫作对弧长的曲线积分，记作

$$\int_{\Gamma}f(x,\ y,\ z)\mathrm{d}s,$$

即

$$\int_{\Gamma}f(x,\ y,\ z)\mathrm{d}s=\lim_{\lambda\to 0}\sum_{i=1}^{n}f(\xi_i,\ \eta_i,\ \zeta_i)\Delta s_i,$$

其中 $f(x,\ y,\ z)$称为被积函数，Γ 称为积分弧段，$\mathrm{d}s$ 称为弧微分.

值得注意的是，定义 11.1.1 要求曲线 Γ 是分段光滑的. 这样，曲线 Γ 上任何一段弧都有长度可言，从而 Δs_i 是有意义的.

若定义 11.1.1 中所说的极限 $\lim\limits_{\lambda\to 0}\sum\limits_{i=1}^{n}f(\xi_i,\ \eta_i,\ \zeta_i)\Delta s_i$ 存在，也称函数 $f(x,\ y,\ z)$在曲线弧 Γ 上可积. 如果曲线 Γ 是一条简单封闭曲线，则对弧长的曲线积分又记作$\oint_{\Gamma}f(x,\ y,\ z)\mathrm{d}s$.

根据定义 11.1.1，线密度为$\mu(x,\ y,\ z)$的海底电缆的质量 m 就等于函数$\mu(x,\ y,\ z)$沿曲线 Γ 对弧长的曲线积分的值，即

$$m=\int_{\Gamma}\mu(x,\ y,\ z)\mathrm{d}s.$$

今后约定，函数 $f(x,\ y,\ z)$在一条曲线 Γ 上连续是指当动点 $M(x,\ y,\ z)$在曲线 Γ 上连续变化时，函数 $f(x,\ y,\ z)$也连续变化. 下面我们不加证明地给出函数在曲线上可积的充分条件.

定理 11.1.1 若函数 $f(x,\ y,\ z)$在一条分段光滑的曲线 Γ 上连续，则$\int_{\Gamma}f(x,\ y,\ z)\mathrm{d}s$

存在，也说函数 $f(x, y, z)$在 Γ 上可积.

当曲线落在 xOy 面内时，记作 L. 类似地可定义二元函数 $f(x, y)$在平面曲线 L 上对弧长的曲线积分，即

$$\int_L f(x, y)\mathrm{d}s = \lim_{\lambda \to 0}\sum_{i=1}^{n} f(\xi_i, \eta_i)\Delta s_i.$$

2. 质量和矩的计算

在空间求沿光滑曲线 Γ(如沿螺旋弹簧和螺线圈)的质量分布问题. 设其质量分布以连续密度函数 $\mu(x, y, z)$表示，则曲线的质量和矩的公式为

质量：

$$M = \int_\Gamma \mu(x, y, z)\mathrm{d}s;$$

空间光滑曲线弧的质量、质心、惯性矩公式

关于坐标面的矩：

$$M_{yz} = \int_\Gamma x\mu(x, y, z)\mathrm{d}s, \quad M_{zx} = \int_\Gamma y\mu(x, y, z)\mathrm{d}s,$$

$$M_{xy} = \int_\Gamma z\mu(x, y, z)\mathrm{d}s.$$

3. 对弧长的曲线积分的性质

对弧长的曲线积分有与定积分类似的性质，下面以 $\int_L f(x, y)\mathrm{d}s$ 为例，不加证明地列出这些性质.

(1) 线性性质：设函数 $f(x, y)$与 $g(x, y)$在 L 上可积，则对任意两个常数 k_1、k_2，函数 $k_1 f(x, y)+k_2 g(x, y)$在 L 上也可积，且有

$$\int_L [k_1 f(x, y) + k_2 g(x, y)]\mathrm{d}s = k_1\int_L f(x, y)\mathrm{d}s + k_2\int_L g(x, y)\mathrm{d}s.$$

(2) 对积分曲线的可加性：若曲线 L 由有限条分段光滑的曲线段 L_1，L_2，…，L_m 所组成，而它们彼此不重叠，并且 $f(x, y)$在每一条 $L_i(1\leqslant i\leqslant m)$上均可积，则 $f(x, y)$在 L 上可积，且有

$$\int_{L_1} f(x, y)\mathrm{d}s + \int_{L_2} f(x, y)\mathrm{d}s + \cdots + \int_{L_m} f(x, y)\mathrm{d}s = \int_L f(x, y)\mathrm{d}s.$$

(3) 与方向无关性：设 L 有两个端点 A、B，则 L 有从 A 到 B 或从 B 到 A 两个走向，而对弧长的曲线积分与曲线的走向无关，即若用 $\int_{\overset{\frown}{AB}} f(x, y)\mathrm{d}s$ 与 $\int_{\overset{\frown}{BA}} f(x, y)\mathrm{d}s$ 分别表示沿 L 从 A 到 B 的积分与从 B 到 A 的积分，则有

$$\int_{\overset{\frown}{AB}} f(x, y)\mathrm{d}s = \int_{\overset{\frown}{BA}} f(x, y)\mathrm{d}s.$$

(4) 弧长计算性质：当被积函数 $f(x, y)\equiv 1$ 时，对弧长的曲线积分

$$\int_L 1\mathrm{d}s = s$$

恰好是曲线 L 的弧长 s.

(5) 不等式性质：设函数 $f(x, y)$与 $g(x, y)$在 L 上可积，且 $f(x, y)\leqslant g(x, y)$，则

$$\int_L f(x, y)\mathrm{d}s \leqslant \int_L g(x, y)\mathrm{d}s.$$

特别地，有

$$\left|\int_L f(x,\ y)\mathrm{d}s\right| \leqslant \int_L |f(x,\ y)|\ \mathrm{d}s.$$

(6) 积分中值定理：设函数 $f(x,\ y)$在曲线弧 L 上连续，则至少存在一点$(\xi,\ \eta)\in L$，使

$$\int_L f(x,\ y)\mathrm{d}s = f(\xi,\ \eta)s \quad (s\text{ 表示弧长}).$$

二、对弧长的曲线积分的计算方法

定理 11.1.2 设 $f(x,\ y)$是定义在曲线弧 L 上的连续函数，L 的参数方程为

$$\begin{cases} x=\varphi(t), \\ y=\psi(t) \end{cases} \quad (\alpha\leqslant t\leqslant\beta).$$

若 $\varphi(t)$、$\psi(t)$在$[\alpha,\beta]$上具有一阶连续导数，且 $\varphi'^2(t)+\psi'^2(t)\neq 0$，则曲线积分 $\int_L f(x,\ y)\mathrm{d}s$ 存在，且

$$\int_L f(x,\ y)\mathrm{d}s = \int_\alpha^\beta f[\varphi(t),\ \psi(t)]\ \sqrt{\varphi'^2(t)+\psi'^2(t)}\,\mathrm{d}t \quad (\alpha<\beta). \tag{11.1.1}$$

证明 假定当参数 t 由 α 变至 β 时，L 上的动点 $M(x,\ y)$由 A 变到 B. 在 L 上取一列点

$$A=M_0,\ M_1,\ M_2,\ \cdots,\ M_{n-1},\ M_n=B,$$

它们对应于一列单调增加的参数值

$$\alpha=t_0<t_1<t_2<\cdots<t_{n-1}<t_n=\beta.$$

根据对弧长的曲线积分的定义，有

$$\int_L f(x,\ y)\mathrm{d}s = \lim_{\lambda\to 0}\sum_{i=1}^n f(\xi_i,\ \eta_i)\Delta s_i.$$

设点$(\xi_i,\ \eta_i)$对应的参数值为 τ_i，即有 $\xi_i=\varphi(\tau_i)$，$\eta_i=\psi(\tau_i)$，这里 $t_{i-1}\leqslant\tau_i\leqslant t_i$.

另一方面，根据弧长计算公式及积分中值定理可得

$$\Delta s_i = \int_{t_{i-1}}^{t_i}\sqrt{\varphi'^2(t)+\psi'^2(t)}\,\mathrm{d}t = \sqrt{\varphi'^2(\tau_i')+\psi'^2(\tau_i')}\,\Delta t_i,$$

其中 $\Delta t_i=t_i-t_{i-1}$，$t_{i-1}\leqslant\tau_i'\leqslant t_i$. 于是

$$\int_L f(x,\ y)\mathrm{d}s = \lim_{\lambda\to 0}\sum_{i=1}^n f[\varphi(\tau_i),\ \psi(\tau_i)]\ \sqrt{\varphi'^2(\tau_i')+\psi'^2(\tau_i')}\,\Delta t_i. \tag{11.1.2}$$

由于函数 $\sqrt{\varphi'^2(t)+\psi'^2(t)}$ 在闭区间$[\alpha,\beta]$上连续，利用一致连续性可以把式(11.1.2)中的 τ_i' 换成 τ_i，从而有

$$\int_L f(x,\ y)\mathrm{d}s = \lim_{\lambda\to 0}\sum_{i=1}^n f[\varphi(\tau_i),\ \psi(\tau_i)]\ \sqrt{\varphi'^2(\tau_i)+\psi'^2(\tau_i)}\,\Delta t_i. \tag{11.1.3}$$

因为函数 $f[\varphi(t),\ \psi(t)]\sqrt{\varphi'^2(t)+\psi'^2(t)}$ 在闭区间$[\alpha,\beta]$上连续，所以式(11.1.3)右端的和的极限存在，于是曲线积分 $\int_L f(x,\ y)\mathrm{d}s$ 存在，且有

$$\int_L f(x,\ y)\mathrm{d}s = \int_\alpha^\beta f[\varphi(t),\ \psi(t)]\ \sqrt{\varphi'^2(t)+\psi'^2(t)}\,\mathrm{d}t \quad (\alpha<\beta).$$

根据定理 11.1.2，不难得到计算连续函数 $f(x,\ y)$沿曲线 L 对弧长的曲线积分的一般步骤：

(1) 找出光滑曲线 L 的参数方程：

$$\begin{cases} x=\varphi(t), \\ y=\psi(t) \end{cases} \quad (\alpha \leqslant t \leqslant \beta).$$

(2) 把被积函数中的 x 与 y 分别用 $\varphi(t)$ 与 $\psi(t)$ 替换，且弧微分

$$ds=\sqrt{\varphi'^2(t)+\psi'^2(t)}\,dt.$$

(3) 计算定积分

$$\int_L f(x, y)ds = \int_\alpha^\beta f[\varphi(t), \psi(t)] \sqrt{\varphi'^2(t)+\psi'^2(t)}\,dt.$$

在计算定积分时，要特别注意积分下限小于积分上限.

问题　以上我们讨论了当曲线由参数方程给出时，计算对弧长的曲线积分的方法. 但是在实际应用中，很多曲线的方程用直角坐标系或极坐标系下的形式给出更为简单，此时如何计算对弧长的曲线积分呢？

事实上，计算对弧长的曲线积分的关键是根据曲线方程将曲线积分转化为定积分，因此对于直角坐标系和极坐标系下的曲线方程，我们不妨也把它们看作参数方程来进行运算.

(1) 若曲线 L 的方程为直角坐标方程：$y=y(x)$，$a\leqslant x\leqslant b$，且 $y'(x)$ 在区间 $[a, b]$ 上连续，则可以把曲线方程看作参数方程

$$\begin{cases} x=x, \\ y=y(x) \end{cases} \quad (a \leqslant x \leqslant b),$$

于是有

$$\int_L f(x, y)ds = \int_a^b f[x, y(x)] \sqrt{1+y'^2(x)}\,dx.$$

(2) 若曲线 L 的方程为直角坐标方程：$x=x(y)$，$c\leqslant y\leqslant d$，且 $x'(y)$ 在区间 $[c, d]$ 上连续，则与(1)类似，将变量 y 看作积分变量，于是有

$$\int_L f(x, y)ds = \int_c^d f[x(y), y] \sqrt{x'^2(y)+1}\,dy.$$

(3) 若曲线 L 的方程为极坐标方程：$\rho=\rho(\theta)$，$\alpha\leqslant\theta\leqslant\beta$，且 $\rho'(\theta)$ 在区间 $[\alpha, \beta]$ 上连续，则可以把曲线方程看成参数方程：

$$\begin{cases} x=\rho(\theta)\cos\theta, \\ y=\rho(\theta)\sin\theta \end{cases} \quad (\alpha \leqslant \theta \leqslant \beta),$$

于是有

$$\int_L f(x, y)ds = \int_\alpha^\beta f[\rho(\theta)\cos\theta, \rho(\theta)\sin\theta] \sqrt{\rho^2(\theta)+\rho'^2(\theta)}\,d\theta.$$

例 11.1.1　计算 $\int_L x^2 y ds$，其中 L 由参数方程 $x=3\cos t$，$y=3\sin t$，$0\leqslant t\leqslant \frac{\pi}{2}$ 给出.

解　利用参数方程得到

$$\begin{aligned} \int_L x^2 y ds &= \int_0^{\frac{\pi}{2}} (3\cos t)^2 (3\sin t) \sqrt{(-3\sin t)^2+(3\cos t)^2}\,dt \\ &= 81\int_0^{\frac{\pi}{2}} \cos^2 t\sin t dt \\ &= \left[-\frac{81}{3}\cos^3 t\right]_0^{\frac{\pi}{2}} = 27. \end{aligned}$$

例 11.1.2　计算 $\int_L y^2 \mathrm{d}s$，其中 L 由方程 $y=\mathrm{e}^x$，$0\leqslant x\leqslant 1$ 给出.

解　利用直角坐标方程，将 x 看作参变量得到

$$\begin{aligned}\int_L y^2 \mathrm{d}s &= \int_0^1 (\mathrm{e}^x)^2\sqrt{1+(\mathrm{e}^x)^2}\,\mathrm{d}x \\ &= \int_0^1 \mathrm{e}^{2x}\sqrt{1+\mathrm{e}^{2x}}\,\mathrm{d}x \\ &= \left[\frac{1}{3}(\sqrt{1+\mathrm{e}^{2x}})^3\right]_0^1 = \frac{1}{3}(\sqrt{1+\mathrm{e}^2})^3-\frac{2}{3}\sqrt{2}.\end{aligned}$$

例 11.1.3　计算 $\oint_L xy^2 \mathrm{d}s$，其中 L 是以 $O(0, 0)$、$A(1, 0)$、$B(1, 1)$为顶点的三角形的边界(见图 11.1.3).

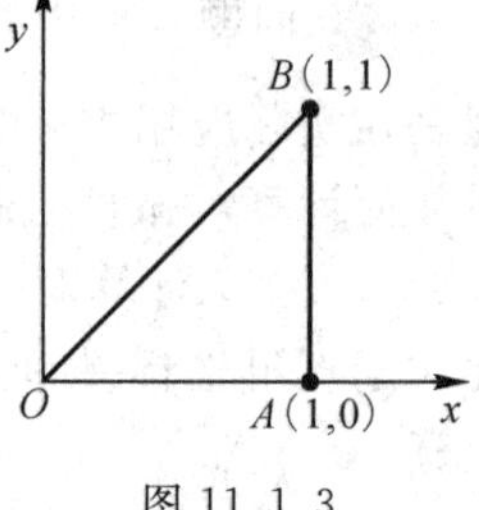

图 11.1.3

解　L 由三条直线段$\overline{OA}$，$\overline{AB}$，$\overline{BO}$构成，它们的方程依次为

$$\overline{OA}:\ y=0,\ 0\leqslant x\leqslant 1;$$
$$\overline{AB}:\ x=1,\ 0\leqslant y\leqslant 1;$$
$$\overline{BO}:\ y=x,\ 0\leqslant x\leqslant 1.$$

于是，它们的弧微分依次为

$$\mathrm{d}s=\sqrt{1+0^2}\,\mathrm{d}x=\mathrm{d}x,\quad \mathrm{d}s=\sqrt{0^2+1}\,\mathrm{d}y=\mathrm{d}y,\quad \mathrm{d}s=\sqrt{1+1^2}\,\mathrm{d}x=\sqrt{2}\,\mathrm{d}x.$$

这样，利用对积分曲线的可加性，我们有

$$\begin{aligned}\oint_L xy^2 \mathrm{d}s &= \int_{\overline{OA}} xy^2 \mathrm{d}s+\int_{\overline{AB}} xy^2 \mathrm{d}s+\int_{\overline{BO}} xy^2 \mathrm{d}s \\ &= \int_0^1 0\mathrm{d}x+\int_0^1 1\cdot y^2\mathrm{d}y+\int_0^1 x^3\cdot\sqrt{2}\,\mathrm{d}x \\ &= 0+\frac{1}{3}+\frac{\sqrt{2}}{4}=\frac{1}{3}+\frac{\sqrt{2}}{4}.\end{aligned}$$

在本例中，由于 L 是分段光滑的曲线，因此先根据对积分曲线的可加性将积分曲线分成三段. 当计算$\overline{OA}$与$\overline{BO}$上的积分时，我们选择 x 为参变量，而在计算$\overline{AB}$上的积分时选择 y 为参变量，这都是由积分曲线的方程决定的，请读者在学习时注意这一点.

例 11.1.4　一条金属线被弯成半圆形状

$$x=a\cos t,\ y=a\sin t,\ 0\leqslant t\leqslant \pi,\ a>0.$$

如果金属线在某点的线密度与它到 x 轴的距离成正比，计算金属线的质量和质心.

解　由题可知，金属线上点 $M(x, y)$处的线密度为 $\mu(x, y)=ky$(k 为常数). 那么，金属线的总质量为

$$\begin{aligned}m &= \int_L \mu(x, y)\mathrm{d}s=\int_L ky\mathrm{d}s=k\int_0^{\pi}(a\sin t)\sqrt{(-a\sin t)^2+(a\cos t)^2}\,\mathrm{d}t \\ &= ka^2\int_0^{\pi}\sin t\mathrm{d}t=2ka^2.\end{aligned}$$

金属线对应于 x 轴的力矩为

$$\begin{aligned}M_x &= \int_L y\mu(x, y)\mathrm{d}s=\int_L ky^2\mathrm{d}s=k\int_0^{\pi}(a^2\sin^2 t)\sqrt{(-a\sin t)^2+(a\cos t)^2}\,\mathrm{d}t \\ &= ka^3\int_0^{\pi}\sin^2 t\mathrm{d}t=\frac{ka^3}{2}\int_0^{\pi}(1-\cos 2t)\mathrm{d}t=\frac{ka^3\pi}{2},\end{aligned}$$

则

$$\bar{y}=\frac{M_x}{m}=\frac{\frac{ka^3\pi}{2}}{2ka^2}=\frac{1}{4}\pi a.$$

由对称性知 $\bar{x}=0$，所以质心为$\left(0,\ \frac{\pi a}{4}\right)$.

例 11.1.5　计算$\int_L xy\mathrm{d}s$，其中 L 为椭圆$\frac{x^2}{a^2}+\frac{y^2}{b^2}=1(a>0,\ b>0)$在第一象限内的部分.

解　方法 1：根据题意，L 可由直角坐标方程

$$y=\frac{b}{a}\sqrt{a^2-x^2},\ 0\leqslant x\leqslant a$$

给出，所以

$$\mathrm{d}s=\sqrt{1+y'^2}\,\mathrm{d}x=\frac{1}{a}\sqrt{\frac{a^4-(a^2-b^2)x^2}{a^2-x^2}}\,\mathrm{d}x,$$

因此

$$\begin{aligned}\int_L xy\mathrm{d}s &= \int_0^a x\cdot\frac{b}{a}\sqrt{a^2-x^2}\cdot\frac{1}{a}\sqrt{\frac{a^4-(a^2-b^2)x^2}{a^2-x^2}}\,\mathrm{d}x\\ &= \frac{b}{a^2}\int_0^a x\cdot\sqrt{a^4-(a^2-b^2)x^2}\,\mathrm{d}x\\ &= \frac{ab}{3}\cdot\frac{a^2+ab+b^2}{a+b}.\end{aligned}$$

方法 2：L 也可由参数方程

$$x=a\cos t,\ y=b\sin t,\ 0\leqslant t\leqslant\frac{\pi}{2}$$

给出，所以

$$\mathrm{d}s=\sqrt{x'^2(t)+y'^2(t)}\,\mathrm{d}t=\sqrt{a^2\sin^2t+b^2\cos^2t}\,\mathrm{d}t,$$

因此

$$\begin{aligned}\int_L xy\mathrm{d}s &= \int_0^{\frac{\pi}{2}} a\cos t\cdot b\sin t\cdot\sqrt{a^2\sin^2t+b^2\cos^2t}\,\mathrm{d}t\\ &= \frac{ab}{2(a^2-b^2)}\int_0^{\frac{\pi}{2}}\sqrt{a^2\sin^2t+b^2\cos^2t}\,\mathrm{d}(a^2\sin^2t+b^2\cos^2t)\\ &= \frac{ab}{2(a^2-b^2)}\cdot\left[\frac{2}{3}(a^2\sin^2t+b^2\cos^2t)^{3/2}\right]_0^{\frac{\pi}{2}}\\ &= \frac{ab}{3}\cdot\frac{a^2+ab+b^2}{a+b}.\end{aligned}$$

通过本例可以看到，如果曲线 L 的方程由隐函数形式给出，则应根据方程特点将其转化为显函数形式后，再将曲线积分转化为定积分进行求解.

定理 11.1.3　设 Γ 为一空间曲线，其参数方程为

$$\begin{cases}x=\varphi(t),\\ y=\psi(t),\\ z=\omega(t)\end{cases}\quad(\alpha\leqslant t\leqslant\beta).$$

若 $\varphi(t)$、$\psi(t)$与 $\omega(t)$在$[\alpha, \beta]$上具有连续导数，$\varphi'^2(t)+\psi'^2(t)+\omega'^2(t)\neq 0$，且 $f(x, y, z)$在 Γ 上连续，则有

$$\int_\Gamma f(x, y, z)\mathrm{d}s = \int_\alpha^\beta f[\varphi(t), \psi(t), \omega(t)]\sqrt{\varphi'^2(t)+\psi'^2(t)+\omega'^2(t)}\,\mathrm{d}t. \tag{11.1.4}$$

定理 11.1.3 的证明与平面曲线情形的证明完全类似，这里不再赘述.

例 11.1.6 计算给定金属线 Γ 的质量 m，其线密度是 $\mu(x, y, z)=kz$(k 为常数). Γ 为圆柱螺旋线，其参数方程为

$$x=3\cos t, \ y=3\sin t, \ z=4t, \ 0\leqslant t\leqslant \pi.$$

解 根据曲线形构件质量公式及式(11.1.4)可得

$$\begin{aligned} m &= \int_\Gamma \mu(x, y, z)\mathrm{d}s = \int_\Gamma kz\,\mathrm{d}s = k\int_0^\pi (4t)\cdot\sqrt{9\sin^2 t+9\cos^2 t+16}\,\mathrm{d}t \\ &= 20k\int_0^\pi t\,\mathrm{d}t = 10k\pi^2. \end{aligned}$$

例 11.1.7 计算 $\int_\Gamma (x-3y^2+z)\mathrm{d}s$，其中 Γ 是从 $O(0, 0, 0)$到 $A(1, 1, 0)$再到 $B(1, 1, 1)$的折线段(见图 11.1.4).

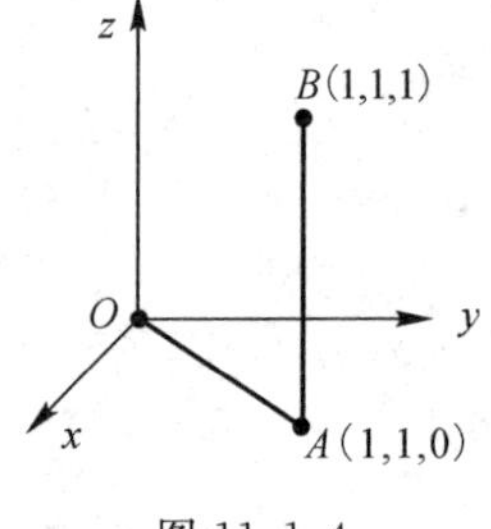

图 11.1.4

解 Γ 由两条直线段$\overline{OA}$、$\overline{AB}$构成，它们的参数方程依次为

$$\overline{OA}: x=t, \ y=t, \ z=0, \ 0\leqslant t\leqslant 1;$$
$$\overline{AB}: x=1, \ y=1, \ z=t, \ 0\leqslant t\leqslant 1.$$

于是，它们的弧微分依次为

$$\mathrm{d}s=\sqrt{1^2+1^2+0^2}\,\mathrm{d}t=\sqrt{2}\,\mathrm{d}t, \qquad \mathrm{d}s=\sqrt{0^2+0^2+1^2}\,\mathrm{d}t=\mathrm{d}t,$$

从而由对积分曲线的可加性及公式(11.1.4)可得

$$\begin{aligned} \int_\Gamma (x-3y^2+z)\mathrm{d}s &= \int_{\overline{OA}} (x-3y^2+z)\mathrm{d}s + \int_{\overline{AB}} (x-3y^2+z)\mathrm{d}s \\ &= \int_0^1 (t-3t^2+0)\cdot\sqrt{2}\,\mathrm{d}t + \int_0^1 (1-3+t)\cdot 1\mathrm{d}t \\ &= \sqrt{2}\left[\frac{t^2}{2}-t^3\right]_0^1 + \left[\frac{t^2}{2}-2t\right]_0^1 = -\frac{\sqrt{2}}{2}-\frac{3}{2}. \end{aligned}$$

三、知识延展——对弧长的曲线积分的相关应用

1. 利用对称性计算对弧长的曲线积分

在一元函数的定积分及多元函数的重积分计算中，我们已经看到对称性的应用对积分的计算起到了很重要的化简作用. 根据“偶倍奇零”的性质，我们可以大大简化积分计算表达式. 因此，我们同样希望探讨对弧长的曲线积分中有关对称性的应用问题.

定理 11.1.4 设 $f(x, y)$在分段光滑曲线 L 上连续.

(1) 令曲线 L 关于 y 轴对称，即 L 可分为 L_1、L_2，L_1、L_2 分别位于 y 轴的左右两侧，且

$$L_1: x=\varphi(y), \ L_2: x=-\varphi(y), \ y\in[c, d].$$

若 $\varphi(c)$或 $\varphi(d)$等于 0，则

$$\int_L f(x,y)\mathrm{d}s=\begin{cases}2\int_{L_1}f(x,y)\mathrm{d}s, & f(x,y)\text{ 关于 } x \text{ 为偶函数},\\ 0, & f(x,y)\text{ 关于 } x \text{ 为奇函数}.\end{cases}$$

(2) 令曲线 L 关于 x 轴对称，即 L 可分为 L_1、L_2，L_1、L_2 分别位于 x 轴的上下两侧，且

$$L_1: y=\varphi(x),\ L_2: y=-\varphi(x),\ x\in[a,b].$$

若 $\varphi(a)$或 $\varphi(b)$等于 0，则

$$\int_L f(x,y)\mathrm{d}s=\begin{cases}2\int_{L_1}f(x,y)\mathrm{d}s, & f(x,y)\text{ 关于 } y \text{ 为偶函数},\\ 0, & f(x,y)\text{ 关于 } y \text{ 为奇函数}.\end{cases}$$

(3) 令闭曲线 L 关于 x 轴、y 轴均对称，即 L 可分为 L_1、L_2，L_1、L_2 分别位于 x 轴的上下两侧，且

$$L_1: y=\varphi(x),\ L_2: y=-\varphi(x),\ x\in[-a,a].$$

若 $\varphi(x)$在$[-a,a]$上是偶函数，且有 $\varphi(a)=0$，则

$$\int_L f(x,y)\mathrm{d}s=\begin{cases}4\int_{l}f(x,y)\mathrm{d}s, & f(x,y)\text{ 关于 } x\text{、}y \text{ 均为偶函数},\\ 0, & f(x,y)\text{ 关于 } x \text{ 或 } y \text{ 之一为奇函数},\end{cases}$$

其中 l 是 L 在第一象限内的部分.

证明　(1) 由于 L 分段光滑，不妨设 $\varphi(y)$在$[c,d]$上连续可导. 根据对弧长的曲线积分的计算公式，有

$$\begin{aligned}\int_L f(x,y)\mathrm{d}s&=\int_{L_1}f(x,y)\mathrm{d}s+\int_{L_2}f(x,y)\mathrm{d}s\\&=\int_c^d f[\varphi(y),y]\sqrt{1+\varphi'^2(y)}\,\mathrm{d}y+\int_c^d f[-\varphi(y),y]\sqrt{1+[-\varphi'(y)]^2}\,\mathrm{d}y.\end{aligned}$$

当 $f(x,y)$关于 x 是偶函数时，有 $f(-x,y)=f(x,y)$，故

$$\begin{aligned}\int_L f(x,y)\mathrm{d}s&=\int_c^d f[\varphi(y),y]\sqrt{1+\varphi'^2(y)}\,\mathrm{d}y+\int_c^d f[\varphi(y),y]\sqrt{1+\varphi'^2(y)}\,\mathrm{d}y\\&=2\int_c^d f[\varphi(y),y]\sqrt{1+\varphi'^2(y)}\,\mathrm{d}y\\&=2\int_{L_1}f(x,y)\mathrm{d}s.\end{aligned}$$

当 $f(x,y)$关于 x 是奇函数时，有 $f(-x,y)=-f(x,y)$，故

$$\begin{aligned}\int_L f(x,y)\mathrm{d}s&=\int_c^d f[\varphi(y),y]\sqrt{1+\varphi'^2(y)}\,\mathrm{d}y-\int_c^d f[\varphi(y),y]\sqrt{1+\varphi'^2(y)}\,\mathrm{d}y\\&=0.\end{aligned}$$

同理可证明(2).

(3) 先证 $f(x,y)$关于 x、y 均是偶函数的情形. 不妨设 $\varphi(x)$在$[-a,a)$上连续可导，则有

$$\int_L f(x,y)\mathrm{d}s=\int_{L_1}f(x,y)\mathrm{d}s+\int_{L_2}f(x,y)\mathrm{d}s$$

$$=\int_{-a}^{a} f[x, \varphi(x)] \sqrt{1+\varphi'^2(x)}\,\mathrm{d}x+\int_{-a}^{a} f[x,-\varphi(x)] \sqrt{1+[-\varphi'(x)]^2}\,\mathrm{d}x$$
$$=2\int_{-a}^{a} f[x, \varphi(x)] \sqrt{1+\varphi'^2(x)}\,\mathrm{d}x.$$

这里用到了 $f(x,-y)=f(x,y)$.

由 $f(x,y)$关于 x 是偶函数，$\varphi(x)$关于 x 也是偶函数，可知 $f[x,\varphi(x)]\sqrt{1+\varphi'^2(x)}$ 关于 x 也是偶函数，故

$$\int_L f(x, y)\,\mathrm{d}s = 4\int_0^a f[x, \varphi(x)] \sqrt{1+\varphi'^2(x)}\,\mathrm{d}x$$
$$=4\int_l f(x, y)\,\mathrm{d}s.$$

这里 l 是 L 在第一象限内的部分.

注意到，当闭曲线 L 关于 x 轴、y 轴均对称时，L 还可表示为

$$L_1: x=\psi(y),\ L_2: x=-\psi(y),\ y\in[-c, c].$$

若 $\psi(y)$在$[-c, c]$上是偶函数，且有 $\psi(c)=0$，则当 $f(x,y)$关于 x 或 y 之一是奇函数时，有

$$\int_L f(x, y)\,\mathrm{d}s = 0.$$

例 11.1.8　设 L 是圆周 $x^2+y^2=R^2$，计算 $I=\int_L (x^2+y^3)\,\mathrm{d}s$.

解　由对弧长的曲线积分的线性性质可得

$$I=\int_L x^2\,\mathrm{d}s+\int_L y^3\,\mathrm{d}s.$$

由于 L 关于 x 轴对称，且 y^3 是关于 y 的奇函数，因此由定理 11.1.4(2)知

$$\int_L y^3\,\mathrm{d}s = 0.$$

由于闭曲线 L 关于 x 轴、y 轴均对称，且 x^2 是关于 x、y 的偶函数，因此由定理 11.1.4(3)知

$$\int_L x^2\,\mathrm{d}s = 4\int_l x^2\,\mathrm{d}s,$$

其中 l 是 L 在第一象限内的部分，l：$y=\sqrt{R^2-x^2}$，$0\leqslant x\leqslant R$，所以

$$\int_L x^2\,\mathrm{d}s = 4\int_l x^2\,\mathrm{d}s = 4\int_0^R x^2\cdot\sqrt{1+\left(\frac{-x}{\sqrt{R^2-x^2}}\right)^2}\,\mathrm{d}x$$
$$=4\int_0^R \frac{Rx^2}{\sqrt{R^2-x^2}}\,\mathrm{d}x=\pi R^3.$$

综上可知 $I=\pi R^3$.

例 11.1.9　设 L 是椭圆$\frac{x^2}{4}+\frac{y^2}{3}=1$，其周长为 a，计算 $I=\int_L (3x^2+4y^2+5xy^2)\,\mathrm{d}s$.

解　$I=\int_L (3x^2+4y^2)\,\mathrm{d}s+\int_L 5xy^2\,\mathrm{d}s = 12\int_L \left(\frac{x^2}{4}+\frac{y^2}{3}\right)\mathrm{d}s+\int_L 5xy^2\,\mathrm{d}s$

$$=12\int_L 1\cdot\mathrm{d}s+0=12a.$$

例 11.1.10　已知物质曲线 L：$\frac{x^2}{4}+y^2=1$ 上任一点 (x, y) 处的线密度是 $\mu(x, y)=|xy|$，求该曲线的质量.

解　由题意知该曲线的质量为

$$m=\int_L |xy| \mathrm{d}s=4\int_l xy\mathrm{d}s,\ l: x=2\cos t,\ y=\sin t,\ 0\leqslant t\leqslant\frac{\pi}{2},$$

所以 $m=4\int_0^{\frac{\pi}{2}} 2\cos t\sin t\cdot\sqrt{1+3\sin^2 t}\,\mathrm{d}t=\left[\frac{8}{9}(1+3\sin^2 t)^{\frac{3}{2}}\right]_0^{\frac{\pi}{2}}=\frac{56}{9}.$

定理 11.1.5(轮换对称性)　若平面曲线弧 L 关于变量 x、y 具有轮换对称性(即对于 L：$F(x, y)=0$，若有任意的 $(x, y)\in L$，则 $(y, x)\in L$ 且满足 $F(x, y)=F(y, x)$)，函数 $f(x, y)$ 在曲线弧 L 上连续，则

$$\int_L f(x, y)\mathrm{d}s=\int_L f(y, x)\mathrm{d}s.$$

特别地，有

$$\int_L f(x)\mathrm{d}s=\int_L f(y)\mathrm{d}s.$$

说明　本书中轮换对称性是指在表示曲线弧的方程中，调换变量 x、y 的位置后，曲线弧的方程保持不变，此时说明曲线弧关于变量 x、y 具有轮换对称性. 下面我们利用轮换对称性再求解例 11.1.8.

例 11.1.8　设 L 是圆周 $x^2+y^2=R^2$，计算 $I=\int_L (x^2+y^3)\mathrm{d}s$.

解　由对弧长的曲线积分的线性性质可得

$$I=\int_L x^2\mathrm{d}s+\int_L y^3\mathrm{d}s.$$

由于 L 关于 x 轴对称，且 y^3 是关于 y 的奇函数，因此 $\int_L y^3\mathrm{d}s=0$.

由于 L 关于 x、y 具有轮换对称性，因此

$$\int_L x^2\mathrm{d}s=\int_L y^2\mathrm{d}s=\frac{1}{2}\int_L (x^2+y^2)\mathrm{d}s$$
$$=\frac{1}{2}\int_L R^2\mathrm{d}s=\frac{R^2}{2}\int_L 1\mathrm{d}s=\frac{R^2}{2}\cdot 2\pi R=\pi R^3.$$

利用对称性计算空间中对弧长的曲线积分

通过本例可以看到，在对弧长的曲线积分的计算中，有效利用轮换对称性及曲线弧的方程将会在很大程度上化简被积函数，简化积分的计算过程.

2. 计算旋转曲面的面积

问题　设在 xOy 面上有一条长度有限的曲线 L，将 L 绕某一坐标轴旋转，得一旋转曲面，计算该旋转曲面的面积.

在上册中，我们利用微元法探讨了计算旋转曲面面积的定积分公式，下面我们继续利用微元法来探讨计算旋转曲面面积的公式.

设 L 在 Ox 轴上方(见图 11.1.5)，使 L 绕 Ox 轴旋转，计算旋转曲面的面积.

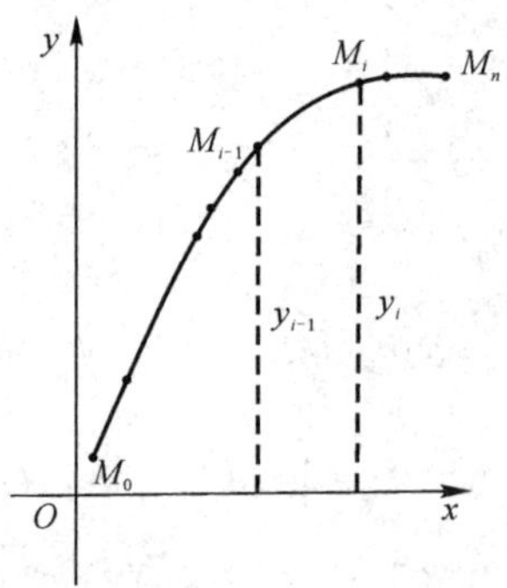

图 11.1.5

将 L 用 $n+1$ 个分点分成 n 个小段，设第 i 段的弧长为 Δs_i，视 $\overset{\frown}{M_{i-1}M_i}$ 为直线段，则由 $\overline{M_{i-1}M_i}$ 旋转所成的圆台的侧面积的近似值是

$$\Delta A_i=\pi(y_{i-1}+y_i)\Delta s_i \quad (i=1,\ 2,\ \cdots,\ n),$$

其中 y_{i-1} 和 y_i 是点 M_{i-1} 和点 M_i 的纵坐标. 令 $\lambda=\max\limits_{1\leqslant i\leqslant n}\{\Delta s_i\}$，则极限

$$\lim_{\lambda\to 0}\pi\sum_{i=1}^{n}(y_{i-1}+y_i)\Delta s_i$$

就是曲线 L 绕 Ox 轴旋转所得的旋转曲面的面积.

于是根据对弧长的曲线积分的定义就有

$$\lim_{\lambda\to 0}\sum_{i=1}^{n}y_{i-1}\Delta s_i=\lim_{\lambda\to 0}\sum_{i=1}^{n}y_i\Delta s_i=\int_L y\,\mathrm{d}s,$$

从而曲线 L 绕 Ox 轴旋转所得的旋转曲面的面积为

$$A=2\pi\int_L y\,\mathrm{d}s.$$

这个公式与我们在上册中利用定积分给出的公式相同. 通过以上推导可以看到，旋转曲面的面积微元为 $\mathrm{d}A=2\pi y\mathrm{d}s$(见图 11.1.6). 一般地，$L$ 在任意位置，只要 L 的方程 $y=f(x)$ 是 x 的单值函数，且曲线 L 是 xOy 面上一条有限曲线，就有该曲线绕 Ox 轴旋转所得的旋转曲面的面积为

$$A=2\pi\int_L |y|\,\mathrm{d}s.$$

这个推导方法也可以用于探讨一些柱面的面积，请读者自行学习.

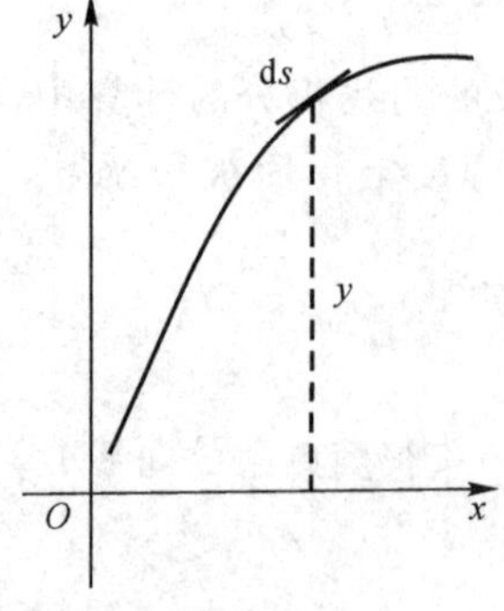

图 11.1.6

例 11.1.11　求旋轮线 $x=a(t-\sin t)$，$y=a(1-\cos t)$，$0\leqslant t\leqslant 2\pi$ 绕 Ox 轴旋转所得的旋转曲面的面积.

解　由题意知

$$ds=\sqrt{a^2(1-\cos t)^2+a^2\sin^2 t}\,dt=a\sqrt{2-2\cos t}\,dt=2a\left|\sin\frac{t}{2}\right|dt,$$

则

$$A=2\pi\int_L y\,ds=2\pi\int_0^{2\pi}a(1-\cos t)\cdot 2\left|\sin\frac{t}{2}\right|dt=2\pi\cdot 4a^2\int_0^{2\pi}\sin^3\frac{t}{2}dt$$

$$\xlongequal{u=\sin\frac{t}{2}}16\pi a^2\int_{-1}^{1}(1-u^2)du=\frac{64}{3}\pi a^2.$$

可以看到，将对弧长的曲线积分转化为定积分后，得到的就是我们在上册中给出的利用定积分计算旋转曲面面积的公式.

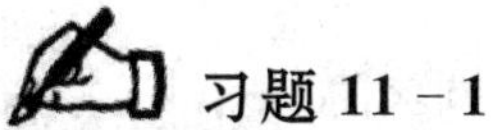

习题 11－1

基　础　题

1. 计算曲线积分$\int_L(x+y)ds$，其中L是顶点为$O(0,0)$、$A(1,0)$、$B(0,1)$的三角形的边界.

2. 计算曲线积分$\int_L y^2ds$，其中L是摆线的一拱，$x=a(t-\sin t)$，$y=a(1-\cos t)$，$0\leqslant t\leqslant 2\pi$.

3. 计算曲线积分$\int_L(x^2+y^2)ds$，其中L：$x=a(\cos t+t\sin t)$，$y=a(\sin t-t\cos t)$，$0\leqslant t\leqslant 2\pi$.

4. 计算曲线积分$\int_L xy\,ds$，其中L：$x^2+y^2=a^2$.

5. 计算曲线积分$\int_L\sqrt{x^2+y^2}\,ds$，其中L：$x^2+y^2=ax(a>0)$.

6. 计算曲线积分$\int_L xy\,ds$，其中L：$x=a\operatorname{ch}t$，$y=a\operatorname{sh}t(0\leqslant t\leqslant t_0)$.

7. 计算曲线积分$\int_\Gamma\frac{z^2}{x^2+y^2}ds$，其中$\Gamma$：$x=a\cos t$，$y=a\sin t$，$z=at$，$0\leqslant t\leqslant 2\pi$.

8. 计算曲线积分$\int_\Gamma z\,ds$，其中Γ是由点$O(0,0,0)$到$A(a,a,\sqrt{2}a)$的直线段.

9. 设有点$A(1,1,0)$和点$B(1,1,1)$，Γ为由线段$\overline{OA}$、$\overline{AB}$和$\overline{BO}$组成的闭曲线，计算对弧长的曲线积分$\oint_\Gamma(x-3y^2+z)ds$.

10. 计算曲线积分$\int_L(x^{\frac{4}{3}}+y^{\frac{4}{3}})ds$，其中$L$是内摆线第一象限的部分，即

$$L: x=a\cos^3 t,\ y=a\sin^3 t,\ 0\leqslant t\leqslant\frac{\pi}{2}.$$

提　高　题

1. 设半圆L：$x^2+y^2=1(y\geqslant 0)$形状的曲线在(x,y)处的密度为$\mu=|xy|$，求曲线的质量M、质心$(\bar{x},\bar{y})$及关于y轴的转动惯量.

2. 若螺旋线 Γ：$x=a\cos t$，$y=a\sin t$，$z=at$ 上每一点处密度等于该点的向径长度，求此螺旋线第一圈(即 $0\leqslant t\leqslant 2\pi$ 对应的线段)的质量.

3. 若悬链线 $y=\dfrac{a}{2}(\mathrm{e}^{\frac{x}{a}}+\mathrm{e}^{-\frac{x}{a}})$上每一点处的密度与该点的纵坐标成反比，且在点$(0, a)$处的密度等于 δ，试求曲线在横坐标 $x_1=0$ 及 $x_2=a$ 间一段的质量$(a>0)$.

4. 求右半圆 $x^2+y^2=R^2(x\geqslant 0)$绕 Oy 轴旋转所成的旋转曲面的面积.

5. 设 $f(x)$为连续函数，Ω 为曲面 Σ_1：$z=x^2+y^2$ 与 Σ_2：$z=t(t>0)$所围成的立体，Γ 为曲面 Σ_1 与 Σ_2 的交线. 已知对任意实数 $t>0$，都有

$$\iiint_{\Omega} f(z)\,\mathrm{d}v=\pi f(t)+\oint_{\Gamma}(x^2+y^2)^{\frac{3}{2}}\,\mathrm{d}s,$$

求函数 $f(x)$的表达式.

6. 设曲线 Γ 是球面 $x^2+y^2+z^2=1$ 与平面 $x+y+z=0$ 的交线，试求曲线积分

$$\oint_{\Gamma}(x+y^2)\,\mathrm{d}s.$$

习题 11-1
参考答案

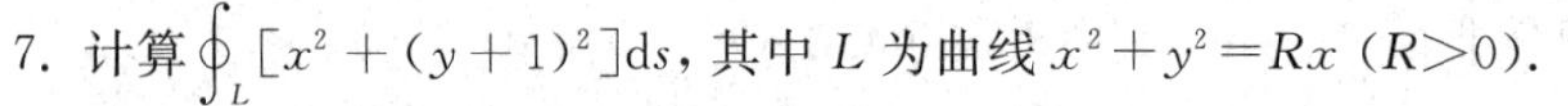

7. 计算$\oint_L[x^2+(y+1)^2]\mathrm{d}s$，其中 L 为曲线 $x^2+y^2=Rx$ $(R>0)$.

8. 计算 $I=\int_L |y|\,\mathrm{d}s$，其中 L 为双纽线$(x^2+y^2)^2=a^2(x^2-y^2)(a>0)$.

第二节　对坐标的曲线积分

在进行某些物理量的计算时出现了对坐标的曲线积分的概念. 例如，求沿一路径移动物体克服阻力所做的功(如克服地球重力场将飞行器送入太空所做的功)，求受变力作用的质点沿曲线路径移动所做的功(如加速器增加一粒子能量所做的功)，计算流体沿曲线的流量(如一个潮汐的小海湾或水力发电机的汽轮箱内流体的流量). 本节我们来给出对坐标的曲线积分的定义及计算方法.

一、对坐标的曲线积分的概念与性质

引例　1999 年 11 月 20 日凌晨 6：30 分，中国第一艘无人试验飞船“神舟一号”在中国酒泉卫星发射中心，由长征二号 F 运载火箭发射升空. 作为我国航天史上的又一里程碑，神舟一号试验飞船的成功发射与回收，标志着我国载人航天技术获得了新的重大突破，使我国发展载人航天事业迈出了重要一步. 2021 年 6 月，神舟十二号载人飞船圆满成功，这是我国载人航天工程立项实施以来的第 19 次飞行任务，也是空间站阶段的首次载人飞行任务. 这一节我们将从航天领域中的一个简单的数学应用出发，引出对坐标的曲线积分的概念.

航天飞行器在进入飞行轨道后，随着飞行器携带的外部燃料推进器及燃料的消耗，自身所受重力也发生变化，如何计算飞行器沿飞行轨道克服重力所做的功呢？

分析　我们考虑最简单的情况，把航天飞行器看作空间一运动的质点，该质点沿一条起点为 A、终点为 B 的光滑曲线弧 Γ 移动(见图 11.2.1)，移动过程中所受力为

$\boldsymbol{F}(x, y, z)=P(x, y, z)\boldsymbol{i}+Q(x, y, z)\boldsymbol{j}+R(x, y, z)\boldsymbol{k}$，其中函数 $P(x, y, z)$、$Q(x, y, z)$、$R(x, y, z)$ 在 Γ 上连续. 下面计算飞行器自 A 移动至 B 时，力 $\boldsymbol{F}(x, y, z)$ 所做的功.

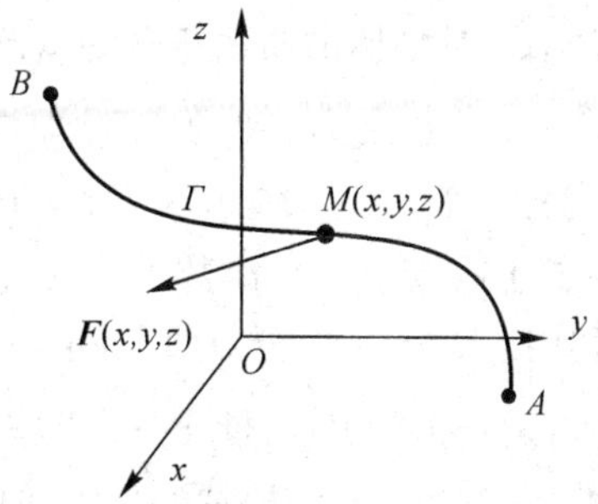

图 11.2.1

这是一个质点受变力作用沿曲线运动做功问题，我们仍然用“分割、近似、求和、取极限”的方法求所做功的值.

用分点 $A=A_0, A_1, A_2, \cdots, A_{n-1}, A_n=B$ 将有向曲线 $\overset{\frown}{AB}$ 任意分割成 n 个有向小弧段

$$\overset{\frown}{A_{i-1}A_i}\quad (i=1, 2, \cdots, n).$$

设第 i 个小弧段的弧长为 Δs_i，当 Δs_i 很小时，$\boldsymbol{F}(x, y, z)$ 在弧 $\overset{\frown}{A_{i-1}A_i}$ 上的变化不大，可近似地看作常力 $\boldsymbol{F}(\xi_i, \eta_i, \zeta_i)$，其中 (ξ_i, η_i, ζ_i) 为在弧 $\overset{\frown}{A_{i-1}A_i}$ 上任取的一点；同时可将质点的运动路径 $\overset{\frown}{A_{i-1}A_i}$ 近似看作从 A_{i-1} 到 A_i 的有向直线段 $\overline{A_{i-1}A_i}$（见图 11.2.2）. 于是力 $\boldsymbol{F}$ 在这段弧上所做的功 ΔW_i 近似为

$$\Delta W_i \approx \boldsymbol{F}(\xi_i, \eta_i, \zeta_i)\cdot \overrightarrow{A_{i-1}A_i}. \tag{11.2.1}$$

又

$$\boldsymbol{F}(\xi_i, \eta_i, \zeta_i)=P(\xi_i, \eta_i, \zeta_i)\boldsymbol{i}+Q(\xi_i, \eta_i, \zeta_i)\boldsymbol{j}+R(\xi_i, \eta_i, \zeta_i)\boldsymbol{k},$$
$$\overrightarrow{A_{i-1}A_i}=\Delta x_i\boldsymbol{i}+\Delta y_i\boldsymbol{j}+\Delta z_i\boldsymbol{k},$$

其中 $\Delta x_i=x_i-x_{i-1}$，$\Delta y_i=y_i-y_{i-1}$，$\Delta z_i=z_i-z_{i-1}$ $(i=1, 2, \cdots, n)$，故式(11.2.1)可写成

$$\Delta W_i \approx P(\xi_i, \eta_i, \zeta_i)\Delta x_i+Q(\xi_i, \eta_i, \zeta_i)\Delta y_i+R(\xi_i, \eta_i, \zeta_i)\Delta z_i\quad (i=1, 2, \cdots, n),$$

所以所求总功 W 近似为

$$W=\sum_{i=1}^{n}\Delta W_i \approx \sum_{i=1}^{n}[P(\xi_i, \eta_i, \zeta_i)\Delta x_i+Q(\xi_i, \eta_i, \zeta_i)\Delta y_i+R(\xi_i, \eta_i, \zeta_i)\Delta z_i]. \tag{11.2.2}$$

记 $\lambda=\max\limits_{1\leqslant i\leqslant n}\{\Delta s_i\}$，若 $\lambda\to 0$ 时，式(11.2.2)右端极限存在，则该极限值就定义为变力 $\boldsymbol{F}$ 沿 $\overset{\frown}{AB}$ 所做的功，即

$$W=\lim_{\lambda\to 0}\sum_{i=1}^{n}[P(\xi_i, \eta_i, \zeta_i)\Delta x_i+Q(\xi_i, \eta_i, \zeta_i)\Delta y_i+R(\xi_i, \eta_i, \zeta_i)\Delta z_i].$$

上式也是一类“和”的极限，据此我们给出对坐标的曲线积分的概念.

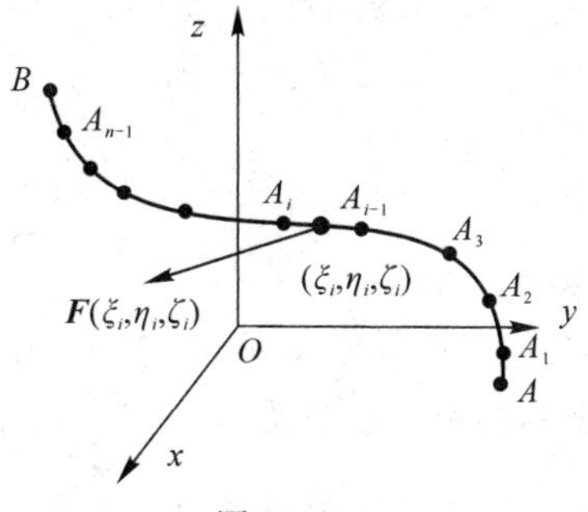

图 11.2.2

1. 对坐标的曲线积分的概念

定义 11.2.1 设$\Gamma=\overset{\frown}{AB}$是从点$A$到点$B$的一条分段光滑的有向弧，向量函数

$$\boldsymbol{F}(x, y, z)=P(x, y, z)\boldsymbol{i}+Q(x, y, z)\boldsymbol{j}+R(x, y, z)\boldsymbol{k}$$

在Γ上有定义，且函数$P(x, y, z)$、$Q(x, y, z)$、$R(x, y, z)$在Γ上有界. 按照Γ的方向任意插入$n-1$个分点$A_1, A_2, \cdots, A_{n-1}$，将$\Gamma$分成$n$个有向小弧段$\overset{\frown}{A_{i-1}A_i}(i=1, 2, \cdots, n; A_0=A, A_n=B)$. 将$\overset{\frown}{A_{i-1}A_i}$的弧长记作$\Delta s_i$，并令$\lambda=\max\limits_{1\leqslant i\leqslant n}\{\Delta s_i\}$，在$\overset{\frown}{A_{i-1}A_i}$上任取一点$(\xi_i, \eta_i, \zeta_i)$. 若对任意的分割和任意取点，极限

$$\begin{aligned}&\lim_{\lambda\to 0}\sum_{i=1}^{n}\boldsymbol{F}(\xi_i, \eta_i, \zeta_i)\cdot\overrightarrow{A_{i-1}A_i}\\=&\lim_{\lambda\to 0}\sum_{i=1}^{n}[P(\xi_i, \eta_i, \zeta_i)\Delta x_i+Q(\xi_i, \eta_i, \zeta_i)\Delta y_i+R(\xi_i, \eta_i, \zeta_i)\Delta z_i]\end{aligned}$$

(其中$\Delta x_i=x_i-x_{i-1}$，$\Delta y_i=y_i-y_{i-1}$，$\Delta z_i=z_i-z_{i-1}$)存在，则称此极限值为向量函数$\boldsymbol{F}(x, y, z)$沿曲线Γ从A到B的对坐标的曲线积分，也叫作第二类曲线积分，记作

$$\int_\Gamma P(x, y, z)\mathrm{d}x+Q(x, y, z)\mathrm{d}y+R(x, y, z)\mathrm{d}z \quad 或 \quad \int_\Gamma \boldsymbol{F}(x, y, z)\cdot\mathrm{d}\boldsymbol{r},$$

其中$\mathrm{d}\boldsymbol{r}=(\mathrm{d}x, \mathrm{d}y, \mathrm{d}z)$，有向曲线$\Gamma$称为积分路径.

根据定义 11.2.1，变力$\boldsymbol{F}(x, y, z)$沿曲线Γ从A到B所做的功W可表示为向量函数$\boldsymbol{F}(x, y, z)$沿曲线Γ对坐标的曲线积分，即

$$W=\int_{\overset{\frown}{AB}}\boldsymbol{F}(x, y, z)\cdot\mathrm{d}\boldsymbol{r}.$$

值得注意的是，定义中的向量$\overrightarrow{A_{i-1}A_i}$与曲线$\Gamma$的方向一致，因而对坐标的曲线积分与积分曲线的方向有关. 当Γ的方向改变时，对坐标的曲线积分的值的符号就要改变. 这是因为当曲线Γ的指向变为从B到A时，若仍用原来的分点来分割曲线，则根据定义有

$$\begin{aligned}\int_{\overset{\frown}{BA}}\boldsymbol{F}(x, y, z)\cdot\mathrm{d}\boldsymbol{r}&=\lim_{\lambda\to 0}\sum_{i=1}^{n}\boldsymbol{F}(\xi_i, \eta_i, \zeta_i)\cdot\overrightarrow{A_iA_{i-1}}=\lim_{\lambda\to 0}\sum_{i=1}^{n}\boldsymbol{F}(\xi_i, \eta_i, \zeta_i)\cdot(-\overrightarrow{A_{i-1}A_i})\\&=-\lim_{\lambda\to 0}\sum_{i=1}^{n}\boldsymbol{F}(\xi_i, \eta_i, \zeta_i)\cdot\overrightarrow{A_{i-1}A_i}=-\int_{\overset{\frown}{AB}}\boldsymbol{F}(x, y, z)\cdot\mathrm{d}\boldsymbol{r}.\end{aligned}$$

这个性质从物理意义来看也是很显然的.

一般地，对坐标的曲线积分也可以分开来写，$\int_\Gamma P(x, y, z)\mathrm{d}x$称为对坐标$x$的曲线积分，$\int_\Gamma Q(x, y, z)\mathrm{d}y$称为对坐标$y$的曲线积分，$\int_\Gamma R(x, y, z)\mathrm{d}z$称为对坐标$z$的曲线积分. 可以证明当函数$P(x, y, z)$、$Q(x, y, z)$、$R(x, y, z)$在有向光滑曲线弧$\Gamma$上连续时，对坐标的曲线积分$\int_\Gamma P(x, y, z)\mathrm{d}x$，$\int_\Gamma Q(x, y, z)\mathrm{d}y$，$\int_\Gamma R(x, y, z)\mathrm{d}z$都存在.

此外，可定义平面向量函数

$$\boldsymbol{F}(x, y)=P(x, y)\boldsymbol{i}+Q(x, y)\boldsymbol{j}$$

沿xOy面内有向弧段L的对坐标的曲线积分为

$$\int_L P(x, y)\mathrm{d}x+Q(x, y)\mathrm{d}y \quad 或 \quad \int_L \boldsymbol{F}(x, y)\cdot\mathrm{d}\boldsymbol{r},$$

其中 $d\boldsymbol{r}=(dx, dy)$.

2. 对坐标的曲线积分的性质

以下我们用 $\boldsymbol{F}(M)$泛指二元向量函数 $\boldsymbol{F}(x, y)=(P(x, y), Q(x, y))$或三元向量函数 $\boldsymbol{F}(x, y, z)=(P(x, y, z), Q(x, y, z), R(x, y, z))$，用 $d\boldsymbol{r}$ 泛指平面向量(dx, dy)或空间向量(dx, dy, dz)，讨论对坐标的曲线积分的性质.

性质 1(线性性质)　设 $\boldsymbol{F}(M)$与 $\boldsymbol{G}(M)$沿曲线 Γ 的对坐标的曲线积分存在，则 $k_1\boldsymbol{F}(M)+k_2\boldsymbol{G}(M)$沿曲线 Γ 的对坐标的曲线积分也存在，且

$$\int_{\Gamma}[k_1\boldsymbol{F}(M)+k_2\boldsymbol{G}(M)]\cdot d\boldsymbol{r}=k_1\int_{\Gamma}\boldsymbol{F}(M)\cdot d\boldsymbol{r}+k_2\int_{\Gamma}\boldsymbol{G}(M)\cdot d\boldsymbol{r},$$

其中 k_1、k_2 为任意常数.

性质 2(对积分路径的可加性)　设曲线弧 $\Gamma=\overset{\frown}{AB}$由$\overset{\frown}{AC}$及$\overset{\frown}{CB}$组成，并且$\overset{\frown}{AC}$与$\overset{\frown}{CB}$的走向与$\overset{\frown}{AB}$的一致，则

$$\int_{\overset{\frown}{AB}}\boldsymbol{F}(M)\cdot d\boldsymbol{r}=\int_{\overset{\frown}{AC}}\boldsymbol{F}(M)\cdot d\boldsymbol{r}+\int_{\overset{\frown}{CB}}\boldsymbol{F}(M)\cdot d\boldsymbol{r}.$$

性质 3(方向相关性)　积分路径方向相反，则积分值的符号相反，即

$$\int_{\overset{\frown}{AB}}\boldsymbol{F}(M)\cdot d\boldsymbol{r}=-\int_{\overset{\frown}{BA}}\boldsymbol{F}(M)\cdot d\boldsymbol{r}.$$

由性质 3 可以看到两类曲线积分的重要区别.

性质 4(垂线段积分零性)　若 L 是 xOy 面上垂直 x 轴的直线段，则 $\int_L P(x, y)dx=0$；若 L 是 xOy 面上垂直 y 轴的直线段，则 $\int_L Q(x, y)dy=0$.

性质 5(不等式性质)　设 $f(M)$在光滑有向曲线弧$\overset{\frown}{AB}$上连续，则有

$$\left|\int_{\overset{\frown}{AB}}f(M)dx\right|\leqslant\int_{\overset{\frown}{AB}}|f(M)|ds\leqslant KL,$$

其中 L 为$\overset{\frown}{AB}$的长，在$\overset{\frown}{AB}$上$|f(M)|\leqslant K$.

证明　根据对坐标的曲线积分的定义，有(见图 11.2.3)

$$\begin{aligned}\left|\int_{\overset{\frown}{AB}}f(M)dx\right|&=\left|\lim_{\lambda\to 0}\sum f(M_i)\Delta x_i\right|\\&\leqslant\lim_{\lambda\to 0}\sum|f(M_i)|\cdot|\Delta x_i|\\&\leqslant\lim_{\lambda\to 0}\sum|f(M_i)|\cdot\Delta s_i=\int_{\overset{\frown}{AB}}|f(M)|ds\leqslant KL.\end{aligned}$$

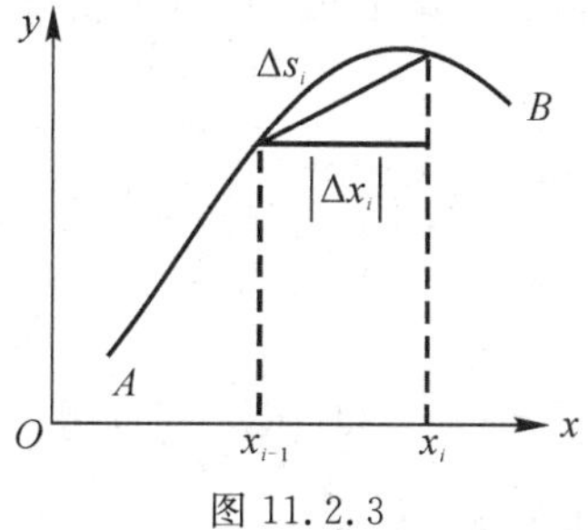

图 11.2.3

二、对坐标的曲线积分的计算方法

与对弧长的曲线积分类似，对坐标的曲线积分也可以转化为定积分求解. 下面我们以二元向量值函数为例，给出对坐标的曲线积分的计算方法.

定理 11.2.1 设曲线 $L=\overset{\frown}{AB}$ 的参数方程为

$$\begin{cases} x=\varphi(t), \\ y=\psi(t), \end{cases} \quad t: \alpha \to \beta,$$

其中 $\varphi(t)$、$\psi(t)$ 在以 α、β 为端点的区间上有连续的一阶导数，当 t 单调地由 α 变到 β 时，曲线 L 上的点由起点 A 变到终点 B. 若函数 $P(x, y)$、$Q(x, y)$ 在曲线 L 上连续，则有

$$\begin{aligned} &\int_L P(x, y)\mathrm{d}x + Q(x, y)\mathrm{d}y \\ =&\int_\alpha^\beta \{P[\varphi(t), \psi(t)] \cdot \varphi'(t) + Q[\varphi(t), \psi(t)] \cdot \psi'(t)\}\mathrm{d}t. \end{aligned} \tag{11.2.3}$$

证明 我们仅证明

$$\int_L P(x, y)\mathrm{d}x = \int_\alpha^\beta P[\varphi(t), \psi(t)] \cdot \varphi'(t)\mathrm{d}t.$$

按照 L 的方向依次用分点 $A=A_0$, A_1, A_2, …, A_{n-1}, $A_n=B$ 将 L 任意分成 n 个有向小弧段. 设分点 $A_i(x_i, y_i)$ 对应于参数 $t_i(i=0, 1, 2, \cdots, n)$. 在每个小弧段上任取点 (ξ_i, η_i) 对应于参数 $\tau_i(i=0, 1, 2, \cdots, n)$，$\tau_i$ 介于 t_{i-1} 与 t_i 之间，则有

$$\xi_i=\varphi(\tau_i), \ \eta_i=\psi(\tau_i), \ x_i=\varphi(t_i), \ x_{i-1}=\varphi(t_{i-1}).$$

由于 $\varphi(t)$ 在以 t_{i-1}、t_i 为端点的区间上具有一阶连续导数，因此由拉格朗日中值定理，有

$$\Delta x_i = x_i - x_{i-1} = \varphi(t_i) - \varphi(t_{i-1}) = \varphi'(\tau_i')\Delta t_i,$$

τ_i' 介于 t_{i-1} 与 t_i 之间. 于是

$$\int_L P(x, y)\mathrm{d}x = \lim_{\lambda\to 0}\sum_{i=1}^n P(\xi_i, \eta_i)\Delta x_i = \lim_{\lambda\to 0}\sum_{i=1}^n P[\varphi(\tau_i), \psi(\tau_i)]\varphi'(\tau_i')\Delta t_i. \tag{11.2.4}$$

又 $\varphi'(t)$ 在以 t_{i-1}、t_i 为端点的区间上连续，故式(11.2.4)中 τ_i' 可以换成 τ_i，从而有

$$\int_L P(x, y)\mathrm{d}x = \lim_{\lambda\to 0}\sum_{i=1}^n P[\varphi(\tau_i), \psi(\tau_i)]\varphi'(\tau_i)\Delta t_i. \tag{11.2.5}$$

注意到 $P(x, y)$ 在曲线 L 上连续，则 $P[\varphi(t), \psi(t)]\varphi'(t)$ 在以 α、β 为端点的区间上连续，当 $\lambda=\max\limits_{1\leqslant i\leqslant n}\{\Delta s_i\}\to 0$ 时，$\mu=\max\limits_{1\leqslant i\leqslant n}\{\Delta t_i\}\to 0$，故式(11.2.5)右端的极限存在且

$$\lim_{\lambda\to 0}\sum_{i=1}^n P[\varphi(\tau_i), \psi(\tau_i)]\varphi'(\tau_i)\Delta t_i = \int_\alpha^\beta P[\varphi(t), \psi(t)]\varphi'(t)\mathrm{d}t,$$

于是有

$$\int_L P(x, y)\mathrm{d}x = \int_\alpha^\beta P[\varphi(t), \psi(t)] \cdot \varphi'(t)\mathrm{d}t.$$

同理可证

$$\int_L Q(x, y)\mathrm{d}y = \int_\alpha^\beta Q[\varphi(t), \psi(t)] \cdot \psi'(t)\mathrm{d}t.$$

以上两式相加就得公式(11.2.3).

定理 11.2.1 说明，关于对坐标的曲线积分的计算，只需将 x、y、dx、dy 分别用曲线方程的参数式 $\varphi(t)$、$\psi(t)$、$\varphi'(t)dt$、$\psi'(t)dt$ 表示并代入对坐标的曲线积分中，化成对参变量 t 从起点所对应的参数值 α 到终点所对应的参数值 β 的定积分.

需要特别注意的是，对坐标的曲线积分与曲线弧的方向有关，在将对坐标的曲线积分转化为定积分时，定积分的下限对应曲线弧起点的参数值，定积分的上限对应曲线弧终点的参数值，因而有时可能下限大于上限.

同样地，当曲线方程由直角坐标下的表达式给出时，可以有下述公式.

(1) 若 $L=\widehat{AB}$：$y=y(x)$，x：$a\to b$，且 $y'(x)$ 在区间 $[a, b]$ 或 $[b, a]$ 上连续，则

$$\int_{\widehat{AB}} P(x, y)dx + Q(x, y)dy = \int_a^b \{P[x, y(x)] + Q[x, y(x)]\cdot y'(x)\}dx,$$

其中 a 为起点 A 对应的参数值，b 为终点 B 对应的参数值，记作 x：$a\to b$.

(2) 若 $L=\widehat{AB}$：$x=x(y)$，y：$c\to d$，且 $x'(y)$ 在区间 $[c, d]$ 或 $[d, c]$ 上连续，则

$$\int_{\widehat{AB}} P(x, y)dx + Q(x, y)dy = \int_c^d \{P[x(y), y]\cdot x'(y) + Q[x(y), y]\}dy.$$

定理 11.2.2　设空间曲线 $\Gamma=\widehat{AB}$ 的参数方程为

$$\begin{cases} x=\varphi(t), \\ y=\psi(t), \quad t: \alpha\to\beta, \\ z=\omega(t), \end{cases}$$

其中 $\varphi(t)$、$\psi(t)$、$\omega(t)$ 在以 α、β 为端点的区间上有连续一阶导数，当 t 单调地由 α 变到 β 时，曲线 Γ 上的点由 A 变到 B. 若函数 $P(x, y, z)$、$Q(x, y, z)$、$R(x, y, z)$ 在曲线 Γ 上连续，则有

$$\begin{aligned}&\int_{\widehat{AB}} P(x, y, z)dx + Q(x, y, z)dy + R(x, y, z)dz \\ =&\int_\alpha^\beta \{P[\varphi(t), \psi(t), \omega(t)]\cdot\varphi'(t) + Q[\varphi(t), \psi(t), \omega(t)]\cdot\psi'(t) + \\ &R[\varphi(t), \psi(t), \omega(t)]\cdot\omega'(t)\}dt,\end{aligned}$$

其中起点 A 对应于参数值 α，终点 B 对应于参数值 β.

例 11.2.1　计算曲线积分

$$I = \int_L (x^2+y^2)dx + (x^2-y^2)dy,$$

其中积分路径 L（见图 11.2.4）为

(1) 折线段 $\overline{OAB}$；

(2) 直线段 $\overline{OB}$；

(3) 半圆弧 $\widehat{OAB}$.

已知 $A(1, 1)$，$B(2, 0)$，O 为起点，B 为终点.

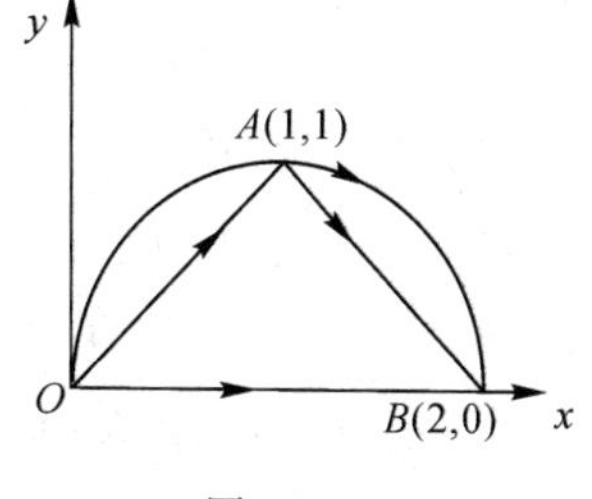

图 11.2.4

解　(1) 直线段 $\overline{OA}$ 的方程为

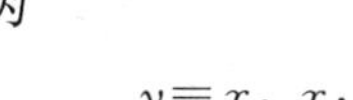

$$y=x, \quad x: 0\to 1,$$

这时 $dy=dx$.

直线段$\overline{AB}$的方程为

$$y=2-x,\ x:1\to 2,$$

这时 $dy=-dx$. 于是根据对积分路径的可加性及对坐标的曲线积分的计算方法，得

$$\begin{aligned}I&=\int_{\overline{OAB}}(x^2+y^2)dx+(x^2-y^2)dy\\&=\int_{\overline{OA}}(x^2+y^2)dx+(x^2-y^2)dy+\int_{\overline{AB}}(x^2+y^2)dx+(x^2-y^2)dy\\&=\int_0^1[(x^2+x^2)+(x^2-x^2)]dx+\int_1^2[x^2+(2-x)^2]dx+\int_1^2[x^2-(2-x)^2](-1)dx\\&=\int_0^1 2x^2dx+\int_1^2 2(2-x)^2dx=\frac{2}{3}+\frac{2}{3}=\frac{4}{3}.\end{aligned}$$

(2) 直线段$\overline{OB}$的方程为

$$y=0,\ x:0\to 2.$$

因直线段$\overline{OB}$垂直 y 轴，故 $dy=0$，于是

$$I=\int_{\overline{OB}}(x^2+y^2)dx+(x^2-y^2)dy=\int_{\overline{OB}}(x^2+y^2)dx=\int_0^2 x^2dx=\frac{8}{3}.$$

(3) 半圆弧$\overset{\frown}{OAB}$的参数方程为

$$\begin{cases}x=1+\cos\theta,\\y=\sin\theta,\end{cases}\quad \theta:\pi\to 0,$$

且起点 $O(0,0)$对应于 $\theta=\pi$，终点 $B(2,0)$对应于 $\theta=0$，于是

$$\begin{aligned}I&=\int_{\overset{\frown}{OAB}}(x^2+y^2)dx+(x^2-y^2)dy\\&=\int_\pi^0[(2+2\cos\theta)\cdot(-\sin\theta)+(2\cos^2\theta+2\cos\theta)\cos\theta]d\theta\\&=4-\pi.\end{aligned}$$

本例中三条积分路径的起点与终点都相同，但积分值却不相同. 一般地，对坐标的曲线积分的值不仅与起点及终点有关，还与积分路径有关. 但也有特殊情况.

例 11.2.2 计算曲线积分 $I=\int_L 2xy\,dx+x^2dy$，其中积分路径 L(见图 11.2.5)为

(1) 折线段$\overline{OAB}$;

(2) 直线段$\overline{OB}$;

(3) 抛物线弧$\overset{\frown}{OB}$: $y=x^2$, $0\leqslant x\leqslant 1$.

已知 $A(1,0)$, $B(1,1)$.

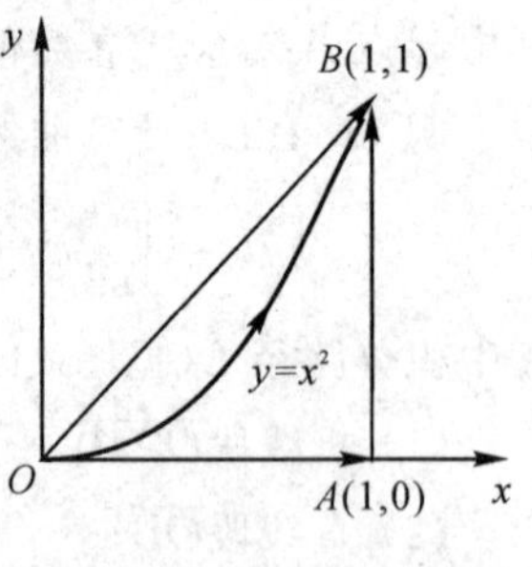

图 11.2.5

解 (1) 直线段$\overline{OA}$的方程为

$$\overline{OA}:\ y=0,\ x:0\to 1.$$

因直线段$\overline{OA}$垂直 y 轴，故有 $dy=0$.

直线段$\overline{AB}$的方程为

$$\overline{AB}:\ x=1,\ y:0\to 1.$$

因直线段$\overline{AB}$垂直 x 轴，故有 $\mathrm{d}x=0$. 于是

$$I=\int_{\overline{OAB}}2xy\,\mathrm{d}x+x^2\mathrm{d}y=\int_{\overline{OA}}2xy\,\mathrm{d}x+x^2\mathrm{d}y+\int_{\overline{AB}}2xy\,\mathrm{d}x+x^2\mathrm{d}y$$

$$=\int_{\overline{OA}}2xy\,\mathrm{d}x+\int_{\overline{AB}}x^2\mathrm{d}y=\int_0^1 0\,\mathrm{d}x+\int_0^1\mathrm{d}y=1.$$

（2）直线段$\overline{OB}$的方程为

$$y=x，x：0\to 1，$$

这时 $\mathrm{d}y=\mathrm{d}x$. 于是

$$I=\int_{\overline{OB}}2xy\,\mathrm{d}x+x^2\mathrm{d}y=\int_0^1(2x\cdot x+x^2)\mathrm{d}x=[x^3]_0^1=1.$$

（3）抛物线弧$\widehat{OB}$的方程为

$$\widehat{OB}：y=x^2，x：0\to 1，$$

于是

$$I=\int_{\widehat{OB}}2xy\,\mathrm{d}x+x^2\mathrm{d}y=\int_0^1[2x\cdot x^2+x^2\cdot(x^2)']\mathrm{d}x=[x^4]_0^1=1.$$

在本例中，沿着以 O 为起点、B 为终点的三条不同积分路径计算积分时，对坐标的曲线积分的值都相同. 事实上，读者可以任取一段以 O 为起点、B 为终点的光滑曲线弧 L，都可以算出曲线积分

$$I=\int_L 2xy\,\mathrm{d}x+x^2\mathrm{d}y=1.$$

封闭曲线中的参数对应

本例说明，对于有些对坐标的曲线积分，其积分值只与起点及终点有关，而与积分路径的选取无关. 这是本章第四节我们要介绍的内容.

接下来，我们考察一个在闭曲线上的对坐标的曲线积分，这类积分在实际应用中有重要的物理意义.

例 11.2.3　计算

$$I=\oint_C\frac{-(x+y)\mathrm{d}x+(x-y)\mathrm{d}y}{x^2+y^2},$$

其中 C 为圆周 $x^2+y^2=a^2(a>0)$以$(a,0)$为起点取逆时针方向的封闭曲线(见图 11.2.6).

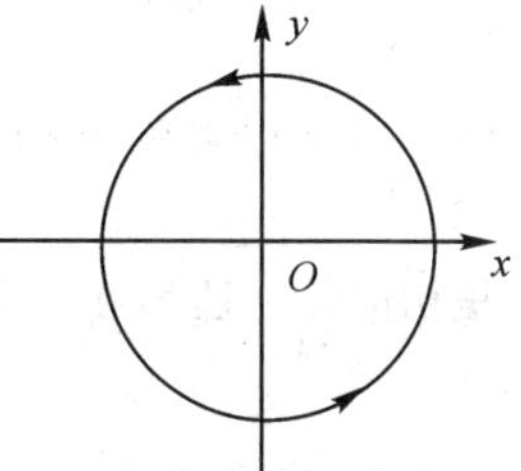

图 11.2.6

解　C 的参数方程为

$$\begin{cases}x=a\cos t,\\ y=a\sin t,\end{cases}\quad t：0\to 2\pi.$$

当 t 由 0 增至 2π 时，C 按逆时针方向，所以起点$(a,0)$对应的参数值为 $t=0$，终点$(a,0)$对应的参数值为 $t=2\pi$，于是

$$I=\int_0^{2\pi}\frac{-(a\cos t+a\sin t)(-a\sin t)+(a\cos t-a\sin t)(a\cos t)}{a^2}\mathrm{d}t$$

$$=\int_0^{2\pi}\mathrm{d}t=2\pi.$$

对于本例，值得注意的是，如果曲线取顺时针方向，那么积分下限是 2π，而积分上限是 0.

例 11.2.4 计算 $I=\oint_{\Gamma} y\mathrm{d}x+z\mathrm{d}y+x\mathrm{d}z$，其中 Γ 为柱面 $x^2+y^2=1$ 与平面 $x+z=1$ 的交线，从 z 轴的正向往负向看，Γ 取顺时针方向，以(1，0，0)为起点(见图 11.2.7).

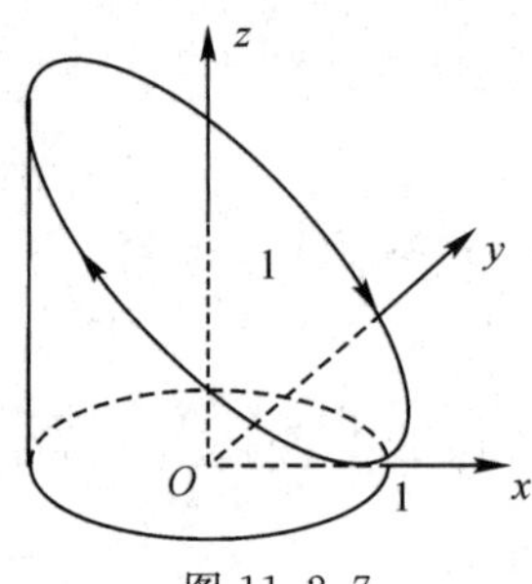

图 11.2.7

解 空间曲线 Γ 的参数方程为

$$\begin{cases} x=\cos t, \\ y=\sin t, \\ z=1-\cos t, \end{cases} \quad t: 2\pi \to 0.$$

由于从 z 轴的正向看去，Γ 取顺时针方向，所以起点对应的参数值为 $t=2\pi$，终点对应的参数值为 $t=0$，于是

$$I=\int_{2\pi}^{0}[\sin t \cdot(-\sin t)+(1-\cos t)\cos t+\cos t \cdot \sin t]\mathrm{d}t=2\pi.$$

三、两类曲线积分的联系

有向光滑曲线及其单位切向量

虽然两类曲线积分的定义不同，但它们在一定条件下可以互相转化. 设向量函数

$$\boldsymbol{F}(x, y, z)=P(x, y, z)\boldsymbol{i}+Q(x, y, z)\boldsymbol{j}+R(x, y, z)\boldsymbol{k}$$

在分段光滑曲线 Γ 上连续，曲线 Γ 的参数方程为

$$\begin{cases} x=x(t), \\ y=y(t), \\ z=z(t), \end{cases} \quad \alpha \leqslant t \leqslant \beta.$$

由第九章的讨论可知，$\boldsymbol{\tau}=(x'(t), y'(t), z'(t))$ 为该曲线的切向量，因而

$$\mathrm{d}\boldsymbol{r}=(\mathrm{d}x, \mathrm{d}y, \mathrm{d}z)=(x'(t), y'(t), z'(t))\mathrm{d}t$$

也是切向量，且其方向与积分路径的方向一致. 又 $\mathrm{d}\boldsymbol{r}$ 的模正好是弧微分，即

$$|\mathrm{d}\boldsymbol{r}|=\sqrt{(\mathrm{d}x)^2+(\mathrm{d}y)^2+(\mathrm{d}z)^2}=\mathrm{d}s,$$

设 $\mathrm{d}\boldsymbol{r}$ 的方向余弦为 $\cos\alpha$、$\cos\beta$、$\cos\gamma$，则有

$$\boldsymbol{\tau}_0=(\cos\alpha, \cos\beta, \cos\gamma)=\frac{\mathrm{d}\boldsymbol{r}}{|\mathrm{d}\boldsymbol{r}|}=\left(\frac{\mathrm{d}x}{\mathrm{d}s}, \frac{\mathrm{d}y}{\mathrm{d}s}, \frac{\mathrm{d}z}{\mathrm{d}s}\right).$$

由此可得

$$\mathrm{d}x=\cos\alpha\mathrm{d}s, \quad \mathrm{d}y=\cos\beta\mathrm{d}s, \quad \mathrm{d}z=\cos\gamma\mathrm{d}s.$$

因而

$$\int_{\Gamma} P\mathrm{d}x+Q\mathrm{d}y+R\mathrm{d}z=\int_{\Gamma}(P\cos\alpha+Q\cos\beta+R\cos\gamma)\mathrm{d}s, \tag{11.2.6}$$

其中 $\cos\alpha$、$\cos\beta$、$\cos\gamma$ 为曲线 Γ 上任一点(x, y, z)处与曲线 Γ 方向一致的切线的方向余弦.

公式(11.2.6)说明了两种曲线积分的关系. 值得注意的是，公式中 $\cos\alpha$、$\cos\beta$、$\cos\gamma$ 与积分曲线的方向有关. 当曲线的方向改变时，$\cos\alpha$、$\cos\beta$、$\cos\gamma$ 都要改变符号.

对于平面曲线 L，上述公式为下列形式：

$$\int_L P\mathrm{d}x + Q\mathrm{d}y = \int_L (P\cos\alpha + Q\cos\beta)\mathrm{d}s,$$

其中 $\cos\alpha$、$\cos\beta$ 为曲线 L 上任一点(x, y)处与曲线 L 方向一致的切线的方向余弦.

四、知识延展——对坐标的曲线积分的应用

向量场

1. 变力沿曲线做功

根据引例可知，质点在场力

$$\boldsymbol{F}(x, y, z) = P(x, y, z)\boldsymbol{i} + Q(x, y, z)\boldsymbol{j} + R(x, y, z)\boldsymbol{k}$$

的作用下沿曲线 $\Gamma = \overset{\frown}{AB}$ 从 A 点运动到 B 点，场力所做的功为

$$W = \int_{\overset{\frown}{AB}} \boldsymbol{F}(x, y, z) \cdot \mathrm{d}\boldsymbol{r} = \int_{\overset{\frown}{AB}} P(x, y, z)\mathrm{d}x + Q(x, y, z)\mathrm{d}y + R(x, y, z)\mathrm{d}z.$$

也可用对弧长的曲线积分计算，得场力所做的功为

$$W = \int_{\overset{\frown}{AB}} \boldsymbol{F}(x, y, z) \cdot \boldsymbol{\tau}_0 \mathrm{d}s = \int_{\overset{\frown}{AB}} [P(x, y, z)\cos\alpha + Q(x, y, z)\cos\beta + R(x, y, z)\cos\gamma]\mathrm{d}s,$$

其中 $\boldsymbol{\tau}_0 = (\cos\alpha, \cos\beta, \cos\gamma)$ 为曲线 Γ 上任一点(x, y, z)处与曲线 Γ 方向一致的单位切向量.

例 11.2.5　一质点由点$(a, 0)$沿上半椭圆 $\dfrac{x^2}{a^2} + \dfrac{y^2}{b^2} = 1$ 运动到点$(0, b)$，在运动过程中受场力 $\boldsymbol{F}(x, y)$作用，其方向指向原点，且其大小与质点到原点的距离成正比(比例系数为 k)，求场力对质点所做的功.

解　如图 11.2.8 所示，设质点的向径为 $\boldsymbol{r}$，坐标为(x, y). 由题意得

$$\boldsymbol{F}(x, y) = -k\boldsymbol{r} = -k(x\boldsymbol{i} + y\boldsymbol{j}),$$

则

$$W = \int_L \boldsymbol{F}(x, y) \cdot \mathrm{d}\boldsymbol{r} = -k\int_L x\mathrm{d}x + y\mathrm{d}y,$$

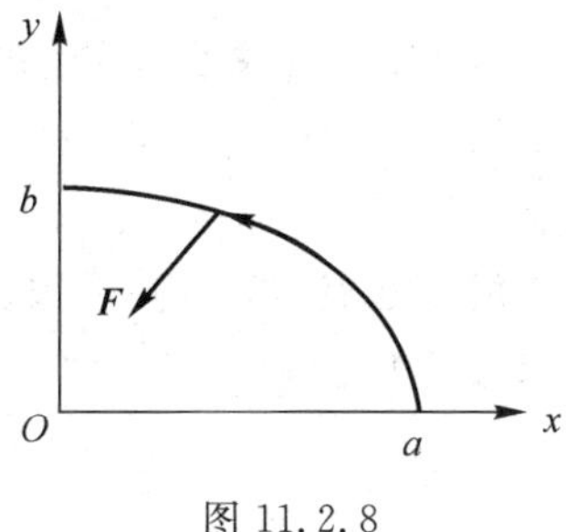

图 11.2.8

其中曲线 L 的参数方程为

$$\begin{cases} x = a\cos t, \\ y = b\sin t, \end{cases} \quad t: 0 \to \frac{\pi}{2},$$

故场力对质点所做的功为

$$\begin{aligned} W &= -k\int_L x\mathrm{d}x + y\mathrm{d}y = -k\int_0^{\frac{\pi}{2}} [a\cos t \cdot a(-\sin t) + b\sin t \cdot b\cos t]\mathrm{d}t \\ &= k(a^2 - b^2)\int_0^{\frac{\pi}{2}} \sin t \cdot \cos t\mathrm{d}t = \frac{1}{2}k(a^2 - b^2). \end{aligned}$$

例 11.2.6　一质点沿直线从点 $A(1, 0, 0)$运动到点 $B(3, 3, 4)$，在运动过程中受场力

$\boldsymbol{F}(x, y, z)=(y, x, x-z)$的作用，求场力对质点所做的功.

解 易得直线段$\overline{AB}$的参数方程为

$$\begin{cases} x=1+2t, \\ y=3t, \qquad t: 0\to 1, \\ z=4t, \end{cases}$$

故场力对质点所做的功为

$$\begin{aligned} W &= \int_{\overline{AB}} y\,\mathrm{d}x + x\,\mathrm{d}y + (x-z)\,\mathrm{d}z \\ &= \int_0^1 [6t + 3(1+2t) + 4(1-2t)]\,\mathrm{d}t \\ &= \int_0^1 (7+4t)\,\mathrm{d}t = 9. \end{aligned}$$

2. 向量场的环流量

当向量场$\boldsymbol{F}(x, y, z)$代表通过一空间区域(例如一个潮汐的小海湾或水力发电机的汽轮机箱内)流体的速度场，而不是力场时，曲线积分就给出流体沿曲线的流量.

定义 11.2.2 若Γ为连续速度场

$$\boldsymbol{V}(x, y, z)=P(x, y, z)\boldsymbol{i}+Q(x, y, z)\boldsymbol{j}+R(x, y, z)\boldsymbol{k}$$

的定义域内的一条光滑曲线，则沿曲线从A到B的流量Φ是

$$\Phi = \int_{\Gamma} \boldsymbol{V}(x, y, z)\cdot \boldsymbol{\tau}_0\,\mathrm{d}s,$$

其中$\boldsymbol{\tau}_0=(\cos\alpha, \cos\beta, \cos\gamma)$是曲线上任一点$M(x, y, z)$处的由$A$到$B$方向的单位切向量. 此时的曲线积分就称为流量积分. 若曲线是闭曲线，此流量又称为向量场$\boldsymbol{V}$沿曲线的环流量.

根据两类曲线积分的关系，流量也可以表示成对坐标的曲线积分，即

$$\Phi = \int_{\overset{\frown}{AB}} \boldsymbol{V}(x, y, z)\cdot \boldsymbol{\tau}_0\,\mathrm{d}s = \int_{\overset{\frown}{AB}} P(x, y, z)\,\mathrm{d}x + Q(x, y, z)\,\mathrm{d}y + R(x, y, z)\,\mathrm{d}z.$$

例 11.2.7(求沿螺旋线的流量) 设物体的速度场$\boldsymbol{V}(x, y, z)=x\boldsymbol{i}+z\boldsymbol{j}+y\boldsymbol{k}$，求物体在该速度场$\boldsymbol{V}$中沿螺旋线$\Gamma$: $x=\cos t$, $y=\sin t$, $z=t$, $0\leqslant t\leqslant 2\pi$从$O(1, 0, 0)$到$A(1, 0, 2\pi)$的流量.

解 起点O对应的参数值为$t=0$，终点A对应的参数值为$t=2\pi$，于是根据定义 11.2.2，所求流量为

$$\begin{aligned} \Phi &= \int_{\overset{\frown}{AB}} \boldsymbol{V}(x, y, z)\cdot \boldsymbol{\tau}_0\,\mathrm{d}s = \int_{\overset{\frown}{AB}} x\,\mathrm{d}x + z\,\mathrm{d}y + y\,\mathrm{d}z \\ &= \int_0^{2\pi} [\cos t\cdot(-\sin t) + t\cdot \cos t + \sin t\cdot 1]\,\mathrm{d}t = 0. \end{aligned}$$

例 11.2.8 设物体的速度场为$\boldsymbol{V}(x, y)=(x-y)\boldsymbol{i}+x\boldsymbol{j}$，求该物体在速度场内绕平面线圈$L$: $x^2+y^2=1$按逆时针方向的环流量.

解 积分曲线L的参数方程为

$$\begin{cases} x=\cos t, \\ y=\sin t, \end{cases} \qquad t: 0\to 2\pi.$$

由于沿逆时针方向，因此起点对应$t=0$，终点对应$t=2\pi$，于是所求环流量为

$$\Phi = \int_L \boldsymbol{V}(x, y) \cdot \boldsymbol{\tau}_0 \mathrm{d}s = \int_L (x-y)\mathrm{d}x + x\mathrm{d}y$$
$$= \int_0^{2\pi} [(\cos t - \sin t) \cdot (-\sin t) + \cos t \cdot \cos t]\mathrm{d}t = \int_0^{2\pi} (1 - \sin t \cos t)\mathrm{d}t = 2\pi.$$

除了变力沿曲线做功和沿曲线的流量问题，曲线积分还可以计算穿过一平面曲线的通量等与通信、航空、航天等领域相关的物理问题.

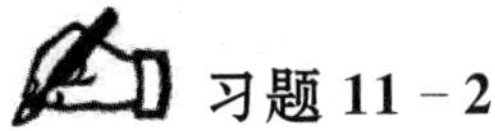

习题 11 - 2

基　础　题

1. 计算 $\int_L (x+y)\mathrm{d}x + (y-x)\mathrm{d}y$，其中 L 是

(1) 抛物线 $y=x^2$ 上从点(0，0)到点(1，1)的一段弧；

(2) 从点(0，0)到点(1，1)的一段直线段；

(3) 从点(0，0)沿 x 轴到点(1，0)，再沿平行 y 轴的直线到点(1，1)的折线；

(4) 圆周 $x^2+(y-1)^2=1$ 上从点(0，0)到点(1，1)的一段弧.

2. 计算下列对坐标的曲线积分：

(1) $\int_L x\mathrm{d}y$，其中 L 为曲线 $y=\sin x$ 上从点(0，0)到点(π，0)的一段弧；

(2) $\int_L (2a-y)\mathrm{d}x+\mathrm{d}y$，其中 L 为摆线 $x=a(t-\sin t)$，$y=a(1-\cos t)$ 上从 $t=0$ 到 $t=2\pi$ 所对应的一段弧；

(3) $\int_L y\mathrm{d}x-(x-y)\mathrm{d}y$，其中 L 为抛物线 $x=y^2$ 上从点(1，1)到点(1，−1)的一段弧；

(4) $\oint_L \dfrac{\mathrm{d}x+\mathrm{d}y}{|x|+|y|}$，其中 L 是以 $A(2, 0)$、$B(0, 2)$、$C(-2, 0)$、$D(0, -2)$ 为顶点的正向(即逆时针方向)正方形封闭曲线；

(5) 计算曲线积分 $\int_L \sin 2x\mathrm{d}x + 2(x^2-1)y\mathrm{d}y$，其中 L 是曲线 $y=\sin x$ 上从点(0，0)到点(π，0)的一段；

(6) $\int_\Gamma y\mathrm{d}x+z\mathrm{d}y+x\mathrm{d}z$，其中 Γ 为螺旋线段 $x=a\cos t$，$y=a\sin t$，$z=bt$ 从 $t=0$ 到 $t=2\pi$ 所对应的一段弧；

(7) $\int_\Gamma (x^4-z^2)\mathrm{d}x+2xy^2\mathrm{d}y-y\mathrm{d}z$，其中 Γ 为依参数 t 增加方向的曲线，Γ：$x=t$，$y=t^2$，$z=t^3\,(0\leqslant t\leqslant 1)$；

(8) $\int_\Gamma y\mathrm{d}x-y(x-1)\mathrm{d}y+y^2z\mathrm{d}z$，其中 Γ 是第一卦限内沿 $\begin{cases}(x-1)^2+y^2=1,\\ x^2+y^2+z^2=4\end{cases}$ 从 $A(0, 0, 2)$ 到 $B(2, 0, 0)$ 的弧.

3. 设有一平面电场，它是由位于原点的正电荷 q 产生的. 另有一单位正电荷沿 $\dfrac{x^2}{a^2}+\dfrac{y^2}{b^2}=1$ 在第一象限部分从 $A(a, 0)$ 移动到 $B(0, b)$，求电场力对这个单位正电荷所做的功 W.

4. 设力场 $\boldsymbol{F}(x, y, z)=y\boldsymbol{i}-x\boldsymbol{j}+(x+y+z)\boldsymbol{k}$，求：

(1) 质点沿螺旋线 Γ_1：$x=a\cos t$，$y=a\sin t$，$z=\dfrac{c}{2\pi}t$ 由 $A(a, 0, 0)$ 到 $B(a, 0, c)$ 时，力 $\boldsymbol{F}(x, y, z)$ 所做的功；

(2) 质点沿直线 Γ_2 由 $A(a, 0, 0)$ 到 $B(a, 0, c)$ 时，力 $\boldsymbol{F}(x, y, z)$ 所做的功.

5. 在过点 $O(0, 0)$ 和 $A(\pi, 0)$ 的曲线族 $y=a\sin x\ (a>0)$ 中，求一条曲线 L，使积分 $\int_L (1+y^3)\mathrm{d}x+(2x+y)\mathrm{d}y$ 沿该曲线从 O 到 A 的值最小.

提 高 题

1. 求证 $\lim\limits_{R\to+\infty}\oint_L \dfrac{y\mathrm{d}x-x\mathrm{d}y}{(x^2+xy+y^2)^2}=0$，其中 L 为圆周 $x^2+y^2=R^2$，取逆时针方向.

2. 将曲线积分 $\int_\Gamma P(x, y, z)\mathrm{d}x+Q(x, y, z)\mathrm{d}y+R(x, y, z)\mathrm{d}z$ 化为对弧长的曲线积分，其中 Γ：$\begin{cases}x^2+y^2=1,\\ x+z=1,\end{cases}$ 从 z 轴正向看去为顺时针方向.

3. 设 $P(x, y)$、$Q(x, y)$ 在曲线 L 上连续，l 为 L 的长度，$M=\max\limits_{(x, y)\in L}\sqrt{P^2(x, y)+Q^2(x, y)}$，求证：$\left|\int_L P(x, y)\mathrm{d}x+Q(x, y)\mathrm{d}y\right|\leqslant Ml$.

4. 设有光滑的平面曲线段 C_1：$y=g(x)\ (0\leqslant a\leqslant x\leqslant b)$ 及 C_2：$y=-g(-x)\ (-b\leqslant x\leqslant -a)$，它们关于坐标原点对称(见图 11.2.9). 又设连续函数 $P(x, y)$、$Q(x, y)$ 都是分别关于 x、y 的偶函数，即有

$$P(-x, y)=P(x, y),\ P(x, -y)=P(x, y),$$
$$Q(-x, y)=Q(x, y),\ Q(x, -y)=Q(x, y).$$

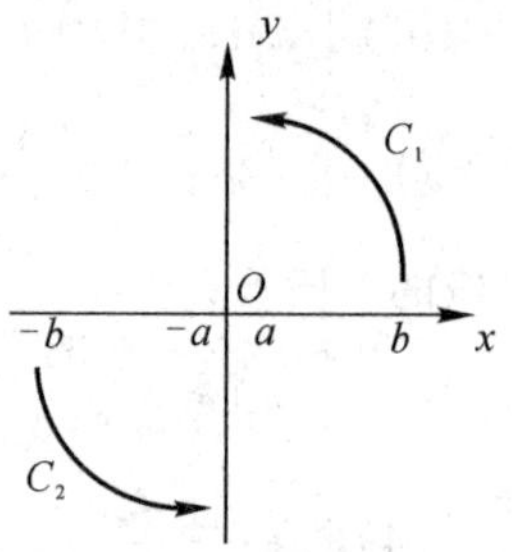

图 11.2.9

试证明下式成立：

$$\int_{C_1} P(x, y)\mathrm{d}x+Q(x, y)\mathrm{d}y=-\int_{C_2} P(x, y)\mathrm{d}x+Q(x, y)\mathrm{d}y,$$

其中 C_1 与 C_2 的指向或都沿逆时针方向，或都沿顺时针方向.

5. 计算 $\oint_C \dfrac{\mathrm{d}x+\mathrm{d}y}{|x|+|y|}$，其中 C 为单位圆周 $x^2+y^2=1$，取逆时针方向.

6. 方向沿纵轴的负方向，大小等于作用点的横坐标的平方的力构成一力场，求质量为 m 的质点沿抛物线 $1-x=y^2$ 从点 $(1, 0)$ 移动到点 $(0, 1)$ 时力场所做的功.

7. 设在半平面 $x>0$ 中力 $\boldsymbol{F}(x, y)=-\dfrac{k}{r^3}(x\boldsymbol{i}+y\boldsymbol{j})$ 构成力场，其中 k 是常量，$r=\sqrt{x^2+y^2}$. 证明：当质点沿圆周 $x^2+y^2=a^2$ 移动一周时，力场所做的功为零.

8. 一力场中力的大小与作用点到 z 轴的距离成反比，方向垂直向着该轴，试求当质量为 m 的质点沿圆周 $x=\cos t$，$y=1$，$z=\sin t$ 由点 $M(1, 1, 0)$ 依正向移动到点 $N(0, 1, 1)$ 时，力场所做的功.

9. 一质量为 m 的质点受到重力与弹性力作用，该弹性力的方向指向原点，大小与质点到原点的距离成正比(比例系数为 λ). 现要将该质点从点 $(a, 0, 0)$ 沿螺旋线

Γ: $x=a\cos t$, $y=a\sin t$, $z=\dfrac{h}{2\pi}t$ 上升一周(即 $0\leqslant t\leqslant 2\pi$)，求重力与弹性力所做的功(设重力方向平行 z 轴且与 z 轴正方向相反).

10. 已知力场 $\boldsymbol{F}(x, y, z)=yz\boldsymbol{i}+zx\boldsymbol{j}+xy\boldsymbol{k}$ 将质点从原点 O 沿直线移动到曲面 $\dfrac{x^2}{a^2}+\dfrac{y^2}{b^2}+\dfrac{z^2}{c^2}=1$ 在第一卦限内的点 P 处，问当 P 处于何处时，力 $\boldsymbol{F}$ 所做的功最大？

习题 11－2
参考答案

第三节　格林公式及其应用

利用二重积分方法计算平面区域的面积时，一般需要知道平面区域的边界曲线方程. 而在实际生活中，这样的边界曲线方程是很难获得的，因此无法直接使用它们来完成对面积的精确计算. 实际生活中常用的面积测量方法是使用 GPS 面积测量仪，只要手持测量仪绕行测量区域一周，仪器就可以通过自动记录行进路线的坐标，计算所围绕区域的近似面积.

问题　GPS 面积测量仪是如何通过所记录的边界点的坐标计算出测量区域的面积的呢？

事实上，面积测量仪是利用连接所测量区域边界点的折线段所围区域(见图 11.3.2)的面积来近似实际测量区域(见图 11.3.1)的面积的. 那么图 11.3.2 所示区域的面积又是如何通过其边界上点的坐标得到的呢？通过计算边界折线段上的对坐标的曲线积分，即可得到所围区域的面积. 这就要用到这一节要学习的格林公式.

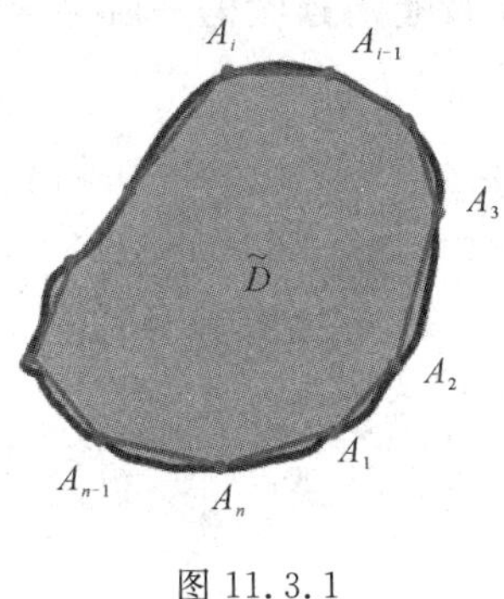

图 11.3.1

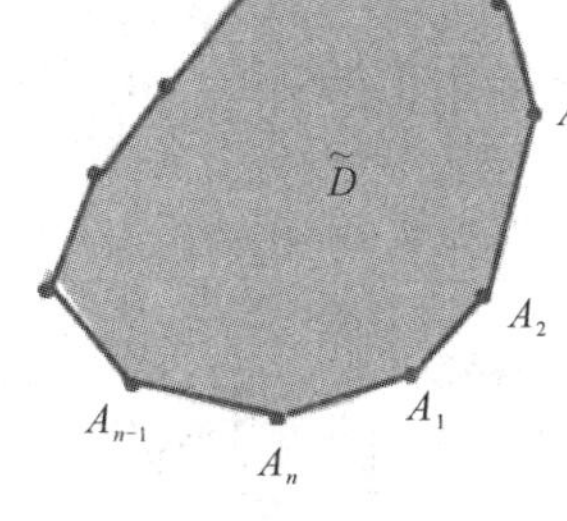

图 11.3.2

简单闭曲线

一、格林公式

格林公式揭示了在一个平面区域上的二重积分与沿其正向边界曲线的对坐标的曲线积分之间的关系. 下面先来说明什么是单连通区域及边界曲线的正向.

1. 区域及其边界曲线的正向

定义 11.3.1　若平面区域 D 中的任意一条简单闭曲线的内部都包含于 D 之中，则称 D 为单连通区域；否则，称 D 为复连通区域.

例如，上半平面

$$H=\{(x, y)\mid y>0, x\in\mathbf{R}\}$$

是单连通区域. 另外，由一条简单闭曲线所围成的区域是单连通的，如图 11.3.3 所示. 如果在一个单连通区域内挖去一点，或若干个点，或若干个闭区域，那么剩下的区域就不再是单连通的了(如图 11.3.4 所示). 如果在一个单连通区域内挖去若干个开区域，那么剩下的区域就是复连通区域(如图 11.3.5 所示).

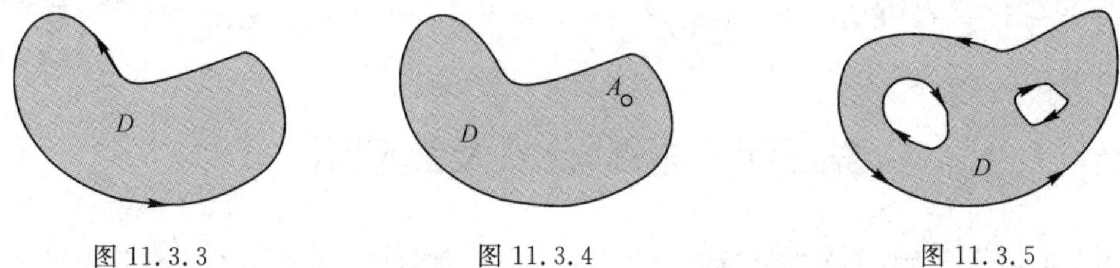

图 11.3.3　　　　图 11.3.4　　　　图 11.3.5

接下来，本节所涉及的区域都是有界区域，并且由一条或几条简单闭曲线所围成. 下面给出边界曲线正向的定义.

定义 11.3.2　设区域 D 的边界为 L，L 由一条或几条简单闭曲线所组成. 边界曲线 L 的正向是指这样的方向：当观察者沿着这个方向前进时，区域在其邻近部分总在其左侧. 规定了正向的边界曲线 L 记作 L^+.

如图 11.3.3 所示是由一条简单闭曲线所围成的区域，其边界曲线的正向是逆时针方向. 而图 11.3.5 所示是复连通区域，其边界曲线由三条闭曲线组成，最外层边界曲线的正向是逆时针方向，而内层的两条边界曲线的正向是顺时针方向.

2. 格林公式

定理 11.3.1　设函数 $P(x, y)$、$Q(x, y)$ 在有界闭区域 D 上有连续的一阶偏导数，D 的边界 L 是逐段光滑的封闭曲线，则有

$$\iint_D \left(\frac{\partial Q}{\partial x} - \frac{\partial P}{\partial y}\right) \mathrm{d}x\mathrm{d}y = \oint_{L^+} P\mathrm{d}x + Q\mathrm{d}y, \tag{11.3.1}$$

其中 L^+ 是区域 D 的正向边界.

证明　先证

$$-\iint_D \frac{\partial P}{\partial y} \mathrm{d}x\mathrm{d}y = \oint_{L^+} P\mathrm{d}x. \tag{11.3.2}$$

根据区域 D 的不同，我们分以下三种情况进行说明.

(1) 设区域 D 既是 X 型区域又是 Y 型区域，先考虑 D 由曲线

$$y = y_1(x),\ y = y_2(x)\quad (a \leqslant x \leqslant b,\ y_1(x) \leqslant y_2(x))$$

所围成(见图 11.3.6).

根据曲线积分的计算公式，有

$$\begin{aligned}\oint_L P\mathrm{d}x &= \int_{L_1} P\mathrm{d}x + \int_{L_2} P\mathrm{d}x \\ &= \int_a^b P[x, y_1(x)]\mathrm{d}x + \int_b^a P[x, y_2(x)]\mathrm{d}x \\ &= \int_a^b \{P[x, y_1(x)] - P[x, y_2(x)]\}\mathrm{d}x.\end{aligned}$$

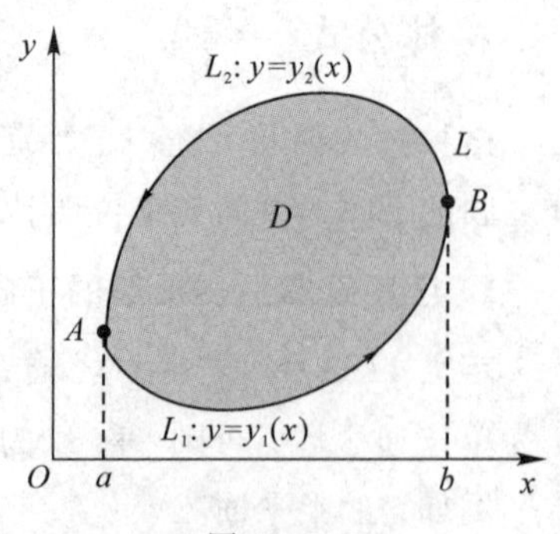

图 11.3.6

另一方面，根据二重积分的计算法，有

$$-\iint_D \frac{\partial P}{\partial y}\mathrm{d}x\mathrm{d}y = -\int_a^b \mathrm{d}x\int_{y_1(x)}^{y_2(x)} \frac{\partial P}{\partial y}\mathrm{d}y = \int_a^b \{P[x, y_1(x)] - P[x, y_2(x)]\}\mathrm{d}x.$$

比较上面两式可得式(11.3.2)成立.

同理，可以证明对由曲线 $x=x_1(y)$，$x=x_2(y)$($c\leqslant y\leqslant d$，$x_1(y)\leqslant x_2(y)$)所围成的区域 D，有

$$\iint_D \frac{\partial Q}{\partial x}\mathrm{d}x\mathrm{d}y = \oint_{L^+} Q\mathrm{d}y. \tag{11.3.3}$$

合并式(11.3.2)和式(11.3.3)，可得区域 D 上公式(11.3.1)成立，即

$$\iint_D \left(\frac{\partial Q}{\partial x} - \frac{\partial P}{\partial y}\right)\mathrm{d}x\mathrm{d}y = \oint_{L^+} P\mathrm{d}x + Q\mathrm{d}y.$$

(2) 设区域 D 是单连通区域，但不满足(1)中的条件，这时可通过作辅助线，将区域 D 分成若干个(1)中所给出的区域类型(见图 11.3.7). 于是

$$\begin{aligned}
&\iint_D \left(\frac{\partial Q}{\partial x} - \frac{\partial P}{\partial y}\right)\mathrm{d}x\mathrm{d}y \\
&= \iint_{D_1+D_2+D_3} \left(\frac{\partial Q}{\partial x} - \frac{\partial P}{\partial y}\right)\mathrm{d}x\mathrm{d}y \\
&= \oint_{\overset{\frown}{AC}+\overline{CB}+\overline{BA}} P\mathrm{d}x + Q\mathrm{d}y + \oint_{\overline{BC}+\overset{\frown}{CB}} P\mathrm{d}x + Q\mathrm{d}y + \oint_{\overline{AB}+\overset{\frown}{BA}} P\mathrm{d}x + Q\mathrm{d}y \\
&= \oint_{L^+} P\mathrm{d}x + Q\mathrm{d}y.
\end{aligned}$$

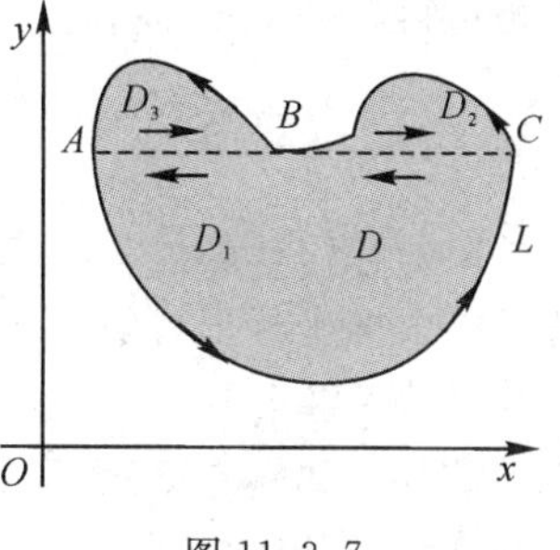

图 11.3.7

(3) 当 D 是复连通区域时，可仿照(2)用作辅助线的方法将其划分为单连通区域，同样可证明公式(11.3.1)成立.

公式(11.3.1)称为格林公式，我们应注意它满足的两个条件：① $P(x, y)$、$Q(x, y)$在有界闭区域 D 上有连续的一阶偏导数；② 积分曲线是封闭的正向边界曲线.

下面我们用格林公式推导利用曲线积分计算平面区域面积的公式. 在格林公式(11.3.1)中，取 $P=-y$，$Q=x$，不难得到

$$\oint_L x\mathrm{d}y - y\mathrm{d}x = \iint_D \left(\frac{\partial Q}{\partial x} - \frac{\partial P}{\partial y}\right)\mathrm{d}x\mathrm{d}y = 2\iint_D \mathrm{d}x\mathrm{d}y.$$

于是，由二重积分的几何意义可知，平面区域 D 的面积为

$$A = \iint_D \mathrm{d}x\mathrm{d}y = \frac{1}{2}\oint_L x\mathrm{d}y - y\mathrm{d}x. \tag{11.3.4}$$

3. GPS 面积测量仪的数学原理

回到本节开始的问题，我们知道 GPS 面积测量仪实际上是计算由 n 条折线段所围成的闭区域的面积. 设区域 D 的边界曲线为 $L=\overline{A_1A_2}\cup\overline{A_2A_3}\cup\cdots\cup\overline{A_nA_1}$(见图 11.3.8)，点 A_{i-1} 的坐标为(x_{i-1}，y_{i-1})，下面计算直线段$\overline{A_{i-1}A_i}$上的曲线积分. $\overline{A_{i-1}A_i}$的参数方程为

$$\begin{cases} x = x_{i-1} + t(x_i - x_{i-1}), \\ y = y_{i-1} + t(y_i - y_{i-1}), \end{cases} \quad t: 0 \to 1,$$

则

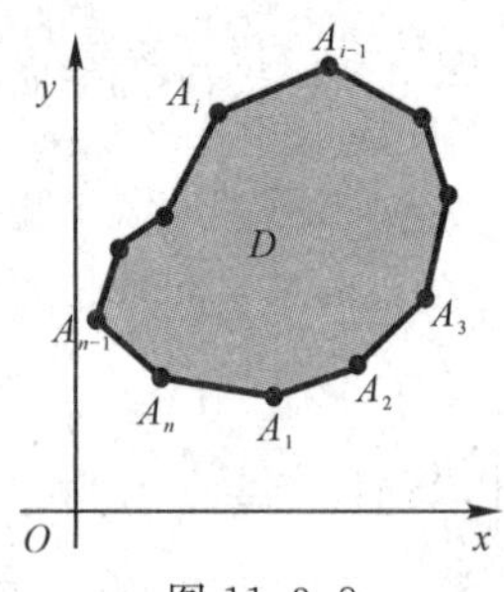

图 11.3.8

$$\int_{\overline{A_{i-1}A_i}} -y\mathrm{d}x+x\mathrm{d}y=\int_0^1\{-[y_{i-1}+t(y_i-y_{i-1})](x_i-x_{i-1})+[x_{i-1}+t(x_i-x_{i-1})](y_i-y_{i-1})\}\mathrm{d}t$$

$$=x_{i-1}y_i-x_iy_{i-1}=\begin{vmatrix}x_{i-1} & x_i\\ y_{i-1} & y_i\end{vmatrix}\quad (2\leqslant i\leqslant n+1,\ A_{n+1}=A_1).$$

于是可得区域 D 的面积为

$$A=\iint_D \mathrm{d}x\mathrm{d}y=\frac{1}{2}\oint_L x\mathrm{d}y-y\mathrm{d}x=\frac{1}{2}\sum_{i=1}^{n}\begin{vmatrix}x_i & x_{i+1}\\ y_i & y_{i+1}\end{vmatrix}. \tag{11.3.5}$$

由公式(11.3.5)可以看到，面积测量仪只需记录平面区域边界曲线上若干点的坐标，就可以根据坐标值计算出平面区域的面积，显然点取得越多，近似值越接近精确值. 事实上，当没有专门的 GPS 面积测量仪时，也可以借助一般的 GPS 设备，如具有 GPS 导航功能的车载导航仪或手机. 有兴趣的读者可以自行查找相关资料.

利用格林公式的要点

二、格林公式的应用

下面我们将通过一些具体的例子来说明利用格林公式计算积分时需要注意的问题.

例 11.3.1 计算曲线积分

$$I=\oint_L y\mathrm{d}x+2x\mathrm{d}y,$$

其中 L 为以 $A(1,0)$、$B(0,1)$、$C(-1,0)$、$D(0,-1)$ 为顶点的正方形 $ABCD$ 的正向边界(见图 11.3.9).

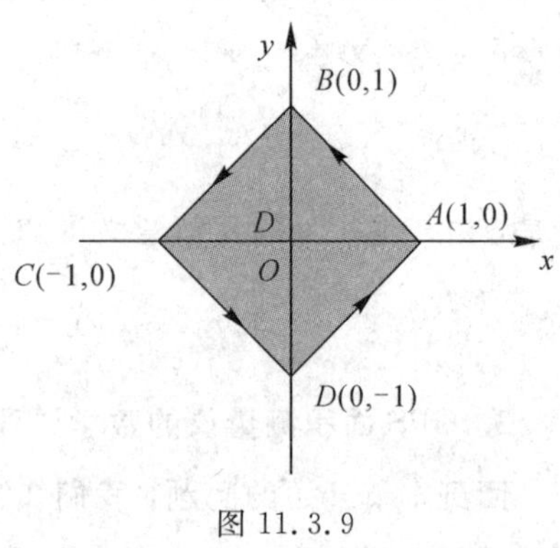

图 11.3.9

解 令 $P(x,y)=y$, $Q(x,y)=2x$，显然这两个函数在 L 所围正方形 $ABCD$ 上具有一阶连续偏导数，且 L 为封闭的正向边界曲线，故由格林公式得

$$\begin{aligned}I&=\oint_L y\mathrm{d}x+2x\mathrm{d}y\\&=\iint_D\left(\frac{\partial Q}{\partial x}-\frac{\partial P}{\partial y}\right)\mathrm{d}x\mathrm{d}y\\&=\iint_D(2-1)\mathrm{d}x\mathrm{d}y=\sigma_D\\&=(\sqrt{2})^2=2.\end{aligned}$$

例 11.3.2 计算椭圆 $\frac{x^2}{a^2}+\frac{y^2}{b^2}\leqslant 1$ 区域的面积 A.

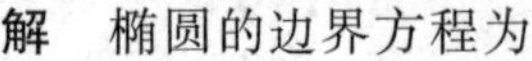

解 椭圆的边界方程为

$$\begin{cases} x = a\cos t, \\ y = b\sin t, \end{cases} \quad 0 \leqslant t \leqslant 2\pi.$$

由公式(11.3.4)得所求区域的面积为

$$\begin{aligned} A &= \iint_D \mathrm{d}x\mathrm{d}y = \frac{1}{2}\oint_{L^+} x\mathrm{d}y - y\mathrm{d}x \\ &= \frac{1}{2}\int_0^{2\pi} [a\cos t \cdot b\cos t - b\sin t \cdot (-a\sin t)]\mathrm{d}t \\ &= \frac{1}{2}\int_0^{2\pi} ab\,\mathrm{d}t = \pi ab. \end{aligned}$$

例 11.3.3　计算 $\oint_L (x^3 - x^2 y)\mathrm{d}x + (xy^2 + y^3)\mathrm{d}y$，其中 L 为以 $A(1, 0)$、$B(0, 1)$、$C(-1, 0)$为顶点的三角形区域的边界，取顺时针方向(见图 11.3.10).

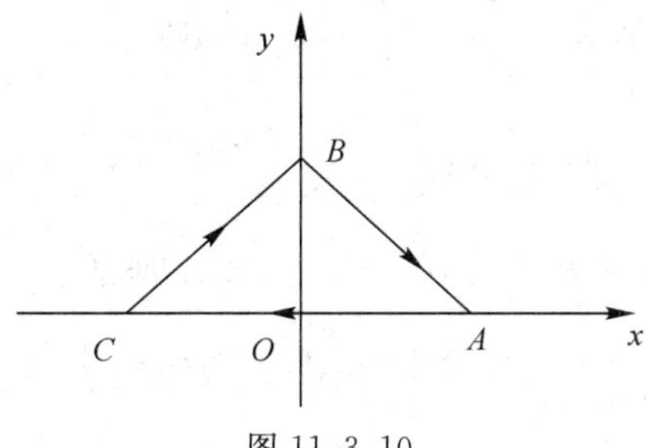

图 11.3.10

解　三角形区域可表示为 $D=\{(x, y) \mid y-1 \leqslant x \leqslant 1-y, 0 \leqslant y \leqslant 1\}$，区域的正向边界曲线记为 L^+. 因函数 $P(x, y)=x^3-x^2y$, $Q(x, y)=xy^2+y^3$ 在区域 D 上具有一阶连续偏导数，L 为封闭曲线且与 L^+ 反向，故由对坐标的曲线积分的方向相关性及格林公式可得

$$\begin{aligned} &\oint_L (x^3 - x^2 y)\mathrm{d}x + (xy^2 + y^3)\mathrm{d}y \\ &= -\oint_{L^+} (x^3 - x^2 y)\mathrm{d}x + (xy^2 + y^3)\mathrm{d}y \\ &= -\iint_D (y^2 + x^2)\mathrm{d}x\mathrm{d}y = \int_0^1 \mathrm{d}y \int_{y-1}^{1-y} (y^2 + x^2)\mathrm{d}x \\ &= -\int_0^1 \left[\frac{1}{3}(1-y)^3 - \frac{1}{3}(y-1)^3 + y^2(1-y) - y^2(y-1)\right]\mathrm{d}y = -\frac{1}{3}. \end{aligned}$$

本例说明，当边界曲线取负向，而其他条件满足时，可改向后直接用格林公式计算对坐标的曲线积分.

问题　当一阶偏导数连续或曲线封闭的条件有一个不满足时，该如何使用格林公式呢？

当曲线不封闭时，可考虑增加辅助线使曲线变成封闭曲线；当出现偏导数不连续或偏导数不存在的点时，可考虑作辅助线挖去这些特殊点，从而保证在区域内被积函数偏导数的连续性. 下面我们通过具体的例子来说明加辅助线的方法.

例 11.3.4　计算 $I = \int_L \mathrm{e}^y \mathrm{d}x + x(y + \mathrm{e}^y)\mathrm{d}y$，其中 L 为从点 $O(0, 0)$沿上半圆周 $x^2 + y^2 = 2x$

到点 $A(2, 0)$ 的一段弧(见图 11.3.11).

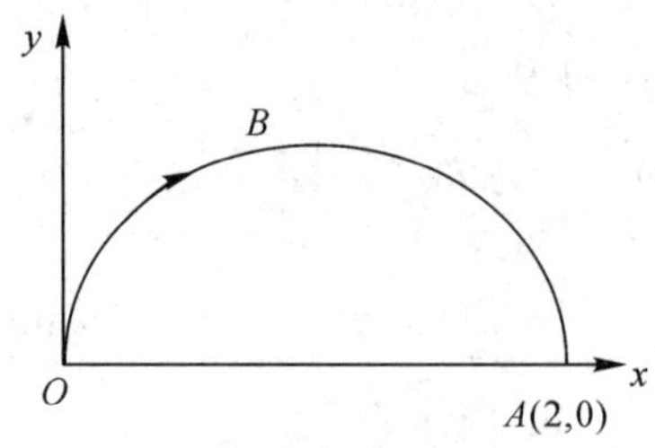

图 11.3.11

解　本例中积分路径 L 不封闭，不能直接使用格林公式. 加辅助线 $\overline{AO}$(沿从 A 到 O 的方向)使 $OBAO$ 成为封闭曲线且方向与 L 的方向一致，那么 $OBAO$ 就是所围半圆形区域 D 的负向边界曲线，于是

$$\oint_{L+\overline{AO}} \mathrm{e}^y \mathrm{d}x + x(y+\mathrm{e}^y)\mathrm{d}y = -\iint_D (y+\mathrm{e}^y-\mathrm{e}^y)\mathrm{d}x\mathrm{d}y$$

$$= -\iint_D y\mathrm{d}x\mathrm{d}y = -\int_0^{\frac{\pi}{2}}\mathrm{d}\theta\int_0^{2\cos\theta} r^2\sin\theta\mathrm{d}r = -\frac{2}{3}.$$

又直线段 $\overline{AO}$ 的方程为 $y=0$，x 从 2 变到 0 且该直线段垂直 y 轴，所以

$$\int_{\overline{AO}} \mathrm{e}^y\mathrm{d}x + x(y+\mathrm{e}^y)\mathrm{d}y = \int_{\overline{AO}} \mathrm{e}^y\mathrm{d}x + 0 = \int_2^0 1\cdot\mathrm{d}x = -2,$$

从而所求积分值为

$$I = \int_L \mathrm{e}^y\mathrm{d}x + x(y+\mathrm{e}^y)\mathrm{d}y = \left(\oint_{L+\overline{AO}} - \int_{\overline{AO}}\right)\mathrm{e}^y\mathrm{d}x + x(y+\mathrm{e}^y)\mathrm{d}y$$

$$= -\frac{2}{3} - (-2) = \frac{4}{3}.$$

例 11.3.5　计算曲线积分

$$\oint_L \frac{x\mathrm{d}y - y\mathrm{d}x}{x^2+y^2}.$$

(1) 曲线 L 为 $x^2+y^2=R^2(R>0)$，其方向为逆时针方向；

(2) 曲线 L 为一条不过原点的分段光滑的简单闭曲线，其方向为逆时针方向.

解　记 L 所围的区域为 D.

(1) 因 $(0, 0)\in D$，而函数

$$P(x, y)=\frac{-y}{x^2+y^2},\quad Q(x, y)=\frac{x}{x^2+y^2}$$

在区域 D 内点 $(0, 0)$ 处偏导数不存在，故不能直接用格林公式. 但由于 L 的方程为 $x^2+y^2=R^2$，所以可先利用曲线方程化简被积函数，再利用格林公式，于是

$$\oint_L \frac{x\mathrm{d}y-y\mathrm{d}x}{x^2+y^2} = \frac{1}{R^2}\oint_L x\mathrm{d}y - y\mathrm{d}x = \frac{1}{R^2}\iint_D [1-(-1)]\mathrm{d}x\mathrm{d}y = \frac{2}{R^2}\cdot\pi R^2 = 2\pi.$$

(2) 分两种情况讨论：

① 当 $(0, 0)\notin D$，函数 $P(x, y)$、$Q(x, y)$ 在 D 内具有一阶连续偏导数，且 $x^2+y^2\neq 0$ 时，有

$$\frac{\partial Q}{\partial x}=\frac{y^2-x^2}{(x^2+y^2)^2}=\frac{\partial P}{\partial y},$$

由格林公式得

$$\oint_L \frac{x\mathrm{d}y - y\mathrm{d}x}{x^2+y^2} = \iint_D \left(\frac{\partial Q}{\partial x} - \frac{\partial P}{\partial y}\right)\mathrm{d}x\mathrm{d}y = \iint_D 0\mathrm{d}x\mathrm{d}y = 0.$$

② 当$(0, 0)\in D$时，显然不能直接用格林公式. 选取适当小的$\varepsilon>0$，在闭区域D内作圆周l^-：$x^2+y^2=\varepsilon^2$(见图 11.3.12)，取顺时针方向. 在曲线L与l^-所围的复连通区域D_1上应用格林公式，有

$$\oint_L \frac{x\mathrm{d}y - y\mathrm{d}x}{x^2+y^2} + \oint_{l^-} \frac{x\mathrm{d}y - y\mathrm{d}x}{x^2+y^2} = \iint_{D_1} \left(\frac{\partial Q}{\partial x} - \frac{\partial P}{\partial y}\right)\mathrm{d}x\mathrm{d}y = 0,$$

故

$$\begin{aligned}\oint_L \frac{x\mathrm{d}y - y\mathrm{d}x}{x^2+y^2} &= -\oint_{l^-} \frac{x\mathrm{d}y - y\mathrm{d}x}{x^2+y^2} = \oint_{l^+} \frac{x\mathrm{d}y - y\mathrm{d}x}{x^2+y^2} \\ &= \frac{1}{\varepsilon^2}\oint_{l^+} x\mathrm{d}y - y\mathrm{d}x = \frac{1}{\varepsilon^2}\iint_{D_2} 2\mathrm{d}x\mathrm{d}y = \frac{2}{\varepsilon^2}\cdot \pi\varepsilon^2 = 2\pi.\end{aligned}$$

其中l^+为取逆时针方向的圆周$x^2+y^2=\varepsilon^2$，D_2是曲线l^+所围的圆域.

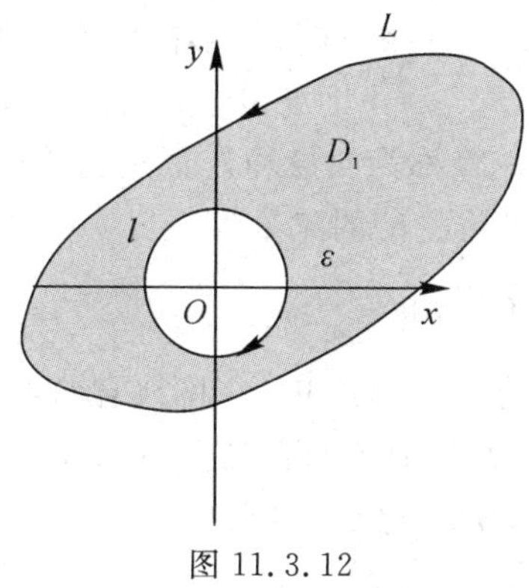

图 11.3.12

复连通区域上的格林公式

三、知识延展——格林公式的物理应用

格林公式给出了平面区域上的二重积分与其边界曲线上的曲线积分的关系，它常常用于物理学中，特别是热学、电磁学和流体学中. 在物理学的应用中常常用到格林公式的向量形式.

设C是xOy面上的光滑简单闭曲线，且取逆时针方向，则与它同方向的单位切向量可记作

$$\boldsymbol{\tau} = \cos\alpha\boldsymbol{i} + \cos\beta\boldsymbol{j} = \frac{\mathrm{d}x}{\mathrm{d}s}\boldsymbol{i} + \frac{\mathrm{d}y}{\mathrm{d}s}\boldsymbol{j},$$

且

$$\boldsymbol{n} = \frac{\mathrm{d}y}{\mathrm{d}s}\boldsymbol{i} - \frac{\mathrm{d}x}{\mathrm{d}s}\boldsymbol{j}$$

是区域的边界指向外部的单位法向量，如图 11.3.13 所示$(\boldsymbol{\tau}\cdot\boldsymbol{n}=0)$.

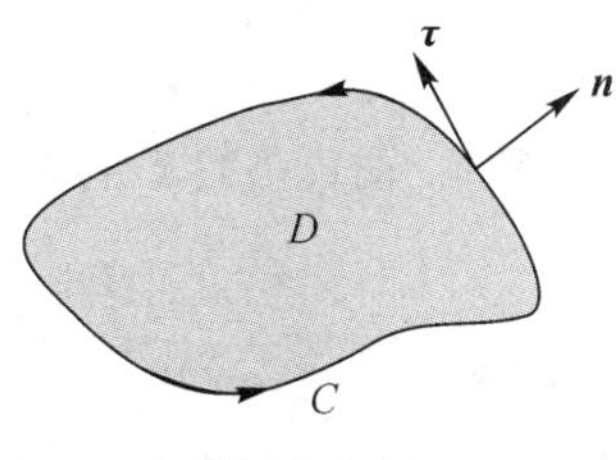

图 11.3.13

设$\boldsymbol{F}(x, y)=P(x, y)\boldsymbol{i}+Q(x, y)\boldsymbol{j}$是平面向量场，则根据格林公式，有

$$\oint_C \boldsymbol{F}\cdot\boldsymbol{n}\mathrm{d}s=\oint_C (P\boldsymbol{i}+Q\boldsymbol{j})\cdot\left(\frac{\mathrm{d}y}{\mathrm{d}s}\boldsymbol{i}-\frac{\mathrm{d}x}{\mathrm{d}s}\boldsymbol{j}\right)\mathrm{d}s=\oint_C -Q\mathrm{d}x+P\mathrm{d}y$$
$$=\iint_D\left(\frac{\partial P}{\partial x}+\frac{\partial Q}{\partial y}\right)\mathrm{d}x\mathrm{d}y, \tag{11.3.6}$$

最后一个式子由格林公式给出. 另一方面,

$$\mathrm{div}\boldsymbol{F}(x, y)=\nabla\cdot\boldsymbol{F}=\frac{\partial P}{\partial x}+\frac{\partial Q}{\partial y}$$

称为向量函数 $\boldsymbol{F}(x, y)$的散度, 于是公式(11.3.6)可写成如下向量形式:

$$\oint_C \boldsymbol{F}\cdot\boldsymbol{n}\mathrm{d}s=\iint_D \mathrm{div}\boldsymbol{F}\mathrm{d}\sigma=\iint_D \nabla\cdot\boldsymbol{F}\mathrm{d}\sigma.$$

这个公式常被称作平面格林散度公式. 下面我们给出这个公式在物理上的一个解释.

想象在 xOy 面上有一个密度恒定的流体的均匀薄片, 这个薄片很薄, 可以认为它只有两维. 我们希望计算出在区域 D 上的流体流出边界 C 的流量.

令 $\boldsymbol{F}(x, y)=\boldsymbol{v}(x, y)$表示流体在$(x, y)$处的速度向量, 并令 Δs 为曲线 C 上距初始点(x, y)一段很短距离的弧段. 流体每单位时间通过这段小弧段的量近似于图 11.3.14 中平行四边形的面积, 即 $\boldsymbol{v}\cdot\boldsymbol{n}\Delta s$.

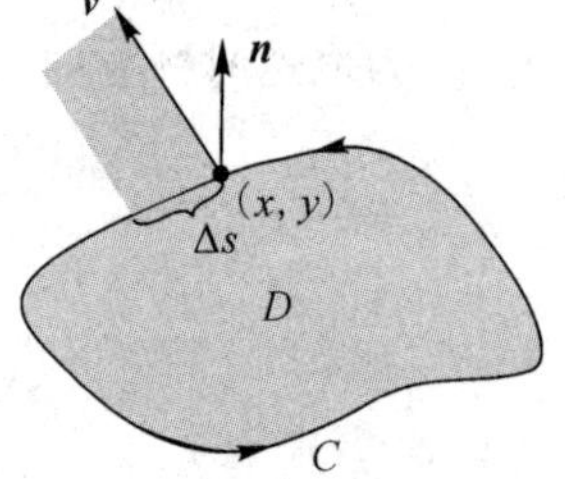

图 11.3.14

流体每单位时间离开 D 的总量称为向量场 $\boldsymbol{F}$ 通过曲线 C 沿外法线方向的流量, 由此得到 $\boldsymbol{F}$ 通过 C 的流量为

$$\Phi=\oint_C \boldsymbol{F}\cdot\boldsymbol{n}\mathrm{d}s.$$

现在假设一个在 D 中的定点(x_0, y_0)和一个围绕它的半径为 r 的小圆 C_r, D_r 为包括边界 C_r 的圆形区域. 在 C_r 上, $\mathrm{div}\boldsymbol{F}$ 近似等于它在中心(x_0, y_0)的值 $\mathrm{div}\boldsymbol{F}(x_0, y_0)$(假设 $\mathrm{div}\boldsymbol{F}$ 是连续的), 因此由格林公式得, $\boldsymbol{F}$ 通过 C_r 的流量为

$$\Phi=\oint_{C_r}\boldsymbol{F}\cdot\boldsymbol{n}\mathrm{d}s$$
$$=\iint_{D_r}\mathrm{div}\boldsymbol{F}\mathrm{d}\sigma\approx\mathrm{div}\boldsymbol{F}(x_0, y_0)\pi r^2.$$

我们得出 $\mathrm{div}\boldsymbol{F}(x_0, y_0)$测量的是流体从$(x_0, y_0)$外散的速率. 若 $\mathrm{div}\boldsymbol{F}(x_0, y_0)>0$, 则在$(x_0, y_0)$处有流体源头; 若 $\mathrm{div}\boldsymbol{F}(x_0, y_0)<0$, 则流体流入$(x_0, y_0)$, (x_0, y_0)为流体的储池. 如果流体经过区域的边界的流量为 0, 那么在区域中的源头和储池肯定互相平衡. 另一方面, 若区域内没有源头或储池, 则 $\mathrm{div}\boldsymbol{F}(x_0, y_0)=0$, 而且根据格林公式, D 的边界上的合流量为 0.

将区域放入三维空间中, 如图 11.3.15 所示. 设 $\boldsymbol{F}(x, y)=P(x, y)\boldsymbol{i}+Q(x, y)\boldsymbol{j}+0\boldsymbol{k}$, 则由格林公式可得

$$\oint_C \boldsymbol{F}\cdot\boldsymbol{\tau}\mathrm{d}s=\oint_C P\mathrm{d}x+Q\mathrm{d}y=\iint_D\left(\frac{\partial Q}{\partial x}-\frac{\partial P}{\partial y}\right)\mathrm{d}x\mathrm{d}y.$$

另一方面, 向量函数 $\boldsymbol{F}$ 的旋度定义为

$$\mathrm{curl}\boldsymbol{F}(x, y)=\nabla\times\boldsymbol{F}=\begin{vmatrix}\boldsymbol{i} & \boldsymbol{j} & \boldsymbol{k}\\ \dfrac{\partial}{\partial x} & \dfrac{\partial}{\partial y} & \dfrac{\partial}{\partial z}\\ P & Q & 0\end{vmatrix}=\left(\frac{\partial Q}{\partial x}-\frac{\partial P}{\partial y}\right)\boldsymbol{k},$$

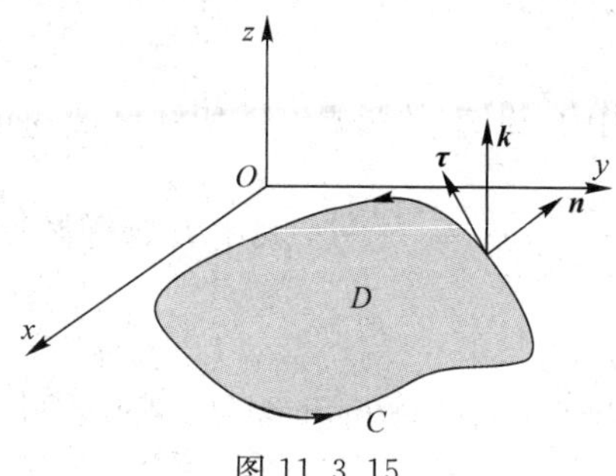

图 11.3.15

因此

$$\mathrm{curl}\boldsymbol{F}\cdot\boldsymbol{k}=\frac{\partial Q}{\partial x}-\frac{\partial P}{\partial y},$$

于是格林公式有以下向量形式：

$$\oint_{C_r}\boldsymbol{F}\cdot\boldsymbol{\tau}\mathrm{d}s=\iint_D\mathrm{curl}\boldsymbol{F}\cdot\boldsymbol{k}\mathrm{d}x\mathrm{d}y. \tag{11.3.7}$$

假设曲线 C 是以 (x_0, y_0) 为圆心的圆周，则根据公式(11.3.7)可得

$$\oint_{C_r}\boldsymbol{F}\cdot\boldsymbol{\tau}\mathrm{d}s=\mathrm{curl}\boldsymbol{F}\cdot\boldsymbol{k}(\pi r^2).$$

这就是说，流体沿 C_r 的切线方向的流量是由 curl$\boldsymbol{F}$ 来测量的. 换句话说，curl$\boldsymbol{F}$ 测量流体绕 (x_0, y_0) 旋转的趋势. 如果在 D 上 curl$\boldsymbol{F}=0$，那么相关的流体称为不旋转的流体，而向量场 $\boldsymbol{F}$ 称为无旋场.

例 11.3.6　向量场 $\boldsymbol{F}(x, y)=-\frac{1}{2}y\boldsymbol{i}+\frac{1}{2}x\boldsymbol{j}$ 是一个固定的绕轴逆时针旋转的速度场. 对于 xOy 面上的一条任意的封闭曲线 C，计算 $\oint_C\boldsymbol{F}\cdot\boldsymbol{n}\mathrm{d}s$, $\oint_C\boldsymbol{F}\cdot\boldsymbol{\tau}\mathrm{d}s$.

解　由题可知

$$P(x, y)=-\frac{1}{2}y,\quad Q(x, y)=\frac{1}{2}x.$$

设 D 是 C 所围的闭区域，则

$$\oint_C\boldsymbol{F}\cdot\boldsymbol{n}\mathrm{d}s=\iint_D\mathrm{div}\boldsymbol{F}\mathrm{d}\sigma=\iint_D\left(\frac{\partial P}{\partial x}+\frac{\partial Q}{\partial y}\right)\mathrm{d}x\mathrm{d}y=0.$$

$$\begin{aligned}\oint_C\boldsymbol{F}\cdot\boldsymbol{\tau}\mathrm{d}s&=\iint_D\mathrm{curl}\boldsymbol{F}\cdot\boldsymbol{k}\mathrm{d}x\mathrm{d}y=\iint_D\left(\frac{\partial Q}{\partial x}-\frac{\partial P}{\partial y}\right)\mathrm{d}x\mathrm{d}y\\&=\iint_D\left(\frac{1}{2}+\frac{1}{2}\right)\mathrm{d}x\mathrm{d}y=\sigma_D\quad(\text{区域 }D\text{ 的面积}).\end{aligned}$$

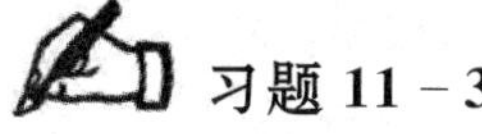

习题 11－3

基　础　题

1. 利用格林公式计算下列曲线积分：

(1) $\oint_L(x-2y-1)\mathrm{d}x+(2x+y-3)\mathrm{d}y$，其中 L 为顶点分别是(0, 0)、(1, 1)、(1, 2)

的三角形区域的正向边界；

(2) $\oint_L x^3 \mathrm{d}y - y^3 \mathrm{d}x$，其中 L 为圆 $x^2+y^2=a^2$ 所围区域的正向边界；

(3) $\oint_L \dfrac{(yx^3+\mathrm{e}^y)\mathrm{d}x + x(y+\mathrm{e}^y+1)\mathrm{d}y}{9x^2+4y^2}$，其中 L 为椭圆 $\dfrac{x^2}{4}+\dfrac{y^2}{9}=1$ 所围区域的顺时针边界；

(4) $\int_L (2xy^3 - y^2\cos x)\mathrm{d}x + (x - 2y\sin x + 3x^2y^2)\mathrm{d}y$，其中 L 为抛物线 $2x=\pi y^2$ 上从点 $(0, 0)$ 到点 $\left(\dfrac{\pi}{2}, 1\right)$ 的一段弧；

(5) $\oint_L \dfrac{y\mathrm{d}x - x\mathrm{d}y}{x^2+y^2}$，其中 L 为圆 $(x-1)^2+y^2=2$ 所围区域的正向边界.

2. 用曲线积分计算星形线 $x=a\cos^3 t$，$y=a\sin^3 t$ 所围图形的面积，其中 $a>0$ 且为常数.

3. 已知平面区域 $D=\{(x, y)\mid 0\leqslant x\leqslant\pi, 0\leqslant y\leqslant\pi\}$，$L$ 为 D 的正向边界，试证：

(1) $\oint_L x\mathrm{e}^{\sin y}\mathrm{d}y - y\mathrm{e}^{-\sin x}\mathrm{d}x = \oint_L x\mathrm{e}^{-\sin y}\mathrm{d}y - y\mathrm{e}^{\sin x}\mathrm{d}x$；

(2) $\oint_L x\mathrm{e}^{\sin y}\mathrm{d}y - y\mathrm{e}^{-\sin x}\mathrm{d}x \geqslant 2\pi^2$.

4. 计算 $I=\int_L [\mathrm{e}^x\sin y - b(x+y)]\mathrm{d}x + (\mathrm{e}^x\cos y - ax)\mathrm{d}y$，其中 a、b 为正常数，L 为由点 $A(2a, 0)$ 沿曲线 $y=\sqrt{2ax-x^2}$ 到点 $O(0, 0)$ 的弧.

5. 计算 $I=\int_L (x\sin 2y - y)\mathrm{d}x + (x^2\cos 2y - 1)\mathrm{d}y$，其中 L 为圆 $x^2+y^2=R^2$ 上从点 $A(R, 0)$ 以逆时针方向到点 $B(0, R)$ 的一段弧.

6. 计算 $I=\int_C \dfrac{y^2}{\sqrt{a^2+x^2}}\mathrm{d}x + [ax + 2y\ln(x+\sqrt{a^2+x^2})]\mathrm{d}y$，其中 C 为沿 $x^2+y^2=R^2$ 由 $A(0, R)$ 逆时针到 $B(0, -R)$ 的半圆($a>0$, $R>0$).

7. 计算 $I=\int_L (\mathrm{e}^x\sin y - my + y)\mathrm{d}x + (\mathrm{e}^x\cos y - mx)\mathrm{d}y$，其中 L：$\begin{cases} x=a(t-\sin t), \\ y=a(1-\cos t), \end{cases}$ $0\leqslant t\leqslant\pi$，$a>0$，方向为 t 增加的方向.

8. 计算 $I=\oint_L \dfrac{y\mathrm{d}x - (x-1)\mathrm{d}y}{(x-1)^2+y^2}$，其中：

(1) L 为圆周 $x^2+y^2-2y=0$ 的正向(即逆时针方向)；

(2) L 为圆周 $x^2-2x+y^2=0$ 的正向；

(3) L 为椭圆 $4x^2+y^2-8x=0$ 的正向(即逆时针方向).

提 高 题

1. 设 L 是光滑闭曲线，$\boldsymbol{n}$ 为 L 的单位外法线向量，$\boldsymbol{l}=(a, b)$ 为任意固定的单位向量，证明：

(1) $\oint_L \cos(\widehat{\boldsymbol{l}, \boldsymbol{n}})\mathrm{d}s = \oint_L a\mathrm{d}y - b\mathrm{d}x$；

(2) $\oint_L \cos(\widehat{\boldsymbol{l}, \boldsymbol{n}})\mathrm{d}s = 0$.

2. 设函数 $f(x, y)$在区域 D 上有二阶连续偏导数，且满足关系式$\dfrac{\partial^2 f}{\partial x^2}+\dfrac{\partial^2 f}{\partial y^2}=0$. 证明：

(1) $\oint_L \dfrac{\partial f}{\partial n}\mathrm{d}s = 0$.

(2) 等式

$$\oint_L f \cdot \frac{\partial f}{\partial n}\mathrm{d}s = \iint_D \left[\left(\frac{\partial f}{\partial x}\right)^2 + \left(\frac{\partial f}{\partial y}\right)^2\right]\mathrm{d}x\mathrm{d}y$$

成立，其中曲线 L 为区域 D 的边界且逐段光滑，$\boldsymbol{n}$ 为 L 的外法线向量.

(3) 若 $f(x, y)$在 L 上恒等于 0，则 $f(x, y)$在 D 内也恒等于 0.

3. 证明$\oint_L f(xy)(y\mathrm{d}x + x\mathrm{d}y) = 0$，其中 $f(u)$有连续的一阶导数，L 为光滑封闭曲线.

4. 计算积分 $I = \oint_L (x\cos(\widehat{\boldsymbol{n}, x}) + y\cos(\widehat{\boldsymbol{n}, y}))\mathrm{d}s$，其中 $\cos(\widehat{\boldsymbol{n}, x})$，$\cos(\widehat{\boldsymbol{n}, y})$分别表示 x 轴、y 轴的正向与 L 的外法线向量 $\boldsymbol{n}$ 之间的夹角的余弦(L 为逐段光滑闭曲线).

习题 11－3
参考答案

5. 设 $\boldsymbol{F}(x, y) = P(x, y)\boldsymbol{i} + Q(x, y)\boldsymbol{j}$ 在开区域 D 内处处连续可微，在 D 内任一圆周 C 上，有$\oint_C \boldsymbol{F} \cdot \boldsymbol{n}\mathrm{d}s = 0$，其中 $\boldsymbol{n}$ 是圆周外法线单位向量，试证：在 D 内恒有$\dfrac{\partial P}{\partial x}+\dfrac{\partial Q}{\partial y}=0$.

第四节　曲线积分与路径无关

问题　微积分基本定理是计算定积分的基本工具，其表达式为

$$\int_a^b f(x)\mathrm{d}x = F(b) - F(a),$$

其中 $F(x)$是 $f(x)$的一个原函数，即 $F'(x)=f(x)$. 那么对曲线积分是否有类似的结论？即是否存在被积表达式的一个原函数，使得曲线积分等于原函数在积分曲线弧两端点的函数值之差？

事实上，当曲线积分与路径无关时，对曲线积分也有类似的结论，那么什么是曲线积分与路径无关呢？接下来我们先看一个引例.

引例　太阳对地球的引力为

$$\boldsymbol{F} = -G\frac{mM}{r^3}\boldsymbol{r},$$

其中 m 是地球的质量，M 是太阳的质量，G 是万有引力系数，$\boldsymbol{r}$ 是从太阳指向地球位置的向量，$r=|\boldsymbol{r}|$. 试求地球从近日点 A 到远日点 B 运行半周时，引力所做的功.

分析　我们知道，地球绕太阳运行的轨道是一个椭圆，太阳位于该椭圆的一个焦点上. 把坐标原点置于太阳上，这时地球的运动规律可表示为 $\boldsymbol{r}=\boldsymbol{r}(t)$，它是轨道的参数方程. 因此，当地球沿轨道 L 从近日点 A 到远日点 B 运行半周时，引力所做的功为

$$W=\int_L \boldsymbol{F}\cdot \mathrm{d}\boldsymbol{r}=-GmM\int_L \frac{1}{r^3}\boldsymbol{r}\cdot \mathrm{d}\boldsymbol{r}.$$

又

$$\boldsymbol{r}\cdot \mathrm{d}\boldsymbol{r}=[x(t)x'(t)+y(t)y'(t)+z(t)z'(t)]\mathrm{d}t=\frac{1}{2}\mathrm{d}(r^2)=r\mathrm{d}r,$$

所以

$$W=-GmM\int_L \frac{1}{r^3}\boldsymbol{r}\cdot \mathrm{d}\boldsymbol{r}=-GmM\int_A^B \frac{1}{r^2}\mathrm{d}r=GmM\left(\frac{1}{r_B}-\frac{1}{r_A}\right).$$

引例的结果表明，引力场所做的功实际上只与路径的起点 A 及终点 B 有关，而与连接 A 和 B 的路径无关.

在物理现象中，这个结论是常见的. 如在引力场和电场中，移动一物体或一电荷从一点到另一点所做的功仅依赖于物体移动的起点和终点，而不依赖物体在这两点间的移动路径，这就是功的积分(即对坐标的曲线积分)与路径无关的概念.

一、曲线积分与路径无关的定义

若 A 和 B 是空间中一开区域内的两点，定义在 D 上的场 $\boldsymbol{F}$ 将一个粒子从 A 移动至 B 所做的功 $\int_L \boldsymbol{F}\cdot \mathrm{d}\boldsymbol{r}$ 通常依赖于所经过的路径. 但是对有些场，积分值对所有从 A 到 B 的路径都相同，为了弄清楚这些场，我们先给出曲线积分与路径无关的定义.

定义 11.4.1 设 $\boldsymbol{F}(x, y)=P(x, y)\boldsymbol{i}+Q(x, y)\boldsymbol{j}$ 是定义在开区域 D 上的向量函数，假设对 D 内任意两点 A 与 B，从 A 到 B 的曲线积分 $\int_L P\mathrm{d}x+Q\mathrm{d}y$ 对所有从 A 到 B 的路径 L 都相同，则称曲线积分 $\int_L P\mathrm{d}x+Q\mathrm{d}y=\int_L \boldsymbol{F}\cdot \mathrm{d}\boldsymbol{r}$ 在区域 D 内是与路径无关的.

对空间开区域也有类似的定义，为了叙述方便，以下我们均以平面开区域叙述相关定理及定义. 当曲线积分与路径无关时，我们可以选取方便的积分路径计算曲线积分. 那么该如何判断一个曲线积分与其积分路径无关呢？接下来给出的四个等价条件就揭示了曲线积分与路径无关的相关重要问题.

二、四个等价条件

定理 11.4.1 设 G 是单连通区域，函数 $P(x, y)$、$Q(x, y)$ 在 G 内具有一阶连续偏导数，则下列四个条件等价：

(1) 对 G 内任意一条闭曲线 L，有 $\oint_L P\mathrm{d}x+Q\mathrm{d}y=0$；

(2) 在 G 内曲线积分 $\int_L P\mathrm{d}x+Q\mathrm{d}y$ 与路径无关；

(3) 在 G 内存在二元函数 $u(x, y)$ 使得 $\mathrm{d}u(x, y)=P(x, y)\mathrm{d}x+Q(x, y)\mathrm{d}y$；

(4) 在 G 内等式 $\frac{\partial Q}{\partial x}=\frac{\partial P}{\partial y}$ 恒成立.

证明 采取循环证明法，即(1)⇒(2)⇒(3)⇒(4)⇒(1)，就可证明这四个条件相互等价.

首先证明(1)⇒(2). 设对区域 G 内任一闭曲线 L，有 $\oint_L P\mathrm{d}x+Q\mathrm{d}y=0$. 对区域 G 内任

意两点 A 与 B，L_1、L_2 为以 A 为起点、B 为终点的任意两条曲线弧，则 L_1、L_2^- 构成一条封闭曲线，从而由条件可得

$$\oint_{L_1+L_2^-} P\mathrm{d}x + Q\mathrm{d}y = 0,$$

于是

$$\int_{L_1} P\mathrm{d}x + Q\mathrm{d}y - \int_{L_2} P\mathrm{d}x + Q\mathrm{d}y = \oint_{L_1+L_2^-} P\mathrm{d}x + Q\mathrm{d}y = 0,$$

即 $\int_{L_1} P\mathrm{d}x + Q\mathrm{d}y = \int_{L_2} P\mathrm{d}x + Q\mathrm{d}y$. 故在 G 内曲线积分 $\int_L P\mathrm{d}x + Q\mathrm{d}y$ 与路径无关.

然后证明(2)⇒(3). 设在 G 内曲线积分 $\int_L P\mathrm{d}x + Q\mathrm{d}y$ 与路径无关，且

$$\int_{\overset{\frown}{AB}} P\mathrm{d}x + Q\mathrm{d}y$$

是以 $A(x_0, y_0)$ 为起点、$B(x, y)$ 为终点的曲线积分. 由于曲线积分与路径无关，因此可记为

$$\int_{A(x_0, y_0)}^{B(x, y)} P\mathrm{d}x + Q\mathrm{d}y.$$

当起点 $A(x_0, y_0)$ 固定，终点 $B(x, y)$ 在区域 G 内变动时，这个积分值取决于终点 $B(x, y)$，它是 (x, y) 的函数，记为 $u(x, y)$，即

$$u(x, y) = \int_{A(x_0, y_0)}^{B(x, y)} P\mathrm{d}x + Q\mathrm{d}y.$$

下面证明 $\mathrm{d}u(x, y) = P(x, y)\mathrm{d}x + Q(x, y)\mathrm{d}y$. 取适当小的 Δx，使 $(x+\Delta x, y) \in G$，由偏导数定义可知

$$\frac{\partial u}{\partial x} = \lim_{\Delta x \to 0} \frac{u(x+\Delta x, y) - u(x, y)}{\Delta x},$$

而

$$u(x+\Delta x, y) = \int_{A(x_0, y_0)}^{C(x+\Delta x, y)} P\mathrm{d}x + Q\mathrm{d}y,$$

且曲线积分与路径无关，故选取从 $A(x_0, y_0)$ 到 $B(x, y)$，再从 $B(x, y)$ 沿水平线到 $C(x+\Delta x, y)$ 的积分路径（见图 11.4.1），可得

$$\begin{aligned}
&u(x+\Delta x, y) - u(x, y) \\
&= \int_{\overset{\frown}{AC}} P\mathrm{d}x + Q\mathrm{d}y - \int_{\overset{\frown}{AB}} P\mathrm{d}x + Q\mathrm{d}y \\
&= \int_{\overset{\frown}{AB}} P\mathrm{d}x + Q\mathrm{d}y + \int_{\overline{BC}} P\mathrm{d}x + Q\mathrm{d}y - \int_{\overset{\frown}{AB}} P\mathrm{d}x + Q\mathrm{d}y \\
&= \int_{\overline{BC}} P(x, y)\mathrm{d}x = \int_x^{x+\Delta x} P(x, y)\mathrm{d}x \\
&= P(x+\theta\Delta x, y)\Delta x, \quad 0 \leqslant \theta \leqslant 1.
\end{aligned}$$

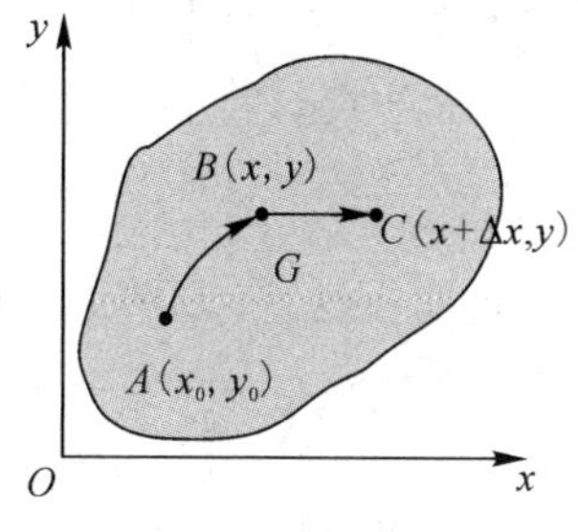

图 11.4.1

上式最后一项用了积分中值定理. 于是根据偏导数定义及函数 $P(x, y)$ 的连续性可得

$$\frac{\partial u}{\partial x} = \lim_{\Delta x \to 0} \frac{P(x+\theta\Delta x, y)\Delta x}{\Delta x} = \lim_{\Delta x \to 0} P(x+\theta\Delta x, y) = P(x, y).$$

同理可证 $\frac{\partial u}{\partial y} = Q(x, y)$. 注意到函数 $P(x, y)$、$Q(x, y)$ 有连续偏导，则 P、Q 可微，进一步 P、Q 连续，即 $u(x, y)$ 的两个偏导数连续，故 $u(x, y)$ 可微且

$$\mathrm{d}u = \frac{\partial u}{\partial x}\mathrm{d}x + \frac{\partial u}{\partial y}\mathrm{d}y = P\mathrm{d}x + Q\mathrm{d}y,$$

即存在二元函数 $u(x, y)$，使得它的全微分 $\mathrm{d}u=P\mathrm{d}x+Q\mathrm{d}y$.

接着证明(3)⇒(4). 设在 G 内存在二元函数 $u(x, y)$ 使得 $\mathrm{d}u=P\mathrm{d}x+Q\mathrm{d}y$，则根据全微分的表达式可知

$$\frac{\partial u}{\partial x}=P(x, y), \quad \frac{\partial u}{\partial y}=Q(x, y).$$

又函数 $P(x, y)$、$Q(x, y)$ 在 G 内具有一阶连续偏导数，故

$$\frac{\partial^2 u}{\partial x \partial y}=\frac{\partial P}{\partial y}, \quad \frac{\partial^2 u}{\partial y \partial x}=\frac{\partial Q}{\partial x}.$$

由于 $u(x, y)$ 的二阶混合偏导数连续，所以它们相等，因此有

$$\frac{\partial Q}{\partial x}=\frac{\partial P}{\partial y}.$$

最后证明(4)⇒(1). 设在区域 G 内 $\frac{\partial Q}{\partial x}=\frac{\partial P}{\partial y}$. 任给区域 G 内一条封闭曲线 L，不妨设该曲线是其所围闭区域 D(该区域包含在 G 内)的正向边界曲线. 由于函数满足格林公式的条件，因此有

$$\oint_L P\mathrm{d}x+Q\mathrm{d}y=\iint_D\left(\frac{\partial Q}{\partial x}-\frac{\partial P}{\partial y}\right)\mathrm{d}x\mathrm{d}y=0.$$

至此，我们通过循环论证得到了定理 11.4.1 的四个条件相互等价. 通过定理 11.4.1 可以看到，条件(4)形式简单且易于判断，因此该条件常作为判断曲线积分 $\int_L P\mathrm{d}x+Q\mathrm{d}y$ 与路径无关的条件.

现在回到本节开始的问题，答案是肯定的，曲线积分也有类似于微积分基本定理的公式，下面我们给出它的一般形式.

定理 11.4.2 设函数 $P(x, y)$、$Q(x, y)$ 在单连通区域 G 内具有一阶连续偏导数，对任意两点 A, $B\in G$，若曲线积分 $\int_L P\mathrm{d}x+Q\mathrm{d}y$ 与路径无关，则当 $P(x, y)\mathrm{d}x+Q(x, y)\mathrm{d}y$ 是函数 $u(x, y)$ 的全微分时，有

$$\int_{\overset{\frown}{AB}} P(x, y)\mathrm{d}x+Q(x, y)\mathrm{d}y=\int_A^B P(x, y)\mathrm{d}x+Q(x, y)\mathrm{d}y=u(B)-u(A). \tag{11.4.1}$$

证明 过 A、B 两点在 G 内任作一曲线 $\overset{\frown}{AB}$，设 $\overset{\frown}{AB}$ 的参数方程为

$$\begin{cases}x=\varphi(t),\\ y=\psi(t),\end{cases} \quad \alpha\leqslant t\leqslant\beta,$$

其中 α、β 分别对应于 A 点及 B 点，则有

$$\begin{aligned}&\int_A^B P(x, y)\mathrm{d}x+Q(x, y)\mathrm{d}y\\ =&\int_\alpha^\beta\{P[\varphi(t), \psi(t)]\varphi'(t)+Q[\varphi(t), \psi(t)]\psi'(t)\}\mathrm{d}t\\ =&\int_\alpha^\beta\left(\frac{\partial u}{\partial x}\frac{\mathrm{d}x}{\mathrm{d}t}+\frac{\partial u}{\partial y}\frac{\mathrm{d}y}{\mathrm{d}t}\right)\mathrm{d}t=\int_\alpha^\beta\frac{\mathrm{d}u[\varphi(t), \psi(t)]}{\mathrm{d}t}\mathrm{d}t\\ =&[u(\varphi(t), \psi(t))]_\alpha^\beta=u(B)-u(A).\end{aligned}$$

定理 11.4.1 和定理 11.4.2 在曲线积分的计算及相关问题中都有广泛的应用.

1. 计算曲线积分

定理11.4.1给出了在单连通区域内判断曲线积分$\int_L P\mathrm{d}x+Q\mathrm{d}y$与路径无关的条件，即函数$P(x, y)$、$Q(x, y)$在单连通区域$G$内具有一阶连续偏导数，且满足

$$\frac{\partial P}{\partial y}=\frac{\partial Q}{\partial x}$$

时，曲线积分$\int_L P\mathrm{d}x+Q\mathrm{d}y$在区域$G$内与路径无关. 此时，我们可根据问题的特点，选择简单的积分路径，计算对坐标的曲线积分.

例 11.4.1　计算曲线积分$\int_L \mathrm{e}^{x^2-y^2}(x\mathrm{d}x-y\mathrm{d}y)$，其中$L$为从点(0，0)沿$y=\sin\pi x$到点(1，0)的一段弧(见图11.4.2).

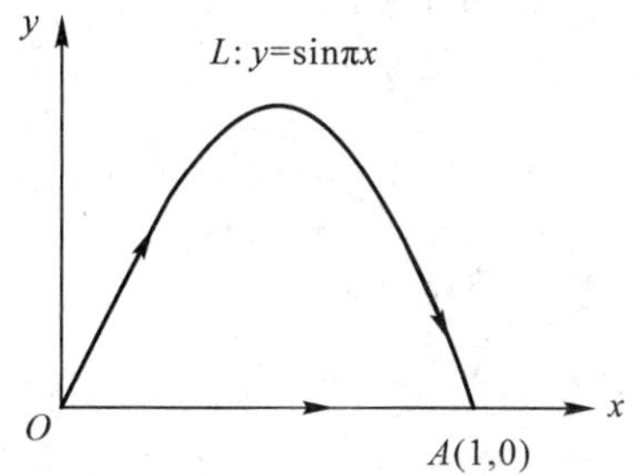

图 11.4.2

解　这里$P=x\mathrm{e}^{x^2-y^2}$，$Q=-y\mathrm{e}^{x^2-y^2}$. 因为

$$\frac{\partial Q}{\partial x}=-2xy\mathrm{e}^{x^2-y^2}=\frac{\partial P}{\partial y}$$

在整个xOy面上成立，所以曲线积分与路径无关，从而可选取L是从点$O(0, 0)$沿x轴到点$A(1, 0)$的路径，此时该路径上有$\mathrm{d}y=0$，于是

$$\begin{aligned}\int_L \mathrm{e}^{x^2-y^2}(x\mathrm{d}x-y\mathrm{d}y)&=\int_{\overline{OA}}\mathrm{e}^{x^2-y^2}(x\mathrm{d}x-y\mathrm{d}y)=\int_{\overline{OA}}x\mathrm{e}^{x^2-y^2}\mathrm{d}x\\&=\int_0^1 x\mathrm{e}^{x^2}\mathrm{d}x=\left[\frac{1}{2}\mathrm{e}^{x^2}\right]_0^1=\frac{1}{2}(\mathrm{e}-1).\end{aligned}$$

例 11.4.2　计算曲线积分$I=\int_L\dfrac{(x-y)\mathrm{d}x+(x+4y)\mathrm{d}y}{x^2+4y^2}$，其中$L$为从点(1，0)沿上半圆$x^2+y^2=1(y\geqslant 0)$到点(−1，0)的弧(见图11.4.3).

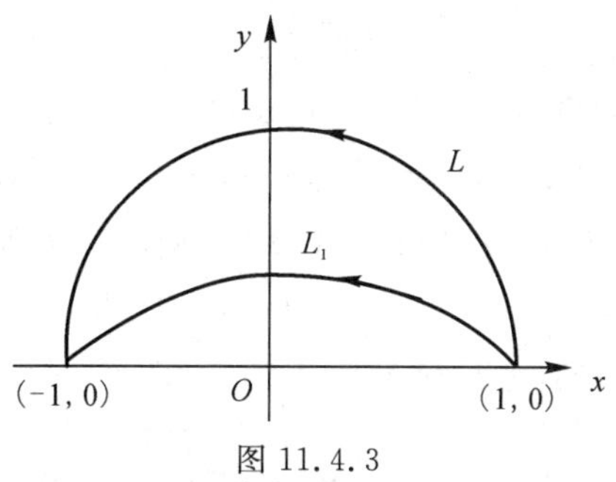

图 11.4.3

解　这里

$$P=\frac{x-y}{x^2+4y^2},\quad Q=\frac{x+4y}{x^2+4y^2}.$$

因为

$$\frac{\partial Q}{\partial x}=\frac{-x^2-8xy+4y^2}{(x^2+4y^2)^2}=\frac{\partial P}{\partial y},$$

所以在不包含原点的单连通区域内曲线积分与路径无关. 为了计算方便，选取 L 为从点(1，0)沿上半椭圆 L_1：$x^2+4y^2=1$ 到点(−1，0)的弧，于是根据曲线积分与路径无关可得

$$\begin{aligned}\int_L\frac{(x-y)\mathrm{d}x+(x+4y)\mathrm{d}y}{x^2+4y^2}&=\int_{L_1}\frac{(x-y)\mathrm{d}x+(x+4y)\mathrm{d}y}{x^2+4y^2}\\&=\int_{L_1}(x-y)\mathrm{d}x+(x+4y)\mathrm{d}y.\end{aligned}$$

上式利用椭圆弧计算积分，可根据椭圆方程化简被积函数得到所求曲线积分. 设椭圆参数方程为 $x=\cos t$，$y=1/2\sin t$，t：$0\to\pi$，则

$$\begin{aligned}I&=\int_0^{\pi}\left[\left(\cos t-\frac{1}{2}\sin t\right)(-\sin t)+(\cos t+2\sin t)\frac{1}{2}\cos t\right]\mathrm{d}t\\&=\frac{1}{2}\int_0^{\pi}(\cos^2 t+\sin^2 t)\mathrm{d}t=\frac{\pi}{2}.\end{aligned}$$

利用定理 11.4.1 中条件(4)判断曲线积分与路径无关时，要注意区域是单连通区域的要求是必需的. 比如例 11.3.5，对任意不包含原点的单连通区域，在区域内的任意闭曲线 L 上有

$$\oint_L\frac{x\mathrm{d}y-y\mathrm{d}x}{x^2+y^2}=0.$$

但如果为包含原点的闭曲线，则只能在去掉原点的复连通区域内满足

$$\frac{\partial Q}{\partial x}=\frac{y^2-x^2}{(x^2+y^2)^2}=\frac{\partial P}{\partial y}.$$

由已知的结果，有

$$\oint_L\frac{-y\mathrm{d}x+x\mathrm{d}y}{x^2+y^2}=2\pi.$$

这时定理 11.4.1 中的条件(1)不成立，说明复连通区域内曲线积分与路径无关不成立.

2. 计算原函数

如果函数 $P(x,y)$、$Q(x,y)$在单连通区域 G 内具有一阶连续偏导数，且满足

$$\frac{\partial P}{\partial y}=\frac{\partial Q}{\partial x},$$

则 $P(x,y)\mathrm{d}x+Q(x,y)\mathrm{d}y$ 是区域内某个二元函数 $u(x,y)$的全微分，即

$$\mathrm{d}u(x,y)=P(x,y)\mathrm{d}x+Q(x,y)\mathrm{d}y.$$

这时，我们称函数 $u(x,y)$为 $P(x,y)\mathrm{d}x+Q(x,y)\mathrm{d}y$ 的一个原函数，并且根据定理 11.4.2 可计算曲线积分

$$\int_{A(x_0,y_0)}^{B(x_1,y_1)}P\mathrm{d}x+Q\mathrm{d}y=u(B)-u(A)=u(x_1,y_1)-u(x_0,y_0).$$

一般地，为了计算出原函数 $u(x,y)$，根据 $u(x,y)=\int_{A(x_0,y_0)}^{B(x,y)}P\mathrm{d}x+Q\mathrm{d}y$，可选择由

平行于坐标轴的直线段构成的折线段作为积分路径，如折线段 M_0RM 或 M_0SM（见图11.4.4），则

$$u(x, y)=\int_{x_0}^{x} P(x, y_0)\mathrm{d}x+\int_{y_0}^{y} Q(x, y)\mathrm{d}y \tag{11.4.2}$$

或

$$u(x, y)=\int_{y_0}^{y} Q(x_0, y)\mathrm{d}y+\int_{x_0}^{x} P(x, y)\mathrm{d}x. \tag{11.4.3}$$

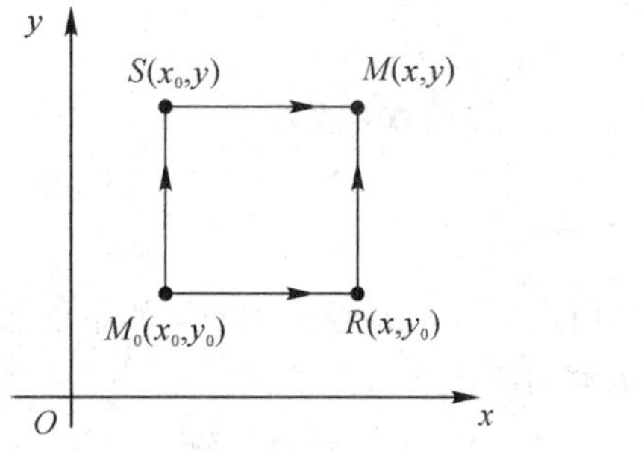

计算原函数的三种方法

图 11.4.4

例 11.4.3　验证 $(x^2-2xy+2y^2)\mathrm{d}x-(x^2-4xy)\mathrm{d}y$ 在整个 xOy 面上是某个函数的全微分，并求出一个这样的函数.

解　这里 $P=x^2-2xy+2y^2$，$Q=-(x^2-4xy)$. 因

$$\frac{\partial Q}{\partial x}=-2x+4y=\frac{\partial P}{\partial y}$$

在整个 xOy 面上成立，故 $(x^2-2xy+2y^2)\mathrm{d}x-(x^2-4xy)\mathrm{d}y$ 是某个函数的全微分.

取如图 11.4.5 所示的积分路径，则

$$\begin{aligned} u(x, y) &= \int_{(0, 0)}^{(x, y)} (x^2-2xy+2y^2)\mathrm{d}x-(x^2-4xy)\mathrm{d}y \\ &= \left(\int_{(0, 0)}^{(x, 0)}+\int_{(x, 0)}^{(x, y)}\right)(x^2-2xy+2y^2)\mathrm{d}x-(x^2-4xy)\mathrm{d}y \\ &= \int_0^x x^2\mathrm{d}x-\int_0^y (x^2-4xy)\mathrm{d}y=\frac{1}{3}x^3-x^2y+2xy^2. \end{aligned}$$

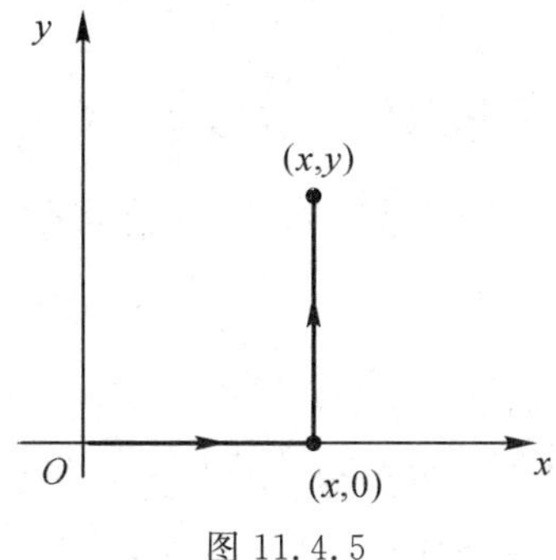

图 11.4.5

例 11.4.4　计算曲线积分 $\int_{\overset{\frown}{AB}} \frac{y\mathrm{d}x-x\mathrm{d}y}{x^2}$，其中 $A(2, 1)$，$B(1, 2)$，$\overset{\frown}{AB}$ 是圆周 $(x-1)^2+(y-1)^2=1$ 上的一段圆弧（见图 11.4.6）.

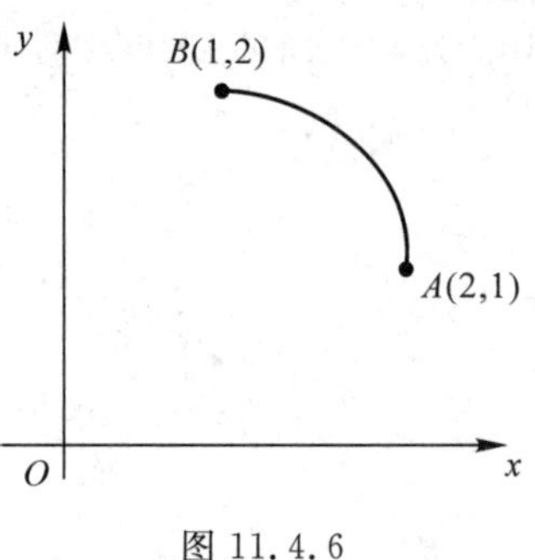

图 11.4.6

解　本例中 $P=\frac{y}{x^2}$，$Q=-\frac{1}{x}$，而

$$\frac{\partial Q}{\partial x}=\frac{1}{x^2}=\frac{\partial P}{\partial y}$$

在不包含 y 轴的单连通区域内成立，所以在 $x>0$ 内曲线积分与路径无关. 不难看出函数 $-\frac{y}{x}$ 的全微分为

$$\mathrm{d}\left(-\frac{y}{x}\right)=\frac{y\mathrm{d}x-x\mathrm{d}y}{x^2},$$

即函数 $-\frac{y}{x}$ 是 $\frac{y\mathrm{d}x-x\mathrm{d}y}{x^2}$ 的一个原函数，故有

$$\int_{\overset{\frown}{AB}}\frac{y\mathrm{d}x-x\mathrm{d}y}{x^2}=\int_{(2,1)}^{(1,2)}\frac{y\mathrm{d}x-x\mathrm{d}y}{x^2}=\int_{(2,1)}^{(1,2)}\mathrm{d}\left(-\frac{y}{x}\right)=\left[-\frac{y}{x}\right]_{(1,2)}-\left[-\frac{y}{x}\right]_{(2,1)}=-\frac{3}{2}.$$

从本例不难看出，当曲线积分与路径无关时，如果能求出被积表达式的原函数，那么问题会变得十分简单. 在本例中我们选择了直接凑全微分法来得到原函数.

例 11.4.5　设 $P=x^4+4xy^3$，$Q=6x^2y^2+5y^4$.

(1) 对平面内任意两点 A，B，证明曲线积分 $\int_{\overset{\frown}{AB}}P\mathrm{d}x+Q\mathrm{d}y$ 与路径无关；

(2) 求 $P(x, y)\mathrm{d}x+Q(x, y)\mathrm{d}y$ 的原函数 $u(x, y)$；

(3) 求曲线积分 $\int_{(-2,-1)}^{(3,0)}P\mathrm{d}x+Q\mathrm{d}y$.

(1) **证明**　由于 $P(x, y)$、$Q(x, y)$ 在全平面具有一阶连续偏导数，且

$$\frac{\partial Q}{\partial x}=12xy^2=\frac{\partial P}{\partial y},$$

所以曲线积分与路径无关.

(2) **解**　为了方便地求出原函数，我们用下面的方法：由于 $\frac{\partial u}{\partial x}=P(x, y)=x^4+4xy^3$，因此固定 y，对函数 x^4+4xy^3 关于 x 求不定积分，得其中一个原函数为

$$u(x, y)=\frac{1}{5}x^5+2x^2y^3+\varphi(y),\tag{11.4.4}$$

其中 $\varphi(y)$ 是一待定函数. 再由

$$\frac{\partial u}{\partial y}=6x^2y^2+\varphi'(y)=Q(x, y)=6x^2y^2+5y^4,$$

得 $\varphi'(y)=5y^4$，积分得 $\varphi(y)=y^5+C$，其中 C 为任意常数. 将 $\varphi(y)$ 代入式(11.4.4)得原函数

$$u(x, y)=\frac{1}{5}x^5+2x^2y^3+y^5+C.$$

本例中给出了积分表达式的所有原函数. 由本例可以看到 $P(x, y)\mathrm{d}x+Q(x, y)\mathrm{d}y$ 的原函数并不唯一，它们之间相差一个任意常数，这和不定积分的结论是相同的.

(3) **解**　利用定理 11.4.2 可得

$$\int_{(-2,-1)}^{(3,0)}P\mathrm{d}x+Q\mathrm{d}y=[u(x, y)]_{(-2,-1)}^{(3,0)}=\left[\frac{1}{5}x^5+2x^2y^3+y^5\right]_{(-2,-1)}^{(3,0)}=64.$$

在计算积分时，只需给出一个原函数即可，因而选取 $C=0$ 时的原函数.

三、全微分方程

对于一个具有如下形式的一阶常微分方程：

$$P(x, y)\mathrm{d}x+Q(x, y)\mathrm{d}y=0, \tag{11.4.5}$$

如果存在某个函数 $u(x, y)$，使得

$$\mathrm{d}u(x, y)=P(x, y)\mathrm{d}x+Q(x, y)\mathrm{d}y,$$

则称方程(11.4.5)为全微分方程.

 **问题**　全微分方程应如何求解呢？

要解决这个问题，我们先来说明如何判断一个一阶微分方程是全微分方程. 根据定理11.4.1，当函数 $P(x, y)$、$Q(x, y)$ 在单连通区域 G 内具有一阶连续偏导数时，存在某个函数 $u(x, y)$，使得 $\mathrm{d}u(x, y)=P(x, y)\mathrm{d}x+Q(x, y)\mathrm{d}y$ 的充要条件是

$$\frac{\partial Q}{\partial x}=\frac{\partial P}{\partial y}. \tag{11.4.6}$$

因此，式(11.4.6)也是判断一阶微分方程是全微分方程的充要条件.

下面给出全微分方程的求解方法.

定理 11.4.3　如果存在二元函数 $u(x, y)$，使得

$$\mathrm{d}u(x, y)=P(x, y)\mathrm{d}x+Q(x, y)\mathrm{d}y,$$

则全微分方程的通解为 $u(x, y)=C$（C 为任意常数).

证明　如果 $y(x)$ 是微分方程(11.4.5)的解，那么有

$$\mathrm{d}u[x, y(x)]=P[x, y(x)]\mathrm{d}x+Q[x, y(x)]\mathrm{d}y=0,$$

所以 $u[x, y(x)]=C$，这说明 $y(x)$ 是由方程 $u(x, y)=C$ 确定的隐函数.

另一方面，如果方程确定了一个可微的隐函数 $y=y(x)$，则

$$u[x, y(x)]=C,$$

上式两端对 x 求导，有

$$\frac{\partial u}{\partial x}+\frac{\partial u}{\partial y}\frac{\mathrm{d}y}{\mathrm{d}x}=0.$$

由于

$$\frac{\partial u(x, y)}{\partial x}=P(x, y), \quad \frac{\partial u(x, y)}{\partial y}=Q(x, y),$$

所以

$$P(x, y)\mathrm{d}x+Q(x, y)\mathrm{d}y=0.$$

这表明由方程 $u(x, y)=C$ 确定的隐函数 $y(x)$ 是方程(11.4.5)的解.

综上所述 $u(x, y)=C$ 是方程(11.4.5)的通解.

例 11.4.6　求解微分方程 $y(3x^2-y^3+\mathrm{e}^{xy})\mathrm{d}x+x(x^2-4y^3+\mathrm{e}^{xy})\mathrm{d}y=0$.

解　记 $P(x, y)=y(3x^2-y^3+\mathrm{e}^{xy})$，$Q(x, y)=x(x^2-4y^3+\mathrm{e}^{xy})$，则 $P(x, y)$、$Q(x, y)$ 在全平面上具有一阶连续偏导数，且

$$\frac{\partial Q}{\partial x}=3x^2-4y^3+\mathrm{e}^{xy}+xy\mathrm{e}^{xy}=\frac{\partial P}{\partial y},$$

故所给微分方程是全微分方程. 取起点为定点 $O(0, 0)$，得

$$\begin{aligned}u(x, y) &= \int_{(0,0)}^{(x,y)} y(3x^2 - y^3 + e^{xy})dx + x(x^2 - 4y^3 + e^{xy})dy \\ &= \int_0^x P(x, 0)dx + \int_0^y Q(x, y)dy \\ &= 0 + \int_0^y x(x^2 - 4y^3 + e^{xy})dy = x^3y - xy^4 + e^{xy} - 1.\end{aligned}$$

于是所给微分方程的通解为 $x^3y - xy^4 + e^{xy} = C$，其中 C 为任意常数.

例 11.4.7　求解微分方程 $\frac{2x}{y^3}dx + \frac{y^2 - 3x^2}{y^4}dy = 0(y > 0)$.

解　记 $P(x, y) = \frac{2x}{y^3}$，$Q(x, y) = \frac{y^2 - 3x^2}{y^4}$. 因为

$$\frac{\partial Q}{\partial x} = -\frac{6x}{y^4} = \frac{\partial P}{\partial y}$$

在单连通区域($y>0$)内都成立，所以在这类区域内所给微分方程为全微分方程. 取起点为(0, 1)，得

$$\begin{aligned}u(x, y) &= \int_{(0,1)}^{(x,y)} \frac{2x}{y^3}dx + \frac{y^2 - 3x^2}{y^4}dy \\ &= \int_{(0,1)}^{(0,y)} \frac{2x}{y^3}dx + \frac{y^2 - 3x^2}{y^4}dy + \int_{(0,y)}^{(x,y)} \frac{2x}{y^3}dx + \frac{y^2 - 3x^2}{y^4}dy \\ &= \int_1^y \frac{1}{y^2}dy + \int_0^x \frac{2x}{y^3}dx = \frac{x^2}{y^3} - \frac{1}{y} + 1.\end{aligned}$$

于是所给微分方程的通解为 $\frac{x^2}{y^3} - \frac{1}{y} = C$，其中 C 为任意常数.

四、知识延展——保守场与势函数

"保守"这个词出自物理学，保守场是指那些在其中能量守恒原理成立的场. 保守场是一种重要的向量场.

1. 平面保守场

考察平面区域 D 上的连续向量场

$$\boldsymbol{F}(x, y) = P(x, y)\boldsymbol{i} + Q(x, y)\boldsymbol{j}.$$

一般情况下，向量场沿不同路径从 A 到 B 所做的功是不同的. 但实际中当满足一定条件时，沿不同路径从相同的起点到相同的终点向量场所做的功是相等的，这样的向量场称为保守场.

定义 11.4.2　若连续向量场

$$\boldsymbol{F}(x, y) = P(x, y)\boldsymbol{i} + Q(x, y)\boldsymbol{j}$$

在区域 D 内的曲线积分与路径无关，则称这个向量场为区域 D 内的保守场.

保守场的问题与势函数的存在性密切相关. 若存在某个数量函数 $f(x, y)$，它的梯度场就是向量函数 $\boldsymbol{F}(x, y)$，即

$$\boldsymbol{F}(x, y) = \mathbf{grad} f(x, y) \quad \text{或} \quad \boldsymbol{F}(x, y) = \nabla f(x, y),$$

则 $f(x, y)$ 就叫作向量函数 $\boldsymbol{F}(x, y)$ 的势函数.

在物理上，电势是一个数量函数，它的梯度场就是电场；重力势是一个数量函数，它的梯度场是重力场，等等. 一旦为场 $\boldsymbol{F}(x, y)$ 找到一个势函数 $f(x, y)$，在它的定义区域内就可以用下面的公式计算功：

$$\int_A^B \boldsymbol{F} \cdot \mathrm{d}\boldsymbol{r} = \int_A^B \nabla f \cdot \mathrm{d}\boldsymbol{r} = f(B) - f(A). \tag{11.4.7}$$

定理 11.4.1 给出了向量函数 $\boldsymbol{F}(x, y)=P(x, y)\boldsymbol{i}+Q(x, y)\boldsymbol{j}$ 存在势函数的条件. 在物理学上，常用这个条件判断场 $\boldsymbol{F}(x, y)$ 是保守场，即对于场

$$\boldsymbol{F}(x, y)=P(x, y)\boldsymbol{i}+Q(x, y)\boldsymbol{j},$$

若在单连通区域 D 内满足 $\dfrac{\partial Q}{\partial x}=\dfrac{\partial P}{\partial y}$ 恒成立，则该场为保守场.

设 $\boldsymbol{F}(x, y)=P(x, y)\boldsymbol{i}+Q(x, y)\boldsymbol{j}$ 是平面单连通区域 D 上的连续向量场，则以下命题相互等价：

(1) 向量场 $\boldsymbol{F}(x, y)$ 是 D 上的保守场；

(2) 向量场 $\boldsymbol{F}(x, y)$ 沿区域 D 内封闭曲线做功为 0；

(3) 向量场 $\boldsymbol{F}(x, y)$ 在 D 上存在势函数 $f(x, y)$.

在物理中常用的这几个等价命题实际上就是定理 11.4.1 的几个等价命题，这里不再重复证明，仅说明几点应注意的内容：

(1) 当 $f(x, y)$ 是 $\boldsymbol{F}(x, y)=P(x, y)\boldsymbol{i}+Q(x, y)\boldsymbol{j}$ 的势函数时，$P(x, y)\mathrm{d}x+Q(x, y)\mathrm{d}y$ 是函数 $f(x, y)$ 的全微分. 这就是说，求向量场 $\boldsymbol{F}(x, y)$ 的势函数与求 $P(x, y)\mathrm{d}x+Q(x, y)\mathrm{d}y$ 的原函数是同一个问题.

(2) 势函数(或原函数)不是唯一的，但任意两个势函数(或原函数)之间只差一个常数.

(3) 当平面区域是单连通区域时，可以用条件

$$\frac{\partial Q}{\partial x}=\frac{\partial P}{\partial y}$$

判断向量场是否为保守场或是否存在势函数.

定义 11.4.3　设 $\boldsymbol{F}(x, y)=P(x, y)\boldsymbol{i}+Q(x, y)\boldsymbol{j}$ 是平面区域 D 上的连续可微向量场，如果在 D 上有

$$\frac{\partial Q}{\partial x}-\frac{\partial P}{\partial y}\equiv 0,$$

则称这个向量场是区域 D 上的无旋场.

一般地，在单连通区域内保守场与无旋场是等价的. 在质点产生的引力场中，如果区域 D 中不含任何质量，那么引力场在这个区域中就是保守场. 在点电荷产生的静电场中，如果区域 D 中不含任何电荷，那么这个静电场就是保守场.

2. 空间保守场

假设 $\boldsymbol{F}(x, y, z)=P(x, y, z)\boldsymbol{i}+Q(x, y, z)\boldsymbol{j}+R(x, y, z)\boldsymbol{k}$ 是空间区域 Ω 上的连续向量场，如果对于 Ω 中任意逐段光滑的有向曲线 Γ，积分 $\int_\Gamma \boldsymbol{F} \cdot \mathrm{d}\boldsymbol{r}$ 只与曲线的起点、终点有关，而与路径无关，则称该向量场是 Ω 上的保守场.

如果存在 Ω 上的可微函数 $f(x, y, z)$ 使得 $\boldsymbol{F}(x, y, z)=\mathbf{grad}f(x, y, z)$，则称 $\boldsymbol{F}$ 是 Ω 上的有势场，并称 $f(x, y, z)$ 是向量场 $\boldsymbol{F}$ 的势函数.

如果 $f(x, y, z)$是向量场 $\boldsymbol{F}$ 的势函数，则 $f(x, y, z)$的全微分等于

$$P(x, y, z)\mathrm{d}x+Q(x, y, z)\mathrm{d}y+R(x, y, z)\mathrm{d}z,$$

即 $f(x, y, z)$是这个微分形式的原函数．同样地，求原函数与求势函数是同一个问题．

定理 11.4.4 设 Ω 是三维空间 $\mathbf{R}^3$ 中的区域，

$$\boldsymbol{F}(x, y, z)=P(x, y, z)\boldsymbol{i}+Q(x, y, z)\boldsymbol{j}+R(x, y, z)\boldsymbol{k}$$

是区域 Ω 上的连续向量场，则下列命题等价：

(1) $\boldsymbol{F}(x, y, z)$是 Ω 上的保守场；

(2) 对于 Ω 内的任意一条闭曲线 Γ，有 $\oint_\Gamma \boldsymbol{F}\cdot \mathrm{d}\boldsymbol{r}=0$；

(3) $\boldsymbol{F}(x, y, z)$是 Ω 上的有势场．

设 $\boldsymbol{F}(x, y, z)=P(x, y, z)\boldsymbol{i}+Q(x, y, z)\boldsymbol{j}+R(x, y, z)\boldsymbol{k}$ 是 Ω 上的可微向量场，如果在 Ω 上处处有

$$\mathbf{rot}\boldsymbol{F}(x, y, z)=\mathbf{0},$$

则称 $\boldsymbol{F}(x, y, z)$是 Ω 上的无旋场．如果 Ω 是 $\mathbf{R}^3$ 中的单连通区域，则 Ω 上的保守场等价于无旋场．

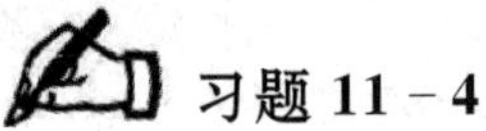

习题 11-4

基 础 题

1. 证明下列曲线积分在整个 xOy 面内与路径无关，并求积分值：

(1) $\int_{(0,0)}^{(1,1)}(x+y)\mathrm{d}x+(x-y)\mathrm{d}y$；

(2) $\int_{(0,0)}^{(a,b)}\mathrm{e}^x\cos y\mathrm{d}x-\mathrm{e}^x\sin y\mathrm{d}y$；

(3) $\int_{(1,1)}^{(2,-1)}(x^2+2xy-y^2)\mathrm{d}x+(x^2-2xy-y^2)\mathrm{d}y$.

2. 计算曲线积分 $I=\int_L\dfrac{(x-y)\mathrm{d}x+(x+y)\mathrm{d}y}{x^2+y^2}$，其中 L 为上半椭圆$\dfrac{x^2}{a^2}+\dfrac{y^2}{b^2}=1$ 上从点$(-a, 0)$到点$(a, 0)$的一段弧.

3. 设曲线积分 $\int_L xy^2\mathrm{d}x+y\varphi(x)\mathrm{d}y$ 与路径无关，其中 $\varphi(x)$具有连续导数，且 $\varphi(0)=0$，计算 $\int_{(0,0)}^{(1,1)}xy^2\mathrm{d}x+y\varphi(x)\mathrm{d}y$ 的值.

4. 设函数 $f(x)$在$(-\infty,+\infty)$内具有一阶连续导数，L 是上半平面 $y>0$ 内的有向分段光滑曲线，其起点为(a, b)，终点为(c, d)，记

$$I=\int_L\frac{1}{y}[1+y^2f(xy)]\mathrm{d}x+\frac{x}{y^2}[y^2f(xy)-1]\mathrm{d}y.$$

(1) 证明曲线积分 I 在上半平面内与路径无关；

(2) 当 $ab=cd$ 时，求曲线积分 I 的值.

5. 求满足下列等式的二元函数 $u(x, y)$：

(1) $\mathrm{d}u=(x^2+2xy-y^2)\mathrm{d}x+(x^2-2xy-y^2)\mathrm{d}y$；

(2) $\mathrm{d}u=(2x\cos y-y^2\sin x)\mathrm{d}x+(2y\cos x-x^2\sin y)\mathrm{d}y$；

(3) $\mathrm{d}u=(\mathrm{e}^x\cos y+6xy^2+x)\mathrm{d}x-(\mathrm{e}^x\sin y-6x^2y+y)\mathrm{d}y$.

6. 求常数 a、b 使

$$\frac{(y^2+2xy+ax^2)\mathrm{d}x-(x^2+2xy+by^2)\mathrm{d}y}{(x^2+y^2)^2}$$

是某个函数 $u(x, y)$的全微分，并求 $u(x, y)$.

7. 计算曲线积分 $\int_{(0,1)}^{(1,1)}\left(\frac{x}{\sqrt{x^2+y^2}}+y\right)\mathrm{d}x+\left(\frac{y}{\sqrt{x^2+y^2}}+x\right)\mathrm{d}y$.

8. 设在半平面($x>0$)中有一力场 $\boldsymbol{F}=-\frac{G}{r^3}(x\boldsymbol{i}+y\boldsymbol{j})$，其中 G 为常数，$r=\sqrt{x^2+y^2}$. 证明：质点在此力场内移动时，力场所做的功与路径无关.

9. 判断下列方程是不是全微分方程，并求出全微分方程的通解.

(1) $(a^2-2xy-y^2)\mathrm{d}x-(x+y)^2\mathrm{d}y=0$；

(2) $\left(\frac{y}{x}-\frac{2x}{y}\right)\mathrm{d}x-\left(\ln x-\frac{x^2}{y^2}\right)\mathrm{d}y=0$；

(3) $\left(2x\sin\frac{y}{x}-y\cos\frac{y}{x}\right)\mathrm{d}x+\left(x\cos\frac{y}{x}+1\right)\mathrm{d}y=0$；

(4) $(1+\mathrm{e}^{2\theta})\mathrm{d}r+2r\mathrm{e}^{2\theta}\mathrm{d}\theta=0$.

提 高 题

1. 已知积分 $\int_L\frac{x\mathrm{d}y-y\mathrm{d}x}{\varphi(x)+y^2}\equiv A$ 为常数，其中 $\varphi(x)$的导数连续，且 $\varphi(1)=1$，L 为绕原点一周的任意正向闭曲线.

(1) 证明：对任一不过原点也不包围原点的正向闭曲线 l，有 $\oint_l\frac{x\mathrm{d}y-y\mathrm{d}x}{\varphi(x)+y^2}=0$.

(2) 当 $\varphi(1)=1$ 时，求 $\varphi(x)$及 A.

2. 确定参数 λ 的值，使得在不经过直线 $y=0$ 的区域上，曲线积分

$$I=\int_L\frac{x(x^2+y^2)^\lambda}{y}\mathrm{d}x-\frac{x^2(x^2+y^2)^\lambda}{y^2}\mathrm{d}y$$

与路径无关，并求 L 为从 $A(1, 1)$到 $B(0, 2)$时的值.

3. 设 $f(x)$的二阶导数连续，$f(0)=0$，$f'(0)=0$，且

$$I=\int_L[f'(x)+6f(x)+4\mathrm{e}^{-x}]y\mathrm{d}x+f'(x)\mathrm{d}y$$

与路径无关，试计算 $I=\int_{(0,0)}^{(1,1)}[f'(x)+6f(x)+4\mathrm{e}^{-x}]y\mathrm{d}x+f'(x)\mathrm{d}y$ 的值.

4. 求证：若 $f(u)$为连续函数，且 L 为逐段光滑闭曲线，则

$$\oint_L f(x^2+y^2)(x\mathrm{d}x+y\mathrm{d}y)=0.$$

5. 计算 $I=\int_{(x_1, y_1, z_1)}^{(x_2, y_2, z_2)} f(x)\mathrm{d}x+g(y)\mathrm{d}y+h(z)\mathrm{d}z$，其中 $f(x)$、$g(y)$、$h(z)$为连续函数.

6. 计算 $I=\int_{(x_1, y_1, z_1)}^{(x_2, y_2, z_2)} f(x+y+z)(\mathrm{d}x+\mathrm{d}y+\mathrm{d}z)$，其中 $f(u)$为连续函数.

习题 11-4
参考答案

7. 能否确定常数 n，使得$\dfrac{(x-y)\mathrm{d}x+(x+y)\mathrm{d}y}{(x^2+y^2)^n}$为某个函数 $u=u(x, y)$在区域 D 内的全微分? 若能，请求出 $u(x, y)$. 其中：(1) D：$x^2+y^2>0$；(2) D：$x>0$.

8. 设函数 $f(x)$具有二阶连续导数且满足

$$\oint_C \left[\frac{\ln x}{x}-\frac{1}{x}f'(x)\right]y\mathrm{d}x+f'(x)\mathrm{d}y=0,$$

其中 C 为 xOy 面第一象限内任意一条简单闭曲线. 已知 $f(1)=f'(1)=0$，试求 $f(x)$.

第五节　对面积的曲面积分

从这一节开始，我们讨论一个三元函数 $f(x, y, z)$在一张空间曲面块上的积分，常称之为曲面积分. 与曲线积分类似，曲面积分也有两种类型，一种与曲面块的方向无关，一种与曲面块的方向有关. 这一节我们先来讨论与曲面块的方向无关的积分，也就是对面积的曲面积分. 曲面积分也是根据许多实际问题的需要而引入的.

一、对面积的曲面积分的概念与性质

当我们需要解决计算曲面块(如飞机的表面)的质量、重心、转动惯量等实际问题时，就引入了对面积的曲面积分.

引例 1　设 Σ 是 $\mathbf{R}^3$ 中一张光滑的曲面，在 Σ 上以密度 $\mu(x, y, z)$分布着某种物质，$\mu(x, y, z)$在 Σ 上是连续变化的，如何求出分布在 Σ 上的物质的总质量 M?

同样地，考虑"分割、近似、求和、取极限". 将曲面块 Σ 任意分成 n 个互不重叠的小块 ΔS_1，ΔS_2，…，ΔS_n，并记第 i 个小曲面块的面积为 ΔS_i(见图 11.5.1). 由于 $\mu(x, y, z)$在 Σ 上是连续变化的，因此在第 i 个小曲面块 ΔS_i 上任取一点(ξ_i, η_i, ζ_i)，则小曲面块上分布的物质的密度近似等于点(ξ_i, η_i, ζ_i)处的密度，从而小曲面块质量 ΔM_i 的近似值为

$$\Delta M_i\approx\mu(\xi_i, \eta_i, \zeta_i)\Delta S_i \quad (i=1, 2, \cdots, n).$$

于是

$$M\approx\sum_{i=1}^{n}\mu(\xi_i, \eta_i, \zeta_i)\Delta S_i.$$

令 $\lambda=\max\limits_{1\leqslant i\leqslant n}\{\Delta S_i \text{ 的直径}\}$，若极限

$$\lim_{\lambda\to 0}\sum_{i=1}^{n}\mu(\xi_i, \eta_i, \zeta_i)\Delta S_i$$

存在，则可以认为此极限值就是分布在 Σ 上的物质的总质量 M，即

$$M=\lim_{\lambda\to 0}\sum_{i=1}^{n}\mu(\xi_i, \eta_i, \zeta_i)\Delta S_i.$$

图 11.5.1

光滑曲面
的概念

引例 2　设在光滑曲面块 Σ 上有电荷分布，且函数 $g(x, y, z)$给出了在 Σ 上每一点处的电荷密度(每单位面积的电荷量)，求曲面块 Σ 上的总电荷量 Q.

采用和引例 1 同样的解决方法，我们可将计算总电荷量转化为求下面这

样一种极限的值：

$$Q=\lim_{\lambda\to 0}\sum_{i=1}^{n}g(\xi_i,\ \eta_i,\ \zeta_i)\Delta S_i.$$

根据上述实际问题的讨论，我们抽象出这类问题的数学概念，得到对面积的曲面积分的概念.

1. 对面积的曲面积分的概念

定义 11.5.1　设函数 $f(x, y, z)$在分片光滑曲面 Σ 上有定义且有界. 把 Σ 任意分成 n 个互不重叠的小块 ΔS_i(见图 11.5.2)，$i=1, 2, \cdots, n$，同时也用 ΔS_i 表示第 i 小块的面积. 令 $\lambda=\max\limits_{1\leqslant i\leqslant n}\{\Delta S_i$ 的直径$\}$，在 ΔS_i 上任取点(ξ_i, η_i, ζ_i)，若无论对曲面 Σ 怎样分割及对(ξ_i, η_i, ζ_i)怎样选取，极限

$$\lim_{\lambda\to 0}\sum_{i=1}^{n}f(\xi_i,\ \eta_i,\ \zeta_i)\Delta S_i$$

图 11.5.2

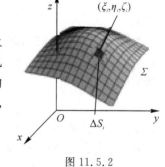

总存在且相等，则称此极限值为函数 $f(x, y, z)$在曲面 Σ 上对面积的曲面积分，也称为第一类曲面积分，记作

$$\iint_{\Sigma}f(x,\ y,\ z)\mathrm{d}S,$$

其中 Σ 称为积分曲面，$f(x, y, z)$称为被积函数. 此时也称 $f(x, y, z)$在 Σ 上可积.

根据定义不难看出，引例 1 和引例 2 所求量均可表示成对面积的曲面积分：

(1) 分布在曲面块 Σ 上的物质的总质量 M 等于其密度函数 $\mu(x, y, z)$在 Σ 上的对面积的曲面积分，即

$$M=\iint_{\Sigma}\mu(x,\ y,\ z)\mathrm{d}S.$$

(2) 分布在曲面块 Σ 上的总电荷量 Q 等于其电荷密度 $g(x, y, z)$在 Σ 上的对面积的曲面积分，即

$$Q=\iint_{\Sigma}g(x,\ y,\ z)\mathrm{d}S.$$

这里需要注意以下几点：

(1) 当曲面是简单闭曲面时，习惯上把 $f(x, y, z)$在曲面 Σ 上的对面积的曲面积分记作

$$\oiint_{\Sigma}f(x,\ y,\ z)\mathrm{d}S.$$

(2) 当 Σ 是分片光滑曲面且 $f(x, y, z)$在 Σ 上连续时，$f(x, y, z)$在曲面 Σ 上的对面积的曲面积分存在.

(3) 当被积函数恒为 1 时，对面积的曲面积分表示积分曲面的面积，即

$$\iint_{\Sigma}1\mathrm{d}S=S,$$

其中 S 表示积分曲面 Σ 的面积.

(4) 当曲面 Σ 是 xOy 面上的区域 D 时，$f(x, y, z)$在曲面 Σ 上的对面积的曲面积分就是平面区域 D 上的二重积分.

2. 对面积的曲面积分的性质

对面积的曲面积分有类似于二重积分的性质，这里不加证明地叙述如下.

性质 1(线性性质)　若 $f(x, y, z)$和 $g(x, y, z)$在分片光滑曲面 Σ 上可积，则对任意的常数 k_1 与 k_2，函数 $k_1 f(x, y, z)+k_2 g(x, y, z)$也在 Σ 上可积，且有

$$\iint_{\Sigma}[k_1 f(x, y, z)+k_2 g(x, y, z)]\mathrm{d}S = k_1\iint_{\Sigma}f(x, y, z)\mathrm{d}S + k_2\iint_{\Sigma}g(x, y, z)\mathrm{d}S.$$

性质 2(对积分区域的可加性)　若 Σ 由 m 个互不重叠的光滑曲面 $\Sigma_i(i=1, 2, \cdots, m)$ 合并组成，且 $f(x, y, z)$在 Σ 及每个 $\Sigma_i(i=1, 2, \cdots, m)$上可积，则

$$\iint_{\Sigma}f(x, y, z)\mathrm{d}S = \sum_{i=1}^{m}\iint_{\Sigma_i}f(x, y, z)\mathrm{d}S.$$

在对面积的曲面积分中，积分和只涉及函数值及小曲面块的面积 ΔS_i，它们均与曲面块的取向无关，所以对面积的曲面积分是无方向性的.

性质 3(对称性)　设 $f(x, y, z)$在分片光滑曲面 Σ 上连续.

(1) 若曲面 Σ 关于 yOz 面对称，则

$$\iint_{\Sigma}f(x, y, z)\mathrm{d}S = \begin{cases} 2\iint_{\Sigma_1}f(x, y, z)\mathrm{d}S, & f(x, y, z) \text{ 关于 } x \text{ 为偶函数}, \\ 0, & f(x, y, z) \text{ 关于 } x \text{ 为奇函数}, \end{cases}$$

其中 Σ_1 是 Σ 上取 $x\geqslant 0$ 的部分.

若曲面关于其他坐标面对称，则可仿照(1)给出相应的对称性.

(2) 若曲面 Σ 关于三个坐标面均对称，则

$$\iint_{\Sigma}f(x, y, z)\mathrm{d}S = \begin{cases} 8\iint_{\Sigma_1}f(x, y, z)\mathrm{d}S, & f(x, y, z) \text{ 关于 } x\text{、}y\text{、}z \text{ 均为偶函数}, \\ 0, & f(x, y, z) \text{ 关于 } x\text{、}y\text{、}z \text{ 之一为奇函数}, \end{cases}$$

其中 Σ_1 是 Σ 位于第一卦限的部分.

(3) 轮换对称性：如果积分曲面 Σ 的方程中任意两个变量对调后其方程不变，则将被积函数中这两个变量对调后积分值不变. 例如，若 Σ 的方程中 x 和 y 对调后方程不变，则

$$\iint_{\Sigma}f(x, y, z)\mathrm{d}S = \iint_{\Sigma}f(y, x, z)\mathrm{d}S.$$

例 11.5.1　计算曲面积分 $\iint_{\Sigma}x^2\mathrm{d}S$，其中 Σ 为球面 $x^2+y^2+z^2=R^2$.

解　由于将 $x^2+y^2+z^2=R^2$ 中 x 和 y 对调方程不变，因此

$$\iint_{\Sigma}x^2\mathrm{d}S = \iint_{\Sigma}y^2\mathrm{d}S.$$

由于将 $x^2+y^2+z^2=R^2$ 中 x 和 z 对调方程也不变，因此

$$\iint_{\Sigma}x^2\mathrm{d}S = \iint_{\Sigma}z^2\mathrm{d}S.$$

利用对称性及曲面方程计算对面积的曲面积分

于是

$$\iint_{\Sigma}x^2\mathrm{d}S = \frac{1}{3}\iint_{\Sigma}(x^2+y^2+z^2)\mathrm{d}S = \frac{1}{3}\iint_{\Sigma}R^2\mathrm{d}S = \frac{4}{3}\pi R^4.$$

注　上式利用了被积函数定义在积分曲面上这个性质，简化了被积函数.

二、对面积的曲面积分的计算方法

对弧长的曲线积分是转化为定积分计算的，同样地，可以证明对面积的曲面积分是转化为二重积分计算的.

定理 11.5.1　设光滑曲面块 Σ 的方程为

$$z=z(x, y), \quad (x, y)\in D$$

且函数 $z=z(x, y)$ 在平面有界闭区域 D 上连续可微，D 为曲面 Σ 在 xOy 面上的投影区域，函数 $f(x, y, z)$ 在曲面 Σ 上连续，则有

$$\iint_{\Sigma} f(x, y, z)\mathrm{d}S=\iint_{D} f[x, y, z(x, y)]\sqrt{1+z_x^2+z_y^2}\,\mathrm{d}x\mathrm{d}y. \tag{11.5.1}$$

证明　根据对面积的曲面积分的定义，有

$$\iint_{\Sigma} f(x, y, z)\mathrm{d}S=\lim_{\lambda\to 0}\sum_{i=1}^{n} f(\xi_i, \eta_i, \zeta_i)\Delta S_i.$$

设 Σ 上第 i 小块曲面 ΔS_i（它的面积也记作 ΔS_i）在 xOy 面上的投影区域为 $\Delta\sigma_i$（它的面积也记作 $\Delta\sigma_i$），则第 i 小块曲面的面积可表示为

$$\Delta S_i=\iint_{\Delta\sigma_i}\sqrt{1+z_x^2(x, y)+z_y^2(x, y)}\,\mathrm{d}x\mathrm{d}y. \tag{11.5.2}$$

由于式(11.5.2)的右端被积函数连续，因此由二重积分的中值定理可得

$$\Delta S_i=\sqrt{1+z_x^2(\xi_i', \eta_i')+z_y^2(\xi_i', \eta_i')}\,\Delta\sigma_i,$$

其中(ξ_i', η_i')是小闭区域 $\Delta\sigma_i$ 上的一点. 又(ξ_i, η_i, ζ_i)是 Σ 上的一点，故 $\zeta_i=z(\xi_i, \eta_i)$，这里$(\xi_i, \eta_i, 0)$也是小闭区域 $\Delta\sigma_i$ 上的点，于是

$$\sum_{i=1}^{n} f(\xi_i, \eta_i, \zeta_i)\Delta S_i=\sum_{i=1}^{n} f[\xi_i, \eta_i, z(\xi_i, \eta_i)]\sqrt{1+z_x^2(\xi_i', \eta_i')+z_y^2(\xi_i', \eta_i')}\,\Delta\sigma_i.$$

由函数 $f[x, y, z(x, y)]$ 及函数 $\sqrt{1+z_x^2(x, y)+z_y^2(x, y)}$ 都在有界闭区域 D 上连续必一致连续，可以证明当 $\lambda\to 0$ 时，上式右端的极限与

$$\sum_{i=1}^{n} f[\xi_i, \eta_i, z(\xi_i, \eta_i)]\sqrt{1+z_x^2(\xi_i, \eta_i)+z_y^2(\xi_i, \eta_i)}\,\Delta\sigma_i$$

的极限相等，且这个极限是存在的，它等于二重积分

$$\iint_{D} f[x, y, z(x, y)]\sqrt{1+z_x^2+z_y^2}\,\mathrm{d}x\mathrm{d}y.$$

于是曲面积分 $\iint_{\Sigma} f(x, y, z)\mathrm{d}S$ 存在，且有

$$\iint_{\Sigma} f(x, y, z)\mathrm{d}S=\iint_{D} f[x, y, z(x, y)]\sqrt{1+z_x^2+z_y^2}\,\mathrm{d}x\mathrm{d}y.$$

公式(11.5.1)是容易记忆的，因为曲面方程是 $z=z(x, y)$，而曲面积分中的记号 $\mathrm{d}S$ 就是面积元素 $\sqrt{1+z_x^2+z_y^2}\,\mathrm{d}x\mathrm{d}y$. 因此，在计算中，只要把变量 z 换为 $z(x, y)$、$\mathrm{d}S$ 换成 $\sqrt{1+z_x^2+z_y^2}\,\mathrm{d}x\mathrm{d}y$，再确定 Σ 在 xOy 面上的投影区域 D，就可以把曲面积分转化为二重积分，简称为“一代、二投、三替换”.

如果积分曲面Σ由方程 $x=x(y, z)$ 和 $y=y(x, z)$ 给出，也可类似地把对面积的曲面积分化成二重积分. 一般地，有以下结论：

(1) 若曲面Σ由方程 $x=x(y, z)$ 给出，D_{yz} 是Σ在 yOz 面上的投影区域，则有

$$\iint_{\Sigma} f(x, y, z)\mathrm{d}S = \iint_{D_{yz}} f[x(y, z), y, z]\sqrt{1+x_y^2+x_z^2}\,\mathrm{d}y\mathrm{d}z.$$

(2) 若曲面Σ由方程 $y=y(x, z)$ 给出，D_{zx} 是Σ在 zOx 面上的投影区域，则有

$$\iint_{\Sigma} f(x, y, z)\mathrm{d}S = \iint_{D_{zx}} f[x, y(x, z), z]\sqrt{1+y_z^2+y_x^2}\,\mathrm{d}z\mathrm{d}x.$$

例 11.5.2 计算曲面积分

$$\iint_{\Sigma} x^2y^2\mathrm{d}S,$$

其中Σ为上半球面 $z=\sqrt{R^2-x^2-y^2}$，$x^2+y^2\leqslant R^2$.

解 如图 11.5.3 所示，曲面Σ的方程为 $z=\sqrt{R^2-x^2-y^2}$，则

$$\mathrm{d}S=\sqrt{1+z_x^2+z_y^2}\,\mathrm{d}x\mathrm{d}y=\frac{R}{\sqrt{R^2-x^2-y^2}}\mathrm{d}x\mathrm{d}y.$$

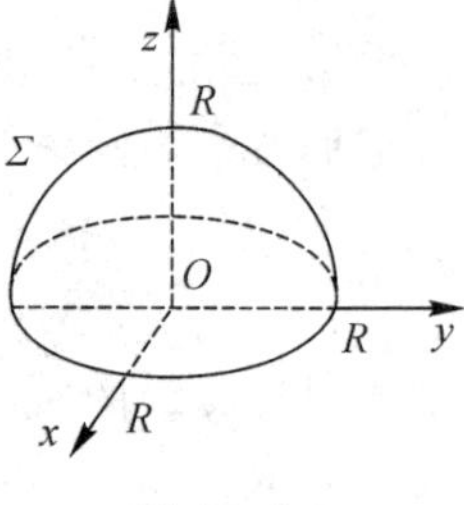

图 11.5.3

又Σ在 xOy 面上的投影区域为 $D_{xy}=\{(x, y)\,|\,x^2+y^2\leqslant R^2\}$，故

$$\begin{aligned}\iint_{\Sigma} x^2y^2\mathrm{d}S &= \iint_{D_{xy}} x^2y^2\cdot\sqrt{1+z_x^2+z_y^2}\,\mathrm{d}x\mathrm{d}y\\ &= \iint_{D_{xy}} x^2y^2\cdot\frac{R}{\sqrt{R^2-x^2-y^2}}\mathrm{d}x\mathrm{d}y\\ &= R\int_0^{2\pi}\mathrm{d}\theta\int_0^R \rho^5\cos^2\theta\sin^2\theta\frac{1}{\sqrt{R^2-\rho^2}}\mathrm{d}\rho\\ &= R\int_0^{2\pi}\cos^2\theta\sin^2\theta\mathrm{d}\theta\int_0^R\frac{\rho^5}{\sqrt{R^2-\rho^2}}\mathrm{d}\rho.\end{aligned}$$

由于

$$\int_0^R\frac{\rho^5}{\sqrt{R^2-\rho^2}}\mathrm{d}\rho \xlongequal{\rho=R\sin t}\int_0^{\frac{\pi}{2}}\frac{R^5\sin^5 t}{R\cos t}R\cos t\mathrm{d}t = R^5\int_0^{\frac{\pi}{2}}\sin^5 t\mathrm{d}t=\frac{8}{15}R^5,$$

$$\int_0^{2\pi}\cos^2\theta\sin^2\theta\mathrm{d}\theta = 4\int_0^{\frac{\pi}{2}}\cos^2\theta(1-\cos^2\theta)\mathrm{d}\theta=\frac{\pi}{4},$$

所以

$$\iint_{\Sigma} x^2y^2\mathrm{d}S = R\cdot\frac{\pi}{4}\cdot\frac{8}{15}R^5=\frac{2}{15}\pi R^6.$$

例 11.5.3 计算曲面积分 $I=\iint_{\Sigma}(xy+yz+zx)\mathrm{d}S$，其中Σ是圆锥面 $z=\sqrt{x^2+y^2}$ 被圆柱面 $x^2+y^2=y$ 截下的一块曲面(见图 11.5.4).

解 因为曲面Σ关于 yOz 面对称，函数 $xy+zx$ 关于 x 是奇函数，所以利用对称性，可得

$$\iint_{\Sigma}(xy+zx)\mathrm{d}S=0,$$

从而

$$I=\iint_{\Sigma}(xy+yz+zx)\mathrm{d}S-\iint_{\Sigma}yz\,\mathrm{d}S.$$

由于曲面 Σ 的方程为 $z=\sqrt{x^2+y^2}$，因此

$$\mathrm{d}S=\sqrt{1+z_x^2+z_y^2}\,\mathrm{d}x\mathrm{d}y=\sqrt{2}\,\mathrm{d}x\mathrm{d}y.$$

又 Σ 在 xOy 面上的投影区域为 $D_{xy}=\{(x,\ y)\,|\,x^2+y^2\leqslant y\}$，故

$$\begin{aligned}I&=\iint_{\Sigma}yz\,\mathrm{d}S=\iint_{D_{xy}}y\ \sqrt{x^2+y^2}\cdot\sqrt{2}\,\mathrm{d}x\mathrm{d}y\\&=\sqrt{2}\int_0^{\pi}\mathrm{d}\theta\int_0^{\sin\theta}\rho^3\sin\theta\mathrm{d}\rho\\&=\frac{\sqrt{2}}{4}\int_0^{\pi}\sin^5\theta\mathrm{d}\theta=\frac{\sqrt{2}}{2}\int_0^{\pi/2}\sin^5\theta\mathrm{d}\theta=\frac{4\sqrt{2}}{15}.\end{aligned}$$

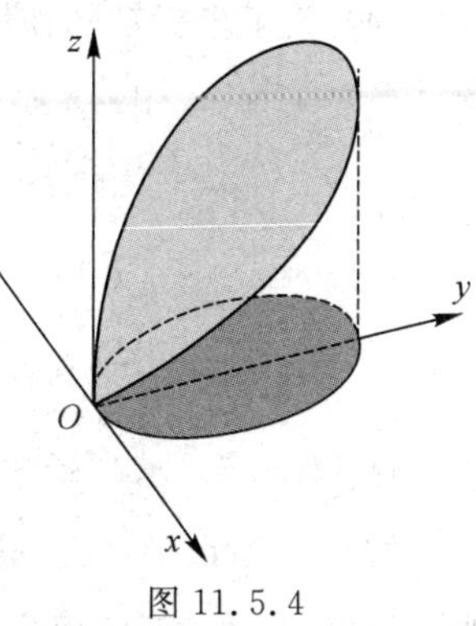

图 11.5.4

例 11.5.4 计算曲面积分 $I=\iint_{\Sigma}|\,xyz\,|\,\mathrm{d}S$，其中 Σ 的方程为 $|x|+|y|+|z|=1$.

解 因为在曲面 Σ 的方程中用 $-x$ 代替 x，或用 $-y$ 代替 y，或用 $-z$ 代替 z，方程均不变，所以曲面 Σ 关于三个坐标面都对称，被积函数 $|xyz|$ 关于 x、y 和 z 都是偶函数. 设 Σ_1 是 Σ 在第一卦限的部分，则 Σ_1 的方程为 $x+y+z=1$. 由对称性可得

$$I=\iint_{\Sigma}|\,xyz\,|\,\mathrm{d}S=8\iint_{\Sigma_1}xyz\,\mathrm{d}S.$$

由于 Σ_1 的方程可写成 $z=1-x-y$，它在 xOy 面的投影区域为

$$D_{xy}=\{(x,\ y)\,|\,0\leqslant y\leqslant 1-x,\ 0\leqslant x\leqslant 1\},$$

因此

$$\begin{aligned}I&=8\iint_{\Sigma_1}xyz\,\mathrm{d}S=8\iint_{D_{xy}}xyz\cdot\sqrt{1+z_x^2+z_y^2}\,\mathrm{d}x\mathrm{d}y\\&=8\iint_{D_{xy}}xy(1-x-y)\cdot\sqrt{3}\,\mathrm{d}x\mathrm{d}y\\&=8\sqrt{3}\int_0^1\mathrm{d}x\int_0^{1-x}xy(1-x-y)\mathrm{d}y=\frac{\sqrt{3}}{15}.\end{aligned}$$

三、对面积的曲面积分的物理应用

薄壳形物体像碗、金属鼓和圆顶等都是由曲面定形的，计算这类物体的质量、矩、质心坐标等都需要用到对面积的曲面积分. 下面我们列出一些计算公式，供读者应用.

(1) 质量：$M=\iint_{\Sigma}\mu(x,\ y,\ z)\mathrm{d}S$，其中 $\mu(x,\ y,\ z)$ 为点 $(x,\ y,\ z)$ 处的密度，即每单位面积的质量.

(2) 关于坐标平面的一阶矩：

$$M_{yz}=\iint_{\Sigma}x\mu(x,\ y,\ z)\mathrm{d}S,\quad M_{xz}=\iint_{\Sigma}y\mu(x,\ y,\ z)\mathrm{d}S,\quad M_{xy}=\iint_{\Sigma}z\mu(x,\ y,\ z)\mathrm{d}S.$$

(3) 质心坐标：

$$\bar{x}=\frac{M_{yz}}{M},\quad \bar{y}=\frac{M_{xz}}{M},\quad \bar{z}=\frac{M_{xy}}{M}.$$

(4) 关于坐标轴的惯性矩：

$$I_x=\iint\limits_{\Sigma}(y^2+z^2)\mu(x, y, z)\mathrm{d}S,\quad I_y=\iint\limits_{\Sigma}(x^2+z^2)\mu(x, y, z)\mathrm{d}S,$$

$$I_z=\iint\limits_{\Sigma}(x^2+y^2)\mu(x, y, z)\mathrm{d}S,$$

$I_L=\iint\limits_{\Sigma}r^2\mu(x, y, z)\mathrm{d}S$，$r=r(x, y, z)$为点$(x, y, z)$到 L 的距离.

例 11.5.5 求半径为 a、密度为常数 μ 的薄半球壳的质心.

解 不妨设半球壳的方程为 $z=\sqrt{a^2-x^2-y^2}$，则球面关于 yOz 面、xOz 面均对称，说明 $\bar{x}=0$，$\bar{y}=0$，下面用公式计算 $\bar{z}$. 由于

$$M=\iint\limits_{\Sigma}\mu\mathrm{d}S=\mu\iint\limits_{\Sigma}\mathrm{d}S=2\pi a^2\mu,$$

$$M_{xy}=\iint\limits_{\Sigma}z\mu(x, y, z)\mathrm{d}S=\mu\iint\limits_{\Sigma}z\mathrm{d}S=\mu\iint\limits_{D_{xy}}\sqrt{a^2-x^2-y^2}\ \frac{a}{\sqrt{a^2-x^2-y^2}}\mathrm{d}x\mathrm{d}y=\pi a^3\mu,$$

所以

$$\bar{z}=\frac{M_{xy}}{M}=\frac{a}{2}.$$

于是半球壳的质心为$\left(0, 0, \dfrac{a}{2}\right)$.

四、知识延展——利用曲面的参数方程计算对面积的曲面积分

设曲面方程为参数形式：

$$x=x(u, v),\ y=y(u, v),\ z=z(u, v),\ (u, v)\in D.$$

如果 $x=x(u, v)$，$y=y(u, v)$确定了两个隐函数：$u=u(x, y)$，$v=v(x, y)$，则可将 z 看作 x、y 的函数，按照复合函数的求导法则，有

$$\begin{cases}\dfrac{\partial z}{\partial u}=\dfrac{\partial z}{\partial x}\dfrac{\partial x}{\partial u}+\dfrac{\partial z}{\partial y}\dfrac{\partial y}{\partial u},\\[2mm] \dfrac{\partial z}{\partial v}=\dfrac{\partial z}{\partial x}\dfrac{\partial x}{\partial v}+\dfrac{\partial z}{\partial y}\dfrac{\partial y}{\partial v}.\end{cases}$$

解方程组可得

$$\frac{\partial z}{\partial x}=-\frac{\partial(y, z)}{\partial(u, v)}\Big/\frac{\partial(x, y)}{\partial(u, v)},\quad \frac{\partial z}{\partial y}=-\frac{\partial(z, x)}{\partial(u, v)}\Big/\frac{\partial(x, y)}{\partial(u, v)},$$

从而曲面的面积元素为

$$\begin{aligned}\mathrm{d}S&=\sqrt{1+\left(\frac{\partial z}{\partial x}\right)^2+\left(\frac{\partial z}{\partial y}\right)^2}\mathrm{d}x\mathrm{d}y\\&=\sqrt{\left[\frac{\partial(x, y)}{\partial(u, v)}\right]^2+\left[\frac{\partial(y, z)}{\partial(u, v)}\right]^2+\left[\frac{\partial(z, x)}{\partial(u, v)}\right]^2}\mathrm{d}u\mathrm{d}v.\end{aligned}\tag{11.5.3}$$

在式(11.5.3)中用到了二重积分的变量代换公式 $\mathrm{d}x\mathrm{d}y=\left|\dfrac{\partial(x, y)}{\partial(u, v)}\right|\mathrm{d}u\mathrm{d}v$. 再由公式(11.5.1)得到如下定理.

定理 11.5.2 设 $f(x, y, z)$在 Σ 上连续，曲面由参数方程

$$x=x(u, v), y=y(u, v), z=z(u, v), (u, v)\in D$$

表示，D 是平面 uOv 上可求面积的有界闭区域，函数 $x=x(u, v)$、$y=y(u, v)$、$z=z(u, v)$在 D 上有连续的一阶偏导数，并且 D 与 Σ 上的点一一对应，$\frac{\partial(y, z)}{\partial(u, v)}$、$\frac{\partial(z, x)}{\partial(u, v)}$、$\frac{\partial(x, y)}{\partial(u, v)}$在 D 上不同时为零，则

$$\iint_{\Sigma} f(x, y, z)\mathrm{d}S=\iint_{D} f[x(u, v), y(u, v), z(u, v)]\rho(u, v)\mathrm{d}u\mathrm{d}v, \qquad (11.5.4)$$

其中

$$\rho(u, v)=\sqrt{\left[\frac{\partial(y, z)}{\partial(u, v)}\right]^2+\left[\frac{\partial(z, x)}{\partial(u, v)}\right]^2+\left[\frac{\partial(x, y)}{\partial(u, v)}\right]^2}.$$

经过计算可得 $\rho(u, v)=\sqrt{EG-F^2}$，这里

$$E=x_u^2+y_u^2+z_u^2,$$
$$F=x_u x_v+y_u y_v+z_u z_v,$$
$$G=x_v^2+y_v^2+z_v^2.$$

公式(11.5.4)可写成

$$\iint_{\Sigma} f(x, y, z)\mathrm{d}S=\iint_{D} f[x(u, v), y(u, v), z(u, v)]\sqrt{EG-F^2}\,\mathrm{d}u\mathrm{d}v. \qquad (11.5.5)$$

值得注意的是，向量$\left(\frac{\partial(y, z)}{\partial(u, v)}, \frac{\partial(z, x)}{\partial(u, v)}, \frac{\partial(x, y)}{\partial(u, v)}\right)$是曲面 Σ 在点(x, y, z)处的法向量.

例 11.5.6　计算 $I=\iint_{\Sigma} z\mathrm{d}S$，其中 Σ 是螺旋面的一部分：

$$x=u\cos v, y=u\sin v, z=v \quad (0\leqslant u\leqslant a, 0\leqslant v\leqslant 2\pi).$$

解　利用公式(11.5.5)，先计算面积元素 $\mathrm{d}S=\sqrt{EG-F^2}\,\mathrm{d}u\mathrm{d}v$. 因为

$$E=x_u^2+y_u^2+z_u^2=\cos^2 v+\sin^2 v=1,$$
$$G=x_v^2+y_v^2+z_v^2=u^2\sin^2 v+u^2\cos^2 v+1=1+u^2,$$
$$F=x_u x_v+y_u y_v+z_u z_v=\cos v\cdot(-u\sin v)+\sin v\cdot(u\cos v)+0\cdot 1=0,$$

所以

$$\mathrm{d}S=\sqrt{EG-F^2}\,\mathrm{d}u\mathrm{d}v=\sqrt{1+u^2}\,\mathrm{d}u\mathrm{d}v.$$

于是

$$\begin{aligned}I&=\iint_{\Sigma} z\mathrm{d}S=\iint_{D} v\sqrt{1+u^2}\,\mathrm{d}u\mathrm{d}v\\&=\int_0^{2\pi} v\mathrm{d}v\int_0^a\sqrt{1+u^2}\,\mathrm{d}u\\&=\pi^2 a\sqrt{1+a^2}+\pi^2\ln(a+\sqrt{1+a^2}).\end{aligned}$$

当积分曲面为球面、圆柱面或圆锥面时，用曲面的参数方程计算对面积的曲面积分可简化计算过程. 常见情况如下：

(1) 若曲面 Σ 是球面：$x=R\sin\varphi\cos\theta$, $y=R\sin\varphi\sin\theta$, $z=R\cos\varphi$, $(\varphi, \theta)\in D$，其中 R 是球面的半径，D 为$\{(\varphi, \theta)\mid 0\leqslant\varphi\leqslant\pi, 0\leqslant\theta\leqslant 2\pi\}$，则

$$\mathrm{d}S=\rho(\varphi, \theta)\mathrm{d}\varphi\mathrm{d}\theta=R^2\sin\varphi\mathrm{d}\varphi\mathrm{d}\theta.$$

(2) 若曲面 Σ 是圆柱面：$x=R\cos\theta$，$y=R\sin\theta$，$z=z$，$(z, \theta)\in D$，取 h 为圆柱的高，D 为 $\{(z, \theta)\mid 0\leqslant z\leqslant h, 0\leqslant\theta\leqslant 2\pi\}$，则

$$dS=\rho(z, \theta)dzd\theta=Rdzd\theta.$$

(3) 若曲面 Σ 是圆锥面：$x=r\sin\alpha\cos\theta$，$y=r\sin\alpha\sin\theta$，$z=r\cos\alpha$，$(r, \theta)\in D$，其中 α 是圆锥的半顶角，取 h 为圆锥的高，D 为 $\left\{(r, \theta)\mid 0\leqslant r\leqslant \frac{h}{\cos\alpha}, 0\leqslant\theta\leqslant 2\pi\right\}$，则

$$dS=\rho(r, \theta)dzd\theta=r\sin\alpha drd\theta.$$

例 11.5.7 设带电圆锥面 $z=\sqrt{x^2+y^2}$ 的高为 h，锥面上任一点 (x, y, z) 处的电荷密度为该点到原点的距离，求圆锥面上分布的总电荷量.

解 由题意知圆锥面上的电荷密度为

$$g(x, y, z)=\sqrt{x^2+y^2+z^2},$$

圆锥面的参数方程为

$$\Sigma: x=r\sin\frac{\pi}{4}\cos\theta, y=r\sin\frac{\pi}{4}\sin\theta, z=r\cos\frac{\pi}{4}, 0\leqslant r\leqslant\sqrt{2}h, 0\leqslant\theta\leqslant 2\pi,$$

而 $dS=r\sin\frac{\pi}{4}drd\theta$，则总电荷量为

$$\begin{aligned} I &= \iint_{\Sigma} g(x, y, z)dS = \iint_{\Sigma}\sqrt{x^2+y^2+z^2}dS \\ &= \iint_{D} r\cdot r\sin\frac{\pi}{4}drd\theta = \int_0^{2\pi}d\theta\int_0^{\sqrt{2}h}r^2dr = \frac{4\pi h^3}{3}. \end{aligned}$$

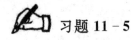

习题 11－5

基 础 题

1. 计算下列对面积的曲面积分：

(1) $\iint_{\Sigma}\left(2x+\frac{4}{3}y+z\right)dS$，其中 Σ 为平面 $\frac{x}{2}+\frac{y}{3}+\frac{z}{4}=1$ 在第一卦限中的部分.

(2) $\iint_{\Sigma}(y+z)dS$，其中 Σ 为由平面 $y+z=1$、$x=2$ 以及三个坐标面所围成的立体的表面.

(3) $\iint_{\Sigma}(x+y+z)dS$，其中 Σ 为上半球面 $z=\sqrt{a^2-x^2-y^2}$.

(4) $\oiint_{\Sigma}(xy+z)^2dS$，其中 Σ 为球面 $x^2+y^2+z^2=R^2$.

(5) $\iint_{\Sigma}(x+y)^2dS$，其中 Σ 为由曲面 $z=\sqrt{x^2+y^2}$ 及平面 $z=1$ 所围成的立体的表面.

(6) $\iint_{\Sigma}\sqrt{R^2-x^2-y^2}dS$，其中 Σ 为上半球面 $z=\sqrt{R^2-x^2-y^2}$.

(7) $\iint_{\Sigma}(xy+yz+zx)dS$，其中 Σ 为锥面 $z=\sqrt{x^2+y^2}$ 被柱面 $x^2+y^2=2ax(a>0)$ 所截下的那块曲面.

(8) $\iint\limits_{\Sigma}(x^2+y^2)\mathrm{d}S$，其中 Σ 为由曲面 $z=\sqrt{x^2+y^2}$ 及平面 $z=1$ 所围成的立体的表面.

(9) $\iint\limits_{\Sigma}(x+y+z)\mathrm{d}S$，其中 Σ 为立方体 $0\leqslant x\leqslant 1$，$0\leqslant y\leqslant 1$，$0\leqslant z\leqslant 1$ 的表面.

2. 计算 $\iint\limits_{\Sigma}|xyz|\mathrm{d}S$，其中 Σ 为曲面 $z=\sqrt{x^2+y^2}$ 被平面 $z=1$ 所截下的部分.

3. 求抛物面壳 $z=\frac{1}{2}(x^2+y^2)(0\leqslant z\leqslant 1)$ 的质量，其面密度为 $\mu=x+y+z$.

4. 求密度为 μ_0 的均匀球壳 $x^2+y^2+z^2=a^2(z\geqslant 0)$ 对 Oz 轴的转动惯量.

5. 计算 $\iint\limits_{\Sigma}(x^4+y^4)\mathrm{d}S$，其中 Σ 为柱面 $x^2+y^2=a^2$ 被平面 $z=0$ 和 $z=h(h>0)$ 所截下的一块柱面.

6. 计算 $\iint\limits_{\Sigma}(ax+by+cz+d)^2\mathrm{d}S$，其中 Σ 为球面 $x^2+y^2+z^2=R^2$.

提　高　题

1. 设 Σ 为 $x^2+y^2+z^2-yz=1$ 位于平面 $2z-y=0$ 上方的部分，试计算曲面积分 $\iint\limits_{\Sigma}\frac{(x+\sqrt{3})\,|y-2z|}{\sqrt{4+y^2+z^2-4yz}}\mathrm{d}S$.

2. 求密度为常数 ρ 的均匀球面 $x^2+y^2+z^2=R^2$ 对位于点 $P(0,\ 0,\ l)(0<l\neq R)$ 处的单位质点的引力.

3. 设 Σ 为椭球面 $\frac{x^2}{2}+\frac{y^2}{2}+z^2=1$ 的上半部分，点 $P(x,\ y,\ z)\in\Sigma$，Π 为在点 $(x,\ y,\ z)$ 处的切平面，$d(x,\ y,\ z)$ 为点 $O(0,\ 0,\ 0)$ 到平面 Π 的距离，求 $\iint\limits_{\Sigma}\frac{z}{d(x,\ y,\ z)}\mathrm{d}S$.

4. 计算曲面积分 $\iint\limits_{\Sigma:\,x+y+z=t}f(x,\ y,\ z)\mathrm{d}S$，其中

$$f(x,\ y,\ z)=\begin{cases}1-x^2-y^2-z^2, & x^2+y^2+z^2\leqslant 1,\\ 0, & x^2+y^2+z^2>1.\end{cases}$$

5. 计算曲面积分 $\iint\limits_{\Sigma}\frac{\mathrm{d}S}{\sqrt{x^2+y^2+(z+a)^2}}$，其中 Σ 为以原点为中心、a 为半径的上半球面.

6. 试求 $x^2+y^2+z^2=R^2(R>0)$ 在锥面 $\sqrt{x^2+y^2}=z\tan\alpha\left(0<\alpha<\frac{\pi}{2}\right)$ 内的面积.

7. 设 $f(x)$ 连续，证明普阿松公式

$$\int_0^{2\pi}\mathrm{d}\theta\int_0^{\pi}f(a\sin\varphi\cos\theta+b\sin\varphi\sin\theta+c\cos\varphi)\sin\varphi\mathrm{d}\varphi$$
$$=2\pi\int_{-1}^{1}f(kz)\mathrm{d}z\left(k=\sqrt{a^2+b^2+c^2}\right).$$

8. 设 $f(x)$ 在 $|x|\leqslant\sqrt{a^2+b^2+c^2}\ (a^2+b^2+c^2\neq 0)$ 上连续，证明

$$\iiint\limits_{\Omega}f\left(\frac{ax+by+cz}{\sqrt{x^2+y^2+z^2}}\right)\mathrm{d}x\mathrm{d}y\mathrm{d}z=\frac{2\pi}{3}\int_{-1}^{1}f\left(u\sqrt{a^2+b^2+c^2}\right)\mathrm{d}u.$$

习题 11－5
参考答案

第六节　对坐标的曲面积分

在日常生活中，我们常常需要计算流体通过某截面的流量、电场中通过某曲面的电通量. 例如，计算某一河道中水流流过河道内的某一曲面形构件的流量. 这些问题都是对坐标的曲面积分的物理模型.

对坐标的曲面积分与对坐标的曲线积分一样，是有方向性的. 曲面的方向性与选取曲面的哪一侧有关. 比如，一条东西向的河流，如果约定河流通过一曲面由东向西方向一侧的流量是正的，那么流向由西向东方向一侧的流量则是负的. 由此可见，为了探讨流体的流量、电场的通量等问题，就需要曲面能分两侧，是有方向的. 下面我们引入双侧曲面的概念.

一、双侧曲面

设 $M(x, y, z)$为光滑曲面 Σ 上任意一点，$\boldsymbol{n}$ 为 Σ 在 M 处的一个法向量，当点 M 在曲面 Σ 上连续移动时，相应的法向量 $\boldsymbol{n}$ 也随之移动. 若只要 M 不越过 Σ 的边界，当点 M 回到原处时，相应的法向量不改变方向，则称 Σ 为双侧曲面(见图 11.6.1).

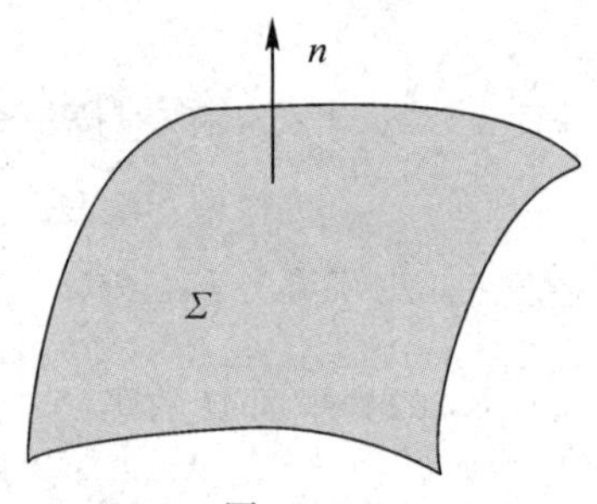

图 11.6.1

双侧曲面既可以是曲面片，也可以是封闭曲面. 若双侧曲面是曲面片，我们经常将曲面分为前侧和后侧(见图 11.6.2(a))、左侧和右侧(见图 11.6.2(b))、上侧和下侧(见图 11.6.2(c))，如果取其中的一侧为曲面的正向，那么另一侧就为负向. 有时也将曲面分为内侧和外侧(见图 11.6.2(d))，其中内侧曲面上的法向量称为内法向量，外侧曲面上的法向量称为外法向量. 对于封闭曲面，一般选取外法线方向为曲面的正向，内法线方向为曲面的负向.

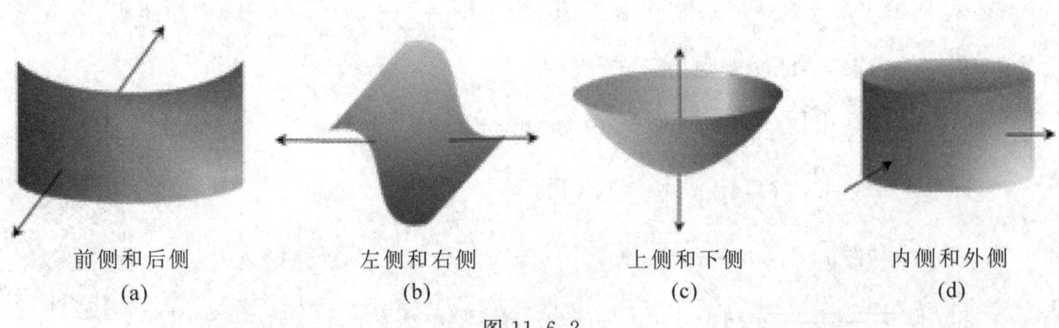

图 11.6.2

曲面的侧总可以用其上任一点的法向量的指向来表示．一般地，当 $\cos\gamma>0$ 时，取曲面的上侧，当 $\cos\gamma<0$ 时，取曲面的下侧；当 $\cos\alpha>0$ 时，取曲面的前侧，当 $\cos\alpha<0$ 时，取曲面的后侧；当 $\cos\beta>0$ 时，取曲面的右侧，当 $\cos\beta<0$ 时，取曲面的左侧．其中 $\cos\alpha$、$\cos\beta$、$\cos\gamma$ 表示曲面上任一点的法向量的方向余弦．这种取定了法向量即选定了侧的曲面称为有向曲面．

曲面的法向量及对应的侧

通常我们见到的曲面都是双侧曲面．比如一张电影票有正面与反面，一个封闭的球面有内侧和外侧．对于这些有两侧的曲面，我们可以在曲面的两侧各涂上一种颜色，比如一侧涂上红色，而另一侧涂上绿色．当一个动点在红色的一侧移动时，如果不经过曲面的边缘，是不会从红色一侧到达绿色一侧的．

然而并非所有的曲面都能用两种颜色来涂其表面以区分其两侧．考虑一张长方形纸条 $ABCD$(见图 11.6.3(a))，将其一端 CD 扭转 $180°$，再与 AB 端黏合，黏合后的纸带称为莫比乌斯带(见图 11.6.3(b))，莫比乌斯带就是一个单侧曲面．在这种曲面上，我们只能用一种颜色为其连续涂色．今后，我们仅考虑双侧曲面．

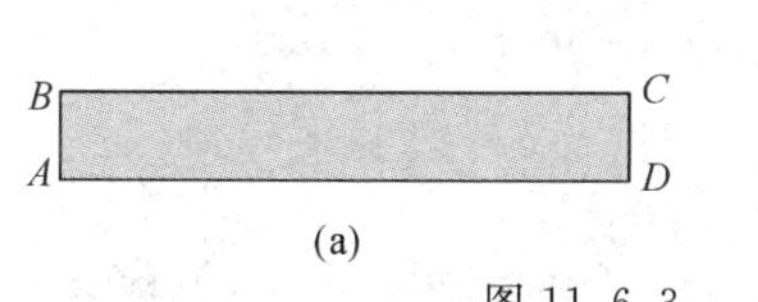

(a)

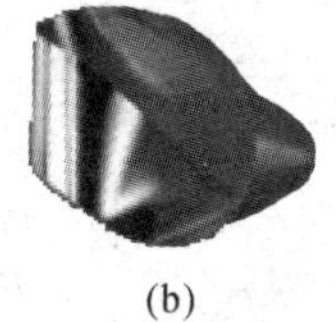
(b)

图 11.6.3

问题　假设在 $Oxyz$ 空间中有一个不可压缩的流体稳定流动，这里的不可压缩是指流体密度 μ 为常数，不妨设 $\mu=1$．流体稳定流动，即流体在每一点的流速与时间无关，只与点的位置有关．假设流体的速度场为

$$\boldsymbol{v}(x, y, z)=\boldsymbol{v}(M)=P(x, y, z)\boldsymbol{i}+Q(x, y, z)\boldsymbol{j}+R(x, y, z)\boldsymbol{k},$$

其中 M 表示点(x, y, z)．设 Σ 为速度场中一个双侧曲面，求流体通过 Σ 指定一侧的流量 Φ，即单位时间内流向 Σ 指定侧的流体的质量．

记 Σ 上每一点 M 处指定侧的单位法向量为 $\boldsymbol{n}(M)$．将 Σ 用任意方式分割成互不重叠的 n 个小曲面片 $\Delta S_i(i=1, 2, \cdots, n)$，同时用 ΔS_i 表示小曲面片的面积．在 ΔS_i 中任取一点 $M_i(\xi_i, \eta_i, \zeta_i)$(见图 11.6.4)，则在单位时间内穿过 ΔS_i 的沿方向 $\boldsymbol{n}(M_i)$的流体流量的近似值为

$$\begin{aligned}\Delta\Phi_i &\approx |\boldsymbol{v}(M_i)|\Delta S_i\cos(\widehat{\boldsymbol{v}(M_i), \boldsymbol{n}(M_i)})\\ &=\boldsymbol{v}(M_i)\cdot\boldsymbol{n}(M_i)\Delta S_i.\end{aligned}$$

因而，通过整个曲面 Σ 指定一侧的流体流量为

$$\Phi\approx\sum_{i=1}^{n}\boldsymbol{v}(M_i)\cdot\boldsymbol{n}(M_i)\Delta S_i. \tag{11.6.1}$$

设 λ 是所有小曲面片 ΔS_i 的直径最大者．当 $\lambda\to0$ 时，对式(11.6.1)取极限，即有

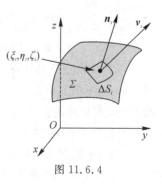

图 11.6.4

$$\Phi=\lim_{\lambda\to0}\sum_{i=1}^{n}\boldsymbol{v}(M_i)\cdot\boldsymbol{n}(M_i)\Delta S_i.$$

上式这种特殊和式的极限，在解决很多问题时都会出现，将其抽象概括即可得出对坐标的

曲面积分的概念.

二、对坐标的曲面积分的概念与性质

1. 对坐标的曲面积分的概念

定义 11.6.1 设 Σ 是光滑的双侧曲面，在 Σ 上选定一侧，记选定一侧的单位法向量为 $\boldsymbol{n}(x, y, z)$. 设在 Σ 上给定了一个向量函数 $\boldsymbol{F}(x, y, z)$，如果对曲面 Σ 的任意分割 $\Delta S_i(i=1, 2, \cdots, n)$ 及小曲面 ΔS_i 上的任意取点 (ξ_i, η_i, ζ_i)，和式

$$\sum_{i=1}^{n}\boldsymbol{F}(\xi_i, \eta_i, \zeta_i)\cdot\boldsymbol{n}(\xi_i, \eta_i, \zeta_i)\Delta S_i$$

(ΔS_i 也表示小曲面的面积)的极限

$$\lim_{\lambda\to 0}\sum_{i=1}^{n}\boldsymbol{F}(\xi_i, \eta_i, \zeta_i)\cdot\boldsymbol{n}(\xi_i, \eta_i, \zeta_i)\Delta S_i$$

(λ 是所有小曲面 ΔS_i 的直径最大者)都存在且相等，那么此极限值称为向量函数 $\boldsymbol{F}(x, y, z)$ 在 Σ 上对坐标的曲面积分，也称为第二类曲面积分，记作

$$\iint_{\Sigma}\boldsymbol{F}(x, y, z)\cdot\boldsymbol{n}(x, y, z)\mathrm{d}S, \tag{11.6.2}$$

或写成

$$\iint_{\Sigma}\boldsymbol{F}(x, y, z)\cdot\mathrm{d}\boldsymbol{S}\quad(\mathrm{d}\boldsymbol{S}=\boldsymbol{n}(x, y, z)\mathrm{d}S). \tag{11.6.3}$$

从定义 11.6.1 可以看出，对坐标的曲面积分依赖于曲面的方向，而曲面的方向就是在曲面上选定的连续变动的单位法向量的指向，如果法向量的指向相反，则积分值反号. 一般地，由式(11.6.2)给出的定义称为对坐标的曲面积分的向量式.

假设 $\boldsymbol{F}(x, y, z)=P(x, y, z)\boldsymbol{i}+Q(x, y, z)\boldsymbol{j}+R(x, y, z)\boldsymbol{k}$，法向量 $\boldsymbol{n}(x, y, z)$ 的方向余弦为 $\cos\alpha(x, y, z)$、$\cos\beta(x, y, z)$、$\cos\gamma(x, y, z)$，则对坐标的曲面积分可写作

$$\iint_{\Sigma}\boldsymbol{F}(x, y, z)\cdot\boldsymbol{n}(x, y, z)\mathrm{d}S=\iint_{\Sigma}(P\cos\alpha+Q\cos\beta+R\cos\gamma)\mathrm{d}S,$$

其中 $P=P(x, y, z)$，$Q=Q(x, y, z)$，$R=R(x, y, z)$. 从形式上看，上式将对坐标的曲面积分写成了对面积的曲面积分的形式.

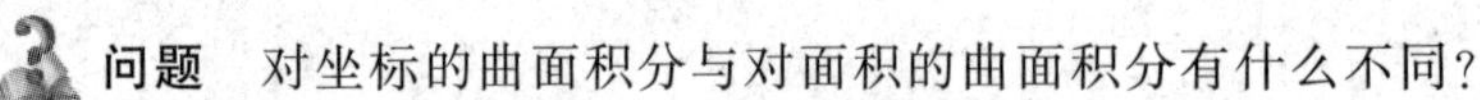
问题 对坐标的曲面积分与对面积的曲面积分有什么不同?

事实上，对面积的曲面积分与曲面块的方向无关，而对坐标的曲面积分却与曲面块的方向密切相关. 首先，我们来说明 $\cos\gamma\mathrm{d}S$ 的几何意义. $\mathrm{d}S$ 是 Σ 上的面积微元，因为小块曲面很小，所以可近似地看作是垂直于 $\boldsymbol{n}(M)$ 的一小块平面(切平面上的一小块)，其中 $M(x, y, z)$ 为小曲面上的一点，这样 $|\cos\gamma(M)|\mathrm{d}S$ 就是 $\mathrm{d}S$ 在 xOy 面上的投影的面积(见图 11.6.5).

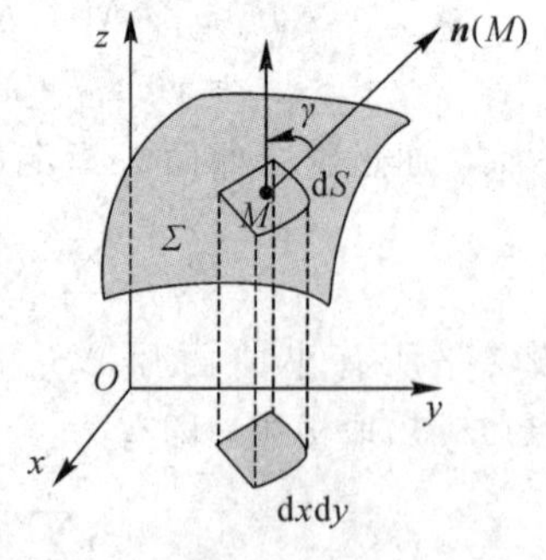

图 11.6.5

由于 $\cos\gamma$ 可正可负，因此称 $\cos\gamma\mathrm{d}S$ 为有向曲面块 $\mathrm{d}\boldsymbol{S}$ 在 xOy 面上的有向投影，记为 $\mathrm{d}x\mathrm{d}y$，即 $\cos\gamma\mathrm{d}S=\mathrm{d}x\mathrm{d}y$. 规定 $\mathrm{d}x\mathrm{d}y$ 的符号依赖于 γ：

$$\mathrm{d}x\mathrm{d}y=\begin{cases}\mathrm{d}\sigma, & 0\leqslant\gamma<\dfrac{\pi}{2},\\ 0, & \gamma=\dfrac{\pi}{2},\\ -\mathrm{d}\sigma, & \dfrac{\pi}{2}<\gamma\leqslant\pi,\end{cases}$$

其中 $\mathrm{d}\sigma$ 是 $\mathrm{d}S$ 在 xOy 面上的投影区域的面积.

与此完全类似，我们考虑 $\mathrm{d}S$ 到 yOz 面及 zOx 面的有向投影，并且记 $\cos\alpha\mathrm{d}S=\mathrm{d}y\mathrm{d}z$，$\cos\beta\mathrm{d}S=\mathrm{d}z\mathrm{d}x$. 这里 $\mathrm{d}y\mathrm{d}z$ 与 $\mathrm{d}z\mathrm{d}x$ 的符号分别依赖于 α 与 β.

至此，我们可以给出对坐标的曲面积分的坐标表示形式：

$$\iint_{\Sigma}P(x, y, z)\mathrm{d}y\mathrm{d}z+Q(x, y, z)\mathrm{d}z\mathrm{d}x+R(x, y, z)\mathrm{d}x\mathrm{d}y. \tag{11.6.4}$$

其中，$\iint_{\Sigma}R(x, y, z)\mathrm{d}x\mathrm{d}y$ 称为对坐标 x、y 的曲面积分，$\iint_{\Sigma}P(x, y, z)\mathrm{d}y\mathrm{d}z$ 称为对坐标 y、z 的曲面积分，$\iint_{\Sigma}Q(x, y, z)\mathrm{d}z\mathrm{d}x$ 称为对坐标 z、x 的曲面积分. 在实际应用及计算中，常将对坐标的曲面积分合并写为式(11.6.4)的形式. 一般地，由式(11.6.4)给出的定义称为对坐标的曲面积分的坐标式.

通过对坐标的曲面积分的向量式定义和坐标式定义，我们也得到了两类曲面积分的关系，显然有

$$\begin{aligned}\iint_{\Sigma}\boldsymbol{F}(x, y, z)\cdot\boldsymbol{n}(x, y, z)\mathrm{d}S&=\iint_{\Sigma}(P\cos\alpha+Q\cos\beta+R\cos\gamma)\mathrm{d}S\\&=\iint_{\Sigma}P\mathrm{d}y\mathrm{d}z+Q\mathrm{d}z\mathrm{d}x+R\mathrm{d}x\mathrm{d}y.\end{aligned}$$

对坐标的曲面积分与二重积分的区别

单位法向量 $\boldsymbol{n}(x, y, z)$ 是与曲面方向相同的法向量，该法向量的方向余弦为 $\cos\alpha(x, y, z)$、$\cos\beta(x, y, z)$、$\cos\gamma(x, y, z)$.

2. 对坐标的曲面积分的性质

性质 1(积分存在性)　若函数 $P(x, y, z)$、$Q(x, y, z)$、$R(x, y, z)$ 在分片光滑曲面 Σ 上连续，则对坐标的曲面积分 $\iint_{\Sigma}P(x, y, z)\mathrm{d}y\mathrm{d}z$、$\iint_{\Sigma}Q(x, y, z)\mathrm{d}z\mathrm{d}x$、$\iint_{\Sigma}R(x, y, z)\mathrm{d}x\mathrm{d}y$ 都存在.

性质 2(线性性质)　若 $\iint_{\Sigma}\boldsymbol{F}_1\cdot\mathrm{d}\boldsymbol{S}$ 和 $\iint_{\Sigma}\boldsymbol{F}_2\cdot\mathrm{d}\boldsymbol{S}$ 存在，则

$$\iint_{\Sigma}(k_1\boldsymbol{F}_1+k_2\boldsymbol{F}_2)\cdot\mathrm{d}\boldsymbol{S}$$

也存在，且

$$\iint_{\Sigma}(k_1\boldsymbol{F}_1+k_2\boldsymbol{F}_2)\cdot\mathrm{d}\boldsymbol{S}=k_1\iint_{\Sigma}\boldsymbol{F}_1\cdot\mathrm{d}\boldsymbol{S}+k_2\iint_{\Sigma}\boldsymbol{F}_2\cdot\mathrm{d}\boldsymbol{S},$$

其中 k_1、k_2 为任意常数.

性质 3(对积分曲面的可加性)　若将积分曲面 Σ 分成两个互不重叠的曲面 Σ_1、Σ_2，而

Σ_1 与 Σ_2 的方向都是由 Σ 的方向确定的，并且假定 $\iint\limits_{\Sigma_1}\boldsymbol{F}\cdot\mathrm{d}\boldsymbol{S}$ 和 $\iint\limits_{\Sigma_2}\boldsymbol{F}\cdot\mathrm{d}\boldsymbol{S}$ 存在，则有

$$\iint\limits_{\Sigma}\boldsymbol{F}\cdot\mathrm{d}\boldsymbol{S}=\iint\limits_{\Sigma_1}\boldsymbol{F}\cdot\mathrm{d}\boldsymbol{S}+\iint\limits_{\Sigma_2}\boldsymbol{F}\cdot\mathrm{d}\boldsymbol{S}.$$

性质4(方向相关性)　设 Σ^+ 与 Σ^- 是同一个曲面的两个相反的方向(即两个不同的侧)，则

$$\iint\limits_{\Sigma^+}\boldsymbol{F}\cdot\mathrm{d}\boldsymbol{S}=-\iint\limits_{\Sigma^-}\boldsymbol{F}\cdot\mathrm{d}\boldsymbol{S}.$$

这是因为，如果用 $\boldsymbol{n}^+=(\cos\alpha,\ \cos\beta,\ \cos\gamma)$ 表示 Σ 在点 M 的正向法向量，则在 M 处的负向法向量为 $\boldsymbol{n}^-=-\boldsymbol{n}^+=-(\cos\alpha,\ \cos\beta,\ \cos\gamma)$，因此

$$\begin{aligned}\iint\limits_{\Sigma^+}\boldsymbol{F}\cdot\mathrm{d}\boldsymbol{S}&=\iint\limits_{\Sigma^+}\boldsymbol{F}\cdot\boldsymbol{n}\mathrm{d}S=\iint\limits_{\Sigma}\boldsymbol{F}\cdot\boldsymbol{n}^+\,\mathrm{d}S=\iint\limits_{\Sigma}\boldsymbol{F}\cdot(-\boldsymbol{n}^-)\mathrm{d}S\\&=-\iint\limits_{\Sigma}\boldsymbol{F}\cdot\boldsymbol{n}^-\,\mathrm{d}S=-\iint\limits_{\Sigma^-}\boldsymbol{F}\cdot\boldsymbol{n}\mathrm{d}S=-\iint\limits_{\Sigma^-}\boldsymbol{F}\cdot\mathrm{d}\boldsymbol{S}.\end{aligned}$$

三、对坐标的曲面积分的计算方法

1. 利用坐标式

我们首先考虑曲面积分 $\iint\limits_{\Sigma}R(x,\ y,\ z)\mathrm{d}x\mathrm{d}y$ 的计算.

定理 11.6.1　设曲面 Σ 的方程为

$$z=z(x,\ y),\quad (x,\ y)\in D_{xy},\tag{11.6.5}$$

其中 D_{xy} 是 Σ 在 xOy 面上的投影区域. Σ 的方向是指向上侧的法线方向，即 Σ 上每一点的法向量 $\boldsymbol{n}$ 与 z 轴正向成锐角. 设函数 $R(x,\ y,\ z)$ 在曲面 Σ 上连续，则

$$\iint\limits_{\Sigma}R(x,\ y,\ z)\mathrm{d}x\mathrm{d}y=\iint\limits_{D_{xy}}R[x,\ y,\ z(x,\ y)]\mathrm{d}\sigma.$$

证明　根据对坐标的曲面积分的定义，有

$$\iint\limits_{\Sigma}R(x,\ y,\ z)\mathrm{d}x\mathrm{d}y=\iint\limits_{\Sigma}R(x,\ y,\ z)\cos\gamma\mathrm{d}S,$$

其中 $\cos\gamma$ 是与 Σ 同方向的法向量 $\boldsymbol{n}$ 的方向余弦，且

$$\cos\gamma=\frac{1}{\sqrt{1+z_x^2+z_y^2}}.$$

再根据对面积的曲面积分的计算方法，可得

$$\begin{aligned}\iint\limits_{\Sigma}R(x,\ y,\ z)\mathrm{d}x\mathrm{d}y&=\iint\limits_{\Sigma}R(x,\ y,\ z)\ \frac{1}{\sqrt{1+z_x^2+z_y^2}}\mathrm{d}S\\&=\iint\limits_{D_{xy}}R[x,\ y,\ z(x,\ y)]\ \frac{1}{\sqrt{1+z_x^2+z_y^2}}\cdot\sqrt{1+z_x^2+z_y^2}\,\mathrm{d}\sigma\\&=\iint\limits_{D_{xy}}R[x,\ y,\ z(x,\ y)]\mathrm{d}\sigma.\end{aligned}$$

值得注意的是，定理 11.6.1 中的 Σ 取下侧，即 $\boldsymbol{n}$ 与 z 轴正向成钝角时，则有

$$\iint_{\Sigma} R(x, y, z)\mathrm{d}x\mathrm{d}y = -\iint_{D_{xy}} R[x, y, z(x, y)]\mathrm{d}\sigma.$$

因此，对于由方程(11.6.5)给出的曲面，有如下对坐标的曲面积分计算公式：

$$\iint_{\Sigma} R(x, y, z)\mathrm{d}x\mathrm{d}y = \pm\iint_{D_{xy}} R[x, y, z(x, y)]\mathrm{d}x\mathrm{d}y. \tag{11.6.6}$$

式(11.6.6)右端的符号由曲面给定的法线方向确定，当法向量 $\boldsymbol{n}$ 与 z 轴正向成锐角时，取“+”；当法向量 $\boldsymbol{n}$ 与 z 轴正向成钝角时，取“−”. 特别地，若曲面 Σ 在 xOy 面上的投影为一条曲线，则曲面 Σ 在其上每一点处的法向量 $\boldsymbol{n}$ 与 z 轴垂直，即 $\gamma=\frac{\pi}{2}$，这时也说曲面 Σ 垂直于 xOy 面，因此

$$\iint_{\Sigma} R(x, y, z)\mathrm{d}x\mathrm{d}y = \iint_{\Sigma} R(x, y, z)\cos\gamma\mathrm{d}S = 0.$$

同理可给出对其他坐标的曲面积分计算公式.

(1) 若曲面 Σ 的方程为

$$x=x(y, z), \quad (y, z)\in D_{yz},$$

函数 $P(x, y, z)$ 在曲面 Σ 上连续，则有

$$\iint_{\Sigma} P(x, y, z)\mathrm{d}y\mathrm{d}z = \pm\iint_{D_{yz}} P[x(y, z), y, z]\mathrm{d}y\mathrm{d}z. \tag{11.6.7}$$

式(11.6.7)右端的符号由曲面给定的法线方向确定，当法向量 $\boldsymbol{n}$ 与 x 轴正向成锐角时，取“+”，否则，取“−”，即式(11.6.7)右端的符号与 $\cos\alpha$ 一致. 当 $\alpha=\frac{\pi}{2}$ 时，有

$$\iint_{\Sigma} P(x, y, z)\mathrm{d}y\mathrm{d}z = \iint_{\Sigma} P(x, y, z)\cos\alpha\mathrm{d}S = 0.$$

(2) 若曲面 Σ 的方程为

$$y=y(x, z), \quad (x, z)\in D_{xz},$$

函数 $Q(x, y, z)$ 在曲面 Σ 上连续，则有

$$\iint_{\Sigma} Q(x, y, z)\mathrm{d}z\mathrm{d}x = \pm\iint_{D_{xz}} Q[x, y(x, z), z]\mathrm{d}z\mathrm{d}x. \tag{11.6.8}$$

式(11.6.8)右端的符号由曲面给定的法线方向确定，当法向量 $\boldsymbol{n}$ 与 y 轴正向成锐角时，取“+”，否则，取“−”，即式(11.6.8)右端的符号与 $\cos\beta$ 一致. 当 $\beta=\frac{\pi}{2}$ 时，有

$$\iint_{\Sigma} Q(x, y, z)\mathrm{d}z\mathrm{d}x = \iint_{\Sigma} Q(x, y, z)\cos\beta\mathrm{d}S = 0.$$

公式(11.6.6)至公式(11.6.8)统称为计算对坐标的曲面积分的坐标公式.

例 11.6.1　计算 $I=\iint_{\Sigma}\frac{\mathrm{e}^z}{\sqrt{x^2+y^2}}\mathrm{d}x\mathrm{d}y$，其中曲面 Σ 为圆锥面 $z=\sqrt{x^2+y^2}\,(1\leqslant z\leqslant 2)$ 的下侧.

解　如图 11.6.6 所示，积分曲面的方程为 $z=\sqrt{x^2+y^2}$，指向下侧，且它在 xOy 面上的投影区域为 $D_{xy}=\{(x, y)\,|\,1\leqslant x^2+y^2\leqslant 4\}$. 因此根据公式(11.6.6)可得

$$I=\iint_{\Sigma}\frac{e^{z}}{\sqrt{x^{2}+y^{2}}}dxdy=-\iint_{D_{xy}}\frac{e^{\sqrt{x^{2}+y^{2}}}}{\sqrt{x^{2}+y^{2}}}dxdy$$

$$=-\int_{0}^{2\pi}d\theta\int_{1}^{2}\frac{e^{\rho}}{\rho}\rho d\rho=2\pi(e-e^{2}).$$

在本例中，需要注意的是，当曲面取下侧时，其法向量的余弦值 $\cos\gamma$ 为负，因此将曲面积分化为二重积分时，积分号前有“$-$”号.

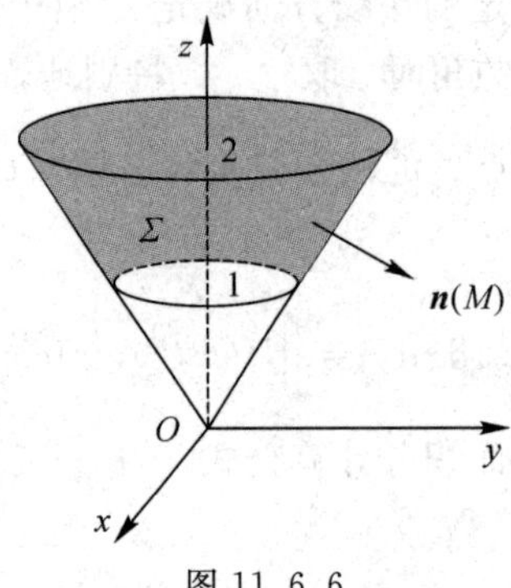

图 11.6.6

例 11.6.2　计算 $I=\iint_{\Sigma}y\mathrm{d}z\mathrm{d}x+z\mathrm{d}x\mathrm{d}y$，其中 Σ 为圆柱面 $z=x^2+y^2$ 被平面 $z=0$、$z=1$ 所截部分的外侧.

解　如图 11.6.7 所示，因为圆柱面 Σ 垂直于 xOy 面，所以 Σ 在 xOy 面上的投影面积为零，从而 $\iint_{\Sigma}z\,\mathrm{d}x\mathrm{d}y=0$.

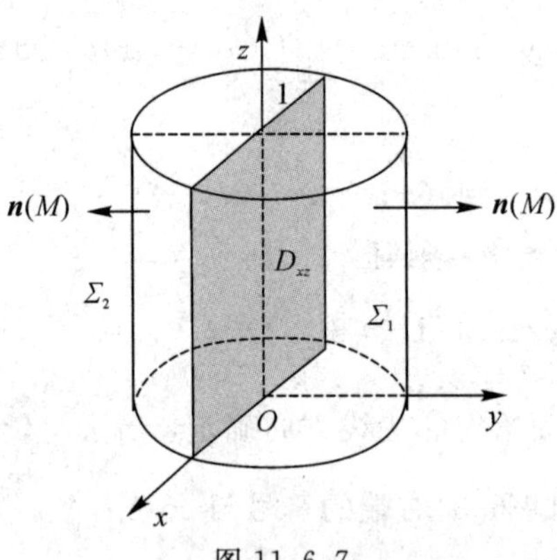

图 11.6.7

为了计算 $\iint_{\Sigma}y\,\mathrm{d}z\mathrm{d}x$，需要将圆柱面 Σ 分为左半面 Σ_1 与右半面 Σ_2.

$$\Sigma_1: y=-\sqrt{1-x^2}\quad(\text{法向量指向左侧}),$$

$$\Sigma_2: y=\sqrt{1-x^2}\quad(\text{法向量指向右侧}).$$

Σ_1、Σ_2 在 xOz 面上的投影区域均为矩形区域：

$$D_{xz}=\{(x,z)\mid -1\leqslant x\leqslant 1,\ 0\leqslant z\leqslant 1\}.$$

于是，由对坐标的曲面积分的坐标计算公式得

$$\begin{aligned}\iint_{\Sigma} y\,\mathrm{d}z\mathrm{d}x &= \iint_{\Sigma_1} y\,\mathrm{d}z\mathrm{d}x + \iint_{\Sigma_2} y\,\mathrm{d}z\mathrm{d}x \\ &= -\iint_{D_{xz}} (-\sqrt{1-x^2})\,\mathrm{d}z\mathrm{d}x + \iint_{D_{xz}} \sqrt{1-x^2}\,\mathrm{d}z\mathrm{d}x \\ &= 2\iint_{D_{xz}} \sqrt{1-x^2}\,\mathrm{d}z\mathrm{d}x = 2\int_{-1}^{1}\sqrt{1-x^2}\,\mathrm{d}x\int_0^1 \mathrm{d}z = \pi,\end{aligned}$$

故有

$$I = \iint_{\Sigma} y\,\mathrm{d}z\mathrm{d}x + z\,\mathrm{d}x\mathrm{d}y = \pi + 0 = \pi.$$

2. 利用向量式

由于对坐标的曲面积分的定义 $\iint_{\Sigma}\boldsymbol{F}(x, y, z)\cdot\boldsymbol{n}(x, y, z)\mathrm{d}S$ 可写作

$$\iint_{\Sigma}(P\cos\alpha + Q\cos\beta + R\cos\gamma)\mathrm{d}S,$$

其中 $\boldsymbol{n}=(\cos\alpha, \cos\beta, \cos\gamma)$ 表示 Σ 在点 M 指向曲面指定侧的法向量，因此，只要计算出曲面指定方向的法向量，就可以用对面积的曲面积分计算对坐标的曲面积分.

例 11.6.3　计算 $\iint_{\Sigma}\boldsymbol{F}\cdot\boldsymbol{n}\mathrm{d}S$，其中 $\boldsymbol{F}(x, y, z)=\dfrac{x\boldsymbol{i}+y\boldsymbol{j}+z\boldsymbol{k}}{(x^2+y^2+z^2)^{3/2}}$，$\Sigma$ 为球面 $x^2+y^2+z^2=R^2$ 的外侧.

解　如图 11.6.8 所示，根据几何直观不难得到，球面上任一点 (x, y, z) 的法向量可以取 (x, y, z)，也可以取 $(-x, -y, -z)$. 前者指向球面的外侧，后者指向球面的内侧. 对本例来说，球面取外侧时，对应的法向量应该为 (x, y, z)，从而单位法向量为

$$\boldsymbol{n}=\frac{(x, y, z)}{\sqrt{x^2+y^2+z^2}},$$

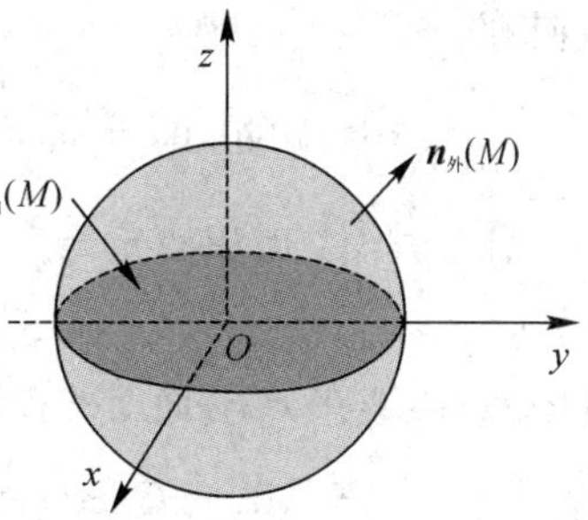

因此，不难得到

图 11.6.8

$$\cos\alpha=\frac{x}{\sqrt{x^2+y^2+z^2}},\quad \cos\beta=\frac{y}{\sqrt{x^2+y^2+z^2}},\quad \cos\gamma=\frac{z}{\sqrt{x^2+y^2+z^2}}.$$

于是所求曲面积分为

$$\begin{aligned}\iint_{\Sigma}\boldsymbol{F}\cdot\boldsymbol{n}\mathrm{d}S &= \iint_{\Sigma}\frac{x^2+y^2+z^2}{(x^2+y^2+z^2)^2}\mathrm{d}S = \iint_{\Sigma}\frac{1}{x^2+y^2+z^2}\mathrm{d}S \\ &= \iint_{\Sigma}\frac{1}{R^2}\mathrm{d}S = \frac{1}{R^2}\iint_{\Sigma}\mathrm{d}S = \frac{1}{R^2}\cdot 4\pi R^2 = 4\pi.\end{aligned}$$

对于本例来说，利用对面积的曲面积分后，被积函数变为常数，因此计算简单.

3. 利用三合一公式

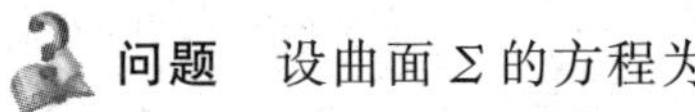**问题**　设曲面 Σ 的方程为

$$z=f(x, y),\quad (x, y)\in D,$$

其中 $f(x, y)$ 是定义在平面区域 D 上具有一阶连续偏导数的函数. 又设 $P(x, y, z)$、

$Q(x, y, z)$及$R(x, y, z)$是曲面上的连续函数，根据定理 11.6.1，对坐标的曲面积分$\iint_{\Sigma}R(x, y, z)\mathrm{d}x\mathrm{d}y$可以化为投影区域$D$上的对变量$x$、$y$的二重积分，那么曲面积分$\iint_{\Sigma}P(x, y, z)\mathrm{d}y\mathrm{d}z$和$\iint_{\Sigma}Q(x, y, z)\mathrm{d}z\mathrm{d}x$能否也转化为投影区域$D$上的对变量$x$、$y$的二重积分呢?

事实上，根据对坐标的曲面积分的定义，对坐标的曲面积分可表示为

$$\iint_{\Sigma}\boldsymbol{F}(x, y, z)\cdot\boldsymbol{n}(x, y, z)\mathrm{d}S=\iint_{\Sigma}(P\cos\alpha+Q\cos\beta+R\cos\gamma)\mathrm{d}S,$$

也可表示为

$$\iint_{\Sigma}\boldsymbol{F}(x, y, z)\cdot\boldsymbol{n}(x, y, z)\mathrm{d}S=\iint_{\Sigma}P\mathrm{d}y\mathrm{d}z+Q\mathrm{d}z\mathrm{d}x+R\mathrm{d}x\mathrm{d}y,$$

即有

$$\iint_{\Sigma}P\mathrm{d}y\mathrm{d}z+Q\mathrm{d}z\mathrm{d}x+R\mathrm{d}x\mathrm{d}y=\iint_{\Sigma}(P\cos\alpha+Q\cos\beta+R\cos\gamma)\mathrm{d}S.$$

根据曲面方程，不难得到曲面上一点处的法向量为

$$\pm(-f_x(x, y), -f_y(x, y), 1).$$

取“+”号时，法向量指向上侧；而取“−”号时，法向量指向下侧. 于是法向量的方向余弦是

$$(\cos\alpha, \cos\beta, \cos\gamma)=\frac{\pm1}{\sqrt{1+f_x^2+f_y^2}}(-f_x(x, y), -f_y(x, y), 1),$$

从而有

$$\iint_{\Sigma}P\mathrm{d}y\mathrm{d}z+Q\mathrm{d}z\mathrm{d}x+R\mathrm{d}x\mathrm{d}y=\pm\iint_{\Sigma}\frac{1}{\sqrt{1+f_x^2+f_y^2}}[P(-f_x)+Q(-f_y)+R]\mathrm{d}S.$$

另一方面，面积微元为

$$\mathrm{d}S=\sqrt{1+f_x^2+f_y^2}\,\mathrm{d}\sigma,$$

其中$\mathrm{d}\sigma$是Σ在xOy面上的投影区域的面积元素，因此

$$\iint_{\Sigma}P\mathrm{d}y\mathrm{d}z+Q\mathrm{d}z\mathrm{d}x+R\mathrm{d}x\mathrm{d}y=\pm\iint_{D_{xy}}[P(-f_x)+Q(-f_y)+R]\mathrm{d}x\mathrm{d}y. \quad (11.6.9)$$

公式(11.6.9)一般称为三合一公式，它可将三个对坐标的曲面积分直接转化为在投影区域D上的二重积分，其中正负号由Σ的方向决定. 当Σ取上侧(即法向量指向上侧)时，取“+”号；当Σ取下侧(即法向量指向下侧)时，取“−”号. 注意被积函数中的z要换成$f(x, y)$.

例 11.6.4　计算$I=\iint_{\Sigma}yz\mathrm{d}z\mathrm{d}x+zx\mathrm{d}x\mathrm{d}y$，其中$\Sigma$为上半球面$z=\sqrt{R^2-x^2-y^2}$的上侧(见图 11.6.9).

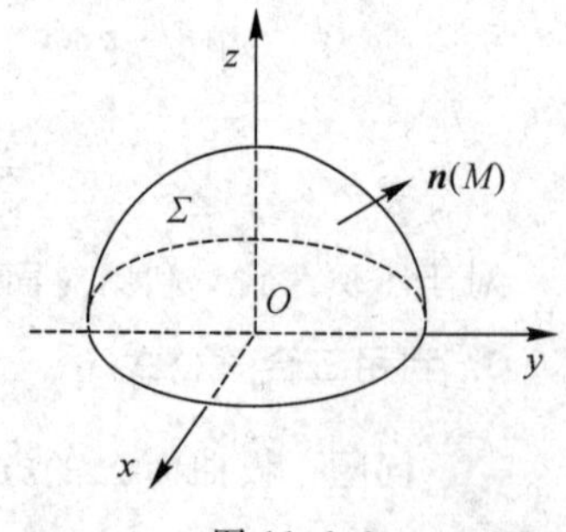

图 11.6.9

解　这里$P=0$, $Q=yz$, $R=zx$. 又

$$f(x, y)=\sqrt{R^2-x^2-y^2},$$

故$f_x=\frac{-x}{z}$, $f_y=\frac{-y}{z}$，从而

$$\begin{aligned}P(-f_x)+Q(-f_y)+R&=0\cdot\frac{x}{z}+yz\cdot\frac{y}{z}+zx\\&=y^2+x\sqrt{R^2-x^2-y^2}.\end{aligned}$$

另一方面，球面 Σ 在 xOy 面上的投影区域为

$$D=\{(x,y)\,|\,x^2+y^2\leqslant R^2\}.$$

由于球面 Σ 是取上侧的，因此公式(11.6.9)右端式子前取“＋”，于是

$$I=\iint_{\Sigma}yz\,\mathrm{d}z\mathrm{d}x+zx\,\mathrm{d}x\mathrm{d}y=\iint_{D}(y^2+x\sqrt{R^2-x^2-y^2})\,\mathrm{d}x\mathrm{d}y=\iint_{D}y^2\,\mathrm{d}x\mathrm{d}y$$

$$=\int_0^{2\pi}\mathrm{d}\theta\int_0^R\rho^3\sin^2\theta\mathrm{d}\rho=\frac{1}{4}\pi R^4.$$

注意计算二重积分时，利用积分区域的对称性，可得被积函数中第二项的积分等于零.

四、知识延展——向量场的通量及利用对称性计算对坐标的曲面积分

1. 向量场的通量

向量场的通量是同环流量相当的概念.

已知在 $\mathbf{R}^3$ 空间中有一个双侧曲面 Σ，一面记为 A，另一面记为 B，$\boldsymbol{n}$ 是曲面上点 $M(x,y,z)$ 处指向指定侧的单位法向量，先假设指向 B 侧. 设 $\boldsymbol{v}=\boldsymbol{v}(M)$ 是 $\mathbf{R}^3$ 中一向量场，则对坐标的曲面积分 $\iint\limits_{\Sigma}\boldsymbol{v}\cdot\boldsymbol{n}\mathrm{d}S$ 称为向量场 $\boldsymbol{v}=\boldsymbol{v}(M)$ 由曲面 Σ 的 A 侧到 B 侧的通量，或简单叫作在 Σ 的 B 侧的通量.

对于不同的物理场，其通量各有具体的实际意义. 比如，若向量场 $\boldsymbol{v}=\boldsymbol{v}(M)$ 是稳定流动不可压缩的流体的速度场，则通量就是单位时间内通过曲面一侧的流量. 若向量场是电场，则通量就是通过曲面一侧的电通量.

例 11.6.5　设某流体速度场 $\boldsymbol{v}(x,y,z)$ 为场内任一点的向径 $\boldsymbol{r}(x,y,z)$，求单位时间内流体通过有向曲面指定侧的流量 Φ.

(1) 曲面 Σ 为球面 $x^2+y^2+z^2=R^2$ 的外侧；

(2) 曲面 Σ 为锥面 $z=\sqrt{x^2+y^2}$ 与平面 $z=1$ 所围锥体表面的外侧.

解　根据通量的定义，得

$$\Phi=\iint_{\Sigma}\boldsymbol{r}\cdot\boldsymbol{n}\mathrm{d}S.$$

(1) 当 Σ 为球面时，因 $\boldsymbol{r}$ 与 $\boldsymbol{n}$ 平行且方向相同，故

$$\boldsymbol{r}\cdot\boldsymbol{n}=|\boldsymbol{r}|=R,$$

于是流量为

$$\Phi=\oiint_{\Sigma}\boldsymbol{r}\cdot\boldsymbol{n}\mathrm{d}S=R\oiint_{\Sigma}\mathrm{d}S=4\pi R^3.$$

(2) 将所围锥体的表面分为锥面部分 Σ_1 与平面部分 Σ_2. 在锥面 Σ_1 上，由 $\boldsymbol{r}\perp\boldsymbol{n}$ 知 $\boldsymbol{r}\cdot\boldsymbol{n}=0$，故

$$\Phi_1=\iint_{\Sigma_1}\boldsymbol{r}\cdot\boldsymbol{n}\mathrm{d}S=0.$$

在平面 Σ_2 上，由于

$$\boldsymbol{r}\cdot\boldsymbol{n}=(x,y,1)\cdot(0,0,1)=1,$$

因此

$$\Phi_2=\iint_{\Sigma_2}\boldsymbol{r}\cdot\boldsymbol{n}\mathrm{d}S=\iint_{\Sigma_2}\mathrm{d}S=\pi.$$

综上可知

$$\Phi=\oiint_{\Sigma}\boldsymbol{r}\cdot\boldsymbol{n}\mathrm{d}S=\iint_{\Sigma_1}\boldsymbol{r}\cdot\boldsymbol{n}\mathrm{d}S+\iint_{\Sigma_2}\boldsymbol{r}\cdot\boldsymbol{n}\mathrm{d}S=\pi.$$

2. 利用对称性计算对坐标的曲面积分

对坐标的曲面积分的计算既是高等数学教学中的一个重点，也是一个难点. 对称性是积分运算中经常用到的一种技巧，有效地运用对称性，可以达到简化计算的目的.

1) 奇偶对称性在对坐标的曲面积分计算中的应用

(1) 设分片光滑有向曲面 Σ 关于 xOy 面对称，Σ 在 xOy 面上方的部分记为 Σ_1(方程为 $z=z(x, y)$，$(x, y)\in D_{xy}$，其中 D_{xy} 是 Σ 在 xOy 面上的投影区域)，下方部分记为 Σ_2，且函数 $R(x, y, z)$在 Σ 上连续，则

$$\iint_{\Sigma}R(x, y, z)\mathrm{d}x\mathrm{d}y=\begin{cases}0, & R\text{ 关于 } z \text{ 为偶函数},\\ 2\iint_{\Sigma_1}R(x, y, z)\mathrm{d}x\mathrm{d}y, & R\text{ 关于 } z \text{ 为奇函数}.\end{cases}$$

证明 根据对积分曲面的可加性，可得

$$\iint_{\Sigma}R(x, y, z)\mathrm{d}x\mathrm{d}y=\iint_{\Sigma_1}R(x, y, z)\mathrm{d}x\mathrm{d}y+\iint_{\Sigma_2}R(x, y, z)\mathrm{d}x\mathrm{d}y.$$

由于曲面 Σ 关于 xOy 面对称，因此可得曲面 Σ_2 的方程为 $z=-z(x, y)$，$(x, y)\in D_{xy}$. 不妨设 Σ_1 的法向量与 z 轴正向成锐角，则 Σ_2 的法向量与 z 轴正向成钝角，于是将曲面积分化为二重积分，可得

$$\iint_{\Sigma_1}R(x, y, z)\mathrm{d}x\mathrm{d}y=\iint_{D_{xy}}R[x, y, z(x, y)]\mathrm{d}x\mathrm{d}y,$$

$$\begin{aligned}\iint_{\Sigma_2}R(x, y, z)\mathrm{d}x\mathrm{d}y&=-\iint_{D_{xy}}R[x, y, -z(x, y)]\mathrm{d}x\mathrm{d}y\\&=\begin{cases}-\iint_{D_{xy}}R[x, y, z(x, y)]\mathrm{d}x\mathrm{d}y, & R\text{ 关于 } z \text{ 为偶函数},\\ \iint_{D_{xy}}R[x, y, z(x, y)]\mathrm{d}x\mathrm{d}y, & R\text{ 关于 } z \text{ 为奇函数}.\end{cases}\end{aligned}$$

两式相加可得

$$\iint_{\Sigma}R(x, y, z)\mathrm{d}x\mathrm{d}y=\begin{cases}0, & R\text{ 关于 } z \text{ 为偶函数},\\ 2\iint_{\Sigma_1}R(x, y, z)\mathrm{d}x\mathrm{d}y, & R\text{ 关于 } z \text{ 为奇函数}.\end{cases}$$

同理可证对于 $\iint_{\Sigma}Q(x, y, z)\mathrm{d}z\mathrm{d}x$ 与 $\iint_{\Sigma}P(x, y, z)\mathrm{d}x\mathrm{d}y$ 有类似的结论，请读者自行证明.

(2) 设分片光滑有向曲面 Σ 关于原点对称，记同向对称的有向曲面为 Σ_1 和 Σ_2，且函数 $R(x, y, z)$ 在 Σ 上连续，则

$$\iint_{\Sigma} R(x, y, z)\mathrm{d}x\mathrm{d}y = \begin{cases} 0, & R(-x, -y, -z) = R(x, y, z), \\ 2\iint_{\Sigma_1} R(x, y, z)\mathrm{d}x\mathrm{d}y, & R(-x, -y, -z) = -R(x, y, z). \end{cases}$$

对于其他两个对坐标的曲面积分也可给出相应的结果.

2) 轮换对称性在对坐标的曲面积分计算中的应用

若积分曲面具有轮换对称性，即若 $\forall (x, y, z) \in \Sigma$，$\exists (y, z, x), (z, x, y) \in \Sigma$，则

$$\iint_{\Sigma} f(x, y, z)\mathrm{d}y\mathrm{d}z = \iint_{\Sigma} f(z, x, y)\mathrm{d}x\mathrm{d}y = \iint_{\Sigma} f(y, z, x)\mathrm{d}z\mathrm{d}x.$$

特别地，有

$$\iint_{\Sigma} f(x)\mathrm{d}y\mathrm{d}z = \iint_{\Sigma} f(z)\mathrm{d}x\mathrm{d}y = \iint_{\Sigma} f(y)\mathrm{d}z\mathrm{d}x.$$

例 11.6.6　计算 $I = \iint_{\Sigma} x^2\mathrm{d}y\mathrm{d}z + z\mathrm{d}x\mathrm{d}y$，其中 Σ 为半球面 $z = \sqrt{4 - x^2 - y^2}$ 的上侧.

解　由于半球面 Σ 关于 yOz 面对称，x^2 是关于 x 的偶函数，因此 $\iint_{\Sigma} x^2\mathrm{d}y\mathrm{d}z = 0$，于是

$$\begin{aligned} I &= \iint_{\Sigma} x^2\mathrm{d}y\mathrm{d}z + z\mathrm{d}x\mathrm{d}y = \iint_{\Sigma} z\mathrm{d}x\mathrm{d}y = \iint_{x^2+y^2\leqslant 4} \sqrt{4 - x^2 - y^2}\,\mathrm{d}x\mathrm{d}y \\ &= \int_0^{2\pi}\mathrm{d}\theta\int_0^2 \rho\sqrt{4 - \rho^2}\,\mathrm{d}\rho = \frac{16}{3}\pi. \end{aligned}$$

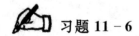

习题 11－6

基　础　题

1. 计算下列对坐标的曲面积分：

(1) $\iint_{\Sigma} x^2 z\mathrm{d}x\mathrm{d}y$，其中 Σ 为下半球面 $x^2 + y^2 + z^2 = R^2 (z \leqslant 0)$ 的下侧；

(2) $\iint_{\Sigma} x\mathrm{d}y\mathrm{d}z + y\mathrm{d}z\mathrm{d}x + z\mathrm{d}x\mathrm{d}y$，其中 Σ 为圆柱面 $x^2 + y^2 = 1 (0 \leqslant z \leqslant 3)$ 在第一卦限部分的前侧；

(3) $\iint_{\Sigma} y\mathrm{d}z\mathrm{d}x$，其中 Σ 为圆柱面 $x^2 + y^2 = 4$ 被平面 $z = 0$ 与 $x + z = 2$ 所截部分的外侧；

(4) $\iint_{\Sigma} x^2\mathrm{d}y\mathrm{d}z + y^2\mathrm{d}z\mathrm{d}x + z^2\mathrm{d}x\mathrm{d}y$，其中 Σ 为球面 $x^2 + y^2 + z^2 = 1$ 在第一卦限部分的上侧；

(5) $\iint\limits_{\Sigma} y\,\mathrm{d}y\mathrm{d}z - x\mathrm{d}z\mathrm{d}x + z^2\mathrm{d}x\mathrm{d}y$，其中 Σ 为锥面 $z=\sqrt{x^2+y^2}$ 上满足 $0\leqslant x\leqslant 1$，$0\leqslant y\leqslant 1$ 部分的下侧；

(6) $\iint\limits_{\Sigma} z\,\mathrm{d}x\mathrm{d}y$，其中 Σ 为椭球面 $\dfrac{x^2}{a^2}+\dfrac{y^2}{b^2}+\dfrac{z^2}{c^2}=1$ $(a>0,\ b>0,\ c>0)$ 的外侧；

(7) $\iint\limits_{\Sigma} x\,\mathrm{d}y\mathrm{d}z + y\mathrm{d}z\mathrm{d}x + z\mathrm{d}x\mathrm{d}y$，其中 Σ 为锥面 $x^2+y^2=z^2$ 被平面 $z=0$ 及 $z=h$ 所截部分的外侧；

(8) $\iint\limits_{\Sigma} \dfrac{1}{z}\mathrm{d}x\mathrm{d}y$，其中 Σ 为球面 $x^2+y^2+z^2=a^2$ 的外侧；

(9) $\iint\limits_{\Sigma} \dfrac{\mathrm{e}^z}{\sqrt{x^2+y^2}}\mathrm{d}x\mathrm{d}y$，其中 Σ 为锥面 $z=\sqrt{x^2+y^2}$ 被平面 $z=1$、$z=2$ 所截部分的外侧；

(10) $\iint\limits_{\Sigma} \dfrac{x\,\mathrm{d}y\mathrm{d}z + z^2\mathrm{d}x\mathrm{d}y}{x^2+y^2+z^2}$，其中 Σ 为曲面 $x^2+y^2=R^2$ 及平面 $z=R$、$z=-R$ 所围立体之表面的外侧，$R>0$.

2. 设流体的流速 $\boldsymbol{v}=x^2\boldsymbol{i}+y^2\boldsymbol{j}+z^2\boldsymbol{k}$，求流体穿过下列曲面的流量 Q：

(1) 圆柱 $x^2+y^2\leqslant a^2\,(0\leqslant z\leqslant h)$ 的侧表面的外侧；

(2) 该圆柱的全表面的外侧.

3. 把对坐标的曲面积分 $\iint\limits_{\Sigma} P(x,y,z)\mathrm{d}y\mathrm{d}z + Q(x,y,z)\mathrm{d}z\mathrm{d}x + R(x,y,z)\mathrm{d}x\mathrm{d}y$ 转化为对面积的曲面积分，其中 Σ 为平面 $3x+2y+2\sqrt{3}z=6$ 在第一卦限部分的上侧.

提 高 题

1. 设函数 $f(x,y,z)$ 连续，计算

$$I=\iint\limits_{\Sigma}[f(x,y,z)+x]\mathrm{d}y\mathrm{d}z+[2f(x,y,z)+y]\mathrm{d}z\mathrm{d}x+[f(x,y,z)+z]\mathrm{d}x\mathrm{d}y,$$

其中 Σ 是平面 $x-y+z=1$ 在第四卦限部分的上侧.

2. 求电场强度 $\boldsymbol{E}=\dfrac{q}{r^3}\boldsymbol{r}$ 通过球面 Σ：$x^2+y^2+z^2=R^2$ 外侧的电通量，其中 $\boldsymbol{r}$ 是径向向量，$\boldsymbol{r}=(x,y,z)$，$r=|\boldsymbol{r}|=\sqrt{x^2+y^2+z^2}$.

3. 计算曲面积分

$$\iint\limits_{\Sigma} 2z\mathrm{d}y\mathrm{d}z - 2y\mathrm{d}z\mathrm{d}x + (5z-z^2)\mathrm{d}x\mathrm{d}y,$$

其中 Σ 为曲线 $\begin{cases} z=\mathrm{e}^y, \\ x=0 \end{cases}$ $(1\leqslant y\leqslant 2)$ 绕 z 轴旋转一周所成的曲面的外侧.

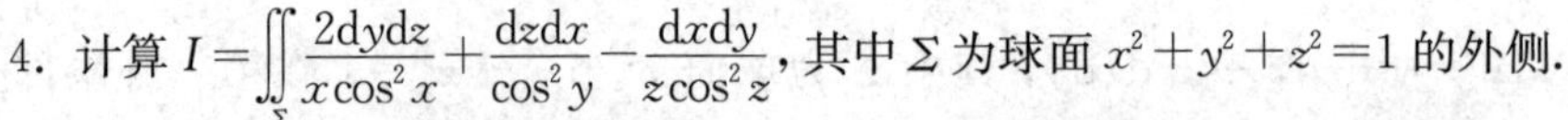

4. 计算 $I=\iint\limits_{\Sigma}\dfrac{2\mathrm{d}y\mathrm{d}z}{x\cos^2 x}+\dfrac{\mathrm{d}z\mathrm{d}x}{\cos^2 y}-\dfrac{\mathrm{d}x\mathrm{d}y}{z\cos^2 z}$，其中 Σ 为球面 $x^2+y^2+z^2=1$ 的外侧.

习题 11-6

参考答案

第七节　高斯公式与斯托克斯公式

问题　对于平面向量场 $\boldsymbol{F}(x, y)=P(x, y)\boldsymbol{i}+Q(x, y)\boldsymbol{j}$，在本章第三节中我们给出了格林散度公式

$$\oint_C \boldsymbol{F}\cdot\boldsymbol{n}\mathrm{d}s=\iint_D \mathrm{div}\boldsymbol{F}\mathrm{d}x\mathrm{d}y,$$

其中 C 为场中的闭曲线，$\mathrm{div}\boldsymbol{F}$ 为向量场 $\boldsymbol{F}$ 的散度. 公式的左端表示向量场沿闭曲线外法线方向的通量(或流量). 若空间向量场(流速场)

$$\boldsymbol{F}(x, y, z)=P(x, y, z)\boldsymbol{i}+Q(x, y, z)\boldsymbol{j}+R(x, y, z)\boldsymbol{k}$$

通过场中闭曲面 Σ 的流量为

$$\Phi=\oiint_\Sigma \boldsymbol{F}\cdot\boldsymbol{n}\mathrm{d}S,$$

几种特殊的向量场

则这个流量是否可以用向量场的散度在闭曲面 Σ 所围的闭区域上的三重积分给出呢?

为了解决这个问题，我们来讨论高斯公式.

一、高斯公式

定理 11.7.1　设 Ω 为空间的有界闭区域，其边界为分片光滑的有向闭曲面 Σ，Σ 取外侧. 若函数 $P(x, y, z)$、$Q(x, y, z)$、$R(x, y, z)$在 Ω 上有一阶连续偏导数，则有

$$\oiint_\Sigma P\mathrm{d}y\mathrm{d}z+Q\mathrm{d}z\mathrm{d}x+R\mathrm{d}x\mathrm{d}y=\iiint_\Omega\left(\frac{\partial P}{\partial x}+\frac{\partial Q}{\partial y}+\frac{\partial R}{\partial z}\right)\mathrm{d}v. \tag{11.7.1}$$

或

$$\oiint_\Sigma (P\cos\alpha+Q\cos\beta+R\cos\gamma)\mathrm{d}S=\iiint_\Omega\left(\frac{\partial P}{\partial x}+\frac{\partial Q}{\partial y}+\frac{\partial R}{\partial z}\right)\mathrm{d}v. \tag{11.7.1$'$}$$

其中 $\cos\alpha$、$\cos\beta$、$\cos\gamma$ 是 Σ 在点(x, y, z)处的法向量的方向余弦.

证明　先讨论 Ω 是简单闭区域的情形. 这里仅证明 $\oiint_\Sigma R\mathrm{d}x\mathrm{d}y=\iiint_\Omega \frac{\partial R}{\partial z}\mathrm{d}v$.

如图 11.7.1 所示，将简单闭区域 Ω 的边界 Σ 分成三部分，其中下、上两部分 Σ_1、Σ_2 的方程分别为

$$\Sigma_1: z=z_1(x, y),\ (x, y)\in D,$$

$$\Sigma_2: z=z_2(x, y),\ (x, y)\in D,$$

D 为 Σ_1、Σ_2 在 xOy 面上的投影区域，且 Σ_1 的法线方向指向下侧，Σ_2 的法线方向指向上侧，中间部分 Σ_3 为以 D 的边界曲线为准线、母线平行于轴的柱面，从而由对坐标的曲面积分的坐标公式可得

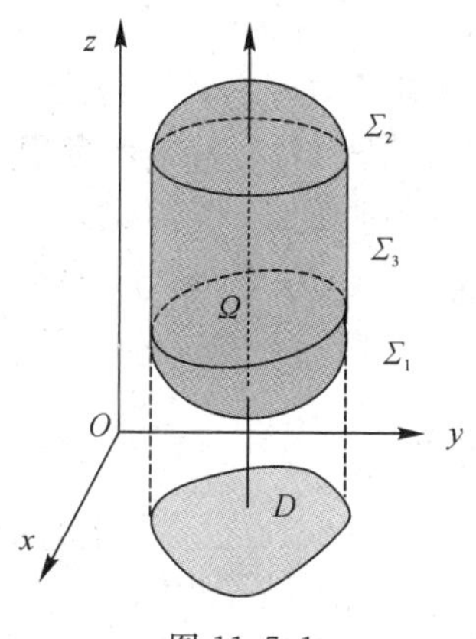

图 11.7.1

$$\iint_{\Sigma_1} R(x, y, z)\mathrm{d}x\mathrm{d}y=-\iint_D R[x, y, z_1(x, y)]\mathrm{d}\sigma,$$

$$\iint_{\Sigma_2} R(x, y, z)\mathrm{d}x\mathrm{d}y=\iint_D R[x, y, z_2(x, y)]\mathrm{d}\sigma,$$

$$\iint_{\Sigma_3} R(x, y, z)\mathrm{d}x\mathrm{d}y = 0,$$

因此

$$\oiint_{\Sigma} R(x, y, z)\mathrm{d}x\mathrm{d}y = \iint_{D} \{R[x, y, z_2(x, y)] - R[x, y, z_1(x, y)]\}\mathrm{d}\sigma. \tag{11.7.2}$$

另一方面，由三重积分的计算方法及牛顿-莱布尼茨公式可得

$$\begin{aligned}\iiint_{\Omega} \frac{\partial R}{\partial z}\mathrm{d}v &= \iint_{D}\mathrm{d}\sigma\int_{z_1(x, y)}^{z_2(x, y)} \frac{\partial R}{\partial z}\mathrm{d}z \\ &= \iint_{D} \{R[x, y, z_2(x, y)] - R[x, y, z_1(x, y)]\}\mathrm{d}\sigma. \end{aligned} \tag{11.7.3}$$

由式(11.7.2)和式(11.7.3)可知

$$\oiint_{\Sigma} R\,\mathrm{d}x\mathrm{d}y = \iiint_{\Omega} \frac{\partial R}{\partial z}\mathrm{d}v.$$

若 Ω 不是简单闭区域，则可以通过添加辅助面的方法，将 Ω 分成若干个简单闭区域，同样可证明在一般封闭区域内有

$$\oiint_{\Sigma} R\,\mathrm{d}x\mathrm{d}y = \iiint_{\Omega} \frac{\partial R}{\partial z}\mathrm{d}v$$

成立.

同理可证等式 $\oiint_{\Sigma} P\,\mathrm{d}y\mathrm{d}z = \iiint_{\Omega} \frac{\partial P}{\partial x}\mathrm{d}v$，$\oiint_{\Sigma} Q\mathrm{d}z\mathrm{d}x = \iiint_{\Omega} \frac{\partial Q}{\partial y}\mathrm{d}v$ 成立，于是合并三个等式得到对一般闭区域均有

$$\oiint_{\Sigma} P\,\mathrm{d}y\mathrm{d}z + Q\mathrm{d}z\mathrm{d}x + R\mathrm{d}x\mathrm{d}y = \iiint_{\Omega} \left(\frac{\partial P}{\partial x} + \frac{\partial Q}{\partial y} + \frac{\partial R}{\partial z}\right)\mathrm{d}v.$$

公式(11.7.1)称为高斯公式，其中 $\mathrm{div}\boldsymbol{F} = \frac{\partial P}{\partial x} + \frac{\partial Q}{\partial y} + \frac{\partial R}{\partial z}$ 称为向量场 $\boldsymbol{F}$ 的散度，于是高斯公式又可写成向量形式：

$$\oiint_{\Sigma} \boldsymbol{F} \cdot \boldsymbol{n}\mathrm{d}S = \iiint_{\Omega} \mathrm{div}\boldsymbol{F}\mathrm{d}v. \tag{11.7.4}$$

至此，本节开始的问题得到解决. 从物理上来看高斯公式，说明空间向量场通过有向闭曲面的通量可由该向量场的散度在所围闭区域上的三重积分给出，其中 $\boldsymbol{n}$ 为 Σ^+ 在点 (x, y, z) 处给定的单位外法向量. 公式(11.7.4)也称为高斯散度公式.

根据高斯公式可得到如下一个常用的结论.

定理 11.7.2(零散度积分定理) 设空间有界闭区域 Ω 夹于两闭曲面 Σ_1 和 Σ_2 之间(见图 11.7.2). 若函数 $P(x, y, z)$、$Q(x, y, z)$、$R(x, y, z)$ 在闭区域 Ω 上有一阶连续偏导数，且

$$\frac{\partial P}{\partial x} + \frac{\partial Q}{\partial y} + \frac{\partial R}{\partial z} = 0, \quad (x, y, z) \in \Omega, \tag{11.7.5}$$

则有

$$\oiint_{\Sigma_1^+} P\mathrm{d}y\mathrm{d}z + Q\mathrm{d}z\mathrm{d}x + R\mathrm{d}x\mathrm{d}y = \oiint_{\Sigma_2^+} P\mathrm{d}y\mathrm{d}z + Q\mathrm{d}z\mathrm{d}x + R\mathrm{d}x\mathrm{d}y,$$

其中 Σ_1^+ 和 Σ_2^+ 的法线方向是它们各自所围闭区域的正向.

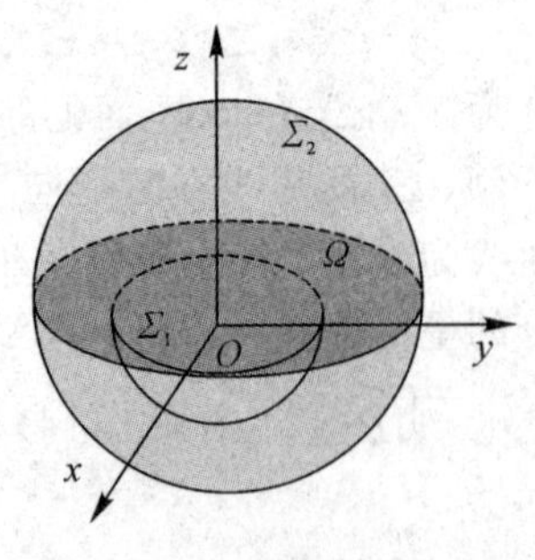

图 11.7.2

证明　区域 Ω 的边界曲面为 $\Sigma=\Sigma_1^-+\Sigma_2^+$，其法线方向指向区域 Ω 的外侧. 由高斯公式及条件(11.7.5)有

$$\oiint_{\Sigma} P\mathrm{d}y\mathrm{d}z+Q\mathrm{d}z\mathrm{d}x+R\mathrm{d}x\mathrm{d}y=\iiint_{\Omega}\left(\frac{\partial P}{\partial x}+\frac{\partial Q}{\partial y}+\frac{\partial R}{\partial z}\right)\mathrm{d}v=0.$$

由对积分曲面的可加性有

$$\left(\oiint_{\Sigma_1^-}+\oiint_{\Sigma_2^+}\right)P\mathrm{d}y\mathrm{d}z+Q\mathrm{d}z\mathrm{d}x+R\mathrm{d}x\mathrm{d}y=0.$$

于是

$$\begin{aligned}\oiint_{\Sigma_2^+} P\mathrm{d}y\mathrm{d}z+Q\mathrm{d}z\mathrm{d}x+R\mathrm{d}x\mathrm{d}y&=-\oiint_{\Sigma_1^-} P\mathrm{d}y\mathrm{d}z+Q\mathrm{d}z\mathrm{d}x+R\mathrm{d}x\mathrm{d}y\\&=\oiint_{\Sigma_1^+} P\mathrm{d}y\mathrm{d}z+Q\mathrm{d}z\mathrm{d}x+R\mathrm{d}x\mathrm{d}y.\end{aligned}$$

高斯公式提供了计算曲面积分的一个简便方法，它也是物理学中计算通量等相关问题的有效方法. 下面我们来看一些例题.

例 11.7.1　计算 $\oiint_{\Sigma} x\mathrm{d}y\mathrm{d}z+y\mathrm{d}z\mathrm{d}x+z\mathrm{d}x\mathrm{d}y$，其中 Σ 为球面 $x^2+y^2+z^2=R^2$，Σ 的法线方向指向外侧.

解　令 $P(x,y,z)=x$，$Q(x,y,z)=y$，$R(x,y,z)=z$，则这三个函数在所围的球体内具有一阶连续偏导数. 又 Σ 的法线方向指向外侧，其所围闭区域为

$$\Omega=\{(x,y,z)\mid x^2+y^2+z^2\leqslant R^2\},$$

故由高斯公式得

$$\begin{aligned}\oiint_{\Sigma} x\mathrm{d}y\mathrm{d}z+y\mathrm{d}z\mathrm{d}x+z\mathrm{d}x\mathrm{d}y&=\iiint_{\Omega}\left(\frac{\partial P}{\partial x}+\frac{\partial Q}{\partial y}+\frac{\partial R}{\partial z}\right)\mathrm{d}v\\&=\iiint_{\Omega}(1+1+1)\mathrm{d}v\\&=3\iiint_{\Omega}\mathrm{d}v=3\cdot\frac{4}{3}\pi R^3=4\pi R^3.\end{aligned}$$

例 11.7.2　计算 $I=\iint_{\Sigma}(x-y)\mathrm{d}y\mathrm{d}z+(y-z)\mathrm{d}z\mathrm{d}x+(z-x)\mathrm{d}x\mathrm{d}y$，其中 Σ 为抛物面 $z=x^2+y^2\,(z\leqslant 1)$，取下侧(见图 11.7.3).

解　由于曲面不封闭，因此不能直接用高斯公式. 考虑添加辅助面：

$$\Sigma_1:\ z=1\,(x^2+y^2\leqslant 1),\quad 取上侧,$$

这样 Σ 与 Σ_1 一起围成了一个封闭区域，记为 Ω. 由高斯公式得

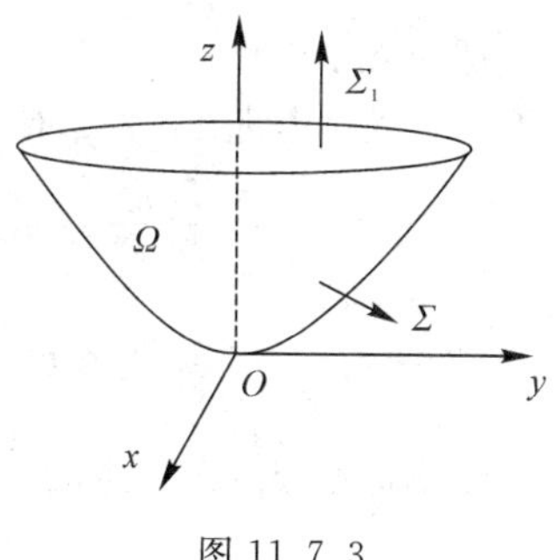

图 11.7.3

$$\begin{aligned}&\oiint_{\Sigma+\Sigma_1}(x-y)\mathrm{d}y\mathrm{d}z+(y-z)\mathrm{d}z\mathrm{d}x+(z-x)\mathrm{d}x\mathrm{d}y\\&=\iiint_{\Omega}3\mathrm{d}v=3\int_0^{2\pi}\mathrm{d}\theta\int_0^1\rho\mathrm{d}\rho\int_{\rho^2}^1\mathrm{d}z=\frac{3}{2}\pi.\end{aligned}$$

又曲面 Σ_1 在 yOz 面和 zOx 面上的投影面积为零，故

$$\begin{aligned}&\iint_{\Sigma_1}(x-y)\mathrm{d}y\mathrm{d}z+(y-z)\mathrm{d}z\mathrm{d}x+(z-x)\mathrm{d}x\mathrm{d}y\\&=0+0+\iint_{\Sigma_1}(z-x)\mathrm{d}x\mathrm{d}y\\&=\iint_{D_{xy}}(1-x)\mathrm{d}x\mathrm{d}y\\&=\iint_{D_{xy}}\mathrm{d}x\mathrm{d}y-\iint_{D_{xy}}x\,\mathrm{d}x\mathrm{d}y=\pi-0=\pi,\end{aligned}$$

其中 D_{xy} 为 Σ_1 在 xOy 面上的投影区域，即 $D_{xy}=\{(x,y)\mid x^2+y^2\leqslant 1\}$. 于是

$$\begin{aligned}I&=\left(\oiint_{\Sigma+\Sigma_1}-\oiint_{\Sigma_1}\right)(x-y)\mathrm{d}y\mathrm{d}z+(y-z)\mathrm{d}z\mathrm{d}x+(z-x)\mathrm{d}x\mathrm{d}y\\&=\frac{3}{2}\pi-\pi=\frac{1}{2}\pi.\end{aligned}$$

例 11.7.3 设静电场中仅有一带电量为 e 的点电荷，该电荷位于原点. 求通过曲面 Σ 的电通量 Q，这里 Σ 是椭球面 $\frac{x^2}{a^2}+\frac{y^2}{b^2}+\frac{z^2}{c^2}=1$，方向为外法线方向.

解 由题意知点电荷产生的电场强度为

$$\boldsymbol{E}=\left(\frac{ex}{r^3},\frac{ey}{r^3},\frac{ez}{r^3}\right),$$

其中 $r=\sqrt{x^2+y^2+z^2}\neq 0$，则所求电通量为

$$Q=\oiint_{\Sigma}\frac{ex}{r^3}\mathrm{d}y\mathrm{d}z+\frac{ey}{r^3}\mathrm{d}z\mathrm{d}x+\frac{ez}{r^3}\mathrm{d}x\mathrm{d}y.$$

由于函数 $P=\frac{ex}{r^3}$，$Q=\frac{ey}{r^3}$，$R=\frac{ez}{r^3}$ 在原点没有定义，因此在曲面 Σ 上的曲面积分不能用高斯公式计算. 但因

$$\frac{\partial P}{\partial x}=\frac{e(r^2-3x^2)}{r^5},\quad \frac{\partial Q}{\partial y}=\frac{e(r^2-3y^2)}{r^5},\quad \frac{\partial R}{\partial z}=\frac{e(r^2-3z^2)}{r^5},$$

故有

$$\frac{\partial P}{\partial x}+\frac{\partial Q}{\partial y}+\frac{\partial R}{\partial z}=\frac{e[3r^2-3(x^2+y^2+z^2)]}{r^5}=\frac{e(3r^2-3r^2)}{r^5}=0.$$

作小球面 Σ_ε：$x^2+y^2+z^2=\varepsilon^2$ 使 Σ_ε 含于 Σ 中(见图 11.7.4)，并取外侧，则由定理 11.7.2 有

$$\begin{aligned}Q&=\oiint_{\Sigma}\frac{ex}{r^3}\mathrm{d}y\mathrm{d}z+\frac{ey}{r^3}\mathrm{d}z\mathrm{d}x+\frac{ez}{r^3}\mathrm{d}x\mathrm{d}y\\&=\oiint_{\Sigma_\varepsilon}\frac{ex}{r^3}\mathrm{d}y\mathrm{d}z+\frac{ey}{r^3}\mathrm{d}z\mathrm{d}x+\frac{ez}{r^3}\mathrm{d}x\mathrm{d}y.\end{aligned}$$

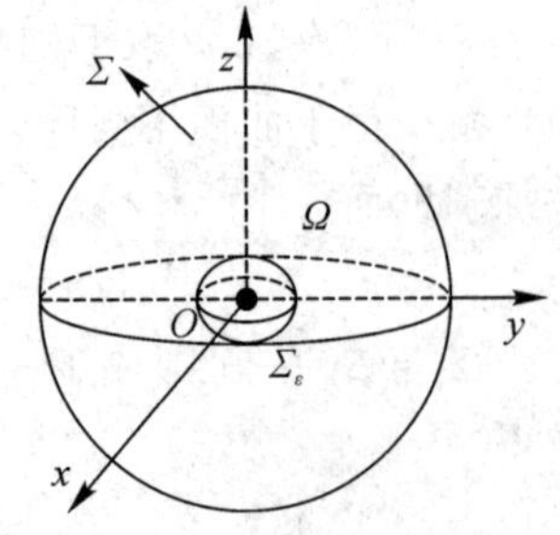

图 11.7.4

对于在小球面 Σ_ε 上的曲面积分，将其转化为对面积的曲面积分，有

$$Q=\oiint_{\Sigma_\varepsilon}\boldsymbol{E}\cdot\boldsymbol{n}\mathrm{d}S.$$

而 Σ_ε 的外单位法向量为 $\boldsymbol{n}=\left(\frac{x}{r}, \frac{y}{r}, \frac{z}{r}\right)$，因此

$$\begin{aligned} Q &= \oiint_{\Sigma_\varepsilon} \boldsymbol{E} \cdot \boldsymbol{n} \mathrm{d}S = \oiint_{\Sigma_\varepsilon} \left(\frac{ex}{r^3}, \frac{ey}{r^3}, \frac{ez}{r^3}\right) \cdot \left(\frac{x}{r}, \frac{y}{r}, \frac{z}{r}\right) \mathrm{d}S \\ &= \oiint_{\Sigma_\varepsilon} \frac{e(x^2+y^2+z^2)}{r^4} \mathrm{d}S = e \oiint_{\Sigma_\varepsilon} \frac{1}{r^2} \mathrm{d}S = \frac{e}{\varepsilon^2} \oiint_{\Sigma_\varepsilon} \mathrm{d}S \\ &= \frac{e}{\varepsilon^2} \cdot 4\pi\varepsilon^2 = 4\pi e. \end{aligned}$$

高斯公式是高等数学中一个非常重要的计算公式，在应用中我们经常也和对称性结合起来使用，具体请看下面的例子.

例 11.7.4 计算曲面积分 $\oiint_{\Sigma} \frac{x\mathrm{d}y\mathrm{d}z + z^2\mathrm{d}x\mathrm{d}y}{\sqrt{x^2+y^2+z^2}}$，其中 Σ 为球面 $x^2+y^2+z^2=R^2$，取内侧.

解 首先利用积分曲面方程化简被积函数，可得

$$I = \oiint_{\Sigma} \frac{x\mathrm{d}y\mathrm{d}z + z^2\mathrm{d}x\mathrm{d}y}{\sqrt{x^2+y^2+z^2}} = \frac{1}{R} \oiint_{\Sigma} x\mathrm{d}y\mathrm{d}z + z^2\mathrm{d}x\mathrm{d}y.$$

由于积分曲面 $x^2+y^2+z^2=R^2$ 关于 xOy 面对称，且 z^2 是关于 z 的偶函数，所以 $\oiint_{\Sigma} z^2\mathrm{d}x\mathrm{d}y = 0$，从而

$$I = \frac{1}{R} \oiint_{\Sigma} x\mathrm{d}y\mathrm{d}z + z^2\mathrm{d}x\mathrm{d}y = \frac{1}{R} \oiint_{\Sigma} x\mathrm{d}y\mathrm{d}z.$$

再利用高斯公式可得

$$I = -\frac{1}{R} \iiint_{\Omega:\, x^2+y^2+z^2 \leqslant R^2} \mathrm{d}x\mathrm{d}y\mathrm{d}z = -\frac{4}{3}\pi R^2.$$

根据本例不难看到，将对称性与高斯公式结合可大大简化曲面积分的运算过程，但是使用中一定要注意条件.

二、斯托克斯公式

问题 在本章第三节中，我们给出了格林公式：

$$\oint_L P\mathrm{d}x + Q\mathrm{d}y = \iint_D \left(\frac{\partial Q}{\partial x} - \frac{\partial P}{\partial y}\right) \mathrm{d}x\mathrm{d}y,$$

公式左端表示平面向量场 $\boldsymbol{v}=(P(x, y), Q(x, y))$ 沿闭曲线 L 的环流量. 那么对于空间向量场 $\boldsymbol{v}=(P(x, y, z), Q(x, y, z), R(x, y, z))$，沿场中空间闭曲线 Γ 的环流量

$$\oint_\Gamma P(x, y, z)\mathrm{d}x + Q(x, y, z)\mathrm{d}y + R(x, y, z)\mathrm{d}z$$

能否利用以 Γ 为边界的区域上的积分计算呢？

答案是肯定的. 事实上，这就是斯托克斯公式给出的内容.

首先说明如何选取以 Γ 为边界的区域. 设 Γ 是空间中给定方向的光滑简单闭曲线，Σ 为以 Γ 为边界的光滑曲面块，则 Σ 称为曲线 Γ 张成的曲面(如图 11.7.5 所示). 若将曲面 Σ 取定一侧法向量记作 $\boldsymbol{n}$，Γ 的方向与 $\boldsymbol{n}$ 的方向正好构成右手系，则这样的

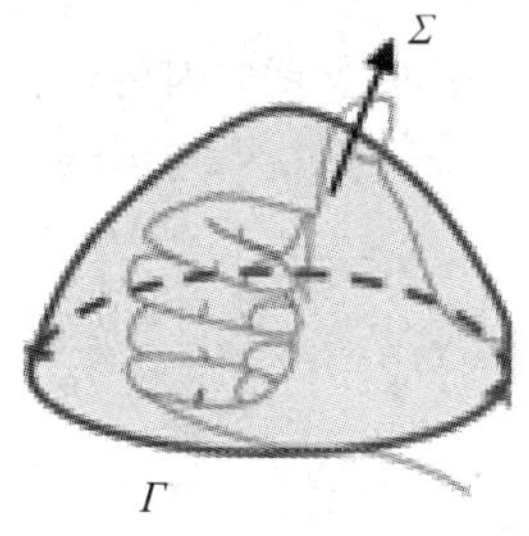

图 11.7.5

曲面称为由 Γ 张成的正向曲面.

这里应注意的是，我们所说的右手系，是指将右手的四指的方向顺着 Γ 的方向，则大拇指的方向即 $\boldsymbol{n}$ 的方向.

定理 11.7.3 设函数 $P=P(x,y,z)$，$Q=Q(x,y,z)$，$R=R(x,y,z)$在空间有界闭区域 Ω 内有一阶连续偏导数，Γ 为 Ω 内的光滑有向闭曲线，Σ 是 Ω 中由 Γ 张成的光滑曲面，且 Γ 的方向和 Σ 的侧符合右手系，则有

$$\begin{aligned}&\oint_{\Gamma} P\,\mathrm{d}x+Q\mathrm{d}y+R\mathrm{d}z\\&=\iint_{\Sigma}\left(\frac{\partial R}{\partial y}-\frac{\partial Q}{\partial z}\right)\mathrm{d}y\mathrm{d}z+\left(\frac{\partial P}{\partial z}-\frac{\partial R}{\partial x}\right)\mathrm{d}z\mathrm{d}x+\left(\frac{\partial Q}{\partial x}-\frac{\partial P}{\partial y}\right)\mathrm{d}x\mathrm{d}y.\end{aligned}\tag{11.7.6}$$

公式(11.7.6)称为斯托克斯公式，它是格林公式在空间的推广. 实际上，若取 Γ 为 xOy 面上的闭曲线 L，令 $R(x,y,z)=0$，由 L 张成的曲面 Σ 取成 xOy 平面上以 L 为边界的区域 D，则由于 Σ 在 xOz 面和 yOz 面上的投影为零，因此

$$\iint_{\Sigma}\left(\frac{\partial R}{\partial y}-\frac{\partial Q}{\partial z}\right)\mathrm{d}y\mathrm{d}z=\iint_{\Sigma}\left(\frac{\partial P}{\partial z}-\frac{\partial R}{\partial x}\right)\mathrm{d}z\mathrm{d}x=0.$$

于是由式(11.7.6)有

$$\oint_{L} P\,\mathrm{d}x+Q\mathrm{d}y=\iint_{\Sigma}\left(\frac{\partial Q}{\partial x}-\frac{\partial P}{\partial y}\right)\mathrm{d}x\mathrm{d}y=\iint_{D}\left(\frac{\partial Q}{\partial x}-\frac{\partial P}{\partial y}\right)\mathrm{d}x\mathrm{d}y.$$

此即格林公式.

事实上，斯托克斯公式的证明依赖于格林公式，我们略去证明过程，仅用一个例子验证其正确性.

例 11.7.5 对积分 $\oint_{\Gamma} P\,\mathrm{d}x+Q\mathrm{d}y+R\mathrm{d}z$ 验证斯托克斯公式成立，其中 $P=-z$，$Q=y$，$R=x$，Γ 为圆 $\begin{cases}x^2+z^2=1,\\y=2,\end{cases}$ 其方向为从 y 轴正向看沿逆时针方向，Σ 为以 Γ 为边界的圆盘曲面，Σ 的方向为与 y 轴正向一致的法线方向.

解 一方面，曲线 Γ 的参数方程为 $\begin{cases}x=\cos t,\\y=2,\\z=\sin t,\end{cases}$ t：$2\pi\to 0$，因此可将曲线积分化为对参数的定积分，即有

$$\begin{aligned}\oint_{\Gamma} P\,\mathrm{d}x+Q\mathrm{d}y+R\mathrm{d}z&=\int_{2\pi}^{0}[(-\sin t)\cdot(-\sin t)+2\cdot 0+\cos t\cdot\cos t]\mathrm{d}t\\&=\int_{2\pi}^{0}(\sin^2 t+\cos^2 t)\mathrm{d}t=-2\pi.\end{aligned}$$

另一方面，因为

$$\begin{aligned}&\iint_{\Sigma}\left(\frac{\partial R}{\partial y}-\frac{\partial Q}{\partial z}\right)\mathrm{d}y\mathrm{d}z+\left(\frac{\partial P}{\partial z}-\frac{\partial R}{\partial x}\right)\mathrm{d}z\mathrm{d}x+\left(\frac{\partial Q}{\partial x}-\frac{\partial P}{\partial y}\right)\mathrm{d}x\mathrm{d}y\\&=\iint_{\Sigma}\left(\frac{\partial P}{\partial z}-\frac{\partial R}{\partial x}\right)\mathrm{d}z\mathrm{d}x=\iint_{\Sigma}(-2)\mathrm{d}z\mathrm{d}x=-2\iint_{D_{xz}}\mathrm{d}z\mathrm{d}x=-2\pi,\end{aligned}$$

其中 $D_{xz}=\{(x,z)\mid x^2+z^2\leqslant 1\}$，所以式(11.7.6)成立.

为了便于利用斯托克斯公式解决问题，我们常常将斯托克斯公式记作

$$\oint_{\Gamma} P\mathrm{d}x+Q\mathrm{d}y+R\mathrm{d}z=\iint_{\Sigma}\begin{vmatrix}\mathrm{d}y\mathrm{d}z & \mathrm{d}z\mathrm{d}x & \mathrm{d}x\mathrm{d}y\\ \dfrac{\partial}{\partial x} & \dfrac{\partial}{\partial y} & \dfrac{\partial}{\partial z}\\ P & Q & R\end{vmatrix}$$

或

$$\oint_{\Gamma} P\mathrm{d}x+Q\mathrm{d}y+R\mathrm{d}z=\iint_{\Sigma}\begin{vmatrix}\cos\alpha & \cos\beta & \cos\gamma\\ \dfrac{\partial}{\partial x} & \dfrac{\partial}{\partial y} & \dfrac{\partial}{\partial z}\\ P & Q & R\end{vmatrix}\mathrm{d}S,$$

其中 Σ 是由 Γ 张成的光滑曲面，且 Γ 的方向和 Σ 的侧符合右手系，$\cos\alpha$、$\cos\beta$ 和 $\cos\gamma$ 是 Σ 的法向量的方向余弦.

例 11.7.6　计算曲线积分 $I=\oint_{\Gamma} x^2y\mathrm{d}x+y^2\mathrm{d}y+z\mathrm{d}z$，其中 Γ 是圆柱面 $x^2+y^2=1$ 与平面 $x+z=1$ 的交线，从 z 轴的正向看去，Γ 为逆时针方向.

解　取 Γ 所围的椭圆盘 Σ 作为 Γ 张成的正向曲面，Σ 的法线方向指向上侧，则 Σ 的法线方向与 Γ 的方向构成右手系. 令

$$P=x^2y,\quad Q=y^2,\quad R=z,$$

由斯托克斯公式得

$$I=\oint_{\Gamma} x^2y\mathrm{d}x+y^2\mathrm{d}y+z\mathrm{d}z=\iint_{\Sigma}\begin{vmatrix}\mathrm{d}y\mathrm{d}z & \mathrm{d}z\mathrm{d}x & \mathrm{d}x\mathrm{d}y\\ \dfrac{\partial}{\partial x} & \dfrac{\partial}{\partial y} & \dfrac{\partial}{\partial z}\\ x^2y & y^2 & z\end{vmatrix}$$

$$=\iint_{\Sigma}(-x^2)\mathrm{d}x\mathrm{d}y=-\iint_{D:\,x^2+y^2\leqslant 1} x^2\mathrm{d}x\mathrm{d}y$$

$$=-\int_0^{2\pi}\cos^2\theta\mathrm{d}\theta\int_0^1\rho^2\cdot\rho\mathrm{d}\rho=-\frac{\pi}{4}.$$

在本章第四节中，我们给出了平面上曲线积分与路径无关的条件. 事实上，利用斯托克斯公式也可以给出空间曲线上积分与路径无关的条件. 接下来，我们将不加证明地给出其结论.

定理 11.7.4(积分与路径无关的条件)　设 $P(x,y,z)$、$Q(x,y,z)$、$R(x,y,z)$ 在空间 $\mathbf{R}^3$ 中有一阶连续偏导数，若

$$\frac{\partial R}{\partial y}=\frac{\partial Q}{\partial z},\quad \frac{\partial P}{\partial z}=\frac{\partial R}{\partial x},\quad \frac{\partial Q}{\partial x}=\frac{\partial P}{\partial y},$$

则对于空间中任何两点 A、B，设 $\overset{\frown}{AB}$ 为以 A 为起点、B 为终点的光滑曲线弧，对坐标的曲线积分

$$\int_{\overset{\frown}{AB}} P\mathrm{d}x+Q\mathrm{d}y+R\mathrm{d}z$$

只与 A、B 有关，而与积分的路径无关. 即对于任何两条以 A 为起点、B 为终点的光滑曲线弧 Γ_1 和 Γ_2，有

$$\int_{\Gamma_1} P\mathrm{d}x+Q\mathrm{d}y+R\mathrm{d}z=\int_{\Gamma_2} P\mathrm{d}x+Q\mathrm{d}y+R\mathrm{d}z.$$

三、知识延展——散度与旋度

1. 散度及其应用

对于向量场 $\boldsymbol{F}(x, y, z)=P(x, y, z)\boldsymbol{i}+Q(x, y, z)\boldsymbol{j}+R(x, y, z)\boldsymbol{k}$，我们已经定义了 $\boldsymbol{F}(x, y, z)$ 在场内任意一点 $M(x, y, z)$ 的散度为

$$\operatorname{div}\boldsymbol{F}\Big|_{M(x, y, z)}=\frac{\partial P}{\partial x}+\frac{\partial Q}{\partial y}+\frac{\partial R}{\partial z}\Big|_{M(x, y, z)}.$$

下面假设 $\boldsymbol{F}(x, y, z)$ 为流速场 $\boldsymbol{v}(x, y, z)$，以说明散度的物理意义.

设 $M(x, y, z)$ 为场中任一点，Σ 为场中包含 $M(x, y, z)$ 的闭曲面，其法线方向指向外侧，该曲面所围区域为 Ω，由高斯公式及积分中值定理可得，通过闭曲面 Σ 的流量为

$$\oiint_{\Sigma^+}\boldsymbol{v}\cdot\boldsymbol{n}\mathrm{d}S=\iiint_{\Omega}\operatorname{div}\boldsymbol{v}\mathrm{d}v=(\operatorname{div}\boldsymbol{v}\,|_{M^*})\cdot V,$$

其中 V 为闭区域 Ω 的体积，M^* 为 Ω 内的一点. 由此可得

$$\lim_{d(\Omega)\to 0}\frac{1}{V}\oiint_{\Sigma^+}\boldsymbol{v}\cdot\boldsymbol{n}\mathrm{d}S=\lim_{d(\Omega)\to 0}(\operatorname{div}\boldsymbol{v}\,|_{M^*})=\operatorname{div}\boldsymbol{v}\,|_{M}.$$

这里 $d(\Omega)\to 0$ 是指当区域缩成一个点 $M(x, y, z)$ 时的情形. 因此，速度场 $\boldsymbol{v}(x, y, z)$ 在 M 处的散度 $\operatorname{div}\boldsymbol{v}|_M$ 表示流量关于体积的变化率，它刻画了流体从点 M 流出或流入的量的强度. $\operatorname{div}\boldsymbol{v}|_M>0$ 表示流体从 M 处流出，称流速场 $\boldsymbol{v}(x, y, z)$ 在 M 处有源；$\operatorname{div}\boldsymbol{v}|_M<0$ 表示流体从 M 处流入，称流速场 $\boldsymbol{v}(x, y, z)$ 在 M 处有汇. 若在场中每一点均有 $\operatorname{div}\boldsymbol{v}|_M=0$，则称流速场为无源场.

由高斯公式可知，在无源场 $\boldsymbol{A}(x, y, z)$ 中任一闭曲面的通量为零，即

$$\oiint_{\Sigma^+}\boldsymbol{A}\cdot\boldsymbol{n}\mathrm{d}S=0.$$

例 11.7.7 设向量场 $\boldsymbol{F}(x, y, z)=(xy^2, ye^z, x\ln(1+z^2))$，求该向量场在点 $(1, 1, 0)$ 处的散度 $\operatorname{div}\boldsymbol{F}$.

解 因为 $P=xy^2$，$Q=ye^z$，$R=x\ln(1+z^2)$，所以

$$\frac{\partial P}{\partial x}=y^2,\quad \frac{\partial Q}{\partial y}=e^z,\quad \frac{\partial R}{\partial z}=\frac{2xz}{1+z^2},$$

从而

$$\operatorname{div}\boldsymbol{F}=\frac{\partial P}{\partial x}+\frac{\partial Q}{\partial y}+\frac{\partial R}{\partial z}=y^2+e^z+\frac{2xz}{1+z^2},$$

于是

$$\operatorname{div}\boldsymbol{F}|_{(1, 1, 0)}=y^2+e^z+\frac{2xz}{1+z^2}\Big|_{(1, 1, 0)}=1+1+0=2.$$

例 11.7.8 设数量场 $u=u(x, y, z)$ 具有二阶连续偏导数，求 $\operatorname{div}(\mathbf{grad}u)$.

解 因为 $\mathbf{grad}u=\left(\frac{\partial u}{\partial x}, \frac{\partial u}{\partial y}, \frac{\partial u}{\partial z}\right)$，所以

$$\operatorname{div}(\mathbf{grad}u)=\frac{\partial}{\partial x}\left(\frac{\partial u}{\partial x}\right)+\frac{\partial}{\partial y}\left(\frac{\partial u}{\partial y}\right)+\frac{\partial}{\partial z}\left(\frac{\partial u}{\partial z}\right)=\frac{\partial^2 u}{\partial x^2}+\frac{\partial^2 u}{\partial y^2}+\frac{\partial^2 u}{\partial z^2}.$$

设 $\boldsymbol{F}(x, y, z)=(P(x, y, z), Q(x, y, z), R(x, y, z))$为一向量场，则散度有如下性质：

(1) $\mathrm{div}(C\boldsymbol{F})=C\mathrm{div}\boldsymbol{F}$；

(2) $\mathrm{div}(u\boldsymbol{F})=u\mathrm{div}\boldsymbol{F}+\boldsymbol{F}\cdot\mathbf{grad}u$.

其中 C 为常数，$u=u(x, y, z)$为可微函数. 利用散度可以将高斯公式写成简洁的形式，还可以刻画流体在局部流出或流入的强度.

2. 旋度

这里引入旋度的概念，用来刻画流速场在局部的旋转强度. 设

$$\boldsymbol{F}(x, y, z)=(P(x, y, z), Q(x, y, z), R(x, y, z))$$

为一向量场，称向量

$$\boldsymbol{R}(x, y, z)=\left(\frac{\partial R}{\partial y}-\frac{\partial Q}{\partial z}, \frac{\partial P}{\partial z}-\frac{\partial R}{\partial x}, \frac{\partial Q}{\partial x}-\frac{\partial P}{\partial y}\right)\bigg|_{M(x, y, z)}$$

为向量场 $\boldsymbol{F}(x, y, z)$在点 M 处的旋度，将 $\boldsymbol{R}(x, y, z)$记作 $\mathbf{rot}\boldsymbol{F}$，$\mathrm{curl}\boldsymbol{F}|_M$ 或 $\mathrm{curl}\boldsymbol{F}$.

一般地，可利用行列式 $\mathbf{rot}\boldsymbol{F}=\begin{vmatrix}\boldsymbol{i} & \boldsymbol{j} & \boldsymbol{k}\\ \frac{\partial}{\partial x} & \frac{\partial}{\partial y} & \frac{\partial}{\partial z}\\ P & Q & R\end{vmatrix}$ 计算旋度.

下面以流速场 $\boldsymbol{v}(x, y, z)=(P(x, y, z), Q(x, y, z), R(x, y, z))$为例来解释旋度 $\mathbf{rot}\boldsymbol{v}$ 的意义. 考虑在向量场中一圆盘曲面上的情形. 在场中一点 $M(x, y, z)$处取定一单位向量 $\boldsymbol{n}$，以 M 为中心作一半径为 r 的圆盘 Σ_r，使 $\boldsymbol{n}$ 为 Σ_r 的法线方向. 选取 Σ_r 的边界 Γ_r 的方向，使其与 $\boldsymbol{n}$ 的方向构成右手系，如图 11.7.6 所示. 根据斯托克斯公式和积分中值定理，向量场沿 Γ_r 的环流量可表示为

$$\begin{aligned}&\oint_{\Gamma_r} P\mathrm{d}x+Q\mathrm{d}y+R\mathrm{d}z\\ =&\iint_{\Sigma_r}\left(\frac{\partial R}{\partial y}-\frac{\partial Q}{\partial z}\right)\mathrm{d}y\mathrm{d}z+\left(\frac{\partial P}{\partial z}-\frac{\partial R}{\partial x}\right)\mathrm{d}z\mathrm{d}x+\left(\frac{\partial Q}{\partial x}-\frac{\partial P}{\partial y}\right)\mathrm{d}x\mathrm{d}y\\ =&\iint_{\Sigma_r}\mathbf{rot}\boldsymbol{v}\cdot\boldsymbol{n}\mathrm{d}S=(\mathbf{rot}\boldsymbol{v}\cdot\boldsymbol{n})\,|_{M^*}\cdot S_r,\end{aligned}$$

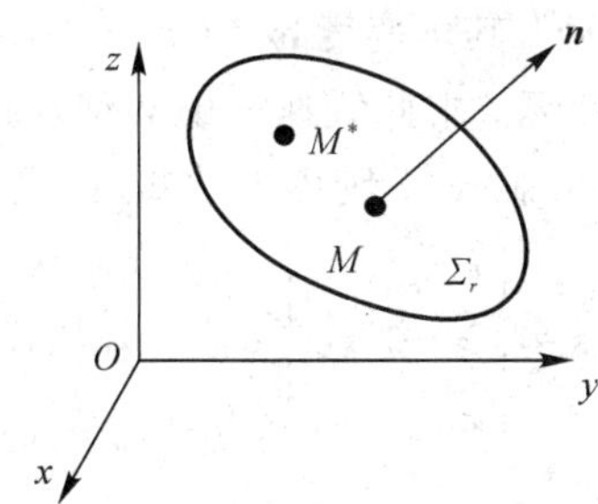

图 11.7.6

其中 $S_r=\pi r^2$ 为圆盘 Σ_r 的面积，M^* 为圆盘上一点. 因此

$$\lim_{r\to 0}\frac{1}{S_r}\oint_{\Gamma_r} P\mathrm{d}x+Q\mathrm{d}y+R\mathrm{d}z=\lim_{r\to 0}(\mathbf{rot}\boldsymbol{v}\,|_{M^*}\cdot\boldsymbol{n})=\mathbf{rot}\boldsymbol{v}\,|_M\cdot\boldsymbol{n}.$$

它表示单位面积对应的环量(或环量关于面积的变化率)，刻画了向量场 $\boldsymbol{v}$ 在点 M 处沿与 $\boldsymbol{n}$ 垂直方向的旋转强度. 当 $\boldsymbol{n}$ 与 $\mathbf{rot}\boldsymbol{v}|_M$ 同向时，$\boldsymbol{v}$ 在 M 处的旋转强度达到最大值. 若在场 $\boldsymbol{v}$

中的旋度处处为 $\mathbf{0}$，则称向量场 $\boldsymbol{v}$ 为无旋场. 此时，流体流动时不形成漩涡.

设 $\boldsymbol{F}(x, y, z)=(P(x, y, z), Q(x, y, z), R(x, y, z))$ 为一向量场，则旋度有如下性质：

(1) $\mathbf{rot}(C\boldsymbol{F})=C\mathbf{rot}\boldsymbol{F}$；

(2) $\mathbf{rot}(u\boldsymbol{F})=u\mathbf{rot}\boldsymbol{F}+\mathbf{grad}u\times\boldsymbol{F}$.

其中 C 为常数，$u=u(x, y, z)$ 为可微函数.

利用旋度可以将斯托克斯公式写成向量的形式.

设有向量场 $\boldsymbol{F}(x, y, z)=(P(x, y, z), Q(x, y, z), R(x, y, z))$，$\Gamma$ 为场中的简单光滑闭曲线，Σ 为 Γ 张成的曲面，且 Γ 的方向与 Σ 的法线方向构成右手系，则有向量形式的斯托克斯公式：

$$\oint_{\Gamma}\boldsymbol{F}\cdot\mathrm{d}\boldsymbol{r}=\iint_{\Sigma}\mathbf{rot}\boldsymbol{F}\cdot\boldsymbol{n}\mathrm{d}S. \tag{11.7.7}$$

假设 Γ 在 (x, y, z) 处的单位切向量为 $\boldsymbol{e}_{\tau}$，则公式(11.7.7)还可表示为

$$\oint_{\Gamma}\boldsymbol{F}\cdot\boldsymbol{e}_{\tau}\mathrm{d}s=\iint_{\Sigma}\mathbf{rot}\boldsymbol{F}\cdot\boldsymbol{n}\mathrm{d}S.$$

它表示向量场沿曲线方向的环流量等于其旋度场通过曲线所张曲面的通量.

例 11.7.9 设向量场为 $\boldsymbol{F}(x, y, z)=(P(x, y, z), Q(x, y, z), R(x, y, z))$，其中 P、Q、R 具有二阶连续偏导数，求 $\mathrm{div}(\mathbf{rot}\boldsymbol{F})$.

解 因为

$$\mathbf{rot}\boldsymbol{F}=\left(\frac{\partial R}{\partial y}-\frac{\partial Q}{\partial z}\right)\boldsymbol{i}+\left(\frac{\partial P}{\partial z}-\frac{\partial R}{\partial x}\right)\boldsymbol{j}+\left(\frac{\partial Q}{\partial x}-\frac{\partial P}{\partial y}\right)\boldsymbol{k},$$

所以

$$\begin{aligned}\mathrm{div}(\mathbf{rot}\boldsymbol{F})&=\frac{\partial}{\partial x}\left(\frac{\partial R}{\partial y}-\frac{\partial Q}{\partial z}\right)+\frac{\partial}{\partial y}\left(\frac{\partial P}{\partial z}-\frac{\partial R}{\partial x}\right)+\frac{\partial}{\partial z}\left(\frac{\partial Q}{\partial x}-\frac{\partial P}{\partial y}\right)\\&=\frac{\partial^2 R}{\partial y\partial x}-\frac{\partial^2 Q}{\partial z\partial x}+\frac{\partial^2 P}{\partial z\partial y}-\frac{\partial^2 R}{\partial x\partial y}+\frac{\partial^2 Q}{\partial x\partial z}-\frac{\partial^2 P}{\partial y\partial z}=0.\end{aligned}$$

通过本例可以看到，旋度场都是无源场.

例 11.7.10 一刚体绕轴转动，其角速度 $\boldsymbol{\omega}=(0, 0, \omega)$ 为常向量，则刚体上任一点 M 处的线速度 $\boldsymbol{v}(M)$ 构成一个线速度场，求此线速度场 $\boldsymbol{v}(M)$ 的旋度.

解 设点 M 的向径为 $\boldsymbol{r}=(x, y, z)$，则由力学知道，点 M 的线速度 $\boldsymbol{v}(M)$ 为

$$\boldsymbol{v}=\boldsymbol{\omega}\times\boldsymbol{r}=\begin{vmatrix}\boldsymbol{i} & \boldsymbol{j} & \boldsymbol{k}\\ 0 & 0 & \omega\\ x & y & z\end{vmatrix}=(-\omega y, \omega x, 0),$$

从而 $\boldsymbol{v}(M)$ 的旋度为

$$\mathbf{rot}\boldsymbol{v}=\begin{vmatrix}\boldsymbol{i} & \boldsymbol{j} & \boldsymbol{k}\\ \dfrac{\partial}{\partial x} & \dfrac{\partial}{\partial y} & \dfrac{\partial}{\partial z}\\ -\omega y & \omega x & 0\end{vmatrix}=(0, 0, 2\omega)=2\boldsymbol{\omega},$$

由此可见，在刚体旋转的线速度场中，任一点处的旋度除去一个常数因子外，恰好就是刚体旋转的角速度. 这就是“旋度”这一名词的由来.

习题 11－7

基础题

1. 利用高斯公式计算下列曲面积分：

(1) $\oiint\limits_{\Sigma}(z+xy^2)\mathrm{d}y\mathrm{d}z+(yz^2-xz)\mathrm{d}z\mathrm{d}x+zx^2\mathrm{d}x\mathrm{d}y$，其中 Σ 为球面 $x^2+y^2+z^2=2Rz(R>0)$ 的外侧；

(2) $\oiint\limits_{\Sigma}2xz\mathrm{d}y\mathrm{d}z+xy\mathrm{d}z\mathrm{d}x+yz\mathrm{d}x\mathrm{d}y$，其中 Σ 为锥面 $z=\sqrt{x^2+y^2}$ 与抛物面 $z=2-x^2-y^2$ 所围成的立体表面的外侧；

(3) $\oiint\limits_{\Sigma}xz\mathrm{d}y\mathrm{d}z+xy\mathrm{d}z\mathrm{d}x+yz\mathrm{d}x\mathrm{d}y$，其中 Σ 为圆柱面 $x^2+y^2=R^2$ 与平面 $x=0$、$y=0$、$z=0$ 及 $z=h(h>0)$ 所围的第一卦限中的立体的表面外侧；

(4) $\iint\limits_{\Sigma}(2x+z)\mathrm{d}y\mathrm{d}z+z\mathrm{d}x\mathrm{d}y$，其中 Σ 为曲面 $z=x^2+y^2(0\leqslant z\leqslant 1)$，其法向量与 z 轴正向夹角为锐角；

(5) $\iint\limits_{\Sigma}(x^2-yz)\mathrm{d}y\mathrm{d}z+(y^2-zx)\mathrm{d}z\mathrm{d}x+(z^2-xy)\mathrm{d}x\mathrm{d}y$，其中 Σ 为锥面 $z=1-\sqrt{x^2+y^2}$ 位于 xOy 面以上的部分；

(6) $\iint\limits_{\Sigma}\dfrac{ax\mathrm{d}y\mathrm{d}z+(z+a^2)\mathrm{d}x\mathrm{d}y}{(x^2+y^2+z^2)^{1/2}}$，其中 Σ 为下半球面 $z=-\sqrt{a^2-x^2-y^2}$ 的上侧，a 为大于零的常数；

(7) $\iint\limits_{\Sigma}x\mathrm{d}y\mathrm{d}z+y\mathrm{d}z\mathrm{d}x+z\mathrm{d}x\mathrm{d}y$，其中 Σ 为锥面 $x^2+y^2=z^2$ 被平面 $z=0$ 及 $z=h$ 所截部分的外侧；

(8) $\oiint\limits_{\Sigma}(x-y)\mathrm{d}x\mathrm{d}y+(y-z)x\mathrm{d}y\mathrm{d}z$，其中 Σ 为柱面 $x^2+y^2=1$ 及平面 $z=0$、$z=3$ 所围立体的全表面外侧；

(9) $\iint\limits_{\Sigma}x^2\mathrm{d}y\mathrm{d}z+y^2\mathrm{d}z\mathrm{d}x+z^2\mathrm{d}x\mathrm{d}y$，其中 Σ 为上半球面 $x^2+y^2+z^2=R^2(z\geqslant 0)$，取内侧.

2. 利用高斯公式计算 $\iint\limits_{\Sigma}(x^2\cos\alpha+y^2\cos\beta+z^2\cos\gamma)\mathrm{d}S$，其中 $\cos\alpha$、$\cos\beta$、$\cos\gamma$ 为 Σ 的外法线的方向余弦，Σ 分别为

(1) 部分圆柱面 $x^2+y^2=a^2(0\leqslant z\leqslant h)$ 的外侧；

(2) 圆锥体 $\dfrac{x^2}{a^2}+\dfrac{y^2}{a^2}-\dfrac{z^2}{b^2}\leqslant 0(0\leqslant z\leqslant b)$ 的全表面的外侧.

3. 证明：任意光滑闭曲面 Σ 围成的立体体积可表示成

$$V=\frac{1}{3}\oiint_{\Sigma}x\,\mathrm{d}y\mathrm{d}z+y\,\mathrm{d}z\mathrm{d}x+z\,\mathrm{d}x\mathrm{d}y,$$

其中积分沿曲面 Σ 外侧进行.

4. 利用斯托克斯公式计算下列曲线积分：

(1) $\oint_{\Gamma}y(z+1)\mathrm{d}x+z(x+1)\mathrm{d}y+x(y+1)\mathrm{d}z$，其中 Γ 为平面 $x+y+z=1$ 被三个坐标面所截成的三角形的整个边界，从原点看去，取顺时针方向；

(2) $\oint_{\Gamma}z\mathrm{d}x+y\mathrm{d}z$，其中 Γ 为柱面 $x^2+y^2=1$ 与平面 $y+z=0$ 的交线，从 Oz 轴正向看去为逆时针方向；

(3) $\oint_{\Gamma}y\mathrm{d}x+z\mathrm{d}y+x\mathrm{d}z$，其中 Γ 为圆周 $x^2+y^2+z^2=a^2$，$x+y+z=0$，从 Oz 轴的正向看，圆周沿逆时针方向；

(4) $\oint_{\Gamma}(y-z)\mathrm{d}x+(z-x)\mathrm{d}y+(x-y)\mathrm{d}z$，其中 Γ 为椭圆周 $x^2+y^2=a^2$，$\frac{x}{a}+\frac{z}{b}=1$ $(a>0,\ b>0)$，由 Ox 轴的正向看，圆周沿逆时针方向.

5. 求下列向量场的散度：

(1) $\boldsymbol{F}(x,y,z)=(2x-y)\boldsymbol{i}-(y+2z)\boldsymbol{j}-(x-5z)\boldsymbol{k}$；

(2) $\boldsymbol{F}(x,y,z)=xyz(x\boldsymbol{i}+y\boldsymbol{j}+z\boldsymbol{k})$；

(3) $\boldsymbol{F}(x,y,z)=x^3\boldsymbol{i}+(z^3-2x^2y)\boldsymbol{j}+(y^3-x^2z)\boldsymbol{k}$.

6. 求下列向量场的旋度：

(1) $\boldsymbol{F}(x,y,z)=(2x+z)\boldsymbol{i}+(x-2y)\boldsymbol{j}+(2y-z)\boldsymbol{k}$；

(2) $\boldsymbol{F}(x,y,z)=(2x+3y)\boldsymbol{i}-(xz+y)\boldsymbol{j}-(y^2+2z)\boldsymbol{k}$.

提 高 题

1. 计算 $I=\iint_{\Sigma}x(8y+1)\mathrm{d}y\mathrm{d}z+2(1-y^2)\mathrm{d}z\mathrm{d}x-4yz\mathrm{d}x\mathrm{d}y$，其中 Σ 是由 $\begin{cases}z=\sqrt{y-1}\ (1\leqslant y\leqslant 3),\\ x=0\end{cases}$ 绕 y 轴旋转一周而成的旋转曲面，其法向量与 y 轴正向夹角大于 $\frac{\pi}{2}$.

2. 设 $u=u(x,y,z)$ 有二阶连续偏导数，且 $\frac{\partial^2 u}{\partial x^2}+\frac{\partial^2 u}{\partial y^2}+\frac{\partial^2 u}{\partial z^2}=\sqrt{x^2+y^2+z^2}$，计算 $\oiint_{\Sigma}\frac{\partial u}{\partial n}\mathrm{d}S$，其中 Σ 为球面 $x^2+y^2+z^2=2z$，$\boldsymbol{n}$ 为该球面的外法线向量.

3. 计算 $I=\oiint_{\Sigma}\frac{\cos(\widehat{\boldsymbol{r},\boldsymbol{n}})}{|\boldsymbol{r}|^2}\mathrm{d}S$，其中 $\boldsymbol{r}=(x,y,z)$，$\boldsymbol{n}$ 为 Σ 的外法线向量，Σ 为

(1) 球面 $x^2+y^2+z^2=1$，取外侧；

(2) 椭球面 $\frac{x^2}{a^2}+\frac{y^2}{b^2}+\frac{z^2}{c^2}=1$，取外侧；

(3) 不包含原点的任意光滑闭曲面.

4. 设对于半空间内任意的光滑有向封闭曲面 Σ，都有

$$\oiint_{\Sigma} xf(x)\mathrm{d}y\mathrm{d}z - xyf(x)\mathrm{d}z\mathrm{d}x - \mathrm{e}^{2x}z\mathrm{d}x\mathrm{d}y = 0,$$

其中函数 $f(x)$在$(0,+\infty)$内具有一阶连续导数，且 $\lim\limits_{x\to 0^+} f(x)=1$，求 $f(x)$.

5. 设 $u=f(x, y, z)$的二阶偏导数连续，试证：$\mathbf{rot}(\mathbf{grad}u)=\mathbf{0}$.

6. 设 $\boldsymbol{r}=(x, y, z)$，$\boldsymbol{a}$ 为常向量，求证：$\mathrm{div}[(\boldsymbol{a}\cdot\boldsymbol{r})\boldsymbol{a}]=|\boldsymbol{a}|^2$.

习题 11 - 7
参考答案

总习题十一

基础题

1. 计算下列对弧长的曲线积分：

(1) $\int_L x\sqrt{x^2-y^2}\,\mathrm{d}s$，其中 L 是双纽线$(x^2+y^2)^2=a^2(x^2-y^2)(x\geqslant 0)$的一半；

(2) $\int_L y^2\mathrm{d}s$，其中 L：$x=a(t-\sin t)$，$y=a(1-\cos t)(0\leqslant t\leqslant 2\pi)$；

(3) $\int_L (x+y)\mathrm{d}s$，其中 L 是顶点为$O(0, 0)$、$A(1, 0)$、$B(0, 1)$的三角形边界；

(4) $\int_L \dfrac{\mathrm{d}s}{x-y}$，其中 L 是连接点 $A(0, -2)$和 $B(4, 0)$的直线段；

(5) $\int_L x\mathrm{d}s$，其中 L 是对数螺旋线 $r=a\mathrm{e}^{k\varphi}(k>0)$在圆 $r=a$ 内的一段；

(6) $\int_\Gamma \dfrac{z^2}{x^2+y^2}\mathrm{d}s$，其中 Γ：$x=a\cos t$，$y=a\sin t$，$z=at(0\leqslant t\leqslant 2\pi)$；

(7) $\int_\Gamma z\mathrm{d}s$，其中 Γ 是圆锥螺线 $x=t\cos t$，$y=t\sin t$，$z=t(0\leqslant t\leqslant t_0)$；

(8) $\int_\Gamma (x+y+z)\mathrm{d}s$，其中 Γ 由直线段 $AB(A(1, 1, 0)$、$B(1, 0, 0))$与螺线 BC：$x=\cos t$，$y=\sin t$，$z=t(0\leqslant t\leqslant 2\pi)$组成；

(9) $\int_\Gamma (x^2+y^2+z^2)^n\mathrm{d}s$，其中 Γ 是圆周 $x^2+y^2=a^2$，$z=0$.

2. 计算下列对坐标的曲线积分：

(1) $\int_L x\mathrm{d}y-2y\mathrm{d}x$，其中 L 是正向圆周 $x^2+y^2=2$ 在第一象限的部分；

(2) $\int_L (x^2+2xy)\mathrm{d}x+(y^2-2xy)\mathrm{d}y$，其中 L 是一段抛物线 $y=x^2(-1\leqslant x\leqslant 1)$，沿 x 增加的方向；

(3) $\oint_L x\mathrm{d}y$，其中 L 是由直线$\dfrac{x}{2}+\dfrac{y}{3}=1$ 和坐标轴所构成的三角形回路，沿逆时针方向；

(4) $\int_L (x^2+y^2)\mathrm{d}x+(x^2-y^2)\mathrm{d}y$，其中 L 是曲线 $y=1-|1-x|$从点$(0, 0)$到点$(2, 0)$的一段；

(5) $\int_L \frac{dx+dy}{|x|+|y|}$，其中 L 是由 $A(1, 0)$、$B(0, 1)$、$C(-1, 0)$ 连成的折线；

(6) $\int_\Gamma x dx + y dy + (x+y-1) dz$，其中 Γ 是从点 $(1, 1, 1)$ 到点 $(2, 3, 4)$ 的一段直线；

(7) $\int_\Gamma y^2 dx + xy dy + xz dz$，其中 Γ 是从点 $(0, 0, 0)$ 到点 $A(1, 0, 0)$，再到点 $B(1, 1, 0)$，最后到点 $C(1, 1, 1)$ 的折线段；

(8) $\int_\Gamma e^{x+y+z} dx + e^{x+y+z} dy + e^{x+y+z} dz$，其中 Γ：$x=\cos\varphi$，$y=\sin\varphi$，$z=\frac{\varphi}{\pi}$ 从点 $A(1, 0, 0)$ 到点 $B\left(0, 1, \frac{1}{2}\right)$；

(9) $\int_\Gamma y dx + z dy + x dz$，其中 Γ 是 $x+y=2$ 与 $x^2+y^2+z^2=2(x+y)$ 的交线，从原点看去是顺时针方向；

(10) $\int_\Gamma y dx + z dy + x dz$，其中 Γ 是 $z=xy$ 与 $x^2+y^2=1$ 的交线，从 z 轴上方看是逆时针方向.

3. 利用格林公式，计算下列曲线积分：

(1) $\oint_L (x+y)^2 dx + (x^2-y^2) dy$，其中 L 是顶点为 $A(1, 1)$、$B(3, 3)$、$C(3, 5)$ 的三角形周界，沿逆时针方向；

(2) $\oint_L (xy+x+y) dx + (xy+x-y) dy$，其中 L 是椭圆 $\frac{x^2}{a^2}+\frac{y^2}{b^2}=1$，沿顺时针方向；

(3) $\oint_L (yx^3+e^y) dx + (xy^3+xe^y-2y) dy$，其中 L 是关于两坐标轴对称的闭曲线；

(4) $\oint_L \sqrt{x^2+y^2}\, dx + y[xy+\ln(x+\sqrt{x^2+y^2})] dy$，其中 L 是由 $y^2=x-1$ 与 $x=2$ 围成的封闭曲线，沿逆时针方向；

(5) $\int_L (x^2+2xy-y^2) dx + (x^2-2xy+y^2) dy$，其中 L 从点 $A(0, -1)$ 沿直线 $y=x-1$ 到点 $M(1, 0)$，再从点 $M(1, 0)$ 沿圆周 $x^2+y^2=1$ 到点 $B(0, 1)$.

4. 计算下列曲面积分：

(1) $\iint_\Sigma z dS$，其中 Σ 为锥面 $z=\sqrt{x^2+y^2}$ 在柱体 $x^2+y^2\leqslant 2x$ 内的部分；

(2) $\iint_\Sigma \frac{1}{x^2+y^2+z^2} dS$，其中 Σ 为介于 $z=0$、$z=H$ 之间的柱面 $x^2+y^2=R^2$；

(3) $\iint_\Sigma \frac{x dydz + z^2 dxdy}{x^2+y^2+z^2}$，其中 Σ 为曲面 $x^2+y^2=R^2$ 及两平面 $z=R$、$z=-R(R>0)$ 所围成的立体表面的外侧；

(4) $\iint_\Sigma (x+y^2+z) dxdy$，其中 Σ 为椭球面 $\frac{x^2}{a^2}+\frac{y^2}{b^2}+\frac{z^2}{c^2}=1$ 的外侧；

(5) $\iint\limits_{\Sigma} xyz\mathrm{d}x\mathrm{d}y$，其中 Σ 为柱面 $x^2+z^2=R^2$ 在 $x\geqslant 0$，$y\geqslant 0$ 两卦限内被平面 $y=0$ 和 $y=h$ 所截下部分的外侧；

(6) $\iint\limits_{\Sigma} xy^2z^2\mathrm{d}y\mathrm{d}z$，其中 Σ 为球面 $x^2+y^2+z^2=R^2$ 的外侧 $x\leqslant 0$ 的部分；

(7) $\iint\limits_{\Sigma} yz\mathrm{d}z\mathrm{d}x$，其中 Σ 为球面 $x^2+y^2+z^2=1$ 的外侧上半部分($z\geqslant 0$)；

(8) $\iint\limits_{\Sigma} x^2\mathrm{d}y\mathrm{d}z+y^2\mathrm{d}z\mathrm{d}x+z^2\mathrm{d}x\mathrm{d}y$，其中 Σ 是平面 $x+y+z=1$ 在第一卦限，从 z 轴正方向看的上侧；

(9) $\iint\limits_{\Sigma} (y-z)\mathrm{d}y\mathrm{d}z+(z-x)\mathrm{d}z\mathrm{d}x+(x-y)\mathrm{d}x\mathrm{d}y$，其中 Σ 为锥面 $z^2=x^2+y^2(0\leqslant z\leqslant 1)$ 的下侧.

5. 求曲线 $x=\mathrm{e}^t\cos t$，$y=\mathrm{e}^t\sin t$，$z=\mathrm{e}^t$ 从 $t=0$ 到任意点间那段弧的质量，设它各点的密度与该点到原点的距离的平方成反比，且在点(1, 0, 1)处的密度为 1.

6. 设 $\boldsymbol{c}$ 是常向量，Σ 是任意光滑闭曲面，证明：$\oiint\limits_{\Sigma} \cos(\widehat{\boldsymbol{c}, \boldsymbol{n}})\mathrm{d}S=0$，其中$(\widehat{\boldsymbol{c}, \boldsymbol{n}})$表示向量 $\boldsymbol{c}$ 与曲面 Σ 法向量 $\boldsymbol{n}$ 的夹角.

7. 验证下列积分与路径无关，并求出它们的值：

(1) $\int_{(0,0)}^{(1,1)} (x-y)(\mathrm{d}x-\mathrm{d}y)$；

(2) $\int_{(1,1)}^{(2,2)} \left(\frac{1}{y}\sin\frac{x}{y}-\frac{y}{x^2}\cos\frac{y}{x}+1\right)\mathrm{d}x+\left(\frac{1}{x}\cos\frac{y}{x}-\frac{x}{y^2}\sin\frac{x}{y}+\frac{1}{y^2}\right)\mathrm{d}y$；

(3) $\int_{(1,0)}^{(6,3)} \frac{x\mathrm{d}x+y\mathrm{d}y}{\sqrt{x^2+y^2}}$.

8. 设平面上有四条路径：

L_1：折线，从(0, 0)到(1, 0)，再到(1, 1)；

L_2：从(0, 0)沿着抛物线 $y=x^2$ 到(1, 1)；

L_3：从(0, 0)到(1, 1)的直线段；

L_4：折线，从(0, 0)到(0, 1)，再到(1, 1).

求下列力场 $\boldsymbol{F}$ 沿上述四条路径所做的功，并说明它们的值为什么会相等或不等：

(1) $\boldsymbol{F}=-y\boldsymbol{i}+x\boldsymbol{j}$；

(2) $\boldsymbol{F}=2xy\boldsymbol{i}+x^2\boldsymbol{j}$.

提 高 题

1. 设 $P(x, y)$和 $Q(x, y)$在全平面上有连续偏导数，而且对以任意点(x_0, y_0)为中心，以任意正数 r 为半径的上半圆 C：$x=x_0+r\cos\theta$，$y=y_0+r\sin\theta(0\leqslant\theta<\pi)$，恒有

$$\int_C P(x, y)\mathrm{d}x+Q(x, y)\mathrm{d}y=0,$$

求证：$P(x, y)\equiv 0$，$\frac{\partial Q}{\partial y}\equiv 0$.

2. 设 $u=u(x, y)$有二阶连续偏导数，试证：$\Delta u\equiv\frac{\partial^2 u}{\partial x^2}+\frac{\partial^2 u}{\partial y^2}=0$(即 $u=u(x, y)$为调和函数)的充要条件是$\oint_C \frac{\partial u}{\partial n}\mathrm{d}s=0$，其中 C 为任意逐段光滑的闭曲线，$\frac{\partial u}{\partial n}$是沿外法线方向的方向导数.

3. 计算 $I=\int_{L^+}\frac{(x+y)\mathrm{d}x-(x-y)\mathrm{d}y}{x^2+y^2}$，其中 L^+ 是从点 $A(-1, 0)$到点 $B(1, 0)$的一条不通过原点的光滑曲线，它的方程是 $y=f(x)(-1\leqslant x\leqslant 1)$.

4. 计算 $I=\int_{L^+}\frac{(1+\sqrt{x^2+y^2})(x\mathrm{d}x+y\mathrm{d}y)}{x^2+y^2}$，其中 L^+ 是不通过原点，从点 $A(1, 0)$到点 $B(0, 2)$的分段光滑曲线.

5. 设 $f(x)$在$(-\infty,+\infty)$内有连续的导函数，求$\int_L \frac{1+y^2 f(xy)}{y}\mathrm{d}x+\frac{x}{y^2}[y^2 f(xy)-1]\mathrm{d}y$，其中 L 是从点 $A\left(3, \frac{2}{3}\right)$到点 $B(1, 2)$的直线段.

6. 若函数 $u=u(x, y, z)$在闭区域 Ω 上有二阶连续偏导数，且 Σ 为 Ω 的边界，$\frac{\partial u}{\partial n}$为 u 沿 Σ 的外法线的方向导数，并引用拉普拉斯算子 $\Delta\equiv\frac{\partial^2}{\partial x^2}+\frac{\partial^2}{\partial y^2}+\frac{\partial^2}{\partial z^2}$，证明

$$\oiint_\Sigma u\frac{\partial u}{\partial n}\mathrm{d}S=\iiint_\Omega\left[\left(\frac{\partial u}{\partial x}\right)^2+\left(\frac{\partial u}{\partial y}\right)^2+\left(\frac{\partial u}{\partial z}\right)^2\right]\mathrm{d}x\mathrm{d}y\mathrm{d}z+\iiint_\Omega u\Delta u\mathrm{d}x\mathrm{d}y\mathrm{d}z.$$

7. 证明平面上的格林第二公式$\iint_D(v\Delta u-u\Delta v)\mathrm{d}x\mathrm{d}y=\oint_L\left(v\frac{\partial u}{\partial n}-u\frac{\partial v}{\partial n}\right)\mathrm{d}s$.

8. 记 $r=r(\theta, \varphi)$为分片光滑封闭曲面 Σ 的球坐标方程，证明 Σ 所围的有界区域 Ω 的体积 $V=\frac{1}{3}\oiint_\Sigma r\cos\psi\mathrm{d}S$，其中 ψ 为曲面 Σ 在动点的外法线方向与向径所成的夹角.

9. 设 D 为由两条直线 $y=x$，$y=4x$ 和两条双曲线 $xy=1$，$xy=4$ 在第一象限所围成的区域，$F(x)$是具有连续导数的一元函数，$F'(x)=f(x)$. 试证：

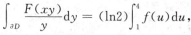

$$\int_{\partial D}\frac{F(xy)}{y}\mathrm{d}y=(\ln 2)\int_1^4 f(u)\mathrm{d}u,$$

其中∂D 是区域 D 的边界，方向为逆时针方向.

总习题十一
参考答案

第十二章　无穷级数

知识图谱

人们在认识事物数量特征的过程中，常会遇到由有限多个数量相加转到无限多个数量相加的问题. 如何定义无限多个数相加？是否存在一个合理的和？如果存在，这个和等于什么？这就是本章要解决的问题. 无穷级数在理论问题和实际问题中有着十分广泛的应用，它是表示函数、研究函数和微积分进一步发展及求解微分方程等的重要工具.

本章教学目标

第一节　常数项级数的概念和性质

一、常数项级数的概念

定义 12.1.1　设$\{u_n\}$是一个数列，将它的各项依次用"+"连接起来的表达式

$$u_1+u_2+\cdots+u_n+\cdots$$

称为(常数项)无穷级数，简称(常数项)级数，其中 u_n 称为级数的一般项(通项).

把上述级数记为 $\sum\limits_{n=1}^{\infty}u_n$，记 $S_n=\sum\limits_{k=1}^{n}u_k=u_1+u_2+\cdots+u_n$，则 S_n 称为级数 $\sum\limits_{n=1}^{\infty}u_n$ 的前 n 项和，简称部分和.

定义 12.1.2　若 $\lim\limits_{n\to\infty}S_n=S$，即常数项级数 $\sum\limits_{n=1}^{\infty}u_n$ 的部分和所构成的数列$\{S_n\}$收敛于 S，则称常数项级数 $\sum\limits_{n=1}^{\infty}u_n$ 收敛，并记作

$$S=\sum_{n=1}^{\infty}u_n=u_1+u_2+\cdots+u_n+\cdots.$$

此时，称 $R_n=S-S_n$ 为级数 $\sum\limits_{n=1}^{\infty}u_n$ 的余和.

若部分和数列$\{S_n\}$发散，则称常数项级数 $\sum\limits_{n=1}^{\infty}u_n$ 发散.

常数项级数的收敛性问题，本质上是部分和数列的收敛性问题. 对于任意的数列$\{a_n\}$，总可将其视为常数项级数

$$a_1+(a_2-a_1)+(a_3-a_2)+\cdots+(a_n-a_{n-1})+\cdots$$

的部分和所构成的数列，因此，数列$\{a_n\}$与上述级数有相同的敛散性.

例 12.1.1　讨论等比级数(也称几何级数)$a+aq+aq^2+\cdots+aq^n+\cdots$ 是否收敛，其中常数 $a\neq0$.

解　等比级数的部分和为 $S_n=a+aq+aq^2+\cdots+aq^{n-1}$.

(1) 当 $q=1$ 时，$S_n=na$，从而 $\lim\limits_{n\to\infty}S_n=\lim\limits_{n\to\infty}na=\infty$.

(2) 当 $q\neq 1$ 时，$S_n=\dfrac{a(1-q^n)}{1-q}$，于是

当 $|q|<1$ 时，$\lim\limits_{n\to\infty}S_n=\lim\limits_{n\to\infty}\dfrac{a(1-q^n)}{1-q}=\dfrac{a}{1-q}$；

当 $|q|>1$ 时，$\lim\limits_{n\to\infty}S_n=\lim\limits_{n\to\infty}\dfrac{a(1-q^n)}{1-q}=\infty$；

当 $q=-1$ 时，$\lim\limits_{n\to\infty}S_n=\lim\limits_{n\to\infty}\dfrac{a[1-(-1)^n]}{1-q}=\dfrac{a}{1-q}\lim\limits_{n\to\infty}[1-(-1)^n]$不存在.

综上可知，当 $|q|<1$ 时，等比级数收敛；当 $|q|\geqslant 1$ 时，等比级数发散.

注 等比级数 $a+aq+aq^2+\cdots+aq^n+\cdots$的一般形式记为 $\sum\limits_{n=1}^{\infty}aq^{n-1}$.

例 12.1.2 证明：级数 $\sum\limits_{n=1}^{\infty}\dfrac{1}{n(n+1)}$ 收敛，并求它的和.

证明 级数 $\sum\limits_{n=1}^{\infty}\dfrac{1}{n(n+1)}$ 的部分和为

$$\begin{aligned}S_n &= \sum_{k=1}^{n}\frac{1}{k(k+1)}=\frac{1}{1\times 2}+\frac{1}{2\times 3}+\frac{1}{3\times 4}+\cdots+\frac{1}{n\times(n+1)}\\ &=1-\frac{1}{2}+\frac{1}{2}-\frac{1}{3}+\frac{1}{3}-\frac{1}{4}+\cdots+\frac{1}{n}-\frac{1}{n+1}=1-\frac{1}{n+1},\end{aligned}$$

则 $\lim\limits_{n\to\infty}S_n=\lim\limits_{n\to\infty}\left(1-\dfrac{1}{n+1}\right)=1$，故级数 $\sum\limits_{n=1}^{\infty}\dfrac{1}{n(n+1)}$ 收敛，其和为 1.

例 12.1.3 判断级数 $\sum\limits_{n=1}^{\infty}\arctan\dfrac{1}{2n^2}$ 是否收敛.

解 注意到$\dfrac{1}{2n^2}=\dfrac{(2n+1)-(2n-1)}{1+(2n+1)(2n-1)}$，从而 $\arctan\dfrac{1}{2n^2}=\arctan(2n+1)-\arctan(2n-1)$，于是级数 $\sum\limits_{n=1}^{\infty}\arctan\dfrac{1}{2n^2}$ 的部分和为

$$\begin{aligned}S_n &= \sum_{k=1}^{n}\arctan\frac{1}{2k^2}=\arctan\frac{1}{2\cdot 1^2}+\arctan\frac{1}{2\cdot 2^2}+\cdots+\arctan\frac{1}{2n^2}\\ &=\arctan 3-\arctan 1+\arctan 5-\arctan 3+\cdots+\arctan(2n+1)-\arctan(2n-1)\\ &=\arctan(2n+1)-\arctan 1,\end{aligned}$$

所以

$$\lim_{n\to\infty}S_n=\lim_{n\to\infty}[\arctan(2n+1)-\arctan 1]=\frac{\pi}{2}-\frac{\pi}{4}=\frac{\pi}{4},$$

即级数 $\sum\limits_{n=1}^{\infty}\arctan\dfrac{1}{2n^2}$ 收敛，其和为$\dfrac{\pi}{4}$.

例 12.1.4 讨论调和级数 $\sum\limits_{n=1}^{\infty}\dfrac{1}{n}$ 的收敛性.

解 由于 $x>0$ 时，$x>\ln(1+x)$，因此对每一自然数 n，都有$\dfrac{1}{n}>\ln\left(1+\dfrac{1}{n}\right)$，于是调和级数的部分和为

利用定义判断级数是否收敛的说明

$$\begin{aligned} S_n &= \sum_{k=1}^{n} \frac{1}{k} = \frac{1}{1} + \frac{1}{2} + \cdots + \frac{1}{n} \\ &> \ln\left(1+\frac{1}{1}\right) + \ln\left(1+\frac{1}{2}\right) + \cdots + \ln\left(1+\frac{1}{n}\right) \\ &= \ln\frac{2}{1} + \ln\frac{3}{2} + \cdots + \ln\frac{n+1}{n} = \ln(n+1). \end{aligned}$$

注意到 $\lim\limits_{n\to\infty}\ln(n+1)=+\infty$，可得 $\lim\limits_{n\to\infty}S_n=+\infty$，即调和级数 $\sum\limits_{n=1}^{\infty}\dfrac{1}{n}$ 发散.

二、常数项级数的性质

定理 12.1.1(级数收敛的必要条件)　设级数 $\sum\limits_{n=1}^{\infty}u_n$ 收敛，则 $\lim\limits_{n\to\infty}u_n=0$.

证明　记级数 $\sum\limits_{n=1}^{\infty}u_n$ 的部分和为 $S_n=\sum\limits_{k=1}^{n}u_k$，则 $u_1=S_1$，$u_n=S_n-S_{n-1}$，$n=2, 3, \cdots$. 根据定义，级数 $\sum\limits_{n=1}^{\infty}u_n$ 收敛说明 $\lim\limits_{n\to\infty}S_n$ 存在，记 $\lim\limits_{n\to\infty}S_n=S$，从而

$$\lim_{n\to\infty}u_n=\lim_{n\to\infty}(S_n-S_{n-1})=\lim_{n\to\infty}S_n-\lim_{n\to\infty}S_{n-1}=S-S=0.$$

注　(1) 定理 12.1.1 的逆命题不一定成立，即由 $\lim\limits_{n\to\infty}u_n=0$，得不到级数 $\sum\limits_{n=1}^{\infty}u_n$ 收敛. 如对于调和级数 $\sum\limits_{n=1}^{\infty}\dfrac{1}{n}$，虽有 $\lim\limits_{n\to\infty}\dfrac{1}{n}=0$，但级数 $\sum\limits_{n=1}^{\infty}\dfrac{1}{n}$ 发散.

(2) 若 $\lim\limits_{n\to\infty}u_n\neq 0$，则级数 $\sum\limits_{n=1}^{\infty}u_n$ 发散.

例 12.1.5　判断级数 $\sum\limits_{n=1}^{\infty}\dfrac{1}{\sqrt[n]{n}}$ 的敛散性.

解　注意到 $\lim\limits_{n\to\infty}\dfrac{1}{\sqrt[n]{n}}=1\neq 0$，根据级数收敛的必要条件可知，级数 $\sum\limits_{n=1}^{\infty}\dfrac{1}{\sqrt[n]{n}}$ 发散.

定理 12.1.2(收敛级数的基本性质)　设级数 $\sum\limits_{n=1}^{\infty}u_n$ 和 $\sum\limits_{n=1}^{\infty}v_n$ 都收敛，则

(1) 对任意的实数 λ，级数 $\sum\limits_{n=1}^{\infty}(\lambda u_n)$ 收敛，且 $\sum\limits_{n=1}^{\infty}(\lambda u_n)=\lambda\sum\limits_{n=1}^{\infty}u_n$.

(2) 级数 $\sum\limits_{n=1}^{\infty}(u_n+v_n)$ 收敛，且 $\sum\limits_{n=1}^{\infty}(u_n+v_n)=\sum\limits_{n=1}^{\infty}u_n+\sum\limits_{n=1}^{\infty}v_n$.

(3) 级数 $\sum\limits_{n=1}^{\infty}u_n$ 加括号后的级数也收敛，且其和不变. 即若 $\{n(k)\}$ 是严格单调增的正整数列，$n(1)=1$，记 $A_k=u_{n(k)}+u_{n(k)+1}+\cdots+u_{n(k+1)-1}$，$k=1, 2, \cdots$，则级数 $\sum\limits_{k=1}^{\infty}A_k$ 收敛，且 $\sum\limits_{k=1}^{\infty}A_k=\sum\limits_{n=1}^{\infty}u_n$.

(4) 级数 $\sum\limits_{n=1}^{\infty}u_n$ 中添加或去掉或修改有限多项，级数仍收敛.

证明 记级数 $\sum_{n=1}^{\infty}u_n$ 和 $\sum_{n=1}^{\infty}v_n$ 的部分和分别为 U_n 和 V_n，则

$$U_n=u_1+u_2+\cdots+u_n,\quad V_n=v_1+v_2+\cdots+v_n.$$

由于级数 $\sum_{n=1}^{\infty}u_n$ 和 $\sum_{n=1}^{\infty}v_n$ 都收敛，因此可记 $\lim\limits_{n\to\infty}U_n=U$，$\lim\limits_{n\to\infty}V_n=V$.

(1) 记级数 $\sum_{n=1}^{\infty}(\lambda u_n)$ 的部分和为 W_n，则

$$W_n=\lambda u_1+\lambda u_2+\cdots+\lambda u_n=\lambda(u_1+u_2+\cdots+u_n)=\lambda U_n,$$

从而 $\lim\limits_{n\to\infty}W_n=\lim\limits_{n\to\infty}\lambda U_n=\lambda U$，即级数 $\sum_{n=1}^{\infty}(\lambda u_n)$ 收敛，且 $\sum_{n=1}^{\infty}(\lambda u_n)=\lambda\sum_{n=1}^{\infty}u_n$.

(2) 记级数 $\sum_{n=1}^{\infty}(u_n+v_n)$ 的部分和为 X_n，则

$$\begin{aligned}X_n&=(u_1+v_1)+(u_2+v_2)+\cdots+(u_n+v_n)\\&=(u_1+u_2+\cdots+u_n)+(v_1+v_2+\cdots+v_n)\\&=U_n+V_n,\end{aligned}$$

从而

$$\lim_{n\to\infty}X_n=\lim_{n\to\infty}(U_n+V_n)=U+V,$$

即级数 $\sum_{n=1}^{\infty}(u_n+v_n)$ 收敛，且 $\sum_{n=1}^{\infty}(u_n+v_n)=\sum_{n=1}^{\infty}u_n+\sum_{n=1}^{\infty}v_n$.

(3) 记级数 $\sum_{k=1}^{\infty}A_k$ 的部分和为 Y_k，则

$$\begin{aligned}Y_k&=A_1+A_2+\cdots+A_k\\&=(u_1+u_2+\cdots+u_{n(2)-1})+(u_{n(2)}+u_{n(2)+1}+\cdots+u_{n(3)-1})+\cdots+\\&\quad(u_{n(k)}+u_{n(k)+1}+\cdots+u_{n(k+1)-1})\\&=U_{n(k+1)-1}.\end{aligned}$$

这说明级数 $\sum_{k=1}^{\infty}A_k$ 的部分和数列 $\{Y_k\}$ 为级数 $\sum_{n=1}^{\infty}u_n$ 的部分和数列 $\{U_n\}$ 的子列，从而 $\lim\limits_{k\to\infty}Y_k=\lim\limits_{k\to\infty}U_{n(k+1)-1}=U$，即级数 $\sum_{k=1}^{\infty}A_k$ 收敛，且 $\sum_{k=1}^{\infty}A_k=\sum_{n=1}^{\infty}u_n$.

(4) 记级数 $\sum_{n=1}^{\infty}u_n$ 去掉第一项所得级数为 $\sum_{n=1}^{\infty}z_n$，其部分和为 Z_n，则

$$U_n=u_1+u_2+\cdots+u_n,$$

而

$$Z_n=z_1+z_2+\cdots+z_n=u_2+u_3+\cdots+u_{n+1}=U_{n+1}-u_1,$$

从而

$$\lim_{n\to\infty}Z_n=\lim_{n\to\infty}(U_{n+1}-u_1)=U-u_1,$$

这说明级数 $\sum_{n=1}^{\infty}z_n$ 收敛. 即收敛级数去掉第一项所得级数仍收敛，重复使用这个结果，可得收敛级数去掉前有限多项所得级数仍收敛.

另外，收敛级数 $\sum_{n=1}^{\infty}z_n$ 添加第一项所得级数 $\sum_{n=1}^{\infty}u_n$ 仍收敛，重复使用这个结果，可得收

敛级数添加前有限多项所得级数仍收敛.

而级数 $\sum_{n=1}^{\infty} u_n$ 中添加或去掉或修改有限多项，可以通过去掉或添加前有限项实现，从而所得级数仍收敛.

注　(1) 当 $\lambda \neq 0$ 时，$\sum_{n=1}^{\infty} u_n$ 与 $\sum_{n=1}^{\infty} (\lambda u_n)$ 有相同的敛散性.

(2) 当 $\sum_{n=1}^{\infty} u_n$ 收敛，$\sum_{n=1}^{\infty} v_n$ 发散时，$\sum_{n=1}^{\infty} (u_n + v_n)$ 一定发散. 但当 $\sum_{n=1}^{\infty} u_n$ 和 $\sum_{n=1}^{\infty} v_n$ 均发散时，$\sum_{n=1}^{\infty} (u_n + v_n)$ 敛散性未定.

(3) 当级数加括号后收敛，原来级数不一定收敛，例如 $\sum_{n=1}^{\infty} (-1)^n$ 相邻两项依次加括号后收敛，但 $\sum_{n=1}^{\infty} (-1)^n$ 发散. 但级数加括号后发散，原来级数一定发散.

(4) 一个级数收敛与否与该级数的前面有限项没有关系.

例 12.1.6　判断级数 $\sum_{n=1}^{\infty} \frac{0.000\,000\,000\,01}{n}$ 的敛散性.

解　由于 $\sum_{n=1}^{\infty} \frac{1}{n}$ 发散，因此根据收敛级数的基本性质可知，$\sum_{n=1}^{\infty} \frac{0.000\,000\,000\,01}{n}$ 发散.

例 12.1.7　判断级数 $\sum_{n=1}^{\infty} \frac{1\,000\,000\,000}{2^n}$ 的敛散性.

解　由等比级数的敛散性可知，$\sum_{n=1}^{\infty} \frac{1}{2^n} = \sum_{n=1}^{\infty} \left(\frac{1}{2}\right)^n$ 收敛，则根据收敛级数的基本性质可知，$\sum_{n=1}^{\infty} \frac{1\,000\,000\,000}{2^n}$ 收敛.

例 12.1.8　判断级数 $\sum_{n=1}^{\infty} \left[\frac{2}{n} + \left(\frac{2}{3}\right)^n\right]$ 的敛散性.

解　由于级数 $\sum_{n=1}^{\infty} \frac{2}{n}$ 发散，而级数 $\sum_{n=1}^{\infty} \left(\frac{2}{3}\right)^n$ 收敛，因此根据收敛级数的基本性质可知，级数 $\sum_{n=1}^{\infty} \left[\frac{2}{n} + \left(\frac{2}{3}\right)^n\right]$ 发散.

例 12.1.9　讨论级数 $1+\frac{1}{2}+\frac{1}{2}+\frac{1}{3}+\frac{1}{3}+\frac{1}{3}+\frac{1}{4}+\frac{1}{4}+\frac{1}{4}+\frac{1}{4}+\cdots$ 的收敛性.

解　对级数添加如下形式的括号，则

$$1+\left(\frac{1}{2}+\frac{1}{2}\right)+\left(\frac{1}{3}+\frac{1}{3}+\frac{1}{3}\right)+\left(\frac{1}{4}+\frac{1}{4}+\frac{1}{4}+\frac{1}{4}\right)+\cdots = \sum_{n=1}^{\infty} 1.$$

显然，级数 $\sum_{n=1}^{\infty} 1$ 发散，从而级数 $1+\frac{1}{2}+\frac{1}{2}+\frac{1}{3}+\frac{1}{3}+\frac{1}{3}+\frac{1}{4}+\frac{1}{4}+\frac{1}{4}+\frac{1}{4}+\cdots$ 发散.

三、知识延展——柯西收敛原理

定理 12.1.3(柯西收敛原理)　级数 $\sum_{n=1}^{\infty} u_n$ 收敛的充要条件是：对任意的 $\varepsilon > 0$，存在正整

数 N，使得对任意的 $n>N$，对任意的正整数 p，都有 $|u_{n+1}+u_{n+2}+\cdots+u_{n+p}|<\varepsilon$.

柯西收敛原理的证明

注 级数 $\sum\limits_{n=1}^{\infty}u_n$ 发散的充要条件是：存在 $\varepsilon>0$，使得对任意的正整数 N，存在正整数 $n>N$，以及正整数 p，使得 $|u_{n+1}+u_{n+2}+\cdots+u_{n+p}|\geqslant\varepsilon$.

例 12.1.10 设级数 $\sum\limits_{n=1}^{\infty}u_n$ 和 $\sum\limits_{n=1}^{\infty}v_n$ 满足 $|u_n|\leqslant v_n$，且级数 $\sum\limits_{n=1}^{\infty}v_n$ 收敛. 证明级数 $\sum\limits_{n=1}^{\infty}u_n$ 也收敛，且 $\left|\sum\limits_{n=1}^{\infty}u_n\right|\leqslant\sum\limits_{n=1}^{\infty}v_n$.

证明 由于级数 $\sum\limits_{n=1}^{\infty}v_n$ 收敛，因此对任意的 $\varepsilon>0$，存在正整数 N，使得对任意的 $n>N$，对任意的正整数 p，都有

$$|v_{n+1}+v_{n+2}+\cdots+v_{n+p}|=v_{n+1}+v_{n+2}+\cdots+v_{n+p}<\varepsilon.$$

于是

$$|u_{n+1}+u_{n+2}+\cdots+u_{n+p}|\leqslant|u_{n+1}|+|u_{n+2}|+\cdots+|u_{n+p}|\leqslant v_{n+1}+v_{n+2}+\cdots+v_{n+p}<\varepsilon.$$

这说明级数 $\sum\limits_{n=1}^{\infty}u_n$ 也收敛.

记级数 $\sum\limits_{n=1}^{\infty}u_n$ 和 $\sum\limits_{n=1}^{\infty}v_n$ 的部分和分别为 U_n 和 V_n，则

$$U_n=u_1+u_2+\cdots+u_n,\quad V_n=v_1+v_2+\cdots+v_n.$$

由于级数 $\sum\limits_{n=1}^{\infty}u_n$ 和 $\sum\limits_{n=1}^{\infty}v_n$ 都收敛，因此可记 $\lim\limits_{n\to\infty}U_n=U$，$\lim\limits_{n\to\infty}V_n=V$. 注意到 $|u_n|\leqslant v_n$，从而

$$|U_n|=|u_1+u_2+\cdots+u_n|\leqslant|u_1|+|u_2|+\cdots+|u_n|\leqslant v_1+v_2+\cdots+v_n=V_n.$$

由极限的保序性可知，$\lim\limits_{n\to\infty}|U_n|=|U|\leqslant\lim\limits_{n\to\infty}V_n=V$，即 $\left|\sum\limits_{n=1}^{\infty}u_n\right|\leqslant\sum\limits_{n=1}^{\infty}v_n$.

例 12.1.11 判断级数 $\sum\limits_{n=1}^{\infty}\frac{\mathrm{e}^n}{3^n}\sin\left(\frac{2\pi n^n}{n!}\right)$ 的敛散性.

解 由等比级数的敛散性可知 $\sum\limits_{n=1}^{\infty}v_n=\sum\limits_{n=1}^{\infty}\left(\frac{\mathrm{e}}{3}\right)^n$ 收敛. 注意到

$$|u_n|=\left|\frac{\mathrm{e}^n}{3^n}\sin\left(\frac{2\pi n^n}{n!}\right)\right|\leqslant\frac{\mathrm{e}^n}{3^n}=\left(\frac{\mathrm{e}}{3}\right)^n=v_n,$$

则根据例 12.1.10 的结论容易得到，级数 $\sum\limits_{n=1}^{\infty}\frac{\mathrm{e}^n}{3^n}\sin\left(\frac{2\pi n^n}{n!}\right)$ 收敛.

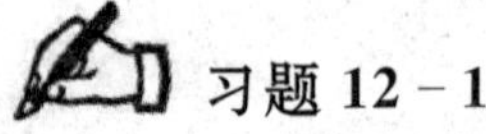

习题 12-1

基 础 题

1. 判断下列级数是否收敛，并求收敛的级数的和.

(1) $\sum\limits_{n=1}^{\infty}\ln\frac{n+1}{n}$； (2) $\sum\limits_{n=2}^{\infty}\ln\left(1-\frac{1}{n^2}\right)$；

(3) $\sum\limits_{n=1}^{\infty}\frac{1}{n(n+1)\cdots(n+k)}$； (4) $\sum\limits_{n=1}^{\infty}\frac{4^n+5^n}{20^n}$.

2. 判断下列级数是否收敛.

(1) $\sum_{n=1}^{\infty}\frac{2^n}{3n+1}$；　(2) $\sum_{n=1}^{\infty}\cos\frac{n\pi}{3}$；　(3) $\sum_{n=1}^{\infty}\frac{1}{\sqrt{n}(n+1)+n\sqrt{n+1}}$.

3. 将无限循环小数 $0.\dot{3}6\dot{9}=0.369369369\cdots$表示成无穷级数形式并用分数表示.

提　高　题

1. 讨论级数 $\sum_{n=1}^{\infty}\frac{\sin n}{1+n^2}$ 是否收敛.

2. 讨论级数 $\sum_{n=1}^{\infty}\frac{1}{2n-1}$ 是否收敛.

3. 讨论级数 $\sum_{n=1}^{\infty}\frac{(-1)^n}{n}$ 是否收敛.

4. 讨论级数 $\sum_{n=1}^{\infty}\int_{(n-1)\pi}^{n\pi}\mathrm{e}^{-x}\mid\sin x\mid\mathrm{d}x$ 是否收敛.

习题 12-1
参考答案

第二节　正项级数

最简单的抽象级数就是通项不变号的级数. 根据收敛级数的性质可知，若 $u_n\leqslant 0$，则 $\sum_{n=1}^{\infty}u_n$ 与 $\sum_{n=1}^{\infty}(-u_n)$ 具有相同的敛散性，而 $\sum_{n=1}^{\infty}(-u_n)$ 的每一项都是非负的. 也就是说，对于通项不变号的级数来说，我们只要研究级数的每项都是非负的情形就行了.

一、正项级数的概念

定义 12.2.1　如果 $a_n\geqslant 0(n=1,2,\cdots)$，则称 $\sum_{n=1}^{\infty}a_n$ 为正项级数.

例 12.2.1　级数 $\sum_{n=1}^{\infty}\ln\frac{n+1}{n}$，$\sum_{n=1}^{\infty}\frac{1}{n(n+1)\cdots(n+k)}$，$\sum_{n=1}^{\infty}\arctan\frac{1}{2n^2}$，$\sum_{n=1}^{\infty}\frac{1}{n^2}$ 等都是正项级数.

二、正项级数收敛的充要条件

正项级数的基本性质：正项级数 $\sum_{n=1}^{\infty}a_n$ 的部分和数列$\{S_n\}$单调递增.

根据正项级数的基本性质，结合单调有界原理，立即可得如下定理.

定理 12.2.1(正项级数的基本定理)

(1) 正项级数 $\sum_{n=1}^{\infty}a_n$ 收敛$\Leftrightarrow\lim\limits_{n\to\infty}S_n=S\Leftrightarrow$部分和数列$\{S_n\}$有上界.

(2) 正项级数 $\sum_{n=1}^{\infty}a_n$ 发散$\Leftrightarrow\lim\limits_{n\to\infty}S_n=+\infty\Leftrightarrow$部分和数列$\{S_n\}$没有上界.

例 12.2.2 判断级数 $\sum\limits_{n=1}^{\infty}\frac{1}{n^2}$ 的敛散性.

解 级数 $\sum\limits_{n=1}^{\infty}\frac{1}{n^2}$ 为正项级数，它的部分和为

$$S_n=\frac{1}{1^2}+\frac{1}{2^2}+\cdots+\frac{1}{n^2}<1+\frac{1}{1\times 2}+\cdots+\frac{1}{(n-1)\times n}=2-\frac{1}{n}<2,$$

也就是正项级数 $\sum\limits_{n=1}^{\infty}\frac{1}{n^2}$ 的部分和有上界，从而级数 $\sum\limits_{n=1}^{\infty}\frac{1}{n^2}$ 收敛.

例 12.2.3 设 $a_n>0$，$n=1, 2, \cdots$，求证：$\sum\limits_{n=1}^{\infty}\frac{a_n}{(1+a_1)(1+a_2)\cdots(1+a_n)}$ 收敛.

证明 $\sum\limits_{n=1}^{\infty}\frac{a_n}{(1+a_1)(1+a_2)\cdots(1+a_n)}$ 为正项级数，且其部分和为

$$\begin{aligned}S_n&=\sum_{k=1}^{n}\frac{a_k}{(1+a_1)(1+a_2)\cdots(1+a_k)}\\&=\frac{a_1}{1+a_1}+\frac{a_2}{(1+a_1)(1+a_2)}+\cdots+\frac{a_n}{(1+a_1)(1+a_2)\cdots(1+a_n)}\\&=1-\frac{1}{1+a_1}+\frac{1}{1+a_1}-\frac{1}{(1+a_1)(1+a_2)}+\cdots-\frac{1}{(1+a_1)(1+a_2)\cdots(1+a_n)}\\&=1-\frac{1}{(1+a_1)(1+a_2)\cdots(1+a_n)}<1.\end{aligned}$$

这说明部分和 $\{S_n\}$ 有上界，所以正项级数 $\sum\limits_{n=1}^{\infty}\frac{a_n}{(1+a_1)(1+a_2)\cdots(1+a_n)}$ 收敛.

三、正项级数敛散性的比较判别法

根据正项级数的基本定理，我们可以得到如下的判别法.

定理 12.2.2(正项级数的比较判别法 1) 设 $0\leqslant a_n\leqslant b_n$，$n=1, 2, \cdots$.

(1) 若正项级数 $\sum\limits_{n=1}^{\infty}b_n$ 收敛，则正项级数 $\sum\limits_{n=1}^{\infty}a_n$ 收敛.

(2) 若正项级数 $\sum\limits_{n=1}^{\infty}a_n$ 发散，则正项级数 $\sum\limits_{n=1}^{\infty}b_n$ 发散.

证明 记 $\sum\limits_{n=1}^{\infty}a_n$、$\sum\limits_{n=1}^{\infty}b_n$ 的部分和分别为 A_n、B_n，则

$$A_n=a_1+a_2+\cdots+a_n,\quad B_n=b_1+b_2+\cdots+b_n.$$

注意到 $0\leqslant a_n\leqslant b_n$，$n=1, 2, \cdots$，可得 $0\leqslant A_n\leqslant B_n$，$n=1, 2, \cdots$，从而结合正项级数的基本定理可得

(1) $\sum\limits_{n=1}^{\infty}b_n$ 收敛 $\Rightarrow\{B_n\}$ 有上界 $\Rightarrow\{A_n\}$ 有上界 $\Rightarrow\sum\limits_{n=1}^{\infty}a_n$ 收敛.

(2) $\sum\limits_{n=1}^{\infty}a_n$ 发散 $\Rightarrow\{A_n\}$ 无上界 $\Rightarrow\{B_n\}$ 无上界 $\Rightarrow\sum\limits_{n=1}^{\infty}b_n$ 发散.

事实上，结论(2)为结论(1)的逆否命题，只需要证明结论(1)即可.

根据定理 12.2.2，我们可以根据已知级数的敛散性判断未知级数的敛散性. 但在具体使用过程中，两个级数通项的大小关系往往不是从第一项开始的，这时定理 12.2.2 就无能为力了，不过我们可以根据上一节收敛级数的基本性质(4)得出如下类似的结果.

定理 12.2.3(正项级数的比较判别法 2)　设存在正整数 N 及正数 k、l，使得 $n>N$ 时，有 $0\leqslant ka_n\leqslant lb_n$，则

(1) 若 $\sum\limits_{n=1}^{\infty}b_n$ 收敛，则 $\sum\limits_{n=1}^{\infty}a_n$ 收敛.

(2) 若 $\sum\limits_{n=1}^{\infty}a_n$ 发散，则 $\sum\limits_{n=1}^{\infty}b_n$ 发散.

应用正项级数的比较判别法，我们除了熟练掌握调和级数 $\sum\limits_{n=1}^{\infty}\dfrac{1}{n}$ 和等比级数 $\sum\limits_{n=1}^{\infty}aq^{n-1}(a\neq 0)$ 的敛散性，还需要熟记例 12.2.4 中级数的敛散性.

例 12.2.4　判断级数 $\sum\limits_{n=1}^{\infty}\dfrac{1}{n^p}$($p$ 级数)的敛散性，其中 $p>0$ 且为常数.

解　(1) 当 $0<p\leqslant 1$ 时，对任意的正整数 n，都有 $0<\dfrac{1}{n}\leqslant\dfrac{1}{n^p}$，而调和级数 $\sum\limits_{n=1}^{\infty}\dfrac{1}{n}$ 发散，故由正项级数的比较判别法可知，p 级数 $\sum\limits_{n=1}^{\infty}\dfrac{1}{n^p}$ 发散.

(2) 当 $p>1$ 时，因为

$$0<\frac{1}{n^p}=\int_{n-1}^{n}\frac{1}{n^p}\mathrm{d}x\leqslant\int_{n-1}^{n}\frac{1}{x^p}\mathrm{d}x=\frac{1}{p-1}\left[\frac{1}{(n-1)^{p-1}}-\frac{1}{n^{p-1}}\right],$$

而级数 $\sum\limits_{n=2}^{\infty}\left[\dfrac{1}{(n-1)^{p-1}}-\dfrac{1}{n^{p-1}}\right]$ 的部分和 $\sigma_n=1-\dfrac{1}{(n+1)^{p-1}}<1$，所以 $\sum\limits_{n=2}^{\infty}\left[\dfrac{1}{(n-1)^{p-1}}-\dfrac{1}{n^{p-1}}\right]$ 收敛. 进一步地，根据正项级数的比较判别法得，p 级数 $\sum\limits_{n=1}^{\infty}\dfrac{1}{n^p}$ 收敛.

综上可知：当 $p>1$ 时，$\sum\limits_{n=1}^{\infty}\dfrac{1}{n^p}$ 收敛；当 $0<p\leqslant 1$ 时，$\sum\limits_{n=1}^{\infty}\dfrac{1}{n^p}$ 发散.

例 12.2.5　判断级数 $\sum\limits_{n=1}^{\infty}\dfrac{2n+8}{3n^3+7n+1}$ 的敛散性.

解　级数 $\sum\limits_{n=1}^{\infty}\dfrac{2n+8}{3n^3+7n+1}$ 为正项级数，其通项为 $u_n=\dfrac{2n+8}{3n^3+7n+1}$. 注意到

$$u_n=\frac{2n+8}{3n^3+7n+1}<\frac{10n}{3n^3}=\frac{10}{3}\cdot\frac{1}{n^2},$$

且 p 级数 $\sum\limits_{n=1}^{\infty}\dfrac{1}{n^2}$ 收敛，故根据正项级数的比较判别法可知，级数 $\sum\limits_{n=1}^{\infty}\dfrac{2n+8}{3n^3+7n+1}$ 收敛.

利用正项级数的比较判别法，需要有一定的放缩技巧，甚至是对级数的敛散的直觉. 如果想证明正项级数 $\sum\limits_{n=1}^{\infty}a_n$ 收敛，就要证明其通项 a_n 不超过某一个收敛级数的通项；而要

证明正项级数 $\sum\limits_{n=1}^{\infty}a_n$ 发散，就要证明其通项 a_n 不小于某一个发散级数的通项. 也就是说，当开始放缩的时候，就隐藏着希望得到的结果，这点对初学者来说，往往是比较困难的. 接下来，我们介绍好用一些的方法.

定理 12.2.4(极限形式的比较判别法) 设 $\sum\limits_{n=1}^{\infty}a_n$ 和 $\sum\limits_{n=1}^{\infty}b_n$ 都是正项级数，且 $\lim\limits_{n\to\infty}\dfrac{a_n}{b_n}=L$.

(1) 若 $0<L<+\infty$，则 $\sum\limits_{n=1}^{\infty}a_n$ 和 $\sum\limits_{n=1}^{\infty}b_n$ 有相同的敛散性；

(2) 若 $L=0$，则 $\sum\limits_{n=1}^{\infty}b_n$ 收敛$\Rightarrow\sum\limits_{n=1}^{\infty}a_n$ 收敛；

(3) 若 $L=+\infty$，则 $\sum\limits_{n=1}^{\infty}b_n$ 发散$\Rightarrow\sum\limits_{n=1}^{\infty}a_n$ 发散.

证明 (1) 因为 $\lim\limits_{n\to\infty}\dfrac{a_n}{b_n}=L$，所以根据极限的定义可得，对 $\varepsilon=\dfrac{1}{2}L>0$，总存在正整数 N，当 $n>N$ 时，总有 $\left|\dfrac{a_n}{b_n}-L\right|<\dfrac{1}{2}L$，即 $-\dfrac{1}{2}L<\dfrac{a_n}{b_n}-L<\dfrac{1}{2}L$，进一步可得

$$0<\frac{L}{2}b_n<a_n<\frac{3L}{2}b_n.$$

于是，根据正项级数的比较判别法可得如下结果：

当 $\sum\limits_{n=1}^{\infty}a_n$ 收敛时，由 $0<\dfrac{L}{2}b_n<a_n$ 可知，$\sum\limits_{n=1}^{\infty}b_n$ 收敛；

当 $\sum\limits_{n=1}^{\infty}a_n$ 发散时，由 $0<a_n<\dfrac{3L}{2}b_n$ 可知，$\sum\limits_{n=1}^{\infty}b_n$ 发散.

这就说明，$\sum\limits_{n=1}^{\infty}a_n$ 和 $\sum\limits_{n=1}^{\infty}b_n$ 有相同的敛散性.

(2) 因为 $\lim\limits_{n\to\infty}\dfrac{a_n}{b_n}=0$，所以根据极限的定义可得，对 $\varepsilon=1>0$，总存在正整数 N，当 $n>N$ 时，总有 $\left|\dfrac{a_n}{b_n}-0\right|<1$，进一步可得 $0\leqslant a_n\leqslant b_n$. 于是，根据正项级数的比较判别法可得：当 $\sum\limits_{n=1}^{\infty}b_n$ 收敛时，$\sum\limits_{n=1}^{\infty}a_n$ 收敛.

(3) 因为 $\lim\limits_{n\to\infty}\dfrac{a_n}{b_n}=+\infty$，所以根据极限的定义可得，对 $\varepsilon=1>0$，总存在正整数 N，当 $n>N$ 时，总有 $\dfrac{a_n}{b_n}>1$，进一步可得 $0\leqslant b_n\leqslant a_n$. 于是，根据正项级数的比较判别法可得：当 $\sum\limits_{n=1}^{\infty}b_n$ 发散时，$\sum\limits_{n=1}^{\infty}a_n$ 发散.

注 根据级数收敛的必要条件可知，收敛级数的通项是趋于零的，也就是收敛级数的通项是无穷小量. 定理 12.2.4 的三个结论表明，对于正项级数而言，

(1) 以同阶无穷小作为通项的级数具有相同的敛散性；

(2) 以低阶无穷小作为通项的级数收敛，则以高阶无穷小作为通项的级数也收敛；

(3) 以高阶无穷小作为通项的级数发散，则以低阶无穷小作为通项的级数也发散.简称"同阶同敛散，低敛高必敛，高散低必散".

这样，我们在极限学习中掌握的很多等价无穷小就可以在正项级数的敛散性的判别中发挥作用了.

例 12.2.6 判断级数 $\sum\limits_{n=1}^{\infty}\arctan\dfrac{1}{2n^2}$ 的敛散性.

解 级数 $\sum\limits_{n=1}^{\infty}\arctan\dfrac{1}{2n^2}$ 为正项级数，且 $\lim\limits_{n\to\infty}\dfrac{\arctan\dfrac{1}{2n^2}}{\dfrac{1}{n^2}}=\dfrac{1}{2}$，而 $\sum\limits_{n=1}^{\infty}\dfrac{1}{n^2}$ 收敛，故根据极限形式的比较判别法可知，级数 $\sum\limits_{n=1}^{\infty}\arctan\dfrac{1}{2n^2}$ 收敛.

例 12.2.7 判断级数 $\sum\limits_{n=1}^{\infty}\left[\dfrac{1}{n}-\ln\left(1+\dfrac{1}{n}\right)\right]$ 的敛散性.

解 级数 $\sum\limits_{n=1}^{\infty}\left[\dfrac{1}{n}-\ln\left(1+\dfrac{1}{n}\right)\right]$ 为正项级数，且 $\lim\limits_{n\to\infty}\dfrac{\dfrac{1}{n}-\ln\left(1+\dfrac{1}{n}\right)}{\dfrac{1}{n^2}}=\dfrac{1}{2}$，而 $\sum\limits_{n=1}^{\infty}\dfrac{1}{n^2}$ 收敛，故根据极限形式的比较判别法可知，级数 $\sum\limits_{n=1}^{\infty}\left[\dfrac{1}{n}-\ln\left(1+\dfrac{1}{n}\right)\right]$ 收敛.

例 12.2.7 中正项级数的判断及极限的计算

例 12.2.8 判断级数 $\sum\limits_{n=2}^{\infty}\dfrac{\ln n}{n^p}$ 的敛散性，其中常数 $p>0$.

解 级数 $\sum\limits_{n=2}^{\infty}\dfrac{\ln n}{n^p}$ 为正项级数.

(1) 当 $0<p\leqslant 1$ 时，由于 $\dfrac{\ln n}{n^p}\geqslant\dfrac{1}{n^p}(n\geqslant 3)$，而 $\sum\limits_{n=1}^{\infty}\dfrac{1}{n^p}$ 发散，因此根据比较判别法可知，级数 $\sum\limits_{n=2}^{\infty}\dfrac{\ln n}{n^p}$ 发散；

(2) 当 $p>1$ 时，取常数 $p_0\in(1, p)$，由于 $\lim\limits_{n\to\infty}\dfrac{\dfrac{\ln n}{n^p}}{\dfrac{1}{n^{p_0}}}=\lim\limits_{n\to\infty}\dfrac{\ln n}{n^{p-p_0}}=0$，而 $\sum\limits_{n=1}^{\infty}\dfrac{1}{n^{p_0}}$ 收敛，因此根据极限形式的比较判别法可知，级数 $\sum\limits_{n=2}^{\infty}\dfrac{\ln n}{n^p}$ 收敛.

四、正项级数的比值判别法和根值判别法

正项级数的比较判别法很好用，但必须把通项与已知敛散性的级数的通项作比较.那么能否利用级数通项自身的性质特点来判断级数的敛散性呢？接下来介绍的比值判别法和根值判别法就是根据级数通项自身的性质来判断级数是否收敛的.

定理 12.2.5(达朗贝尔判别法、比值判别法) 设 $\sum\limits_{n=1}^{\infty}a_n$ 为正项级数，且 $\lim\limits_{n\to\infty}\dfrac{a_{n+1}}{a_n}=q$，则

(1) 当 $0\leqslant q<1$ 时，级数 $\sum\limits_{n=1}^{\infty}a_n$ 收敛；

(2) 当 $q>1$ (或 $q=+\infty$)时，级数 $\sum\limits_{n=1}^{\infty}a_n$ 发散；

(3) 当 $q=1$ 时，级数 $\sum\limits_{n=1}^{\infty}a_n$ 可能收敛，也可能发散.

证明 (1) 当 $0\leqslant q<1$ 时，取定常数 $r\in(q, 1)$，由于 $\lim\limits_{n\to\infty}\dfrac{a_{n+1}}{a_n}=q<r$，因此根据极限的保号性可得，总存在正整数 N，当 $n\geqslant N$ 时，总有 $\dfrac{a_{n+1}}{a_n}<r$，进一步可得 $a_{n+1}\leqslant ra_n$，$n=N$，$N+1$，…，从而 $a_n\leqslant ra_{n-1}\leqslant r^2a_{n-2}\leqslant\cdots\leqslant r^{n-N}a_N$. 记 $M=\dfrac{a_N}{r^N}$，则 $0\leqslant a_n\leqslant Mr^n$.

由等比级数的敛散性可知，$\sum\limits_{n=1}^{\infty}Mr^n$ 收敛. 根据正项级数的比较判别法可得 $\sum\limits_{n=1}^{\infty}a_n$ 收敛.

(2) 当 $q>1$ 时，取定常数 $r\in(1, q)$，由于 $\lim\limits_{n\to\infty}\dfrac{a_{n+1}}{a_n}=q>r$，因此根据极限的保号性可得，总存在正整数 N，当 $n\geqslant N$ 时，总有 $\dfrac{a_{n+1}}{a_n}>r$，进一步可得 $a_{n+1}\geqslant ra_n$，$n=N$，$N+1$，…，从而 $a_n\geqslant ra_{n-1}\geqslant r^2a_{n-2}\geqslant\cdots\geqslant r^{n-N}a_N$. 记 $M=\dfrac{a_N}{r^N}$，则 $a_n\geqslant Mr^n$.

注意到 $r>1$，则 $\lim\limits_{n\to\infty}r^n=+\infty$，故 $\lim\limits_{n\to\infty}a_n=+\infty$，于是由级数收敛的必要条件可得 $\sum\limits_{n=1}^{\infty}a_n$ 发散.

(3) 若取级数 $\sum\limits_{n=1}^{\infty}a_n=\sum\limits_{n=1}^{\infty}\dfrac{1}{n}$，虽有 $\lim\limits_{n\to\infty}\dfrac{a_{n+1}}{a_n}=1$，但级数 $\sum\limits_{n=1}^{\infty}a_n=\sum\limits_{n=1}^{\infty}\dfrac{1}{n}$ 发散；若取级数 $\sum\limits_{n=1}^{\infty}a_n=\sum\limits_{n=1}^{\infty}\dfrac{1}{n^2}$，也有 $\lim\limits_{n\to\infty}\dfrac{a_{n+1}}{a_n}=1$，但级数 $\sum\limits_{n=1}^{\infty}a_n=\sum\limits_{n=1}^{\infty}\dfrac{1}{n^2}$ 收敛.

这说明：当 $q=1$ 时，级数 $\sum\limits_{n=1}^{\infty}a_n$ 可能收敛，也可能发散.

定理 12.2.6(柯西判别法、根值判别法) 设 $\sum\limits_{n=1}^{\infty}a_n$ 为正项级数，且 $\lim\limits_{n\to\infty}\sqrt[n]{a_n}=q$，则

(1) 当 $0\leqslant q<1$ 时，级数 $\sum\limits_{n=1}^{\infty}a_n$ 收敛；

(2) 当 $q>1$ (或 $q=+\infty$)时，级数 $\sum\limits_{n=1}^{\infty}a_n$ 发散；

(3) 当 $q=1$ 时，级数 $\sum\limits_{n=1}^{\infty}a_n$ 可能收敛，也可能发散.

证明 (1) 当 $0\leqslant q<1$ 时，取定常数 $r\in(q, 1)$，由于 $\lim\limits_{n\to\infty}\sqrt[n]{a_n}=q<r$，因此根据极限的保号性可得，总存在正整数 N，当 $n\geqslant N$ 时，总有 $\sqrt[n]{a_n}<r$，进一步可得 $0\leqslant a_n\leqslant r^n$. 由等比

级数的敛散性可知，$\sum_{n=1}^{\infty} r^n$ 收敛. 再根据正项级数的比较判别法可得 $\sum_{n=1}^{\infty} a_n$ 收敛.

(2) 当 $q>1$ 时，取定常数 $r\in(1, q)$，由于 $\lim\limits_{n\to\infty}\sqrt[n]{a_n}=q>r$，因此根据极限的保号性可得，总存在正整数 N，当 $n\geqslant N$ 时，总有 $\sqrt[n]{a_n}>r$，进一步可得 $a_n\geqslant r^n$. 注意到 $r>1$，则 $\lim\limits_{n\to\infty} r^n=+\infty$，故 $\lim\limits_{n\to\infty} a_n=+\infty$，于是由级数收敛的必要条件可得 $\sum_{n=1}^{\infty} a_n$ 发散.

(3) 若取级数 $\sum_{n=1}^{\infty} a_n=\sum_{n=1}^{\infty}\frac{1}{n}$，虽有 $\lim\limits_{n\to\infty}\sqrt[n]{a_n}=1$，但级数 $\sum_{n=1}^{\infty} a_n=\sum_{n=1}^{\infty}\frac{1}{n}$ 发散；若取级数 $\sum_{n=1}^{\infty} a_n=\sum_{n=1}^{\infty}\frac{1}{n^2}$，也有 $\lim\limits_{n\to\infty}\sqrt[n]{a_n}=1$，但级数 $\sum_{n=1}^{\infty} a_n=\sum_{n=1}^{\infty}\frac{1}{n^2}$ 收敛. 这说明：当 $q=1$ 时，级数 $\sum_{n=1}^{\infty} a_n$ 可能收敛，也可能发散.

注　定理 12.2.5 和定理 12.2.6 不但给出了判断级数敛散性的方法，还给出了一个结论：设 $a_n>0$，若 $\lim\limits_{n\to\infty}\frac{a_{n+1}}{a_n}=q>1$（或 $\lim\limits_{n\to\infty}\sqrt[n]{a_n}=q>1$），则 $\lim\limits_{n\to\infty} a_n=+\infty$.

例 12.2.9　判断级数 $\sum_{n=1}^{\infty}\frac{2^n n!}{n^n}$ 的敛散性.

解　记 $a_n=\frac{2^n n!}{n^n}$，则 $\sum_{n=1}^{\infty} a_n$ 为正项级数. 因

$$\lim_{n\to\infty}\frac{a_{n+1}}{a_n}=\lim_{n\to\infty}\frac{2^{n+1}(n+1)!}{(n+1)^n(n+1)}\cdot\frac{n^n}{2^n n!}=\lim_{n\to\infty}\frac{2}{\left(1+\frac{1}{n}\right)^n}=\frac{2}{\mathrm{e}}<1,$$

故根据比值判别法可知，级数 $\sum_{n=1}^{\infty}\frac{2^n n!}{n^n}$ 收敛.

例 12.2.10　判断级数 $\sum_{n=1}^{\infty}\frac{3+(-1)^n}{2^n}$ 的敛散性.

解　记 $a_n=\frac{3+(-1)^n}{2^n}$，则 $\sum_{n=1}^{\infty} a_n$ 为正项级数. 由

$$\lim_{n\to\infty}\frac{a_{n+1}}{a_n}=\lim_{n\to\infty}\frac{3+(-1)^{n+1}}{2^{n+1}}\cdot\frac{2^n}{3+(-1)^n}=\frac{1}{2}\lim_{n\to\infty}\frac{3+(-1)^{n+1}}{3+(-1)^n}$$

不存在，说明不能根据比值判别法来判断级数 $\sum_{n=1}^{\infty}\frac{3+(-1)^n}{2^n}$ 是否收敛. 因

$$\lim_{n\to\infty}\sqrt[n]{a_n}=\lim_{n\to\infty}\sqrt[n]{\frac{3+(-1)^n}{2^n}}=\frac{1}{2}<1,$$

故根据根值判别法可知，级数 $\sum_{n=1}^{\infty}\frac{3+(-1)^n}{2^n}$ 收敛.

根值判别法和比值判别法适用范围的关系

例 12.2.10 不能用比值判别法来判断级数是否收敛，但却可以使用根值判别法判断级数是收敛的，这说明根值判别法比比值判别法的使用范围更大一些.

五、知识延展——正项级数的积分判别法

积分判别法的证明

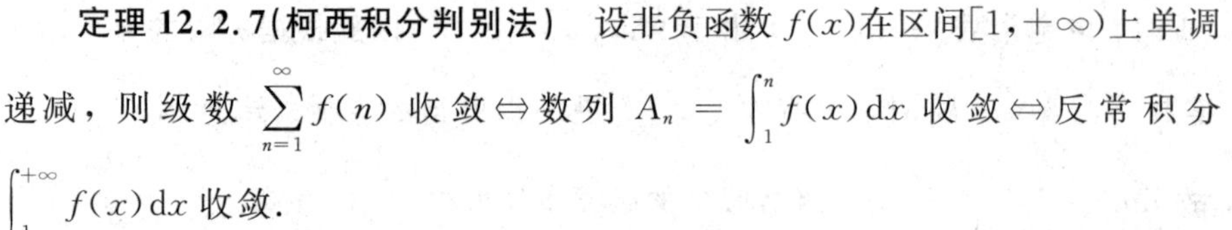

定理 12.2.7(柯西积分判别法) 设非负函数 $f(x)$在区间$[1,+\infty)$上单调递减，则级数 $\sum\limits_{n=1}^{\infty} f(n)$ 收敛$\Leftrightarrow$数列 $A_n=\int_1^n f(x)\mathrm{d}x$ 收敛$\Leftrightarrow$反常积分 $\int_1^{+\infty} f(x)\mathrm{d}x$ 收敛.

例 12.2.11 判断级数 $\sum\limits_{n=2}^{\infty}\frac{1}{n(\ln n)^p}$ 的敛散性.

解 级数 $\sum\limits_{n=2}^{\infty}\frac{1}{n(\ln n)^p}$ 为正项级数. 考虑 $f(x)=\frac{1}{x(\ln x)^p}$，$x\in[2,+\infty)$，则

$$\sum_{n=2}^{\infty} f(n)=\sum_{n=2}^{\infty}\frac{1}{n(\ln n)^p}.$$

由于

$$\int_2^{+\infty} f(x)\mathrm{d}x=\int_2^{+\infty}\frac{1}{x(\ln x)^p}\mathrm{d}x=\int_{\ln 2}^{+\infty}\frac{1}{u^p}\mathrm{d}u,$$

而根据反常积分的知识可知：

当 $p>1$ 时，反常积分$\int_2^{+\infty}\frac{1}{x(\ln x)^p}\mathrm{d}x$ 收敛；

当 $0<p\leqslant 1$ 时，反常积分$\int_2^{+\infty}\frac{1}{x(\ln x)^p}\mathrm{d}x$ 发散.

因此当 $p>1$ 时，$\sum\limits_{n=2}^{\infty}\frac{1}{n(\ln n)^p}$ 收敛；当 $0<p\leqslant 1$ 时，$\sum\limits_{n=2}^{\infty}\frac{1}{n(\ln n)^p}$ 发散.

注 根据例 12.2.11 可知，$\sum\limits_{n=2}^{\infty}\frac{1}{n\ln n}$ 发散，但其通项为$\frac{1}{n}$的高阶无穷小(对比 p 级数考虑一下). 另外，很难用通常的比较判别法判断该级数发散.

正项级数的判别法很多，但都是建立在比较判别法的基础上，都需要与特定的已知敛散性的级数作比较，这些方法各有所长，都有不能解决的问题. 长久以来，数学家们利用不同的比较级数，建立了各种各样的判别法，最后才认识到，不可能找到一种针对所有级数都有效的比较级数，也就是说，不存在“最大”的收敛级数和“最小”的发散级数. 因此，我们没必要无穷无尽地建立判别法，而仍可借助定义、性质、柯西收敛原理等来判断级数的敛散性.

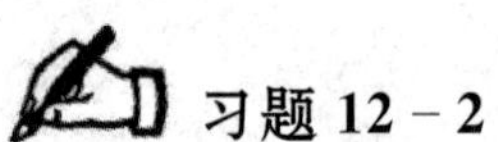

习题 12-2

基 础 题

1. 判断下列级数的敛散性：

(1) $\sum\limits_{n=1}^{\infty}\frac{1}{n\sqrt[n]{n}}$；　(2) $\sum\limits_{n=1}^{\infty}\frac{1}{2^n}\cos^2\frac{n\pi}{3}$；　(3) $\sum\limits_{n=2}^{\infty}\frac{1}{(\ln n)^{10}}$；

(4) $\sum\limits_{n=1}^{\infty}\sin\frac{1}{n}$；　(5) $\sum\limits_{n=1}^{\infty}\ln\left(1+\frac{1}{n^2}\right)$；　(6) $\sum\limits_{n=1}^{\infty}\left(\mathrm{e}^{\frac{1}{n^3}}-1\right)$；

(7) $\sum_{n=1}^{\infty}\left(1-\cos\frac{1}{n}\right)$；　(8) $\sum_{n=1}^{\infty}\tan\frac{1}{n^3}$；　(9) $\sum_{n=1}^{\infty}\left(\sqrt[3]{1+\frac{1}{n^2}}-1\right)$；

(10) $\sum_{n=1}^{\infty}\frac{2n+8}{n^3-2n+10}$；　(11) $\sum_{n=1}^{\infty}\frac{\sqrt{n}+100}{n^2+50}$；　(12) $\sum_{n=1}^{\infty}\cos\left(1-\frac{1}{n}\right)$；

(13) $\sum_{n=1}^{\infty}\left(\frac{3^n-2^n}{3^n+2^n}\cdot\frac{1}{n}\right)$.

2. 判断下列级数的敛散性：

(1) $\sum_{n=1}^{\infty}n^{\lambda}\sin\frac{\pi}{2\sqrt{n}}$，其中 λ 为正常数；

(2) $\sum_{n=1}^{\infty}\int_0^{\frac{1}{n}}\frac{\sin x}{1+x^2}\mathrm{d}x$.

3. 判断下列级数的敛散性：

(1) $\sum_{n=1}^{\infty}n\left(\frac{3}{4}\right)^n$；　(2) $\sum_{n=1}^{\infty}\frac{n!}{2n^2}$；　(3) $\sum_{n=1}^{\infty}\frac{3^n}{5^n-4^n}$；

(4) $\sum_{n=1}^{\infty}\frac{n^n}{(n!)^2}$；　(5) $\sum_{n=1}^{\infty}2^{-n-(-1)^n}$.

4. 证明下列各题：

(1) 若正项级数 $\sum_{n=1}^{\infty}a_n$ 收敛，则级数 $\sum_{n=1}^{\infty}a_n^2$ 收敛.

(2) 若正项级数 $\sum_{n=1}^{\infty}a_n$、$\sum_{n=1}^{\infty}b_n$ 收敛，则级数 $\sum_{n=1}^{\infty}(a_n+b_n)^2$ 收敛.

(3) 若级数 $\sum_{n=1}^{\infty}a_n$、$\sum_{n=1}^{\infty}c_n$ 收敛，且 $a_n\leqslant b_n\leqslant c_n$，则级数 $\sum_{n=1}^{\infty}b_n$ 收敛.

(4) 若 $\{a_n\}$ 为单调递增的正有界数列，则级数 $\sum_{n=1}^{\infty}\left(\frac{a_{n+1}}{a_n}-1\right)$ 收敛.

提　高　题

1. 判断级数 $\sum_{n=1}^{\infty}\left[\mathrm{e}-\left(1+\frac{1}{n}\right)^n\right]^p$ 的敛散性.

2. 设 a、b、p 为正常数，判断下列级数的敛散性：

(1) $\sum_{n=1}^{\infty}\frac{a^n n!}{n^n}$；　(2) $\sum_{n=1}^{\infty}n^a b^n$；　(3) $\sum_{n=1}^{\infty}\frac{a^n}{1+a^{2n}}$；　(4) $\sum_{n=1}^{\infty}\frac{a^n}{n^p}$.

3. 设 a_n，$b_n>0$，$\frac{a_{n+1}}{a_n}\leqslant\frac{b_{n+1}}{b_n}$，$n=1, 2, \cdots$，求证：

(1) 若级数 $\sum_{n=1}^{\infty}b_n$ 收敛，则级数 $\sum_{n=1}^{\infty}a_n$ 收敛；

(2) 若级数 $\sum_{n=1}^{\infty}a_n$ 发散，则级数 $\sum_{n=1}^{\infty}b_n$ 发散.

4. 判断下列级数的敛散性；

(1) $\sum_{n=3}^{\infty}\frac{1}{n\ln n(\ln\ln n)^p}$；

(2) $\sum_{n=2}^{\infty}\frac{1}{n^{p}\,(\ln n)^{q}}$;

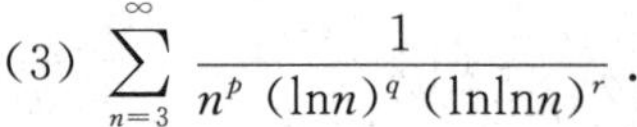

(3) $\sum_{n=3}^{\infty}\frac{1}{n^{p}\,(\ln n)^{q}\,(\ln\ln n)^{r}}$.

习题 12-2
参考答案

第三节 任意项级数

上一节讲到，如果级数的通项不改变符号(级数为不变号级数)，那么该级数一定与某一个正项级数具有相同的敛散性，并介绍了正项级数的若干判别法，使得我们能够对一部分级数的敛散性做出判断. 本节开始研究如果级数的通项改变符号，也就是对于变号级数，该如何判断其是否收敛的问题.

变号级数中最简单的就是正负相间的情形，这就是所谓的交错级数.

一、交错级数

定义 12.3.1 若级数 $\sum_{n=1}^{\infty}u_n$ 满足$\frac{u_{n+1}}{u_n}<0$，$n=1$，2，…，则称级数 $\sum_{n=1}^{\infty}u_n$ 为交错级数.

交错级数总能写成 $\sum_{n=1}^{\infty}(-1)^n a_n$ 或 $\sum_{n=1}^{\infty}(-1)^{n+1}a_n(a_n>0)$的形式. 根据级数的性质，这两个级数具有相同的敛散性，下面以 $\sum_{n=1}^{\infty}(-1)^{n+1}a_n(a_n>0)$ 为例来进行研究.

对于交错级数 $\sum_{n=1}^{\infty}(-1)^{n+1}a_n(a_n>0)$，除了可以利用定义和柯西收敛原理来判断级数是否收敛，还有如下的判别法.

定理 12.3.1(莱布尼茨判别法) 设交错级数 $\sum_{n=1}^{\infty}(-1)^{n+1}a_n\ (a_n>0)$满足下述两个条件：

(1) 数列$\{a_n\}$单调递减；

(2) $\lim\limits_{n\to\infty}a_n=0$,

则级数 $\sum_{n=1}^{\infty}(-1)^{n+1}a_n$ 收敛，且其和$S\leqslant a_1$，它的余和$R_n=\sum_{k=n+1}^{\infty}(-1)^{k+1}a_k$ 满足$|R_n|\leqslant a_{n+1}$.

证明 记 $\sum_{n=1}^{\infty}(-1)^{n+1}a_n$ 的部分和为S_n，先来证明前$2n$项的和S_{2n}的极限存在. 一方面，由$\{a_n\}$单调递减，

$$S_{2(n+1)}-S_{2n}=a_{2n+1}-a_{2n+2}\geqslant 0$$

得数列$\{S_{2n}\}$单调递增；另一方面，由

$$\begin{aligned}S_{2n}&=a_1-a_2+a_3-a_4+\cdots+a_{2n-1}-a_{2n}\\&=a_1-(a_2-a_3)-(a_4-a_5)-\cdots-(a_{2n-2}-a_{2n-1})-a_{2n}\leqslant a_1\end{aligned}$$

得数列$\{S_{2n}\}$有上界a_1. 根据单调有界原理可知，数列$\{S_{2n}\}$有极限，记$\lim\limits_{n\to\infty}S_{2n}=S$. 由极限的保序性可知，

$$\lim_{n\to\infty}S_{2n}=S\leqslant a_1.$$

再来证明前 $2n+1$ 项的和 S_{2n+1} 的极限存在，且为 S. 事实上，由条件(2)可知，$\lim\limits_{n\to\infty} a_{2n+1}=0$，则

$$\lim_{n\to\infty} S_{2n+1}=\lim_{n\to\infty}(S_{2n}+a_{2n+1})=S,$$

从而 $\lim\limits_{n\to\infty} S_n=S$，这就说明 $\sum\limits_{n=1}^{\infty}(-1)^{n+1}a_n$ 收敛，且其和 $S\leqslant a_1$.

由

$$R_n=\sum_{k=n+1}^{\infty}(-1)^{k+1}a_k=\pm(a_{n+1}-a_{n+2}+a_{n+3}-a_{n+4}+\cdots)$$

得

$$|R_n|=a_{n+1}-a_{n+2}+a_{n+3}-a_{n+4}+\cdots.$$

上式右端也是一个交错级数，满足收敛的两个条件，所以 $|R_n|\leqslant a_{n+1}$.

例 12.3.1　判断级数 $\sum\limits_{n=1}^{\infty}(-1)^{n+1}\dfrac{1}{n}$ 是否收敛.

解　级数 $\sum\limits_{n=1}^{\infty}(-1)^{n+1}\dfrac{1}{n}$ 为交错级数. 由于数列 $\left\{\dfrac{1}{n}\right\}$ 单调递减且 $\lim\limits_{n\to\infty}\dfrac{1}{n}=0$，因此根据莱布尼茨判别法可知，交错级数 $\sum\limits_{n=1}^{\infty}(-1)^{n+1}\dfrac{1}{n}$ 收敛.

例 12.3.2　判断级数 $\sum\limits_{n=1}^{\infty}\sin(\sqrt{n^2+1}\pi)$ 是否收敛.

解　注意到

$$\begin{aligned}u_n&=\sin(\sqrt{n^2+1}\pi)=\sin[(\sqrt{n^2+1}\pi-n\pi)+n\pi]\\&=(-1)^n\sin(\sqrt{n^2+1}\pi-n\pi)=(-1)^n\sin\frac{\pi}{\sqrt{n^2+1}+n},\end{aligned}$$

所以

$$\sum_{n=1}^{\infty}\sin(\sqrt{n^2+1}\pi)=\sum_{n=1}^{\infty}(-1)^n\sin\frac{\pi}{\sqrt{n^2+1}+n}$$

为交错级数. 由于数列 $\left\{\sin\dfrac{\pi}{\sqrt{n^2+1}+n}\right\}$ 单调递减且 $\lim\limits_{n\to\infty}\sin\dfrac{\pi}{\sqrt{n^2+1}+n}=0$，因此根据莱布尼茨判别法可知，交错级数 $\sum\limits_{n=1}^{\infty}\sin(\sqrt{n^2+1}\pi)$ 收敛.

有时候，我们所遇到的级数的前有限项不一定正负相间，但由级数的性质可知，级数的敛散性与级数的前有限项无关，因此，只要当 n 足够大时，级数的通项正负相间，我们仍可用莱布尼茨判别法来判断级数是否收敛.

我们虽然给出了交错级数的判别法，但变号级数具有无数种不同的情形，我们不可能一一建立相应的判别法，而且这样的工作没有什么必要和意义. 事实上，任何一个变号级数都可以转化为敛散性相同的交错级数，即有下述命题：

变号级数与交错级数敛散性等价的证明

设级数 $\sum\limits_{n=1}^{\infty}u_n$ 加括号后所得的级数 $\sum\limits_{n=1}^{\infty}v_n$ 收敛，且每一个 v_n 中的项的

符号都相同，而 v_n 与 v_{n+1} 中的项的符号不同，则级数 $\sum_{n=1}^{\infty}u_n$ 收敛，且 $\sum_{n=1}^{\infty}u_n=\sum_{n=1}^{\infty}v_n$.

这个命题是说，只要保证加括号时，每个括号内的项的符号相同，则由加括号后级数收敛可以得到加括号前的级数也收敛，且和不变；再由基本性质可知，若一个级数收敛，则加括号后的级数也收敛，且和不变. 这就说明，**任何一个变号级数都可以转化为敛散性相同的交错级数**. 因此，从理论上来说，对于变号级数，研究交错级数就足够了.

不够完美的是，好多变号级数的通项的绝对值不一定单调，这就不能使用莱布尼茨判别法来判断级数是否收敛，因此，我们需要对变号级数建立其他的判别法.

二、绝对收敛与条件收敛

定义 12.3.2 (1) 若级数 $\sum_{n=1}^{\infty}|u_n|$ 收敛，则称级数 $\sum_{n=1}^{\infty}u_n$ 绝对收敛.

(2) 若级数 $\sum_{n=1}^{\infty}u_n$ 收敛，但级数 $\sum_{n=1}^{\infty}|u_n|$ 发散，则称级数 $\sum_{n=1}^{\infty}u_n$ 条件收敛.

定理 12.3.2 绝对收敛的级数一定收敛，即若 $\sum_{n=1}^{\infty}|u_n|$ 收敛，则 $\sum_{n=1}^{\infty}u_n$ 收敛.

证明 注意到 $0\leqslant|u_n|-u_n\leqslant2|u_n|$，且 $\sum_{n=1}^{\infty}|u_n|$ 收敛，则根据正项级数的比较判别法可知，$\sum_{n=1}^{\infty}(|u_n|-u_n)$ 收敛. 再根据收敛级数的性质可知，$\sum_{n=1}^{\infty}u_n$ 收敛，且

$$\sum_{n=1}^{\infty}u_n=\sum_{n=1}^{\infty}[|u_n|-(|u_n|-u_n)]=\sum_{n=1}^{\infty}|u_n|-\sum_{n=1}^{\infty}(|u_n|-u_n).$$

注 (1) 收敛级数未必是绝对收敛的. 比如 $\sum_{n=1}^{\infty}(-1)^{n+1}\frac{1}{n}$ 为交错级数，根据莱布尼茨判别法可知，$\sum_{n=1}^{\infty}(-1)^{n+1}\frac{1}{n}$ 收敛；但 $\sum_{n=1}^{\infty}\left|(-1)^{n+1}\frac{1}{n}\right|=\sum_{n=1}^{\infty}\frac{1}{n}$ 发散.

(2) 一般地，级数可以分为收敛级数和发散级数两大类，而收敛级数可分为绝对收敛级数和条件收敛级数两大类.

例 12.3.3 判断级数 $\sum_{n=1}^{\infty}(-1)^{n+1}\frac{n}{10^n}$ 是绝对收敛还是条件收敛.

解 记 $u_n=(-1)^{n+1}\frac{n}{10^n}$，则 $\sum_{n=1}^{\infty}|u_n|=\sum_{n=1}^{\infty}\frac{n}{10^n}$ 为正项级数. 又

$$\lim_{n\to\infty}\frac{|u_{n+1}|}{|u_n|}=\lim_{n\to\infty}\frac{n+1}{10^{n+1}}\cdot\frac{10^n}{n}=\frac{1}{10}<1,$$

故由正项级数的比值判别法可知，$\sum_{n=1}^{\infty}|u_n|$ 收敛. 这说明，级数 $\sum_{n=1}^{\infty}(-1)^{n+1}\frac{n}{10^n}$ 绝对收敛.

例 12.3.4 设 $\sum_{n=1}^{\infty}a_n$ 条件收敛，$\sum_{n=1}^{\infty}b_n$ 绝对收敛，证明：级数 $\sum_{n=1}^{\infty}a_nb_n$ 绝对收敛.

证明 由 $\sum_{n=1}^{\infty}a_n$ 条件收敛的定义可知 $\sum_{n=1}^{\infty}a_n$ 收敛，根据级数收敛的必要条件得

$$\lim_{n\to\infty} a_n = 0.$$

由极限的性质得，存在 $M>0$，使得对任意的自然数 n，都有 $|a_n|\leqslant M$，从而

$$|a_n b_n| \leqslant M|b_n|.$$

由于 $\sum_{n=1}^{\infty} b_n$ 绝对收敛，即 $\sum_{n=1}^{\infty} |b_n|$ 收敛，因此根据比较判别法可知，$\sum_{n=1}^{\infty} |a_n b_n|$ 收敛，即级数 $\sum_{n=1}^{\infty} a_n b_n$ 绝对收敛.

三、阿贝尔(Abel)判别法与狄利克雷(Dirichlet)判别法

引理 12.3.1(Abel 恒等式)　设 $\{a_n\}$、$\{b_n\}$ 是实数列，$B_k = b_1 + b_2 + \cdots + b_k (k\geqslant 1)$，则总有恒等式

$$\sum_{k=1}^{m} a_k b_k = a_m B_m - \sum_{k=1}^{m-1} (a_{k+1} - a_k) B_k.$$

证明

$$\begin{aligned}\sum_{k=1}^{m} a_k b_k &= a_1 b_1 + a_2 b_2 + \cdots + a_m b_m \\ &= a_1 B_1 + a_2 (B_2 - B_1) + \cdots + a_m (B_m - B_{m-1}) \\ &= a_m B_m - (a_2 - a_1) B_1 - (a_3 - a_2) B_2 - (a_m - a_{m-1}) B_{m-1} \\ &= a_m B_m - \sum_{k=1}^{m-1} (a_{k+1} - a_k) B_k.\end{aligned}$$

引理 12.3.2(Abel 引理)　设 $\{a_n\}$、$\{b_n\}$ 是实数列，$B_k = b_1 + b_2 + \cdots + b_k (k\geqslant 1)$. 如果 $\{a_n\}$ 单调，且存在 $M>0$ 使得 $|B_k|\leqslant M(1\leqslant k\leqslant m)$，则

$$\left|\sum_{k=1}^{m} a_k b_k\right| \leqslant M(|a_1| + 2|a_m|).$$

证明　由引理 12.3.1 可得

$$\begin{aligned}\left|\sum_{k=1}^{m} a_k b_k\right| &\leqslant |a_m B_m| + \left|\sum_{k=1}^{m-1} (a_{k+1} - a_k) B_k\right| \leqslant M|a_m| + M\sum_{k=1}^{m-1} |a_{k+1} - a_k| \\ &= M|a_m| + M\left|\sum_{k=1}^{m-1} (a_{k+1} - a_k)\right| = M|a_m| + M|a_m - a_1| \\ &\leqslant M(|a_1| + 2|a_m|).\end{aligned}$$

定理 12.3.3(Abel 判别法)　设数列 $\{a_n\}$ 单调有界，级数 $\sum_{n=1}^{\infty} b_n$ 收敛，则级数 $\sum_{n=1}^{\infty} a_n b_n$ 收敛.

证明　因 $\{a_n\}$ 有界，故存在 $A>0$，对任意的 $k=1, 2, \cdots$，有 $|a_k|\leqslant A$. 由于 $\sum_{n=1}^{\infty} b_n$ 收敛，因此根据柯西收敛原理，对任意的 $\varepsilon>0$，总存在正整数 N，使得对任意的正整数 n、p，当 $n>N$ 时，有 $\left|\sum_{k=n+1}^{n+p} b_k\right| \leqslant \frac{\varepsilon}{3A+1}$，于是根据 Abel 引理可得

$$\left|\sum_{k=n+1}^{n+p} a_k b_k\right| \leqslant \frac{\varepsilon}{3A+1}(|a_{n+1}| + 2|a_{n+p}|) < \frac{3A\varepsilon}{3A+1} < \varepsilon.$$

再由柯西收敛原理可知，级数 $\sum_{n=1}^{\infty} a_n b_n$ 收敛.

定理 12.3.4(Dirichlet 判别法)　设数列$\{a_n\}$单调且$\lim\limits_{n\to\infty}a_n=0$，级数$\sum\limits_{n=1}^{\infty}b_n$的部分和有界，则级数$\sum\limits_{n=1}^{\infty}a_nb_n$收敛.

证明　记级数$\sum\limits_{n=1}^{\infty}b_n$的部分和为$B_n=\sum\limits_{k=1}^{n}b_k$，则存在$M>0$，对任意的$k=1, 2, \cdots$，有$|B_k|\leqslant M$. 因$\lim\limits_{n\to\infty}a_n=0$，故根据数列极限的定义可知，对任意的$\varepsilon>0$，总存在正整数$N$，使得对任意的正整数$n$，当$n>N$时，有$|a_n|\leqslant\frac{\varepsilon}{6M+1}$. 对任意的正整数$p$，根据Abel引理，有

$$\left|\sum_{k=n+1}^{n+p}a_kb_k\right|\leqslant 2M(|a_{n+1}|+2|a_{n+p}|)<2M\left(\frac{\varepsilon}{6M+1}+\frac{2\varepsilon}{6M+1}\right)<\varepsilon.$$

根据 Dirichlet 判别法证明 Abel 判别法

再由柯西收敛原理可知，级数$\sum\limits_{n=1}^{\infty}a_nb_n$收敛.

例 12.3.5　若级数$\sum\limits_{n=1}^{\infty}a_n$收敛，求证：级数$\sum\limits_{n=1}^{\infty}\frac{a_n}{n^p}(p>0)$收敛.

证明　$p>0$时，数列$\left\{\frac{1}{n^p}\right\}$单调递减且有界，而级数$\sum\limits_{n=1}^{\infty}a_n$收敛，故根据Abel判别法可知，级数$\sum\limits_{n=1}^{\infty}\frac{a_n}{n^p}$收敛.

例 12.3.6　若$\{a_n\}$为单调数列，且$\lim\limits_{n\to\infty}a_n=0$，求证：级数$\sum\limits_{n=1}^{\infty}a_n\sin nx$，$\sum\limits_{n=1}^{\infty}a_n\cos nx$都收敛，其中$x\in(0, 2\pi)$.

证明　由积化和差公式

$$\sin A\sin B=\frac{1}{2}[\cos(A-B)-\cos(A+B)]$$

可得

$$\begin{aligned}&2\sin\frac{x}{2}(\sin x+\sin 2x+\cdots+\sin nx)\\&=\cos\frac{x}{2}-\cos\frac{3x}{2}+\cos\frac{3x}{2}-\cos\frac{5x}{2}+\cdots+\cos\frac{(2n-1)x}{2}-\cos\frac{(2n+1)x}{2}\\&=\cos\frac{x}{2}-\cos\frac{(2n+1)x}{2},\end{aligned}$$

所以当$x\in(0, 2\pi)$时，有

$$\left|\sum_{k=1}^{n}\sin kx\right|\leqslant\frac{2}{2\left|\sin\frac{x}{2}\right|}=\frac{1}{\left|\sin\frac{x}{2}\right|}.$$

这说明，级数$\sum\limits_{n=1}^{\infty}\sin nx$的部分和$\sum\limits_{k=1}^{n}\sin kx$有界. 又$\{a_n\}$单调，且$\lim\limits_{n\to\infty}a_n=0$，故根据Dirichlet判别法可知，级数$\sum\limits_{n=1}^{\infty}a_n\sin nx$收敛.

同理，当 $x\in(0,2\pi)$ 时，有 $\left|\sum_{k=1}^{n}\cos kx\right|\leqslant\frac{1}{\left|\sin\frac{x}{2}\right|}$. 这说明，级数 $\sum_{n=1}^{\infty}\cos nx$ 的部分和 $\sum_{k=1}^{n}\cos kx$ 有界. 又 $\{a_n\}$ 单调，且 $\lim_{n\to\infty}a_n=0$，故根据 Dirichlet 判别法可知，级数 $\sum_{n=1}^{\infty}a_n\cos nx$ 收敛.

思考题

四、知识延展——绝对收敛与条件收敛级数的性质

绝对收敛的级数和条件收敛的级数有何本质区别？接下来我们解决这个问题.

定理 12.3.5 对于任意级数 $\sum_{n=1}^{\infty}u_n$，令 $u_n^+=\frac{|u_n|+u_n}{2}$，$u_n^-=\frac{|u_n|-u_n}{2}$.

(1) 级数 $\sum_{n=1}^{\infty}u_n$ 绝对收敛的充要条件是级数 $\sum_{n=1}^{\infty}u_n^+$ 与 $\sum_{n=1}^{\infty}u_n^-$ 都收敛，且当 $\sum_{n=1}^{\infty}u_n$ 绝对收敛时，有 $\sum_{n=1}^{\infty}u_n=\sum_{n=1}^{\infty}u_n^+-\sum_{n=1}^{\infty}u_n^-$，$\sum_{n=1}^{\infty}|u_n|=\sum_{n=1}^{\infty}u_n^++\sum_{n=1}^{\infty}u_n^-$.

(2) 若级数 $\sum_{n=1}^{\infty}u_n$ 条件收敛，则级数 $\sum_{n=1}^{\infty}u_n^+$ 与 $\sum_{n=1}^{\infty}u_n^-$ 都发散.

证明 (1) 若级数 $\sum_{n=1}^{\infty}u_n$ 绝对收敛，而 $0\leqslant u_n^+\leqslant|u_n|$，$0\leqslant u_n^-\leqslant|u_n|$，则由正项级数的比较判别法知，级数 $\sum_{n=1}^{\infty}u_n^+$ 与 $\sum_{n=1}^{\infty}u_n^-$ 都收敛.

记 $\sum_{n=1}^{\infty}u_n$、$\sum_{n=1}^{\infty}u_n^+$、$\sum_{n=1}^{\infty}u_n^-$、$\sum_{n=1}^{\infty}|u_n|$ 的部分和分别为 S_n、S_n^+、S_n^-、A_n，则

$$S_n=S_n^+-S_n^-,\quad A_n=S_n^++S_n^-.$$

令 $n\to\infty$ 即得

$$\sum_{n=1}^{\infty}u_n=\sum_{n=1}^{\infty}u_n^+-\sum_{n=1}^{\infty}u_n^-,\quad \sum_{n=1}^{\infty}|u_n|=\sum_{n=1}^{\infty}u_n^++\sum_{n=1}^{\infty}u_n^-.$$

(2) 注意到 $\sum_{n=1}^{\infty}|u_n|$ 发散，而 $\sum_{n=1}^{\infty}u_n$ 收敛，故根据级数的性质，便知级数 $\sum_{n=1}^{\infty}u_n^+$ 与 $\sum_{n=1}^{\infty}u_n^-$ 都发散.

思考 若级数 $\sum_{n=1}^{\infty}u_n$ 发散，则级数 $\sum_{n=1}^{\infty}u_n^+$ 与 $\sum_{n=1}^{\infty}u_n^-$ 的收敛性如何？

定义 12.3.3 对于一个级数 $\sum_{n=1}^{\infty}u_n$，若映射 φ: $\mathbf{N}\to\mathbf{N}$ 是双射，则称级数 $\sum_{n=1}^{\infty}u_{\varphi(n)}$ 是级数 $\sum_{n=1}^{\infty}u_n$ 的一个更序级数.

一个级数的更序级数就是把原来级数的所有的项重新排列后所得到的新的级数. 以下我们给出两个结论，来说明绝对收敛的级数和条件收敛的级数的区别.

定理 12.3.6 绝对收敛级数的更序级数仍是绝对收敛级数，且其和不变.

证明 先对正项级数证明. 设正项级数 $\sum_{n=1}^{\infty}u_n$ 的和为 S，它的一个更序级数是

$\sum_{n=1}^{\infty} v_n (v_n = u_{\varphi(n)})$，该更序级数的部分和为 T_n，则对任意的正整数 n，有 $T_n = \sum_{k=1}^{n} v_k = \sum_{k=1}^{n} u_{\varphi(k)} \leqslant S$. 因此，若级数 $\sum_{n=1}^{\infty} u_n$ 收敛，则其更序级数 $\sum_{n=1}^{\infty} v_n$ 也收敛，且其和 $T \leqslant S$.

反过来，因 $\sum_{n=1}^{\infty} u_n$ 也是 $\sum_{n=1}^{\infty} v_n$ 的更序级数，故也有 $S \leqslant T$，所以 $T = S$.

下面考虑一般情形. 设级数 $\sum_{n=1}^{\infty} u_n$ 绝对收敛，而 $\sum_{n=1}^{\infty} v_n$ 是它的一个更序级数.

因为 $v_n^+ = u_{\varphi(n)}^+$，所以 $\sum_{n=1}^{\infty} v_n^+$ 是 $\sum_{n=1}^{\infty} u_n^+$ 的一个重排. 而 $\sum_{n=1}^{\infty} u_n^+$ 收敛，故 $\sum_{n=1}^{\infty} v_n^+$ 也收敛，且 $\sum_{n=1}^{\infty} v_n^+ = \sum_{n=1}^{\infty} u_n^+$. 同理 $\sum_{n=1}^{\infty} v_n^-$ 也收敛，且 $\sum_{n=1}^{\infty} v_n^- = \sum_{n=1}^{\infty} u_n^-$. 由定理 12.3.5 可知，$\sum_{n=1}^{\infty} v_n$ 绝对收敛，从而 $\sum_{n=1}^{\infty} v_n$ 收敛，且 $\sum_{n=1}^{\infty} v_n = \sum_{n=1}^{\infty} v_n^+ - \sum_{n=1}^{\infty} v_n^- = \sum_{n=1}^{\infty} u_n^+ - \sum_{n=1}^{\infty} u_n^- = \sum_{n=1}^{\infty} u_n$.

Riemann 定理及其证明

定理 12.3.7(Riemann 定理) 设级数 $\sum_{n=1}^{\infty} u_n$ 条件收敛，则对任意的 S (S 为实数, $+\infty$, 或者 $-\infty$)，都存在级数 $\sum_{n=1}^{\infty} u_n$ 的更序级数 $\sum_{n=1}^{\infty} u_{\varphi(n)}$，使得级数 $\sum_{n=1}^{\infty} u_{\varphi(n)}$ 的部分和构成的数列趋向于 S.

根据上面两个定理可知，绝对收敛的级数的任何更序级数都是收敛的，且和不变；而条件收敛的级数的更序级数不一定收敛，即使收敛，也未必收敛于原来的和. 通俗地讲，对于绝对收敛的级数，加法的“交换律”是成立的，而对于条件收敛的级数，加法的“交换律”不成立.

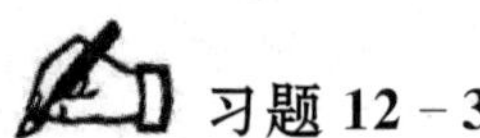

习题 12－3

基 础 题

1. 判断下列级数是否收敛. 若收敛，判断是绝对收敛还是条件收敛.

(1) $\sum_{n=1}^{\infty} \frac{\sin na}{n^4} (a > 0)$；　(2) $\sum_{n=1}^{\infty} (-1)^n \frac{n^2}{\mathrm{e}^n}$；　(3) $\sum_{n=1}^{\infty} (-1)^n \frac{1}{n^p}$；

(4) $\sum_{n=1}^{\infty} (-1)^{n+1} \ln\left(1 + \frac{1}{n}\right)$；　(5) $\sum_{n=1}^{\infty} (-1)^{n+1} \frac{\ln n}{n}$；　(6) $\sum_{n=1}^{\infty} \frac{(-1)^n}{\pi^n} \sin \frac{\pi}{n}$；

(7) $\sum_{n=1}^{\infty} \frac{1}{a^n n^p} (a \neq 0)$；　(8) $\sum_{n=1}^{\infty} \frac{(-1)^{n-1}}{n^2 - \ln n}$；　(9) $\sum_{n=2}^{\infty} \frac{(-1)^n}{\sqrt{n} + (-1)^n}$；

(10) $\sum_{n=1}^{\infty} (-1)^{n+1} \frac{1}{n!}$；　(11) $\sum_{n=1}^{\infty} (-1)^{n+1} \frac{\ln n}{\sqrt{n}}$；　(12) $\sum_{n=1}^{\infty} (-1)^{n+1} \frac{1}{(2n-1)!}$；

(13) $\sum_{n=1}^{\infty} \frac{a^n}{n!} (a \in \mathbf{R})$.

2. 设数列$\{a_n\}$单调递减，且$a_n>0$，又级数$\sum\limits_{n=1}^{\infty}(-1)^{n+1}a_n$发散，判断级数$\sum\limits_{n=1}^{\infty}\dfrac{1}{(1+a_n)^n}$的敛散性.

3. 利用$\sum\limits_{k=1}^{n}\dfrac{1}{k}-\ln n\to\gamma$（$\gamma$为欧拉常数）求$\sum\limits_{n=1}^{\infty}(-1)^{n+1}\dfrac{1}{n}$的和.

4. 设$\sum\limits_{n=1}^{\infty}u_n^2$收敛，求证：$\sum\limits_{n=1}^{\infty}\dfrac{u_n}{n}$绝对收敛.

5. 设$\sum\limits_{n=1}^{\infty}(a_n-a_{n-1})$收敛，$\sum\limits_{n=1}^{\infty}b_n$绝对收敛，证明：级数$\sum\limits_{n=1}^{\infty}a_nb_n$绝对收敛.

6. 证明：$\sum\limits_{n=1}^{\infty}\dfrac{\sin^2 n}{n}$发散，$\sum\limits_{n=1}^{\infty}\dfrac{\sin n}{n}$条件收敛.

提　高　题

1. 若$\sum\limits_{n=1}^{\infty}a_n$收敛，$\lim\limits_{n\to\infty}\dfrac{b_n}{a_n}=1$，能否断定$\sum\limits_{n=1}^{\infty}b_n$收敛？

习题 12-3
参考答案

2. 记$a_n=\dfrac{(-1)^n}{\sqrt{n}}+\dfrac{1}{2n}$，问$\sum\limits_{n=1}^{\infty}a_n$是否收敛？$\sum\limits_{n=1}^{\infty}\ln(1+a_n)$是否收敛？

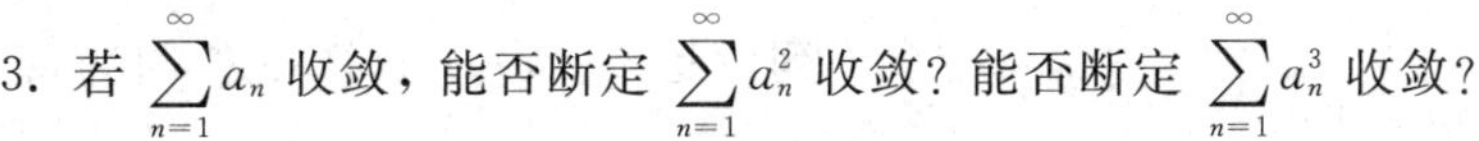

3. 若$\sum\limits_{n=1}^{\infty}a_n$收敛，能否断定$\sum\limits_{n=1}^{\infty}a_n^2$收敛？能否断定$\sum\limits_{n=1}^{\infty}a_n^3$收敛？

4. 判断级数$\sum\limits_{n=1}^{\infty}\dfrac{(-1)^{[\sqrt{n}]}}{n}$是否收敛. 其中$[\sqrt{n}]$表示不超过$\sqrt{n}$的最大整数.

第四节　函数项级数

函数是高等数学研究的主要对象，有限个函数的一些分析性质，如连续性、可导性、可积性都可以保持到它们的和函数，且其和函数的极限（或导数、积分）可以通过对每个函数分别求极限（或导数、积分）之后再求和而得到. 那么，对于无穷多个函数，情况如何呢？这正是本节要研究的内容，即函数项级数的概念及性质，这也是无穷级数理论的核心.

一、函数项级数的概念

设$u_n(x)(n=1, 2, 3, \cdots)$是定义在数集$X$上的一函数列，我们称

$$\sum_{n=1}^{\infty}u_n(x)=u_1(x)+u_2(x)+\cdots+u_n(x)+\cdots$$

为函数项级数.

函数项级数的收敛性可以借助常数项级数得到. 对于每一个确定的$x_0\in X$，若常数项级数$\sum\limits_{n=1}^{\infty}u_n(x_0)$收敛，则称函数项级数$\sum\limits_{n=1}^{\infty}u_n(x)$在点$x_0$收敛，或称$x_0$是$\sum\limits_{n=1}^{\infty}u_n(x)$的收敛点. 收敛点的全体所构成的集合称为收敛域.

设$\sum\limits_{n=1}^{\infty}u_n(x)$的收敛域为$I\subseteq X$，则$\sum\limits_{n=1}^{\infty}u_n(x)$就定义了数集$I$上的一个函数$S(x)$：

$$S(x)=\sum_{n=1}^{\infty}u_n(x),\ x\in I.$$

$S(x)$称为函数项级数 $\sum_{n=1}^{\infty}u_n(x)$ 的和函数. 例如级数

$$\sum_{n=0}^{\infty}x^n=1+x+x^2+\cdots$$

在 $I=(-1,\ 1)$内收敛，其和函数为$\frac{1}{1-x}$.

与常数项级数一样，给定一个函数项级数 $\sum_{n=1}^{\infty}u_n(x)$，可以作出它的部分和序列$\{S_n(x)\}$：$S_n(x)=\sum_{k=1}^{n}u_k(x)$. 这是一个定义在 X 上的函数序列. 显然，使$\{S_n(x)\}$收敛的 x 全体就是数集 I. 在 I 上，$\sum_{n=1}^{\infty}u_n(x)$ 的和函数 $S(x)$就是部分和序列$\{S_n(x)\}$的极限，即

$$S(x)=\lim_{n\to\infty}S_n(x).$$

反过来，若给定一个函数序列$\{S_n(x)\}$，$x\in X$，只要令

$$u_1(x)=S_1(x),\ u_{n+1}(x)=S_{n+1}(x)-S_n(x),\ n=1,\ 2,\ 3\ \cdots$$

就得到相应的函数项级数 $\sum_{n=1}^{\infty}u_n(x)$，它的部分和序列就是$\{S_n(x)\}$. 这样一来，我们看到函数项级数 $\sum_{n=1}^{\infty}u_n(x)$ 的收敛性与函数序列$\{S_n(x)\}$的收敛性在本质上是完全一致的.

二、函数项级数的一致收敛性

为了解决函数项级数求积分(或求导)运算与无限求和运算交换次序的问题，需要引入一个重要概念——一致收敛.

我们知道，函数列$\{S_n(x)\}$或函数项级数 $\sum_{n=1}^{\infty}u_n(x)$ 在 I 上收敛于 $S(x)$是指：对于任意$x_0\in I$，数列$\{S_n(x_0)\}$收敛于 $S(x_0)$. 按数列极限的定义，对任给的 $\varepsilon>0$，可以找到正整数 N，当 $n>N$ 时恒有

$$|S_n(x_0)-S(x_0)|<\varepsilon.$$

一般来说，这里的 $N=N(x_0,\ \varepsilon)$既与 ε 有关又与 x_0 有关. 而一致收敛则要求 N 仅依赖于 ε 而不依赖于 x_0，也就是存在对 I 上的每一点都适用的公共的 $N(\varepsilon)$.

定义 12.4.1 设$\{S_n(x)\}(x\in I)$是一函数序列，若对任给的 $\varepsilon>0$，存在仅依赖于 ε 的正整数 $N(\varepsilon)$，当 $n>N(\varepsilon)$时，

$$|S_n(x)-S(x)|<\varepsilon$$

对一切 $x\in I$ 都成立，则称函数序列$\{S_n(x)\}$在 I 上一致收敛于 $S(x)$.

若函数项级数 $\sum_{n=1}^{\infty}u_n(x)(x\in I)$ 的部分和函数序列$\{S_n(x)\}$在 I 上一致收敛于 $S(x)$，则称级数 $\sum_{n=1}^{\infty}u_n(x)$ 在 I 上一致收敛于 $S(x)$.

例 12.4.1　讨论 $S_n(x)=\dfrac{x}{1+n^2x^2}$ 在 $(-\infty,+\infty)$ 上的一致收敛性.

解　显然 $S(x)=0$，$x\in(-\infty,+\infty)$. 因为

$$|S_n(x)-S(x)|=\frac{|x|}{1+n^2x^2}=\frac{1}{2n}\cdot\frac{2n|x|}{1+n^2x^2}\leqslant\frac{1}{2n},$$

所以，对任给的 $\varepsilon>0$，只要取 $N=\left[\dfrac{1}{2\varepsilon}\right]$，当 $n>N$ 时，就有

$$|S_n(x)-S(x)|\leqslant\frac{1}{2n}<\varepsilon$$

对一切 $x\in(-\infty,+\infty)$ 成立，因此 $\{S_n(x)\}$ 在 $(-\infty,+\infty)$ 上一致收敛于 $S(x)=0$.

函数列 $\{S_n(x)\}$ 的图形如图 12.4.1 所示，对任给的 $\varepsilon>0$，只要取 $N=\left[\dfrac{1}{2\varepsilon}\right]$，当 $n>N$ 时，函数 $y=S_n(x)$，$x\in(-\infty,+\infty)$ 的图形都落在带形区域 $\{(x,\ y)\mid |y|<\varepsilon\}$ 中.

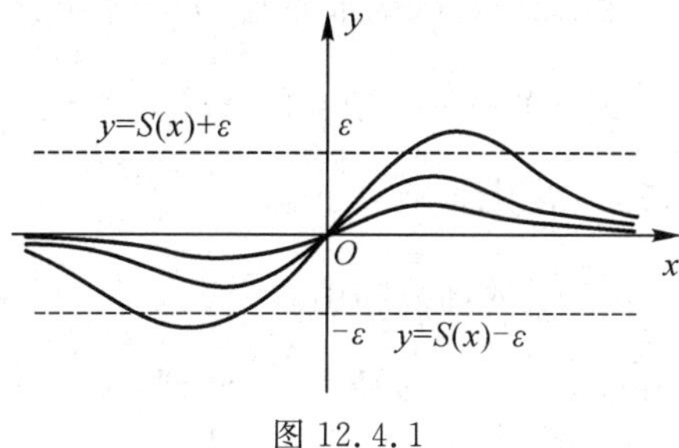

图 12.4.1

例 12.4.2　研究级数

$$\sum_{n=1}^{\infty}u_n(x)=x+(x^2-x)+\cdots+(x^n-x^{n-1})+\cdots$$

在区间 $[0,\ 1)$ 的一致收敛性.

解　该级数在区间 $[0,\ 1)$ 上收敛于和 $S(x)=0$，但并不一致收敛. 事实上，级数的部分和 $S_n(x)=x^n$. 当 $x=0$ 时，显然 $|S_n(x)-S(x)|=x^n<\varepsilon$；当 $0<x<1$ 时，对任给的 $0<\varepsilon<1$，要使 $|S_n(x)-S(x)|=x^n<\varepsilon$，必须使

$$n>\frac{\ln\varepsilon}{\ln x},$$

故取 $N=\left[\dfrac{\ln\varepsilon}{\ln x}\right]$. 由于 $x\to1^-$ 时，$\dfrac{\ln\varepsilon}{\ln x}\to+\infty$，因此不可能找到对一切 $x\in[0,\ 1)$ 都适用的 $N=N(\varepsilon)$，即所给级数在 $[0,\ 1)$ 不一致收敛. 这表明虽然函数序列 $\{S_n(x)\}$ 在 $[0,\ 1)$ 处处收敛于 $S(x)=0$，但 $\{S_n(x)\}$ 在 $[0,\ 1)$ 各点处收敛于零的"快慢"程度是不一致的. 从图 12.4.2 可以看出，在区间 $[0,\ 1)$ 中取定任一点 x，$S_n(x)$ 都会随 n 的增大而趋于零. 但不论 n 选得多么大，在 $x=1$ 的左侧总可以找到这样的点，使 $S_n(x)$ 大于给定的 ε，所以级数在 $[0,\ 1)$ 上的收敛就不一致了.

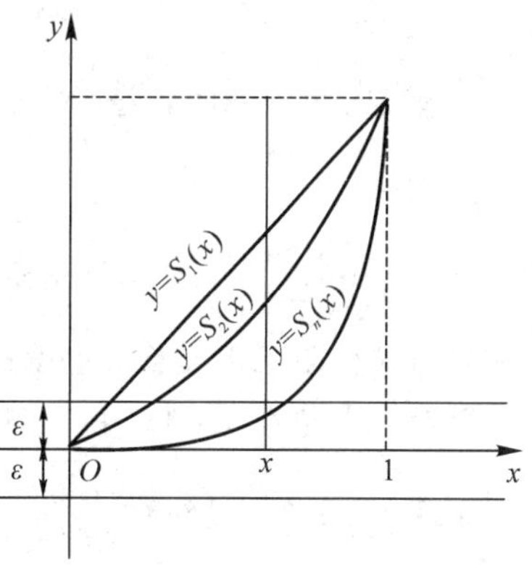

图 12.4.2

下面讨论对任意正数 $r<1$，任给 $\varepsilon>0$（不妨设 $\varepsilon<1$），对任意 $x\in[0, r]$，上述级数在 $[0, r]$上是一致收敛的.

由

$$|S_n(x)-S(x)|=x^n\leqslant r^n$$

可得，只要取 $N=N(\varepsilon)=\left[\dfrac{\ln\varepsilon}{\ln r}\right]$，当 $n>N$ 时，就有

$$|S_n(x)-S(x)|<\varepsilon$$

对一切 $x\in[0, r]$都成立.

这个例子说明一致收敛性与所讨论的区间有关系.

三、一致收敛级数的性质

有了一致收敛的概念，现在我们来回答前面提出的问题，即在什么条件下，和函数仍然保持连续性、可导性、可积性以及积分(或求导)与无限求和运算交换次序的问题.

定理 12.4.1 设级数 $\sum\limits_{n=1}^{\infty}u_n(x)$ 的每一项在$[a, b]$上都连续，且 $\sum\limits_{n=1}^{\infty}u_n(x)$ 在$[a, b]$上一致收敛于 $S(x)$，则 $S(x)$在$[a, b]$上也连续.

证明 记函数项级数 $\sum\limits_{n=1}^{\infty}u_n(x)$ 的部分和函数为 $S_n(x)$. 根据 $\sum\limits_{n=1}^{\infty}u_n(x)$ 在$[a, b]$上一致收敛于 $S(x)$可知，$\{S_n(x)\}$在$[a, b]$上一致收敛于 $S(x)$，故对任给的 $\varepsilon>0$，存在 N，使

$$|S_N(x)-S(x)|<\frac{\varepsilon}{3}\quad(a\leqslant x\leqslant b).$$

对$[a, b]$上任一点 x_0，显然也有

$$|S_N(x_0)-S(x_0)|<\frac{\varepsilon}{3}.$$

由于 $S_N(x)$在点 x_0 连续，所以存在 $\delta>0$，当$|x-x_0|<\delta$ 时，有

$$|S_N(x)-S_N(x_0)|<\frac{\varepsilon}{3}.$$

于是当$|x-x_0|<\delta$ 时，有

$$|S(x)-S(x_0)|\leqslant|S(x)-S_N(x)|+|S_N(x)-S_N(x_0)|+|S_N(x_0)-S(x_0)|<\varepsilon,$$

即 $S(x)$在点 x_0 连续. 而 x_0 是$[a, b]$上的任一点，因此 $S(x)$在$[a, b]$上连续.

定理 12.4.1 表明，若 $\sum\limits_{n=1}^{\infty}u_n(x)$ 的每一项在$[a, b]$上连续，且在$[a, b]$上一致收敛于 $S(x)$，则有

$$\lim_{x\to x_0}\sum_{n=1}^{\infty}u_n(x)=\lim_{x\to x_0}S(x)=S(x_0)=\sum_{n=1}^{\infty}u_n(x_0)=\sum_{n=1}^{\infty}[\lim_{x\to x_0}u_n(x)].$$

即和号与求极限可以交换，也就是说，对函数项级数可以逐项求极限.

思考 在定理 12.4.1 的条件下，能否推出 $S(x)$在$[a, b]$上一致连续？

定理 12.4.2 设级数 $\sum\limits_{n=1}^{\infty}u_n(x)$ 的每一项在$[a, b]$上都连续，且 $\sum\limits_{n=1}^{\infty}u_n(x)$ 在$[a, b]$上一致收敛于 $S(x)$，则 $S(x)$在$[a, b]$上可积，且

$$\int_a^b \sum_{n=1}^{\infty} u_n(x)\mathrm{d}x = \int_a^b S(x)\mathrm{d}x = \sum_{n=1}^{\infty}\int_a^b u_n(x)\mathrm{d}x.$$

即和号可以与积分号交换，也就是说，对函数项级数可以逐项求积分.

证明　记函数项级数 $\sum\limits_{n=1}^{\infty} u_n(x)$ 的部分和函数为 $S_n(x)$. 根据 $\sum\limits_{n=1}^{\infty} u_n(x)$ 在$[a, b]$上一致收敛于 $S(x)$可知，$\{S_n(x)\}$在$[a, b]$上一致收敛于 $S(x)$，故对任给的 $\varepsilon>0$，存在 N，当 $n>N$ 时，有

$$|S_n(x)-S(x)|<\varepsilon \quad (a\leqslant x\leqslant b).$$

因为 $S_n(x)$及 $S(x)$连续，所以它们在$[a, b]$上可积，并且当 $n>N$ 时，有

$$\left|\int_a^b S_n(x)\mathrm{d}x - \int_a^b S(x)\mathrm{d}x\right| \leqslant \int_a^b |S_n(x) - S(x)|\,\mathrm{d}x < \varepsilon(b-a),$$

从而定理得证.

注　在定理 12.4.2 的条件下，可以得到：对任意的 $x_0\in[a, b]$，函数项级数 $\sum\limits_{n=1}^{\infty}\int_a^{x_0} u_n(t)\mathrm{d}t$ 在$[a, b]$上一致收敛于 $\int_a^{x_0} S(t)\mathrm{d}t$.

定理 12.4.3　若在$[a, b]$上，函数项级数 $\sum\limits_{n=1}^{\infty} u_n(x)$ 满足：

(1) $u_n(x)(n=1, 2, 3, \cdots)$有连续导数 $u_n'(x)$；

(2) $\sum\limits_{n=1}^{\infty} u_n(x)$ 收敛于 $S(x)$；

(3) $\sum\limits_{n=1}^{\infty} u_n'(x)$ 一致收敛于 $\sigma(x)$，

则 $S(x)$在$[a, b]$上可导，且

$$S'(x)=\sigma(x),$$

亦即

$$\frac{\mathrm{d}}{\mathrm{d}x}\sum_{n=1}^{\infty} u_n(x) = \sum_{n=1}^{\infty}\frac{\mathrm{d}}{\mathrm{d}x}u_n(x).$$

即求导运算可以与无限求和运算交换次序，也就是说，对函数项级数可以逐项求导.

证明　由于函数项级数 $\sum\limits_{n=1}^{\infty} u_n'(x)$ 的每一项在$[a, b]$上连续，且 $\sum\limits_{n=1}^{\infty} u_n'(x)$ 在区间$[a, b]$上一致收敛于 $\sigma(x)$，因此根据定理 12.4.1 可知，$\sigma(x)$连续. 又由定理 12.4.2 的注可得

$$\int_a^x \sigma(t)\mathrm{d}t = \int_a^x\left[\sum_{n=1}^{\infty} u_n'(t)\right]\mathrm{d}t = \sum_{n=1}^{\infty}\left[\int_a^x u_n'(t)\mathrm{d}t\right] = \sum_{n=1}^{\infty}[u_n(x)-u_n(a)] = S(x)-S(a),$$

而上式左端可导，故 $S(x)$可导，且

$$S'(x)=\sigma(x).$$

注　只假设 $\sum\limits_{n=1}^{\infty} u_n(x)$ 一致收敛，不能保证求导运算可以与无限求和运算交换次序，即 $\frac{\mathrm{d}}{\mathrm{d}x}\sum\limits_{n=1}^{\infty} u_n(x) = \sum\limits_{n=1}^{\infty}\frac{\mathrm{d}}{\mathrm{d}x}u_n(x)$ 不一定成立.

四、函数项级数一致收敛的判别法

用定义判断函数序列(或函数项级数)的一致收敛性需要先知道它的极限函数(或和函

数)，这在许多时候是难以做到的，因此有必要寻找其他的判别法.

定理 12.4.4(柯西(Cauchy)收敛原理) 函数项级数 $\sum_{n=1}^{\infty}u_n(x)$ 在 I 上一致收敛的充分必要条件是：对任给的 $\varepsilon>0$，存在 N，当 $n>N$ 时，对一切 $x\in I$ 以及一切正整数 p 都有

$$|u_{n+1}(x)+u_{n+2}(x)+\cdots+u_{n+p}(x)|<\varepsilon.$$

证明 记函数项级数 $\sum_{n=1}^{\infty}u_n(x)$ 的部分和函数为 $S_n(x)$.

必要性：根据 $\sum_{n=1}^{\infty}u_n(x)$ 在 I 上一致收敛于 $S(x)$ 可知，$\{S_n(x)\}$ 在 I 上一致收敛于 $S(x)$. 根据定义，对任给的 $\varepsilon>0$，存在 N，当 $n>N$ 时，对所有 $x\in I$ 和一切正整数 p 都有

$$|S_n(x)-S(x)|<\frac{\varepsilon}{2},\quad |S_{n+p}(x)-S(x)|<\frac{\varepsilon}{2}.$$

由此可得，当 $n>N$ 时，对所有 $x\in I$ 和一切正整数 p 都有

$$\begin{aligned}&|u_{n+1}(x)+u_{n+2}(x)+\cdots+u_{n+p}(x)|\\&=|S_{n+p}(x)-S_n(x)|=|S_{n+p}(x)-S(x)+S(x)-S_n(x)|\\&\leqslant|S_{n+p}(x)-S(x)|+|S(x)-S_n(x)|<\frac{\varepsilon}{2}+\frac{\varepsilon}{2}=\varepsilon.\end{aligned}$$

充分性：若条件 $|u_{n+1}(x)+u_{n+2}(x)+\cdots+u_{n+p}(x)|<\varepsilon$ 成立，即 $|S_{n+p}(x)-S_n(x)|<\varepsilon$ 成立，则由数列收敛的柯西准则可知，存在定义在 I 上的函数 $S(x)$，使得

$$\lim_{n\to\infty}S_n(x)=S(x),\quad x\in I.$$

现在对任给的 $\varepsilon>0$，已知存在 N，当 $n>N$ 时，对一切正整数 p，使 $|S_{n+p}(x)-S_n(x)|<\varepsilon$ 成立. 取定 n，且令 $p\to\infty$，可得

$$|S_n(x)-S(x)|\leqslant\varepsilon,\quad n>N,\ x\in I.$$

这说明 $\{S_n(x)\}$ 在 I 上一致收敛于 $S(x)$，即 $\sum_{n=1}^{\infty}u_n(x)$ 在 I 上一致收敛于 $S(x)$.

定理 12.4.5(维尔斯特拉斯(Weierstrass)判别法) 如果函数项级数 $\sum_{n=1}^{\infty}u_n(x)$ 在 I 上满足：

(1) $|u_n(x)|\leqslant M_n(n=1, 2, 3, \cdots)$；

(2) 正项级数 $\sum_{n=1}^{\infty}M_n$ 收敛，

则函数项级数 $\sum_{n=1}^{\infty}u_n(x)$ 在 I 上一致收敛.

证明 由 $\sum_{n=1}^{\infty}M_n$ 的收敛性，根据数项级数的柯西收敛原理，对任给的 $\varepsilon>0$，存在 N，当 $n>N$ 时，对一切正整数 p，有

$$|M_{n+1}+M_{n+2}+\cdots+M_{n+p}|=M_{n+1}+M_{n+2}+\cdots+M_{n+p}<\varepsilon.$$

由此可知，对一切 $x\in I$ 以及一切正整数 p，都有

$$\begin{aligned}|u_{n+1}(x)+u_{n+2}(x)+\cdots+u_{n+p}(x)|&\leqslant|u_{n+1}(x)|+|u_{n+2}(x)|+\cdots+|u_{n+p}(x)|\\&\leqslant M_{n+1}+M_{n+2}+\cdots+M_{n+p}<\varepsilon.\end{aligned}$$

根据函数项级数一致收敛的柯西收敛原理可知，函数项级数 $\sum\limits_{n=1}^{\infty}u_n(x)$ 在 I 上一致收敛.

从上面的证明过程可进一步知道，此时不仅 $\sum\limits_{n=1}^{\infty}u_n(x)$ 在 I 上一致收敛，而且对级数各项取绝对值所成的函数项级数 $\sum\limits_{n=1}^{\infty}|u_n(x)|$ 也在 I 上一致收敛.

维尔斯特拉斯(Weierstrass)判别法也称 M-判别法.

例 12.4.3 求证：函数项级数 $\sum\limits_{n=1}^{\infty}\dfrac{\sin nx}{n^2}$、$\sum\limits_{n=1}^{\infty}\dfrac{\cos nx}{n^2}$ 在$(-\infty,+\infty)$上一致收敛.

证明 因为对一切 $x\in(-\infty,+\infty)$，有

$$\left|\frac{\sin nx}{n^2}\right|\leqslant\frac{1}{n^2},\quad \left|\frac{\cos nx}{n^2}\right|\leqslant\frac{1}{n^2},$$

而正项级数 $\sum\limits_{n=1}^{\infty}\dfrac{1}{n^2}$ 是收敛的，所以根据 M-判别法可知，函数项级数 $\sum\limits_{n=1}^{\infty}\dfrac{\sin nx}{n^2}$、$\sum\limits_{n=1}^{\infty}\dfrac{\cos nx}{n^2}$ 在$(-\infty,+\infty)$上一致收敛.

五、知识延展——Abel 判别法和 Dirichlet 判别法

在进行数项级数敛散性判断时，我们学过了 Abel 判别法和 Dirichlet 判别法. 类似地，函数项级数一致收敛判别法也有 Abel 判别法和 Dirichlet 判别法，我们不加证明地列在下面.

定理 12.4.6(阿贝尔(Abel)判别法) 设

(1) $\sum\limits_{n=1}^{\infty}u_n(x)$ 在 I 上一致收敛；

(2) 对于每一个 $x\in I$，$\{v_n(x)\}$关于 n 是单调的；

(3) $\{v_n(x)\}$在 I 上一致有界，即对一切 $x\in I$ 和正整数 n，存在正数 M，使得

$$|v_n(x)|\leqslant M,$$

则级数 $\sum\limits_{n=1}^{\infty}u_n(x)v_n(x)$ 在 I 上一致收敛.

Abel 判别法的证明

定理 12.4.7(狄利克雷(Dirichlet)判别法) 设

(1) $\sum\limits_{n=1}^{\infty}u_n(x)$ 的部分和函数序列

$$U_n(x)=\sum_{k=1}^{n}u_k(x)\quad(n=1,2,3,\cdots)$$

在 I 上一致有界；

(2) 对于每一个 $x\in I$，$\{v_n(x)\}$关于 n 是单调的；

(3) $\{v_n(x)\}$在 I 上一致收敛于 0，

则级数 $\sum\limits_{n=1}^{\infty}u_n(x)v_n(x)$ 在 I 上一致收敛.

Dirichlet 判别法的证明

例 12.4.4 设 $\sum_{n=1}^{\infty} a_n$ 收敛，求证：$\sum_{n=1}^{\infty} a_n x^n$ 在$[0, 1]$上一致收敛.

证明 $\sum_{n=1}^{\infty} a_n$ 是数项级数，它的收敛性就意味着关于 x 的一致收敛性. 而$\{x^n\}$关于 n 单调，且$|x^n| \leqslant 1$，$x \in [0, 1]$对一切 n 成立，故由阿贝尔判别法可知级数 $\sum_{n=1}^{\infty} a_n x^n$ 在$[0, 1]$上一致收敛. 如 $\sum_{n=1}^{\infty} \frac{(-1)^n}{n} x^n$ 在$[0, 1]$上是一致收敛的.

例 12.4.5 求证：级数 $\sum_{n=1}^{\infty} \frac{(-1)^{n+1}}{n+x^2} \arctan nx$ 在$(-\infty, +\infty)$上一致收敛.

证明 因为 $U_n(x) = \sum_{i=1}^{n} (-1)^{i+1}$ 在 $x \in (-\infty, +\infty)$上一致有界，$\left\{\frac{1}{n+x^2}\right\}$关于 n 单调，而且$\frac{1}{n+x^2} < \frac{1}{n} \to 0\ (n \to \infty)$，即$\left\{\frac{1}{n+x^2}\right\}$在$(-\infty, +\infty)$上一致收敛于0，所以由狄利克雷判别法可知 $\sum_{n=1}^{\infty} \frac{(-1)^{n+1}}{n+x^2}$ 在$(-\infty, +\infty)$上一致收敛. 又对每一个 $x \in (-\infty, +\infty)$，$\{\arctan nx\}$关于 n 单调且一致有界，故由阿贝尔判别法知，原级数在$(-\infty, +\infty)$上一致收敛.

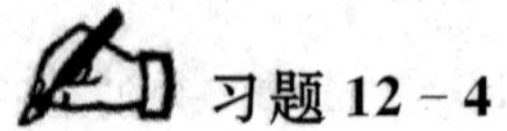

习题 12-4

基 础 题

1. 求下列函数项级数的收敛域：

(1) $\sum_{n=1}^{\infty} \frac{x^n}{n!}$；　(2) $\sum_{n=1}^{\infty} \left(x^n + \frac{1}{x^n}\right)$；　(3) $\sum_{n=1}^{\infty} \frac{\sin nx + \cos x^2}{n^4}$.

2. 讨论下列函数项级数在给定区间上是否一致收敛：

(1) $\sum_{n=1}^{\infty} \frac{\sin nx \arctan(1+nx^2)}{\sqrt[3]{n^4+x^4}}$, $x \in (-\infty, +\infty)$；

(2) $\sum_{n=1}^{\infty} \frac{x}{1+n^4 x^2}$, $x \in (-\infty, +\infty)$；

(3) $\sum_{n=1}^{\infty} 2^n \sin \frac{1}{3^n x}$, $x \in (0, +\infty)$.

3. 求证：函数 $f(x) = \sum_{n=1}^{\infty} \frac{\sin nx}{n^4}$ 在$(-\infty, +\infty)$内连续，并且有连续的二阶导数.

4. 求证：函数项级数 $\sum_{n=1}^{\infty} \frac{nx}{1+n^5 x^2}$, $x \in (-\infty, +\infty)$ 一致收敛.

5. 求证：函数项级数 $\sum_{n=1}^{\infty} x^2 \mathrm{e}^{-nx}$ 在 $[0, +\infty)$上一致收敛.

提 高 题

1. 求证：函数项级数 $\sum_{n=1}^{\infty} (-1)^n \frac{x^2+n}{n^2}$ 在$[a, b]$上是一致收敛的.

2. 若数列$\{a_n\}$单调且收敛于0，求证：级数 $\sum\limits_{n=1}^{\infty} a_n \cos nx$ 在$[\alpha, 2\pi-\alpha](0<\alpha<\pi)$上一致收敛.

3. 求证：函数项级数 $\sum\limits_{n=1}^{\infty} \dfrac{1}{n^3}\ln(1+nx^2)$ 在$[0, a]$上是一致收敛的.

4. 求证：函数 $f(x)=1+\sum\limits_{n=1}^{\infty} \dfrac{x^n}{(n!)^2}$ 满足微分方程 $xf''(x)+f'(x)-f(x)=0$.

5. 设$|r|<1$，求证：等式 $1+2\sum\limits_{n=1}^{\infty} r^n \cos nx = \dfrac{1-r^2}{1-2r\cos x+r^2}$ 成立，并进一步证明

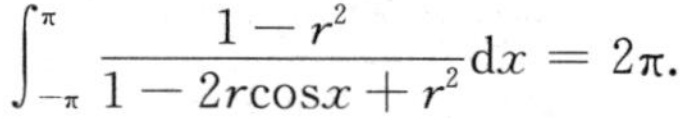

$$\int_{-\pi}^{\pi} \frac{1-r^2}{1-2r\cos x+r^2}\mathrm{d}x = 2\pi.$$

习题 12 - 4
参考答案

第五节　幂级数的收敛域与幂级数的性质

函数项级数中简单而常见的一类级数就是各项都是幂函数的函数项级数，它的一般形式是

$$a_0+a_1(x-x_0)+a_2(x-x_0)^2+\cdots+a_n(x-x_0)^n+\cdots,$$

记为 $\sum\limits_{n=0}^{\infty} a_n(x-x_0)^n$. $\sum\limits_{n=0}^{\infty} a_n(x-x_0)^n$ 称为 $x-x_0$ 的幂级数，其中常数 $a_0, a_1, a_2, \cdots, a_n, \cdots$ 叫作幂级数的系数.

从形式上看，幂级数是多项式的推广，利用平移变换，我们可以考虑形如 $\sum\limits_{n=0}^{\infty} a_n x^n$ 的幂级数.

一、幂级数的收敛域

如何确定幂级数的收敛域，是幂级数的一个重要的问题. 先看一个例子. 幂级数

$$1+x+x^2+\cdots+x^n+\cdots$$

可以看成是公比为 x 的几何级数. 当$|x|<1$时，它是收敛的；当$|x|\geqslant 1$时，它是发散的. 因此它的收敛域为$(-1, 1)$. 在收敛域内，有 $1+x+x^2+\cdots+x^n+\cdots=\dfrac{1}{1-x}$.

从这个例子中可以看出，这个幂级数的收敛域是一个区间. 事实上，这个结论对于一般的幂级数也成立. 我们有如下定理.

定理 12.5.1(Abel 定理)

(1) 如果幂级数 $\sum\limits_{n=0}^{\infty} a_n x^n$ 当 $x=x_0(x_0\neq 0)$时收敛，则对适合不等式$|x|<|x_0|$的一切 x，幂级数 $\sum\limits_{n=0}^{\infty} a_n x^n$ 绝对收敛；

(2) 如果幂级数 $\sum\limits_{n=0}^{\infty} a_n x^n$ 当 $x=x_0$ 时发散，则对适合不等式$|x|>|x_0|$的一切 x，幂级

数 $\sum\limits_{n=0}^{\infty}a_nx^n$ 发散.

证明 (1) 因 $\sum\limits_{n=0}^{\infty}a_nx_0^n$ 收敛，故根据级数收敛的必要条件可知 $\lim\limits_{n\to\infty}a_nx_0^n=0$，从而数列 $\{a_nx_0^n\}$ 有界，所以存在 $M>0$，对任意的 $n\in\mathbf{Z}^+$，都有 $|a_nx_0^n|\leqslant M$. 又对适合不等式 $|x|<|x_0|$ 的一切 x，都有 $\left|\dfrac{x}{x_0}\right|<1$，从而 $\sum\limits_{n=0}^{\infty}M\left|\dfrac{x}{x_0}\right|^n$ 收敛. 注意到

$$|a_nx^n|=|a_nx_0^n|\cdot\left|\frac{x}{x_0}\right|^n\leqslant M\left|\frac{x}{x_0}\right|^n,$$

则根据正项级数的比较判别法可知，$\sum\limits_{n=0}^{\infty}|a_nx^n|$ 收敛，也就是说，当 $|x|<|x_0|$ 时，幂级数 $\sum\limits_{n=0}^{\infty}a_nx^n$ 绝对收敛.

(2) 利用反证法，若存在 c，使得 $\sum\limits_{n=0}^{\infty}a_nc^n$ 收敛，且 $|c|>|x_0|$，则根据(1)可知 $\sum\limits_{n=0}^{\infty}a_nx_0^n$ 绝对收敛，这与级数 $\sum\limits_{n=0}^{\infty}a_nx^n$ 当 $x=x_0$ 时发散矛盾. 所以，当 $|x|>|x_0|$ 时，级数 $\sum\limits_{n=0}^{\infty}a_nx^n$ 发散.

根据 Abel 定理，我们可以得出如下结论.

定理 12.5.2 如果幂级数 $\sum\limits_{n=0}^{\infty}a_nx^n$ 在点 $x_0(x_0\neq0)$ 收敛，在点 x_1 发散，则存在常数 $R>0$，使得：当 $|x|<R$ 时，幂级数 $\sum\limits_{n=0}^{\infty}a_nx^n$ 绝对收敛；当 $|x|>R$ 时，幂级数 $\sum\limits_{n=0}^{\infty}a_nx^n$ 发散.

定理 12.5.2 说明，如果幂级数在数轴上既有收敛点(不仅是原点)也有发散点，那么从原点沿数轴向右走，最初只能遇到收敛点，然后就只遇到发散点，这两部分的界点可能是收敛点也可能是发散点. 从原点沿数轴向左走的情形也是如此. 两个界点在原点两侧，它们到原点的距离是一样的. 这个距离 R 称为收敛半径.

如果幂级数 $\sum\limits_{n=0}^{\infty}a_nx^n$ 只在点 $x=0$ 收敛，也就是说幂级数在任何非零点都发散，那么规定收敛半径 $R=0$.

如果幂级数 $\sum\limits_{n=0}^{\infty}a_nx^n$ 没有发散点，也就是说幂级数在区间 $(-\infty,+\infty)$ 上收敛，那么规定收敛半径 $R=+\infty$.

注 (1) 当 $R\neq0$ 时，$(-R, R)$ 称为幂级数 $\sum\limits_{n=0}^{\infty}a_nx^n$ 的收敛区间.

(2) 若幂级数 $\sum\limits_{n=0}^{\infty}a_nx^n$ 在点 $x=x_0$ 处条件收敛，则 $x_0=R$ 或 $x=-R$. 也就是说，使幂级数条件收敛的点只可能是收敛区间的端点.

例 12.5.1 设幂级数 $\sum\limits_{n=0}^{\infty}a_nx^n$ 在点 $x=-2$ 条件收敛，求幂级数 $\sum\limits_{n=0}^{\infty}a_nx^n$ 的收敛区间.

解　由幂级数 $\sum_{n=0}^{\infty} a_n x^n$ 在点 $x=-2$ 条件收敛可知，$\sum_{n=0}^{\infty} a_n(-2)^n$ 收敛.

(1) 根据 Abel 定理，当 $|x|<|-2|$，即 $|x|<2$ 时，幂级数 $\sum_{n=0}^{\infty} a_n x^n$ 绝对收敛.

(2) 若存在 x_0 满足 $|x_0|>2$，且 $\sum_{n=0}^{\infty} a_n x_0^n$ 收敛，则 $|-2|<|x_0|$，根据 Abel 定理，级数 $\sum_{n=0}^{\infty} a_n(-2)^n$ 绝对收敛，这与 $\sum_{n=0}^{\infty} a_n x^n$ 在点 $x=-2$ 条件收敛矛盾，故 $|x|>2$ 时，幂级数 $\sum_{n=0}^{\infty} a_n x^n$ 发散.

综上可知：幂级数 $\sum_{n=0}^{\infty} a_n x^n$ 的收敛半径为 $R=2$，收敛区间为 $(-2, 2)$.

例 12.5.2　设幂级数 $\sum_{n=0}^{\infty} a_n x^n$ 在点 $x=2$ 收敛，在点 $x=-2$ 发散，求幂级数的收敛域.

解　因幂级数 $\sum_{n=0}^{\infty} a_n x^n$ 在点 $x=2$ 收敛，故根据 Abel 定理，当 $|x|<2$ 时，级数 $\sum_{n=0}^{\infty} a_n x^n$ 绝对收敛. 又幂级数 $\sum_{n=0}^{\infty} a_n x^n$ 在点 $x=-2$ 发散，所以根据 Abel 定理，当 $|x|>2$ 时，级数 $\sum_{n=0}^{\infty} a_n x^n$ 发散，从而幂级数 $\sum_{n=0}^{\infty} a_n x^n$ 的收敛半径为 $R=2$，收敛区间为 $(-2, 2)$. 进一步地，幂级数 $\sum_{n=0}^{\infty} a_n x^n$ 的收敛域为 $(-2, 2]$.

上述过程是通过固定自变量 x 的取值按数项级数来判断幂级数是否收敛的，而 Abel 定理保证了幂级数在收敛区间内是绝对收敛的，从而根据正项级数的比值判别法和根值判别法，我们可以按如下定理来求幂级数的收敛域.

定理 12.5.3　设 $\sum_{n=0}^{\infty} u_n(x)$ 为幂级数，如果 $\lim_{n\to\infty}\frac{|u_{n+1}(x)|}{|u_n(x)|}=\rho(x)$ 或 $\lim_{n\to\infty}\sqrt[n]{|u_n(x)|}=\rho(x)$，则

(1) 当 $\rho(x)<1$ 时，幂级数 $\sum_{n=0}^{\infty} u_n(x)$ 绝对收敛；

(2) 当 $\rho(x)>1$ 时，幂级数 $\sum_{n=0}^{\infty} u_n(x)$ 发散；

(3) 当 $\rho(x)=1$ 时，幂级数 $\sum_{n=0}^{\infty} u_n(x)$ 可能收敛也可能发散.

特别地，当 $u_n(x)=a_n x^n$，且存在正整数 N，当 $n>N$ 时，$a_n\neq 0$，则有如下结果.

定理 12.5.4　如果 $\lim_{n\to\infty}\frac{|a_{n+1}|}{|a_n|}=\rho$ 或 $\lim_{n\to\infty}\sqrt[n]{|a_n|}=\rho$，则

(1) 当 $0<\rho<+\infty$ 时，幂级数 $\sum_{n=0}^{\infty} a_n x^n$ 的收敛半径为 $R=\frac{1}{\rho}$；

(2) 当 $\rho=0$ 时，幂级数 $\sum_{n=0}^{\infty} a_n x^n$ 的收敛半径为 $R=+\infty$；

(3) 当 $\rho=+\infty$ 时，幂级数 $\sum\limits_{n=0}^{\infty}a_nx^n$ 的收敛半径为 $R=0$.

注 在情形(1)下求出幂级数 $\sum\limits_{n=0}^{\infty}a_nx^n$ 的收敛半径后，我们再单独判断幂级数在收敛区间的端点是否收敛，即可进一步得幂级数的收敛域.

例 12.5.3 求幂级数 $\sum\limits_{n=1}^{\infty}n^nx^n$ 的收敛域.

解 注意到 $a_n=n^n$, $n=1, 2, \cdots$，而 $\lim\limits_{n\to\infty}\sqrt[n]{|a_n|}=+\infty$，所以幂级数 $\sum\limits_{n=1}^{\infty}n^nx^n$ 的收敛半径为 $R=0$，也就是说，幂级数 $\sum\limits_{n=1}^{\infty}n^nx^n$ 只在点 $x=0$ 收敛. 于是幂级数 $\sum\limits_{n=1}^{\infty}n^nx^n$ 的收敛域为单点集合 $\{0\}$.

例 12.5.4 求幂级数 $\sum\limits_{n=0}^{\infty}\dfrac{1}{n!}x^n$ 的收敛域.

解 注意到 $a_n=\dfrac{1}{n!}$, $n=0, 1, 2, \cdots$，而 $\lim\limits_{n\to\infty}\dfrac{|a_{n+1}|}{|a_n|}=0$，所以幂级数 $\sum\limits_{n=0}^{\infty}\dfrac{1}{n!}x^n$ 的收敛半径为 $R=+\infty$，也就是说，幂级数 $\sum\limits_{n=0}^{\infty}\dfrac{1}{n!}x^n$ 没有发散点. 于是幂级数 $\sum\limits_{n=0}^{\infty}\dfrac{1}{n!}x^n$ 的收敛域为 $(-\infty,+\infty)$.

例 12.5.5 求幂级数 $\sum\limits_{n=1}^{\infty}\dfrac{1}{n}x^n$ 的收敛域.

解 注意到 $a_n=\dfrac{1}{n}$, $n=1, 2, \cdots$，而 $\lim\limits_{n\to\infty}\dfrac{|a_{n+1}|}{|a_n|}=1$，所以幂级数 $\sum\limits_{n=1}^{\infty}\dfrac{1}{n}x^n$ 的收敛半径为 $R=1$，幂级数 $\sum\limits_{n=1}^{\infty}\dfrac{1}{n}x^n$ 的收敛区间为 $(-1, 1)$.

当 $x=-1$ 时，$\sum\limits_{n=1}^{\infty}\dfrac{(-1)^n}{n}$ 为交错级数，利用莱布尼茨判别法得 $\sum\limits_{n=1}^{\infty}\dfrac{(-1)^n}{n}$ 收敛；

当 $x=1$ 时，$\sum\limits_{n=1}^{\infty}\dfrac{1}{n}$ 为调和级数，是发散的.

综上可知幂级数 $\sum\limits_{n=1}^{\infty}\dfrac{1}{n}x^n$ 的收敛域为 $[-1, 1)$.

例 12.5.6 求幂级数 $\sum\limits_{n=1}^{\infty}\dfrac{(x-2)^{2n-1}}{n4^n}$ 的收敛域.

解 记 $u_n(x)=\dfrac{(x-2)^{2n-1}}{n4^n}$, $n=1, 2, \cdots$，则

$$\lim_{n\to\infty}\frac{|u_{n+1}(x)|}{|u_n(x)|}=\lim_{n\to\infty}\left|\frac{(x-2)^{2n+1}}{(n+1)4^{n+1}}\cdot\frac{n4^n}{(x-2)^{2n-1}}\right|=\frac{(x-2)^2}{4},$$

从而

(1) 当 $\dfrac{(x-2)^2}{4}<1$，即 $0<x<4$ 时，幂级数 $\sum\limits_{n=1}^{\infty}\dfrac{(x-2)^{2n-1}}{n4^n}$ 绝对收敛；

(2) 当 $\dfrac{(x-2)^2}{4}>1$，即 $x<0$ 或 $x>4$ 时，幂级数 $\sum\limits_{n=1}^{\infty}\dfrac{(x-2)^{2n-1}}{n4^n}$ 发散；

(3) 当 $x=0$ 时，幂级数 $\sum_{n=1}^{\infty}u_n(x)=\sum_{n=1}^{\infty}\frac{(0-2)^{2n-1}}{n4^n}=-\sum_{n=1}^{\infty}\frac{1}{2n}$ 发散；

(4) 当 $x=4$ 时，幂级数 $\sum_{n=1}^{\infty}u_n(x)=\sum_{n=1}^{\infty}\frac{(4-2)^{2n-1}}{n4^n}=\sum_{n=1}^{\infty}\frac{1}{2n}$ 发散.

综上可知，幂级数 $\sum_{n=1}^{\infty}\frac{(x-2)^{2n-1}}{n4^n}$ 的收敛域为(0，4).

二、幂级数的运算

设幂级数 $\sum_{n=0}^{\infty}a_nx^n$ 及 $\sum_{n=0}^{\infty}b_nx^n$ 分别在区间 $(-R_1, R_1)$ 及 $(-R_2, R_2)$ 内收敛，则可以定义下列四则运算.

加法：$\sum_{n=0}^{\infty}a_nx^n+\sum_{n=0}^{\infty}b_nx^n=\sum_{n=0}^{\infty}(a_n+b_n)x^n$.

减法：$\sum_{n=0}^{\infty}a_nx^n-\sum_{n=0}^{\infty}b_nx^n=\sum_{n=0}^{\infty}(a_n-b_n)x^n$.

根据收敛级数的基本性质(2)，上面两式在 $(-R_1, R_1)$ 与 $(-R_2, R_2)$ 中较小的区间内成立.

乘法：$\left(\sum_{n=0}^{\infty}a_nx^n\right)\cdot\left(\sum_{n=0}^{\infty}b_nx^n\right)=\sum_{n=0}^{\infty}c_nx^n$，其中 $c_n=a_0b_n+a_1b_{n-1}+a_2b_{n-2}+\cdots+a_nb_0$.

可以证明，上式在 $(-R_1, R_1)$ 与 $(-R_2, R_2)$ 中较小的区间内成立.

除法：若 $\left(\sum_{n=0}^{\infty}b_nx^n\right)\cdot\left(\sum_{n=0}^{\infty}c_nx^n\right)=\sum_{n=0}^{\infty}a_nx^n$，则 $\dfrac{\sum_{n=0}^{\infty}a_nx^n}{\sum_{n=0}^{\infty}b_nx^n}=\sum_{n=0}^{\infty}c_nx^n$.

相除后所得幂级数的收敛区间可能比原来两个幂级数的收敛区间小得多.

三、幂级数的和函数的性质

根据本章第四节的内容，为了得到幂级数的和函数是否连续、可导等结论，我们需要知道幂级数是否一致收敛的结果. 虽然幂级数在收敛区间内不一定一致收敛，但幂级数在收敛区间内任何一个闭区间上都是一致收敛的，这就是下面的定理.

定理 12.5.5　设幂级数 $\sum_{n=0}^{\infty}a_nx^n$ 在 $x_0(x_0\neq 0)$ 收敛，则对于任意的 $0<r<|x_0|$，$\sum_{n=0}^{\infty}a_nx^n$ 在 $[-r, r]$ 上一致收敛.

证明　因 $\sum_{n=0}^{\infty}a_nx_0^n$ 收敛，故根据级数收敛的必要条件可知 $\lim_{n\to\infty}a_nx_0^n=0$，从而数列 $\{a_nx_0^n\}$ 有界，所以存在 $M>0$，对任意的 $n\in\mathbf{Z}^+$，都有 $|a_nx_0^n|\leqslant M$. 又当 $x\in[-r, r]$ 时，

$$|a_nx^n|=|a_nx_0^n|\cdot\left|\frac{x}{x_0}\right|^n\leqslant M\left|\frac{r}{x_0}\right|^n,$$

而等比级数 $\sum_{n=0}^{\infty}M\left|\frac{r}{x_0}\right|^n$ 收敛，从而由维尔斯特拉斯判别法知，$\sum_{n=0}^{\infty}a_nx^n$ 在 $[-r, r]$ 上一致收敛.

另外，幂级数在收敛区间端点是否收敛与幂级数在收敛区间内是否一致收敛关系密切.

定理 12.5.6
的证明

定理 12.5.6　设幂级数 $\sum_{n=0}^{\infty} a_n x^n$ 的收敛半径 $0<R<+\infty$，则

(1) 幂级数 $\sum_{n=0}^{\infty} a_n x^n$ 在点 R 收敛$\Leftrightarrow$幂级数 $\sum_{n=0}^{\infty} a_n x^n$ 在$[0, R]$上一致收敛；

(2) 幂级数 $\sum_{n=0}^{\infty} a_n x^n$ 在点$-R$ 收敛$\Leftrightarrow$幂级数 $\sum_{n=0}^{\infty} a_n x^n$ 在$[-R, 0]$上一致收敛.

有了上面的结果，再结合本章第四节中一致收敛级数的性质，我们很容易得到如下三个结论.

定理 12.5.7　设幂级数 $\sum_{n=0}^{\infty} a_n x^n$ 的收敛半径为 $R>0$，其和函数为 $S(x)$，则

(1) $S(x)$在$(-R, R)$内连续；

(2) 若 $\sum_{n=0}^{\infty} a_n R^n$ 收敛，则 $S(x)$在$(-R, R]$内连续；

(3) 若 $\sum_{n=0}^{\infty} a_n (-R)^n$ 收敛，则 $S(x)$在$[-R, R)$内连续.

注　定理 12.5.7 说明，幂级数的和函数在收敛域内连续，从而对幂级数求极限时可以逐项求极限.

定理 12.5.8　设幂级数 $\sum_{n=0}^{\infty} a_n x^n$ 的收敛半径为 $R>0$，其和函数为 $S(x)$，则对幂级数收敛域内的任意闭区间$[\alpha, \beta]$，都有

$$\int_{\alpha}^{\beta} S(x)\mathrm{d}x = \int_{\alpha}^{\beta}\Big(\sum_{n=0}^{\infty} a_n x^n\Big)\mathrm{d}x = \sum_{n=0}^{\infty} a_n\Big(\int_{\alpha}^{\beta} x^n \mathrm{d}x\Big).$$

注　定理 12.5.8 说明，幂级数的和函数在收敛域内可积，从而对幂级数求积分时可以逐项求积分. 特别地，对收敛域内的闭区间$[0, x]$，都有

$$\int_{0}^{x} S(x)\mathrm{d}x = \int_{0}^{x}\Big(\sum_{n=0}^{\infty} a_n x^n\Big)\mathrm{d}x = \sum_{n=0}^{\infty} a_n\Big(\int_{0}^{x} x^n \mathrm{d}x\Big) = \sum_{n=0}^{\infty} \frac{a_n x^{n+1}}{n+1},$$

且 $\sum_{n=0}^{\infty} \frac{a_n x^{n+1}}{n+1}$ 的收敛半径仍为 $R>0$，与 $\sum_{n=0}^{\infty} a_n x^n$ 的收敛半径相同.

定理 12.5.9　设幂级数 $\sum_{n=0}^{\infty} a_n x^n$ 的收敛半径为 $R>0$，其和函数为 $S(x)$，则 $S(x)$在收敛区间内可导，且 $S'(x) = \Big(\sum_{n=0}^{\infty} a_n x^n\Big)' = \sum_{n=0}^{\infty} (a_n x^n)' = \sum_{n=1}^{\infty} n a_n x^{n-1}$ 的收敛半径仍为 $R>0$.

注　定理 12.5.9 说明，幂级数的和函数在收敛区间内可导，从而对幂级数求导时可以逐项求导，且收敛半径不变.

四、幂级数的和函数的求法

有了幂级数的运算与幂级数和函数的分析性质(逐项求积分、逐项求导数等)，再结合一些已知和函数的幂级数，我们可以求得幂级数的和函数.

例 12.5.7　求幂级数 $\sum_{n=1}^{\infty} nx^{2n}$ 的和函数.

解　容易求得幂级数 $\sum_{n=1}^{\infty} nx^{2n}$ 的收敛域为(−1, 1). 记 $S(x)=\sum_{n=1}^{\infty} nx^{2n}$, $x\in(-1,1)$, 则有

$$S(x)=\frac{x}{2}\sum_{n=1}^{\infty}2nx^{2n-1}=\frac{x}{2}\sum_{n=1}^{\infty}(x^{2n})'=\frac{x}{2}\Big(\sum_{n=1}^{\infty}x^{2n}\Big)'$$

$$=\frac{x}{2}\left(\frac{x^2}{1-x^2}\right)'=\frac{x^2}{(1-x^2)^2},\quad x\in(-1,1).$$

例 12.5.8　求幂级数 $\sum_{n=0}^{\infty}\frac{x^n}{n!}$ 的和函数.

解　容易求得幂级数 $\sum_{n=0}^{\infty}\frac{x^n}{n!}$ 的收敛域为(−∞, +∞). 记 $S(x)=\sum_{n=0}^{\infty}\frac{x^n}{n!}$, $x\in(-\infty,+\infty)$, 则有

$$S'(x)=\Big(\sum_{n=0}^{\infty}\frac{x^n}{n!}\Big)'=\sum_{n=0}^{\infty}\Big(\frac{x^n}{n!}\Big)'=\sum_{n=1}^{\infty}\frac{x^{n-1}}{(n-1)!}=\sum_{n=0}^{\infty}\frac{x^n}{n!}=S(x),\ x\in(-\infty,\infty),$$

且 $S(0)=1$. 即和函数满足 $\begin{cases}S'(x)=S(x),\\ S(0)=1,\end{cases}$ 解微分方程得 $S(x)=\mathrm{e}^x$. 于是

$$\sum_{n=0}^{\infty}\frac{x^n}{n!}=\mathrm{e}^x,\ x\in(-\infty,+\infty).$$

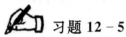

习题 12－5

基 础 题

1. 求下列幂级数的收敛域：

(1) $\sum_{n=0}^{\infty}\frac{1}{n!}x^n$；　(2) $\sum_{n=0}^{\infty}\frac{(n!)^2}{n^n}x^n$；　(3) $\sum_{n=0}^{\infty}\frac{1}{n}x^n$；

(4) $\sum_{n=0}^{\infty}\frac{n^2}{2^n}x^n$；　(5) $\sum_{n=1}^{\infty}\frac{(x-3)^{2n}}{n!}$；　(6) $\sum_{n=0}^{\infty}(-1)^n\frac{x^{2n}}{2n+1}$；

(7) $\sum_{n=0}^{\infty}n(n+1)x^n$；　(8) $\sum_{n=1}^{\infty}\frac{(x-1)^n}{\sqrt{n}}$.

2. 求下列幂级数的和函数：

(1) $\sum_{n=0}^{\infty}(2n+1)x^n$；　(2) $\sum_{n=1}^{\infty}\frac{3^n}{n!}x^n$；　(3) $\sum_{n=0}^{\infty}\frac{1}{n+1}x^{n+1}$；

(4) $\sum_{n=1}^{\infty}n(n+2)x^n$；　(5) $\sum_{n=1}^{\infty}\frac{1}{n(n+1)}x^n$；　(6) $\sum_{n=0}^{\infty}\frac{n^2}{n!}x^n$.

提 高 题

1. 求下列幂级数的收敛域：

(1) $\sum_{n=1}^{\infty}\frac{nx^{2n-1}}{2^n+(-3)^n}$；　(2) $\sum_{n=0}^{\infty}(-1)^n\frac{x^{2n+1}}{2n+1}$；

(3) $\sum_{n=0}^{\infty} a^n \frac{x^n}{n!}$；　　(4) $\sum_{n=1}^{\infty} \frac{(x-1)^{2n}}{n 9^n}$.

2. 求下列幂级数的和函数：

(1) $\sum_{n=0}^{\infty} \frac{(-1)^n}{2n+1} x^{2n+1}$；　　(2) $\sum_{n=0}^{\infty} \frac{4n^2+4n+3}{2n+1} x^{2n}$.

3. 求下列级数的和：

(1) $\sum_{n=1}^{\infty} \frac{3+(-1)^n}{2^n}$；　　(2) $\sum_{n=1}^{\infty} (-1)^n \frac{(-3)^{2n+1}}{(2n)!}$.

习题 12 - 5
参考答案

第六节　函数展开为幂级数及其应用

本节要解决的问题是：给定函数 $f(x)$，要考虑它能否在某个区间内“展开成幂级数”，即能否找到这样一个幂级数 $\sum_{n=0}^{\infty} a_n (x-x_0)^n$，它在某区间内收敛，且其和恰好就是给定的函数 $f(x)$. 如果能找到这样的幂级数，我们就说，函数 $f(x)$在该区间内能展开成幂级数，或简单地说函数 $f(x)$能展开成幂级数，而该级数在收敛区间内就表达了函数 $f(x)$.

一、函数展开为幂级数的必要条件

由于幂级数在收敛区间内可以逐项求导，且收敛半径不变，因此直接计算就可以得到如下结论.

定理 12.6.1(唯一性定理)　设幂级数 $\sum_{n=0}^{\infty} a_n (x-x_0)^n$ 在(x_0-R, x_0+R)内收敛于函数 $f(x)$，则 $f(x)$在区间(x_0-R, x_0+R)内有任意阶导数，且对任意的正整数 n，都有 $a_n = \frac{f^{(n)}(x_0)}{n!}$.

注　(1) 若幂级数 $\sum_{n=0}^{\infty} a_n (x-x_0)^n$ 和幂级数 $\sum_{n=0}^{\infty} b_n (x-x_0)^n$ 都在 x_0 的某个邻域内收敛于同一个函数 $f(x)$，则对任意的正整数 n，都有 $a_n = b_n = \frac{f^{(n)}(x_0)}{n!}$.

(2) 若 $f(x)$在区间(x_0-R, x_0+R)内是某个幂级数的和函数，则这个幂级数一定就是 $\sum_{n=0}^{\infty} \frac{f^{(n)}(x_0)}{n!} (x-x_0)^n$.

(3) 只要 $f(x)$在区间(x_0-R, x_0+R)内有任意阶的导数，就可以从形式上写出级数 $\sum_{n=0}^{\infty} \frac{f^{(n)}(x_0)}{n!} (x-x_0)^n$，但这个级数的和不一定是 $f(x)$. 下面就是一个例子.

例 12.6.1　设 $f(x)=\begin{cases} e^{-1/x^2}, & x\neq 0, \\ 0, & x=0, \end{cases}$ 则 $f(x)$在$(-\infty, +\infty)$上有任意阶的导数，且 $f^{(n)}(0)=0$，$n=0, 1, 2, \cdots$，于是 $\sum_{n=0}^{\infty} \frac{f^{(n)}(0)}{n!} x^n$ 在$(-\infty, +\infty)$收敛，其和函数为 0，而不是 $f(x)$.

为了叙述方便，我们给出如下几个定义.

定义 12.6.1(泰勒(Taylor)级数) 设 $f(x)$在区间$(x_0-R,\ x_0+R)$内有任意阶导数，则称 $\sum_{n=0}^{\infty}\frac{f^{(n)}(x_0)}{n!}(x-x_0)^n$ 为$f(x)$在点 x_0 的幂级数或泰勒(Taylor)级数.

定义 12.6.2(泰勒(Taylor)展开) 若 $f(x)$在 x_0 处的泰勒级数在 x_0 的某个邻域内收敛，且其和函数为 $f(x)$，则称级数 $\sum_{n=0}^{\infty}\frac{f^{(n)}(x_0)}{n!}(x-x_0)^n$ 为$f(x)$在 x_0 处的泰勒(Taylor)展开式或泰勒(Taylor)展开，此时也称 $f(x)$在点 x_0 能展开为泰勒级数.

根据以上定义，在没有判断 $\sum_{n=0}^{\infty}\frac{f^{(n)}(x_0)}{n!}(x-x_0)^n$ 收敛且其和函数为$f(x)$之前，不能称 $\sum_{n=0}^{\infty}\frac{f^{(n)}(x_0)}{n!}(x-x_0)^n$ 为$f(x)$的泰勒展开.

定义 12.6.3(马克劳林(Maclaurin)级数与马克劳林(Maclaurin)展开) $f(x)$在点 $x_0=0$ 处的泰勒级数和泰勒展开分别称为 $f(x)$的马克劳林级数和马克劳林展开.

二、函数展开为幂级数的充要条件

问题 如何判断 $f(x)$在点 x_0 处的泰勒级数就是 $f(x)$在点 x_0 处的泰勒展开呢？也就是说，设 $f(x)$在点 x_0 的某邻域内有任意阶的导数，如何判断对应的泰勒级数收敛，并且和就是 $f(x)$呢？

定理 12.6.2 设 $f(x)$在点 x_0 的某邻域$U(x_0)$内有任意阶的导数，则 $\sum_{n=0}^{\infty}\frac{f^{(n)}(x_0)}{n!}(x-x_0)^n$ 收敛到 $f(x)$的充要条件是 $\lim\limits_{n\to\infty}R_n(x)=0$，其中 $R_n(x)$为 $f(x)$在点 x_0 的 n 阶泰勒公式的余项.

证明 先证必要性. 设 $f(x)$在 $U(x_0)$内能展开为泰勒级数，即

$$f(x)=f(x_0)+f'(x_0)(x-x_0)+\frac{f''(x_0)}{2!}(x-x_0)^2+\cdots+\frac{f^{(n)}(x_0)}{n!}(x-x_0)^n+\cdots.$$

又设 $S_{n+1}(x)$是 $f(x)$的泰勒级数的前 $n+1$ 项的和，则在$U(x_0)$内 $\lim\limits_{n\to\infty}S_{n+1}(x)=f(x)$. 而 $f(x)$的 n 阶泰勒公式可写为

$$f(x)=S_{n+1}(x)+R_n(x),$$

于是

$$\lim_{n\to\infty}R_n(x)=\lim_{n\to\infty}[f(x)-S_{n+1}(x)]=0.$$

再证充分性. 设在 $U(x_0)$内 $\lim\limits_{n\to\infty}R_n(x)=0$ 成立. 因为 $f(x)$的 n 阶泰勒公式可写成

$$f(x)=S_{n+1}(x)+R_n(x),$$

所以

$$\lim_{n\to\infty}S_{n+1}(x)=\lim_{n\to\infty}[f(x)-R_n(x)]=f(x),$$

即 $f(x)$的泰勒级数在 $U(x_0)$内收敛，并且收敛于 $f(x)$.

根据这个定理，我们可以得到函数展开成马克劳林级数的步骤如下：

第一步 求出 $f(x)$的各阶导数：$f'(x)$，$f''(x)$，…，$f^{(n)}(x)$，….

第二步　求函数 $f(x)$及其各阶导数在 $x=0$ 处的值：

$$f(0),\ f'(0),\ f''(0),\ \cdots,\ f^{(n)}(0),\ \cdots.$$

第三步　写出幂级数

$$f(0)+f'(0)x+\frac{f''(0)}{2!}x^2+\cdots+\frac{f^{(n)}(0)}{n!}x^n+\cdots,$$

并求出收敛半径 R.

第四步　考察在区间$(-R, R)$内 $\lim\limits_{n\to\infty}R_n(x)=\lim\limits_{n\to\infty}\frac{f^{(n+1)}(\xi)}{(n+1)!}x^{n+1}$是否为零. 如果 $\lim\limits_{n\to\infty}R_n(x)=0$，则 $f(x)$在$(-R, R)$内有展开式

$$f(x)=f(0)+f'(0)x+\frac{f''(0)}{2!}x^2+\cdots+\frac{f^{(n)}(0)}{n!}x^n+\cdots,\quad x\in(-R, R).$$

三、函数展开为幂级数举例

例 12.6.2　将函数 $f(x)=\mathrm{e}^x$ 展开成 x 的幂级数.

解　计算可得 $f^{(n)}(x)=\mathrm{e}^x$，$f^{(n)}(0)=1$，$n=0, 1, 2, \cdots$，从而 $f(x)=\mathrm{e}^x$ 的马克劳林级数为

$$1+x+\frac{1}{2!}x^2+\cdots+\frac{1}{n!}x^n+\cdots,$$

它的收敛半径为 $R=+\infty$，收敛域为$(-\infty,+\infty)$.

函数 $f(x)=\mathrm{e}^x$ 在点 $x=0$ 的 n 阶泰勒公式的余项为 $R_n(x)=\frac{\mathrm{e}^{\xi}}{(n+1)!}x^{n+1}$，其中 ξ 介于 0 与 x 之间. 注意到

$$|R_n(x)|=\left|\frac{\mathrm{e}^{\xi}}{(n+1)!}x^{n+1}\right|\leqslant\frac{\mathrm{e}^{|x|}}{(n+1)!}|x|^{n+1}.$$

考察级数 $\sum\limits_{n=0}^{\infty}\frac{\mathrm{e}^{|x|}}{(n+1)!}|x|^{n+1}$，由比值判别法可知 $\sum\limits_{n=0}^{\infty}\frac{\mathrm{e}^{|x|}}{(n+1)!}|x|^{n+1}$ 收敛，而根据级数收敛的必要条件可知 $\lim\limits_{n\to\infty}\frac{\mathrm{e}^{|x|}}{(n+1)!}|x|^{n+1}=0$，故由夹逼准则可知 $\lim\limits_{n\to\infty}R_n(x)=0$. 这说明 $f(x)=\mathrm{e}^x$ 可以展开为马克劳林级数，即

$$f(x)=\mathrm{e}^x=1+x+\frac{1}{2!}x^2+\cdots+\frac{1}{n!}x^n+\cdots,\quad x\in(-\infty,+\infty).$$

例 12.6.3　将函数 $f(x)=\sin x$ 展开成 x 的幂级数.

解　计算可得 $f^{(n)}(x)=\sin\left(x+\frac{n\pi}{2}\right)$，$n=0, 1, 2, \cdots$，$f^{(n)}(0)$顺序循环地取 0，1，0，$-1$，$\cdots$，从而 $f(x)=\sin x$ 的马克劳林级数为

$$x-\frac{1}{3!}x^3+\frac{1}{5!}x^5-\frac{1}{7!}x^7+\cdots+\frac{(-1)^n}{(2n+1)!}x^{2n+1}+\cdots,$$

它的收敛半径为 $R=+\infty$，收敛域为$(-\infty,+\infty)$.

函数 $f(x)=\sin x$ 在点 $x=0$ 的 n 阶泰勒公式的余项为 $R_n(x)=\frac{\sin\left(\xi+\frac{n+1}{2}\pi\right)}{(n+1)!}x^{n+1}$，其中 ξ 介于 0 与 x 之间. 注意到

$$|R_n(x)|=\left|\frac{\sin\left(\xi+\frac{n+1}{2}\pi\right)}{(n+1)!}x^{n+1}\right|\leqslant\frac{|x|^{n+1}}{(n+1)!}.$$

考察级数 $\sum\limits_{n=0}^{\infty}\frac{|x|^{n+1}}{(n+1)!}$，由比值判别法可知 $\sum\limits_{n=0}^{\infty}\frac{|x|^{n+1}}{(n+1)!}$ 收敛，而根据级数收敛的必要条件可知 $\lim\limits_{n\to\infty}\frac{|x|^{n+1}}{(n+1)!}=0$，故由夹逼准则可知 $\lim\limits_{n\to\infty}R_n(x)=0$. 这说明 $f(x)=\sin x$ 可以展开为马克劳林级数，即

$$f(x)=\sin x=x-\frac{1}{3!}x^3+\frac{1}{5!}x^5-\frac{1}{7!}x^7+\cdots+\frac{(-1)^n}{(2n+1)!}x^{2n+1}+\cdots,\quad x\in(-\infty,+\infty).$$

至此，我们得到了两个初等函数的马克劳林展开式：

(1) $e^x=1+x+\frac{1}{2!}x^2+\cdots+\frac{1}{n!}x^n+\cdots$，$x\in(-\infty,+\infty)$.

(2) $\sin x=x-\frac{1}{3!}x^3+\frac{1}{5!}x^5-\frac{1}{7!}x^7+\cdots+\frac{(-1)^n}{(2n+1)!}x^{2n+1}+\cdots$，$x\in(-\infty,+\infty)$.

类似地，我们还可以得到：

(3) $(1+x)^m=1+mx+\frac{m(m-1)}{2!}x^2+\cdots+\frac{m(m-1)\cdots(m-n+1)}{n!}x^n+\cdots$，$x\in(-1,1)$.

特别地，(3)中 $m=-1$ 时，可以得到：

(4) $\frac{1}{1+x}=1-x+x^2+\cdots+(-1)^nx^n+\cdots$，$x\in(-1,1)$.

这四个式子都是按照函数展开为马克劳林级数的步骤得来的，这种方法称为直接展开法. 一般来说，直接展开法比较麻烦，如果题目要求的是泰勒级数，可能就更复杂了. 因而，在具体的展开中，由于唯一性定理的保证，我们一般采取如下的所谓间接展开法来获得函数的幂级数展开.

例 12.6.4　将函数 $f(x)=\cos x$ 展开成 x 的幂级数.

解　由 $\sin x=\sum\limits_{n=0}^{\infty}\frac{(-1)^n}{(2n+1)!}x^{2n+1}$，$x\in(-\infty,+\infty)$及幂级数的性质可得

$$\cos x=(\sin x)'=\left[\sum_{n=0}^{\infty}\frac{(-1)^n}{(2n+1)!}x^{2n+1}\right]'=\sum_{n=0}^{\infty}\left[\frac{(-1)^n}{(2n+1)!}x^{2n+1}\right]'$$
$$=\sum_{n=0}^{\infty}\frac{(-1)^n}{(2n)!}x^{2n},\quad x\in(-\infty,+\infty).$$

这就是 $f(x)=\cos x$ 的马克劳林展开式.

例 12.6.5　将函数 $f(x)=\frac{1}{1-x}$展开成 x 的幂级数.

解　由 $\frac{1}{1+x}=\sum\limits_{n=0}^{\infty}(-1)^nx^n$，$x\in(-1,1)$，将等式中 x 换为 $-x$ 可得

$$\frac{1}{1-x}=\sum_{n=0}^{\infty}(-1)^n(-x)^n=\sum_{n=0}^{\infty}x^n,\quad x\in(-1,1).$$

这就是 $f(x)=\frac{1}{1-x}$的马克劳林展开式.

间接展开法是利用一些已知的函数展开式，通过幂级数的运算(如四则运算、逐项求

导、逐项积分等)和变量代换，将所给函数展开成幂级数. 这样做不但可以使计算简单，而且可以避免研究余项，但需要注意的是，逐项积分可能会改变级数在收敛区间端点处的敛散性，这个一般在计算过程中需要验证一下，以保证不出错.

例 12.6.6 将函数 $f(x)=\arctan x$ 展开成 x 的幂级数.

解 将 $\frac{1}{1+x}=\sum_{n=0}^{\infty}(-1)^n x^n$，$x\in(-1,1)$ 中的 x 换为 x^2 可得

$$\frac{1}{1+x^2}=\sum_{n=0}^{\infty}(-1)^n x^{2n},\quad x\in(-1,1).$$

对上式从 0 到 x 积分，并结合幂级数逐项积分不改变收敛半径，可得

$$\arctan x=\sum_{n=0}^{\infty}\frac{(-1)^n}{2n+1}x^{2n+1}\text{，收敛区间为}(-1,1).$$

又 $x=\pm 1$ 时，$\sum_{n=0}^{\infty}\frac{(-1)^n}{2n+1}x^{2n+1}$ 收敛，故

$$\arctan x=\sum_{n=0}^{\infty}\frac{(-1)^n}{2n+1}x^{2n+1},\quad x\in[-1,1].$$

这就是 $f(x)=\arctan x$ 的马克劳林展开式.

下面再举两个间接展开的例子.

例 12.6.7 将函数 $f(x)=\cos x$ 展开成 $x+\frac{\pi}{3}$的幂级数.

解 由 $f(x)=\cos x=\cos\left(x+\frac{\pi}{3}-\frac{\pi}{3}\right)=\frac{1}{2}\cos\left(x+\frac{\pi}{3}\right)+\frac{\sqrt{3}}{2}\sin\left(x+\frac{\pi}{3}\right)$及

$$\cos\left(x+\frac{\pi}{3}\right)=\sum_{n=0}^{\infty}\frac{(-1)^n}{(2n)!}\left(x+\frac{\pi}{3}\right)^{2n},\quad -\infty<x+\frac{\pi}{3}<+\infty,$$

$$\sin\left(x+\frac{\pi}{3}\right)=\sum_{n=0}^{\infty}\frac{(-1)^n}{(2n+1)!}\left(x+\frac{\pi}{3}\right)^{2n+1},\quad -\infty<x+\frac{\pi}{3}<+\infty,$$

可以得到

$$\begin{aligned}f(x)=\cos x&=\frac{1}{2}\sum_{n=0}^{\infty}\frac{(-1)^n}{(2n)!}\left(x+\frac{\pi}{3}\right)^{2n}+\frac{\sqrt{3}}{2}\sum_{n=0}^{\infty}\frac{(-1)^n}{(2n+1)!}\left(x+\frac{\pi}{3}\right)^{2n+1}\\&=\frac{1}{2}+\frac{\sqrt{3}}{2}\left(x+\frac{\pi}{3}\right)-\frac{1}{2}\cdot\frac{1}{2!}\left(x+\frac{\pi}{3}\right)^2-\frac{\sqrt{3}}{2}\cdot\frac{1}{3!}\left(x+\frac{\pi}{3}\right)^3+\\&\quad\frac{1}{2}\cdot\frac{1}{4!}\left(x+\frac{\pi}{3}\right)^4+\frac{\sqrt{3}}{2}\cdot\frac{1}{5!}\left(x+\frac{\pi}{3}\right)^5+\cdots,\quad -\infty<x<+\infty.\end{aligned}$$

例 12.6.8 将函数 $f(x)=\frac{1}{x^2+3x+2}$展开成 $x-1$ 的幂级数.

解 首先，函数可变形为

$$f(x)=\frac{1}{x^2+3x+2}=\frac{1}{x+1}-\frac{1}{x+2}=\frac{1}{2}\cdot\frac{1}{1+\frac{x-1}{2}}-\frac{1}{3}\cdot\frac{1}{1+\frac{x-1}{3}}.$$

将 $\frac{1}{1+x}=\sum_{n=0}^{\infty}(-1)^n x^n$，$x\in(-1,1)$ 中的 x 分别替换为$\frac{x-1}{2}$、$\frac{x-1}{3}$可得

$$\frac{1}{1+\frac{x-1}{2}}=\sum_{n=0}^{\infty}(-1)^n\left(\frac{x-1}{2}\right)^n,\quad \frac{x-1}{2}\in(-1,1)$$

$$\Rightarrow\frac{1}{2}\frac{1}{1+\frac{x-1}{2}}=\sum_{n=0}^{\infty}\frac{(-1)^n}{2^{n+1}}(x-1)^n,\quad -1<x<3,$$

$$\frac{1}{1+\frac{x-1}{3}}=\sum_{n=0}^{\infty}(-1)^n\left(\frac{x-1}{3}\right)^n,\quad \frac{x-1}{3}\in(-1,1)$$

$$\Rightarrow\frac{1}{3}\frac{1}{1+\frac{x-1}{3}}=\sum_{n=0}^{\infty}\frac{(-1)^n}{3^{n+1}}(x-1)^n,\quad -2<x<4,$$

从而

$$\begin{aligned} f(x)&=\sum_{n=0}^{\infty}\frac{(-1)^n}{2^{n+1}}(x-1)^n-\sum_{n=0}^{\infty}\frac{(-1)^n}{3^{n+1}}(x-1)^n \\ &=\sum_{n=0}^{\infty}(-1)^n\left(\frac{1}{2^{n+1}}-\frac{1}{3^{n+1}}\right)(x-1)^n. \end{aligned}$$

由$\begin{cases}-1<x<3,\\ -2<x<4\end{cases}$可得幂级数 $\sum_{n=0}^{\infty}(-1)^n\left(\frac{1}{2^{n+1}}-\frac{1}{3^{n+1}}\right)(x-1)^n$ 的收敛域为$-1<x<3$. 于是

$$f(x)=\frac{1}{x^2+3x+2}=\sum_{n=0}^{\infty}(-1)^n\left(\frac{1}{2^{n+1}}-\frac{1}{3^{n+1}}\right)(x-1)^n,\quad -1<x<3.$$

四、知识延展——函数的幂级数展开式在近似计算中的作用

由于函数的幂级数仅涉及加法和乘法，因此有了函数的幂级数展开式，就可以方便地利用它来进行近似计算，即在展开式有效的区间内，函数值可以近似地利用这个级数按照精度要求计算出来.

例 12.6.9 求 π 的近似值，精确到10^{-2}.

解 (1) 在 $\arctan x=x-\frac{x^3}{3}+\frac{x^5}{5}-\frac{x^7}{7}+\cdots$，$x\in[-1,1]$中，令 $x=1$，得

$$\frac{\pi}{4}=1-\frac{1}{3}+\frac{1}{5}-\frac{1}{7}+\cdots,$$

从而

$$\pi=4\left(1-\frac{1}{3}+\frac{1}{5}-\frac{1}{7}+\cdots\right).$$

该级数是交错级数，若取

$$\pi\approx4\left[1-\frac{1}{3}+\frac{1}{5}-\frac{1}{7}+\cdots+(-1)^n\frac{1}{2n+1}\right],$$

则误差

$$\left|\pi-4\left[1-\frac{1}{3}+\frac{1}{5}-\frac{1}{7}+\cdots+(-1)^n\frac{1}{2n+1}\right]\right|<\frac{1}{2n+3}.$$

要想误差小于 10^{-2}，至少取 $n=49$，收敛速度太慢.

(2) 在 $\arctan x=x-\frac{x^3}{3}+\frac{x^5}{5}-\frac{x^7}{7}+\cdots$，$x\in[-1,1]$中，令 $x=\frac{1}{\sqrt{3}}$，得

$$\frac{\pi}{6}=\frac{1}{\sqrt{3}}\left(1-\frac{1}{3\cdot 3}+\frac{1}{5\cdot 3^2}-\frac{1}{7\cdot 3^3}+\cdots\right),$$

从而

$$\pi=2\sqrt{3}\left(1-\frac{1}{3\cdot 3}+\frac{1}{5\cdot 3^2}-\frac{1}{7\cdot 3^3}+\cdots\right).$$

该级数是交错级数，若取

$$\pi\approx 2\sqrt{3}\left[1-\frac{1}{3\cdot 3}+\frac{1}{5\cdot 3^2}-\frac{1}{7\cdot 3^3}+\cdots+(-1)^n\frac{1}{(2n+1)\cdot 3^n}\right],$$

则误差

$$\left|\pi-2\sqrt{3}\left[1-\frac{1}{3\cdot 3}+\frac{1}{5\cdot 3^2}-\frac{1}{7\cdot 3^3}+\cdots+(-1)^n\frac{1}{(2n+1)\cdot 3^n}\right]\right|<\frac{2\sqrt{3}}{(2n+3)3^{n+1}}.$$

要想误差小于10^{-2}，只需 $n=3$ 即可. 取 $n=3$，则

$$\pi\approx 2\sqrt{3}\left(1-\frac{1}{3\cdot 3}+\frac{1}{5\cdot 3^2}-\frac{1}{7\cdot 3^3}\right)=\frac{1712\sqrt{3}}{945}\approx 3.137\ 853.$$

作为 π 的近似值，其收敛速度能比(1)更快一些.

注 在进行近似计算的误差估计时，交错级数 $\sum\limits_{n=1}^{\infty}(-1)^n a_n$ 的余和$|r_n|<a_{n+1}$很有用.

例 12.6.10 求 e 的近似值，精确到 10^{-6}.

解 由 $e^x=1+x+\frac{1}{2!}x^2+\cdots+\frac{1}{n!}x^n+\cdots$，$x\in(-\infty,+\infty)$得

$$e=1+1+\frac{1}{2!}+\cdots+\frac{1}{n!}+\cdots.$$

若用前 $n+1$ 项部分和来近似，则误差为

$$r_n=\frac{1}{(n+1)!}+\frac{1}{(n+2)!}+\frac{1}{(n+3)!}\cdots=\frac{1}{(n+1)!}\left[1+\frac{1}{n+2}+\frac{1}{(n+2)(n+3)}+\cdots\right]$$

$$<\frac{1}{(n+1)!}\left[1+\frac{1}{n+1}+\frac{1}{(n+1)^2}+\cdots\right]<\frac{1}{n\cdot n!}.$$

要想 $r_n<10^{-6}$，只需$\frac{1}{n\cdot n!}<10^{-6}$. 注意到$8\cdot 8!=322\ 560$，$9\cdot 9!=3\ 265\ 920$，只需 $n\geqslant 9$ 即可. 于是

$$e\approx 1+1+\frac{1}{2!}+\cdots+\frac{1}{9!}\approx 2.718\ 282.$$

注 在进行近似计算的误差估计时，如果是正项级数，需要对余和进行放缩后估计.

利用幂级数不仅可以计算一些函数值的近似值，还可以对定积分等进行近似计算. 特别是被积函数的原函数不能或不方便用初等函数的有限形式表示，但能表示为幂级数的情形，我们就可以把这个幂级数逐项积分，用积分后的级数就可算出定积分的近似值了. 由于方法是类似的，因此这里不再赘述.

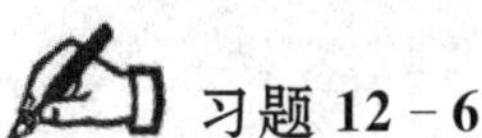

习题 12-6

基 础 题

1. 将函数 $f(x)=\frac{1}{x^2+3x+2}$展开为 x 的幂级数.

2. 将函数 $f(x)=\dfrac{1}{(2-x)^2}$ 展开为 x 的幂级数.

3. 将函数 $f(x)=\dfrac{1}{(2-x)^2}$ 展开为 $x-1$ 的幂级数.

4. 将函数 $f(x)=e^x$ 展开为 $x-3$ 的幂级数.

5. 将函数 $f(x)=\ln(1+x-2x^2)$ 展开为 x 的幂级数.

6. 将函数 $f(x)=\sin x\cos x$ 展开为 x 的幂级数.

提　高　题

1. 将函数 $f(x)=\arctan\dfrac{1+x}{1-x}$ 展开成 x 的幂级数.

2. 将函数 $f(x)=\arctan\dfrac{4+x^2}{4-x^2}$ 展开成 x 的幂级数.

3. 将函数 $f(x)=\begin{cases}\dfrac{1+x^2}{x}\arctan x, & x\neq 0,\\ 1, & x=0\end{cases}$ 展开为 x 的幂级数，并求 $\sum\limits_{n=1}^{\infty}\dfrac{(-1)^n}{1-4n^2}$ 的和.

习题 12-6
参考答案

4. 求 $\int_0^1\dfrac{\sin x}{x}dx$ 的近似值，要求误差不超过 0.0001.

第七节　傅里叶级数

自然界中周期现象的数学描述就是周期函数. 最简单的周期现象，如单摆的摆动、音叉的振动等，都可用正弦函数 $y=a\sin\omega t$ 或余弦函数 $y=a\cos\omega t$ 表示. 但是，复杂的周期现象，如热传导、电磁波以及机械振动等，就不能仅用一个正弦函数或余弦函数表示，而需要用多个甚至无限多个正弦函数和余弦函数的叠加表示. 本节就是讨论如何将周期函数表示为无限多个正弦函数和余弦函数之和，即傅里叶级数.

一、三角级数与三角函数系的正交性

在本章第六节中，我们讨论了将一个给定的函数展开为幂级数的条件与方法. 我们发现，只有当一个函数在某一区间上具有各阶导数时，函数才有可能在该区间上展开为幂级数. 但在实际应用中我们遇到的函数，有很多并不具有各阶导数，如在无线电技术中考虑的矩形波函数，锯齿波函数，等等，它们在间断点或尖点处就不可导，因而就不能用一个幂级数表示它们. 但这类函数具有一个特点：它们都是周期性的. 正弦函数是一种常见且简单的周期函数. 例如描述简谐振动的函数

$$y=A\sin(\omega t+\varphi)$$

就是一个以 $\dfrac{2\pi}{|\omega|}$ 为周期的正弦函数，其中 y 表示动点的位置，t 表示时间，A 为振幅，ω 为角频率，φ 为初相. 在实际问题中，除了正弦函数，还会遇到非正弦函数的周期函数，它们反映了较复杂的周期运动.

如何深入研究非正弦周期函数呢？联系到前面介绍过的用函数的幂级数展开式表示与

讨论函数，我们也想将周期函数展开成由简单的周期函数例如三角函数组成的级数. 具体地说，将周期为 $T\left(\frac{2\pi}{|\omega|}\right)$ 的周期函数用一系列以 T 为周期的正弦函数 $A_n\sin(n\omega t+\varphi_n)$ 组成的级数来表示，记为

$$f(t)=A_0+\sum_{n=1}^{\infty}A_n\sin(n\omega t+\varphi_n),\tag{12.7.1}$$

其中 A_0，A_n，$\varphi_n(n=1, 2, 3, \cdots)$ 都是常数.

将周期函数按上述方式展开，它的物理意义是很明确的，就是把一个比较复杂的周期运动看成是许多不同频率的简谐振动的叠加. 在电工学上，这种展开称为谐波分析，其中常数项 A_n 称为 $f(t)$ 的直流分量，$A_1\sin(\omega t+\varphi_1)$ 称为一次谐波(又称基波)，$A_2\sin(2\omega t+\varphi_2)$，$A_3\sin(3\omega t+\varphi_3)$，…依次称为二次谐波，三次谐波，等等.

为了以后讨论方便，我们将正弦函数 $A_n\sin(n\omega t+\varphi_n)$ 按三角公式变形，得

$$A_n\sin(n\omega t+\varphi_n)=A_n\sin\varphi_n\cos n\omega t+A_n\cos\varphi_n\sin n\omega t,$$

并且令 $\frac{a_0}{2}=A_0$，$a_n=A_n\sin\varphi_n$，$b_n=A_n\cos\varphi_n$，$\omega=\frac{\pi}{l}(T=2l)$，则式(12.7.1)右端的级数就可以写为

$$\frac{a_0}{2}+\sum_{n=1}^{\infty}\left(a_n\cos\frac{n\pi t}{l}+b_n\sin\frac{n\pi t}{l}\right).\tag{12.7.2}$$

这个由三角函数组成的级数称为**三角级数**，其中 a_0，a_n，$b_n(n=1, 2, 3, \cdots)$ 都是常数.

令 $\frac{\pi t}{l}=x$，式(12.7.2)成为

$$\frac{a_0}{2}+\sum_{n=1}^{\infty}(a_n\cos nx+b_n\sin nx).\tag{12.7.3}$$

这就把以 $2l$ 为周期的三角级数转换成以 2π 为周期的三角级数.

下面我们讨论以 2π 为周期的三角级数，为此首先介绍**三角函数系的正交性**.

所谓三角函数系

$$\{1, \cos x, \sin x, \cos 2x, \sin 2x, \cdots, \cos nx, \sin nx, \cdots\}\tag{12.7.4}$$

在区间 $[-\pi, \pi]$ 上正交，就是指三角函数系(12.7.4)中任何两个不同的函数的乘积在区间 $[-\pi, \pi]$ 上的积分等于零，即

$$\int_{-\pi}^{\pi}\cos nx\,dx=0\ (n=1, 2, \cdots),$$

$$\int_{-\pi}^{\pi}\sin nx\,dx=0\ (n=1, 2, \cdots),$$

$$\int_{-\pi}^{\pi}\sin kx\cos nx\,dx=0\ (k, n=1, 2, \cdots),$$

$$\int_{-\pi}^{\pi}\sin kx\sin nx\,dx=0\ (k, n=1, 2, \cdots, k\neq n),$$

$$\int_{-\pi}^{\pi}\cos kx\cos nx\,dx=0\ (k, n=1, 2, \cdots, k\neq n).$$

以上等式都可以通过定积分来验证，请读者自行验证.

三角函数系中任何两个相同的函数的乘积在区间 $[-\pi, \pi]$ 上的积分不等于零，即

$$\int_{-\pi}^{\pi} 1^2 \mathrm{d}x = 2\pi,$$

$$\int_{-\pi}^{\pi} \cos^2 nx \mathrm{d}x = \pi \ (n = 1, 2, \cdots),$$

$$\int_{-\pi}^{\pi} \sin^2 nx \mathrm{d}x = \pi \ (n = 1, 2, \cdots).$$

二、函数展开成傅里叶级数

 **问题**　设 $f(x)$是周期为 2π 的周期函数，且能展开成三角级数：

$$f(x) = \frac{a_0}{2} + \sum_{k=1}^{\infty}(a_k \cos kx + b_k \sin kx). \tag{12.7.5}$$

那么系数 a_0，a_1，b_1，…与函数 $f(x)$之间存在着怎样的关系？假定三角级数可逐项积分.

首先求 a_0. 对式(12.7.5)从 $-\pi$ 到 π 积分，则

$$\int_{-\pi}^{\pi} f(x)\mathrm{d}x = \int_{-\pi}^{\pi} \frac{a_0}{2}\mathrm{d}x + \sum_{k=1}^{\infty}\left(a_k\int_{-\pi}^{\pi} \cos kx \mathrm{d}x + b_k\int_{-\pi}^{\pi} \sin kx \mathrm{d}x\right).$$

根据三角函数系的正交性，等式右端除第一项外，其余各项均为零，所以

$$\int_{-\pi}^{\pi} f(x)\mathrm{d}x = \frac{a_0}{2} \cdot 2\pi.$$

于是得

$$a_0 = \frac{1}{\pi}\int_{-\pi}^{\pi} f(x)\mathrm{d}x.$$

其次求 a_n. 用 $\cos nx$ 乘式(12.7.5)两端，再对其从 $-\pi$ 到 π 积分，则

$$\int_{-\pi}^{\pi} f(x)\cos nx \mathrm{d}x = \int_{-\pi}^{\pi} \frac{a_0}{2}\cos nx \mathrm{d}x + \sum_{k=1}^{\infty}\left(a_k\int_{-\pi}^{\pi} \cos kx \cos nx \mathrm{d}x + b_k\int_{-\pi}^{\pi} \sin kx \cos nx \mathrm{d}x\right).$$

根据三角函数系的正交性，等式右端除 $a_n\int_{-\pi}^{\pi} \cos nx \cos nx \mathrm{d}x$ 外，其余各项均为零，所以

$$\int_{-\pi}^{\pi} f(x)\cos nx \mathrm{d}x = a_n\int_{-\pi}^{\pi} \cos^2 nx \mathrm{d}x = a_n\pi .$$

于是得

$$a_n = \frac{1}{\pi}\int_{-\pi}^{\pi} f(x)\cos nx \mathrm{d}x \ (n = 1, 2, 3, \cdots).$$

类似地，用 $\sin nx$ 乘式(12.7.5)两端，再对其从 $-\pi$ 到 π 积分，可得

$$b_n = \frac{1}{\pi}\int_{-\pi}^{\pi} f(x)\sin nx \mathrm{d}x \ (n = 1, 2, 3, \cdots).$$

由于当 $n=0$ 时，a_n 的表达式正好给出 a_0，因此，已得结果可以合并写成

$$\left.\begin{aligned} a_n &= \frac{1}{\pi}\int_{-\pi}^{\pi} f(x)\cos nx \mathrm{d}x \quad (n = 0, 1, 2, \cdots) \\ b_n &= \frac{1}{\pi}\int_{-\pi}^{\pi} f(x)\sin nx \mathrm{d}x \quad (n = 1, 2, 3, \cdots) \end{aligned}\right\} \tag{12.7.6}$$

如果公式(12.7.6)中的积分都存在，那么它们定出的系数 a_0，a_1，b_1，…叫作函数 $f(x)$的**傅里叶系数**，将这些系数代入式(12.7.5)的右端，所得的三角级数

$$\frac{a_0}{2}+\sum_{n=1}^{\infty}(a_n\cos nx+b_n\sin nx)$$

称为函数 $f(x)$的**傅里叶级数**.

一个定义在$(-\infty,+\infty)$上的周期为 2π 的函数 $f(x)$，如果它在一个周期上可积，则一定可以作出 $f(x)$的傅里叶级数. 然而，函数 $f(x)$的傅里叶级数是否一定收敛？如果它收敛，它是否一定收敛于函数 $f(x)$？一般来说，这两个问题的答案都不是肯定的. 那么，函数 $f(x)$在怎样的条件下，它的傅里叶级数不仅收敛，而且收敛于 $f(x)$(此时我们称函数 $f(x)$可以展开为傅里叶级数)？下面的收敛定理是关于上述问题的一个重要结论.

定理 12.7.1(狄利克雷收敛定理) 设 $f(x)$是以 2π 为周期的函数，如果它满足：

(1) 在一个周期内连续或只有有限个第一类间断点，

(2) 在一个周期内至多只有有限个极值点，

则 $f(x)$的傅里叶级数收敛，并且

当 x 是 $f(x)$的连续点时，级数收敛于 $f(x)$；

当 x 是 $f(x)$的间断点时，级数收敛于$\frac{1}{2}[f(x-0)+f(x+0)]$.

例 12.7.1 设 $f(x)$是以 2π 为周期的函数，它在$[-\pi,\pi)$上的表达式为

$$f(x)=\begin{cases}-1, & -\pi\leqslant x<0,\\ 1, & 0\leqslant x<\pi,\end{cases}$$

将 $f(x)$展开成傅里叶级数.

解 所给函数满足收敛定理的条件，它在点 $x=k\pi(k=0,\pm1,\pm2,\cdots)$处不连续，在其他点处连续，从而由收敛定理可知 $f(x)$的傅里叶级数收敛，并且当 $x=k\pi$ 时收敛于

$$\frac{1}{2}[f(x-0)+f(x+0)]=\frac{1}{2}(-1+1)=0,$$

当 $x\neq k\pi$ 时收敛于 $f(x)$.

傅里叶系数计算如下：

$$a_n=\frac{1}{\pi}\int_{-\pi}^{\pi}f(x)\cos nx\,\mathrm{d}x=\frac{1}{\pi}\int_{-\pi}^{0}(-1)\cos nx\,\mathrm{d}x+\frac{1}{\pi}\int_{0}^{\pi}1\cdot\cos nx\,\mathrm{d}x=0\ (n=0,1,2,\cdots),$$

$$\begin{aligned}b_n&=\frac{1}{\pi}\int_{-\pi}^{\pi}f(x)\sin nx\,\mathrm{d}x=\frac{1}{\pi}\int_{-\pi}^{0}(-1)\sin nx\,\mathrm{d}x+\frac{1}{\pi}\int_{0}^{\pi}1\cdot\sin nx\,\mathrm{d}x\\&=\frac{1}{\pi}\left[\frac{\cos nx}{n}\right]_{-\pi}^{0}+\frac{1}{\pi}\left[-\frac{\cos nx}{n}\right]_{0}^{\pi}=\frac{1}{n\pi}(1-\cos n\pi-\cos n\pi+1)\\&=\frac{2}{n\pi}[1-(-1)^n]=\begin{cases}\dfrac{4}{n\pi}, & n=1,3,5,\cdots,\\ 0, & n=2,4,6,\cdots.\end{cases}\end{aligned}$$

于是 $f(x)$的傅里叶级数展开式为

$$f(x)=\frac{4}{\pi}\left[\sin x+\frac{1}{3}\sin 3x+\cdots+\frac{1}{2k-1}\sin(2k-1)x+\cdots\right]\quad(x\neq k\pi,k=0,\pm1,\pm2,\cdots).$$

例 12.7.2 设 $f(x)$是以 2π 为周期的函数，它在$[-\pi,\pi)$上的表达式为

$$f(x)=\begin{cases}x, & -\pi\leqslant x<0,\\ 0, & 0\leqslant x<\pi,\end{cases}$$

将 $f(x)$展开成傅里叶级数.

解　所给函数满足收敛定理的条件，它在点 $x=(2k+1)\pi(k=0, \pm1, \pm2, \cdots)$处不连续，因此，$f(x)$的傅里叶级数在 $x=(2k+1)\pi$ 处收敛于

$$\frac{1}{2}[f(x-0)+f(x+0)]=\frac{1}{2}(0-\pi)=-\frac{\pi}{2},$$

在连续点 $x\neq(2k+1)\pi$ 处收敛于 $f(x)$.

傅里叶系数计算如下：

$$a_0=\frac{1}{\pi}\int_{-\pi}^{\pi}f(x)\mathrm{d}x=\frac{1}{\pi}\int_{-\pi}^{0}x\mathrm{d}x=-\frac{\pi}{2};$$

$$\begin{aligned}a_n&=\frac{1}{\pi}\int_{-\pi}^{\pi}f(x)\cos nx\,\mathrm{d}x=\frac{1}{\pi}\int_{-\pi}^{0}x\cos nx\,\mathrm{d}x\\&=\frac{1}{\pi}\left[\frac{x\sin nx}{n}+\frac{\cos nx}{n^2}\right]_{-\pi}^{0}=\frac{1}{n^2\pi}(1-\cos n\pi)\\&=\begin{cases}\dfrac{2}{n^2\pi}, & n=1, 3, 5, \cdots,\\ 0, & n=2, 4, 6, \cdots;\end{cases}\end{aligned}$$

$$\begin{aligned}b_n&=\frac{1}{\pi}\int_{-\pi}^{\pi}f(x)\sin nx\,\mathrm{d}x=\frac{1}{\pi}\int_{-\pi}^{0}x\sin nx\,\mathrm{d}x\\&=\frac{1}{\pi}\left[-\frac{x\cos nx}{n}+\frac{\sin nx}{n^2}\right]_{-\pi}^{0}=-\frac{\cos n\pi}{n}=\frac{(-1)^{n+1}}{n}\ (n=1, 2, \cdots).\end{aligned}$$

于是 $f(x)$的傅里叶级数展开式为

$$\begin{aligned}f(x)=&-\frac{\pi}{4}+\left(\frac{2}{\pi}\cos x+\sin x\right)-\frac{1}{2}\sin 2x+\left(\frac{2}{3^2\pi}\cos 3x+\frac{1}{3}\sin 3x\right)-\\&\frac{1}{4}\sin 4x+\left(\frac{2}{5^2\pi}\cos 5x+\frac{1}{5}\sin 5x\right)-\cdots\quad(x\neq\pm\pi, \pm3\pi, \cdots).\end{aligned}$$

如果函数 $f(x)$只在$[-\pi, \pi]$上有定义，并且满足收敛定理的条件，那么 $f(x)$也可以展开成傅里叶级数. 我们可以在$[-\pi, \pi)$或$(-\pi, \pi]$外补充函数 $f(x)$的定义，使它拓展成周期为 2π 的周期函数 $F(x)$. 按这种方式拓广函数的定义域的过程称为**周期延拓**. 再将 $F(x)$展开成傅里叶级数. 最后限制 x 在$(-\pi, \pi)$内，此时 $F(x)=f(x)$，这样便得到 $f(x)$的傅里叶级数展开式. 根据收敛定理，这级数在区间端点 $x=\pm\pi$ 处收敛于$\dfrac{f(\pi^-)+f(-\pi^+)}{2}$.

例 12.7.3　将函数 $f(x)=\begin{cases}-x, & -\pi\leqslant x<0,\\ x, & 0\leqslant x\leqslant\pi\end{cases}$ 展开成傅里叶级数.

解　所给函数在区间$[-\pi, \pi]$上满足收敛定理的条件，并且拓广为周期函数时，它在每一点 x 处都连续，因此拓广的周期函数的傅里叶级数在$[-\pi, \pi]$上收敛于 $f(x)$.

傅里叶系数计算如下：

$$a_0=\frac{1}{\pi}\int_{-\pi}^{\pi}f(x)\mathrm{d}x=\frac{1}{\pi}\int_{-\pi}^{0}(-x)\mathrm{d}x+\frac{1}{\pi}\int_{0}^{\pi}x\mathrm{d}x=\pi;$$

$$\begin{aligned}a_n&=\frac{1}{\pi}\int_{-\pi}^{\pi}f(x)\cos nx\,\mathrm{d}x=\frac{1}{\pi}\int_{-\pi}^{0}(-x)\cos nx\,\mathrm{d}x+\frac{1}{\pi}\int_{0}^{\pi}x\cos nx\,\mathrm{d}x\\&=\frac{2}{n^2\pi}(\cos n\pi-1)=\begin{cases}-\dfrac{4}{n^2\pi}, & n=1, 3, 5, \cdots,\\ 0, & n=2, 4, 6, \cdots;\end{cases}\end{aligned}$$

$$b_n = \frac{1}{\pi}\int_{-\pi}^{\pi} f(x)\sin nx\,\mathrm{d}x = \frac{1}{\pi}\int_{-\pi}^{0}(-x)\sin nx\,\mathrm{d}x + \frac{1}{\pi}\int_{0}^{\pi} x\sin nx\,\mathrm{d}x = 0\,(n=1,2,\cdots).$$

于是 $f(x)$ 的傅里叶级数展开式为

$$f(x)=\frac{\pi}{2}-\frac{4}{\pi}\left(\cos x+\frac{1}{3^2}\cos 3x+\frac{1}{5^2}\cos 5x+\cdots\right)\quad(-\pi\leqslant x\leqslant\pi).$$

三、正弦级数和余弦级数

一般来说，一个函数的傅里叶级数既含有正弦项，又含有余弦项. 但是，也有一些函数的傅里叶级数只含有正弦项或者只含有常数项和余弦项.

(1) 当 $f(x)$ 为奇函数时，$f(x)\cos nx$ 是奇函数，$f(x)\sin nx$ 是偶函数，故 $f(x)$ 的傅里叶系数为

$$a_n=0\quad(n=0,1,2,\cdots),$$

$$b_n=\frac{2}{\pi}\int_0^{\pi} f(x)\sin nx\,\mathrm{d}x\quad(n=1,2,\cdots).$$

因此奇函数 $f(x)$ 的傅里叶级数 $\sum\limits_{n=1}^{\infty} b_n\sin nx$ 只含有正弦项，称为**正弦级数**.

(2) 当 $f(x)$ 为偶函数时，$f(x)\cos nx$ 是偶函数，$f(x)\sin nx$ 是奇函数，故 $f(x)$ 的傅里叶系数为

$$a_n=\frac{2}{\pi}\int_0^{\pi} f(x)\cos nx\,\mathrm{d}x\quad(n=0,1,2,\cdots),$$

$$b_n=0\quad(n=1,2,\cdots).$$

因此偶函数 $f(x)$ 的傅里叶级数 $\frac{a_0}{2}+\sum\limits_{n=1}^{\infty} a_n\cos nx$ 只含有常数和余弦项，称为**余弦级数**.

例 12.7.4 设 $f(x)$ 是周期为 2π 的周期函数，它在 $[-\pi,\pi)$ 上的表达式为

$$f(x)=3x^2+1\quad(-\pi\leqslant x<\pi),$$

将 $f(x)$ 展开成傅里叶级数.

解 由题设知 $a_0=\frac{1}{\pi}\int_{-\pi}^{\pi} f(x)\,\mathrm{d}x=\frac{1}{\pi}\int_{-\pi}^{\pi}(3x^2+1)\,\mathrm{d}x=2(\pi^2+1)$,

$$\begin{aligned} a_n &= \frac{1}{\pi}\int_{-\pi}^{\pi} f(x)\cos nx\,\mathrm{d}x=\frac{1}{\pi}\int_{-\pi}^{\pi}(3x^2+1)\cos nx\,\mathrm{d}x \\ &= \frac{1}{\pi}\left\{\left[\frac{1}{n}(3x^2+1)\sin nx\right]_{-\pi}^{\pi}-\frac{1}{n}\int_{-\pi}^{\pi}6x\sin nx\,\mathrm{d}x\right\} \\ &= \frac{6}{n^2\pi}\left\{[x\cos nx]_{-\pi}^{\pi}-\int_{-\pi}^{\pi}\cos nx\,\mathrm{d}x\right\} \\ &= \frac{12}{n^2}(-1)^n-\frac{6}{n^3\pi}[\sin nx]_{-\pi}^{\pi}=(-1)^n\frac{12}{n^2}\ (n=1,2,\cdots). \end{aligned}$$

由于 $f(x)\sin nx$ 在 $[-\pi,\pi]$ 上是奇函数，因此

$$b_n=\frac{1}{\pi}\int_{-\pi}^{\pi} f(x)\sin nx\,\mathrm{d}x=0\quad(n=1,2,\cdots).$$

因为 $f(x)$ 满足收敛定理的条件且在 $(-\infty,+\infty)$ 内连续，所以

$$f(x)=\pi^2+1+12\sum_{n=1}^{\infty}\frac{(-1)^n}{n^2}\cos nx,\quad x\in[-\pi,\pi).$$

在实际应用(如研究某种波动问题，热的传导、扩张问题)中，有时还需要把定义在$[0, \pi]$上的函数$f(x)$展开成正弦级数或余弦级数.

根据前面讨论的结果，这类展开问题可以按如下方法解决：设函数$f(x)$定义在区间$[0, \pi]$上并且满足收敛定理的条件，我们在开区间$(-\pi, 0)$内补充函数$f(x)$的定义，得到定义在$(-\pi, \pi)$上的函数$F(x)$，使它在$(-\pi, \pi)$上成为奇函数(偶函数). 按这种方式拓广函数定义域的过程称为**奇延拓(偶延拓)**. 然后将奇延拓(偶延拓)再周期延拓后的函数展开成傅里叶级数，这个级数必定是正弦级数(余弦级数). 再限制x在$(0, \pi)$上，有$F(x)=f(x)$，这样便得到$f(x)$的正弦级数(余弦级数)展开式.

例 12.7.5　将函数$f(x)=x+1(0\leqslant x\leqslant\pi)$分别展开成正弦级数和余弦级数.

解　先展开成正弦级数. 为此对函数$f(x)$进行奇延拓，再周期延拓. 因

$$b_n=\frac{2}{\pi}\int_0^{\pi}f(x)\sin nx\,\mathrm{d}x=\frac{2}{\pi}\int_0^{\pi}(x+1)\sin nx\,\mathrm{d}x=\frac{2}{\pi}\left[-\frac{x\cos nx}{n}+\frac{\sin nx}{n^2}-\frac{\cos nx}{n}\right]_0^{\pi}$$

$$=\frac{2}{n\pi}(1-\pi\cos n\pi-\cos n\pi)=\begin{cases}\dfrac{2}{\pi}\cdot\dfrac{\pi+2}{n}, & n=1, 3, 5, \cdots,\\ -\dfrac{2}{n}, & n=2, 4, 6, \cdots,\end{cases}$$

故函数的正弦级数展开式为

$$x+1=\frac{2}{\pi}\left[(\pi+2)\sin x-\frac{\pi}{2}\sin 2x+\frac{1}{3}(\pi+2)\sin 3x-\frac{\pi}{4}\sin 4x+\cdots\right]\quad(0<x<\pi).$$

在端点$x=0$及$x=\pi$处，级数的和显然为零，它不代表原来函数$f(x)$的值.

再展开成余弦级数. 为此对$f(x)$进行偶延拓，再周期延拓. 因

$$a_n=\frac{2}{\pi}\int_0^{\pi}f(x)\cos nx\,\mathrm{d}x=\frac{2}{\pi}\int_0^{\pi}(x+1)\cos nx\,\mathrm{d}x=\frac{2}{\pi}\left[-\frac{x\sin nx}{n}+\frac{\cos nx}{n^2}-\frac{\sin nx}{n}\right]_0^{\pi}$$

$$=\frac{2}{n^2\pi}(\cos n\pi-1)=\begin{cases}0, & n=2, 4, 6, \cdots,\\ -\dfrac{4}{n^2\pi}, & n=1, 3, 5, \cdots,\end{cases}$$

$$a_0=\frac{2}{\pi}\int_0^{\pi}(x+1)\mathrm{d}x=\frac{2}{\pi}\left[\frac{x^2}{2}+x\right]_0^{\pi}=\pi+2,$$

故函数的余弦级数展开式为

$$x+1=\frac{\pi}{2}+1-\frac{4}{\pi}\left(\cos x+\frac{1}{3^2}\cos 3x+\frac{1}{5^2}\cos 5x+\cdots\right)\quad(0\leqslant x\leqslant\pi).$$

例 12.7.6　将函数$f(x)=2x^2(0\leqslant x\leqslant\pi)$分别展开成正弦级数和余弦级数.

解　先展开成正弦级数. 先对$f(x)$进行奇延拓，再进行以2π为周期的周期延拓，则由收敛定理得，它的傅里叶级数在$[0, \pi)$上收敛于$f(x)$. 因

$$a_n=0\quad(n=0, 1, 2, \cdots),$$

$$b_n=\frac{2}{\pi}\int_0^{\pi}2x^2\sin nx\,\mathrm{d}x=\frac{4}{\pi}\left[-\frac{x^2}{n}\cos nx+\frac{2x}{n^2}\sin nx+\frac{2}{n^3}\cos nx\right]_0^{\pi}$$

$$=\frac{4}{\pi}\left[(-1)^n\left(\frac{2}{n^3}-\frac{\pi^2}{n}\right)-\frac{2}{n^3}\right]\qquad(n=1, 2, \cdots),$$

故函数的正弦级数展开式为

$$f(x)=\frac{4}{\pi}\sum_{n=1}^{\infty}\left[(-1)^n\left(\frac{2}{n^3}-\frac{\pi^2}{n}\right)-\frac{2}{n^3}\right]\sin nx,\quad x\in[0, \pi).$$

再展开成余弦级数. 先对 $f(x)$进行偶延拓，再进行以 2π 为周期的周期延拓，则由收敛定理得，它的傅里叶级数在$[0, \pi]$上收敛于 $f(x)$. 因

$$b_n=0 \quad (n=1, 2, \cdots),$$

$$a_0=\frac{2}{\pi}\int_0^{\pi}2x^2\,\mathrm{d}x=\frac{4}{3}\pi^2,$$

$$a_n=\frac{2}{\pi}\int_0^{\pi}2x^2\cos nx\,\mathrm{d}x=(-1)^n\frac{8}{n^2} \quad (n=1, 2, \cdots),$$

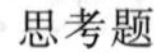
思考题

故函数的余弦级数展开式为

$$f(x)=\frac{2}{3}\pi^2+8\sum_{n=1}^{\infty}\frac{(-1)^n}{n^2}\cos nx, \ x\in[0, \pi].$$

习题 12－7

基 础 题

1. 下列周期函数 $f(x)$的周期为 2π，试将 $f(x)$展开成傅里叶级数，如果 $f(x)$在$[-\pi, \pi)$上的表达式为

(1) $f(x)=3x^2+1 \ (-\pi\leqslant x<\pi)$；

(2) $f(x)=\mathrm{e}^{2x} \ (-\pi\leqslant x<\pi)$；

(3) $f(x)=\begin{cases} bx, & -\pi\leqslant x<0, \\ ax, & 0\leqslant x<\pi \end{cases}$ (a，b 为常数，且 $a>b>0$).

2. 将下列函数 $f(x)$展开成傅里叶级数：

(1) $f(x)=2\sin\dfrac{x}{3} \ (-\pi\leqslant x\leqslant\pi)$；

(2) $f(x)=\begin{cases} \mathrm{e}^x, & -\pi\leqslant x<0, \\ 1, & 0\leqslant x<\pi. \end{cases}$

3. 将函数 $f(x)=\cos\dfrac{x}{2}(-\pi\leqslant x\leqslant\pi)$展开成傅里叶级数.

4. 设 $f(x)$是周期为 2π 的周期函数，它在$[-\pi, \pi)$上的表达式为

$$f(x)=\begin{cases} -\dfrac{\pi}{2}, & -\pi\leqslant x<-\dfrac{\pi}{2}, \\ x, & -\dfrac{\pi}{2}\leqslant x<\dfrac{\pi}{2}, \\ \dfrac{\pi}{2}, & \dfrac{\pi}{2}\leqslant x<\pi, \end{cases}$$

将 $f(x)$展开成傅里叶级数.

5. 将函数 $f(x)=\dfrac{\pi-x}{2}(0\leqslant x\leqslant\pi)$展开成正弦级数.

6. 下题中给出了四个结果，从中选出一个正确的结果.

设 $f(x)$是以 2π 为周期的周期函数，它在$[-\pi, \pi)$上的表达式为$|x|$，则 $f(x)$的傅里叶级数为(　　).

A. $\dfrac{\pi}{2}-\dfrac{4}{\pi}\left[\cos x+\dfrac{1}{3^2}\cos 3x+\dfrac{1}{5^2}\cos 5x+\cdots+\dfrac{1}{(2n-1)^2}\cos(2n-1)x+\cdots\right]$

B. $\dfrac{2}{\pi}\left[\dfrac{1}{2^2}\sin 2x+\dfrac{1}{4^2}\sin 4x+\dfrac{1}{6^2}\sin 6x+\cdots+\dfrac{1}{(2n)^2}\sin 2nx+\cdots\right]$

C. $\dfrac{4}{\pi}\left[\cos x+\dfrac{1}{3^2}\cos 3x+\dfrac{1}{5^2}\cos 5x+\cdots+\dfrac{1}{(2n-1)^2}\cos(2n-1)x+\cdots\right]$

D. $\dfrac{1}{\pi}\left[\dfrac{1}{2^2}\cos 2x+\dfrac{1}{4^2}\cos 4x+\dfrac{1}{6^2}\cos 6x+\cdots+\dfrac{1}{(2n)^2}\cos 2nx+\cdots\right]$

7. 设 $f(x)$是周期为 2π 的周期函数，它在$[-\pi,\pi)$上的表达式为 $f(x)=x$. 将 $f(x)$展开成傅里叶级数.

提　高　题

1. 设周期函数 $f(x)$的周期为 2π，证明 $f(x)$的傅里叶系数为

$$a_n=\frac{1}{\pi}\int_0^{2\pi}f(x)\cos nx\,\mathrm{d}x\quad(n=0,1,2,\cdots);$$

$$b_n=\frac{1}{\pi}\int_0^{2\pi}f(x)\sin nx\,\mathrm{d}x\quad(n=1,2,\cdots).$$

2. 设周期函数 $f(x)$的周期为 2π，证明

(1) 如果 $f(x-\pi)=-f(x)$，则 $f(x)$的傅里叶系数为

$$a_0=0,\ a_{2k}=0,\ b_{2k}=0\quad(k=1,2,\cdots);$$

(2) 如果 $f(x-\pi)=f(x)$，则 $f(x)$的傅里叶系数为

$$a_{2k+1}=0,\ b_{2k+1}=0\quad(k=0,1,2,\cdots).$$

习题 12－7
参考答案

第八节　一般周期函数的傅里叶级数

上节所讨论的周期函数都是以 2π 为周期的. 但是实际问题中所遇到的周期函数，它的周期不一定是 2π. 怎样把周期为 $2L$ 的周期函数 $f(x)$展开成三角级数呢?

一、周期为 $2L$ 的函数的傅里叶级数

问题　我们希望能把周期为 $2L$ 的周期函数 $f(x)$展开成三角级数，为此我们先把周期为 $2L$ 的周期函数 $f(x)$变换为周期为 2π 的周期函数.

令 $x=\dfrac{L}{\pi}t$，得 $f(x)=f\left(\dfrac{L}{\pi}t\right)=F(t)$，则 $F(t)$是以 2π 为周期的函数. 这是因为

$$F(t+2\pi)=f\left[\frac{L}{\pi}(t+2\pi)\right]=f\left(\frac{L}{\pi}t+2L\right)=f\left(\frac{L}{\pi}t\right)=F(t).$$

于是当 $F(t)$满足收敛定理的条件时，$F(t)$可展开成傅里叶级数：

$$F(t)=\frac{a_0}{2}+\sum_{n=1}^{\infty}(a_n\cos nt+b_n\sin nt),$$

其中

$$a_n=\frac{1}{\pi}\int_{-\pi}^{\pi}F(t)\cos nt\,\mathrm{d}t\quad(n=0,1,2,\cdots);$$

$$b_n=\frac{1}{\pi}\int_{-\pi}^{\pi}F(t)\sin nt\,\mathrm{d}t\quad (n=1,2,\cdots).$$

根据定积分变量代换，有如下定理.

定理 12.8.1 设周期为 $2L$ 的周期函数 $f(x)$ 满足收敛定理的条件，则它的傅里叶级数展开式为

$$f(x)=\frac{a_0}{2}+\sum_{n=1}^{\infty}\left(a_n\cos\frac{n\pi x}{L}+b_n\sin\frac{n\pi x}{L}\right),$$

其中系数 a_n、b_n 为

$$a_n=\frac{1}{L}\int_{-L}^{L}f(x)\cos\frac{n\pi x}{L}\mathrm{d}x\quad (n=0,1,2,\cdots),$$

$$b_n=\frac{1}{L}\int_{-L}^{L}f(x)\sin\frac{n\pi x}{L}\mathrm{d}x\quad (n=1,2,\cdots).$$

当 $f(x)$ 为奇函数时，

$$f(x)=\sum_{n=1}^{\infty}b_n\sin\frac{n\pi x}{L},$$

其中 $b_n=\dfrac{2}{L}\displaystyle\int_0^L f(x)\sin\frac{n\pi x}{L}\mathrm{d}x\ (n=1,2,\cdots)$；

当 $f(x)$ 为偶函数时，

$$f(x)=\frac{a_0}{2}+\sum_{n=1}^{\infty}a_n\cos\frac{n\pi x}{L},$$

其中 $a_n=\dfrac{2}{L}\displaystyle\int_0^L f(x)\cos\frac{n\pi x}{L}\mathrm{d}x\ (n=0,1,2,\cdots)$.

例 12.8.1 设函数 $f(x)=x^2(0\leqslant x\leqslant 1)$，而

$$S(x)=\sum_{n=1}^{\infty}b_n\sin n\pi x,\quad -\infty<x<+\infty,$$

其中 $b_n=2\displaystyle\int_0^1 f(x)\sin n\pi x\mathrm{d}x$，$n=1,2,3,\cdots$，求 $S\left(-\dfrac{1}{2}\right)$.

解 将 $f(x)$ 奇延拓，再周期延拓. 由于 $S(x)$ 是奇函数，因此 $S\left(-\dfrac{1}{2}\right)=-S\left(\dfrac{1}{2}\right)$.

当 $x=\dfrac{1}{2}$ 时，$f(x)$ 连续，由傅里叶级数的收敛定理，得

$$S\left(\frac{1}{2}\right)=f\left(\frac{1}{2}\right)=\left(\frac{1}{2}\right)^2=\frac{1}{4},$$

所以

$$S\left(-\frac{1}{2}\right)=-\frac{1}{4}.$$

例 12.8.2 设 $f(x)$ 是周期为 4 的周期函数，它在 $[-2,2)$ 上的表达式为

$$f(x)=\begin{cases}0, & -2\leqslant x<0,\\ k, & 0\leqslant x<2\end{cases}\quad (常数\ k\neq 0).$$

将 $f(x)$ 展开成傅里叶级数.

解 这里 $L=2$.

$$a_n=\frac{1}{2}\int_0^2 k\cos\frac{n\pi x}{2}\mathrm{d}x=\left[\frac{k}{n\pi}\sin\frac{n\pi x}{2}\right]_0^2=0\quad (n=1,2,\cdots);$$

$$a_0=\frac{1}{2}\int_{-2}^{0}0\mathrm{d}x+\frac{1}{2}\int_{0}^{2}k\mathrm{d}x=k;$$

$$b_n=\frac{1}{2}\int_{0}^{2}k\sin\frac{n\pi x}{2}\mathrm{d}x=\left[-\frac{k}{n\pi}\cos\frac{n\pi x}{2}\right]_0^2=\frac{k}{n\pi}(1-\cos n\pi)$$

$$=\begin{cases}\dfrac{2k}{n\pi}, & n=1,3,5,\cdots,\\ 0, & n=2,4,6,\cdots.\end{cases}$$

于是

$$f(x)=\frac{k}{2}+\frac{2k}{\pi}\left(\sin\frac{\pi x}{2}+\frac{1}{3}\sin\frac{3\pi x}{2}+\frac{1}{5}\sin\frac{5\pi x}{2}+\cdots\right)\quad(x\neq0,\pm2,\pm4,\cdots).$$

例 12.8.3 将 $f(x)=x-1(0\leqslant x\leqslant2)$ 展开成周期为 4 的余弦级数.

解 先将 $f(x)$ 在 $[0,2]$ 上作偶延拓，再以 4 为周期作周期延拓得 $F(x)$，则 $F(x)$ 满足收敛定理的条件，且处处连续，在 $[0,2]$ 上 $F(x)=f(x)$，故

$$b_n=0(n=1,2,\cdots),$$

$$a_0=\frac{2}{2}\int_0^2(x-1)\mathrm{d}x=0,$$

$$a_n=\frac{2}{2}\int_0^2(x-1)\cos\frac{n\pi x}{2}\mathrm{d}x$$

$$=\left[\frac{2(x-1)}{n\pi}\sin\frac{n\pi x}{2}\right]_0^2-\frac{2}{n\pi}\int_0^2\sin\frac{n\pi x}{2}\mathrm{d}x$$

$$=\frac{4}{(n\pi)^2}\left[\cos\frac{n\pi x}{2}\right]_0^2$$

$$=\frac{4}{(n\pi)^2}[(-1)^n-1]\quad(n=1,2,\cdots).$$

从而

$$f(x)=-\frac{8}{\pi^2}\sum_{n=1}^{\infty}\frac{1}{(2n-1)^2}\cos\frac{(2n-1)\pi x}{2},\quad x\in[0,2].$$

例 12.8.4 证明：当 $0\leqslant x\leqslant\pi$ 时，$\displaystyle\sum_{n=1}^{\infty}\frac{\cos nx}{n^2}=\frac{x^2}{4}-\frac{\pi x}{2}+\frac{\pi^2}{6}$.

证明 设 $f(x)=\dfrac{x^2}{4}-\dfrac{\pi x}{2}$，需将 $f(x)$ 在 $[0,\pi]$ 上展开成余弦级数. 为此将函数 $f(x)$ 作偶延拓，再作周期延拓，则

$$a_0=\frac{2}{\pi}\int_0^{\pi}f(x)\mathrm{d}x=\frac{2}{\pi}\int_0^{\pi}\left(\frac{x^2}{4}-\frac{\pi x}{2}\right)\mathrm{d}x=-\frac{\pi^2}{3},$$

$$a_n=\frac{2}{\pi}\int_0^{\pi}f(x)\cos nx\,\mathrm{d}x$$

$$=\frac{2}{\pi}\int_0^{\pi}\left(\frac{x^2}{4}-\frac{\pi x}{2}\right)\cos nx\,\mathrm{d}x$$

$$=\frac{2}{n\pi}\int_0^{\pi}\left(\frac{x^2}{4}-\frac{\pi x}{2}\right)\mathrm{d}(\sin nx)$$

$$=\frac{1}{n^2}\quad(n=1,2,\cdots),$$

$$b_n=0\quad(n=1,2,\cdots).$$

由狄利克雷收敛定理有

$$\frac{x^2}{4}-\frac{\pi x}{2}=-\frac{\pi^2}{6}+\sum_{n=1}^{\infty}\frac{\cos nx}{n^2},\quad 0\leqslant x\leqslant\pi,$$

故

$$\sum_{n=1}^{\infty}\frac{\cos nx}{n^2}=\frac{x^2}{4}-\frac{\pi x}{2}+\frac{\pi^2}{6},\quad 0\leqslant x\leqslant\pi.$$

例 12.8.5　设 $f(x)=\left|x-\frac{1}{2}\right|$，$b_n=2\int_0^1 f(x)\sin n\pi x\mathrm{d}x(n=1,2,\cdots)$. 令 $S(x)=\sum_{n=1}^{\infty}b_n\sin n\pi x$，则 $S\left(-\frac{9}{4}\right)=($　　$)$.

A. $\frac{3}{4}$　　B. $\frac{1}{4}$　　C. $-\frac{1}{4}$　　D. $-\frac{3}{4}$

解　$f(x)=\left|x-\frac{1}{2}\right|=\begin{cases}\frac{1}{2}-x, & x\in\left[0,\frac{1}{2}\right],\\ x-\frac{1}{2}, & x\in\left[\frac{1}{2},1\right].\end{cases}$ 将 $f(x)$ 作奇延拓，再作周期延拓得周期函数 $F(x)$，其周期 $T=2$，则 $F(x)$ 在点 $x=-\frac{9}{4}$ 处连续，从而

$$S\left(-\frac{9}{4}\right)=F\left(-\frac{9}{4}\right)=F\left(-\frac{1}{4}\right)=-F\left(\frac{1}{4}\right)=-f\left(\frac{1}{4}\right)=-\frac{1}{4}.$$

故选 C.

思考题

二、傅里叶级数的复数形式

傅里叶级数还可以用复数形式表示. 在电子技术中，经常应用这种形式.

设周期为 $2L$ 的周期函数 $f(x)$ 满足收敛定理的条件，则它的傅里叶级数展开式为

$$f(x)=\frac{a_0}{2}+\sum_{n=1}^{\infty}\left(a_n\cos\frac{n\pi x}{L}+b_n\sin\frac{n\pi x}{L}\right),\tag{12.8.1}$$

其中系数 a_n、b_n 为

$$\begin{cases}a_n=\frac{1}{L}\int_{-L}^{L}f(x)\cos\frac{n\pi x}{L}\mathrm{d}x & (n=0,1,2,\cdots),\\ b_n=\frac{1}{L}\int_{-L}^{L}f(x)\sin\frac{n\pi x}{L}\mathrm{d}x & (n=1,2,3,\cdots).\end{cases}\tag{12.8.2}$$

利用欧拉公式

$$\cos t=\frac{\mathrm{e}^{ti}+\mathrm{e}^{-ti}}{2},\quad \sin t=\frac{\mathrm{e}^{ti}-\mathrm{e}^{-ti}}{2\mathrm{i}}$$

把式(12.8.1)化为

$$\begin{aligned}&\frac{a_0}{2}+\sum_{n=1}^{\infty}\left[\frac{a_n}{2}\left(\mathrm{e}^{\frac{n\pi x}{L}\mathrm{i}}+\mathrm{e}^{-\frac{n\pi x}{L}\mathrm{i}}\right)-\frac{b_n\mathrm{i}}{2}\left(\mathrm{e}^{\frac{n\pi x}{L}\mathrm{i}}-\mathrm{e}^{-\frac{n\pi x}{L}\mathrm{i}}\right)\right]\\ =&\frac{a_0}{2}+\sum_{n=1}^{\infty}\left[\frac{a_n-b_n\mathrm{i}}{2}\mathrm{e}^{\frac{n\pi x}{L}\mathrm{i}}+\frac{a_n+b_n\mathrm{i}}{2}\mathrm{e}^{-\frac{n\pi x}{L}\mathrm{i}}\right].\end{aligned}\tag{12.8.3}$$

记

$$\frac{a_0}{2}=c_0,\ \frac{a_n-b_n\mathrm{i}}{2}=c_n,\ \frac{a_n+b_n\mathrm{i}}{2}=c_{-n}\quad(n=1,2,3,\cdots),\tag{12.8.4}$$

则式(12.8.3)为

$$c_0+\sum_{n=1}^{\infty}(c_n\mathrm{e}^{\frac{n\pi x}{L}\mathrm{i}}+c_{-n}\mathrm{e}^{-\frac{n\pi x}{L}\mathrm{i}})=(c_n\mathrm{e}^{\frac{n\pi x}{L}\mathrm{i}})_{n=0}+\sum_{n=1}^{\infty}(c_n\mathrm{e}^{\frac{n\pi x}{L}\mathrm{i}}+c_{-n}\mathrm{e}^{-\frac{n\pi x}{L}\mathrm{i}}),$$

从而傅里叶级数的复数形式为

$$\sum_{n=-\infty}^{\infty}c_n\mathrm{e}^{\frac{n\pi x}{L}\mathrm{i}}. \tag{12.8.5}$$

为得出系数 c_n 的表达式，把式(12.8.2)代入式(12.8.4)，得

$$c_0=\frac{a_0}{2}=\frac{1}{2L}\int_{-L}^{L}f(x)\mathrm{d}x,$$

$$\begin{aligned}c_n&=\frac{a_n-b_n\mathrm{i}}{2}\\&=\frac{1}{2}\left[\frac{1}{L}\int_{-L}^{L}f(x)\cos\frac{n\pi x}{L}\mathrm{d}x-\frac{\mathrm{i}}{L}\int_{-L}^{L}f(x)\sin\frac{n\pi x}{L}\mathrm{d}x\right]\\&=\frac{1}{2L}\int_{-L}^{L}f(x)\left(\cos\frac{n\pi x}{L}\mathrm{d}x-\mathrm{i}\sin\frac{n\pi x}{L}\right)\mathrm{d}x\\&=\frac{1}{2L}\int_{-L}^{L}f(x)\mathrm{e}^{-\frac{n\pi x}{L}\mathrm{i}}\mathrm{d}x\quad(n=1,2,3,\cdots),\\c_{-n}&=\frac{a_n+b_n\mathrm{i}}{2}=\frac{1}{2L}\int_{-L}^{L}f(x)\mathrm{e}^{\frac{n\pi x}{L}\mathrm{i}}\mathrm{d}x\quad(n=1,2,3,\cdots).\end{aligned}$$

将已得的结果合并可得

$$c_n=\frac{1}{2L}\int_{-L}^{L}f(x)\mathrm{e}^{-\frac{n\pi x}{L}\mathrm{i}}\mathrm{d}x\quad(n=0,\pm1,\pm2,\cdots).$$

这就是**傅里叶系数的复数形式**.

傅里叶级数的两种形式本质上是一样的，但复数形式比较简洁，且只用一个算式计算系数.

例 12.8.6　设 $f(x)$是周期为 2 的周期函数，它在$[-1,1]$上的表达式为 $f(x)=\mathrm{e}^{-x}$，试将 $f(x)$展开成复数形式的傅里叶级数.

解　由于
$$\begin{aligned}c_n&=\frac{1}{2}\int_{-1}^{1}\mathrm{e}^{-x}\cdot\mathrm{e}^{-n\pi x\mathrm{i}}\mathrm{d}x\\&=\left[\frac{1}{2}\cdot\frac{1}{-(1+n\pi\mathrm{i})}\cdot\mathrm{e}^{-(1+n\pi\mathrm{i})x}\right]_{-1}^{1}=(-1)^n\frac{1-n\pi\mathrm{i}}{1+n^2\pi^2}\mathrm{sh}1,\end{aligned}$$

因此

$$\begin{aligned}f(x)&=\sum_{n=-\infty}^{\infty}(-1)^n\frac{1-n\pi\mathrm{i}}{1+n^2\pi^2}\mathrm{sh}1\cdot\mathrm{e}^{n\pi x\mathrm{i}}\\&=\sum_{n=-\infty}^{\infty}(-1)^n\frac{\mathrm{e}-\mathrm{e}^{-1}}{2}\frac{1-n\pi\mathrm{i}}{1+n^2\pi^2}\cdot\mathrm{e}^{n\pi x\mathrm{i}}\quad(x\neq2k+1,\ k=0,\pm1,\pm2,\cdots).\end{aligned}$$

三、知识延展——收敛定理的证明

为了证明傅里叶级数的收敛定理，先证明下面两个预备定理.

预备定理 1(贝塞尔(Bessel)不等式)　若函数 $f(x)$在$[-\pi,\pi]$上可积，则

$$\frac{a_0^2}{2}+\sum_{n=1}^{\infty}(a_n^2+b_n^2)\leqslant\frac{1}{\pi}\int_{-\pi}^{\pi}f^2(x)\mathrm{d}x, \tag{12.8.6}$$

其中 a_n、b_n 为 $f(x)$的傅里叶系数. 式(12.8.6)称为**贝塞尔不等式**.

证明 令 $S_m(x)=\dfrac{a_0}{2}+\sum\limits_{n=1}^{m}(a_n\cos nx+b_n\sin nx)$，则

$$\begin{aligned}&\int_{-\pi}^{\pi}[f(x)-S_m(x)]^2\mathrm{d}x\\&=\int_{-\pi}^{\pi}f^2(x)\mathrm{d}x-2\int_{-\pi}^{\pi}f(x)S_m(x)\mathrm{d}x+\int_{-\pi}^{\pi}S_m^2(x)\mathrm{d}x.\end{aligned}\tag{12.8.7}$$

因

$$\begin{aligned}&\int_{-\pi}^{\pi}f(x)S_m(x)\mathrm{d}x\\&=\frac{a_0}{2}\int_{-\pi}^{\pi}f(x)\mathrm{d}x+\sum_{n=1}^{m}\left(a_n\int_{-\pi}^{\pi}f(x)\cos nx\,\mathrm{d}x+b_n\int_{-\pi}^{\pi}f(x)\sin nx\,\mathrm{d}x\right)\\&=\frac{\pi}{2}a_0^2+\pi\sum_{n=1}^{m}(a_n^2+b_n^2),\end{aligned}\tag{12.8.8}$$

应用三角函数的正交性，有

$$\begin{aligned}&\int_{-\pi}^{\pi}S_m^2(x)\mathrm{d}x\\&=\int_{-\pi}^{\pi}\left[\frac{a_0}{2}+\sum_{n=1}^{m}(a_n\cos nx+b_n\sin nx)\right]^2\mathrm{d}x\\&=\left(\frac{a_0}{2}\right)^2\int_{-\pi}^{\pi}\mathrm{d}x+\sum_{n=1}^{m}\left(a_n^2\int_{-\pi}^{\pi}\cos^2nx\,\mathrm{d}x+b_n^2\int_{-\pi}^{\pi}\sin^2nx\,\mathrm{d}x\right)\\&=\frac{\pi}{2}a_0^2+\pi\sum_{n=1}^{m}(a_n^2+b_n^2),\end{aligned}\tag{12.8.9}$$

故将式(12.8.8)、式(12.8.9)代入式(12.8.7)得

$$0\leqslant\int_{-\pi}^{\pi}[f(x)-S_m(x)]^2\mathrm{d}x=\int_{-\pi}^{\pi}f^2(x)\mathrm{d}x-\frac{\pi}{2}a_0^2-\pi\sum_{n=1}^{m}(a_n^2+b_n^2).$$

因而

$$\frac{a_0^2}{2}+\sum_{n=1}^{m}(a_n^2+b_n^2)\leqslant\frac{1}{\pi}\int_{-\pi}^{\pi}f^2(x)\mathrm{d}x$$

对任何正整数 m 成立. 而 $\dfrac{1}{\pi}\int_{-\pi}^{\pi}f^2(x)\mathrm{d}x$ 为有限值，所以正项级数

$$\frac{a_0^2}{2}+\sum_{n=1}^{\infty}(a_n^2+b_n^2)$$

的部分和数列有界，从而它收敛且有不等式(12.8.6)成立.

推论 1 若函数 $f(x)$为可积函数，则

$$\begin{cases}\lim\limits_{n\to\infty}\displaystyle\int_{-\pi}^{\pi}f(x)\cos nx\,\mathrm{d}x=0,\\\lim\limits_{n\to\infty}\displaystyle\int_{-\pi}^{\pi}f(x)\sin nx\,\mathrm{d}x=0.\end{cases}\tag{12.8.10}$$

因为式(12.8.6)的左边级数收敛，所以当 $n\to\infty$时，通项 $a_n^2+b_n^2\to0$，即 $a_n\to0$，$b_n\to0$，这就是式(12.8.10)，这个推论也称为**黎曼-勒贝格定理**.

推论 2　若函数 $f(x)$ 为可积函数，则

$$\begin{cases}\lim\limits_{n\to\infty}\int_0^{\pi}f(x)\sin\left[\left(n+\dfrac{1}{2}\right)x\right]\mathrm{d}x=0,\\ \lim\limits_{n\to\infty}\int_{-\pi}^{0}f(x)\sin\left[\left(n+\dfrac{1}{2}\right)x\right]\mathrm{d}x=0.\end{cases}\tag{12.8.11}$$

证明　由于

$$\sin\left[\left(n+\frac{1}{2}\right)x\right]=\cos\frac{x}{2}\sin nx+\sin\frac{x}{2}\cos nx,$$

所以

$$\begin{aligned}&\int_0^{\pi}f(x)\sin\left[\left(n+\frac{1}{2}\right)x\right]\mathrm{d}x\\ =&\int_0^{\pi}\left[f(x)\cos\frac{x}{2}\right]\sin nx\,\mathrm{d}x+\int_0^{\pi}\left[f(x)\sin\frac{x}{2}\right]\cos nx\,\mathrm{d}x\\ =&\int_{-\pi}^{\pi}F_1(x)\sin nx\,\mathrm{d}x+\int_{-\pi}^{\pi}F_2(x)\cos nx\,\mathrm{d}x.\end{aligned}\tag{12.8.12}$$

其中

$$F_1(x)=\begin{cases}f(x)\cos\dfrac{x}{2}, & 0\leqslant x\leqslant\pi,\\ 0, & -\pi\leqslant x<0,\end{cases}$$

$$F_2(x)=\begin{cases}f(x)\sin\dfrac{x}{2}, & 0\leqslant x\leqslant\pi,\\ 0, & -\pi\leqslant x<0.\end{cases}$$

显见 $F_1(x)$，$F_2(x)$ 与 $f(x)$ 一样在 $[-\pi,\pi]$ 上可积. 由推论 1，式(12.8.12)右端两积分的极限在 $n\to\infty$ 时都等于零，所以左边的极限为零.

同样可以证明

$$\lim_{n\to\infty}\int_{-\pi}^{0}f(x)\sin\left[\left(n+\frac{1}{2}\right)x\right]\mathrm{d}x=0.$$

预备定理 2　若函数 $f(x)$ 是以 2π 为周期的周期函数，且在 $[-\pi,\pi]$ 上可积，则它的傅里叶级数部分和 $S_n(x)$ 可写成

$$S_n(x)=\frac{1}{\pi}\int_{-\pi}^{\pi}f(x+t)\frac{\sin\left(n+\dfrac{1}{2}\right)t}{2\sin\dfrac{t}{2}}\mathrm{d}t.\tag{12.8.13}$$

当 $t\to 0$ 时，被积函数中的不定式由极限

$$\lim_{t\to 0}\frac{\sin\left(n+\dfrac{1}{2}\right)t}{2\sin\dfrac{t}{2}}=n+\frac{1}{2}$$

来确定.

证明　在傅里叶级数部分和

$$S_n(x)=\frac{a_0}{2}+\sum_{k=1}^{n}(a_k\cos kx+b_k\sin kx)$$

中，用傅里叶系数公式代入，可得

$$S_n(x)=\frac{1}{2\pi}\int_{-\pi}^{\pi}f(u)\mathrm{d}u+\frac{1}{\pi}\sum_{k=1}^{n}\Big[\Big(\int_{-\pi}^{\pi}f(u)\cos ku\,\mathrm{d}u\Big)\cos kx+\Big(\int_{-\pi}^{\pi}f(u)\sin ku\,\mathrm{d}u\Big)\sin kx\Big]$$

$$=\frac{1}{\pi}\int_{-\pi}^{\pi}f(u)\Big[\frac{1}{2}+\sum_{k=1}^{n}(\cos ku\cos kx+\sin ku\sin kx)\Big]\mathrm{d}u$$

$$=\frac{1}{\pi}\int_{-\pi}^{\pi}f(u)\Big[\frac{1}{2}+\sum_{k=1}^{n}\cos k(u-x)\Big]\mathrm{d}u$$

$$=\frac{1}{\pi}\int_{-\pi-x}^{\pi-x}f(x+t)\Big(\frac{1}{2}+\sum_{k=1}^{n}\cos kt\Big)\mathrm{d}t\,.$$

又

$$\frac{1}{2}+\sum_{k=1}^{n}\cos kt=\frac{\sin\left(n+\frac{1}{2}\right)t}{2\sin\frac{t}{2}},\tag{12.8.14}$$

故

$$S_n(x)=\frac{1}{\pi}\int_{-\pi}^{\pi}f(x+t)\,\frac{\sin\left(n+\frac{1}{2}\right)t}{2\sin\frac{t}{2}}\mathrm{d}t.$$

式(12.8.13)也称为 $f(x)$的傅里叶级数部分和的积分表示式.

定理 12.8.2(收敛定理，狄利克雷充分条件)　设 $f(x)$是周期为 2π 的周期函数，如果它满足：

(1) 在一个周期内连续或只有有限个第一类间断点，

(2) 在一个周期内至多只有有限个极值点，

则 $f(x)$的傅里叶级数收敛，并且

当 x 是 $f(x)$的连续点时，级数收敛于 $f(x)$；

当 x 是 $f(x)$的间断点时，级数收敛于$\frac{1}{2}[f(x-0)+f(x+0)]$.

证明　只要证明在每一点 x 处下列极限成立

$$\lim_{n\to\infty}\Big[\frac{f(x-0)+f(x+0)}{2}-S_n(x)\Big]=0,$$

即

$$\lim_{n\to\infty}\left[\frac{f(x-0)+f(x+0)}{2}-\frac{1}{\pi}\int_{-\pi}^{\pi}f(x+t)\,\frac{\sin\left(n+\frac{1}{2}\right)t}{2\sin\frac{t}{2}}\mathrm{d}t\right]=0\,,$$

或

$$\lim_{n\to\infty}\left[\frac{f(x+0)}{2}-\frac{1}{\pi}\int_{0}^{\pi}f(x+t)\,\frac{\sin\left(n+\frac{1}{2}\right)t}{2\sin\frac{t}{2}}\mathrm{d}t\right]=0\tag{12.8.15}$$

与

$$\lim_{n\to\infty}\left[\frac{f(x-0)}{2}-\frac{1}{\pi}\int_{-\pi}^{0}f(x+t)\,\frac{\sin\left(n+\frac{1}{2}\right)t}{2\sin\frac{t}{2}}\mathrm{d}t\right]=0.\tag{12.8.16}$$

这里证明式(12.8.15). 对式(12.8.14)积分有

$$\frac{1}{\pi}\int_{-\pi}^{\pi}\frac{\sin\left(n+\frac{1}{2}\right)t}{2\sin\frac{t}{2}}\mathrm{d}t=\frac{1}{\pi}\int_{-\pi}^{\pi}\left(\frac{1}{2}+\sum_{k=1}^{n}\cos kt\right)\mathrm{d}t=1.$$

由于上式左边为偶函数，因此两边乘以 $f(x+0)$得

$$\frac{f(x+0)}{2}=\frac{1}{\pi}\int_{0}^{\pi}f(x+0)\frac{\sin\left(n+\frac{1}{2}\right)t}{2\sin\frac{t}{2}}\mathrm{d}t,$$

从而

$$\lim_{n\to\infty}\frac{1}{\pi}\int_{0}^{\pi}[f(x+0)-f(x+t)]\frac{\sin\left(n+\frac{1}{2}\right)t}{2\sin\frac{t}{2}}\mathrm{d}t=0. \tag{12.8.17}$$

令

$$\varphi(t)=-\frac{f(x+t)-f(x+0)}{2\sin\frac{t}{2}}=-\frac{f(x+t)-f(x+0)}{t}\frac{\frac{t}{2}}{2\sin\frac{t}{2}},\quad t\in(0,\pi],$$

则

$$\lim_{t\to0^+}\varphi(t)=-f'(x+0)\cdot1=-f'(x+0).$$

令 $\varphi(0)=-f'(x+0)$，则函数 $\varphi(x)$在点 $t=0$ 右连续. 因为 $\varphi(x)$在$[0,\pi]$上至多只有有限个第一类间断点，所以 $\varphi(x)$在$[0,\pi]$上可积. 因此

$$\lim_{n\to\infty}\frac{1}{\pi}\int_{0}^{\pi}[f(x+0)-f(x+t)]\frac{\sin\left(n+\frac{1}{2}\right)t}{2\sin\frac{t}{2}}\mathrm{d}t$$

$$=\lim_{n\to\infty}\frac{1}{\pi}\int_{0}^{\pi}\varphi(t)\sin\left(n+\frac{1}{2}\right)t\mathrm{d}t=0.$$

历史的注记

这就证得式(12.8.17)成立，从而式(12.8.15)成立.

同理可证式(12.8.16)也成立.

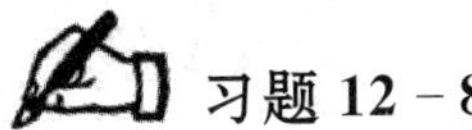

习题 12－8

基　础　题

1. 填空题：

(1) 设 $f(x)$在$[0,l]$上连续，在$(0,l)$内有 $f(x)=\sum_{n=1}^{\infty}b_n\sin\frac{n\pi}{l}x$，则 b_n 的计算公式为____________________，此时 $f(x)$的周期为__________.

(2) 设 $f(x)=x^2(0\leqslant x\leqslant1)$，而 $S(x)=\frac{a_0}{2}+\sum_{n=1}^{\infty}a_n\cos n\pi x(-\infty<x<+\infty)$，其中

$a_n = 2\int_0^1 f(x)\cos nx\,\mathrm{d}x(n = 0, 1, 2, \cdots)$，则 $S\left(-\dfrac{1}{2}\right)=$__________.

2. 将 $f(x)=\begin{cases}2x+1, & -3\leqslant x<0,\\ 1, & 0\leqslant x<3\end{cases}$ 展开成傅里叶级数.

3. 将 $f(x)=\begin{cases}x, & -1\leqslant x<0,\\ 1, & 0\leqslant x<\dfrac{1}{2},\\ -1, & \dfrac{1}{2}\leqslant x<1\end{cases}$ 展开成傅里叶级数.

提 高 题

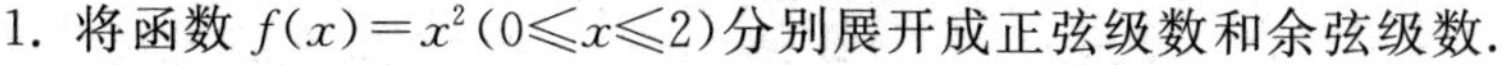

1. 将函数 $f(x)=x^2(0\leqslant x\leqslant 2)$分别展开成正弦级数和余弦级数.

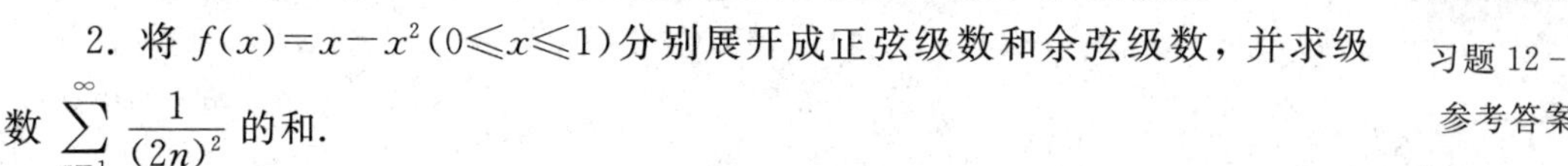

2. 将 $f(x)=x-x^2(0\leqslant x\leqslant 1)$分别展开成正弦级数和余弦级数，并求级数 $\sum\limits_{n=1}^{\infty}\dfrac{1}{(2n)^2}$ 的和.

习题 12－8
参考答案

总习题十二

基 础 题

1. 判断下列级数的收敛性：

(1) $\sum\limits_{n=1}^{\infty}\dfrac{1}{n\sqrt[n]{n}}$；　(2) $\sum\limits_{n=1}^{\infty}\dfrac{n\cos^2\dfrac{n\pi}{3}}{2^n}$；　(3) $\sum\limits_{n=1}^{\infty}\dfrac{a^n}{n^s}\ (a>0,\ s>0)$.

2. 设正项级数 $\sum\limits_{n=1}^{\infty}u_n$ 和 $\sum\limits_{n=1}^{\infty}v_n$ 都收敛，证明级数 $\sum\limits_{n=1}^{\infty}(u_n+v_n)^2$ 收敛.

3. 讨论下列级数是否收敛. 若收敛，是绝对收敛还是条件收敛？

(1) $\sum\limits_{n=1}^{\infty}(-1)^n\dfrac{1}{n^p}$；　(2) $\sum\limits_{n=1}^{\infty}(-1)^n\dfrac{(n+1)!}{n^{n+1}}$.

4. 求下列幂级数的收敛区间：

(1) $\sum\limits_{n=1}^{\infty}\dfrac{3^n+5^n}{n}x^n$；　(2) $\sum\limits_{n=1}^{\infty}\left(1+\dfrac{1}{n}\right)^{n^2}x^n$；

(3) $\sum\limits_{n=1}^{\infty}n(x+1)^n$；　(4) $\sum\limits_{n=1}^{\infty}\dfrac{n}{2^n}x^{2n}$.

5. 求下列幂级数的和函数：

(1) $\sum\limits_{n=1}^{\infty}\dfrac{(-1)^{n-1}}{2n-1}x^{2n-1}$；　(2) $\sum\limits_{n=1}^{\infty}n(x-1)^n$.

6. 设 $f(x)$是周期为 2π 的函数，它在$[-\pi, \pi)$上的表达式为

$$f(x)=\begin{cases}0, & x\in[-\pi, 0),\\ \mathrm{e}^x, & x\in[0, \pi).\end{cases}$$

将 $f(x)$展开成傅里叶级数.

提 高 题

1. 求幂级数 $\sum_{n=1}^{\infty}(2n+1)x^n$ 在收敛区间$(-1,1)$内的和函数.

2. 求幂级数 $\sum_{n=1}^{\infty}\frac{n^2}{n!}x^n$ 的收敛域及和函数.

3. 求数项级数 $\sum_{n=0}^{\infty}\frac{1}{(n+1)2^n}$ 的和.

4. 将函数 $f(x)=x\arctan x-\ln\sqrt{1+x^2}$ 展开成 x 的幂级数.

5. 将$\frac{\mathrm{d}}{\mathrm{d}x}\left(\frac{\mathrm{e}^x-1}{x}\right)$展开为 x 的幂级数，并求 $\sum_{n=0}^{\infty}\frac{n}{(n+1)!}$ 的和.

6. 设 a_n 为曲线 $y=x^n$ 与 $y=x^{n+1}(n=1,2,\cdots)$所围成区域的面积，记 $S=\sum_{n=0}^{\infty}a_{2n-1}$，求 S 的值$\left(提示：1-\frac{1}{2}+\frac{1}{3}-\frac{1}{4}+\cdots=\ln 2\right)$.

7. 设函数 $f(x)$在点 $x=0$ 的某个邻域内具有二阶连续导数，且 $\lim\limits_{n\to\infty}\frac{f(x)}{x}=0$，证明级数 $\sum_{n=0}^{\infty}f\left(\frac{1}{n}\right)$ 绝对收敛.

8. 设函数 $f(x)=\frac{1}{(a-x)^2}=\sum_{n=0}^{\infty}\frac{n}{a^{n+1}}x^{n-1}(|x|<|a|, a\neq 0)$，求 $f^{(n)}(0)(n=1,2,3,\cdots)$.

总习题十二
参考答案

9. 设幂级数 $\sum_{n=0}^{\infty}a_nx^n$ 满足条件：当 $n>1$ 时，有 $a_{n-2}-n(n-1)a_n=0$，又 $a_0=4$，$a_1=1$. 求 $\sum_{n=0}^{\infty}a_nx^n$ 的和函数.

参考文献

[1] 同济大学数学系. 高等数学：下册[M]. 7 版. 北京：高等教育出版社，2014.

[2] BANNER A. The calculus Lifesaver [M]. 北京：人民邮电出版社，2019.

[3] 电子科技大学数学科学学院. 微积分：下册[M]. 3 版. 北京：高等教育出版社，2019.

[4] 周建莹，李正元. 高等数学解题指南[M]. 北京：北京大学出版社，2002.

[5] 李忠，周建莹. 高等数学：下册[M]. 2 版. 北京：北京大学出版社，2009.

[6] 龚昇. 简明微积分[M]. 4 版. 北京：高等教育出版社，2006.

[7] 刘三阳，李广民. 数学分析十讲[M]. 北京：科学出版社，2011.

[8] 华苏，扈志明，莫骄. 微积分学习指导：典型例题精解[M]. 北京：科学出版社，2003.

[9] 杨有龙，陈慧婵，吴艳. 高等数学同步辅导：下册 [M]. 西安：西安电子科技大学出版社，2016.

[10] 马知恩，王绵森. 高等数学疑难问题选讲[M]. 北京：高等教育出版社，2014.

[11] 杨有龙，李菊娥，任春丽. 高等数学练习册：下册 [M]. 西安：西安电子科技大学出版社，2016.

[12] 四川大学数学学院高等数学教研室. 高等数学[M]. 4 版. 北京：高等教育出版社，2009.

[13] 西安电子科技大学高等数学教学团队. 高等数学试题与详解[M]. 西安：西安电子科技大学出版社，2019.

[14] 齐民友. 高等数学：下册[M]. 北京：高等教育出版社，2010.

[15] 菲赫金哥尔茨 Г. M. 微积分学教程(第二卷)：第 8 版[M]. 徐献瑜，冷生明，梁文骐，译. 北京：高等教育出版社，2006.

[16] 刘玉琏，傅沛仁，刘伟，等. 数学分析讲义：下册[M]. 6 版. 北京：高等教育出版社，2019.

[17] 王学武. 高等数学进阶[M]. 北京：清华大学出版社，2019.

[18] 龚冬保，武忠祥，毛怀遂，等. 高等数学典型题[M]. 西安：西安交通大学出版社，2004.

[19] 王东生，周泰文，刘后邦，等. 新编高等数学题解[M]. 武汉：华中理工大学出版社，1998.

[20] 阎国辉. 高等数学学习指导[M]. 武汉：武汉大学出版社，2014.

[21] 徐宗本，李继成，朱晓平. 高等数学：下册[M]. 北京：高等教育出版社，2021.

[22] 朱健民，李建平. 高等数学：下册[M]. 2 版. 北京：高等教育出版社，2015.

[23] 章纪民，闫浩，刘智新. 高等微积分教程(下)：多元函数微积分与级数[M]. 北京：清华大学出版社，2015.

[24] 上海交通大学数学系. 高等数学：下册[M]. 2 版. 上海：上海交通大学出版社，2011.

[25] 张天德，黄宗媛. 高等数学：下册[M]. 北京：人民邮电出版社，2020.